全国中医药行业高等教育“十四五”规划教材
全国高等中医药院校规划教材（第十一版）

生物化学

（新世纪第五版）

（供中医学、中药学、针灸推拿学、中西医临床医学、护理学等专业用）

主　编　唐炳华

中国中医药出版社
·北　京·

图书在版编目（CIP）数据

生物化学/唐炳华主编．—5版．—北京：中国中医药出版社，2021.6（2023.12重印）

全国中医药行业高等教育“十四五”规划教材

ISBN 978-7-5132-6894-3

Ⅰ.①生… Ⅱ.①唐… Ⅲ.①生物化学-中医学院-教材 Ⅳ.①Q5

中国版本图书馆CIP数据核字（2021）第053467号

融合出版数字化资源服务说明

全国中医药行业高等教育“十四五”规划教材为融合教材，各教材相关数字化资源（电子教材、PPT课件、视频、复习思考题等）在全国中医药行业教育云平台“医开讲”发布。

资源访问说明

扫描右方二维码下载“医开讲APP”或到“医开讲网站”（网址：www.e-lesson.cn）注册登录，输入封底“序列号”进行账号绑定后即可访问相关数字化资源（注意：序列号只可绑定一个账号，为避免不必要的损失，请您刮开序列号立即进行账号绑定激活）。

资源下载说明

本书有配套PPT课件，供教师下载使用，请到“医开讲网站”（网址：www.e-lesson.cn）认证教师身份后，搜索书名进入具体图书页面实现下载。

中国中医药出版社出版

北京经济技术开发区科创十三街31号院二区8号楼

邮政编码 100176

传真 010-64405721

河北品睿印刷有限公司印刷

各地新华书店经销

开本 889×1194 1/16 印张 27.25 字数 731千字

2021年6月第5版 2023年12月第4次印刷

书号 ISBN 978-7-5132-6894-3

定价 99.00元

网址 www.cptcm.com

服务热线 010-64405510 微信服务号 zgzyycbs

购书热线 010-89535836 微商城网址 https://kdt.im/LIdUGr

维权打假 010-64405753 天猫旗舰店网址 https://zgzyycbs.tmall.com

如有印装质量问题请与本社出版部联系（010-64405510）

《生物化学》
编 委 会

主　编

唐炳华（北京中医药大学）

副主编

李爱英（河北中医学院）
谭宇蕙（广州中医药大学）
孙　聪（长春中医药大学）
何迎春（湖南中医药大学）
贾连群（辽宁中医药大学）
于　光（南京中医药大学）
杨长福（贵州中医药大学）

编　委（以姓氏笔画为序）

王　勇（北京中医药大学）
王　晶（山东中医药大学）
王延蛟（新疆医科大学）
李素婷（承德医学院）
杨　云（云南中医药大学）
张春蕾（黑龙江中医药大学佳木斯学院）
张雪飞（滇西应用技术大学）
张捷平（福建中医药大学）
陈　燕（河南中医药大学）
卓少元（广西中医药大学）
周　涛（安徽中医药大学）
郑　纺（天津中医药大学）
姜　玲（黑龙江中医药大学）
秦　琼（首都医科大学）
柴　智（山西中医药大学）
党　琳（陕西中医药大学）
徐安莉（湖北中医药大学）
翁美芝（江西中医药大学）
黄映红（成都中医药大学）
崔炳权（广东药科大学）
扈瑞平（内蒙古医科大学）
谢晓蓉（甘肃中医药大学）
魏晓琳（北京中医药大学东方学院）

学术秘书

郭冬青（北京中医药大学）

《生物化学》
融合出版数字化资源编创委员会

全国中医药行业高等教育“十四五”规划教材
全国高等中医药院校规划教材（第十一版）

主　编

唐炳华（北京中医药大学）

副主编

李爱英（河北中医学院）
谭宇蕙（广州中医药大学）
孙　聪（长春中医药大学）
扈瑞平（内蒙古医科大学）
何迎春（湖南中医药大学）
于　光（南京中医药大学）
杨长福（贵州中医药大学）
卓少元（广西中医药大学）
王　勇（北京中医药大学）

编　委（以姓氏笔画为序）

王　晶（山东中医药大学）
王延蛟（新疆医科大学）
王艳杰（辽宁中医药大学）
李素婷（承德医学院）
杨　云（云南中医药大学）
张春蕾（黑龙江中医药大学佳木斯学院）
张雪飞（滇西应用技术大学）
张捷平（福建中医药大学）
陈　燕（河南中医药大学）
周　涛（安徽中医药大学）
郑　纺（天津中医药大学）
姜　玲（黑龙江中医药大学）
秦　琼（首都医科大学）
柴　智（山西中医药大学）
党　琳（陕西中医药大学）
徐安莉（湖北中医药大学）
翁美芝（江西中医药大学）
黄映红（成都中医药大学）
崔炳权（广东药科大学）
谢晓蓉（甘肃中医药大学）
魏晓琳（北京中医药大学东方学院）

学术秘书

郭冬青（北京中医药大学）

全国中医药行业高等教育“十四五”规划教材
全国高等中医药院校规划教材（第十一版）

专家指导委员会

编审专家组

组　长

余艳红（国家卫生健康委员会党组成员，国家中医药管理局党组书记、局长）

副组长

张伯礼（天津中医药大学教授、中国工程院院士、国医大师）
秦怀金（国家中医药管理局党组成员、副局长）

组　员

陆建伟（国家中医药管理局人事教育司司长）
严世芸（上海中医药大学教授、国医大师）
吴勉华（南京中医药大学教授）
匡海学（黑龙江中医药大学教授）
刘红宁（江西中医药大学教授）
翟双庆（北京中医药大学教授）
胡鸿毅（上海中医药大学教授）
余曙光（成都中医药大学教授）
周桂桐（天津中医药大学教授）
石　岩（辽宁中医药大学教授）
黄必胜（湖北中医药大学教授）

前 言

为全面贯彻《中共中央 国务院关于促进中医药传承创新发展的意见》和全国中医药大会精神，落实《国务院办公厅关于加快医学教育创新发展的指导意见》《教育部 国家卫生健康委 国家中医药管理局关于深化医教协同进一步推动中医药教育改革与高质量发展的实施意见》，紧密对接新医科建设对中医药教育改革的新要求和中医药传承创新发展对人才培养的新需求，国家中医药管理局教材办公室（以下简称“教材办”）、中国中医药出版社在国家中医药管理局领导下，在教育部高等学校中医学类、中药学类、中西医结合类专业教学指导委员会及全国中医药行业高等教育规划教材专家指导委员会指导下，对全国中医药行业高等教育“十三五”规划教材进行综合评价，研究制定《全国中医药行业高等教育“十四五”规划教材建设方案》，并全面组织实施。鉴于全国中医药行业主管部门主持编写的全国高等中医药院校规划教材目前已出版十版，为体现其系统性和传承性，本套教材称为第十一版。

本套教材建设，坚持问题导向、目标导向、需求导向，结合“十三五”规划教材综合评价中发现的问题和收集的意见建议，对教材建设知识体系、结构安排等进行系统整体优化，进一步加强顶层设计和组织管理，坚持立德树人根本任务，力求构建适应中医药教育教学改革需求的教材体系，更好地服务院校人才培养和学科专业建设，促进中医药教育创新发展。

本套教材建设过程中，教材办聘请中医学、中药学、针灸推拿学三个专业的权威专家组成编审专家组，参与主编确定，提出指导意见，审查编写质量。特别是对核心示范教材建设加强了组织管理，成立了专门评价专家组，全程指导教材建设，确保教材质量。

本套教材具有以下特点：

1.坚持立德树人，融入课程思政内容

将党的二十大精神进教材，把立德树人贯穿教材建设全过程、各方面，体现课程思政建设新要求，发挥中医药文化育人优势，促进中医药人文教育与专业教育有机融合，指导学生树立正确世界观、人生观、价值观，帮助学生立大志、明大德、成大才、担大任，坚定信念信心，努力成为堪当民族复兴重任的时代新人。

2.优化知识结构，强化中医思维培养

在“十三五”规划教材知识架构基础上，进一步整合优化学科知识结构体系，减少不同学科教材间相同知识内容交叉重复，增强教材知识结构的系统性、完整性。强化中医思维培养，突出中医思维在教材编写中的主导作用，注重中医经典内容编写，在《内经》《伤寒论》等经典课程中更加突出重点，同时更加强化经典与临床的融合，增强中医经典的临床运用，帮助学生筑牢中医经典基础，逐步形成中医思维。

3.突出“三基五性”，注重内容严谨准确

坚持“以本为本”，更加突出教材的“三基五性”，即基本知识、基本理论、基本技能，思想性、科学性、先进性、启发性、适用性。注重名词术语统一，概念准确，表述科学严谨，知识点结合完备，内容精炼完整。教材编写综合考虑学科的分化、交叉，既充分体现不同学科自身特点，又注意各学科之间的有机衔接；注重理论与临床实践结合，与医师规范化培训、医师资格考试接轨。

4.强化精品意识，建设行业示范教材

遴选行业权威专家，吸纳一线优秀教师，组建经验丰富、专业精湛、治学严谨、作风扎实的高水平编写团队，将精品意识和质量意识贯穿教材建设始终，严格编审把关，确保教材编写质量。特别是对32门核心示范教材建设，更加强调知识体系架构建设，紧密结合国家精品课程、一流学科、一流专业建设，提高编写标准和要求，着力推出一批高质量的核心示范教材。

5.加强数字化建设，丰富拓展教材内容

为适应新型出版业态，充分借助现代信息技术，在纸质教材基础上，强化数字化教材开发建设，对全国中医药行业教育云平台“医开讲”进行了升级改造，融入了更多更实用的数字化教学素材，如精品视频、复习思考题、AR/VR等，对纸质教材内容进行拓展和延伸，更好地服务教师线上教学和学生线下自主学习，满足中医药教育教学需要。

本套教材的建设，凝聚了全国中医药行业高等教育工作者的集体智慧，体现了中医药行业齐心协力、求真务实、精益求精的工作作风，谨此向有关单位和个人致以衷心的感谢！

尽管所有组织者与编写者竭尽心智，精益求精，本套教材仍有进一步提升空间，敬请广大师生提出宝贵意见和建议，以便不断修订完善。

国家中医药管理局教材办公室
中国中医药出版社有限公司
2023年6月

编写说明

生物化学在分子水平上研究生命物质的组成、结构、性质和功能，生命活动的化学机制和规律，以阐明生命的本质，从而应用于健康、医药、营养、农业、工业等领域，从根本上服务于人类健康。生物化学是基础医学的一门核心课程。它以化学、生物学、遗传学、解剖学、组织学、生理学为基础，同时又是病理学、药理学等后续课程和其他临床课程的基础，起着承前启后的作用。

《生物化学》（第五版）根据《中共中央 国务院关于促进中医药传承创新发展的意见》和全国中医药大会的精神，在国家中医药管理局宏观指导下，遵循中医药教育和人才成长规律，强化中医思维培养，规范教材建设体系，突出其系统性、科学性、完整性、实用性、权威性，服务中医药院校教育改革和课程体系建设，以为中医药特色人才培养奠定坚实基础。同时，为发挥中医药文化育人优势，将课程思政内容有机融入教材。

《生物化学》（第五版）是全国中医药行业高等教育"十四五"规划教材，可供全国高等院校中医学、中药学、针灸推拿学、中西医临床医学、护理学等专业使用，也可作为全国医师资格考试、全国硕士研究生入学统一考试的参考用书。

《生物化学》（第五版）力求保持第四版完善体系、突出特色、图表直观、叙述简洁、精益求精、方便读者的风格，在修订时一方面科学把握与细胞生物学、分子生物学、组织学、生理学、药理学、病理学、病理生理学、内科学、医学检验等其他课程的关系，另一方面有机结合新版全国医师资格考试大纲、全国硕士研究生入学统一考试大纲及历年考点。为此做以下修订：

1. 重视专业术语同义词问题：①通过专业文库检索确定同义词的使用频率，优先使用高频词。②对于高频词较多的同义词以以下两种形式表示，例如，"酶［促反应］动力学"表示"酶动力学又称酶促反应动力学"，"维生素 D_3（胆骨化醇、胆钙化醇）"表示"维生素 D_3 又称胆骨化醇、胆钙化醇"。

2. 重视缩写符号的科学使用，以希腊字母、阿拉伯数字和连字符为例：①涉及分子结构中的原子编号、基团位置或手性中心，如α-氨基酸、α-1,4-糖苷键、1α-羟基、7α-羟化酶、6-磷酸果糖、葡萄糖-6-磷酸酶，用连字符。②其他，如α螺旋、α淀粉酶、血红蛋白α亚基、α硫辛酸、磷酸果糖激酶1、乳酸脱氢酶1、苹果酸脱氢酶1，不涉及原子编号，不用连字符。

3. 重新制图：①带可电离基团的分子结构插图，给出其在生物体内主要电离状态的结构，如脂肪酸、氨基酸、核苷酸。②异头物插图，给出其主要存在形式的分子结构，如6-磷

酸葡萄糖、6-磷酸果糖、1,6-二磷酸果糖。

4. 更新部分内容：糖化学，脂质化学，核酸化学，酶，生物氧化，脂质代谢，氨基酸代谢，DNA 复制。

5. 增加部分临床用药核心成分、分子机制、《国家基本医疗保险、工伤保险和生育保险药品目录（2020 年）》药品分类代码。

本教材共 20 章，涉及生命物质、生物催化剂、能量代谢、物质代谢、代谢调节、医学生化专题、遗传信息传递、生物化学与分子生物学常用技术等。

本教材同时编写配套《生物化学习题集》（第五版）及融合出版数字化资源内容，以方便读者学习。

本教材编写分工如下：唐炳华编写绪论，杨云、郭冬青编写第一章，黄映红编写第二章，党琳、王晶编写第三章，贾连群编写第四章，谢晓蓉、姜玲编写第五章，李爱英编写第六章，杨长福、王延蛟编写第七章，谭宇蕙、翁美芝编写第八章，扈瑞平编写第九章，张春蕾、魏晓琳编写第十章，李素婷编写第十一章，孙聪、陈燕编写第十二章，卓少元、柴智编写第十三章，何迎春、张雪飞编写第十四章，于光、周涛编写第十五章，王勇编写第十六章，崔炳权编写第十七章，徐安莉编写第十八章，张捷平、秦琼编写第十九章，郑纺编写第二十章。

本教材数字化工作由唐炳华负责，融合出版数字化资源编创委员会共同参与完成。

本教材编写得到北京中医药大学及全国兄弟院校同道们的支持，北京中医药大学生物化学教研室全体教师倾力支持本教材的编写，在此一并致以衷心感谢。

教材建设是一项长期工作，由于生物化学内容丰富、编者学识有限，加之生物化学发展迅速，本教材难免存在遗漏或错讹。谨请读者提出宝贵意见和建议，随时通过 tangbinghua@bucm. edu. cn 与编委会联系。编委会将及时回复并深表感谢，更将在修订时充分考虑您的意见和建议。

《生物化学》编委会

2021 年 4 月

目　录

扫一扫，查阅本书数字资源

绪　论

生物化学在分子水平上研究生命物质的组成、结构、性质和功能，生命活动的化学机制及其规律，以阐明生命的本质，从而应用于健康、医药、营养、农业、工业、海洋、航天等领域，最终服务于人类社会。简言之，生物化学是研究生命化学的科学。

生物化学是一门医学核心课程。它以化学、生物学、遗传学、解剖学、组织学、生理学为基础，同时又是病理学、药理学等后续课程和其他临床课程的基础，起着承前启后的作用。

一、生物化学发展简史

生物化学研究始于18世纪，作为一门独立学科建立于20世纪初。1903年，C. Neuberg创造了"biochemistry（生物化学）"一词。

生物化学的发展过程大致分为三个阶段，即叙述生物化学、动态生物化学和机能生物化学。叙述生物化学又称静态生物化学，主要研究生命物质的组成和性质，如C. Scheele研究生物体各组织的化学组成，奠定了生物化学的物质基础。在揭示生命物质的组成之后，生物化学开始研究维持生命活动的化学反应，即研究生命物质的代谢过程以及酶、维生素和激素等在代谢过程中的作用。由于代谢是一个动态过程，这一阶段称为动态生物化学。随着生物化学研究的不断深入，人们对生命现象和生命本质有了进一步认识，即物质代谢主要在细胞内进行，不同细胞构成不同的组织和器官，并赋予它们不同的生理功能。机能生物化学研究生物分子、细胞器、细胞、组织和器官的结构与功能的关系，即从生物整体水平研究生命。

20世纪后半叶以来，生物化学发展的显著特征是分子生物学的崛起。1953年，J. Watson和F. Crick提出DNA双螺旋结构模型，这是生物化学发展进入分子生物学时代的重要标志。此后，DNA、RNA和蛋白质的合成过程被揭示，遗传信息传递的中心法则被阐明。20世纪70年代初，随着限制性内切酶的发现和核酸杂交技术的建立，重组DNA技术得到建立和发展。1972年，P. Berg首次将不同的DNA片段连接起来，构建重组DNA分子，并将其转入细胞进行扩增，获得重组DNA克隆。1976年，Y. Kan等应用DNA实验技术检验胎儿羊水细胞DNA，用以诊断α地中海贫血。1977年，人类基因组第一个基因被克隆，用重组DNA技术成功生产人生长抑素。1982年，T. Cech发现核酶。1983年，K. Mullis发明PCR技术，可以简便快速地在体外扩增DNA。1990年，基因治疗临床试验获得成功。2003年，人类基因组计划基本完成，功能基因组计划进一步研究各种基因的功能及其表达调控。自20世纪80年代以来，分子生物学研究对生命科学的发展起到了巨大的推动作用，受到国际科学界的高度重视。

我国生命科学工作者对生物化学的发展做出了重大贡献。自古以来我国劳动人民的生产和生活中蕴涵了生物化学知识和技术的应用，"不得其酱不食"表明在周朝就已经食用酱。制酱造饴需将谷物发酵，成为食品生物化学的开端。20 世纪 20 年代以来，我国科技工作者在蛋白质化学、免疫化学和营养学等方面取得了卓越成就。生物化学家吴宪在血液分析方面创立了血滤液的制备方法及血糖的测定方法，在蛋白质研究方面提出了蛋白质变性学说。我国科技工作者 1965 年人工合成蛋白质——牛胰岛素，1972 年用 X 射线衍射技术揭示分辨率达 0.18nm 的猪胰岛素分子空间结构，1979 年合成酵母丙氨酸 tRNA，1990 年培育出转基因家畜。此外，我国是人类基因组计划国际大协作的成员。

二、生物化学的主要内容

生物化学研究的内容大体上可分为三部分。

（一）生物体的物质组成及生物分子的结构与功能

生物体是由各种生命物质按规律构建起来的。75kg 成年人体含水约 60%、蛋白质约 16%、核酸约 0.2%、甘油三酯约 13%、类脂约 2.5%、糖约 1.5%、固态无机盐约 5.5%、溶解态无机盐约 0.7%。生物体的物质组成看似比较简单，其实非常复杂。除水之外，上述每一类物质又可进一步分类，如人体蛋白质就达 10^5种之多。各种蛋白质的组成和结构不同，因而生理功能不同。

当代生物化学研究的重点是生物大分子。**生物大分子**（biomacromolecule）主要是指蛋白质和核酸，它们属于信息产物和信息载体，故又称生物信息分子。生物大分子是由一些基本结构单位按一定规律连接形成的**聚合物**（polymer），这些结构单位称为**单体**（monomer）。

●**单体** ①可通过聚合反应合成大分子的一类小分子，如氨基酸、核苷酸、单糖。②没有四级结构的蛋白质。○

单体的种类不多，并且在不同生物体内都是一样的，但不同生物大分子所含单体的数量和比例不同，因而分子结构不同，有着不同的生理功能。结构与功能密切相关，结构是功能的基础，功能是结构的体现。生物大分子的功能是通过分子的相互识别和相互作用实现的，因此，分子结构、分子识别和相互作用是实现生物大分子功能的基本要素，这一领域是当代生物化学研究的热点之一。

（二）代谢及其调节

在活体内进行的化学过程称为代谢。各种生命物质按一定规律进行代谢，通过代谢更新组织成分和为生命活动提供能量，这是生命现象的基本特征。代谢是机体与环境进行的物质交换和能量交换过程。通过代谢机体既适应外环境变化，又保持内环境的稳定，这就需要各代谢之间相互协调。一旦出现代谢紊乱，机体就会发生疾病。目前，许多代谢途径虽已基本阐明，但仍有许多问题有待深入研究，代谢调节的分子机制也有待进一步阐明。信号转导参与代谢调节及细胞生长、分裂、分化、凋亡等生命活动的调控。信号转导机制及信号网络也是当代生物化学研究的热点。

（三）遗传信息传递与调控

随着生物化学的不断发展及与相关学科的相互渗透，人类对生物大分子结构与功能关系的认识日趋完善，并进一步从分子水平揭示了遗传的物质基础和基因的表达机制及其调控规律。基因表达是指基因通过转录和翻译等一系列复杂环节指导合成具有特定功能产物的过程。该过程与细胞生长、分化以及机体生长、发育密切相关，在多环节上受到调控，错综复杂而协调有序。对基因表达调控的研究将进一步阐明生物大分子功能和疾病发病机制，从而在分子水平上为疾病的诊

断、治疗和预防提供理论依据和技术支持。因此，基因表达与调控是目前分子生物学最重要、最活跃的领域之一。

三、生物化学与医学及中医药学的关系

医学生物化学是生物化学的一个重要分支，生物化学的理论和技术已经广泛应用于医药领域。无论是基础医学还是临床医学的研究都涉及分子变化问题，都在应用生物化学的理论和技术解决问题，从而诞生了分子遗传学、分子免疫学、分子病理学、分子血液学、分子肿瘤学、分子心脏病学和分子流行病学等一批新兴交叉学科或分支学科，有的已经初步形成体系。

生物化学与医学发展密切相关，相互促进。随着生物化学和分子生物学的发展，我们不但对许多疾病的本质有了更深入的认识，而且可以建立新的诊疗技术，特别是分子诊断和基因治疗等技术，必将推动人类健康水平的不断提高。

生物化学理论和技术在药物开发方面同样起着重要作用。例如，根据酶学理论研制助消化药物及溶栓药物，根据基因结构和性质应用重组 DNA 技术合成胰岛素。

生物化学理论和技术应用于中医药研究也将极大促进中医药的发展。在中医证候中必然存在着生物化学的变化规律，同时也需要生化指标加以量化。在中药研究方面也是如此，如中药成分对生物大分子结构和活性的影响。中医药要面向世界、面向现代化、面向未来，就要与现代科学特别是现代医学相结合。生物化学与分子生物学是实现这一有机结合的核心。

推进中医药继承创新

实施中医药传承创新工程，重视中医药经典医籍研读及挖掘，全面系统继承历代各家学术理论、流派及学说，不断弘扬当代名老中医药专家学术思想和临床诊疗经验，挖掘民间诊疗技术和方药，推进中医药文化传承与发展。建立中医药传统知识保护制度，制定传统知识保护名录。融合现代科技成果，挖掘中药方剂，加强重大疑难疾病、慢性病等中医药防治技术和新药研发，不断推动中医药理论与实践发展。发展中医药健康服务，加快打造全产业链服务的跨国公司和国际知名的中国品牌，推动中医药走向世界。保护重要中药资源和生物多样性，开展中药资源普查及动态监测。建立大宗、道地和濒危药材种苗繁育基地，提供中药材市场动态监测信息，促进中药材种植业绿色发展。

重点开展中医基础理论创新及中医经验传承与挖掘，研究中医药诊疗、评价技术与标准，发展现代中药研究开发和生产制造技术，有效保护和合理利用中药资源，加强中医药知识产权保护研究和国际合作平台建设。

——摘自《“健康中国 2030”规划纲要》(中华人民共和国国务院)

传承创新发展中医药教育

强化中医药专业在中医药院校中的主体地位，集中优势资源做大做强中医药主干专业。支持中医药院校加强对中医药传统文化功底深厚、热爱中医的优秀学生的选拔培养。强化传承，把中医药经典能力培养作为重点，提高中医类专业经典课程比重，将中医药经典融入中医基础与临床课程，强化学生中医思维培养。建立早跟师、早临床学习制度，将师承教育贯穿临床实践教学全过程。支持编写一批符合中医药教育规律的核心课程教材。注重创新，试点开展九年制中西医结合教育，培养少而精、高层次、高水平的中西医结合人才；探索多学

科交叉创新型中医药人才培养。

——摘自《国务院办公厅关于加快医学教育创新发展的指导意见》（国办发〔2020〕34号）

讨论

始于2019年末的新型冠状病毒（severe acute respiratory syndrome coronavirus 2，SARS-CoV-2）引起的新型冠状病毒感染（曾称新型冠状病毒肺炎，简称新冠肺炎，NCP。WHO命名2019冠状病毒病，COVID-19）对人类健康及生活的影响极其深远。各国生命科学和医学工作者迅速行动起来，启动病毒分析、疾病诊断和新冠疫苗的研发。一些关键问题的攻克和防治成果的诞生对稳定民心、安定生活、恢复生产贡献巨大。

新型冠状病毒的检测方法主要有核酸检测、抗体检测、抗原检测。各国研发的新冠病毒疫苗主要有灭活疫苗、核酸疫苗、重组蛋白疫苗、腺病毒载体疫苗、减毒流感病毒载体疫苗。通过学习生物化学和分子生物学对这些有了科学认识之后，你如何看待学习生物化学和分子生物学为人类健康保驾护航的作用？

第一章
糖化学

扫一扫，查阅本章数字资源，含PPT、音视频、图片等

糖类（saccharide）是多羟基醛和多羟基酮及其衍生物和聚合物。糖都含有碳、氢、氧三种元素。许多糖的实验式为 $C_m(H_2O)_n$，因其氢、氧原子数之比为 2∶1，与水一致，所以糖类又称碳水化合物（carbohydrate）。有些糖含氮、磷或硫等。

糖类是生物体的重要结构成分及主要供能物质，在各种生物体内含量丰富。光合生物每年通过光合作用合成糖 10^{15}kg。地球上一半以上的有机碳都存在于糖分子（特别是淀粉和纤维素）中。糖类可根据分子组成的复杂程度分为单糖、寡糖和多糖。单糖（monosaccharide）是多羟基醛和多羟基酮及其衍生物，是寡糖和多糖的结构单位。寡糖（低聚糖，oligosaccharide）是由 2～10 个单糖以糖苷键连接而成的化合物。多糖（polysaccharide，聚糖，glycan，也有定义聚糖是多糖和寡糖的统称）是由 10 个以上单糖以糖苷键连接而成的大分子化合物。

第一节　单　糖

生物体内已鉴定的单糖有 200 多种，可根据所含碳原子数（C_3～C_9）分为丙糖、丁糖、戊糖和己糖等，根据官能团是醛基或酮基分为醛糖、酮糖及其衍生物。醛糖（aldose）是多羟基醛及其分子内半缩醛，例如甘油醛、α-D-吡喃葡萄糖。酮糖（ketose）是多羟基酮（且羰基位于 C-2 位）及其分子内半缩酮（属于半缩醛），例如二羟丙酮、β-D-呋喃果糖。甘油醛和二羟丙酮分别是醛糖和酮糖的母体化合物。

一、单糖结构

己糖和戊糖是生物体内含量最高的单糖，其中与生命活动关系最密切的是葡萄糖、核糖和脱氧核糖。葡萄糖既是生物体内含量最高的己糖，又是许多寡糖和多糖的主要（甚至唯一）结构单位。以下以葡萄糖为例介绍单糖的结构和性质。

1. 葡萄糖　葡萄糖（Glc）的分子式是 $C_6H_{12}O_6$，是一种五羟基己醛，醛基是其官能团，羟基是取代基。葡萄糖是手性分子，具有旋光性。

●手性分子是指具有结构不对称性，因而不能与其镜像重合的分子，这种不对称性称为手性分子的构型。手性分子之所以具有结构不对称性，绝大多数是因为其含有手性碳原子。手性碳原子是以共价键连接了四个不同原子或基团的碳原子，因而也具有结构不对称性，不能与其镜像重合。这种不对称性称为手性碳原子的构型。

旋光性（光学活性，optical activity）是指手性分子溶液可以使透过溶液的偏振光的偏振面发生旋转的能力。顺时针旋转称为右旋，用“+”表示。逆时针旋转称为左旋，用“-”表示。旋转的角度值称为**旋光度**。一定条件下的旋光度称为**比旋光度**。不同手性分子具有不同的比旋光度，例如L-乳酸的比旋光度为+2.5°，胆固醇的比旋光度为-31.5°。○

（1）葡萄糖的开链结构与Fischer投影式　葡萄糖是手性分子，其开链结构（open-chain form）中的C-2、C-3、C-4和C-5是手性碳原子，离主要官能团（醛基）最远的手性碳原子C-5与D-甘油醛C-2构型一致，所以葡萄糖为D-构型。生物体内的单糖几乎都是手性分子，且大多数为D-构型（因此书中介绍D-构型单糖时不再注明其构型）。二羟丙酮例外，作为最简单的单糖之一，它没有手性碳原子，不是手性分子。

●**D/L构型**用于定义生物分子的构型。以D-甘油醛和L-甘油醛为参照物。将单糖分子中编号最大手性碳原子与甘油醛手性碳原子构型比较，与D-甘油醛一样的是D-构型单糖，与L-甘油醛一样的是L-构型单糖。

$HOCH_2-C(=O)-CH_2OH$

二羟丙酮

Fischer投影式（Fischer projection formula）是以平面绘图表示手性碳原子构型的一种规则：①在纸平面上画一个十字交叉，手性碳原子位于交叉点（通常可以不写出）。②交叉点伸出的两条竖线表示偏向纸平面后方的键，两条横线表示偏向纸平面前方的键。○

楔形式（透视式）　　Fischer投影式

L-甘油醛

D-甘油醛

D-葡萄糖

（2）葡萄糖的环状结构与Haworth式　在溶液中，通过碳-碳单键的自由旋转，葡萄糖的C-5羟基（取代基羟基）可以接近C-1，并与C-1醛基发生分子内加成反应，形成环状结构（cyclic form）的**半缩醛**（hemiacetal），醛基氧形成的羟基称为**半缩醛羟基**（官能团羟基）。

α-D-(+)-葡萄糖
比旋光度+112°
平衡体系含量36%

D-(+)-葡萄糖
平衡体系含量0.024%

β-D-(+)-葡萄糖
比旋光度+18.7°
平衡体系含量64%

葡萄糖的环状结构可用**Haworth[透视]式**（Haworth representation）表示。

● Haworth 式的标准绘制法是把糖环顺时针横写，官能团碳原子在右侧，省略成环碳原子（书中各种单糖的 Haworth 式还省略成环碳原子所结合的氢原子），粗线表示在纸平面前方的键。○

葡萄糖的环状结构类似于杂环化合物吡喃（pyran）的杂环结构，这种结构的糖称为**吡喃糖**（pyranose）。

●**杂环化合物**　在分子的环状结构中含有杂原子（除碳原子外的其他原子）的有机物。○

成环使葡萄糖的 C-1 成为手性碳原子（称为**异头碳**，anomeric carbon），形成两种互称端基异构体或异头物的**立体异构体**（stereoisomer），分别称为 α-D-(+)-吡喃葡萄糖（比旋光度+112°）和 β-D-(+)-吡喃葡萄糖（比旋光度+18.7°）。

● α/β 在糖的命名中表示半缩醛羟基的指向。①如果远端羟甲基（如葡萄糖 C-6）未参与成环，半缩醛羟基与 C-6 异面的是 α，同面的是 β。②对于 D-构型单糖，半缩醛羟基位于吡喃环的逆时针面的是 α，位于顺时针面的是 β。③对于葡萄糖，椅式构象中半缩醛羟基位于直键上的是 α，位于平键上的是 β。○

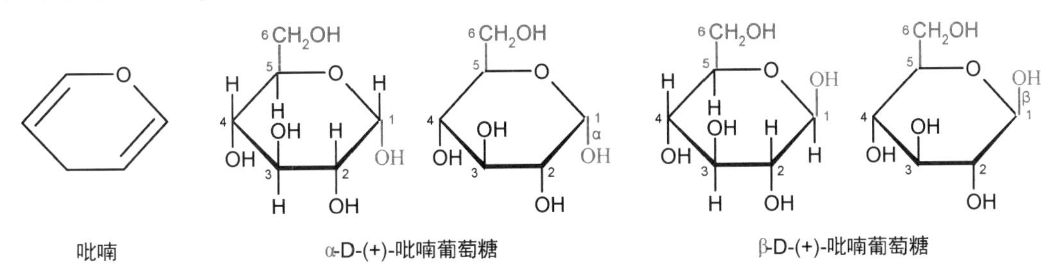

α-D-(+)-葡萄糖溶解于水时会开环，并有一部分转化为 β-D-(+)-葡萄糖，最终形成平衡体系，这一现象称为互变异构。在该平衡体系中，α-D-(+)-葡萄糖约占 36%，β D（+）葡萄糖约占 64%，开链结构葡萄糖仅占 0.024%。因为两种葡萄糖的比旋光度不同，所以上述平衡体系形成过程中溶液的旋光度会改变，这一现象称为葡萄糖溶液的**变旋[光]现象**（mutarotation）。新配制 α-D-(+)-葡萄糖溶液的比旋光度是+112°，平衡体系的比旋光度是+52.7°。其他糖溶液也会有变旋现象。

●基于与葡萄糖相同的原因，许多单糖和二糖在生理条件下都有不止一种结构，本书通常只给出其含量最多的结构（优势结构）。○

在葡萄糖溶液中，虽然开链结构葡萄糖所占的比例极小，但 α-D-(+)-葡萄糖与 β-D-(+)-葡萄糖的互变异构必须通过它才能实现。此外，只有开链结构的葡萄糖才会发生某些化学反应，例如还原反应。

（3）葡萄糖的构象　吡喃葡萄糖有椅式构象和船式构象等典型构象，其中椅式构象比较稳定。在所有吡喃糖的构象中，β-D-(+)-吡喃葡萄糖的椅式构象是最稳定的。

●**构象**（conformation）　分子的一种空间结构特征，它反映分子中原子或基团的空间布局（spatial arrangement），这种布局由共价键的键长和键角决定，可因单键旋转而改变。

构象异构（conformational isomerism）　由于单键的旋转而使分子中的原子或基团在空间形成不同的布局方式。○

α-D-(+)-吡喃葡萄糖（椅式构象）　β-D-(+)-吡喃葡萄糖（椅式构象）　β-D-(+)-吡喃葡萄糖（船式构象）

2. 半乳糖和果糖　除葡萄糖外，其他己糖、戊糖和丁醛糖也都有开链结构和环状结构，例如半乳糖（Gal）和果糖（Fru）。

半乳糖是己醛糖，与葡萄糖相比只有 C-4 构型不同。只有一个手性碳原子构型不同的两种手性分子互为**差向异构体**（epimer），因此半乳糖和葡萄糖互为差向异构体。半乳糖发生分子内加成反应也可以形成两种吡喃糖：α-D-吡喃半乳糖和 β-D-吡喃半乳糖。

D-半乳糖　α-D-吡喃半乳糖　β-D-吡喃半乳糖

果糖是己酮糖，可以发生两种分子内加成反应，形成两类环状结构的**半缩酮**（hemiketal，属于半缩醛）：①吡喃糖结构：占溶液中游离型果糖的 75%。②**呋喃糖**（furanose）结构：其环状结构类似于杂环化合物呋喃（furan）的杂环结构，占溶液中游离型果糖的 25%，是果糖衍生物和聚合物中的结构形式。

D-果糖　β-D-吡喃果糖　6-磷酸-β-D-呋喃果糖　呋喃

葡萄糖等己醛糖在溶液中也会形成呋喃环，但不稳定，因而极少，不到 1%。

3. 核糖和脱氧核糖　是核酸组分。它们都是戊醛糖，都有开链结构和环状结构。游离型核糖（ribose）和脱氧核糖（deoxyribose）主要以吡喃糖结构形式存在，结合型核糖和脱氧核糖都以呋喃糖结构形式存在。

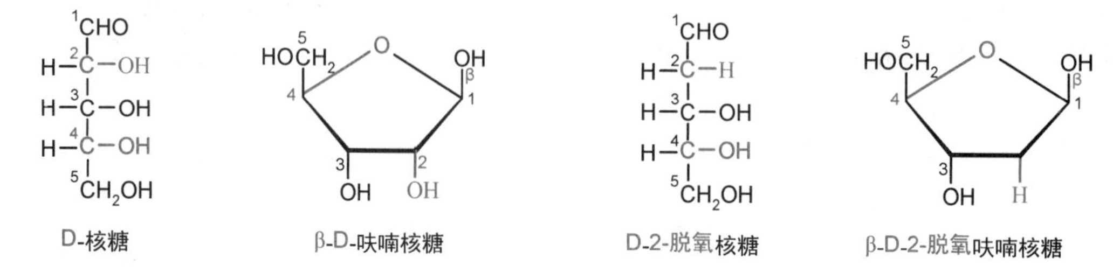

D-核糖　β-D-呋喃核糖　D-2-脱氧核糖　β-D-2-脱氧呋喃核糖

二、单糖化学性质

单糖既能发生醇的反应，又能发生醛或酮的反应。此外，因为分子中各种官能团之间相互影响，单糖还能发生一些特殊反应。

1. 成苷 环状结构单糖的半缩醛羟基较其他羟基活泼，可以与其他分子的羟基或氨基、亚氨基、巯基缩合，生成糖苷（glycoside）。例如，葡萄糖通过半缩醛羟基与甲醇缩合，生成β-甲基葡萄糖苷。

葡萄糖 + CH_3OH $\xrightarrow{HCl}$ β-甲基葡萄糖苷 + H_2O

葡萄糖　　甲醇　　β-甲基葡萄糖苷

糖苷分子可视为由两个基团构成，一个是失去半缩醛羟基的糖基（可以是单糖、寡糖、多糖），另一个是取代该半缩醛羟基的苷元（糖苷配基，aglycone，例如β-甲基葡萄糖苷分子的甲氧基）。苷元本身也可以是糖，例如乳糖中的葡萄糖（第二节，12页）。连接糖基和苷元的化学键称为糖苷键（glycosidic bond）。糖苷键根据异头碳构型分为α-糖苷键和β-糖苷键，根据苷元连接原子分为*O*-糖苷键（如麦芽糖和淀粉中的糖苷键）、*N*-糖苷键（如核苷酸和核酸中的糖苷键，第四章，59页）和*S*-糖苷键（如异丙基-β-硫代半乳糖苷）。糖苷键对碱稳定而易被酸催化水解。

糖苷在各种生物体内广泛存在。某些糖苷具有药用价值，例如链霉素和强心苷类。

2. 成酯 单糖分子中的羟基能与酸缩合成酯，其中具有重要生理意义的是磷酸酯，如3-磷酸甘油醛、6-磷酸葡萄糖、1-磷酸葡萄糖，它们都是糖代谢途径重要的中间产物（在绘制分子结构时，通常用Ⓟ表示磷酸基团）。

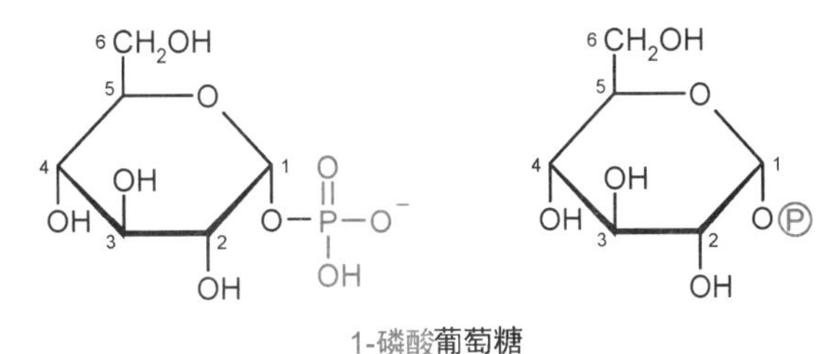

1-磷酸葡萄糖

3. 氧化 在一定条件下，单糖可以被氧化。氧化条件不同则氧化产物不同。

（1）与碱性弱氧化剂反应　葡萄糖的醛基能被Benedict试剂、Fehling试剂、Tollens试剂等碱性弱氧化剂（表1-1）氧化，从而生成葡萄糖酸（gluconic acid）等氧化产物。

表1-1 常用碱性弱氧化剂

碱性弱氧化剂	组成	反应现象
Benedict 试剂	硫酸铜、碳酸钠、柠檬酸钠	生成红棕色沉淀（Cu_2O）
Fehling 试剂	硫酸铜、氢氧化钠、酒石酸钾钠	生成红棕色沉淀（Cu_2O）
Tollens 试剂	硝酸银、氨水	形成银镜（Ag）

凡是能被碱性铜氧化的糖统称还原糖（reducing sugar）。除葡萄糖外，半乳糖、核糖等醛糖也能被碱性铜氧化。二羟丙酮、果糖等酮糖在碱性条件下可以通过醛酮异构转化为醛糖（10页），然

D-葡萄糖酸	D-葡萄糖醛酸	D-葡萄糖二酸
COO^-	CHO	COO^-
H—C—OH	H—C—OH	H—C—OH
HO—C—H	HO—C—H	HO—C—H
H—C—OH	H—C—OH	H—C—OH
H—C—OH	H—C—OH	H—C—OH
CH_2OH	COO^-	COO^-

后被 Cu^{2+} 氧化。因此，醛糖和酮糖都是还原糖。糖苷中糖基的半缩醛羟基不是游离的，不能自发开环形成醛基，因而糖苷不是还原糖。

（2）与酸性弱氧化剂反应　醛糖与酸性弱氧化剂反应生成糖酸（aldonic acid），例如葡萄糖与溴水（pH 5）或 Schiff 试剂（碱性品红 0.5%-亚硫酸氢钠 1%-盐酸 0.1mol/L）反应生成葡萄糖酸。酮糖无此性质，因此该反应可用于鉴别醛糖和酮糖。

葡萄糖酸在临床上用作阳离子药物（如奎宁、Ca^{2+}、Zn^{2+}）的平衡离子（counterion）。

（3）与酸性强氧化剂反应　醛糖与酸性强氧化剂（如稀 HNO_3）作用时，其醛基和羟甲基都被氧化，生成糖二酸（aldaric acid）。

（4）酶促氧化反应　在肝细胞内，葡萄糖的羟甲基经酶促氧化成羧基，生成葡萄糖醛酸（GlcA，第八章，162 页），参与生物转化，具有保肝解毒作用（第十四章，276 页）。

（5）完全氧化　单糖可以完全氧化，生成 CO_2 和 H_2O，同时释放能量，如葡萄糖的完全氧化。

$$C_6H_{12}O_6 + 6O_2 \rightarrow 6CO_2 + 6H_2O$$

4. 还原　醛糖和酮糖都可以被还原成相应的糖醇（alditol）。糖醇的消化道吸收率低，利用率约为糖的一半，可用作糖尿病患者的食品添加剂。

（1）核糖　被还原成核糖醇，是维生素 B_2 组分（第六章，104 页）。

（2）木糖　被还原成木糖醇，常用作甜味剂。

（3）葡萄糖　被还原成葡萄糖醇（山梨醇），常用作甜味剂、缓泻药。山梨醇在糖尿病患者的视网膜细胞和晶状体内积累会引起视网膜病变和白内障。

（4）甘露糖　被还原成甘露醇，吸水性强，且可透过血脑屏障，临床上用作脱水剂，治疗脑水肿，降低眼内压，渗透性利尿（XB05BB）。

核糖醇	木糖醇	D-山梨醇	D-甘露醇
CH_2OH	CH_2OH	CH_2OH	CH_2OH
H—C—OH	H—C—OH	H—C—OH	HO—C—H
H—C—OH	HO—C—H	HO—C—H	HO—C—H
H—C—OH	H—C—OH	H—C—OH	H—C—OH
CH_2OH	CH_2OH	H—C—OH	H—C—OH
		CH_2OH	CH_2OH

5. 异构　一种单糖或其磷酸酯可以异构成另一种单糖或其磷酸酯。

（1）醛酮异构　在碱性条件下醛糖与相应酮糖可以相互转化，例如 6-磷酸葡萄糖异构成 6-磷酸果糖。在细胞内，醛酮异构反应是由异构酶催化进行的（第八章，149 页）。

6-磷酸葡萄糖　　　　6-磷酸果糖

（2）差向异构　在碱性条件下葡萄糖与甘露糖可以相互转化。在细胞内葡萄糖可以由酶催化异构成半乳糖。葡萄糖和甘露糖只有 C-2 构型不同，互为差向异构体；葡萄糖和半乳糖只有 C-4 构型不同，互为差向异构体。

6-磷酸甘露糖　　　　6-磷酸葡萄糖　　　　6-磷酸半乳糖

第二节　寡　糖

食物寡糖主要是二糖（双糖，disaccharide），由两个单糖构成，分为还原性二糖和非还原性二糖。①还原性二糖由一个单糖的半缩醛羟基与另一个单糖的取代基羟基缩合生成，还有一个半缩醛羟基，在溶液中可以自发开环形成醛基，因而是还原糖，如麦芽糖（maltose）、异麦芽糖（isomaltose）、乳糖（lactose）。②非还原性二糖由两个单糖的半缩醛羟基缩合生成，不含半缩醛羟基，在溶液中不能自发开环形成醛基，因而不是还原糖，如蔗糖（sucrose）。③在寡糖（和多糖）中，含游离半缩醛羟基端称为还原端（reducing end），绘制结构时位于右侧，另一端称为非还原端（non-reducing end），绘制结构时位于左侧，如乳糖中的葡萄糖基位于还原端，半乳糖基位于非还原端。

1. 麦芽糖和异麦芽糖　由两个葡萄糖分别以 α-1,4-糖苷键（麦芽糖）、α-1,6-糖苷键（异麦芽糖）连接而成，分别记作 Glc（α1→4）Glc、Glc（α1→6）Glc。麦芽糖和异麦芽糖是淀粉和糖原在消化道内消化过程的中间产物，麦芽糖还存在于麦芽中。

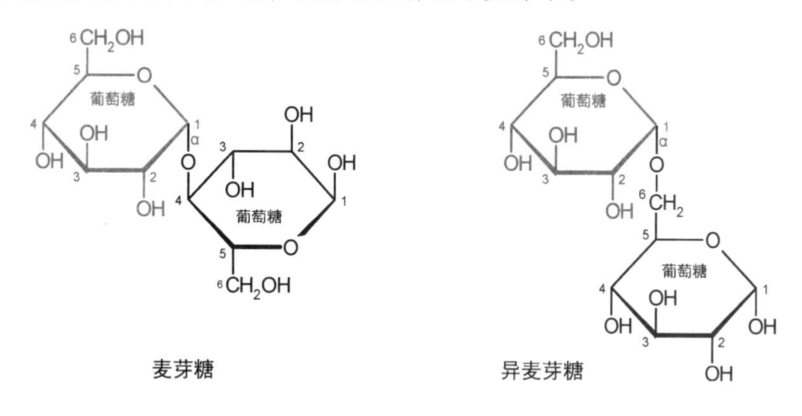

麦芽糖　　　　异麦芽糖

2. 乳糖　由半乳糖和葡萄糖以 β-1,4-糖苷键连接而成，记作 Gal（β1→4）Glc，是奶类主要成分。

3. 蔗糖　由葡萄糖和果糖以 α-1,2-β-糖苷键连接而成，记作 Glc（α1↔2β）Fru 或 Fru（β2

↔1α）Glc，是植物糖的储存形式和运输形式，在甘蔗和甜菜中含量尤为丰富。

乳糖　　蔗糖

4. 细胞膜寡糖　细胞膜由蛋白质、类脂、寡糖和少量多糖构成，其中糖占2%~10%，带有分支。所含糖基来自以下8种单糖：葡萄糖、甘露糖、岩藻糖（L-6-脱氧半乳糖）、木糖、唾液酸（神经氨酸取代物，通常在末端）、半乳糖（通常在次末端）和氨基糖（包括*N*-乙酰氨基葡萄糖和*N*-乙酰氨基半乳糖，通常在次末端）。这些寡糖都以糖复合物（糖蛋白或糖脂）形式存在，并且暴露于细胞膜外。细胞膜寡糖的功能是参与细胞黏附和细胞识别，如某些细菌毒素受体、ABO血型抗原。

N-乙酰-氨基葡萄糖　　*N*-乙酰-氨基半乳糖　　α-L-岩藻糖　　*N*-乙酰-神经氨酸

5. 血型抗原　目前国际输血协会认可的血型系统有35个，其中与临床关系最密切的是ABO血型系统和Rh血型系统。ABO血型的分类依据是ABO抗原（ABO物质），其化学本质是鞘糖脂（主要是膜成分，第二章，26页）和糖蛋白（主要见于分泌物中）所含的寡糖基，称为**血型抗原**。

血型不同是因为血型抗原寡糖链的结构不同，由催化修饰寡糖链的ABO系统转移酶决定：①O型血的血型抗原称为**O抗原**（H抗原），其ABO系统转移酶无活性。②A型血的血型抗原称为**A抗原**，是在O抗原寡糖链的半乳糖上连接一个*N*-乙酰氨基半乳糖（GalNAc），其ABO系统转移酶的底物是二磷酸尿苷-*N*-乙酰氨基半乳糖（UDP-GalNAc）。③B型血的血型抗原称为**B抗原**，是在O抗原寡糖链的半乳糖上连接一个半乳糖（Gal），其ABO系统转移酶的底物是二磷酸尿苷-半乳糖（UDP-Gal）。④AB型血的红细胞膜上同时存在A抗原和B抗原。

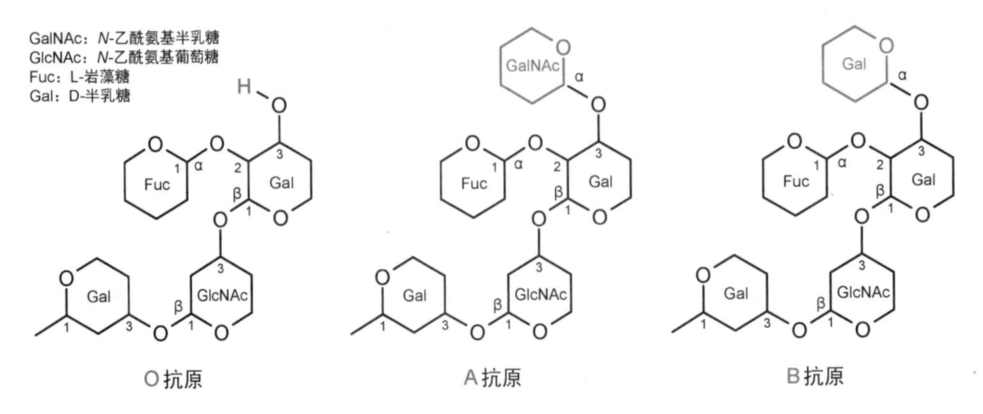

第三节 多 糖

多糖根据组成可分为同多糖和杂多糖，在各种生物体内分布广泛，具有重要的生理功能。多糖（和大多数由 3~10 个单糖构成的寡糖）以糖复合物（糖缀合物，糖结合物，复合糖类）形式存在，即分子中含有非糖基团，例如糖蛋白（glycoprotein）、蛋白多糖（蛋白聚糖，proteoglycan）和糖脂（glycolipid）。

一、同多糖

同多糖（均多糖，homopolysaccharide）是仅由一种单糖构成的多糖。常见的同多糖有淀粉、糖原、纤维素、右旋糖酐、菊粉和果胶等，它们是糖的储存形式或机体的结构成分。

1. 淀粉（starch） 是食物中的主要糖类。淀粉是植物糖的储存形式，主要存在于种子和根茎（如大米、玉米、小麦、马铃薯、红薯和芋头）中。

淀粉包括直链淀粉和支链淀粉，它们的结构和性质都有差别。

（1）直链淀粉（amylose） 由 50~5000 个葡萄糖以 α-1,4-糖苷键连接而成，占淀粉总量的 13%~20%。直链淀粉只有两个末端，分别是非还原端和还原端。

非还原端　　还原端

直链淀粉

直链淀粉的构象并不是伸展的，而是卷曲成空心螺旋（hollow helix），每个螺旋含有 6 个葡萄糖（图 1-1）。

直链淀粉可溶于热水，溶液在常温下与碘呈蓝色，机制可能是 I_3^- 嵌入直链淀粉螺旋内部，形成螯合物。

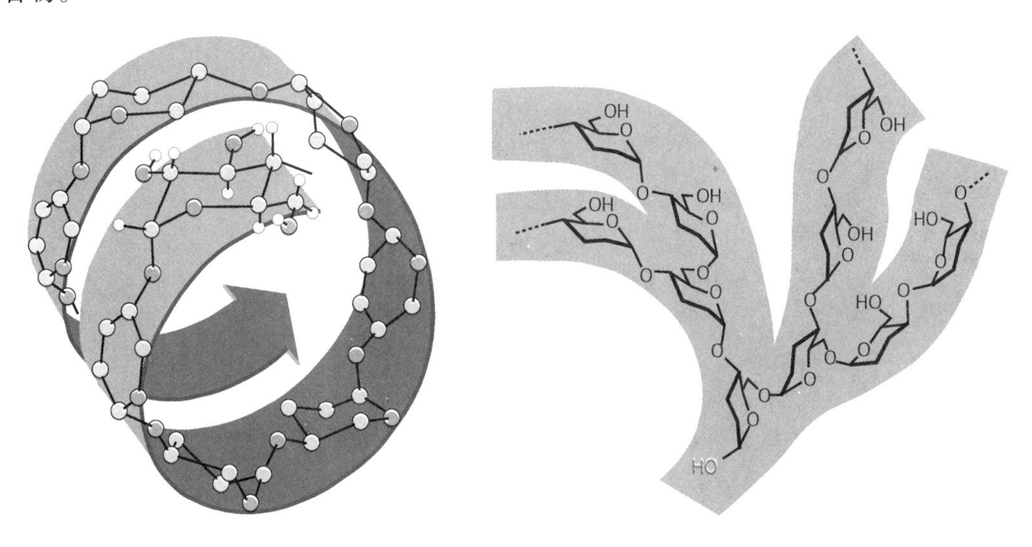

图 1-1 直链淀粉和支链淀粉

（2）支链淀粉（amylopectin） 比直链淀粉大，由多达上百万个葡萄糖以 α-1,4-糖苷键连接而成，不过每隔 24～30 个葡萄糖会连接一个分支（称为外支），分支点的葡萄糖以 α-1,6-糖苷键连接。分支的另一端是非还原端，支链淀粉只有一个末端是还原端。

支链淀粉不溶于水，在热水中吸水糊化，遇碘呈紫色。

淀粉可被酸或淀粉酶催化水解，水解过程中生成一系列长短不同的寡聚葡萄糖，统称糊精（dextrin）。根据与碘呈色的不同，它们分别称为蓝糊精、红糊精和无色糊精。

2. 糖原（glycogen） 又称动物淀粉。糖原分子称为 β 粒子，直径约 20～30nm，由多达 6 万个葡萄糖构成，有 2000 多个非还原端，数个至数十个 β 粒子与糖原代谢酶系形成糖原颗粒（glycogen granule，α 粒子，α granule），直径 0.04～0.3μm，是动物糖的储存形式，存在于大多数组织细胞中，但在肝脏（肝糖原）、骨骼肌和心肌（肌糖原）的细胞质中含量最多，脑细胞也有一定量。

糖原与支链淀粉一样有两种糖苷键，因而也有分支，且分支短而多，每个分支上可以再有两个分支，分支点间隔 8～15 个葡萄糖（图 1-2）。

糖原溶于热水，溶液在常温下与碘呈紫红色或红褐色。

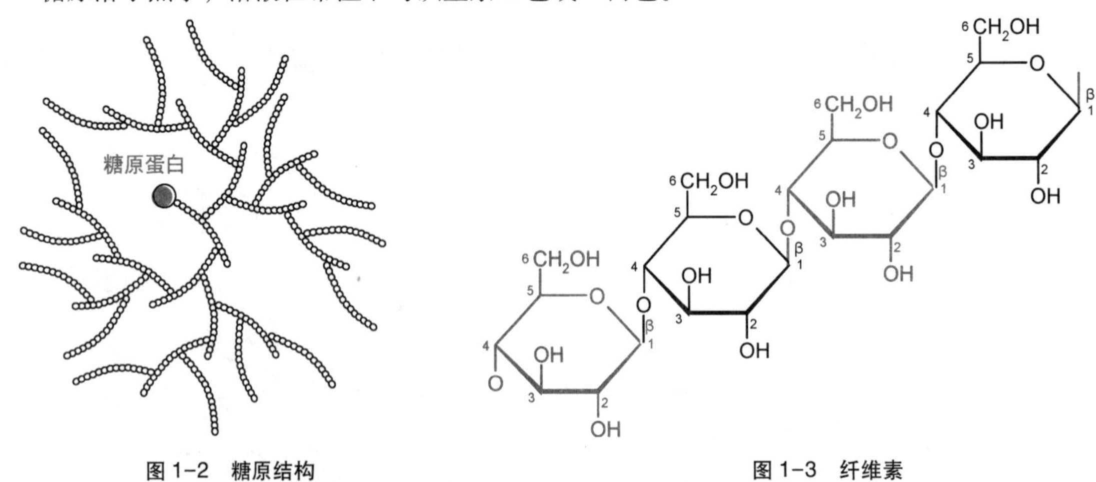

图 1-2 糖原结构　　图 1-3 纤维素

3. 纤维素（cellulose） 由多达 1.5 万个葡萄糖以 β-1,4-糖苷键连接而成，没有分支。纤维素是植物细胞壁的主要结构成分，占树叶干重的 10%～20%、木材干重的 50%～70%。棉花含纤维素 92%～98%，而脱脂棉和滤纸几乎是纯纤维素（图 1-3）。

4. 右旋糖酐（dextran） 是细菌和酵母代谢物，由葡萄糖以 α-1,6-糖苷键连接而成，有分

支，主要通过α-1,3-糖苷键连接，少量通过α-1,2、α-1,4-糖苷键连接。各种右旋糖酐分子大小不一，用途不同：①分子量（相对分子质量）$2\times10^4\sim4\times10^4$的右旋糖酐主要用于降低血液黏稠度，改善微循环，防止血栓形成。②分子量7.5×10^4的右旋糖酐可用作血浆代用品，增加血容量。③分子量大于9×10^4的右旋糖酐会引起细胞凝集，没有医用价值。

5. 菊粉（inulin） 是一种聚果糖（fructosan），由果糖以β-2,1-糖苷键连接而成。见于大丽花、洋蓟、蒲公英的块茎和根，不能消化吸收，故无营养价值，但因易溶于水，常用于测定肾小球滤过率。

6. 果胶（pectin） 水果富含，由半乳糖醛酸（部分甲基化）以α-1,4-糖苷键连接而成，含部分半乳糖或阿拉伯糖分支。

二、杂多糖

杂多糖（异多糖，heteropolysaccharide）是由两种及两种以上单糖构成的多糖，主要是细胞外基质成分，可以维持细胞、组织、器官形态并提供保护。杂多糖以黏多糖最为重要。

黏多糖（mucopolysaccharide，糖胺聚糖，glycosaminoglycan）溶液黏度较大，广泛存在于动物体内，包括透明质酸、硫酸软骨素、硫酸皮肤素、硫酸角质素、肝素和硫酸类肝素（图1-4），均由二糖单位重复连接而成。它们的差异体现在构成二糖单位的氨基己糖和糖醛酸的种类及其硫酸化状态和位点，糖苷键类型，糖链长度及与核心蛋白连接方式，核心蛋白性质，黏多糖的组织分布和细胞内分布、功能。①黏多糖的二糖单位由一个*N*-乙酰氨基己糖（*N*-乙酰氨基葡萄糖或*N*-乙酰氨基半乳糖）和一个糖醛酸（D-葡萄糖醛酸或其差向异构体L-艾杜糖醛酸，硫酸角质素例外）构成，且多数含有至少一个硫酸基（*O*-连接或*N*-连接，透明质酸例外），因而呈酸性。②黏多糖通过还原端半缩醛羟基与核心蛋白（core protein）以*N*-或*O*-糖苷键共价结合（透明质酸为非共价结合），形成蛋白多糖（proteoglycan）。③哺乳动物有40多种蛋白多糖，其功能是作为减震剂、润滑剂、结缔组织的结构成分，介导细胞与细胞外基质黏附、与刺激细胞增殖的因子结合。

1. 透明质酸（hyaluronic acid） 又称玻璃酸、玻尿酸，由多达5万个二糖单位以β-1,4-糖苷键连接而成（分子量大于1×10^6），二糖单位由葡萄糖醛酸和*N*-乙酰氨基葡萄糖以β-1,3-糖苷键连接而成。透明质酸存在于几乎所有动物的细胞外基质中，分布于皮肤、脐带、骨、软骨、关节（滑液）、眼球玻璃体液、胚胎等。透明质酸溶液黏稠透明，是脊椎动物关节液和眼球玻璃体液的主要成分，赋予其润滑性；是软骨、肌腱细胞外基质的主要成分，提高其抗张强度和弹性。透明质酸可以被透明质酸酶（hyaluronidase）水解，导致黏度降低。例如精子通过释放透明质酸酶水解卵子表面的透明质酸，进行受精。某些蛇毒和细菌中也含有透明质酸酶。

2. 硫酸软骨素（chondroitin sulfate） 有A、C、D和E四种，二糖单位均由葡萄糖醛酸和*N*-乙酰氨基半乳糖以β-1,3-糖苷键连接而成，只是所含硫酸基数目和位置不同。二糖单位之间以β-1,4-糖苷键连接。硫酸软骨素通过还原端木糖与核心蛋白丝氨酸羟基以*O*-糖苷键结合形成的蛋白多糖是软骨（位于软骨内成骨钙化点）、肌腱、韧带、心脏瓣膜、主动脉壁细胞外基质的重要组分，提高其抗张强度。

3. 硫酸皮肤素（dermatan sulfate） 旧称硫酸软骨素B，由20~60个二糖单位以β-1,4-糖苷键连接而成，二糖单位主要由L-艾杜糖醛酸（少量是葡萄糖醛酸）和*N*-乙酰氨基半乳糖-4-硫酸以α-1,3-糖苷键连接而成。硫酸皮肤素主要分布于皮肤（是皮肤的主要黏多糖）、血管和心脏瓣膜，赋予其柔韧性。硫酸皮肤素可能参与凝血、创伤修复、抗感染。

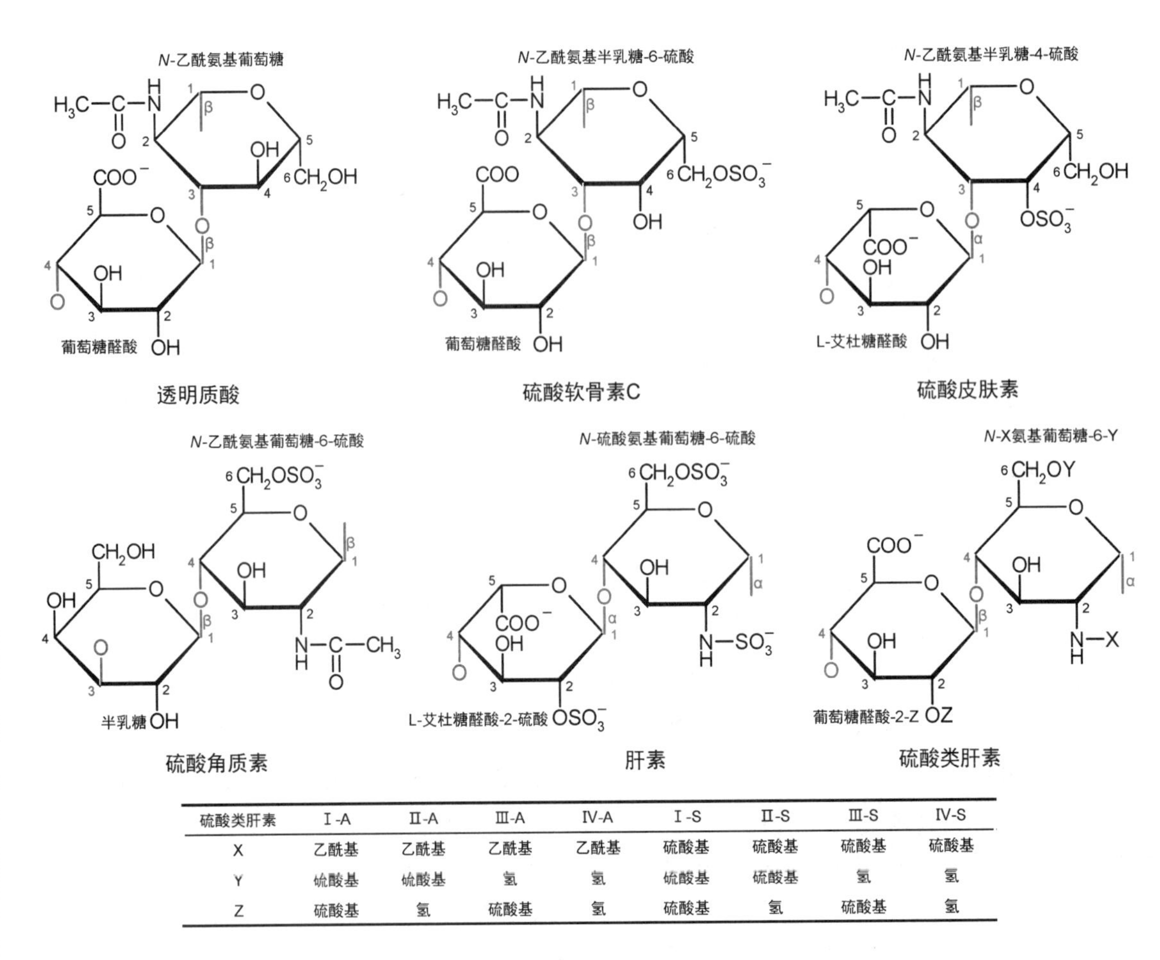

硫酸类肝素	Ⅰ-A	Ⅱ-A	Ⅲ-A	Ⅳ-A	Ⅰ-S	Ⅱ-S	Ⅲ-S	Ⅳ-S
X	乙酰基	乙酰基	乙酰基	乙酰基	硫酸基	硫酸基	硫酸基	硫酸基
Y	硫酸基	硫酸基	氢	氢	硫酸基	硫酸基	氢	氢
Z	硫酸基	氢	硫酸基	氢	硫酸基	氢	硫酸基	氢

图 1-4 主要黏多糖结构单位

4. 硫酸角质素（keratan sulfate） 由约 25 个二糖单位以 β-1,3-糖苷键连接而成，二糖单位由半乳糖和 *N*-乙酰氨基葡萄糖-6-硫酸以 β-1,4-糖苷键连接而成。硫酸角质素与蛋白质结合形成的蛋白多糖广泛分布于角膜、软骨、骨骼及角、发、蹄、甲、爪等死亡细胞形成的角质化结构中。

5. 肝素（heparin） 因最早发现于犬肝而得名，由 15~90 个二糖单位以 α-1,4-糖苷键连接而成，主要二糖单位由 L-艾杜糖醛酸-2-硫酸（约 90%，其余为葡萄糖醛酸）和 *N*-硫酸氨基葡萄糖-6-硫酸以 α-1,4-糖苷键连接而成。肝素主要由广泛分布于动物的肺、肝和肠黏膜等组织的肥大细胞和嗜碱性粒细胞合成并释放到血中。肝素生理功能尚未阐明，但具有抗凝活性，是动物体天然抗凝物质，抗凝机制是激活抗凝血酶Ⅲ，后者抑制凝血酶和凝血因子Ⅹa。此外肝素还促进内皮细胞释放组织因子途径抑制物。临床上血检和输血时常用肝素作为抗凝剂。

黏多糖降解障碍导致黏多糖贮积症，如黏多糖贮积症Ⅰ型（Hurler 综合征），患者黏多糖不能降解，积累于面部软组织，导致宽鼻孔、鼻梁凹陷、厚嘴唇、厚耳垂、牙齿不齐。

脂多糖（lipopolysaccharide） 革兰阴性菌细胞壁外膜的主要成分，其分子结构包括三部分：①特异多糖：是外部寡糖链，其组成和结构因细菌而异，是抗原物质，又称为 **O 抗原**（不同于 ABO 血型 O 抗原）。②核心多糖：是中间多糖链，由己糖、庚糖、辛糖等组成，其组成和结构具有保守性。③脂质 A：是内部脂质，其组成和结构具有保守性，是毒素成分。某些脂多糖可以引起发热、休克等，但因为它们不是分泌成分，所以仅在细胞裂解或被吞噬时才起作用，因而这类脂多糖又称**内毒素**（endotoxin）。

链接

糖化学与中药

许多中药都含有糖类成分，包括单糖、寡糖、多糖、糖苷和其他衍生物。作为中药的有效成分，它们具有广泛的药理活性（表1-2）。

表1-2 部分中药的糖类成分

中药糖类	作用	中药来源
甘露醇	降颅内压、眼内压，利尿	地黄、冬虫夏草、防风、女贞子、秦皮
黄酮苷	止咳，平喘，扩张冠状动脉血管	大豆、砂仁、银杏
苦杏仁苷	止咳，平喘	杏仁
芸香苷	维持血管正常功能	槐花米
洋地黄苷	强心	洋地黄
三七皂苷	活血化瘀	三七
天麻苷	安神	天麻
人参皂苷	调节中枢神经系统功能，提高机体免疫力	人参
多糖	提高机体免疫力	当归、茯苓、黄芪、人参、天花粉
	抗肿瘤	当归、茯苓、红花、灵芝、人参
	抗动脉粥样硬化	昆布
	降血糖	麻黄、人参、乌头、知母、紫草
	抗凝，降胆固醇	海藻
	驱虫，利胆，收敛	艾菊花

有些结合状态的糖如糖苷中的糖基不一定有药理活性，但对药效有一定影响，可以增强或缓解药性，使毒性降低或药效延缓。例如，茵陈蒿中的色原酮类化合物对四氯化碳所致的肝损伤没有治疗作用，若与糖成苷则疗效显著；有些黄酮类化合物对磷酸二酯酶有强抑制作用，成苷后抑制作用明显减弱；大黄的蒽醌化合物成苷后泻下作用延缓。

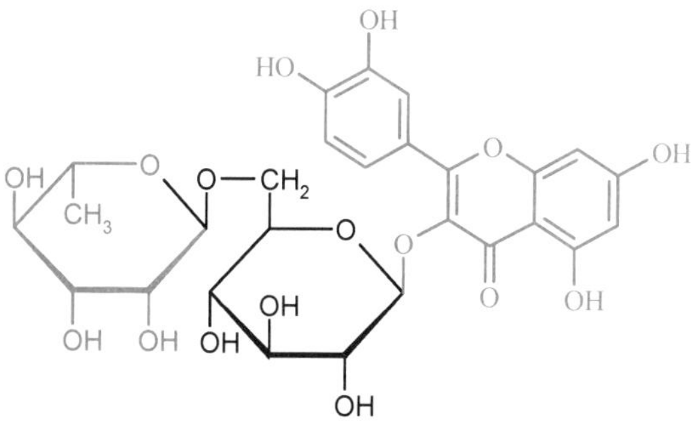

芸香苷

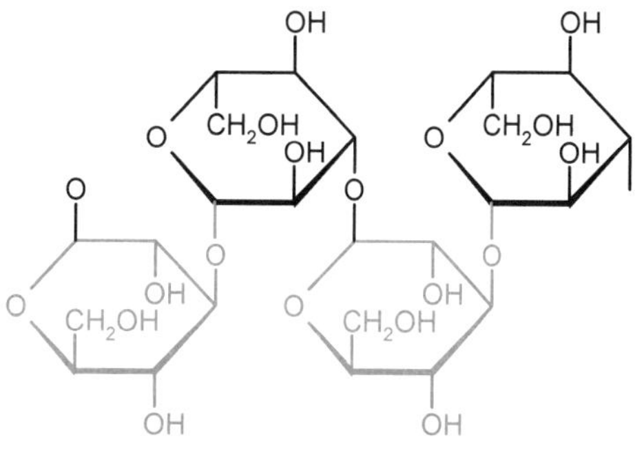

茯苓多糖

小结

糖类又称碳水化合物，包括单糖、寡糖和多糖。

单糖包括丙糖、丁糖、戊糖和己糖等，根据结构特点分为醛糖、酮糖及其衍生物。与生命活动关系最密切的单糖是葡萄糖、核糖和脱氧核糖。生物体内的单糖几乎都是手性分子，多数为D-构型。戊糖和己糖既有开链结构又有环状结构，环状结构的单糖包括吡喃糖和呋喃糖，环式葡萄糖为吡喃糖，核酸分子中的核糖和脱氧核糖为呋喃糖。

常见的寡糖包括麦芽糖、异麦芽糖、乳糖和蔗糖，麦芽糖、异麦芽糖和乳糖是还原糖，蔗糖不是还原糖。ABO血型的化学本质是血型抗原，即构成红细胞膜的鞘糖脂和糖蛋白所含的寡糖基。

多糖包括同多糖和杂多糖，都以复合糖类形式存在，包括糖脂、糖蛋白和蛋白多糖。

同多糖仅由一种单糖构成，是糖的储存形式或机体的结构成分，包括淀粉、糖原、纤维素、右旋糖酐、菊粉和果胶等。淀粉是食物中的主要糖类、植物糖的储存形式，包括直链淀粉和支链淀粉。直链淀粉由葡萄糖以α-1,4-糖苷键连接而成，没有分支结构。支链淀粉由葡萄糖以α-1,4-糖苷键和α-1,6-糖苷键连接而成，存在分支结构。糖原是动物糖的储存形式，有肝糖原和肌糖原之分。

杂多糖由两种及两种以上单糖构成，主要是细胞外基质成分，可以维持细胞、组织、器官形态并提供保护，以黏多糖最为重要。黏多糖广泛存在于动物体内，包括透明质酸、硫酸软骨素、硫酸皮肤素、硫酸角质素、肝素和硫酸类肝素等。

讨论

1. 糖的分类。

2. 常见寡糖的组成、结构和还原性。

3. 光合作用的产物为什么是葡萄糖而不是别的单糖？

4. 一个时期以来我国50岁以上人群糖尿病发病率明显升高，很多同学的父母即将或已经进入此年龄段。请结合直链淀粉、支链淀粉的特点，弄清籼米、粳米等淀粉类食物的营养特点及食物血糖指数的含义和意义，对父母长辈的主食结构给出建议。

5. 地球存量最大的多糖是纤维素，但只能被某些细菌作为供能物质利用。有人在培育用于纤维素发酵制糖、酿酒、甚至生产“植物汽油”的发酵菌，有人在通过转基因技术培育可消化纤维素的家畜，你怎么看？

第二章
脂质化学

扫一扫，查阅本章数字资源，含PPT、音视频、图片等

脂质（lipid）是易溶于非极性有机溶剂（如氯仿）而难溶于水的生物小分子，具有化学多样性，可分为脂肪和类脂，也可分为甘油脂[质]（glycerolipid）和其他脂质。脂肪即甘油三酯（三酰甘油，中性脂肪），由甘油和脂肪酸构成。植物脂肪多为液态，称为油；动物脂肪多为固态，称为脂，它们统称为油脂。类脂是除脂肪外的其他脂质，主要有磷脂、糖脂和类固醇，此外还有脂溶性维生素、脂类激素、萜、蜡等。绝大多数脂质可在人体内合成。

第一节 脂肪酸

脂肪酸（fatty acid）是脂质的基本组分，其元素组成特点是富含碳和氢，该特点赋予其弱极性和疏水性。

一、脂肪酸结构特点

●脂肪酸及相应取代羧酸（如氨基酸、羟基酸、酮酸）命名时可采用三种编码体系：Δ编号、ω编号、希腊字母编码。○

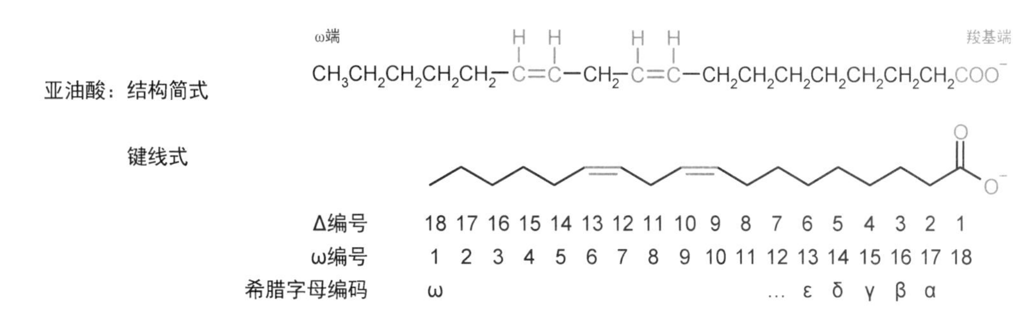

以亚油酸为例，脂肪酸具有以下结构特点：

1. 大多数（特别是动物脂肪酸）是直链一元羧酸（个别含环丙烷基、甲基侧链或羟基），其两端分别称为羧基端和甲基端，甲基端又称 ω 端或 n 端。

2. 大多数是偶数碳脂肪酸（含有偶数个碳原子），短至 C_4，长至 C_{36}，主要是 C_{12} ~ C_{24}，尤以 C_{16} 和 C_{18} 最多。反刍动物、植物和一些海洋生物脂质含奇数碳脂肪酸。

3. 既有饱和脂肪酸，又有不饱和脂肪酸。不饱和脂肪酸含有碳-碳双键，碳-碳双键有顺式（*cis*，双键碳结合的氢位于双键同侧）和反式（*trans*，双键碳结合的氢位于双键异侧）两种构型，天然不饱和脂肪酸碳-碳双键几乎都是顺式构型。反式脂肪酸口感好，见于牛奶、牛肉、油炸食品及人造奶油。

R1 R1 R2 R3

碳碳双键：顺式构型

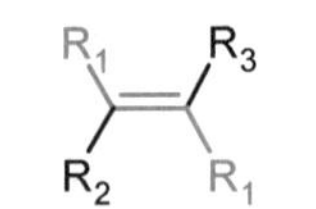

碳碳双键：反式构型

人体含量最多的饱和脂肪酸是硬脂酸和棕榈酸（软脂酸），不饱和脂肪酸是油酸和亚油酸。

流行病学研究表明大量摄入饱和脂肪酸和反式不饱和脂肪酸促进肥胖、2型糖尿病和动脉粥样硬化的发生，机制有待阐明。

4. 如果不饱和脂肪酸含有多个碳-碳双键，则相邻碳-碳双键被一个及以上亚甲基隔开。

表2-1是生物体内常见的脂肪酸。

表2-1 生物体内常见的脂肪酸

数字符号	俗称	系统名称	结构/H_3C-(R)-COOH
饱和脂肪酸			
12:0	月桂酸	十二烷酸	$-[CH_2]_{10}-$
14:0	豆蔻酸	十四烷酸	$-[CH_2]_{12}-$
16:0	棕榈酸	十六烷酸	$-[CH_2]_{14}-$
18:0	硬脂酸	十八烷酸	$-[CH_2]_{16}-$
20:0	花生酸	二十烷酸	$-[CH_2]_{18}-$
22:0	山嵛酸	二十二烷酸	$-[CH_2]_{20}-$
24:0	掬焦油酸	二十四烷酸	$-[CH_2]_{22}-$
不饱和脂肪酸			
16:1(9)	棕榈油酸	9-十六碳烯酸	$-[CH_2]_5CH=CH[CH_2]_7-$
18:1(9)	油酸	顺-9-十八碳烯酸	$-[CH_2]_7CH=CH[CH_2]_7-$
18:2(9,12)	亚油酸	顺,顺-9,12-十八碳二烯酸	$-[CH_2]_3(CH_2CH=CH)_2[CH_2]_7-$
18:3(9,12,15)	α亚麻酸	9,12,15-十八碳三烯酸	$-(CH_2CH=CH)_3[CH_2]_7-$
18:3(6,9,12)	γ亚麻酸	6,9,12-十八碳三烯酸	$-[CH_2]_3(CH_2CH=CH)_3[CH_2]_4-$
20:3(8,11,14)	花生三烯酸	8,11,14-二十碳三烯酸	$-[CH_2]_3(CH_2CH=CH)_3[CH_2]_6-$
20:4(5,8,11,14)	花生四烯酸	5,8,11,14-二十碳四烯酸	$-[CH_2]_3(CH_2CH=CH)_4[CH_2]_3-$
20:5(5,8,11,14,17)	花生五烯酸	5,8,11,14,17-二十碳五烯酸	$-(CH_2CH=CH)_5[CH_2]_3-$
22:5(7,10,13,16,19)	二十二碳五烯酸	7,10,13,16,19-二十二碳五烯酸	$-(CH_2CH=CH)_5[CH_2]_5-$
22:6(4,7,10,13,16,19)	二十二碳六烯酸	4,7,10,13,16,19-二十二碳六烯酸	$-(CH_2CH=CH)_6[CH_2]_2-$

二、脂肪酸分类

脂肪酸种类繁多，其主要区别是所含碳原子数目、碳-碳双键数目和双键位置不尽相同。

1. 脂肪酸可根据其所含碳原子数目分为短链脂肪酸（<C_6）、中链脂肪酸（C_6~C_{12}）、长链脂肪酸（C_{14}~C_{20}）和极长链脂肪酸（超长链脂肪酸，≥C_{22}）。

2. 脂肪酸可根据其是否含有碳-碳双键分为饱和脂肪酸和不饱和脂肪酸。

3. 不饱和脂肪酸可根据其所含碳-碳双键数目分为单不饱和脂肪酸（含有一个碳-碳双键）和多不饱和脂肪酸（含有两个及两个以上的碳-碳双键）。

4. 不饱和脂肪酸还可根据其离ω端最近碳-碳双键的位置分为四类，棕榈油酸、油酸、亚油酸和α亚麻酸是每一类的母体脂肪酸。

（1）ω-7（n-7）脂肪酸　是棕榈油酸及其衍生的脂肪酸。

（2）ω-9（n-9）脂肪酸　是油酸及其衍生的脂肪酸。

（3）ω-6（n-6）脂肪酸　是亚油酸及其衍生的脂肪酸。

（4）ω-3（n-3）脂肪酸　是α亚麻酸及其衍生的脂肪酸。其中α亚麻酸（alpha-linolenic acid，ALA）、二十碳五烯酸（eicosapentaenoic acid，EPA）、二十二碳六烯酸（docosahexaenoic acid，DHA）有抗炎作用。脑组织和母乳富含DHA。

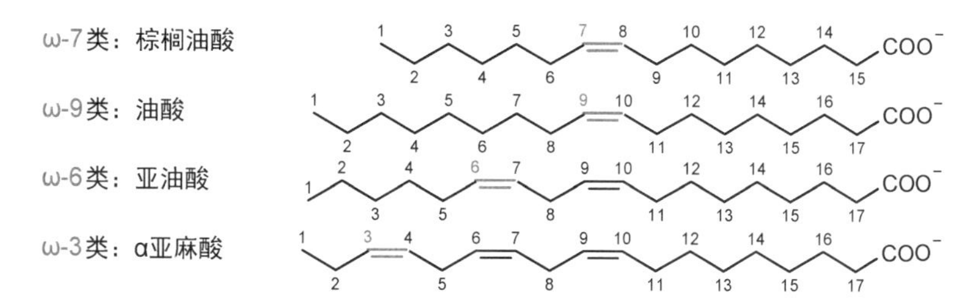

亚油酸和α亚麻酸是多不饱和脂肪酸，是维持生命活动所必需的，用于合成类花生酸，参与维护膜结构和膜功能，可能还有其他尚未阐明的作用。亚油酸和α亚麻酸不能在哺乳动物体内合成，因此必须从食物中获取，称为**必需脂肪酸**（essential fatty acid，EFA，曾被称为维生素F）。一些植物油、海洋鱼油含有较多的必需脂肪酸。如果饮食中长期缺乏植物油，可能导致必需脂肪酸缺乏。实验研究发现，大鼠缺乏必需脂肪酸会影响生长和生殖。

ω-6脂肪酸和ω-3脂肪酸是不同信号分子的前体，食物含量以1∶1~4∶1为宜。许多食物ω-6脂肪酸/ω-3脂肪酸比值偏高，会导致信号转导效应异常，增加心血管疾病发生风险。鱼油富含EPA和DHA，有心血管疾病史者常被建议补充鱼油。

三、脂肪酸功能

在静息状态及中等运动状态（如步行）下，机体主要由脂肪酸供能，脂肪是这部分脂肪酸的储存形式。此外，脂肪酸是两亲性类脂的组分；脂肪酸与周边蛋白[质]（外在蛋白）共价结合，并将其锚定于膜表面；脂肪酸衍生物类花生酸是激素或细胞内信使。

四、类花生酸

类花生酸（eicosanoid）是ω-6类二十碳三烯酸（花生三烯酸）、二十碳四烯酸（花生四烯酸）和ω-3类二十碳五烯酸（花生五烯酸）的衍生物，其中花生四烯酸的衍生物包括前列腺素、血栓素、白三烯和脂氧素，称为局部激素，属于旁分泌激素。它们既作用于邻近细胞，也作用于分泌细胞。它们含量低但分布广，具有重要的生理功能，包括参与生殖、炎症、发热、痛觉、凝血、血压调节、离子跨膜转运（如胃酸分泌）等过程。

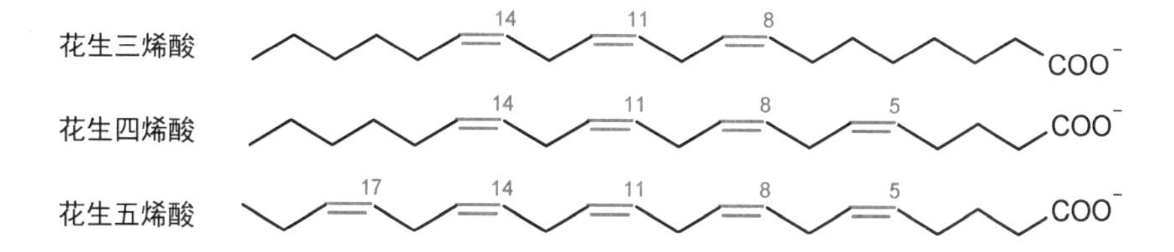

1. 前列腺素（prostaglandin，PG）　因首先发现于前列腺（V. Euler，1935年）而得名，S. Bergström、B. Samuelsson和J. Vane因研究前列腺素而获得1982年诺贝尔生理学或医学奖。前列腺素是前列腺酸（prostanoic acid）衍生的一类激素，可根据其五元环上双键和取代基的位置、有无

内过氧化结构等分为九类，分别命名为 PGA~PGI（其中 PGI 又称前列环素）；每一种类型又可根据五元环侧链上所含碳-碳双键数目分为三类，如 PGE_1、PGE_2、PGE_3，其中 PGD 和 PGF 再根据 C-9 上存在的羟基指向进一步分为 α 型和 β 型，如 $PGF_{1\alpha}$。机体自身合成的前列腺素均为 α 型。

前列腺酸　　　　前列腺素E_2

前列腺素存在于人和其他哺乳动物几乎所有组织中，其中精囊内稍多，白细胞也有，其他组织细胞中甚微，红细胞内没有。前列腺素种类多，活性高，功能多样，作用广泛，并且具有特异性，其中 PGE_2 和 $PGF_{2\alpha}$ 活性最强，例如刺激子宫平滑肌收缩（$PGF_{2\alpha}$），控制器官供血（PGE_2），影响信号转导和突触传递，调节睡眠周期，升高体温（PGE_2），引起炎症（PGE_2、PGH_2）和痛觉（PGE_2），促进胃肠道细胞分裂。PGI_2 是一种血管扩张剂、血小板聚集抑制剂，由血管内皮细胞合成。

2. 血栓素（thromboxane，TX）　又称血栓烷，包括 TXA_2 和 TXB_2，分子中含有前列腺酸骨架，由血小板合成。①TXA_2 具有诱导血管收缩、促进血小板聚集作用，促进凝血及血栓形成（与 PGI_2 拮抗）。长期服用低剂量阿司匹林（血小板凝聚抑制剂，XB01AC）可抑制血栓素合成，降低心肌梗死和中风的风险。②TXB_2 是 TXA_2 的灭活产物。

血栓素A_2　　　　白三烯B_4

3. 白三烯（leukotriene，LT）　因先发现于白细胞且以含三个共轭双键为结构特征而得名，在受到免疫或非免疫刺激时由白细胞、血小板、巨噬细胞等合成。不同类型白三烯的生理功能不同，如 LTB_4 是促炎信号，能够调节白细胞的功能，促进其游走及发挥趋化作用，诱发粒细胞脱颗粒，使溶酶体释放水解酶，促进炎症和过敏反应的发展；LTD_4 能够增加毛细血管通透性，刺激冠状动脉和支气管平滑肌收缩，促进血小板聚集，抑制胰岛素分泌。LTC_4、LTD_4、LTE_4 的混合物称为过敏性慢反应物质，可由免疫球蛋白 E 刺激肥大细胞大量释放，刺激支气管和消化道平滑肌强烈收缩。

白三烯过度合成引发哮喘。平喘药泼尼松（XH02）抑制白三烯（和前列腺素、血栓素）合成，靶点是磷脂酶 A_2。某些人对蜂毒或青霉素产生过敏性休克，部分原因就是肺平滑肌强烈收缩。

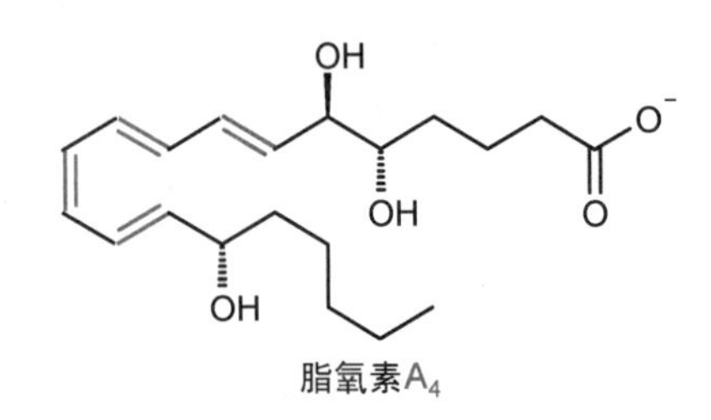

脂氧素A_4

4. 脂氧素（lipoxin，LX）　主要有 LXA_4 和 LXB_4，结构特征是含有 4 个共轭双键。脂氧素由白细胞合成，可以引起小动脉扩张。

第二节　脂　肪

甘油的脂肪酸酯称为**甘油酯**（glyceride），含有 3 个脂酰基的甘油酯称为**脂肪**（fat），3 个脂酰基相同的脂肪称为**简单甘油酯**（simple triacylglycerol），不同的称为**混合甘油酯**（mixed triacylglycerol）。生物体内的脂肪都是混合甘油酯。

L-甘油三酯　　甘油　　脂肪酸

●中华人民共和国卫生行业标准（WS/T476—2015）《营养名词术语》定义食物脂肪：由1分子甘油和1~3分子脂肪酸所形成的酯。包括一酰甘油、二酰甘油、三酰甘油。○

食物脂肪的主要功能是提供能量和必需脂肪酸，作为脂溶性维生素的溶剂。脂肪的主要化学性质如下：

1. 水解和皂化值　脂肪可以由酸或酶催化水解，生成脂肪酸和甘油。

脂肪也可以由碱催化水解，生成脂肪酸盐（即肥皂成分）和甘油，这一反应称为**皂化反应**。水解1克脂肪所消耗氢氧化钾的毫克数称为**皂化值**。皂化值越大表示1克脂肪所含分子数越多，即其所含脂肪酸的平均分子量越小。

2. 氢化、碘化和碘值　脂肪中不饱和脂肪酸的碳-碳双键可以与氢气（镍催化）或碘发生加成反应，分别称为氢化和碘化。氢化后熔点升高，故又称硬化。

碘化反应可用于鉴定脂肪酸的不饱和程度。通常将100克脂肪发生加成反应所消耗碘的克数称为**碘值**。脂肪所含的不饱和脂肪酸越多，不饱和程度越高，则其碘值越高。植物油比动物脂不饱和程度高，所以碘值高。

碘油：不饱和脂肪酸碘化产物，临床用于支气管、子宫、输卵管、瘘管、腔道等的造影检查。

3. 酸败和酸值　脂质样品中的**游离脂肪酸**可用氢氧化钾中和。中和1克样品所消耗氢氧化钾的毫克数称为该样品的**酸值**。酸值越低，说明其所含游离脂肪酸越少。

如果脂肪长期暴露于湿热的空气中，氧、水分、微生物及某些金属离子会将其分子中的碳-碳双键和酯键氧化和水解，生成有臭味的低级醛和羧酸等，这一现象称为**酸败**。酸败产物会破坏脂肪中溶解的脂溶性维生素。

酸败导致酸值增加，因此常以酸值作为鉴定油脂品质的参数之一，酸值大于6的油脂不宜食用。

第三节　类　脂

除脂肪外，生物体内还有各种类脂，包括磷脂、糖脂、类固醇和脂溶性维生素等。其中磷脂、糖脂和胆固醇是构成生物膜的主要类脂。

一、磷脂

磷脂（phospholipid）包括甘油磷脂和鞘磷脂，是分子中含有磷酸基的类脂。磷脂种类繁多，广泛存在于动植物体内，特别是动物的脑组织及其他神经组织、骨髓、心脏、肝脏、肾脏等组织器官内。磷脂大部分是生物膜成分，占膜脂的50%以上，在生物膜的结构与功能中占重要地位，少量位于细胞内外的其他部位。

1. 甘油磷脂（phosphoglyceride）　是指**磷脂酸**（phosphatidic acid）及其衍生物（X表示取代基）。

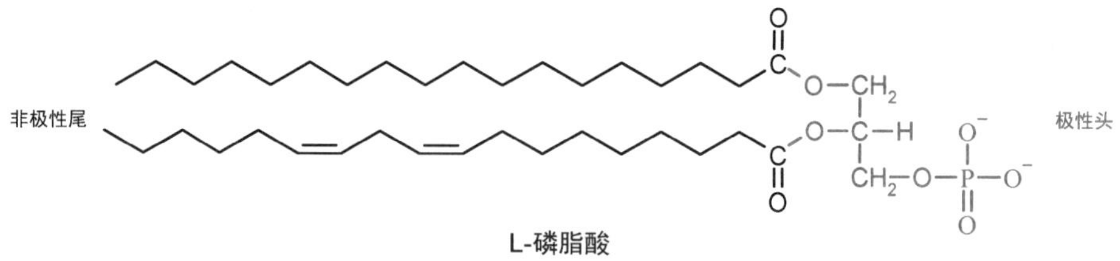

非极性尾 极性头

L-磷脂酸

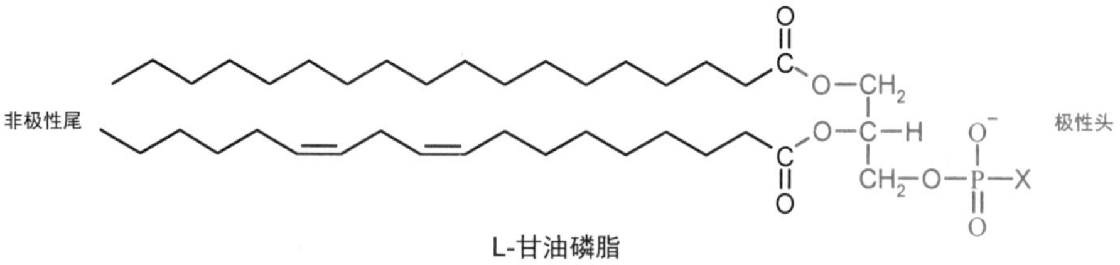

非极性尾 极性头

L-甘油磷脂

磷脂酸通过磷酸基与含有羟基的分子缩合，形成其他甘油磷脂，包括磷脂酰胆碱（phosphatidylcholine）、磷脂酰乙醇胺（phosphatidylethanolamine）、磷脂酰丝氨酸（phosphatidylserine）、磷脂酰肌醇（phosphatidylinositol）、糖磷脂（glycophospholipid）等。国际纯粹与应用化学联合会（IUPAC）和国际生物化学与分子生物学联合会（IUBMB）建议甘油脂中的甘油采用*sn*-编号（立体专一编号，据此编号在甘油的标准 Fischer 投影式中，C-2 羟基位于左侧）。所有甘油磷脂（及许多混合甘油三酯）都有构型，根据*sn*-编号定义为 L-构型。

（1）磷脂酰胆碱　又称**卵磷脂**（lecithin），是胆碱的磷脂酸酯，存在于动物的各组织器官中，在脑组织和其他神经组织、心脏、肝脏、肾上腺、骨髓中的含量丰富，占血浆磷脂的 70%。磷脂酰胆碱参与各种生命活动：①构成生物膜，是膜脂（特别是细胞膜外层脂）中含量最高的甘油磷脂。②是胆碱的主要储存形式，而胆碱是兴奋性神经递质乙酰胆碱的合成原料及活性甲基的储存形式。③参与脂质消化、吸收和运输（第九章，181 页；第十四章，279 页）。④抑制胆汁酸对肝细胞和胆管细胞的毒性。

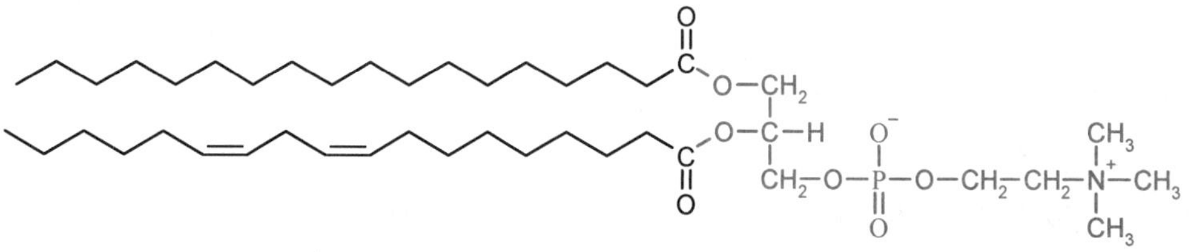

L-磷脂酰胆碱

（2）磷脂酰乙醇胺　又称**脑磷脂**（cephalin，也有定义脑磷脂是磷脂酰乙醇胺和磷脂酰丝氨酸的统称），是乙醇胺的磷脂酸酯，存在于动物的各组织器官中，在脑组织和其他神经组织中含量较高，是细胞膜内层脂的主要脂质（外层脂几乎不含）。磷脂酰乙醇胺参与各种生命活动，包括构成生物膜，参与凝血。

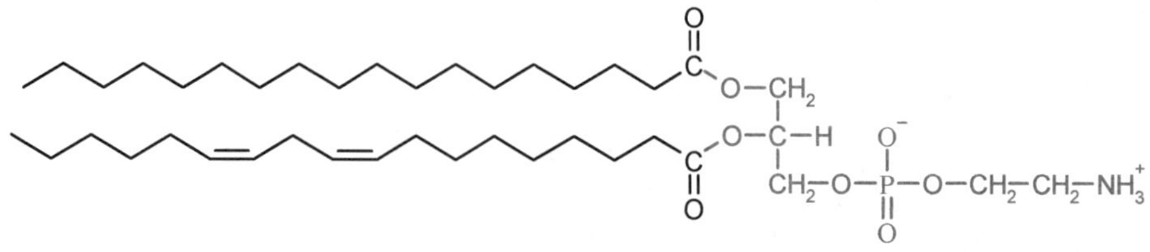

L-磷脂酰乙醇胺

（3）磷脂酰肌醇　几乎只存在于细胞膜内层脂中，在血小板聚集过程中起重要作用，其磷酸

化产物参与信号转导和膜转运。其中磷脂酰肌醇-4,5-二磷酸（PIP_2）的水解产物甘油二酯（二酰甘油，DAG）和三磷酸肌醇（IP_3）是重要的第二信使（第十二章，258 页）。与其他甘油磷脂相比，磷脂酰肌醇的特点是其脂肪酸组成固定，C-1 位是硬脂酸，C-2 位是花生四烯酸。

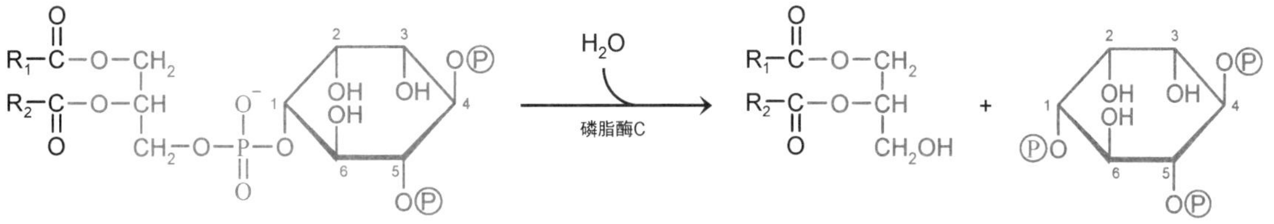

磷脂酰肌醇-4,5-二磷酸　　H_2O 磷脂酶C →　　甘油二酯　+　三磷酸肌醇

（4）磷脂酰丝氨酸　和磷脂酰乙醇胺共占血浆磷脂的 10%。磷脂酰丝氨酸占哺乳动物磷脂的 10%，几乎只存在于细胞膜内层脂中，参与细胞凋亡（细胞凋亡时磷脂酰丝氨酸外翻到外层脂中，吸引吞噬细胞吞噬凋亡细胞），参与凝血（血小板细胞膜磷酯酰丝氨酸外翻到外层脂中，参与激活凝血因子X）。

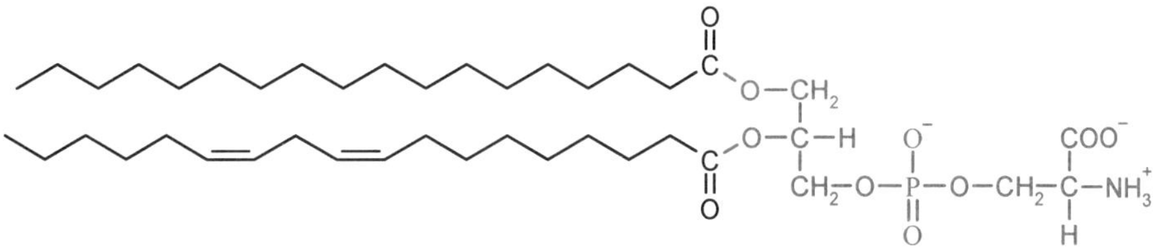

L-磷脂酰丝氨酸

甘油磷脂具有**两亲性**（amphiphilicity）：其磷酸基和取代基 X 构成整个分子的极性部分，称为**极性头**（polar head），具有亲水性，是亲水基团；其两个脂酰基长链构成整个分子的非极性部分，称为**非极性尾**（nonpolar tail），具有疏水性（亲脂性），是疏水基团（憎水基团）。甘油磷脂在水中可以形成脂质双分子层（lipid bilayer）结构，极性头位于脂质双分子层表面，指向水相；非极性尾位于脂质双分子层内部，避开水相。甘油磷脂的两亲性是其形成生物膜结构的化学基础。

大多数甘油磷脂甘油 C-1 羟基结合 C_{16}、C_{18}的饱和脂肪酸，C-2 羟基结合 C_{18}、C_{20}的不饱和脂肪酸，因此甘油的 C-2 羟基是必需脂肪酸及花生四烯酸的结合位点。花生四烯酸占膜磷脂脂肪酸的 5%~15%。

（5）糖磷脂　如红细胞的一种磷脂酰葡萄糖。

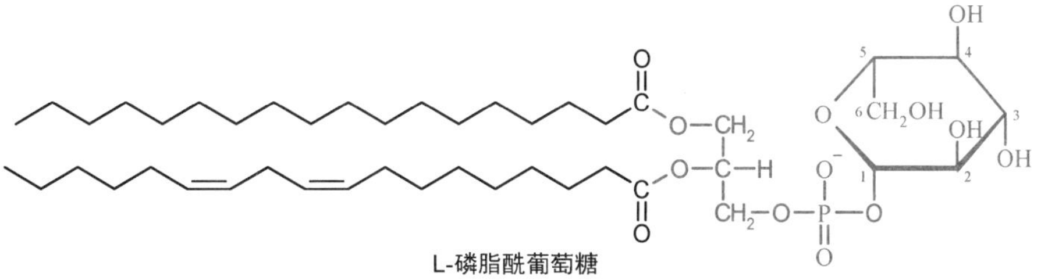

L-磷脂酰葡萄糖

2. [神经]鞘磷脂（sphingomyelin）　由鞘氨醇、脂肪酸（C_{16}~C_{24}的饱和脂肪酸或单不饱和脂肪酸）、磷酸、胆碱（或乙醇胺）构成，是构成生物膜外层脂（特别是脂筏）的重要磷脂，占红细胞膜脂的 23%，在脑组织和其他神经组织中含量也较高，是神经髓鞘的主要成分，此外占血浆磷脂的 20%。

鞘氨醇、1-磷酸鞘氨醇和神经酰胺（Cer）是参与信号转导的第二信使，调节细胞生长、分化和死亡，例如神经酰胺启动某些细胞的凋亡途径，还与 2 型糖尿病的发展有关。

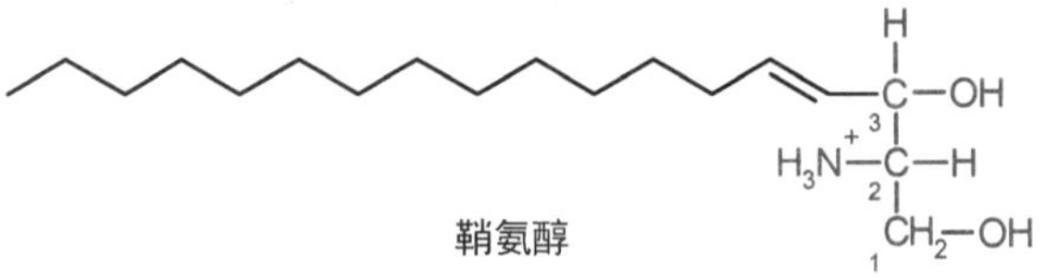

鞘氨醇

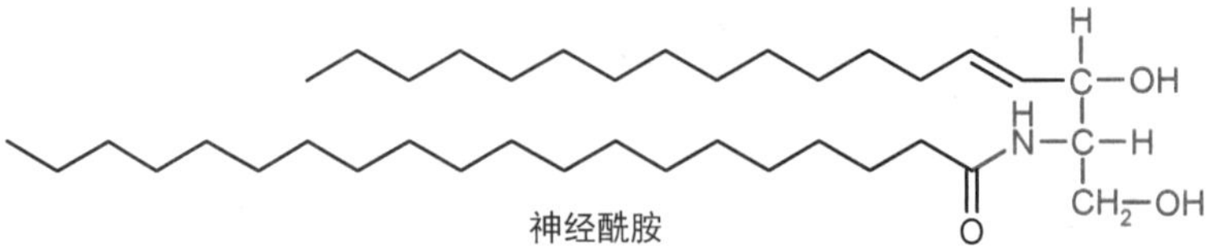

神经酰胺

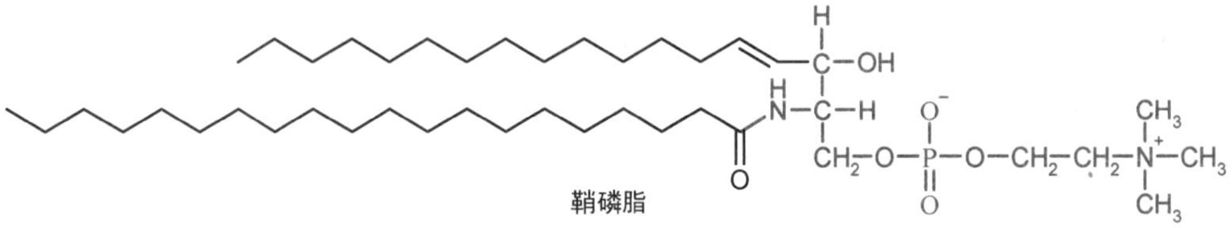

鞘磷脂

二、糖脂

糖脂（glycolipid）是含糖基的类脂，是原核生物和真核生物细胞膜外层脂成分，占膜脂的5%以下，在脑组织和神经髓鞘中含量最高，占其膜脂的5%～10%。不同组织细胞膜所含糖脂种类不同，如神经细胞膜的神经节苷脂，红细胞膜的ABO血型抗原。糖脂包括甘油糖脂和鞘糖脂。**鞘糖脂**（glycosphingolipid）由鞘氨醇、脂肪酸和糖基构成，包括脑苷脂（cerebroside）、红细胞糖苷脂（globoside）、涎酸鞘糖脂（hematoside）和神经节苷脂（ganglioside）等。

1. 甘油糖脂 广泛存在于植物、细菌和古细菌，哺乳动物极少，目前仅知睾丸和精子富含一类称为seminolipid的甘油糖脂（占其糖脂的90%），所含糖基为半乳糖-3-硫酸，甘油C-1位结合的不是脂酰基，而是一个十六醇（棕榈醇）。

seminolipid

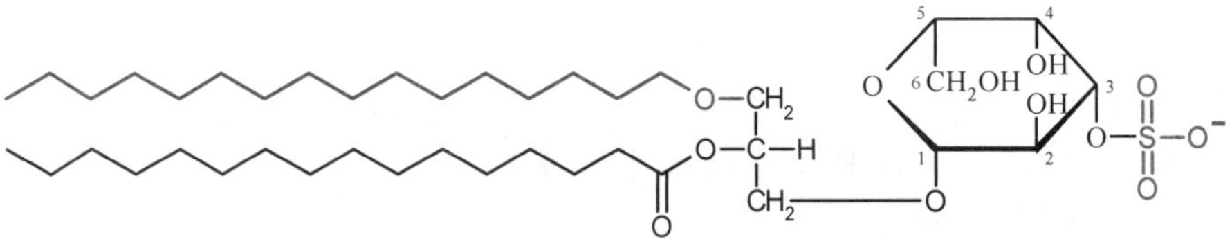

2. 脑苷脂 是含有一个半乳糖基或葡萄糖基的鞘糖脂。①含有半乳糖基的称为半乳糖脑苷脂（半乳糖神经酰胺，galactosylceramide，GalCer，含有一个脑羟脂酸），是脑细胞和其他神经细胞膜（髓鞘）的主要脂质，其他细胞含量很低。②含有葡萄糖基的称为葡萄糖脑苷脂（葡萄糖神经酰胺，glucosylceramide，GlcCer），是非神经组织细胞膜的主要鞘糖脂，脑细胞含量很低。

半乳糖脑苷脂

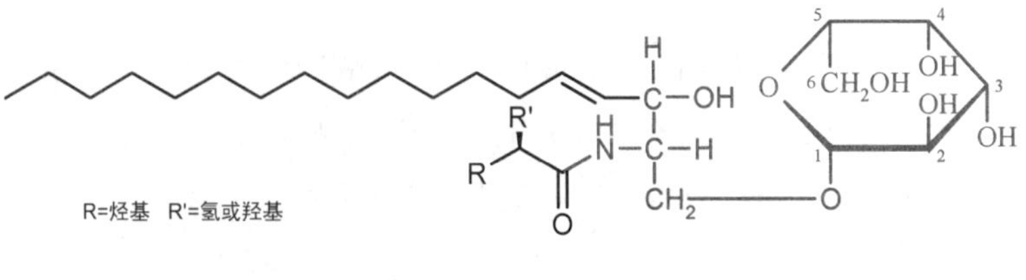

R=烃基　R'=氢或羟基

3. 神经节苷脂 是葡萄糖脑苷脂的一类衍生物，是结构最复杂的鞘糖脂，所含寡糖由2～7个己糖和氨基己糖构成，有1～5个唾液酸（神经氨酸的取代物，人体内主要是*N*-乙酰神经氨酸，

Neu5Ac，第一章，12 页）末端，因而 pH 7 条件下带负电荷。神经节苷脂种类很多，根据所含唾液酸残基数分为 GM、GD、GT……。例如神经节苷脂 GM1（G 代表神经节苷脂，M 代表含有一个唾液酸，1 代表水解中间产物层析迁移顺序）。

神经节苷脂GM1

GM1贮积症　β-半乳糖苷酶

神经节苷脂GM2

GM2贮积症 Tay-Sachs病　β-氨基己糖苷酶

神经节苷脂GM3

Gal：半乳糖 GalNAc：*N*-乙酰氨基半乳糖 Neu5Ac：*N*-乙酰神经氨酸 Glc：葡萄糖

神经节苷脂富含于神经组织，在脑灰质中最多（占其脂质的 6%），是神经组织细胞膜的重要组分，参与神经传导。神经节苷脂分子的寡糖基是亲水基团，突出于细胞膜外，形成许多结合位点，是某些细胞表面受体的重要组分，参与细胞免疫和细胞识别、信号转导，例如 GM1 就是霍乱毒素的受体。

三、类固醇

类固醇（steroid）是**固醇**（甾醇，sterol）及其衍生物。固醇的结构特点是含有环戊烷多氢菲骨架，仅 C-3 位有一个 β-羟基，其余部分不含取代基。动物类固醇包括胆固醇、胆固醇酯、维生素 D_3原、胆汁酸和类固醇激素。

● 固醇是真核生物膜脂，包括动物固醇（如胆固醇）、植物固醇（如谷固醇、豆固醇）、真菌固醇（如麦角固醇）。细菌不能合成固醇。○

（一）胆固醇（酯）

胆固醇（酯）是动物体内含量最高的类固醇。人体约含胆固醇（酯）140g，广泛存在于各组织中，其中约 1/4 在脑组织和其他神经组织中，约占脑组织的 2%；肾上腺皮质和卵巢等合成类固醇激素的内分泌腺胆固醇（酯）含量较高，为 2%～5%；肝脏、肾脏和小肠黏膜等内脏以及皮肤和脂肪组织胆固醇（酯）含量也较高，为 0.2%～0.5%；肌组织胆固醇（酯）含量较低，为 0.1%～0.2%；骨质胆固醇（酯）含量最低，为 0.01%。原核生物和植物不含胆固醇（酯）。

［游离］胆固醇（free cholesterol，FC）既是动物类固醇的母体化合物（parent compound），又是脊椎动物细胞膜和神经髓鞘的重要组分。在某些神经元细胞膜中，胆固醇占膜脂的 25%。细胞膜胆固醇的作用是调节膜的流动性，提高膜的稳定性，降低其对水溶性分子的通透性。

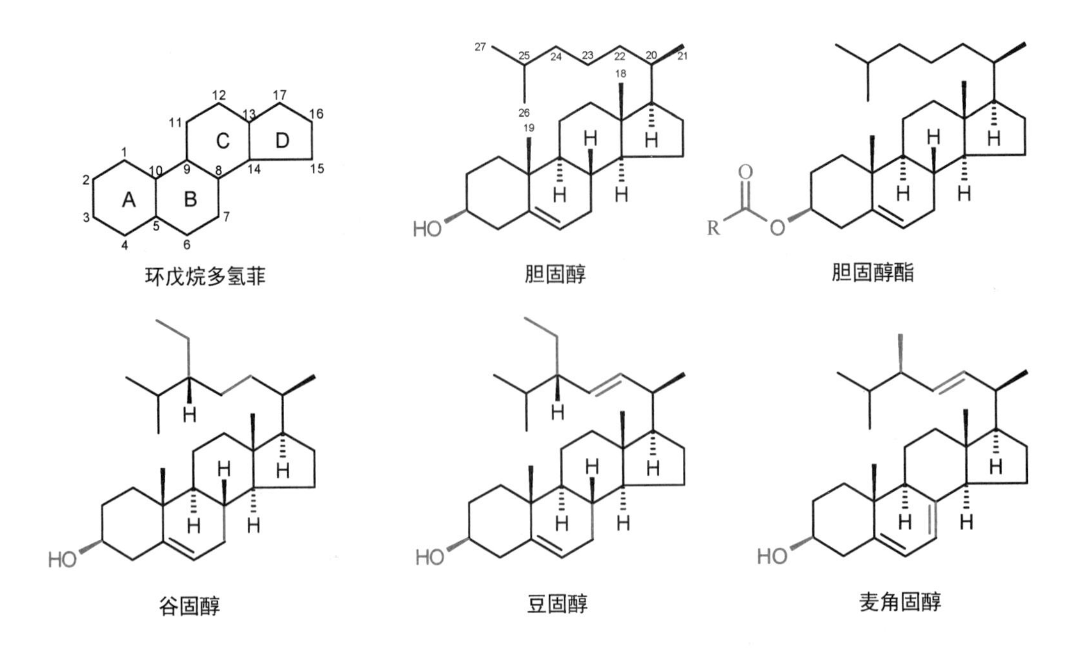

环戊烷多氢菲　胆固醇　胆固醇酯

谷固醇　豆固醇　麦角固醇

胆固醇酯（cholesterol ester，CE）是胆固醇的酯化产物，是胆固醇的储存形式和运输形式。不同组织胆固醇的酯化程度不同：在肝内为50%，在血浆中为70%，而中枢神经系统、红细胞和胆汁中基本上只含有游离胆固醇。

（二）胆汁酸

胆汁酸（bile acid）是胆固醇的转化产物，根据存在形式分为游离胆汁酸和结合胆汁酸。游离胆汁酸主要有胆酸、脱氧胆酸（去氧胆酸）、鹅脱氧胆酸（鹅去氧胆酸）和石胆酸。游离胆汁酸与甘氨酸或牛磺酸等缩合成结合胆汁酸（第十四章，279页），是人和其他动物胆汁的主要成分。

游离胆汁酸

	胆酸	鹅脱氧胆酸	脱氧胆酸	石胆酸
R_3	OH	OH	OH	OH
R_7	OH	OH	H	H
R_{12}	OH	H	OH	H

结合胆汁酸在胆汁中以钠盐或钾盐形式存在，称为胆汁酸盐，简称胆盐（各种酸在体液中主要以盐的形式存在，如磷酸和柠檬酸。为叙述方便，书中仍称为“酸”）。胆汁酸分子中的甲基和羟基分别位于其构象的疏水面（称为β取代基）和亲水面（称为α取代基），因而胆汁酸是很好的乳化剂，在消化道内促进食物脂质的消化吸收。

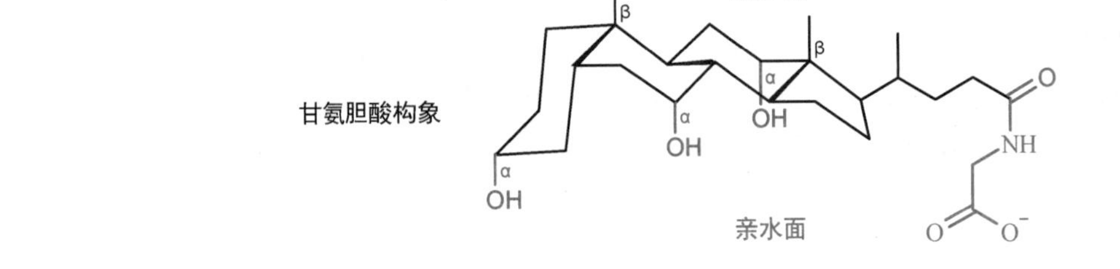

（三）类固醇激素

类固醇激素（甾体激素，steroid hormone）是以胆固醇为原料合成的激素，包括[肾上腺]皮质激素（adrenal cortical hormone）和性激素（gonadal hormone）。

1. [肾上腺]皮质激素 是由肾上腺皮质合成分泌的类固醇激素，有50多种，其中9种分泌入血，如醛固酮、皮质醇（药用名称氢化可的松，XH02）和皮质酮。

醛固酮　　皮质醇　　皮质酮

皮质激素具有升高血糖或促进肾脏保钠排钾的作用：①醛固酮由肾上腺皮质球状带合成分泌，是典型的盐皮质激素（mineralocorticoid）；其功能是促进肾小管分泌 K^+、H^+ 和重吸收 Na^+、Cl^-、HCO_3^-、H_2O，从而维持血容量及血液电解质稳态。②皮质醇和皮质酮由肾上腺皮质束状带合成分泌，是典型的糖皮质激素（glucocorticoid）；其功能是促进糖异生、糖原合成、脂肪和蛋白质分解，抑制炎症反应，参与应激反应。

2. 性激素 包括孕激素（progestogen）、雄激素（androgen）和雌激素（estrogen）。它们主要由卵巢和睾丸等性腺合成分泌，在青春期前主要由肾上腺皮质网状带合成分泌。性激素对机体生长、第二性征发育、生殖功能和生殖过程起重要作用。

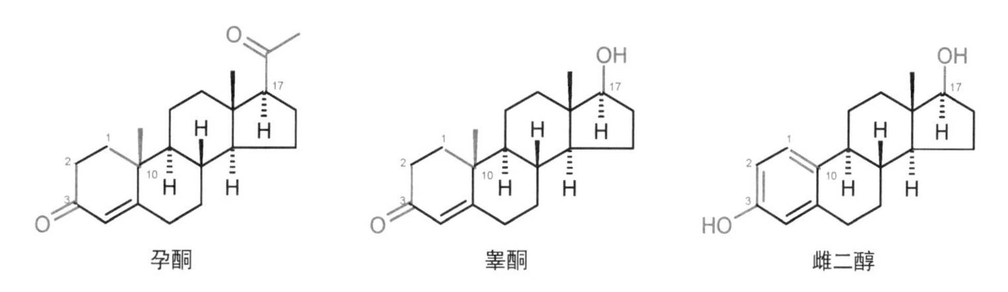

孕酮　　睾酮　　雌二醇

（1）孕激素　主要由黄体合成分泌。孕激素以孕酮（黄体酮）为主，其功能有：①调节月经周期，使增生期子宫内膜增厚，并转化为分泌期内膜，有利于受精卵着床、保胎。②排卵后升高基础体温。③降低子宫肌兴奋性，防止子宫过早收缩引起早产。④抑制母体对胎儿的排斥反应。

（2）雄激素　男性主要由睾丸间质细胞合成分泌，肾上腺皮质也有少量合成分泌；女性体内有少量雄激素，主要由卵泡内膜细胞和肾上腺皮质网状带合成分泌。雄激素有睾[丸]酮、双氢睾酮和脱氢异雄酮等，其中睾酮水平最高，是双氢睾酮的19倍；双氢睾酮活性最高，与雄激素受体的亲和力是睾酮的3倍。雄激素的功能有：①刺激男性第二性征发育。②刺激附性器官生长发育并维持在成熟状态，维持正常性欲。③维持生精作用。④影响胚胎发育。⑤促进肌肉与骨骼生长。

（3）雌激素　由卵巢中成熟的卵泡内膜细胞和黄体合成分泌，肾上腺皮质网状带也有少量合成分泌。雌激素主要有雌二醇（E_2）、雌三醇（E_3）和雌酮（E_1），其功能有：①促进女性第一性征和第二性征发育并维持其正常功能。②与孕激素共同调节月经周期。③拮抗甲状旁腺激素，抑制破骨细胞代谢，刺激成骨细胞代谢。

乳腺癌和卵巢癌的细胞增殖依赖雌激素。雌激素由芳香化酶等催化生成，其抑制剂常用

于治疗这类肿瘤。激素拮抗剂类药物（XL02B）阿那曲唑是芳香化酶的竞争性抑制剂，依西美坦是芳香化酶的自杀性抑制剂。

植物雌激素

绝经期女性的许多疾病与其体内雌激素水平的低下直接相关，因而长期以来多以化学合成的雌激素作为治疗药物，但化学合成雌激素具有明显的副作用，特别是致癌性。相比之下，植物雌激素具有雌激素活性，但副作用不像化学合成雌激素那么明显。

植物雌激素（phytoestrogen）是指一类来源于植物、具有弱雌激素活性的非固醇类化合物。它们可以与雌激素受体结合，起受体调节剂作用，表现为当体内雌激素水平较高时起拮抗剂作用，当雌激素水平较低时起激动剂作用。植物雌激素大多数有两个羟基，目前根据其结构特征分为异黄酮类、木脂素类、香豆素类和二苯乙烯类。

1. **异黄酮类** 在豆类作物中尤为丰富，对人体有明显的保健作用，副作用较低，因而受到广泛重视。大豆异黄酮是多酚类化合物，多以β-葡萄糖苷形式存在。

2. **木脂素类** 在芝麻中含量丰富，是苯丙素类化合物，本身没有活性，在肠道内经过代谢产生的肠内酯和肠二醇等为其活性形式。

3. **二苯乙烯类** 葡萄、藜芦、虎杖所含的白藜芦醇是多酚类化合物，在植物中与其3-β-葡萄糖苷形式同时存在。白藜芦醇存在顺反异构体，反式白藜芦醇活性更强。

4. **香豆素类** 如紫苜蓿全草、药用蒲公英根、白车轴草所含的香豆雌酚。

植物雌激素可用于预防肿瘤、心血管疾病和骨质疏松，改善绝经期综合征等。

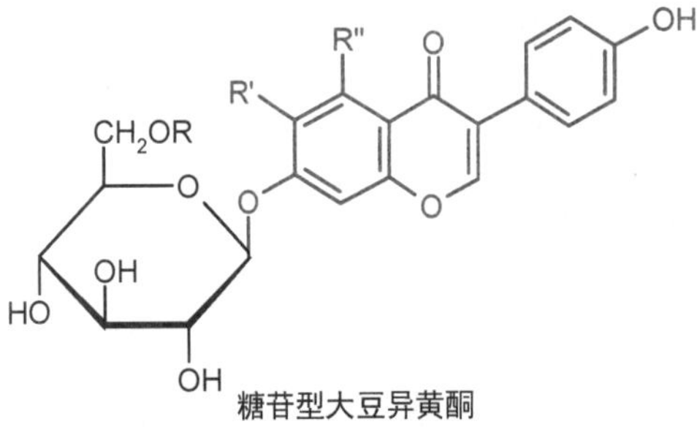

糖苷型大豆异黄酮

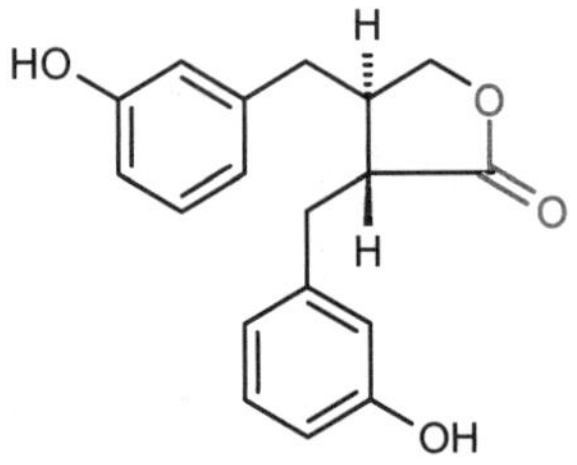

肠内酯

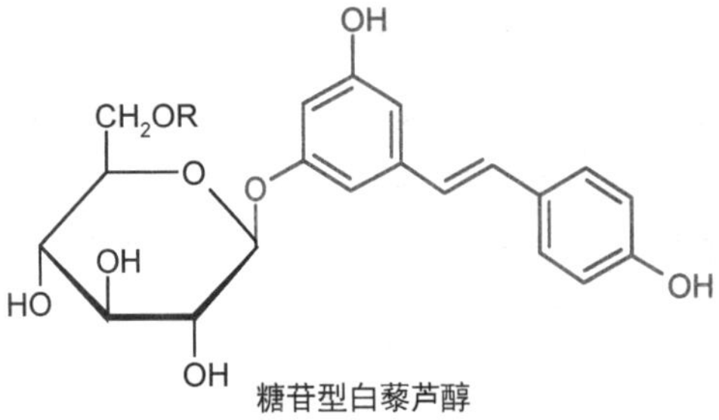

糖苷型白藜芦醇

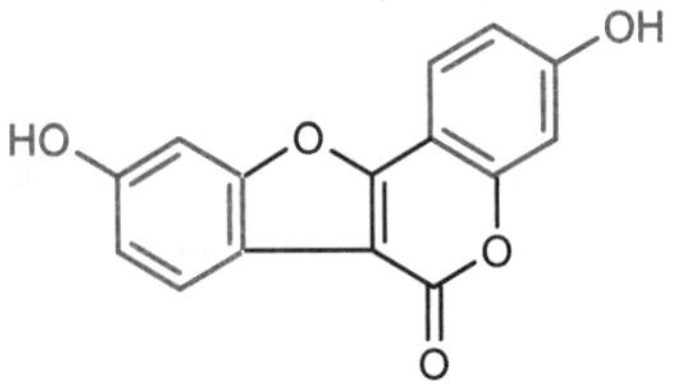

香豆雌酚

小结

脂质包括脂肪和类脂。脂肪由甘油和脂肪酸构成。类脂包括磷脂、糖脂、类固醇及脂溶性维生素、脂类激素、萜、蜡等。

脂肪酸是脂质的基本组分，可分为短链脂肪酸、中链脂肪酸、长链脂肪酸和极长链脂肪酸，也可分为饱和脂肪酸和不饱和脂肪酸。不饱和脂肪酸可分为单不饱和脂肪酸和多不饱和脂肪酸，也可分为 ω-7 类、ω-9 类、ω-6 类、ω-3 类不饱和脂肪酸。

亚油酸和亚麻酸是必需脂肪酸。类花生酸是花生三烯酸、花生四烯酸、花生五烯酸的衍生物，包括前列腺素、血栓素、白三烯和脂氧素，属于激素。它们在体内含量低但分布广，具有重要的生理功能。

脂肪包括油和脂，其所含脂肪酸的不饱和程度可用碘值评价，酸败程度可用酸值评价。

磷脂是生物膜的重要组分，包括甘油磷脂和鞘磷脂，其中甘油磷脂包括磷脂酸、磷脂酰胆碱、磷脂酰乙醇胺、磷脂酰肌醇和磷脂酰丝氨酸等。

糖脂包括甘油糖脂和鞘糖脂。鞘糖脂包括脑苷脂和神经节苷脂，是动物细胞膜的结构成分，在脑和神经髓鞘中含量最高。

动物类固醇包括胆固醇、胆固醇酯、维生素 D_3原、胆汁酸和类固醇激素，其结构特点是含有环戊烷多氢菲骨架。

胆固醇既是动物其他类固醇化合物的母体化合物，又是脊椎动物细胞膜和神经髓鞘的重要组分，在脑和其他神经组织中含量较高。

胆固醇酯是胆固醇的酯化产物，是胆固醇的储存形式和运输形式。

胆汁酸是人和其他动物胆汁的主要成分，是很好的乳化剂，在消化道内促进脂质的消化吸收。

类固醇激素包括皮质激素和性激素。皮质激素包括糖皮质激素和盐皮质激素，由肾上腺皮质合成分泌，具有升高血糖或促进肾脏保钠排钾的作用。性激素包括孕激素、雄激素和雌激素，主要由卵巢和睾丸等性腺合成分泌，在青春期前由肾上腺皮质网状带合成分泌，对机体生长和第二性征发育起重要作用。

讨论

1. 脂肪酸的结构特点。
2. 不饱和脂肪酸的分类。
3. 反式脂肪酸与人体健康。
4. 类脂的两亲性及其生理意义。
5. 我们常看到关于深海鱼油的宣传：“具有健脑益智、保护心血管、对抗炎症等多种功效，推荐长期补充”，请从必需脂肪酸等脂质营养素的角度认识相关产品，并对消费者给出建议。

第三章
蛋白质化学

扫一扫，查阅本章数字资源，含PPT、音视频、图片等

蛋白质是一类生物大分子，由一条或多条肽链构成，每条肽链都由一定数量的氨基酸按一定顺序通过肽键连接而成。蛋白质约占人体干重的45%、细胞干重的50%~70%，是细胞内除水外含量最高的生命物质。大肠杆菌有3000多种蛋白质，酵母有5000多种，哺乳动物细胞则有上万种。“protein（蛋白质）”一词由瑞典化学家J. Berzelius于1837年创造，荷兰化学家G. Mulder于1838年在论文中采用。其希腊文“*proteios*”的本意是“第一、最初”，用以表示其在生命活动中的重要性。

蛋白质是生命活动的主要承担者或执行者。不同蛋白质具有不同的生理功能。例如，酶是生物催化剂；胶原[蛋白]是结缔组织、骨骼等的结构成分；蛋白质激素、受体和信号转导蛋白参与信号转导，调节细胞代谢和增殖；免疫球蛋白参与机体防御。此外，蛋白质在物质运输、营养储存、肌肉收缩、血液凝固、组织更新、损伤修复、生长和繁殖、遗传和变异，甚至识别和记忆、感觉和思维等方面均发挥核心作用。

第一节　蛋白质的分子组成

蛋白质种类多、含量高、结构复杂、功能多样，但元素组成一致、结构单位一致。蛋白质的结构单位是氨基酸。多数蛋白质还含有非氨基酸成分。

一、蛋白质的元素组成

组成蛋白质的主要元素是碳（50%~55%）、氢（6%~7%）、氧（19%~24%）、氮（13%~19%）和硫（0~4%），有些蛋白质还含有磷、铁、铜、锌、锰、钼或硒等，个别蛋白质含有钴或碘。氮是蛋白质的特征元素，各种蛋白质的氮含量接近，平均值为16%。因为蛋白质是主要含氮生命物质，所以测定食物氮含量再乘以6. 25（蛋白质[折算]系数，nitrogen protein conversion factor）可以计算出其粗蛋白质（crude protein）含量。

$$\text{粗蛋白质} = \frac{\text{食物样品氮含量(g)} \times 6.25}{\text{食物样品重量(g)}} \times 100\%$$

凯氏定氮法（Kjeldahl method）是分析样品总氮的经典方法，可用于分析食品蛋白质含量。该方法的优点是不需要提纯蛋白质，缺点是掺入非蛋白氮（如三聚氰胺）会使测定值偏高。

二、蛋白质的结构单位

蛋白质的结构单位是**氨基酸**（amino acid）。已在各种生物体内鉴定的氨基酸有 300 多种（绝大多数是 L-氨基酸），其中在蛋白质中鉴定的有 100 多种，但用于合成蛋白质的只有 20 种，这 20 种氨基酸称为**编码氨基酸**（coded amino acid，标准氨基酸，基本氨基酸）；其他氨基酸（**非编码氨基酸**，noncoded amino acid，非标准氨基酸）有些是在蛋白质中由编码氨基酸转化生成的，例如胶原中的 4-羟脯氨酸和 5-羟赖氨酸、凝血因子中的 γ-羧基谷氨酸（Gla）、翻译因子 eEF-2 中的白喉酰胺，然而更多的氨基酸并不存在于蛋白质中，例如尿素循环中的鸟氨酸和蛋氨酸循环中的同型半胱氨酸，这类氨基酸称为**非蛋白质氨基酸**（nonprotein amino acid）。

硒代半胱氨酸和吡咯赖氨酸　①硒代半胱氨酸（selenocysteine，Sec，U）：用于合成硒蛋白，其密码子是位于一种称为硒代半胱氨酸插入序列的特殊序列上游的终止密码子 UGA。②吡咯赖氨酸（pyrrolysine，Pyl，O）：甲烷八叠球菌属（产甲烷细菌）用于合成甲胺甲基转移酶，其密码子是位于一种特殊序列内的终止密码子 UAG，被称为框内终止密码子。

$$HSe-CH_2-\underset{NH_3^+}{\overset{H}{\underset{|}{\overset{|}{C}}}}-COO^-$$

硒代半胱氨酸

$$\text{(3-甲基吡咯啉环)}-\overset{O}{\overset{\|}{C}}-\underset{H}{N}-CH_2-CH_2-CH_2-CH_2-\underset{NH_3^+}{\overset{H}{\underset{|}{\overset{|}{C}}}}-COO^-$$

吡咯赖氨酸

（一）氨基酸结构

氨基酸在有机化合物中归类于取代羧酸，羧基是官能团，氨基是取代基。根据氨基位置不同分为 α-、β-、γ-、…、ω-氨基酸。20 种编码氨基酸都是 **α-氨基酸**（脯氨酸是 α-亚氨基酸）。除了甘氨酸之外，其余 19 种氨基酸的 α-碳原子是手性碳原子，因而它们是手性分子，是 L-α-氨基酸。书中提及 L-α-氨基酸时常简称氨基酸，略去其构型及取代氨基位置。

$$H_3\overset{+}{N}-\underset{R}{\overset{COO^-}{\underset{|}{\overset{|}{C}}}}-H \qquad H-\underset{R}{\overset{COO^-}{\underset{|}{\overset{|}{C}}}}-\overset{+}{N}H_3 \qquad H_3\overset{+}{N}-\underset{\varepsilon}{\overset{6}{CH_2}}-\underset{\delta}{\overset{5}{CH_2}}-\underset{\gamma}{\overset{4}{CH_2}}-\underset{\beta}{\overset{3}{CH_2}}-\underset{\alpha\;NH_3^+}{\overset{2\;H}{C}}-\overset{1}{COO^-}$$

L-氨基酸　　D-氨基酸　　L-氨基酸碳原子编号

D-氨基酸　最初发现于细菌细胞壁的部分肽及某些肽类抗生素中，如革兰阳性菌细胞壁的D-丙氨酸和 D-谷氨酸。后来在其他生物也有发现，如霍乱弧菌肽聚糖中的 D-蛋氨酸和 D-亮氨酸，枯草杆菌分泌的 D-蛋氨酸、D-酪氨酸、D-亮氨酸和 D-色氨酸，人脑组织中的 D-丝氨酸和 D-天冬氨酸。肽类抗生素短杆菌酪肽和短杆菌肽 S 含 D-苯丙氨酸。南美洲树蛙皮肤含有的皮啡肽是一种七肽类阿片肽，含 D-丙氨酸。

（二）氨基酸分类

氨基酸可分为编码氨基酸（用于合成蛋白质的 20 种氨基酸）和非编码氨基酸（不能用于合成蛋白质）。编码氨基酸可进一步分类（表 3-1），例如根据 R 基极性及所带电荷分为 5 类，其中甘氨酸、组氨酸和半胱氨酸的归类并不绝对，如甘氨酸介于非极性和极性之间（表 3-2、图 3-1）。

表 3－1 编码氨基酸分类

分类依据	分类(数目)
R 基极性及所带电荷	非极性脂肪族氨基酸(7)、芳香族氨基酸(3)、极性不带电荷氨基酸(5)、带正电荷氨基酸(3)、带负电荷氨基酸(2)
R 基酸碱性	酸性氨基酸(2)、碱性氨基酸(3)、中性氨基酸(15,实际呈弱酸性)
人体内能否自己合成	必需氨基酸(9)、非必需氨基酸(11)
分解产物进一步转化	生糖氨基酸(14)、生酮氨基酸(2)、生糖兼生酮氨基酸(4)

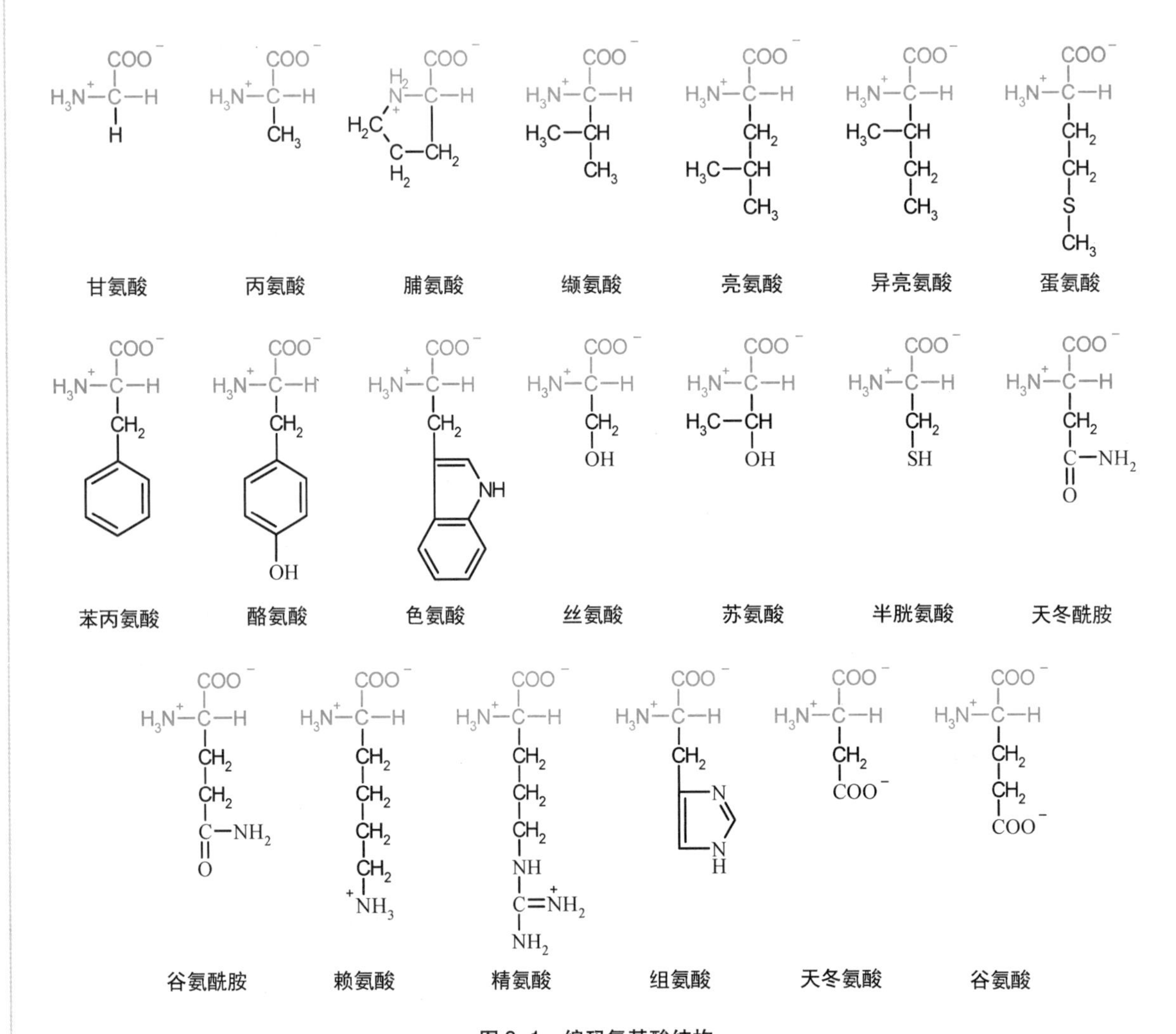

图 3-1 编码氨基酸结构

1. 非极性脂肪族[R 基]氨基酸 这类氨基酸有 7 种，含有非极性疏水 R 基，属于疏水性氨基酸。它们通常位于蛋白质分子内部，可以通过疏水作用相互结合，以稳定蛋白质构象。①甘氨酸的结构最简单，它的 R 基太小（是一个氢原子），因而与其他氨基酸的 R 基之间无疏水作用，实际上甘氨酸和丙氨酸也可以出现在蛋白质分子表面。②蛋氨酸（甲硫氨酸）是两种含硫氨基酸之一，它的 R 基含有非极性甲硫基。③脯氨酸的 R 基形成吡咯环结构，这种结构具有刚性，在蛋白质构象中具有特殊意义。④缬氨酸、亮氨酸和异亮氨酸统称支链氨基酸（第十章，223 页）。

表 3-2　编码氨基酸

俗称(简称)	三字母符号	单字母符号	分子量	pK_1 *	pK_2 *	pK_R *	等电点
1. 非极性脂肪族[R 基]氨基酸(疏水性氨基酸)							
甘氨酸(甘)	Gly	G	75	2.34	9.60		5.97
丙氨酸(丙)	Ala	A	89	2.34	9.69		6.01
脯氨酸(脯)	Pro	P	115	1.99	10.96		6.48
缬氨酸(缬)	Val	V	117	2.32	9.62		5.97
亮氨酸(亮)	Leu	L	131	2.36	9.60		5.98
异亮氨酸(异亮)	Ile	I	131	2.36	9.68		6.02
蛋氨酸(蛋)/甲硫氨酸(甲硫)	Met	M	149	2.28	9.21		5.74
2. 芳香族[R 基]氨基酸							
苯丙氨酸(苯丙)	Phe	F	165	1.83	9.13		5.48
酪氨酸(酪)	Tyr	Y	181	2.20	9.11	10.07	5.66
色氨酸(色)	Trp	W	204	2.38	9.39		5.89
3. 极性[不带电荷 R 基]氨基酸							
丝氨酸(丝)	Ser	S	105	2.21	9.15		5.68
苏氨酸(苏)	Thr	T	119	2.11	9.62		5.87
半胱氨酸(半胱)	Cys	C	121	1.96	10.28	8.18	5.07
天[门]冬酰胺(天胺)	Asn	N	132	2.02	8.80		5.41
谷氨酰胺(谷胺)	Gln	Q	146	2.17	9.13		5.65
4. 带正电荷[R 基]氨基酸(碱性氨基酸)							
赖氨酸(赖)	Lys	K	146	2.18	8.95	10.53	9.74
组氨酸(组)	His	H	155	1.82	9.17	6.00	7.59
精氨酸(精)	Arg	R	174	2.17	9.04	12.48	10.76
5. 带负电荷[R 基]氨基酸(酸性氨基酸)							
天[门]冬氨酸(天)	Asp	D	133	1.88	9.60	3.65	2.77
谷氨酸(谷)	Glu	E	147	2.19	9.67	4.25	3.22

pK_1、pK_2 和 pK_R 分别是氨基酸 α-羧基、α-氨基和 R 基可电离基团的电离平衡常数 K_a 的负对数值。

2. 芳香族[R 基]氨基酸　苯丙氨酸、酪氨酸、色氨酸的 R 基都含有苯环结构，所以称为芳香族氨基酸。其中苯丙氨酸和色氨酸属于疏水性氨基酸，酪氨酸属于极性氨基酸。

3. 极性[不带电荷 R 基]氨基酸　这类氨基酸有 5 种，含有极性亲水 R 基，可以与水形成氢键（半胱氨酸巯基可形成弱氢键）。因此，与非极性脂肪族氨基酸相比它们较易溶于水。丝氨酸和苏氨酸的极性源于其 R 基羟基，半胱氨酸源于其巯基，天冬酰胺和谷氨酰胺源于其氨甲酰基。

4. 带正电荷[R 基]氨基酸　又称碱性[R 基]氨基酸。这类氨基酸有 3 种，其中赖氨酸 R 基氨基、精氨酸 R 基胍基和组氨酸 R 基咪唑基在生理状态下可结合 H^+ 而带正电荷。组氨酸咪唑基的 $pK_R=6$，接近生理 pH，所以在酶促反应中咪唑基既可以作为 H^+（质子）供体又可以作为 H^+（质子）[接]受体，发挥酸碱催化作用（第五章，80 页）。

5. 带负电荷[R 基]氨基酸　又称酸性[R 基]氨基酸。天冬氨酸和谷氨酸的 R 基羧基在生理状态下可以电离出 H^+ 而带负电荷。

（三）氨基酸功能

氨基酸是蛋白质的合成原料。某些氨基酸还是卟啉、嘌呤、嘧啶、激素、激素释放因子、神经递质、神经调质、酶的辅助因子等的合成原料，有些氨基酸本身就是神经递质，甘氨酸参与生物转化，天冬氨酸和精氨酸参与尿素合成。

某些氨基酸是神经递质，包括兴奋性氨基酸和抑制性氨基酸。**兴奋性氨基酸**主要是谷氨酸，此外还有天冬氨酸、半胱氨酸、同型半胱氨酸、红藻氨酸、使君子氨酸、*N*-甲基-D-天冬氨酸，可以作为兴奋性神经递质促使突触后细胞去极化激活，也可作为神经毒素导致神经元死亡。**抑制性氨基酸**包括γ-氨基丁酸、甘氨酸、β-丙氨酸、牛磺酸，可以作为抑制性神经递质抑制突触后细胞去极化激活。

（四）氨基酸性质

各种氨基酸的理化性质不尽相同，甚至各有特性。这里介绍氨基酸的典型性质。

1. 紫外吸收特征 分析吸收光谱可知，芳香族氨基酸都能吸收紫外线，特别是色氨酸在280nm波长附近存在吸收峰（图3-2）。由于大多数蛋白质都含有芳香族氨基酸，所以可用紫外分光光度法进行蛋白质定量分析。

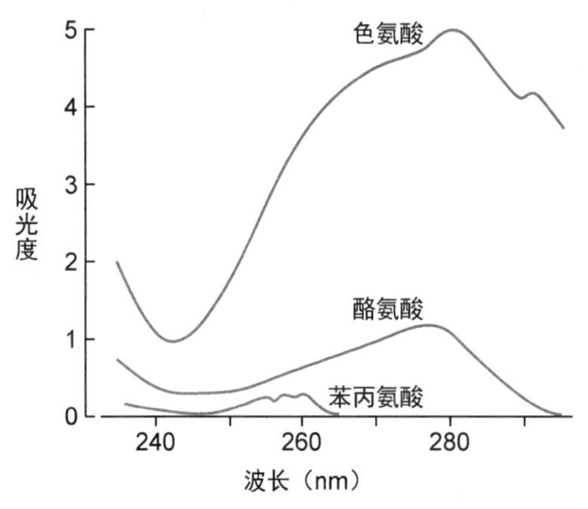

氨基酸	最大吸收波长λ_{max}（nm）	摩尔消光系数ε_{max}
Phe	257	200
Tyr	275	1400
Trp	280	5600

图3-2 氨基酸的紫外吸收光谱

2. 茚三酮反应 水合茚三酮与氨基酸发生反应，生成蓝紫色化合物，该化合物在570nm波长附近存在吸收峰。茚三酮反应可用于氨基酸定量分析。

2 水合茚三酮 + 氨基酸（$H_3N^+-CH(R)-COO^-$） ⟶ 蓝紫色化合物 + $3H_2O$ + RCHO + CO_2

水合茚三酮与脯氨酸或羟脯氨酸等亚氨基酸反应生成黄色化合物。

3. 两性电离与等电点 **两性电解质**（ampholyte）是指在溶液中既可给出H^+而呈酸性，又可结合H^+而呈碱性的电解质，例如HCO_3^-、$H_2PO_4^-$。氨基酸是两性电解质，在溶液中其羧基可以给出H^+而呈酸性，其氨基可结合H^+而呈碱性（图3-3）。

氨基酸在溶液中的电离度（解离度）受溶液pH影响，在某一pH值条件下，氨基酸电离成阳离子和阴离子的程度相等，溶液中的氨基酸是一种既带正电荷、又带负电荷的电中性离子（净

电荷为零)，这种离子称为两性离子（兼性离子，zwitterion)，此时溶液的 pH 值称为该氨基酸的等电点（pI)。等电点是氨基酸的特征常数。如果溶液的 pH 值大于氨基酸的等电点，则氨基酸净带负电荷，在电场介质中会向正极移动；如果溶液的 pH 值小于氨基酸的等电点，则氨基酸净带正电荷，在电场介质中会向负极移动。溶液的 pH 值越偏离等电点，氨基酸所带净电荷越多，在电场介质中的移动速度就越快。

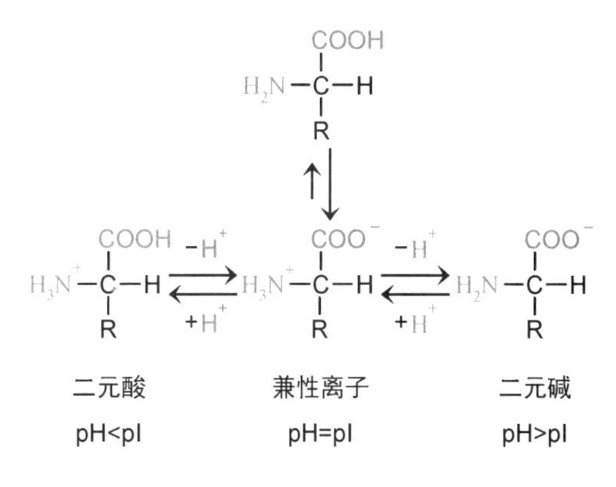

图 3-3　氨基酸的两性电离与等电点

等电点计算：中性氨基酸 $pI=(pK_1+pK_2)/2$，酸性氨基酸和半胱氨酸 $pI=(pK_1+pK_R)/2$，碱性氨基酸 $pI=(pK_2+pK_R)/2$。

● 一种氨基酸有两个（如甘氨酸）或三个（如谷氨酸）电离基团，因而在溶液中有三种或四种电离状态，磷脂等其他含有电离基团的生物分子同理。各电离状态的相对含量受溶液 pH 影响。教材中只给出生理条件下含量最多的电离状态的分子结构。○

三、蛋白质的辅基

蛋白质的辅基（prosthetic groups）是指蛋白质所含的非氨基酸成分，是其必不可少的功能成分。蛋白质可根据组成分为简单蛋白质和结合蛋白质：简单蛋白质（单纯蛋白质，simple protein）完全由氨基酸构成，例如胰岛素、14-3-3 蛋白、视黄酸受体、核糖核酸酶 A、糜蛋白酶；结合蛋白质（缀合蛋白质，conjugated protein）由脱辅基蛋白（apoprotein）和辅基构成，两者结合牢固，例如血红蛋白由珠蛋白和血红素构成。不同结合蛋白质所含辅基的化学本质不同（表3-3)，其功能也不同，例如酶的辅助因子（第五章，75 页)。生物体内多数蛋白质都是结合蛋白质，例如人体内有 50%的蛋白质都是糖蛋白。

表 3-3　结合蛋白质组成与分类

分类	辅基	举例
脂蛋白（lipoprotein）	脂质	血浆 β_1脂蛋白
糖蛋白（glycoprotein）	寡糖和多糖	免疫球蛋白、凝集素、干扰素、人绒毛膜促性腺激素
磷蛋白（phosphoprotein）	磷酸基	酪蛋白、卵黄高磷蛋白
核糖核蛋白（nucleoprotein）	核酸	核糖体、端粒酶、信号识别颗粒
血红素蛋白（hemoprotein）	血红素	血红蛋白、肌红蛋白、细胞色素、过氧化氢酶、过氧化物酶
黄素蛋白（flavoprotein）	黄素核苷酸	琥珀酸脱氢酶
金属蛋白（metalloprotein）	铁	铁硫蛋白
	锌	醇脱氢酶、碳酸酐酶、羧肽酶 A/B、苏氨酰-tRNA 合成酶、核受体
	钙	钙调蛋白
	钼	黄嘌呤氧化酶
	铜	细胞色素 *c* 氧化酶、超氧化物歧化酶、铜蓝蛋白

第二节　肽键和肽

氨基酸通过肽键连接成肽。肽可根据所含氨基酸残基多少分为寡肽和多肽，其中部分有特殊生理功能的肽类称为活性肽。

一、肽键与肽平面

肽键（peptide bond）存在于蛋白质和肽分子中，是由一个氨基酸的α-羧基与另一个氨基酸的α-氨基缩合形成的酰胺键。

$$\underset{\text{氨基酸1}}{H_3N^+\text{—}C^{\alpha}H(R_1)\text{—}COO^-} + \underset{\text{氨基酸2}}{H_3N^+\text{—}C^{\alpha}H(R_2)\text{—}COO^-} \longrightarrow \underset{\text{二肽}}{H_3N^+\text{—}C^{\alpha}H(R_1)\text{—}\overset{\text{肽键}}{CO\text{—}NH}\text{—}C^{\alpha}H(R_2)\text{—}COO^-} + H_2O$$

肽键结构中的六个原子构成一个肽单位（肽单元，peptide unit，peptide group，$-C_{\alpha}-CO-NH-C_{\alpha}-$）。在肽单位中，氮原子的孤对电子与 C=O 键的 π 电子存在 p-π 共轭效应，因而可发生共振（图 3-4①），肽键（C-N 键）的键长（0.132nm）介于 C-N 单键（0.149nm）和 C=N 双键（0.127nm）之间，具有一定程度的双键性质，不能自由旋转。肽单位的六个原子共面（coplanar）——在同一个平面上，该平面被称为肽平面。肽单位几乎（99.6%）都是反式构型，即两个 C_{α} 处于肽键两侧。N-C_{α} 键和 C_{α}-C 键可以旋转（旋转角度分别用 φ 和 ψ 表示），蛋白质构象的形成与改变是以相邻肽单位通过围绕同一个 C_{α} 旋转为基础的（图 3-4②）。

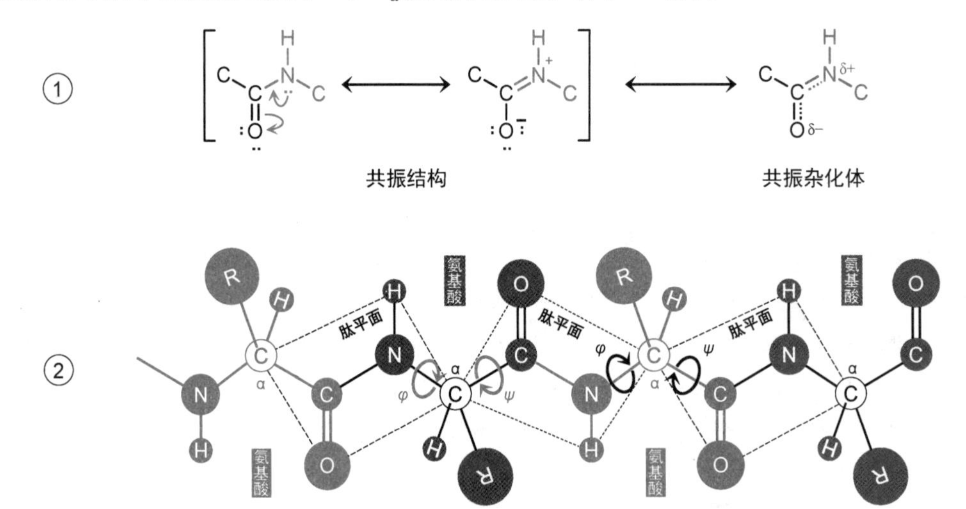

图 3-4　肽键共振结构和肽平面

二、肽

肽（peptide）由不止一个氨基酸通过肽键连接而成。肽分子中的氨基酸是不完整的，其氨基失去了氢，羧基失去了羟基，因而称为氨基酸残基（amino-acid residue）。

1. 肽是氨基酸的链状聚合物　由两个氨基酸残基构成的肽称为二肽，其他依此类推。通常把含有 2~10 个氨基酸残基的肽称为寡肽（oligopeptide），超过 10 个的称为多肽（polypeptide）。

多肽的化学结构呈链状，所以又称多肽链。多肽链中以$-N-C_\alpha-C-$为单位构成的长链称为主链（main chain，骨架，backbone）；而氨基酸的R基相对很小，称为侧链（branch，side chain）。主链一端的α-氨基未与氨基酸形成肽键（有的是游离的，有的环化或酰胺化），这一端称为N端（氨基端，N-terminal）；另一端的α-羧基未与氨基酸形成肽键（有的是游离的，有的酰胺化或甲基化），这一端称为C端（羧基端，C-terminal）。肽链有方向性（directionality），通常把N端视为起始端，这与多肽链的合成方向一致，即多肽链的合成起始于N端，终止于C端。

书写肽链时习惯上把N端写在左侧，用H_2N-或H-表示，C端写在右侧，用-COOH或-OH表示，如图3-5所示。也可用中文简称或英文符号表示，如丙-甘-半-丙-丝、Ala-Gly-Cys-Ala-Ser或AGCAS。

氨基端　$H_3N^+-CH(R_1)-CO-NH-CH(R_2)-CO-NH-CH(R_3)-CO-\cdots-NH-CH(R_{n-2})-CO-NH-CH(R_{n-1})-CO-NH-CH(R_n)-COO^-$　羧基端

图3-5　肽链结构

2. 蛋白质是大分子肽　IUBMB建议蛋白质定义为所含氨基酸残基数超过50的多肽；IUPAC建议蛋白质定义为分子量10^4以上的多肽。

多肽是蛋白质的组成成分，实际上蛋白质就是具有特定构象的多肽。不过，并非所有多肽都是蛋白质。虽然两者没有严格界限，但可从以下几方面区分：①含有11～50个氨基酸残基的多肽不是蛋白质。②一个多肽分子只含有一条肽链，而一个蛋白质分子可含有不止一条肽链，如多亚基蛋白（multisubunit protein）。③多肽的活性可能不依赖其整体构象，而蛋白质则不然，改变构象会改变其活性。不过，研究发现人体内有1/3蛋白质的部分结构甚至整体是非构象化的松散状态（柔性结构），称为天然无序蛋白质（内在无序蛋白质），如细胞周期蛋白依赖性激酶抑制因子p27。④许多蛋白质含有辅基成分，而多肽一般不含辅基成分（表3-4）。人类基因组编码的肽链平均长度350~440个氨基酸残基。

表3-4　部分蛋白质的分子量

蛋白质	来源	分子量	氨基酸数	肽链数	蛋白质	来源	分子量	氨基酸数	肽链数
细胞色素*c*	人	13000	104	1	白蛋白	人	68500	609	1
核糖核酸酶A	牛胰	13700	124	1	己糖激酶	酵母	102000	972	2
肌红蛋白	人	17053	153	1	RNA聚合酶	大肠杆菌	450000	4158	6
血红蛋白	人	64500	574	4	载脂蛋白B	人	513000	4536	1

三、活性肽

[生物]活性肽是指具有特殊生理功能的肽类物质，在代谢调节、神经传导、细胞分化、生长发育、免疫防御、生殖调节、自由基清除和肿瘤发生等方面起重要作用。活性肽分为内源性活性肽和外源性活性肽，以内源性活性肽为主（表3-5）。外源性活性肽是指食物蛋白[质]有限消化的产物被直接吸收，并参与摄食、消化、代谢、内分泌调节，如外啡肽、免疫调节肽、抗微生物肽、抗凝血肽、抗应激肽、抗氧化肽。一些抗生素（如短杆菌酪肽）、毒素（如鹅膏蕈碱）也是活性肽。

表 3－5 活性肽

分类	举例（氨基酸残基数）	功能
（1）血浆活性肽	①血管紧张素Ⅱ（8）	增大外周阻力，升高动脉压
	②缓激肽（9）	抑制组织炎症
	③胰高血糖素（29）	促进肝糖原分解
（2）脑组织活性肽	①促甲状腺激素释放激素（3）	刺激垂体前叶促甲状腺激素分泌
	②促性腺激素释放激素（10）	刺激黄体生成素和卵泡刺激素分泌
	③生长激素释放抑制激素（14）	抑制生长激素等分泌
	④促肾上腺皮质激素释放激素（41）	刺激促肾上腺皮质激素分泌
	⑤促肾上腺皮质激素（39）	刺激肾上腺皮质激素分泌
	⑥加压素（9）	促进肾脏钠水重吸收，促进血管收缩
	⑦催产素（9）	促进子宫收缩
	⑧β 促黑素（18）	调节黑色素细胞代谢
（3）神经肽	①脑啡肽（5）	神经传导，痛觉抑制
	②P 物质（11）	神经递质，神经调质
	③食欲肽 A/B（33/28）	调节食欲和睡眠
（4）胃肠道活性肽	①胃泌素 14、17、34（14、17、34）	调节消化道运动、消化腺分泌
	②胰泌素（27）	调节消化道运动、消化腺分泌
	③抑胃肽（42）	刺激胰岛素分泌，抑制胃酸分泌
	④胰腺激素（36）	调节胰腺和胃肠功能
（5）其他活性肽	①心钠素（28）	促进肾脏排钠排水，降低动脉压
	②降钙素（32）	防止血钙血磷过高

还原型谷胱甘肽（GSH）是由谷氨酸、半胱氨酸和甘氨酸通过异肽键和肽键连接而成的酸性三肽，所含巯基为主要官能团。GSH 具有还原性，是重要的抗氧化剂（第八章，161 页；第十章，229 页；第十三章，267 页）。GSH 分布广泛，在肝细胞内水平最高，约 5mmol/L（90%在细胞质中，10%在线粒体内）。

肌肽和鹅肌肽属于二肽，在人体内广泛存在，被视为抗氧化剂，参与清除活性氧（ROS）。

异肽键

还原型谷胱甘肽（GSH）　　肌肽　　鹅肌肽

第三节 蛋白质的分子结构

蛋白质是由 20 种 α-氨基酸通过肽键连接而成的生物大分子。天然蛋白质特有的分子结构是其具有特定生理功能的分子基础，尽管其分子中成千上万原子的空间布局（spatial arrangement）十分复杂，但遵循共同规律。1969 年，IUPAC 根据丹麦科学家 Linderstrøm-Lang 于 1952 年提出的建议，推荐将蛋白质等大分子的结构分为一级结构、二级结构、三级结构和四级结构四个层次（图 3-6），其中一级结构属于蛋白质分子的共价结构（covalent structure），简称构

氨基酸序列（一级结构）　肽段构象（二级结构）　亚基构象（三级结构）　四聚体构象（四级结构）

图 3-6　蛋白质结构层次

造（constitution），二级结构、三级结构和四级结构属于蛋白质分子的空间结构，简称构象（conformation）。

研究表明：①蛋白质的一级结构决定其空间结构。②空间结构直接决定其功能。③大多数蛋白质只有一种或少数几种稳定的空间结构。④稳定蛋白质空间结构的作用力主要是非共价键、特别是疏水作用。⑤各种蛋白质的空间结构各不相同，但其中存在某些共同特征，从中我们可以发现规律，从而根据一级结构推测其空间结构。⑥蛋白质的空间结构是动态的，在发挥作用时必须改变，这种改变可以是局部的或整体的，细微的或显著的。另一方面，天然无序蛋白质局部或整体并无特定的空间结构，仅在与其他蛋白质结合时才形成特定空间结构，它们的这种结构无序性同样赋予其特定功能。

一、蛋白质的一级结构

蛋白质的一级结构（primary structure）是指构成一个蛋白质分子的一条或多条肽链的全部氨基酸序列，包括可能存在的二硫键的位置，但不包括除 α-碳构型以外的其他空间结构，因此定义的是它们的共价结构，即构造。肽键是连接氨基酸的主要共价键，是稳定蛋白质一级结构的主要作用力（化学键），此外还有肽链之间或肽链内部可能存在的二硫键等其他共价键。

如同成千上万个英文单词是用字母拼成的一样，生物体内各种蛋白质都是用 20 种氨基酸合成的，不同蛋白质所含氨基酸的数量、比例和排列顺序均不相同，因而其结构、性质和活性也不相同。

胰岛素（insulin）由 F. Banting 和 J. Macloed（1923 年诺贝尔生理学或医学奖获得者）等于 1921 年发现，并于 1922 年应用于糖尿病治疗，其一级结构由 F. Sanger（1958 年诺贝尔化学奖获得者）于 1953 年阐明（图 3-7）：①胰岛素由 2 条肽链构成。②A 链含有 21 个（11 种）氨基酸残基，包括 4 个半胱氨酸；N 端为 Gly，C 端为 Asn。③B 链含有 30 个（16 种）氨基酸残基，包括 2 个 Cys；N 端为 Phe，C 端为 Ala。④6 个 Cys 的巯基形成 3 个二硫键，其中 2 个是在 A 链和 B 链之间（Cys7-Cys7，Cys20-Cys19）的链间二硫键，1 个是在 A 链内（Cys6-Cys11）的链内二硫键。牛胰岛素是第一种被阐明一级结构的蛋白质，也是第一种人工合成的蛋白质。

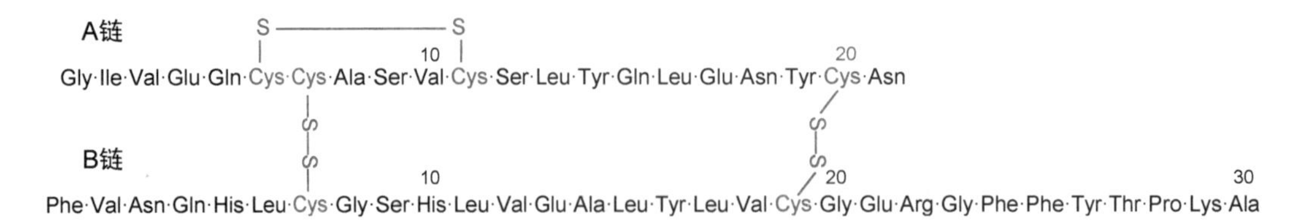

图 3-7 牛胰岛素的一级结构

研究蛋白质一级结构的意义：①一级结构是蛋白质活性的分子基础。②一级结构是蛋白质构象的基础，包含了形成特定构象所需的全部结构信息。③众多遗传病的分子基础是基因突变，导致其所表达蛋白质的一级结构发生变化。④研究蛋白质的一级结构可揭示生物进化史，不同物种的同源蛋白的一级结构越相似，它们之间的进化关系越近。

二、蛋白质的二级结构

蛋白质的二级结构（secondary structure）是指蛋白质局部肽段（含有 3~30 个氨基酸残基）主链原子的空间布局，即主链构象，不包括侧链构象及肽段与肽段之间的空间布局。部分二级结构具有周期性。

在蛋白质多肽链中，氨基酸通过肽键连接。肽单位是肽链主链中可以旋转的基本单位。通过肽单位相对旋转不同的角度（φ 和 ψ，图 3-4），多肽链可以卷曲折叠形成各种二级结构，如 α 螺旋、β 折叠、β 转角、环和无规卷曲，还可以在二级结构基础上进一步形成基序结构。

1. α 螺旋（α-helix） 是指蛋白质局部肽段通过肽单位旋转形成的一种右手螺旋结构：①每个螺旋含有 3.6 个氨基酸残基，螺距是 0.54nm，螺旋直径是 0.5nm。②氨基酸的 R 基位于螺旋的表面（图 3-8①）。③在 α 螺旋中，第 m 个肽单位的氧（来自氨基酸残基 n 的羰基）与第 $m+3$ 个肽单位的氢（来自氨基酸残基 $n+4$ 的氨基）形成主链氢键（图 3-8②③），从而维持 α 螺旋的稳定性，氢键取向与螺旋轴接近平行。在蛋白质中，约 1/4 的氨基酸形成 α 螺旋，但因蛋白质而异（表 3-6），如构成毛发、指甲、角、蹄的 α 角蛋白，其二级结构都是 α 螺旋。α 螺旋由 L. Pauling（1954 年诺贝尔化学奖获得者）和 R. Corey 于 1948 年提出，并通过研究得到证实。

表 3-6 部分球状蛋白质的二级结构组成

蛋白质	氨基酸残基数	α 螺旋残基数（%）	β 折叠残基数（%）
糜蛋白酶	241	14	45
核糖核酸酶	124	26	35
羧肽酶	307	38	17
细胞色素 c	104	39	0
溶菌酶	129	40	12
肌红蛋白	153	78	0

蛋白质构象表面 α 螺旋的氨基酸序列多为疏水性氨基酸和亲水性氨基酸交替排布，结果 α 螺旋露在分子表面的一侧（不是一端）——向水侧多为亲水性氨基酸，埋在分子内部的一侧——背水侧为疏水性氨基酸，这种 α 螺旋被称为两[亲]性[α]螺旋（amphipathic helix），构成膜通道的多次跨膜蛋白的跨膜结构域为两亲性 α 螺旋。

跨膜蛋白的跨膜结构域多为富含疏水性氨基酸的 α 螺旋。

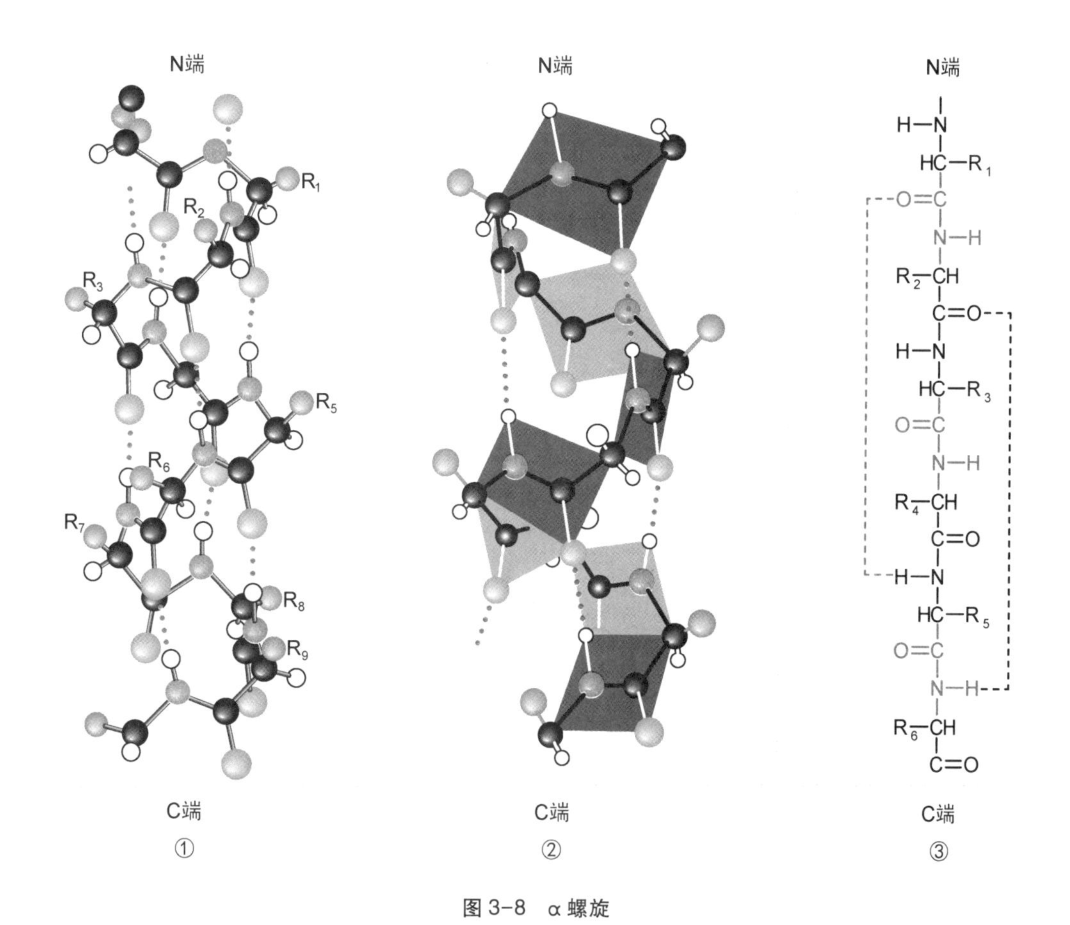

图 3-8　α 螺旋

2. β 折叠（β strand）　是指蛋白质局部肽段的主链构象呈锯齿状折叠：①一个 β 折叠单位含有两个氨基酸残基（相当于两个肽单位），其 R 基交替排布在 β 折叠两侧（图 3-9）。多数 β 折叠比较短，仅含 5～8 个氨基酸残基，但也有长的，如构成蜘蛛丝、蚕丝的丝心蛋白，其二级结构几乎都是 β 折叠。②同一肽链或不同肽链上的数段 β 折叠可以平行结合，形成裙褶结构，称为 **β 片层**（β sheet）。β 片层中相邻 β 折叠的结合有同向平行和反向平行两种，两种 β 片层中折叠单位的长度不同：**同向平行的 β 折叠**（parallel β sheet）单位为 0.65nm，**反向平行的 β 折叠**（antiparallel β sheet）单位为 0.7nm（图 3-10）。③相邻 β 折叠通过肽单位形成氢键（取向与折叠轴接近垂直），是稳定 β 片层的主要作用力。β 折叠由 L. Pauling 和 R. Corey 于 1951 年揭示。

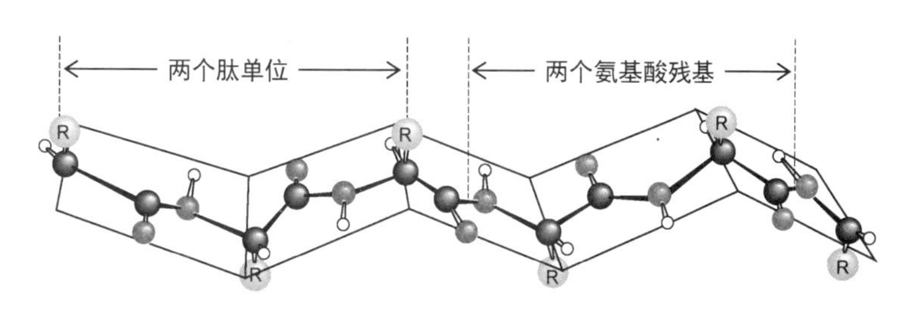

图 3-9　β 折叠

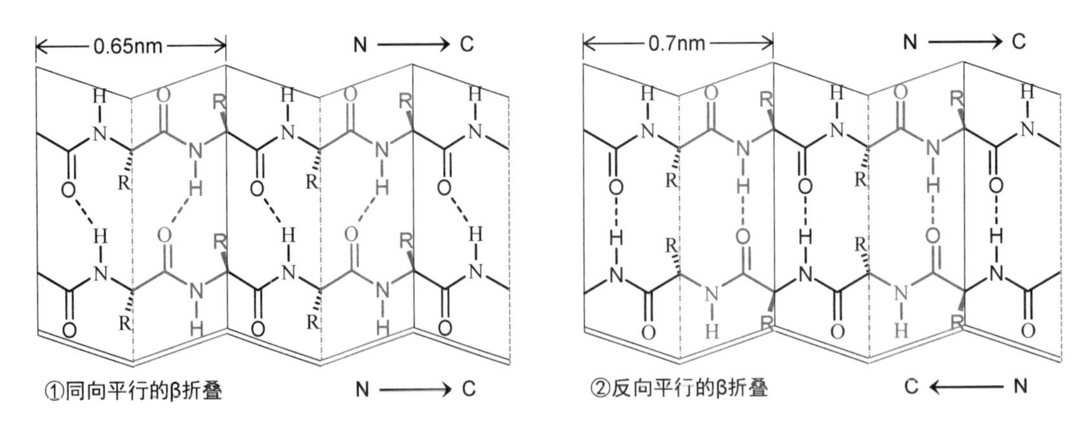

图 3-10 β片层

大多数β折叠和β片层并不是严格的平面结构，而是呈一定程度的右手扭曲结构（图 3-11）。

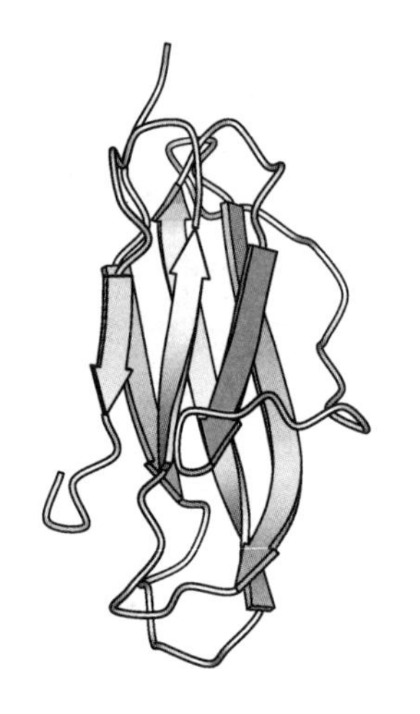

图 3-11 扭曲β片层

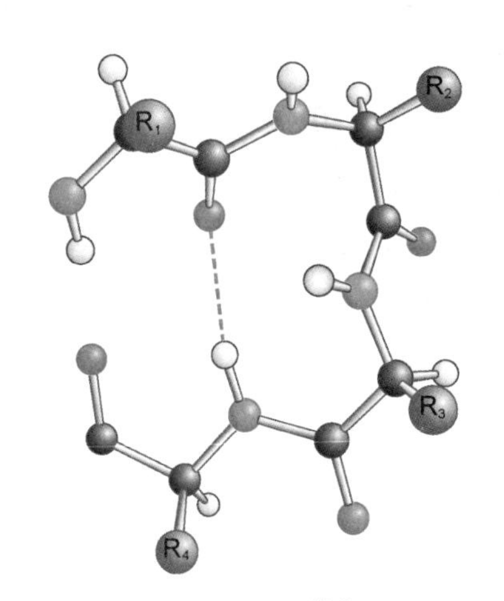

图 3-12 β转角

3. β转角（β turn） 转角结构的一种，是指蛋白质分子中用以连接其他二级结构（最常见的是两段反向平行的β折叠）的一种刚性回折肽段（图 3-12）：一个β转角含有四个氨基酸残基（残基 2 位脯氨酸出现频率最高，残基 3 位甘氨酸出现频率最高），形成三个肽单位，其稳定性由第一个肽单位的氧（来自氨基酸残基 1 的羧基）与第三个肽单位的氢（来自氨基酸残基 4 的氨基）形成的氢键维持。β转角多位于球状蛋白质分子表面，常是抗体识别结合的表位。

4. 环（loop） 是指蛋白质分子中用以连接其他二级结构的一种柔性肽段，含有 6~16 个氨基酸残基，R 基可通过氢键、疏水作用堆积于环内侧。环结构几乎都位于蛋白质表面，参与蛋白质识别。

5. 无规卷曲（random coil） 是指蛋白质分子中的一些尚未阐明构象特征的肽段构象。

三、蛋白质的三级结构

蛋白质的三级结构（tertiary structure）是指一个蛋白质分子或其一个亚基（subunit）所含全部原子的空间布局，不包括它与其他分子或亚基之间的结构关系。蛋白质三级结构的形成是由于不同肽段 R 基相互作用引起某些单键旋转，导致整条肽链在二级结构基础上进一步卷曲折叠的结

果。稳定三级结构的作用力主要来自氨基酸残基R基（它们在一级结构中可能相隔较远）的相互作用，包括疏水作用、氢键、范德华力和离子键等非共价键及二硫键等少量共价键。

蛋白质的三级结构非常复杂，不像二级结构那样有明显的规律性，但有以下共同特点：分子内部几乎都是疏水基团，亲水基团则位于分子表面（除非可在内部形成氢键或离子键）。此外，位于可溶性蛋白质分子表面的α螺旋和β折叠具有两亲性：背水侧更疏水，向水侧更亲水。

不同蛋白质有不同的三级结构。蛋白质通过二级结构折叠形成何种三级结构，首先是由其氨基酸残基的R基决定的，其次受辅基、分子伴侣、离子强度、温度等因素影响。蛋白质的有些肽段会优先折叠，在二级结构基础上形成基序、结构域等局部构象，再推动其他肽段折叠，形成三级结构。

以下介绍抹香鲸肌红蛋白和牛胰核糖核酸酶的三级结构、基序和结构域。

1. 肌红蛋白　位于肌细胞中，功能是在细胞内储存和运输氧。以抹香鲸肌红蛋白为例：①一级结构含有153个氨基酸残基。②二级结构包括8段α螺旋和连接它们的转角（包括1个β转角）、环和无规卷曲。77%的氨基酸残基位于α螺旋区。4个脯氨酸残基中有3个位于α螺旋N端，只有1个位于α螺旋内部且导致该螺旋弯曲。③整个分子呈球形（4.5nm × 3.5nm × 2.5nm），结构致密。除了两个组氨酸残基（His64、His93）的咪唑基埋在内部之外，其余极性氨基酸残基包括带电荷氨基酸残基的R基都露在分子表面。④分子结构中有一个口袋区，内有一个血红素（又称血红素B）辅基，通过其Fe^{2+}与His93（近端组氨酸）的N-τ原子以垂直于血红素平面的配位键结合（还通过其两个丙酸基侧链与两种碱性氨基酸R基以离子键结合）。氧即与该Fe^{2+}以垂直于血红素平面的配位键结合（图3-13）。海洋哺乳动物肌细胞内含有大量肌红蛋白，可以储存氧，因此能长时间潜水（图3-14）。

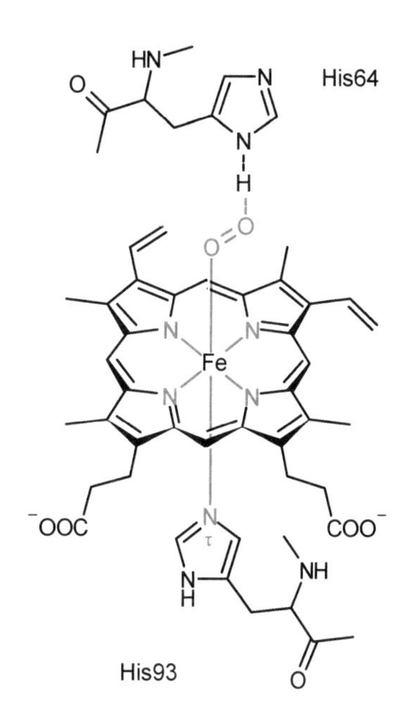

图3-13　肌红蛋白氧合血红素的空间结构

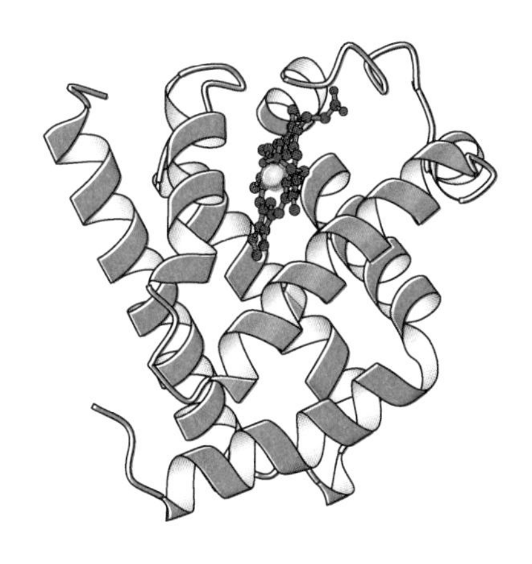
图3-14　抹香鲸肌红蛋白三级结构

2. 核糖核酸酶　由胰腺分泌，功能是水解核糖核酸（RNA）。以牛胰核糖核酸酶为例：①一级结构含有124个氨基酸残基，其中有8个半胱氨酸残基形成4个二硫键。②二级结构包括3段较短的α螺旋和3段较长的β折叠。③三级结构近似球形，表面有一较大裂缝，是活性中心（图3-15）。

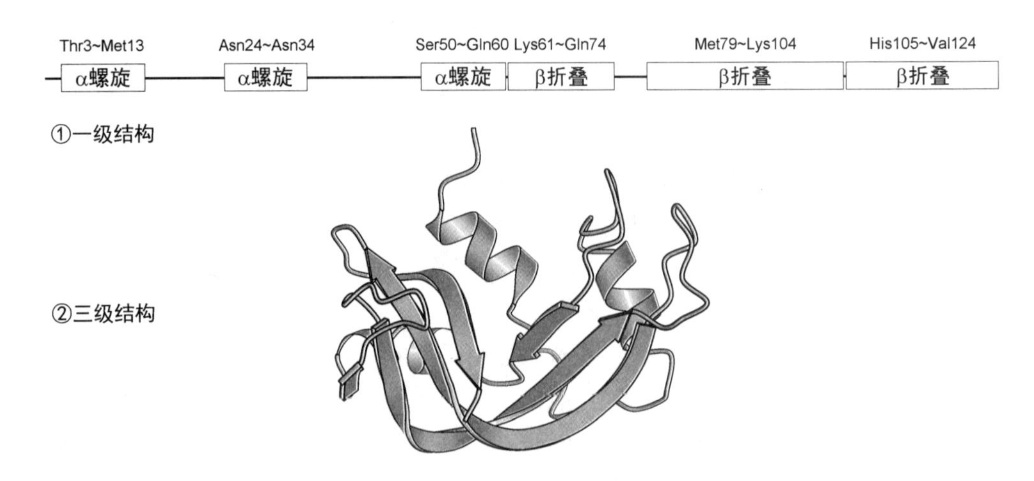

图 3-15 牛胰核糖核酸酶

3. 基序 又称模体（motif，折叠，fold，超二级结构，supersecondary structure），是指由相邻的两段或多段相同或不同二级结构片段进一步聚集和结合形成的一种可识别的结构单位。基序可以很小很简单，只是蛋白质分子的一小部分，如螺旋-螺旋（αα）、折叠-螺旋-折叠（βαβ）、折叠-折叠（ββ）、螺旋-转角-螺旋（HTH）、亮氨酸拉链；也可以很大很复杂，包含了蛋白质的大部分结构，如β桶状（barrel）结构；甚至可以是整个蛋白质分子的结构，如一个肌红蛋白分子就是一个珠蛋白折叠（globin fold）。目前认为基序有 1200 多种，绝大多数都已鉴定。注意基序不是二级结构和三级结构之间的一个结构层次，而是一种折叠模式（folding pattern）。

（1）螺旋-环-螺旋（helix-loop-helix motif，HLH） 是许多钙结合蛋白分子中的一种螯合有 Ca^{2+} 的基序结构，由α螺旋、环、α螺旋三个二级结构片段组成，因此得名。螺旋-环-螺旋的环中有几个保守的氨基酸残基 R 基含氧原子，通过这些氧原子螯合 Ca^{2+}（图 3-16①）。

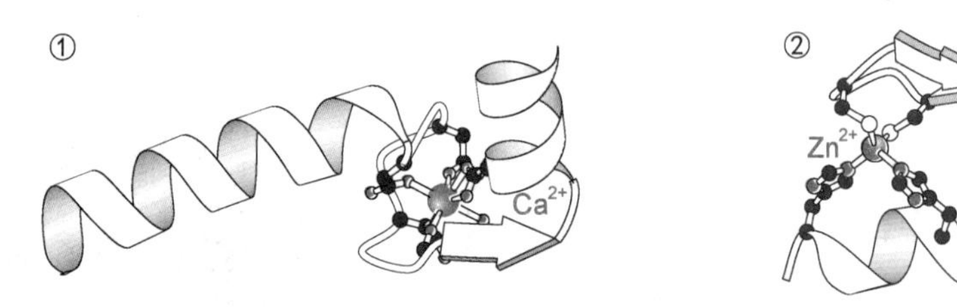

图 3-16 蛋白质的基序结构

（2）锌指（zinc finger，ZnF） 是锌指蛋白中的一种螯合有 Zn^{2+} 的基序结构，其一级结构约含 30 个氨基酸残基，由一段α螺旋和两段反向平行β折叠构成，形如手指，通过序列中的两对氨基酸（Cys_2His_2 或 Cys_4）螯合一个 Zn^{2+}（图 3-16②）。人类基因组编码 300 多种锌指蛋白，如激素受体中的核受体类，它们都含有锌指（第十二章，255 页）。

基序的含义一直在发展，从蛋白质到核酸，从构象到序列，例如纤[维]连[接]蛋白（fibronectin）和去整合素（disintegrin）含有一段三肽序列，共有序列是 Arg-Gly-Asp（RGD），是整合素（integrin）的结合位点，被称为 RGD 基序。新型冠状病毒（SARS-CoV-2）的刺突蛋白（S 蛋白，spike protein）即含有该基序，并介导病毒感染。

4. 结构域 是指三级结构中由一段肽链形成的一种结构紧密、独立、稳定、有特定功能的结构单位。①结构域的一级结构是连续的，小到含有 30 个氨基酸残基，大到含有 400 个氨基酸残基，多数含有 50~200 个氨基酸残基。②结构域通常有特定功能，故又称功能域。例如配体结合域可结合配体，催化结构域（酶的活性中心，第五章，74 页）可催化反应。③小或结构简单的蛋白质通常只有一个结构域，甚至就是蛋白质的三级结构，例如溶菌酶；大或结构复杂的蛋白质可以含有多个相同或不同的结构域，例如乳酸脱氢酶 N 端的 NADH 结合域和 C 端的丙酮酸结合域。④有的结构域之间或结构域与其他部分之间通过环或无规卷曲等连接，通过单键旋转改变它们的空间布局时，结构域构象不变。⑤有的结构域可与分子的其他部分分开（例如酶切），且维持构象不变；有的则大面积紧密结合，很难识别。⑥在蛋白质多肽链折叠成三级结构时结构域优先折叠。⑦大多数结构域具有模块性（modular），例如不同来源的结构域通过基因工程形成融合蛋白时，结构域功能不变。⑧结构域和基序的定义有交叉，如锌指也被定义为结构域。

蛋白激酶 Src 是人体内的一种蛋白酪氨酸激酶，其一级结构含有 535 个氨基酸残基，其中有三段序列在三级结构中形成三个结构域：①SH3 结构域：与底物蛋白[富含]脯氨酸结构域结合。②SH2 结构域：与底物蛋白特定磷酸化酪氨酸结合。③蛋白激酶结构域：催化底物蛋白特定酪氨酸残基磷酸化（图 3-17）。

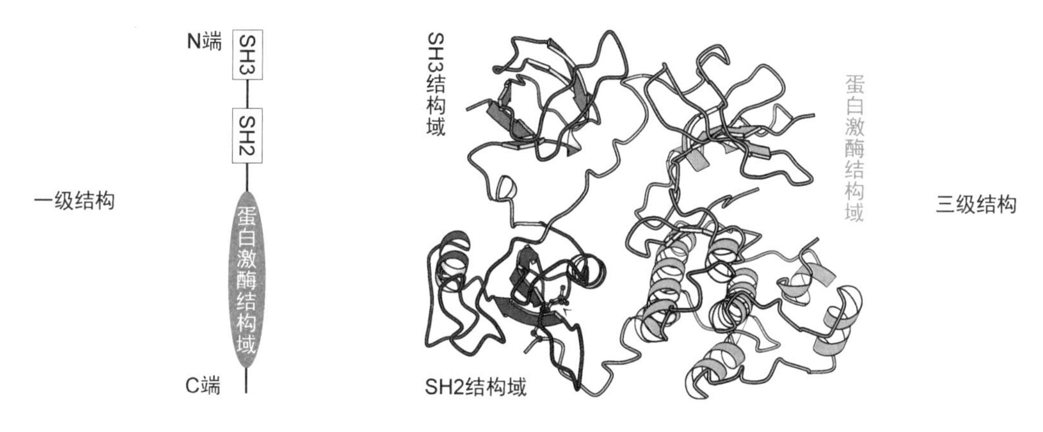

图 3-17　蛋白酪氨酸激酶 Src 的结构域

四、蛋白质的四级结构

许多蛋白质由不止一条肽链构成，每一条肽链都有特定且独立的三级结构，称为该蛋白质的一个亚基，这类蛋白质称为多亚基蛋白，其中含有 2~10 个亚基的称为寡聚蛋白。蛋白质的四级结构（quaternary structure）是指多亚基蛋白所含全部亚基的数目、种类、空间布局及亚基之间的相互结合和相互作用，但不包括亚基的三级结构。稳定四级结构的作用力主要来自相邻亚基接触部位一些氨基酸 R 基的相互作用，包括疏水作用、范德华力、离子键和氢键等。

至此，蛋白质可以根据是否有四级结构分为单体蛋白[质]（monomeric protein，单体，monomer）和多亚基蛋白[质]（multisubunit protein，多体，multimer）。多亚基蛋白中含亚基较少的又称寡聚蛋白（oligomeric protein，寡聚体，oligomer）。多亚基蛋白根据所含亚基数分别称为二聚体、三聚体、四聚体等，根据所含亚基种类分为同聚体蛋白和异聚体蛋白，例如同二聚体、同三聚体、同四聚体、异二聚体、异三聚体、异四聚体。

原[聚]体（protomer）是指具有空间对称性的四级结构中的一种结构单位。同聚体蛋白的空间结构具有对称性。有些异聚体蛋白的空间结构也具有对称性，因此它们可视为同聚体。例如血红蛋白是由 4 个亚基形成的 $\alpha_2\beta_2$ 异四聚体，其构象具有对称性，可视为 $(\alpha\beta)_2$ 同二聚体，结构单位是 αβ。具有对称性的多亚基蛋白的这种结构单位称为原体。同聚体蛋白中的亚基——如乳酸脱氢酶 1（H_4）中的 H 亚基也被定义为原体。

血红蛋白（hemoglobin，Hb）是最早阐明四级结构的蛋白质（1962 年诺贝尔化学奖获得者 M. Perutz 和 J. Kendrew 于 1959 年阐明马血红蛋白四级结构）。正常成人血红蛋白 HbA 是一种四聚体结合蛋白质，由 α 和 β 两种亚基构成，两种亚基均由一条肽链（珠蛋白）和一个血红素辅基构成：①α 珠蛋白和 β 珠蛋白分别含有 141 个和 146 个氨基酸残基，其一级结构中有 64 个氨基酸残基相同，其中有 27 个氨基酸残基与肌红蛋白相同。②两种亚基的二级结构和三级结构均颇为相似（α 亚基只有 7 段 α 螺旋），且与肌红蛋白相似。③两个 α 亚基和两个 β 亚基构成血红蛋白异四聚体（目前多表述为 αβ 原体的同二聚体，图 3-18）。

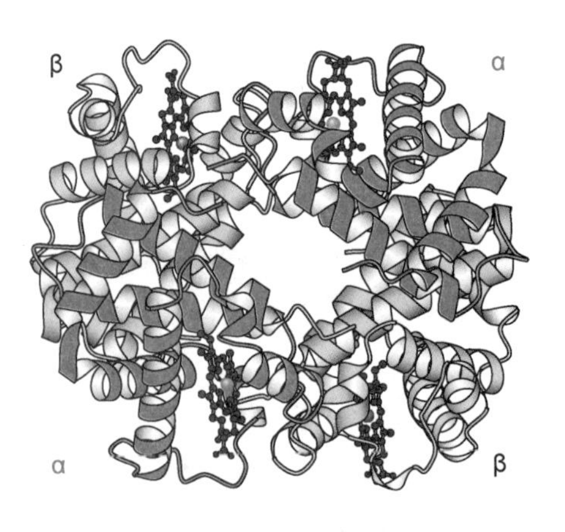

图 3-18 血红蛋白四级结构

血红蛋白是红细胞的主要蛋白质（细胞质浓度高达 33%~34%，约 5.7mmol/L，占红细胞总蛋白的 95%），也是体内主要的含铁蛋白质。血红蛋白的功能是从肺向组织运输氧，从组织向肺运输二氧化碳和 H^+。人体通过呼吸获得的氧有 98.5%是由血红蛋白运输的，每 100mL 血液可以运输 4.2~13.2mL 氧。我国成年男性全血血红蛋白是 110~160g/L，女性是 100~150g/L。

五、稳定蛋白质结构的作用力

蛋白质的结构是由多种化学键和其他作用力共同维持的，包括肽键、二硫键、疏水作用、氢键、离子键和范德华力，后四种属于非共价键，是稳定蛋白质构象的主要作用力（图 3-19）。

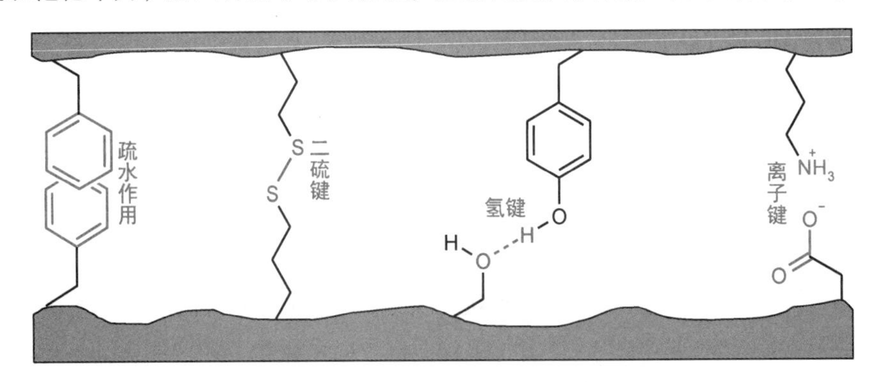

图 3-19 稳定蛋白质构象的作用力

1. 二硫键 蛋白质分子中的二硫键是由一对半胱氨酸残基在蛋白质二硫键异构酶（PDI）催化下形成的（键能 51kcal/mol）。二硫键几乎只存在于真核生物分泌蛋白、细胞膜外周边蛋白、细胞膜跨膜蛋白胞外结构域，对稳定蛋白质的空间结构起重要作用。

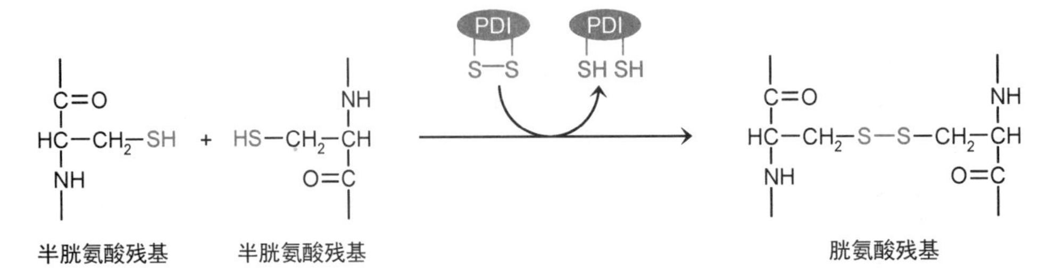

另一方面，蛋白质分子中的半胱氨酸巯基不都形成二硫键，它们还有其他重要功能，例如作为巯基酶的必需基团（第五章，87 页）。

2. 疏水作用　是指溶液中的疏水分子或基团为减少与水的接触而彼此缔合的一种趋势。疏水作用对稳定蛋白质构象非常重要，球状蛋白质分子内部主要聚集了疏水性氨基酸。

3. 氢键　是指羟基氢或氨基氢与另一个氧原子或氮原子形成的化学键（键能 5~6kcal/mol，受溶剂极性影响），此外半胱氨酸巯基可形成弱氢键。氢键是蛋白质分子中数量最多的非共价键。

4. 离子键　蛋白质分子中存在可电离基团，赖氨酸、精氨酸、组氨酸 R 基带正电荷，谷氨酸、天冬氨酸 R 基带负电荷。带电荷基团之间存在着静电作用，表现为同性电荷相斥，异性电荷相吸。存在于带异性电荷的基团之间的吸引力称为**离子键**（水溶液中键能 1~5kcal/mol，受溶剂极性影响），又称**盐键**、**盐桥**。两个带同性电荷的基团或离子可以与带异性电荷的第三个基团或离子形成离子键而间接结合，如两个羧基可以同时与一个 Ca^{2+} 或其他二价金属离子形成离子键。

5. 范德华力　是存在于分子之间或分子内基团之间的一类非特异性弱作用力（键能 0.5~1kcal/mol），包括取向力、诱导力和色散力，但不包括共价键及离子-离子、离子-中性分子（基团）作用力。

6. 其他共价键　①异肽键：如凝血时纤维蛋白亚基之间通过谷氨酰胺氨甲酰基与赖氨酸 ε-氨基形成异肽键。②配位键：如金属蛋白中金属离子（锌、铜、钙、铁）与氨基酸 R 基的氮、氧、硫之间形成配位键。

第四节　蛋白质结构与功能的关系

生物体内每一种蛋白质的氨基酸序列、构象、活性都是特定的。研究发现：①功能不同的蛋白质其氨基酸序列一定不同。②不同物种具有相似功能的蛋白质其序列和构象也相似。③已经阐明的遗传病中有数千种存在特定蛋白质的氨基酸序列异常，其中 1/3 存在氨基酸置换，因而序列改变会导致功能改变。因此，蛋白质的组成和结构是其功能的基础。蛋白质的氨基酸序列决定其构象，并最终决定其活性。改变蛋白质的结构将影响其功能。

一、蛋白质一级结构与功能的关系

蛋白质的一级结构是其空间结构的基础，进而从根本上决定其功能。改变蛋白质的一级结构可直接影响其功能。

1. 蛋白质的一级结构是其空间结构的基础　1956~1958 年，C. Anfinsen（1972 年诺贝尔化学奖获得者）等通过对牛胰核糖核酸酶变性和复性的实验研究证明，蛋白质的一级结构是其空间结构的基础。

Anfinsen 实验　牛胰核糖核酸酶（RNase）是第一种被阐明一级结构的酶蛋白。它含有 124 个氨基酸残基，其中有 8 个是半胱氨酸，在分子中形成 4 个二硫键。用巯基乙醇（还原二硫键）和尿素（破坏疏水作用）处理核糖核酸酶，可以使其肽链完全伸展，催化活性完全丧失。如果通过透析（373 页）去除巯基乙醇和尿素，可以重新形成二硫键和非共价键，恢复活性构象（称为重新折叠），核糖核酸酶的催化活性和理化性质也完全恢复（图 3-20）。如果保留尿素，仅去除巯基乙醇，则活性仅恢复 1%。

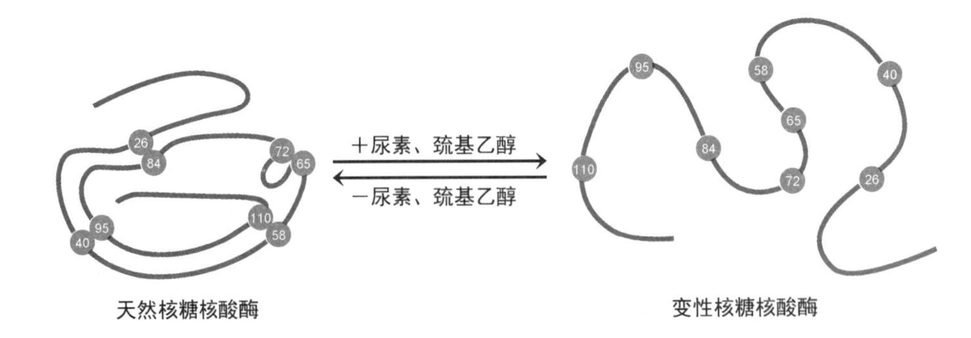

图 3-20 核糖核酸酶变性与复性

根据数学计算，如果通过随机配对形成 4 个二硫键，8 个半胱氨酸残基有 105 种配对方式（7×5×3×1）。只有一种配对方式与天然核糖核酸酶分子完全相同，可以形成活性构象，具有催化活性，其形成率为 1/105，而实际形成率却为 100%。显然，在核糖核酸酶形成天然构象时，半胱氨酸残基配对形成二硫键的过程不是随机的，而是由其一级结构决定的。

2. 蛋白质的一级结构相似则其功能也一致 如果一组蛋白质的编码基因源自同一祖先基因，一级结构或三级结构和功能显著相似，则称这组蛋白质同源（homology），属于同一个蛋白质家族，是同源蛋白（homolog）。在同源蛋白的一级结构中，有许多位置的氨基酸残基是相同的，这些残基称为保守残基（不变残基，invariant residue）。保守残基大多数是维持蛋白质构象和活性所必需的（提供必需基团）。相比之下，其他位置的氨基酸残基差异较大，这些残基称为可变残基（variable residue）。

例如：①人和黑猩猩的细胞色素 *c* 的一级结构完全相同，肌红蛋白也均含有 153 个氨基酸残基，一级结构只有 116 号氨基酸残基不同，人为组氨酸，黑猩猩为谷氨酰胺。②哺乳动物的胰岛素都由 A 链和 B 链组成，猪、狗、兔和人胰岛素的 A 链完全相同，猪、狗、牛、马和山羊的 B 链完全相同（表 3-7）。这些动物胰岛素的二硫键相同，分子构象也极为相似。虽然胰岛素的氨基酸序列中有几个位置的氨基酸不同，但并不影响其基本功能。

表 3－7 不同动物胰岛素氨基酸序列的差异

可变残基	人	猪、狗	牛	羊	马	兔
A-8	苏氨酸	苏氨酸	丙氨酸	丙氨酸	苏氨酸	苏氨酸
A-9	丝氨酸	丝氨酸	丝氨酸	甘氨酸	甘氨酸	丝氨酸
A-10	异亮氨酸	异亮氨酸	缬氨酸	缬氨酸	异亮氨酸	异亮氨酸
B-30	苏氨酸	丙氨酸	丙氨酸	丙氨酸	丙氨酸	丝氨酸

3. 同源蛋白的一级结构蕴含生物进化信息 进化关系越近，氨基酸序列相似度越高。研究发现，尽管经历了 15 亿年的进化，各种生物细胞色素 *c* 的 104 个氨基酸残基中仍有 21 个保持不变，以细胞色素 *c* 的氨基酸序列为基础的进化[系统]树（系统树）可以揭示各物种的进化关系。

4. 改变蛋白质的一级结构可直接影响其功能 基因突变可以改变蛋白质的一级结构，从而改变其活性甚至生理功能而致病。由基因突变引起蛋白质结构或水平异常而导致的疾病称为分子病。

例如镰状细胞贫血（sickle cell anemia）是由血红蛋白分子结构异常而导致的分子病。患者的血红蛋白称为镰状血红蛋白（HbS），其 β 亚基与正常成人血红蛋白（HbA）有一个氨基酸不同，即 N 端 6 号谷氨酸被缬氨酸置换。谷氨酸的 R 基是极性的，带一个负电荷；而缬氨酸的 R

基是非极性疏水的，不带电荷。因此，与 HbA 相比 HbS 疏水性强（少两个亲水基团，多两个疏水基团），分子间排斥力弱（少两个负电荷），因而溶解度降低，在 pH 值降低及脱氧状态下容易呈过饱和而析出，形成棒状聚集体，导致红细胞易变形成镰状。镰状细胞不易变形，会阻塞脾、关节毛细血管，被脾脏单核巨噬细胞系统清除（第十四章，281 页），发生溶血性贫血（hemolytic anemia）。

不过，蛋白质一级结构的某些改变不都导致其功能改变。事实上，人体几乎所有蛋白质都具有多态性（polymorphism），即不同个体的同种蛋白质可能存在序列差异，许多差异对其功能基本没有影响或影响极小，因为这类差异位于可变残基位点。

二、蛋白质空间结构与功能的关系

蛋白质的空间结构（构象）直接决定其功能，体现在以下两方面。

1. 构象决定性质和功能 不同蛋白质的构象不同，其理化性质和生理功能也就不同。蛋白质可根据构象分为球状蛋白质和纤维状蛋白质，根据生理功能分为活性蛋白[质]（active protein，如酶、调节蛋白、转运蛋白、载体蛋白、运动蛋白、免疫球蛋白）和结构蛋白[质]（constitutive protein，如胶原、角蛋白、弹性蛋白、丝心蛋白）。

球状蛋白质（globular protein）轴率（轴比，axial ratio）小于 10，主要是活性蛋白，其构象中包含各种二级结构。由二级结构形成的结构域常常含有酶的活性中心，或者含有调节蛋白的蛋白质结合位点、载体蛋白的受体结合位点、免疫球蛋白的抗原结合位点等。

纤维状蛋白质（fibrous protein）轴率大于 10，基本上都不溶于水，多数是结构蛋白，是动物体的支架和外保护成分，赋予组织强度和柔性，其构象中所含的二级结构比较单一，三级结构也比较简单，如指甲和毛发中的蛋白质成分几乎都是 α 角蛋白（α-keratin）。α 角蛋白由大量二级结构为 α 螺旋的肽链经过多级缠绕形成，坚韧而有弹性，这与其保护功能一致。胶原是含量最高的纤维状蛋白质，占人体总蛋白的 25%~30%。

2. 变构改变活性 变构蛋白在不改变序列的前提下，通过变构就可以改变活性。

（1）血红蛋白变构 血红蛋白由四个亚基构成，每个亚基都能通过血红素 Fe^{2+} 结合一个 O_2（不需要酶催化），因此一分子血红蛋白最多可结合四个 O_2。①未结合 O_2 的血红蛋白称为脱氧血红蛋白（去氧血红蛋白），其亚基之间亲和力强，四级结构致密，其构象称为紧张态（tense state，T 态，T 构象），氧合力弱。②结合 O_2 的血红蛋白称为氧合血红蛋白，其亚基之间亲和力弱，四级结构松弛，其构象称为松弛态（relaxed state，R 态，R 构象），氧合力强。③当脱氧血红蛋白第一个亚基与 O_2 结合时，该亚基的构象发生微小改变，与其他亚基的作用力改变，主要是部分原有的离子键断裂（图 3-21，也有新的离子键形成），亲和力下降，导致亚基的空间布局即血红蛋白的四级结构改变，从紧张态转换为松弛态，使其余亚基氧合力增强。血红蛋白第二、第四个亚基的氧合力分别是第一个亚基的 3、20 倍。

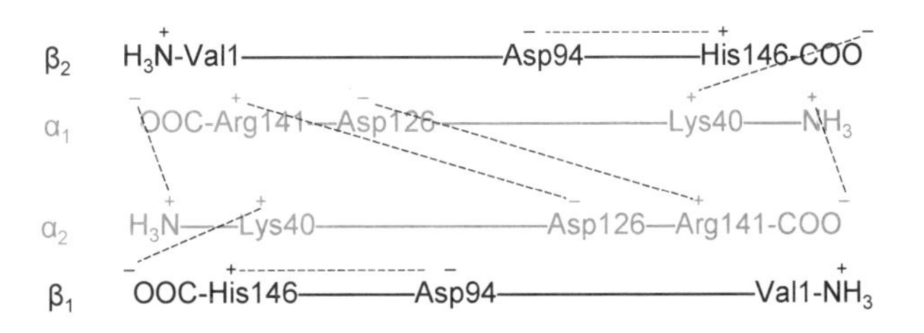

图 3-21 脱氧血红蛋白的部分离子键

(2) 血红蛋白氧合曲线　又称血红蛋白氧解离曲线，是表示血红蛋白氧饱和度（氧含量与氧容量之比）与氧分压关系的曲线，反映血红蛋白的携氧能力，其特征是呈S形（图3-22）。

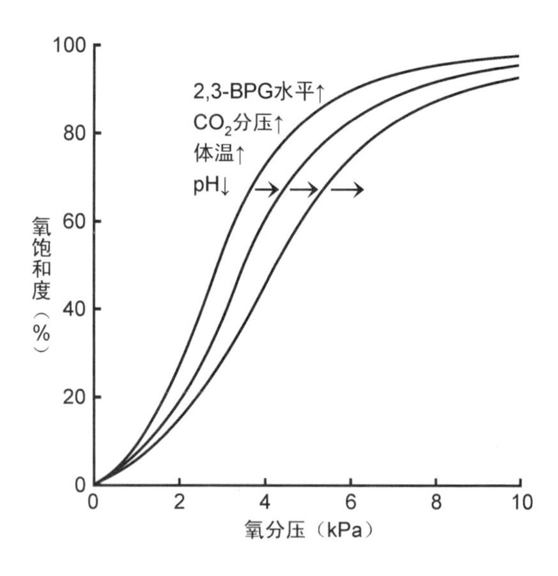

图3-22　血红蛋白氧合曲线

(3) 血红蛋白携氧能力影响因素　CO_2分压、2,3-二磷酸甘油酸（2,3-BPG）水平、血液pH、温度、CO等因素影响血红蛋白氧合力，从而影响其携氧能力。①CO_2分压升高、2,3-BPG水平升高、pH值降低、体温升高时，血红蛋白携氧能力下降，使氧合曲线发生右移。②2,3-BPG是无氧酵解2,3-二磷酸甘油酸支路（第十三章，267页）的中间产物，在红细胞内含量很高。2,3-BPG与两个β亚基的Val-1、His-2、Lys-82、His-143形成离子键，稳定血红蛋白的T态，降低其携氧能力，促使其释放更多的氧（从8%增至66%）。无氧酵解加强使2,3-BPG水平升高，氧合曲线发生右移。③少量CO使血红蛋白携氧能力增强，氧合曲线发生左移。

玻尔效应　是指H^+、CO_2促进氧合血红蛋白释放氧的现象，由C. Bohr于1904年报道。从肺100torr（mm Hg）到活动肌（active muscle）20torr，如果pH7.4不变，且没有CO_2，则释放66%的氧；若pH降至7.2，且没有CO_2，则释放77%的氧；若pH降至7.2，且CO_2分压40torr，则释放氧88%的氧。血红蛋白结合一个H^+（结合于β亚基His-146）可促进释放两个O_2。

煤气中毒　过量CO与血红蛋白结合形成碳氧血红蛋白（carboxyhemoglobin，HbCO），既稳定其R构象，又占用其氧合位点，导致机体缺氧。CO与血红蛋白的亲和力是氧的200~250倍。正常人血红蛋白CO结合率低于1%，一般吸烟者低于10%，高于15%即为CO中毒。若空气中CO水平达到570ppm，则数小时内就可使血红蛋白CO结合率达到50%。CO的结合导致机体供氧不足：通常结合率15%时感觉轻微头疼；结合率20%~30%时疼痛严重，恶心、呕吐、头晕、无力、嗜睡、意识错乱、定向障碍、视觉障碍（这些症状通过高压氧疗可逆转）；结合率30%~50%时神经性症状更加严重；结合率50%导致昏迷，呼吸衰竭，造成永久性损害；结合率60%以上则导致死亡。

(4) 变构蛋白与变构效应　生命活动是通过生物分子的相互作用实现的，绝大多数情况下相互作用的两种生物分子中有一种是蛋白质，如果该蛋白质是研究对象，通常把另一种分子称为其**配体**（ligand），例如O_2、CO、2,3-二磷酸甘油酸是血红蛋白的配体。特定配体与蛋白质分子的特定部位结合，该部位称为**配体结合位点**。配体结合位点通常是蛋白质分子的一个结构域，称为**配体结合域**（配体结合区）。例如激素通过与激素受体的配体结合域结合将其激活，转导信号。

许多蛋白质（特别是多体）含不止一个配体结合位点，这些位点结合的配体可以相同或不同。其中一个位点与配体结合引起蛋白质构象改变（变构，别构，allosteric。本教材中讨论变构蛋白和变构酶用到的“变构”都与“别构”同义，可以互换），进而影响到其他位点与各自配体的亲和力或结合速度，这种现象称为**协同效应**（cooperativity，协同性）。其中，导致亲和力增强、结合加快的称为**正协同效应**（正协同性），导致亲和力下降、结合减慢的称为**负协同效应**（负协同性）（罕见），由同一种配体产生的协同效应称为**同促效应**（homotropic effect），不同种配体产

生的协同效应称为异促效应（heterotropic effect）。

与配体结合产生协同效应的蛋白质称为变构蛋白（allosteric protein），该配体称为变构[调节]剂（allosteric modulator，变构效应物，allosteric effector），变构调节剂结合位点称为变构位点（allosteric site，既属于调节位点，regulatory site，又属于配体结合位点），变构调节剂结合或解离引起蛋白质变构、活性改变的现象称为变构效应（allosteric effect）。

例如血红蛋白是变构蛋白：它有 R 态和 T 态两种构象，有一个 2,3-二磷酸甘油酸结合位点和四个 O_2结合位点，其中 O_2结合位点可以被 CO 竞争性结合。O_2、CO、2,3-二磷酸甘油酸、H^+既是配体又是变构调节剂：第一个 O_2 的结合引起血红蛋白变构，由 T 态转换为 R 态，促进后三个 O_2 的结合，属于协同效应、正协同效应、同促效应；2,3-二磷酸甘油酸的结合引起血红蛋白变构，由 R 态转换为 T 态，抑制 O_2 的结合，属于协同效应、负协同效应、异促效应。

第五节　蛋白质的理化性质

蛋白质的理化性质既是分析和研究蛋白质的基础，又是诊断和治疗疾病的基础。

一、蛋白质的一般性质

蛋白质含有肽键和芳香族氨基酸，所以对紫外线有吸收。蛋白质可以发生显色反应。蛋白质是两性电解质，所以在溶液中发生两性电离。

1. 紫外吸收特征　简单蛋白质本身不吸收可见光，是无色的。一些结合蛋白质的辅基能吸收不同波长的可见光，所以呈现不同颜色，如血红素使血红蛋白呈红色。不过蛋白质因以下两个因素而吸收紫外线：一是所含肽键结构对 220nm 以下紫外线有强吸收；二是所含色氨酸和酪氨酸对 280nm 紫外线有强吸收（图 3-2）。在一定条件下，蛋白质稀溶液对 280nm 紫外线的吸光度（A_{280}）与浓度成正比，实际应用中常根据这一特征进行蛋白质定量分析。

2. 显色反应　又称颜色反应、呈色反应，常用蛋白质显色反应见表 3-8。以下显色反应常用于蛋白质定量分析：

表 3-8　蛋白质和氨基酸显色反应

反应名称	试剂	颜色	反应基团	反应蛋白及氨基酸
双缩脲反应	硫酸铜、碱	紫红色、蓝紫色	两个及以上相邻肽键	所有蛋白质
米伦反应	硝酸汞、硝酸亚汞、硝酸	红色	酚基	酪氨酸
蛋白黄反应	浓硝酸、氨水	黄色、橙黄色	苯环	芳香族氨基酸
茚三酮反应	茚三酮	蓝紫色	游离氨基	氨基酸、肽、蛋白质
乙醛酸反应	乙醛酸、浓硫酸	紫红色	吲哚基	色氨酸
坂口反应	次氯酸钠或次溴酸钠	红色	胍基	精氨酸

（1）茚三酮反应　蛋白质分子中含有游离氨基，所以与水合茚三酮反应呈蓝紫色。

（2）双缩脲反应　两分子尿素脱氨缩合成双缩脲（缩二脲），在碱性条件下双缩脲与 Cu^{2+}螯合呈紫红色，称为双缩脲反应。三肽及以上的肽链（含蛋白质）都能发生双缩脲反应。

3. N 端反应　肽链 N 端的 α-氨基可以与 2,4-二硝基氟苯（DNFB，Sanger 试剂）或丹磺酰氯发生亲核取代反应，或与异硫氰酸苯酯（Edman 试剂）发生亲核加成反应，水解后得到 N 端氨基酸衍生物，可通过层析鉴定。这些试剂在分析蛋白质一级结构时常用于鉴定 N 端氨基酸。

4. 两性电离和等电点 蛋白质是两性电解质，因为它们既有 C 端的羧基、谷氨酸的 γ-羧基和天冬氨酸的 β-羧基，可给出 H^+ 而带负电荷；又有 N 端的氨基、赖氨酸的 ε-氨基、精氨酸的胍基和组氨酸的咪唑基，可结合 H^+ 而带正电荷。这些基团的电离程度决定着蛋白质的带电荷状态，而电离程度受溶液的 pH 值影响。在某一 pH 值下，蛋白质的净电荷为零，则该 pH 值称为蛋白质的等电点（pI）。如果溶液 pH<pI，则蛋白质净带正电荷，在电场介质中向负极移动；如果溶液 pH>pI，则蛋白质净带负电荷，在电场介质中向正极移动。

$$H_3N^+—蛋白质—COOH \underset{+H^+}{\overset{-H^+}{\rightleftharpoons}} H_3N^+—蛋白质—COO^- \underset{+H^+}{\overset{-H^+}{\rightleftharpoons}} H_2N—蛋白质—COO^-$$

pH<pI　　　　pH=pI　　　　pH>pI

碱性蛋白质含碱性氨基酸多，等电点高，在生理状态下净带正电荷，如组蛋白（pI≈10.8）、精蛋白和脂蛋白脂酶等；酸性蛋白质含酸性氨基酸多，等电点低，在生理状态下净带负电荷，如胃蛋白酶。人体许多蛋白质的等电点在 5.0 左右（表 3-9），低于体液 pH，所以净带负电荷。

表 3-9　部分蛋白质等电点

蛋白质	等电点	蛋白质	等电点	蛋白质	等电点
胃蛋白酶	<1.0	β 乳球蛋白	5.2	糜蛋白酶原	9.5
卵清蛋白	4.6	血红蛋白	6.8	细胞色素 *c*	10.7
白蛋白	4.9	肌红蛋白	7.0	溶菌酶	11.0

二、蛋白质的大分子特性

蛋白质是生物大分子，具有小分子没有的特性。

1. 蛋白质溶液的胶体性质 蛋白质分子的直径已经达到胶体颗粒的范围（1～1000nm），其分散系是一种亚稳态胶体（通常仍称为蛋白质溶液），具有布朗运动、丁达尔效应等胶体性质。蛋白质溶液的主要稳定因素是同性电荷和水化膜：①球状蛋白质分子表面有较多的亲水基团（氨基、羧基、羟基等），可以与水结合，在蛋白质分子表面形成一层水化膜，使蛋白质分子难以聚集析出。②在非等电点条件下蛋白质分子表面净带同性电荷，因而相互排斥，难以聚集析出。如果这两种因素被破坏，蛋白质就会聚集析出。

2. 沉降与沉降系数 蛋白质颗粒的密度比水大，在溶液中有在重力作用下沉降的趋势，但水分子对蛋白质颗粒的不断撞击使其保持运动状态，足以抵消沉降趋势，使蛋白质溶液维持均相状态。然而，如果应用超速离心技术制造重力场，增加其相对重力，则蛋白质颗粒就会克服布朗运动，沿相对重力场方向沉降，沉降速度与分子量及分子形状相关。对于特定蛋白质颗粒，其沉降速度与离心加速度（相对重力）之比为一常数，该常数称为沉降系数（sedimentation coefficient），以 *s* 表示。因为沉降系数值很小，所以规定用 S（Svedberg）作为沉降系数单位：$1S=10^{-13}$秒。沉降系数近似与分子量 2/3 次方成正比，此外还与分子形状有关。

3. 蛋白质变性和复性 蛋白质变性（denaturation）是指消除稳定蛋白质构象的作用力，造成其四级结构、三级结构甚至二级结构被破坏，导致其天然构象部分或完全破坏，理化性质改变，生物活性丧失。因为变性只消除稳定蛋白质构象的作用力，所以只需破坏其构象，不以改变其一级结构为前提。

变性效应：导致位于蛋白质分子内部的疏水基团暴露，分子的对称性丧失、结晶能力丧失、扩散系数减小、溶解度降低、活性丧失、易被蛋白酶降解，溶液黏度增加、对 280nm 紫外吸收增强。

引起蛋白质变性的因素包括各种物理因素和化学因素（特别是变性剂，denaturant），例如高温（破坏非共价键）、紫外线、射线、超声波、离子强度异常、强酸或强碱（破坏离子键和氢键）、重金属盐、生物碱试剂、有机溶剂（主要破坏疏水作用，如甲醛、乙醇、丙酮）、尿素（主要破坏疏水作用，也破坏氢键）、离液剂（离散剂、促溶剂，破坏疏水作用、氢键，如盐酸胍、异硫氰酸胍）、表面活性剂（主要破坏疏水作用，如十二烷基硫酸钠）。在临床上，上述部分变性因素常用于消毒灭菌。反之，防止蛋白质变性是保存蛋白制剂（如疫苗）的关键。

●离子强度（ionic strength，I）　用来表示溶液组成对指定溶质（特别是电解质）性质影响程度的一个参数。计算公式如下（c_i和z_i分别代表溶液中每种离子的物质的量浓度和化合价）：

$$I=\frac{1}{2}\sum_{i=1}^{n}c_iz_i^2$$

蛋白质变性可分为可逆变性和不可逆变性。某些蛋白质变性程度较轻时，如果去除变性因素，使变性蛋白回到能够形成稳定天然构象的条件下，则其构象及功能可以部分或完全恢复，这种现象称为蛋白质复性（renaturation）。例如，核糖核酸酶在巯基乙醇和尿素作用下发生变性，活性丧失；如果通过透析去除巯基乙醇和尿素，则该酶的构象和活性可以完全恢复（图 3-20）。

不过，仅少数蛋白质的变性可逆，大多数蛋白质的变性不可逆，加热时甚至形成较坚固的凝块，这种现象称为蛋白质凝固（solidification），如鸡蛋煮熟后蛋清形成凝块。

凝固性坏死　组织细胞中蛋白质变性凝固且溶酶体酶降解作用较弱时可引起组织细胞凝固性坏死，常由缺血缺氧、细菌毒素、化学腐蚀引起。

蛋白质化学与中药

氨基酸、多肽和蛋白质广泛存在于动植物类中药中，是许多中药不可忽视的有效成分之一。

1. 氨基酸　中药中的氨基酸成分除 20 种编码氨基酸外，还有非编码氨基酸和氨基酸衍生物，具有各种药理作用（表 3-10）。

表 3－10　部分中药的氨基酸成分

氨基酸	作用	中药来源
使君子氨酸	驱蛔虫	使君子
南瓜子氨酸	驱血吸虫，驱绦虫	南瓜子
三七素	止血	三七
γ-氨基丁酸	降压	半夏、黄芪、天南星
昆布氨酸	降压	褐藻
蒜氨酸	抗菌，抗癌	大蒜

例如蒜氨酸是大蒜的成分，可以由蒜氨酸酶催化合成蒜素，而蒜素不仅能够杀死细菌，还能杀死肿瘤细胞。

2. 多肽　中药所含的多肽大多数是中药原植物或原动物合成蛋白质过程的中间体或由氨基酸合成的游离肽，有些是在中药加工过程中其蛋白质成分不完全水解的产物，其中一些多肽是中药的有效成分，如水蛭含有的水蛭素具有抗凝作用；也有一些多肽是有害成分，如蜂毒含有的蜂毒肽是一种二十六肽，具有溶血毒性，所含的蜂毒明肽是一种十八肽，具有神

经毒性。

3. 蛋白质 中药中的活性蛋白不断被发现，有些已应用于临床，并取得较好的疗效。如天花粉的天花粉蛋白用于引产、治疗恶性葡萄胎和绒毛膜癌，此外还具有抗病毒作用，对人类免疫缺陷病毒（HIV）也具有抑制作用。

小结

蛋白质是机体的重要组分，是生命的物质基础。

蛋白质种类多、含量高、结构复杂但组成简单，其主要组成元素是碳、氢、氧、氮和硫，其中氮是蛋白质的特征元素。

蛋白质的结构单位是氨基酸。用于合成蛋白质的是 20 种编码氨基酸，包括非极性脂肪族氨基酸、极性不带电荷氨基酸、芳香族氨基酸、带正电荷氨基酸、带负电荷氨基酸。除甘氨酸外都属于 L-α-氨基酸。

蛋白质可根据组成分为简单蛋白质和结合蛋白质，生物体内多数蛋白质都是结合蛋白质。

氨基酸通过肽键连接成肽，包括寡肽和多肽。人体内存在各种活性肽。GSH 是重要的抗氧化剂。

蛋白质的结构包括一级结构、二级结构、三级结构和四级结构。

蛋白质的一级结构是指构成蛋白质分子的一条或多条肽链的全部氨基酸序列，包括可能存在的二硫键的位置，但不包括除 α-碳构型以外的其他空间结构。肽键是连接氨基酸的主要共价键，是稳定蛋白质一级结构的主要作用力。牛胰岛素是第一种被阐明一级结构的蛋白质。

蛋白质的二级结构是指蛋白质局部肽段主链原子的空间布局，即主链构象，不包括侧链构象及肽段与肽段之间的空间布局，有 α 螺旋、β 折叠、β 转角、环和无规卷曲等。稳定二级结构的作用力是不同肽单位氧原子和氢原子之间的氢键。

蛋白质的三级结构是指一个蛋白质分子或其一个亚基所含全部原子的空间布局，不包括它与其他分子或亚基之间的结构关系。稳定三级结构的作用力包括疏水作用、氢键、离子键和范德华力等非共价键及二硫键等少量共价键。

蛋白质的四级结构是指多亚基蛋白所含全部亚基的数目、种类、空间布局及亚基之间的相互结合和相互作用，但不包括亚基的三级结构。稳定四级结构的作用力包括疏水作用、范德华力、离子键和氢键等。

蛋白质的一级结构决定其构象，进而决定其功能。改变一级结构可直接影响其功能。蛋白质构象直接决定其功能。

芳香族氨基酸对 280nm 紫外线有强吸收，成为蛋白质的紫外吸收特征，肽键结构使蛋白质对 220nm 以下紫外线有强吸收。

蛋白质可以发生多种显色反应，这些反应常用于蛋白质定量分析。

氨基酸和蛋白质是两性电解质，所以在溶液中发生两性电离，电离度受 pH 影响，等电点是氨基酸和蛋白质的特征常数。

蛋白质溶液是一种比较稳定的胶体，同性电荷与水化膜是其主要稳定因素。如果这两种因素被破坏，蛋白质就会从溶液中析出。

蛋白质等大分子颗粒在溶液中的沉降特性可用沉降系数来描述。

一些物理因素或化学因素可以引起蛋白质变性，有些蛋白质的变性是可逆的，如果去除变性因素，变性蛋白质可以复性。

讨论

1. 氨基酸分类及其在蛋白质构象中的分布差异和意义。
2. 活性肽。
3. 蛋白质的结构层次，其含义和稳定力。
4. 研究发现：多聚赖氨酸在 pH 7 时呈无规卷曲构象，在 pH 10 时为 α 螺旋构象，试分析其分子基础。
5. 比较蛋白质变性和蛋白质变构。
6. 蛋白质变性因素、意义。

第四章
核酸化学

扫一扫，查阅本章数字资源，含PPT、音视频、图片等

核酸（nucleic acid）是生物大分子、核苷酸聚合物。各种生物都含有两类核酸，即脱氧核糖核酸（DNA）和核糖核酸（RNA），但病毒例外，一种病毒只含有 DNA 或 RNA，因此病毒可分为 DNA 病毒和 RNA 病毒。

DNA 是遗传物质，含量最稳定。DNA 绝大多数是染色体成分，称为染色体 DNA；线粒体及植物叶绿体含有一种小的环状 DNA，分别称为线粒体 DNA 和叶绿体 DNA。原核生物除染色体 DNA 外还有一种小的环状 DNA，称为质粒。

RNA 功能广泛。目前已经阐明的几类主要的细胞质 RNA 中，信使 RNA（mRNA）从 DNA 拷贝遗传信息，指导蛋白质合成；转移 RNA（tRNA）在蛋白质合成过程中既运输氨基酸，又把核酸语言翻译成蛋白质语言；核糖体 RNA（rRNA）是核糖体的主要成分，核糖体是蛋白质的合成机器。

第一节　核酸的分子组成

碳、氢、氧、氮和磷是核酸的组成元素，其中磷是核酸的特征元素。不同来源的核酸磷含量基本相同，DNA 含磷 9.2%，RNA 含磷 9.0%。

如同氨基酸是蛋白质的结构单位和水解产物，同为生物大分子的核酸在组成上与蛋白质有可比性，即核苷酸是核酸的结构单位和水解产物。不过，核苷酸可进一步水解。

一、核苷酸的组成

核苷酸是核苷的磷酸酯，包括核糖核苷酸和脱氧核糖核苷酸。水解核苷酸可得到碱基、戊糖和磷酸（表 4-1）。

表 4-1　核苷酸的组成

核苷酸（来源）	碱基（符号）	戊糖	磷酸
脱氧核糖核苷酸（DNA）	腺嘌呤（A），鸟嘌呤（G），胞嘧啶（C），胸腺嘧啶（T）	脱氧核糖	+
核糖核苷酸（RNA）	腺嘌呤（A），鸟嘌呤（G），胞嘧啶（C），尿嘧啶（U）	核糖	+

1. 碱基　DNA 和 RNA 均含有四种主要碱基（major base），包括两种嘌呤碱和两种嘧啶碱。嘌呤碱（purine）均为腺嘌呤（adenine，A，但 A 也可以表示腺苷、腺苷酸，以下同）和鸟嘌呤（guanine，G）；两种嘧啶碱（pyrimidine）之一均为胞嘧啶（cytosine，C），但另一种不同，在 DNA 中为胸腺嘧啶（thymine，T），在 RNA 中为尿嘧啶（uracil，U）。碱基杂环原子按杂环化合物命名规则编号。

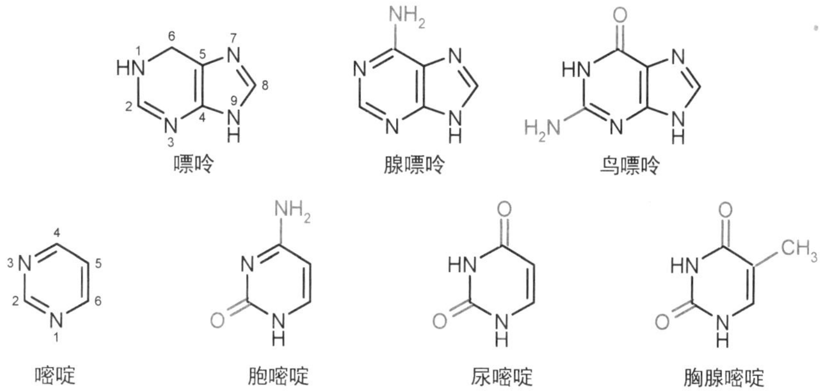

嘌呤　　腺嘌呤　　鸟嘌呤

嘧啶　　胞嘧啶　　尿嘧啶　　胸腺嘧啶

除主要碱基外，核酸还含有少量其他碱基，称为**稀有碱基**（minor base）。稀有碱基含量虽低，却具有重要的生理功能。DNA 稀有碱基多数是主要碱基的甲基化产物（如 5-甲基胞嘧啶），某些病毒 DNA 含有羟甲基化碱基（如 5-羟甲基鸟嘌呤）。DNA 稀有碱基的作用是保护遗传信息和调控基因表达。RNA 含有较多的稀有碱基，如 mRNA 含 N^6-甲基腺嘌呤、7-甲基鸟嘌呤，tRNA 含 5,6-二氢尿嘧啶（双氢尿嘧啶，DHU）、次黄嘌呤（I）。RNA 稀有碱基的作用是介导分子识别、抗降解等。

2. 戊糖　组成核酸的戊糖包括核糖和 2-脱氧核糖。RNA 含有核糖，DNA 含有 2-脱氧核糖。生物体内的脱氧核糖都是 2-脱氧核糖，所以命名时通常省略“2-”。

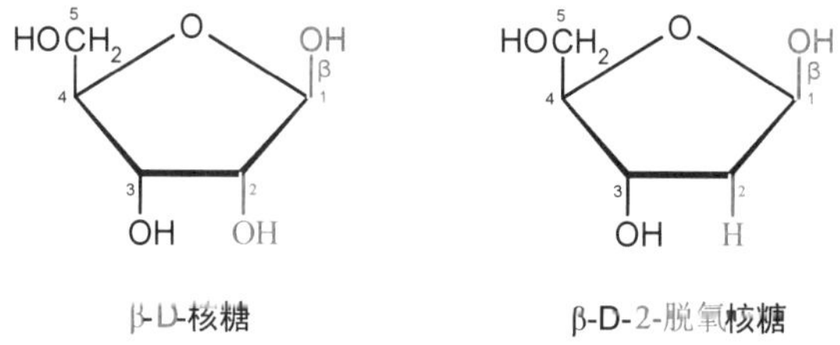

β-D-核糖　　β-D-2-脱氧核糖

3. 磷酸　核酸是含磷酸最多的生物大分子。磷酸基使核酸带大量负电荷，可以与带正电荷的蛋白质或多胺（第十章，225 页）结合。

二、核苷酸的结构

在核苷酸中，碱基、戊糖和磷酸通过糖苷键、磷酸酯键和酸酐键连接。

1. 糖苷键与核苷　嘌呤碱基的 N-9 或嘧啶碱基的 N-1 与戊糖的 C-1′以 β-*N*-糖苷键连接，形成**核苷**（nucleoside）。核苷包括构成 RNA 的**核糖核苷**和构成 DNA 的**脱氧[核糖]核苷**（表 4-2、表 4-3）。糖苷键对碱稳定而易被酸催化水解。

注意：①核苷、核苷酸命名时戊糖碳原子编号加撇（′），以区别于碱基杂环原子编号。②脱氧胸苷、脱氧胸苷酸等可以省略“脱氧”，缩写中也可以省略“d”。

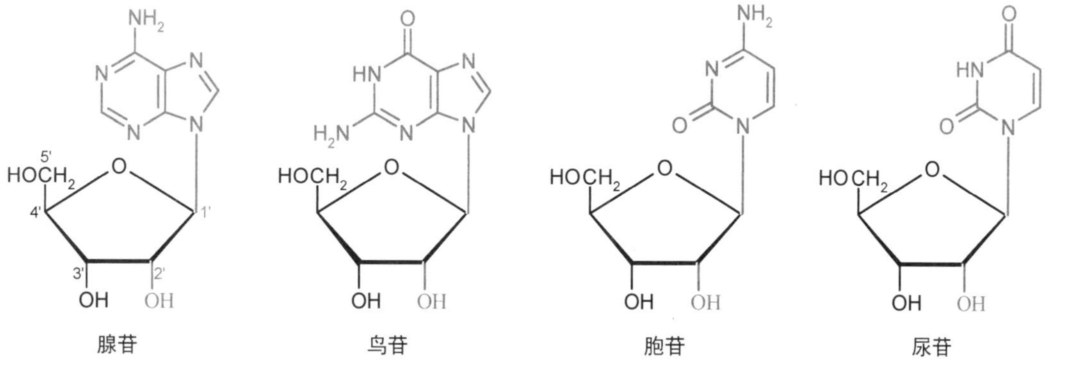

腺苷　　鸟苷　　胞苷　　尿苷

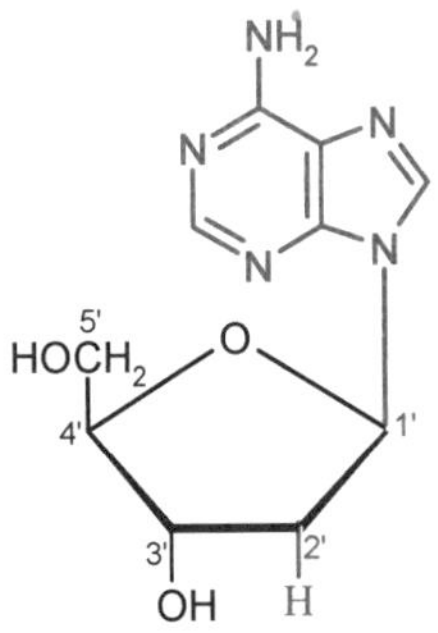

脱氧腺苷 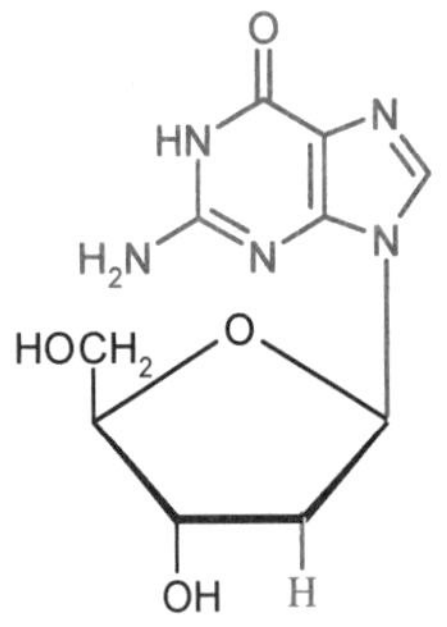　脱氧鸟苷 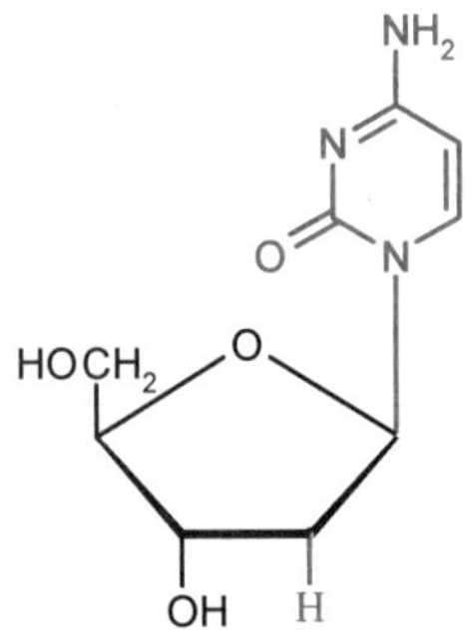　脱氧胞苷 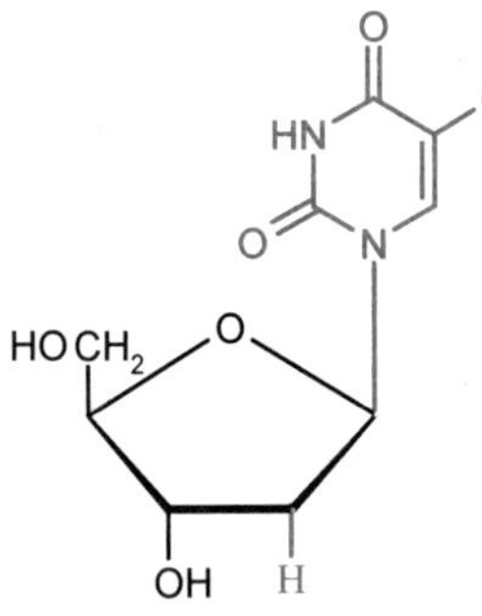　脱氧胸苷

虫草[菌]素（cordycepin）：又称冬虫夏草素、蛹虫草菌素，最初分离自一种称为蛹虫草或北虫草、[北]冬虫夏草的真菌，化学本质是3′-脱氧腺苷，是一种核苷类抗代谢物、抗生素，具有抗肿瘤（抑制增殖，诱导凋亡）、抗氧化、抗炎活性，作用机制可能是抑制聚腺苷酸化，激活 AMPK。

2. 磷酸酯键与核苷酸　磷酸与核苷的戊糖以磷酸酯键连接，形成**[核糖]核苷酸**（一磷酸核苷，NMP，构成 RNA）和**脱氧[核糖]核苷酸**（一磷酸脱氧核苷，dNMP，构成 DNA）。磷酸与戊糖的不同羟基连接形成不同的核苷酸，包括2′-核苷酸（2′-NMP）、3′-核苷酸（3′-NMP）和5′-核苷酸（5′-NMP）（表4-2、表4-3）。生物体内游离的核苷酸大多数是5′-核苷酸，所以命名时通常省略“5′-”，用“NMP”表示。

核苷酸狭义仅指一磷酸核苷（核苷一磷酸），广义还包括二磷酸核苷（核苷二磷酸）、三磷酸核苷（核苷三磷酸）、广义脱氧核苷酸等。

脱氧核苷酸狭义仅指一磷酸脱氧核苷（脱氧核苷一磷酸），广义还包括二磷酸脱氧核苷（脱氧核苷二磷酸）、三磷酸脱氧核苷（脱氧核苷三磷酸）。

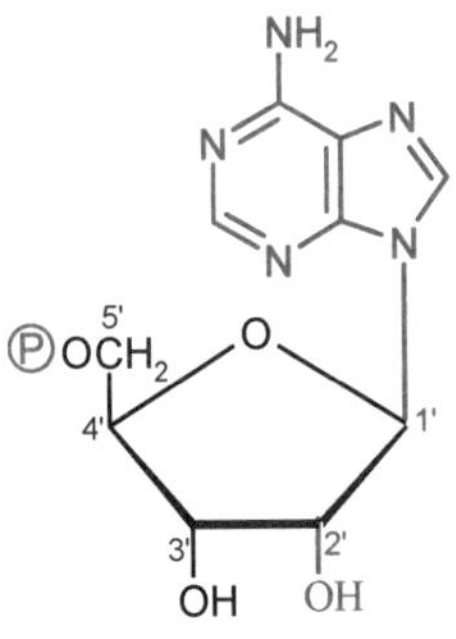

一磷酸腺苷 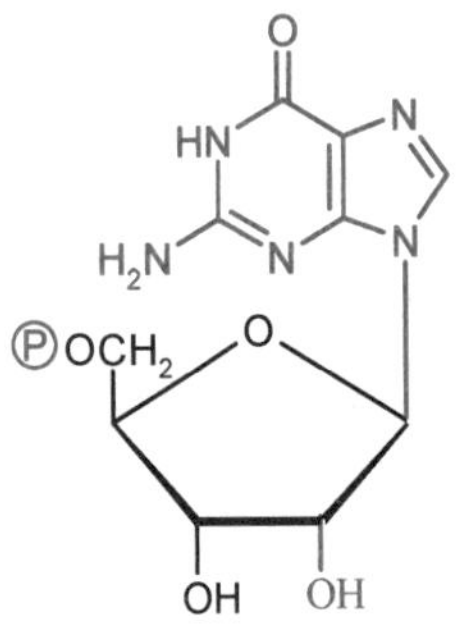　一磷酸鸟苷 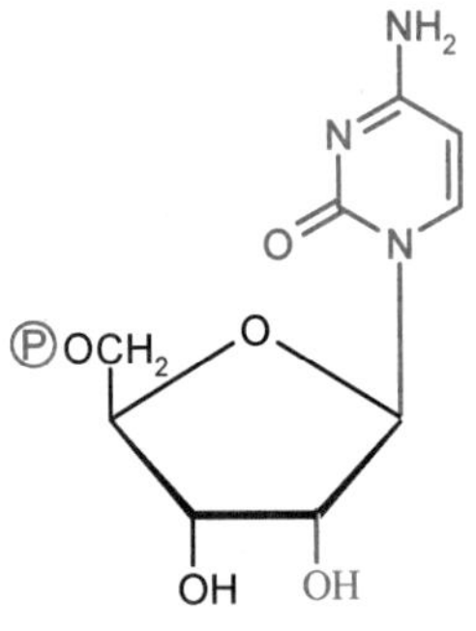　一磷酸胞苷 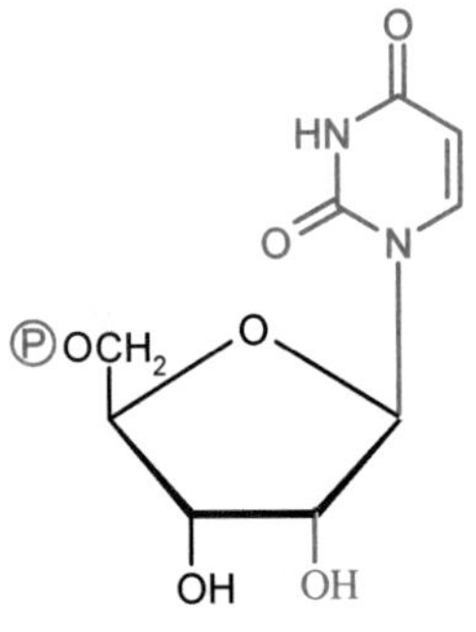　一磷酸尿苷

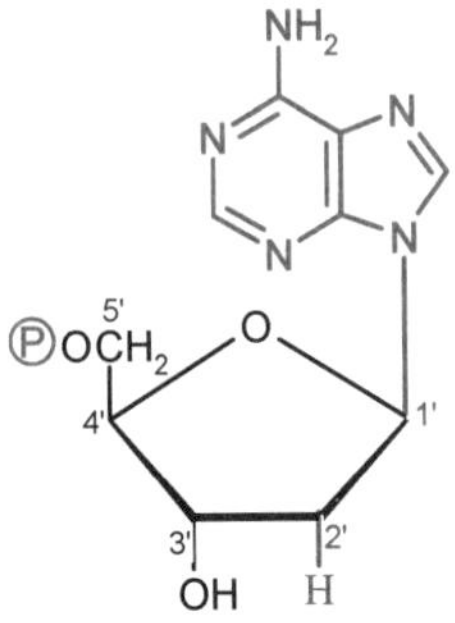

一磷酸脱氧腺苷 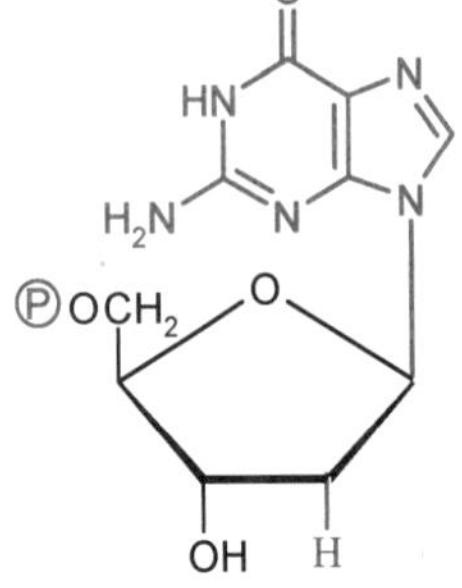　一磷酸脱氧鸟苷 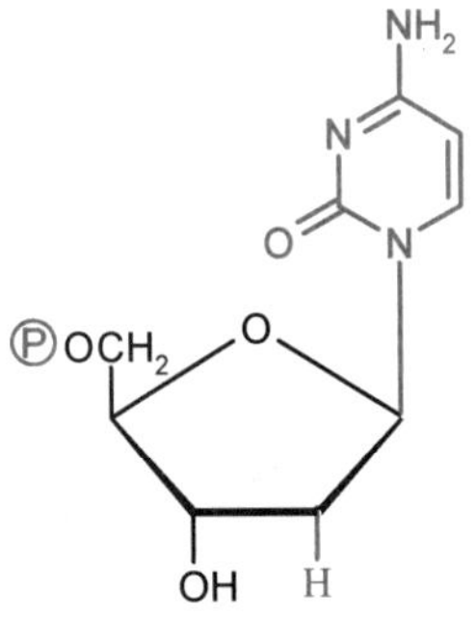　一磷酸脱氧胞苷 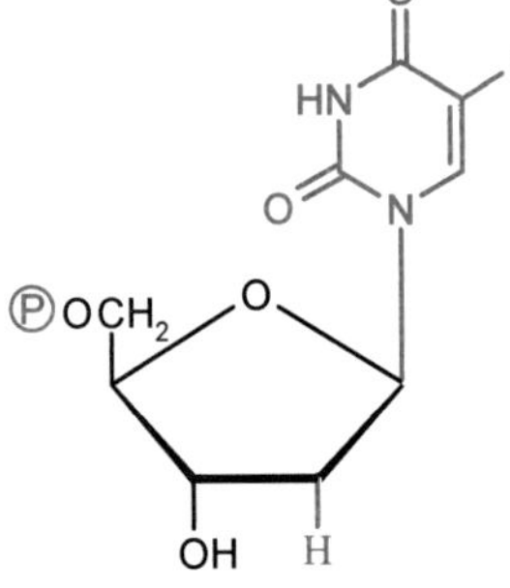　一磷酸[脱氧]胸苷

表 4-2　核糖核苷、核苷酸名称和缩写

碱基	核糖核苷	核苷酸，NMP	二磷酸核苷，NDP	三磷酸核苷，NTP
腺嘌呤	腺苷，Ado	腺苷酸，AMP	二磷酸腺苷，ADP	三磷酸腺苷，ATP
鸟嘌呤	鸟苷，Guo	鸟苷酸，GMP	二磷酸鸟苷，GDP	三磷酸鸟苷，GTP
胞嘧啶	胞苷，Cyd	胞苷酸，CMP	二磷酸胞苷，CDP	三磷酸胞苷，CTP
尿嘧啶	尿苷，Urd	尿苷酸，UMP	二磷酸尿苷，UDP	三磷酸尿苷，UTP

表 4-3　脱氧核苷、脱氧核苷酸名称和缩写

碱基	脱氧核苷	脱氧核苷酸，dNMP	二磷酸脱氧核苷，dNDP	三磷酸脱氧核苷，dNTP
腺嘌呤	脱氧腺苷，dAdo	脱氧腺苷酸，dAMP	二磷酸脱氧腺苷，dADP	三磷酸脱氧腺苷，dATP
鸟嘌呤	脱氧鸟苷，dGuo	脱氧鸟苷酸，dGMP	二磷酸脱氧鸟苷，dGDP	三磷酸脱氧鸟苷，dGTP
胞嘧啶	脱氧胞苷，dCyd	脱氧胞苷酸，dCMP	二磷酸脱氧胞苷，dCDP	三磷酸脱氧胞苷，dCTP
胸腺嘧啶	[脱氧]胸苷，dThd	[脱氧]胸苷酸，[d]TMP	二磷酸[脱氧]胸苷，[d]TDP	三磷酸[脱氧]胸苷，[d]TTP

除表 4-2、表 4-3 中的核苷、核苷酸外，体内还存在修饰核苷（酸）。它们多数由稀有碱基构成，如肌苷酸（次黄嘌呤核苷酸，IMP），也有的是含有修饰核糖。目前已发现的修饰核苷（modified nucleoside）有 172 种。

3. 酸酐键与高能化合物　（脱氧）核苷酸可以通过酸酐键结合第二个、第三个磷酸基，形成二磷酸（脱氧）核苷（NDP/dNDP）和三磷酸（脱氧）核苷（NTP/dNTP）（表 4-2、表 4-3），如三磷酸腺苷（ATP）。三磷酸（脱氧）核苷的三个磷酸基依次编号为 α、β、γ-磷酸基。连接磷酸基的酸酐键是高能磷酸键，属于高能键；β-磷酸基和 γ-磷酸基是高能磷酸基团，属于高能基团；含有高能磷酸键或高能磷酸基团的化合物是高能磷酸化合物，属于高能化合物（第七章，134 页）。

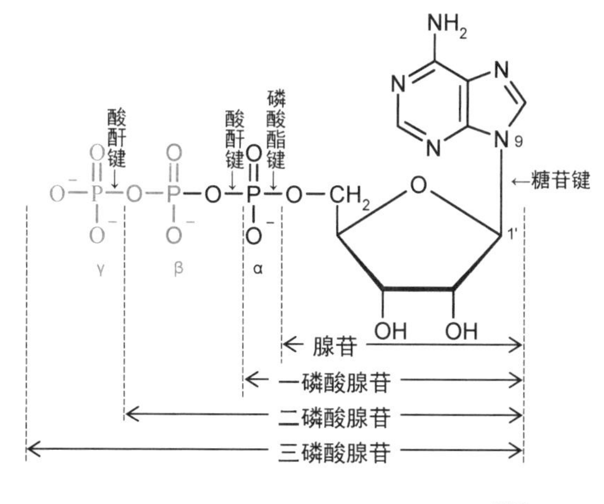

3',5'-磷酸二酯键

环磷酸腺苷

三磷酸脱氧胞苷

环磷酸鸟苷

4. 磷酸二酯键与环核苷酸 环磷酸腺苷（环腺苷酸，cAMP）和环磷酸鸟苷（环鸟苷酸，cGMP）是两种结构特别的核苷酸，含有3′,5′-磷酸二酯键，是重要的第二信使。

三、核苷酸的功能

核苷酸除了用于合成核酸外，还有其他功能（表4-4）。

表4-4 核苷酸功能

功能	举例
（1）核酸合成原料	NTP（330页）、dNTP（313页）
（2）直接为生命活动提供能量	ATP（127页）、GTP（339页）
（3）合成代谢中间产物	UDP-葡萄糖（164页）、CDP-甘油二酯（195页）
（4）构成辅助因子	NAD^+（105页）、$NADP^+$（105页）、FAD（104页）、CoA（107页）
（5）代谢调节	
①化学修饰调节	ATP（93页）
②变构调节	ATP（151页）、AMP（151页）
③第二信使	cAMP（256页）、cGMP（256页）
④神经递质	ATP、ADP、腺苷

第二节 核酸的分子结构

和蛋白质一样，在研究核酸时，通常将其结构分为不同层次。核酸的一级结构是指核酸分子的核苷酸序列，由于核酸分子中核苷酸的区别主要在碱基，因此核苷酸序列又称碱基序列；核酸的二级结构是指核酸中规则、稳定的局部空间结构；核酸的三级结构是指核酸在二级结构基础上进一步形成的高级结构，例如超螺旋结构和染色体结构。

一、核酸的一级结构

核酸是核苷酸的聚合物。通常把长度不超过50nt（nt：核苷酸，这里用作单链核酸长度单位，全书同）的核酸称为寡核苷酸（oligonucleotide），更长的称为多核苷酸（polynucleotide）。寡核苷酸和多核苷酸统称核酸。

2012年至今科学家在一些生物体内发现一类特殊的环二核苷酸，功能是作为第二信使，如哺乳动物的2′,3′-cGAMP参与cGAS-cGAMP-STING信号途径，从而参与先天免疫调节。

在核酸中，一个核苷酸的3′-羟基与相邻核苷酸的5′-磷酸基缩合，形成3′,5′-磷酸二酯键（phosphodiester bond）。受2′-羟基影响，RNA的3′,5′-磷酸二酯键不如DNA的稳定。

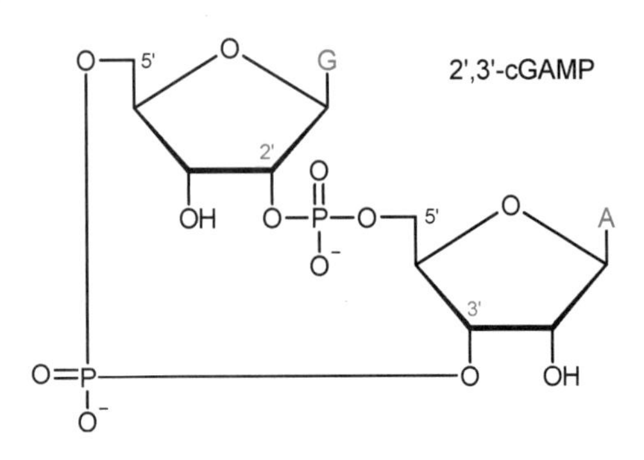

核酸主链（骨架）由磷酸与戊糖交替连接构成，具有亲水性；侧链即碱基，具有疏水性。核酸链有方向性，即有两个不同的末端，分别称为5′端和3′端：5′端是5′-磷酸基或羟基没有连接核苷酸的一端，是头；3′端是3′-羟基或磷酸基没有连接核苷酸的一端，是尾。核酸链有几种书写方式，都是从头到尾，即从5′端开始书写，与其合成方向一致（图4-1）。

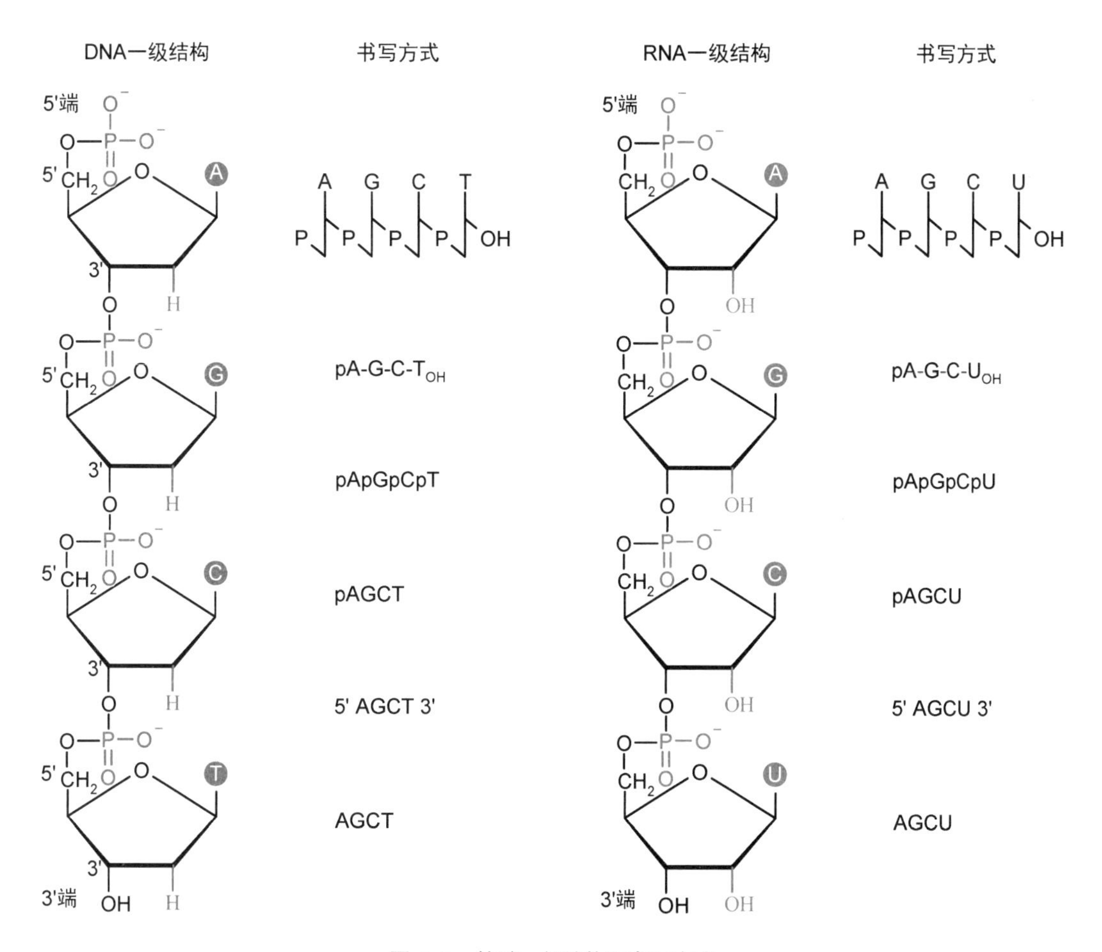

图 4-1　核酸一级结构和书写方式

二、DNA 的二级结构

DNA 典型的二级结构是右手双螺旋结构。此外，DNA 分子还存在局部左手双螺旋结构、十字形结构和三股螺旋结构等。

1. Chargaff 规则　1950 年，E. Chargaff 等通过研究不同生物 DNA 的组成提出 Chargaff 规则（Chargaff's rule）：①DNA 的组成有物种差异，没有组织差异，即不同物种 DNA 的组成不同，同一物种不同组织 DNA 的组成相同。②DNA 的组成不随个体的年龄、营养和环境变化而变化。③任何物种 DNA 的组成存在以下物质的量关系：A=T，G=C，A+G=T+C（表 4-5）。

表 4-5　部分生物及组织 DNA 的组成（摩尔分数）

生物	组织	A	T	G	C	A/T	G/C	(A+T)/(G+C)
大肠杆菌 K-12		26.0	23.9	24.9	25.2	1.09	0.99	1.00
肺炎链球菌		29.8	31.6	20.5	18.0	0.94	1.14	1.59
结核分枝杆菌		15.1	14.6	34.9	35.4	1.03	0.99	0.42
酵母		31.3	32.9	18.7	17.1	0.95	1.09	1.79
海胆	精子	32.8	32.1	17.7	18.4	1.02	0.96	1.80
鲱鱼	精子	27.8	27.5	22.2	22.6	1.01	0.98	1.23

续表

生物	组织	A	T	G	C	A/T	G/C	(A+T)/(G+C)
大鼠	骨髓	28.6	28.4	21.4	21.5	1.01	1.00	1.33
人	胸腺	30.9	29.4	19.9	19.8	1.05	1.01	1.52
	肝	30.3	30.3	19.5	19.9	1.00	0.98	1.53
	精子	30.7	31.2	19.3	18.8	0.98	1.03	1.62

2. 右手双螺旋结构 1953 年，J. Watson 和 F. Crick 结合 Chargaff 规则及 R. Franklin 和 M. Wilkins 对 DNA 纤维 X 射线衍射图的研究，提出了经典的 DNA 二级结构模型——双螺旋结构模型（double helix model，图 4-2）。

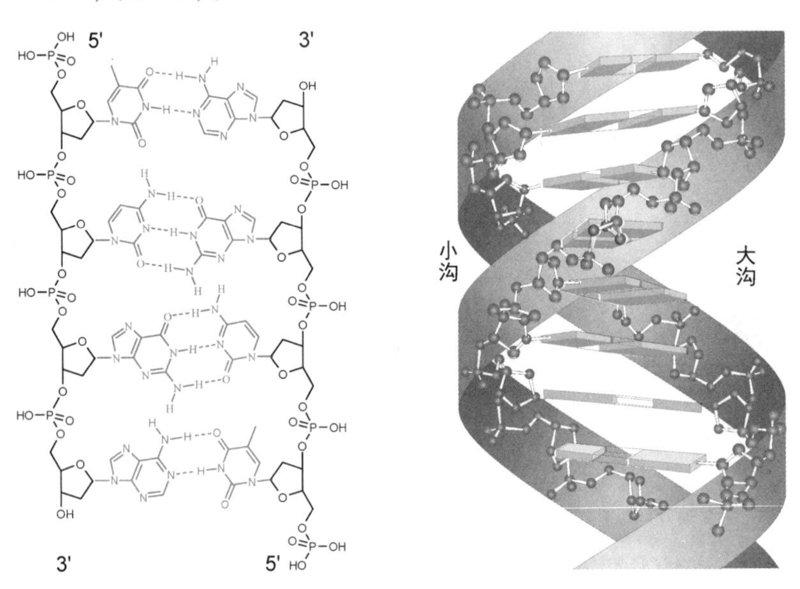

图 4-2 B-DNA 双螺旋结构模型

（1）两股 DNA 链反向互补结合成双链结构 在该结构中，亲水的 DNA 主链位于外面，疏水的碱基侧链位于内部，形成 Watson-Crick 碱基配对，即腺嘌呤（A）以两个氢键与胸腺嘧啶（T）结合，鸟嘌呤（G）以三个氢键与胞嘧啶（C）结合，这一配对特征称为碱基配对原则（图 4-3）。由此，一股 DNA 链的碱基序列决定着另一股 DNA 链的碱基序列，两股 DNA 链互称互补链。

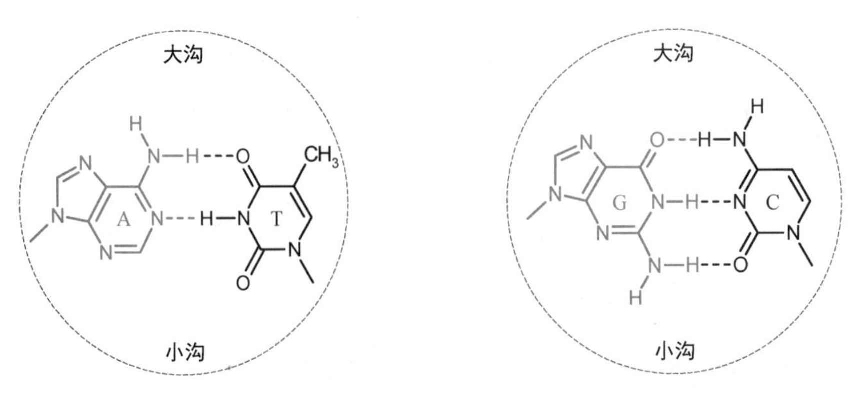

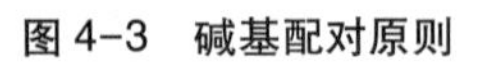

图 4-3 碱基配对原则

（2）DNA双链进一步盘绕成右手双螺旋结构 在双螺旋结构中，碱基平面与螺旋轴垂直，糖基平面与碱基平面接近垂直，与螺旋轴平行；双螺旋直径是2nm，每个螺旋含有10bp（bp：碱基对，这里用作双链核酸长度单位，全书同），螺距是3.4nm，相邻碱基对之间的轴向距离是0.34nm；双螺旋表面有两道沟槽：相对较深、较宽的称为**大沟**（轴向沟宽2.2nm），相对较浅、较窄的称为**小沟**（轴向沟宽1.2nm）。

（3）离子键、氢键和碱基堆积力维持DNA双螺旋结构的稳定性 金属离子与磷酸基形成的离子键和碱基对氢键（2～3kcal/mol）维持双链结构横向稳定，碱基对平面之间的**碱基堆积力**（stacking force，4～15kcal/mol，包括范德华力和疏水作用）维持双螺旋结构纵向稳定。

上述右手双螺旋结构模型是92%相对湿度下制备的DNA钠盐纤维的二级结构，称为**B-DNA**。在溶液状态下，B-DNA每个螺旋含有10.5bp，螺距是3.6nm。细胞内DNA几乎都以B-DNA结构存在。

3. 其他二级结构 DNA局部存在其他二级结构，例如A-DNA、Z-DNA（图4-4）、十字形结构、三股螺旋结构，其中Z-DNA为左手双螺旋结构。

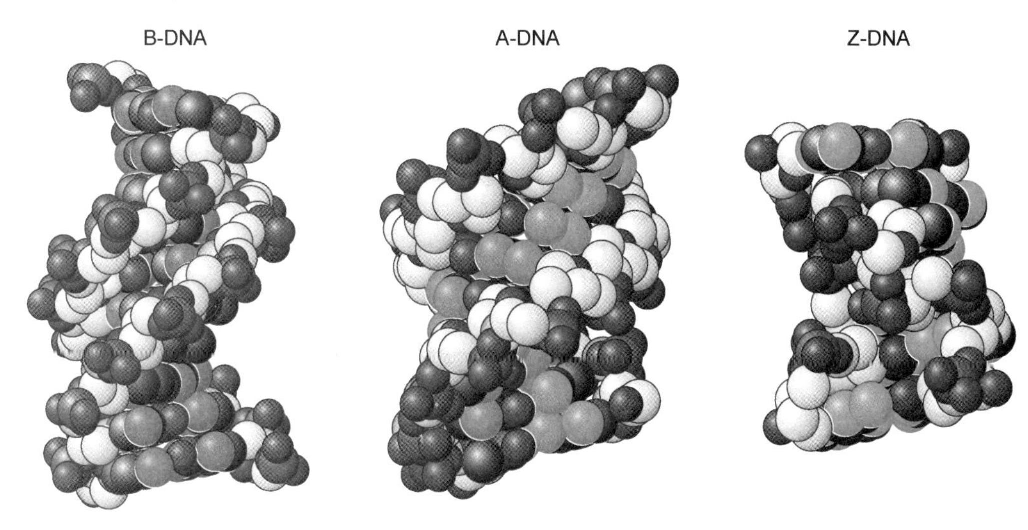

图4-4 几种DNA双螺旋结构

三、DNA的三级结构

DNA的三级结构是指DNA在双螺旋的基础上进一步盘绕形成的高级结构。

（一）超螺旋结构

细菌、线粒体及某些病毒的DNA具有闭环结构，即其两股链均呈环状，这种DNA称为**共价闭合环状DNA**。共价闭合环状DNA的三级结构是在双螺旋结构（松弛结构，relaxed molecule）基础上通过施加扭转张力进一步盘绕形成的**超螺旋**（superhelix）结构。超螺旋有正超螺旋和负超螺旋两种：DNA依双螺旋方向进一步盘绕形成**正超螺旋**；DNA依双螺旋相反方向盘绕形成**负超螺旋**。两股DNA形成的螺线管型（solenoidal）正超螺旋为右手超螺旋、负超螺旋为左手超螺旋。四股DNA形成的相缠型（plectonemic）正超螺旋为左手超螺旋、负超螺旋为右手超螺旋（图4-5）。DNA在细胞内通常处于负超螺旋状态，这有利于其复制或转录。

图 4-5 共价闭合环状 DNA 及其超螺旋结构

（二）染色体结构

真核生物染色体 DNA 与组蛋白、非组蛋白及少量 RNA 在细胞分裂间期形成染色质结构，在细胞分裂期形成染色体结构，两者的主要区别是压缩程度不同。

1. 染色体的组成 染色体的主要成分是 DNA、RNA、组蛋白和非组蛋白，其中 DNA 和组蛋白含量稳定，且含量比接近 1∶1；RNA 和非组蛋白含量则随着生理状态的变化而变化。

（1）组蛋白（histone） 是真核生物染色体的基本结构蛋白，富含两种碱性氨基酸（精氨酸和赖氨酸），属于碱性蛋白质，pI≈10.8。组蛋白有 H1、H2A、H2B、H3 和 H4 共五类，其中 H2A、H2B、H3 和 H4 称为核心组蛋白（core histone），H1 称为连接 DNA 组蛋白（linker histone）。从一级结构上看，核心组蛋白高度保守，没有明显的组织特异性甚至种属特异性，含量也很稳定；连接 DNA 组蛋白 H1 在不同生物体、不同组织内的差异较大，在个体发育过程中也有变化。组蛋白在维持染色体的结构和功能方面起关键作用。

（2）非组蛋白（nonhistone） 富含酸性氨基酸，属于酸性蛋白质，种类繁多，具有种属特异性甚至组织特异性，并且在整个细胞周期中都有合成，而不像组蛋白仅在 S 期与 DNA 同步合成。非组蛋白既有支架蛋白（scaffold protein），又有酶和转录因子等，其主要功能是参与 DNA 折叠、复制、修复，RNA 合成与加工，基因表达调控。

（3）RNA 占染色体质量的 1%~3%，含量最低，变化较大，可能通过与组蛋白、非组蛋白相互作用而调控基因表达。

2. 染色体的结构 真核生物 DNA 在双螺旋的基础上与组蛋白等结合，经过多级压缩形成染色体结构。

（1）核小体（nucleosome）是染色体的基本结构单位，由组蛋白八聚体（核小体核心，含有核心组蛋白 H2A、H2B、H3、H4 各两分子）和 180~200bp 核小体 DNA 构成，在结构上可分为核小体核心颗粒和连接 DNA 两部分。①约 146bp DNA 以左手螺线管（solenoid）方式缠绕组蛋白八聚体不到两圈，形成核小体核心颗粒。②核小体核心颗粒与连接 DNA（15~60bp）构成核小体（人单倍体 DNA 含 1.7×10^7 个核小体）。③若干个核小体形成直径约为 10nm 的串珠纤维（10nm [染色质]纤维，图 4-6①）。

（2）串珠纤维盘绕形成直径约为 30nm、螺距约为 12nm 的螺线管，称为 30nm [染色质] 纤维。每个螺旋含有 6 个核小体，且每个核小体需结合一分子 H1（覆盖约 20bp DNA，结合较弱，可在盐溶液中分离）构成染色质小体（chromatosome）。核心组蛋白 N 端、H1、高离子强度对螺线管的形成和稳定起重要作用。

（3）在细胞分裂前期，30nm 纤维进一步螺旋化形成直径约为 300nm 的超螺线管（supersolenoid）结构，称为 300nm 纤维（染色线，chromonema）。

（4）300nm 纤维凝缩成直径约为 700nm 的染色单体（图 4-6②）。

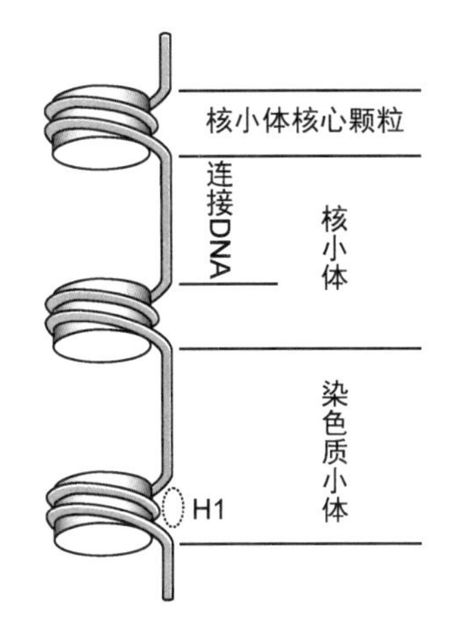

①串珠纤维

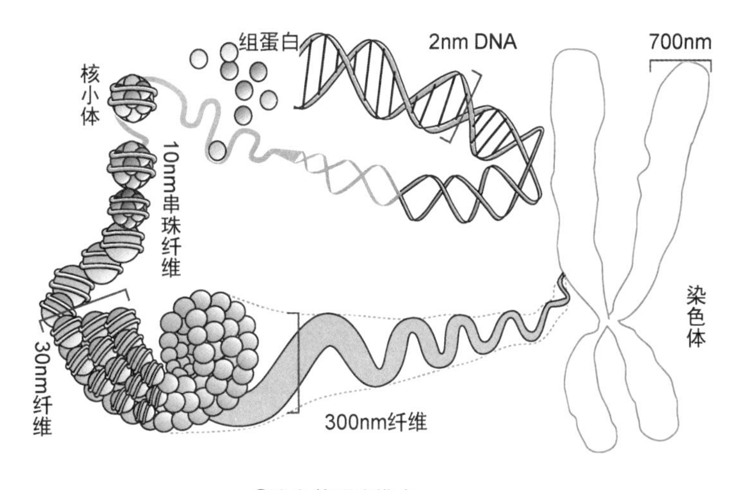

②染色体形成模式

图 4-6 染色体结构

需要说明的是：①真核生物染色体结构尚未完全阐明，有多种模型，这里介绍的只是其中一种模型。②由于不同时刻细胞内会有不同基因表达，基因表达涉及染色质解聚和重塑，因而 DNA 的扭曲盘绕是一个动态过程，在不同时期或 DNA 的不同区段，其盘绕方式和盘绕程度不尽相同。

（三）DNA 三级结构的生理功能

1. DNA 分子在长度上高度压缩，有利于组装 常染色体在有丝分裂间期压缩约 1000 倍，分裂期压缩约 10000 倍，异染色体总是压缩约 10000 倍。

例如人体细胞核内有 46 条染色体，其 DNA 总长度约 1.7m，被压缩了 8000~10000 倍后，容纳在直径只有几个微米的细胞核内。

2. 超螺旋结构影响 DNA 复制和转录 细胞核内 DNA 结构处于动态变化之中。超螺旋的改变可以协调 DNA 局部解链，影响复制和转录的启动及进程。

四、RNA 的种类和分子结构

DNA 是遗传物质，绝大多数遗传信息通过其表达产物蛋白质起作用，但直接指导蛋白质合成的不是 DNA，而是 RNA。

RNA 的一级结构与 DNA 一致，是由四种核苷酸通过 3′,5′-磷酸二酯键连接形成的长链。与 DNA 不同的是：①构成 RNA 的核苷酸含有核糖而不含脱氧核糖，含有尿嘧啶（U）而几乎不含胸腺嘧啶（T）。因此，构成 RNA 的四种常规核苷酸是腺苷酸（AMP）、鸟苷酸（GMP）、胞苷酸（CMP）和尿苷酸（UMP）。②RNA 含有较多的稀有碱基，它们具有各种特殊的生理功能。③RNA有较多核糖的 2′-羟基被甲基化。

绝大多数 RNA 为线性单链结构，其构象少有 DNA 那种典型的双螺旋结构，但具有以下特征：①线性单链 RNA 也形成右手螺旋结构。②RNA 分子中的某些区段具有序列互补性，因而可以通过自身回折形成茎环结构（发夹结构），茎环结构由一段短的互补双链区（茎，占 40%~70%）和一个有特定构象和功能的单链环构成（图 4-7），互补双链区碱基配对原则是 A 对 U、G 对 C，但可以含非 Watson-Crick 碱基配对，特别是 G-U 碱基对。③各种 RNA（特别是 tRNA 和 rRNA）具有复杂的三级结构，直接决定其生理功能。

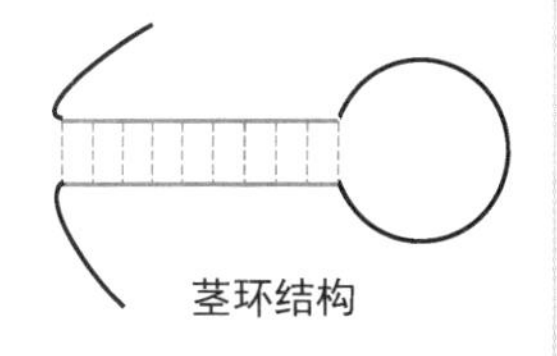

图 4-7 RNA 茎环结构

与 DNA 相比，RNA 种类繁多，分子量较小，含量变化大。RNA 可根据结构和功能的不同分为信使 RNA 和非编码 RNA。非编码 RNA 可根据组织特异性和水平稳定性及编码基因不同分为管家 RNA（housekeeping RNA，组成[性]非编码 RNA）和调控 RNA（调节 RNA，regulatory RNA，调控[性]非编码 RNA），也可根据大小分为非编码大 RNA（large noncoding RNA）和非编码小 RNA（small noncoding RNA，sncRNA，<300nt）（表 4-6）。

表 4-6 非编码 RNA 分类

	管家 RNA	调控 RNA
非编码大 RNA	核糖体 RNA、长链非编码 RNA、核酶	长链非编码 RNA
非编码小 RNA	转移 RNA、核糖体 RNA、端粒 RNA、胞质小 RNA、核小 RNA、核酶	微 RNA、环[状]RNA

1. 信使 RNA（mRNA） 是在蛋白质合成过程中负责传递遗传信息、直接指导蛋白质合成的 RNA，具有以下特点（mRNA 结构特点见第十八章，339 页）：

（1）含量低 占细胞总 RNA 的 2%~5%。

（2）种类多 可达 10^5 种。不同基因表达不同的 mRNA。

（3）寿命短 不同 mRNA 指导合成不同的蛋白质，完成使命后即被降解。细菌 mRNA 的平均半衰期（半寿期，是指体内某种代谢物或药物、毒物等的总量减半所需的时间）约为 1.5 分钟。脊椎动物 mRNA 的平均半衰期约为 3 小时。

（4）长度极不均一 哺乳动物 mRNA 长度范围 $5\times10^2 \sim 1\times10^5$nt。

2. 转移 RNA（tRNA） 又称转运 RNA，是在蛋白质合成过程中负责运输氨基酸、解读 mRNA 遗传密码的 RNA。tRNA 占细胞总 RNA 的 10%~15%，绝大多数位于细胞质中。

（1）tRNA 一级结构 具有以下特点：①是一类单链小分子 RNA，长 73~93nt（共有序列 76nt），沉降系数 4S。②是含稀有碱基最多的 RNA，含 7~15 个（80 多种）稀有碱基（占全部碱基的 15%~20%），位于互补双链区之外。③5′端核苷酸往往是鸟苷酸。④3′端都是 CCA 序列，其中腺苷酸（常称为 A76）的 3′-羟基是氨基酸结合位点。

（2）tRNA 二级结构 呈三叶草形，该结构中存在四臂三环，即氨基酸臂、二氢尿嘧啶臂（D[HU]臂）和二氢尿嘧啶环（D[HU]环，以含稀有碱基二氢尿嘧啶 D[HU]为特征）、反密码子臂和反密码子环（以含反密码子为特征，第十八章，341 页）、T[ΨC]臂和 TΨC 环（以含胸腺嘧啶核糖核苷 T54-假尿苷 Ψ55-胞苷 C56 为特征）（图 4-8①）。

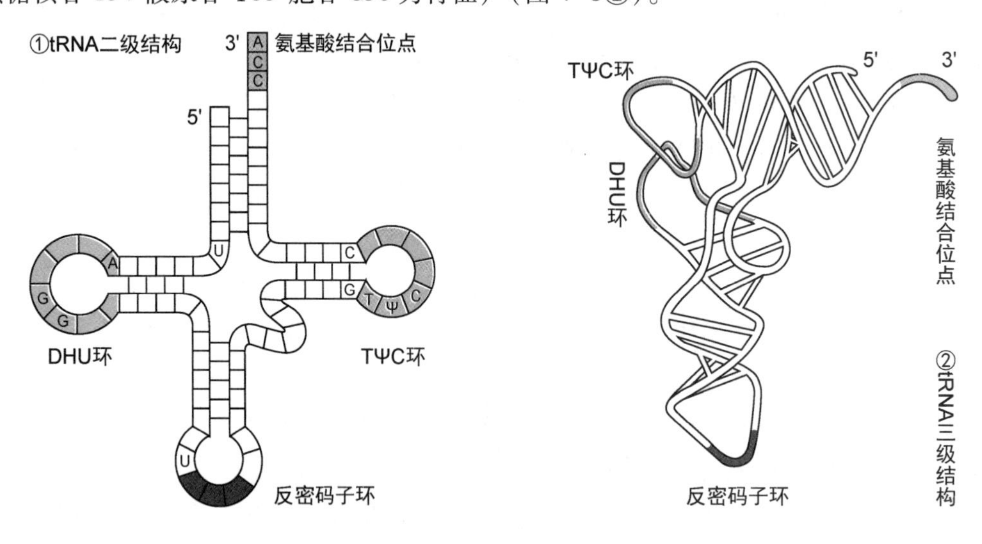

图 4-8 tRNA 结构

（3）tRNA 三级结构　呈 L 形，氨基酸结合位点位于其一端，反密码子环位于其另一端，DHU 环和 TΨC 环虽然在二级结构中位于两侧，但在三级结构中却相邻（图 4-8②）。

3. 核糖体 RNA（rRNA）　与核糖体蛋白形成一种称为核糖体（核蛋白体，ribosome）的核蛋白颗粒，原核生物和真核生物的核糖体都由一个大亚基和一个小亚基构成，两个亚基都由 rRNA 和核糖体蛋白构成。核糖体、核糖体亚基及 rRNA 的大小一般用沉降系数表示（表 4-7）。rRNA 具有以下特点：

表 4-7　大肠杆菌与人核糖体比较

核糖体类型/沉降系数	*亚基/沉降系数	rRNA 沉降系数（长度）	亚基蛋白种类
大肠杆菌核糖体/70S	大亚基/50S	23S（2904nt）、5S（121nt）	33
	小亚基/30S	16S（1542nt）	21
人核糖体/80S	大亚基/60S	28S（5034nt）、5.8S（156nt）、5S（121nt）	47
	小亚基/40S	18S（1870nt）	33

* 核糖体亚基的含义不同于蛋白质四级结构中的亚基

（1）含量高　rRNA 是细胞内含量最高的 RNA，占细胞总 RNA 的 80%~85%。

（2）寿命长　rRNA 更新慢，寿命长。

（3）种类少　原核生物有 5S、16S、23S 三种 rRNA（约占核糖体质量的 65%）；真核生物主要有 5S、5.8S、18S、28S 四种 rRNA，另有少量线粒 rRNA、叶绿体 rRNA。

（4）结构复杂　其二级结构、三级结构远比其他 RNA 复杂，因而作为核心成分与核糖体蛋白组装成核糖体，是蛋白质的合成机器（图 4-9）。

4. 核酶　科学家在研究 RNA 的转录后加工时发现某些 RNA 具有催化活性，可催化 RNA 自我剪接，这些由活细胞合成、起催化作用的 RNA 称为核酶（ribozyme）。许多核酶的底物也是 RNA，甚至就是其自身，其催化反应也具有专一性。核酶的发现提高我们对生物催化剂本质的认识，更启发我们对生命起源的探索。

● 1994 年，R. Breaker 和 G. Joyce 合成了有催化活性的 DNA 分子，称为脱氧核酶（DNAzyme，catalytic DNA，deoxyribozyme），它们分别可水解特定的 RNA，此后有人陆续合成新的脱氧核酶，可催化 DNA 磷酸化、DNA 腺苷酸化、DNA 去糖基化、DNA 降解、DNA 连接、卟啉螯合金属离子或胸腺嘧啶二聚体光修复，不过迄今尚未发现生物体内存在脱氧核酶。○

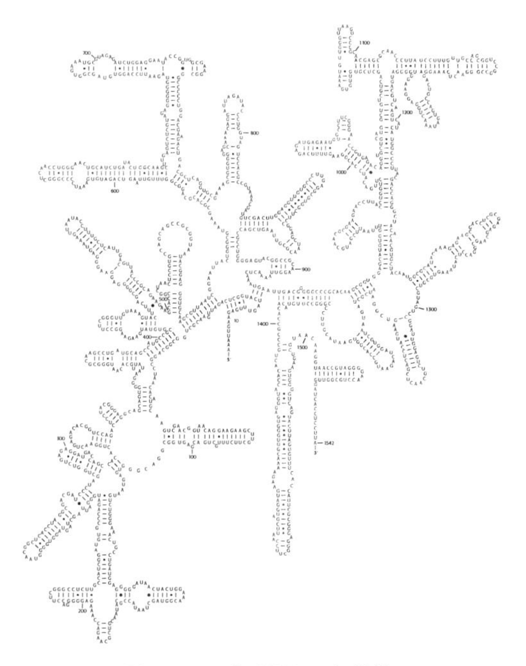

图 4-9　16S rRNA 二级结构

5. 核[内]小 RNA　位于细胞核内，与蛋白质构成核小核糖核蛋白（snRNP），参与 RNA 前体的加工。其中位于核仁内的核[内]小 RNA（snRNA）称为核仁小 RNA（snoRNA），参与 rRNA 前体加工及核糖体亚基聚合。

6. 胞质小 RNA　例如称为信号识别颗粒 RNA（7SL RNA）的一种胞质小 RNA（scRNA），与六种蛋白质一起构成信号识别颗粒（SRP），参与分泌蛋

白的运输（第十八章，350 页）。

第三节 核酸的理化性质

核酸是生物大分子，具有与蛋白质类似的大分子特性，包括胶体特性、沉降特性、黏度、变性和复性。

一、紫外吸收特征

因为碱基中有共轭体系，所以核苷酸和核酸都有特征性紫外吸收光谱，在 pH7.0 条件下在 260nm 附近存在吸收峰（图 4-10，图 4-11）。据此可以通过比色测定 260nm 吸光度（A_{260}）进行核苷酸和核酸的定量分析。此外，单链 DNA 的紫外吸收比双链 DNA 高 30%~40%。据此可以判断 DNA 变性程度。

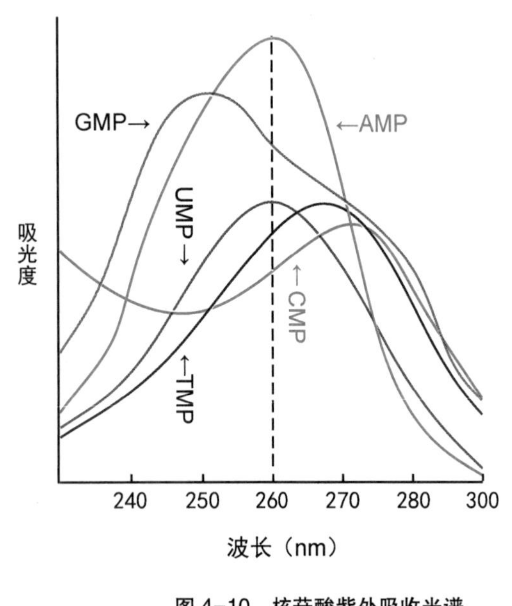

图 4-10 核苷酸紫外吸收光谱

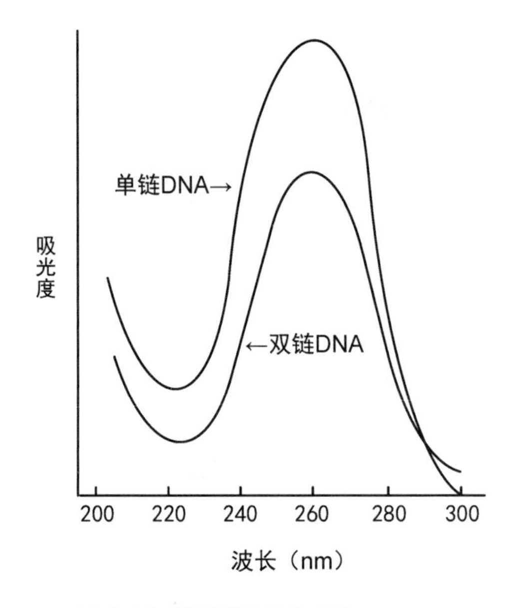

图 4-11 核酸紫外吸收光谱

二、变性、复性与杂交

在一定条件下（如加热）断开双链核酸碱基对氢键，可以使其局部解离，甚至完全解离成单链，形成无规线团，称为核酸的熔解（melting，变性，denaturation），由加热导致的变性称为热变性。反之，如果两条单链核酸的序列部分互补甚至完全互补，则在一定条件下可以自发结合，形成双链结构，称为退火（annealing）。同一来源单链核酸的退火称为复性（renaturation）。不同来源单链核酸的退火称为杂交（hybridization）。

1. 核酸变性 生物体内的 DNA 几乎都是双链的，而 RNA 几乎都是单链的。因此，核酸变性主要是指 DNA 变性。不过，许多 RNA 分子中因存在茎环结构或发夹结构而含有局部双链结构，因此核酸变性也包括 RNA 变性。

变性导致核酸某些物理性质改变，例如黏度降低、沉降速度加快、紫外吸收增强。其中变性导致其紫外吸收增强的现象称为增色效应。

引起核酸变性的因素包括高温和化学试剂（如酸、碱、乙醇、尿素和甲酰胺）等各种物理因素和化学因素。其中温度较其他变性因素更容易控制，因此实验室常用加热的方法使核酸变性。在 DNA 熔解曲线中，使吸光度变化值达到最大变化值一半时（此时有 50%双链 DNA 解链）对应的温度称为**解链温度**（熔点，变性温度，T_m，图 4-12）。每一种 DNA 都有自己的解链温度，它的高低与 DNA 的长度和组成、溶液的 pH 值和离子强度大小、变性剂等有关。

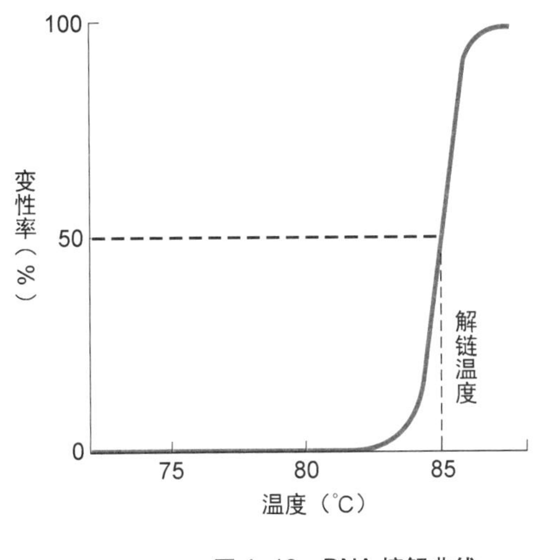

图 4-12　DNA 熔解曲线

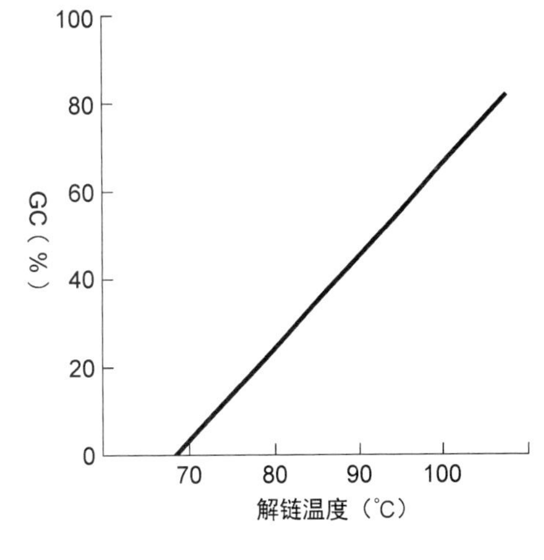

图 4-13　解链温度与 GC 含量关系曲线

DNA 的 GC 含量越高，其解链温度越高，因为 G-C 碱基对含有三个氢键，解开它需要更多的能量。因此，通过测定解链温度可以分析 DNA 的组成（图 4-13），经验公式为：（G-C）%=（T_m-69.3）×2.44%（0.15mol/L NaCl-0.15mol/L 柠檬酸钠溶液中）。

双链 RNA 及 DNA-RNA 杂交双链也可以变性解链。中性条件下，其解链温度分别比双链 DNA 高 20~25℃、10~15℃，分子基础尚未阐明。

2. 核酸复性　缓慢降低温度可以使热变性 DNA 复性，即重新形成互补双链结构。DNA 的最适复性温度通常比解链温度低 20~25℃。复性导致变性 DNA 的紫外吸收减弱（这一现象称为**减色效应**）。因此，通过检测 DNA A_{260}的变化可以实时分析其变性或复性程度。

DNA 复性并不是简单的逆变性过程，复性速度受多种因素影响：①DNA 浓度：DNA 浓度越高，两股互补链相遇的几率越大，因而复性越快。②DNA 序列复杂程度：序列简单的 DNA（如重复序列，第十九章，361 页）复性快，序列复杂的 DNA（如单一序列，第十九章，361 页）复性慢，因而可以通过测定复性速度分析 DNA 序列的复杂程度。③DNA 长度：DNA 片段越长，寻找互补序列的难度越大，因而复性越慢。④离子强度：DNA 溶液的离子强度越高，两股互补链重新结合的速度越快，因而复性越快。⑤降温速度：降温过快来不及复性，形成无规线团，因此应缓慢降温。

3. 核酸杂交　既包括 DNA 与 DNA 杂交，也包括 DNA 与 RNA、RNA 与 RNA 杂交。不同来源的单链核酸，只要其序列存在互补性即可杂交。利用该特性我们可以从不同来源的 DNA 中鉴定相同序列或同源序列，这就是核酸杂交技术的分子基础。

核酸杂交技术是将已知序列的单链核酸片段进行标记以便于检测，再与未知序列的待测核酸样品进行杂交，从中鉴定相同序列或同源序列。核酸杂交技术可用于分析样品中是否存在特定基因序列、基因序列是否存在变异，也可用于研究目的基因的表达状态和表达效率，因而在分子生物学和医学研究中广泛应用于基因组研究、遗传病检测、法医学鉴定等，是分子生物学的核心技术（第二十章，375 页）。

ETS、ITS 与中药

真核生物 rRNA 基因（rDNA）包括外转录间隔区 1（ETS1）、18S rRNA、内转录间隔区 1（ITS1）、5.8S rRNA、ITS2、28S rRNA 和 ETS2（图 4-14），其中 18S、5.8S、28S rRNA 的基因序列在生物进化过程中变异很小，但 ITS 和 ETS 变异较大，可以作为生物进化的比对依据。因此，应用 PCR 和 DNA 测序技术可以快速分析不同药材的 ETS、ITS 序列，通过比较其相似度对中药材进行基原鉴定。

图 4-14 真核生物 rDNA 序列

小结

核酸是生物大分子、核苷酸聚合物，包括 DNA 和 RNA。DNA 是遗传物质，含量最稳定，绝大多数是染色体成分。RNA 包括信使 RNA、转移 RNA、核糖体 RNA、核酶和小分子 RNA，主要功能是参与遗传信息的复制与表达。

核酸的组成元素是碳、氢、氧、氮和磷，其中磷是核酸的特征元素。核酸的结构单位是核苷酸。核苷酸由磷酸、戊糖（核糖和脱氧核糖）和碱基（腺嘌呤、鸟嘌呤、胞嘧啶、尿嘧啶和胸腺嘧啶）组成，DNA 和 RNA 的组成差别主要在戊糖和嘧啶碱基。

在核苷酸中，碱基与戊糖以 β-*N*-糖苷键连接，磷酸与戊糖以磷酸酯键连接，磷酸还可以通过酸酐键连接第二、第三个磷酸基团，某些核苷酸还存在磷酸二酯键。

核苷酸的功能包括合成核酸、为生命活动提供能量、参与其他物质合成、构成酶的辅助因子、调节代谢。

核酸的一级结构是指核酸分子的碱基序列。核酸主链由磷酸与戊糖以 3′,5′-磷酸二酯键交替连接构成，侧链即碱基。核酸链有方向性，5′端是头，3′端是尾。

DNA 典型的二级结构是右手双螺旋结构。右手双螺旋由两股链反向互补构成，两股链通过氢键结合在一起，氢键严格地形成于 A 与 T、G 与 C 之间，离子键、氢键和碱基堆积力维持双螺旋结构的稳定性。DNA 分子还存在局部左手螺旋结构、十字形结构和三股螺旋结构等。

在二级结构的基础上，DNA 双螺旋进一步盘绕形成三级结构。环状 DNA 的三级结构是超螺旋结构，真核生物的染色体 DNA 则与蛋白质、RNA 形成染色体结构。

RNA 种类繁多，分子量较小，含量变化大。绝大多数 RNA 为线性单链结构，局部可以形成茎环结构等。

mRNA 的特点是含量低、种类多、寿命短、长度差异大。

tRNA 在组成和结构上有以下特点：长 73~93nt，含较多的稀有碱基，5′端往往是鸟苷酸，3′端是 CCA 序列，二级结构呈三叶草形，三级结构呈 L 形。

rRNA 是细胞内含量最高的 RNA，原核生物有三种 rRNA，真核生物有四种 rRNA，均与核糖体蛋白形成核糖体。

碱基使核酸在 260nm 波长附近存在吸收峰，成为核酸的紫外吸收特征。

在一定条件下双链核酸可以变性解链，变性伴随增色效应。变性核酸可以复性，复性伴随减色效应。

讨论

1. Chargaff 规则。
2. B-DNA 右手双螺旋结构的基本内容。
3. 从分子组成、结构、功能方面比较蛋白质和 DNA。
4. tRNA 一、二、三级结构特征和意义。
5. 比较蛋白质变性与 DNA 变性。
6. DNA 和 RNA 哪个更稳定？为什么？（从以下几方面考虑：2′-羟基攻击，双螺旋保护，染色质结构，核酸酶水解）
7. 通过了解“DNA 双螺旋结构”的发现史，结合 J. Watson、F. Crick、R. Franklin 等相关科学家专业背景、学术贡献，谈谈你对学科交叉、合作的理解。

第五章
酶

扫一扫，查阅本章数字资源，含PPT、音视频、图片等

［新陈］代谢（metabolism）是生物体为维持生长和繁殖而进行的全部化学过程，是生命的基本特征，包括物质代谢和能量代谢。虽然生物体内的代谢条件十分温和，但所有代谢都进行得极为迅速和顺利，因为它们几乎都是在酶的催化下进行的。**酶**（enzyme，E）是由活细胞合成的**生物催化剂**（biocatalyst），绝大多数是蛋白质。1982 年，T. Cech 发现了化学本质是 RNA 的酶，又称**核酶**（ribozyme），并因此获得 1989 年诺贝尔化学奖。1994 年，R. Breaker 和 G. Joyce 合成了有催化活性的 DNA，命名为**脱氧核酶**（DNAzyme）。为了避免混淆，有学者建议把化学本质是蛋白质的酶称为蛋白质酶，但目前习惯上仍称为酶，本章只讨论这类酶。

“enzyme（酶）”一词由 W. Kühne 于 1878 年创造，源于希腊语 *enzymos*（leavened）= *en*（within）+*zymē*（yeast），之前由 L. Pasteur 命名为酵素（ferment）。一个大肠杆菌细胞内有 1000 多种酶，人类基因组中 1/4 基因的编码产物是酶，足见其重要性。

第一节　酶的分子结构

由酶催化发生的化学反应称为**酶促反应**（enzymatic reaction），酶促反应的反应物称为酶的**底物**。酶的底物既有蛋白质等生物大分子，又有葡萄糖等小分子有机化合物，还有 CO_2 等无机化合物。即使是大分子底物，发生反应的也只是分子结构的一个小部位，例如胰蛋白酶只是催化水解底物蛋白中碱性氨基酸羧基形成的肽键。相比之下，酶是生物大分子。因此，酶促反应是大分子作用于小分子或大分子的小部位。不过，酶促反应不是由整个酶分子和底物分子发生简单碰撞，而是通过酶的活性中心催化发生的。

一、酶的活性中心

酶的分子结构中含有各种基团，例如羟基、氨基、甲基，这些基团对酶活性的贡献大小不同。其中一些基团与酶活性密切相关，不可或缺，称为**酶的必需基团**（essential group）。酶的必需基团根据功能分为两类：一类参与维持酶活性构象（如二硫键结构）或参与酶活性调节（如羟基）；另一类直接参与催化反应，例如组氨酸的咪唑基、丝氨酸的羟基、半胱氨酸的巯基和天冬氨酸的羧基。第二类必需基团集中在酶分子的特定部位，该部位称为活性中心。

酶的活性中心（active center，活性位点，活性部位，active site，催化位点，催化部位，catalytic site，催化中心，catalytic center），是酶分子结构中的一个特定部位，该部位可以选择性结合底物并催化其发生专一反应生成特定产物。酶的活性中心多位于酶蛋白的特定结构域内，形如裂缝或凹陷，多为由疏水性氨基酸的 R 基形成的微环境，活性中心内的极性、疏水性、酸性明显不

同于活性中心外，仅底物可以进入。

活性中心内的必需基团分为两类：一类是结合基团（binding group），其作用是识别与结合底物，形成酶-底物复合物；另一类是催化基团（catalytic group），其作用是降低底物分子中特定化学键的稳定性，进而发生旧键断裂和新键形成，转化为产物。例如，人果糖-2,6-二磷酸酶催化2,6-二磷酸果糖（F-2,6-BP）水解成6-磷酸果糖和磷酸。该酶活性中心内有六个氨基酸R基提供必需基团，Arg258、Arg308、Arg353提供的带正电荷的胍基和Lys357提供的带正电荷的氨基为结合基团，作用是通过离子键结合2,6-二磷酸果糖带负电荷的磷酸基；His259和His393提供的咪唑基为催化基团，催化2-磷酸酯键水解（图5-1）。

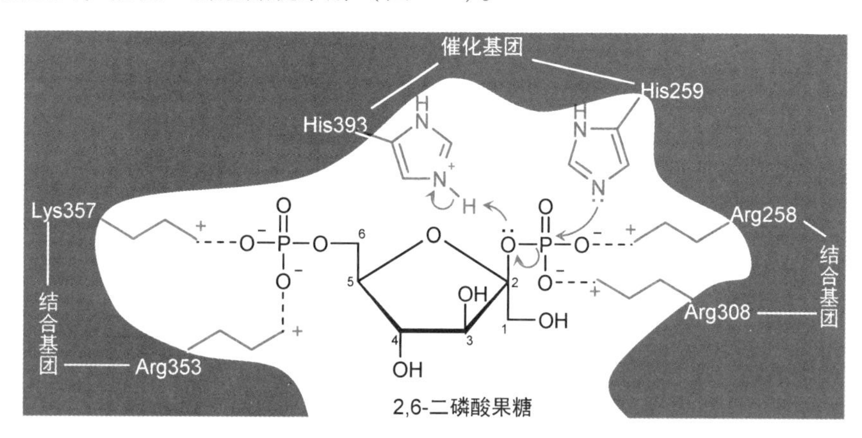

图5-1 人果糖-2,6-二磷酸酶活性中心

二、酶的辅助因子

虽然[蛋白质]酶的化学本质是蛋白质，但有的酶还含有非氨基酸成分，例如糖基、酰基、磷酸基、金属离子（有超过1/3的酶含金属离子，或其活性依赖金属离子）等，其中有些成分是酶活性所必需的，这些成分是酶的辅助因子。

IUPAC于1992年推荐的定义：辅[助]因子（cofactor）是某些酶在催化反应时所需的有机分子或离子（通常是金属离子），它们与无活性的酶蛋白（牢固或松散）结合成有活性的全酶。绝大多数辅助因子直接参与催化反应，起传递电子、原子或基团的作用。

从化学本质上看辅助因子有两类：①小分子有机化合物（包括金属有机化合物）：多数是维生素（特别是B族维生素）及其活性形式（表5-1）。②无机离子：主要是金属离子（表5-2）。金属离子作为辅助因子或激活剂源于其以下特性：带正电荷，能形成很强但不稳定的化学键，有的金属离子有不止一种稳定的氧化态。因此，在酶促反应中金属离子可促进底物结合和定向，或与中间产物形成共价键，或作为Lewis酸碱增强底物亲电性或亲核性。

表5-1 部分有机化合物辅助因子

辅助因子	缩写	所传递基团或原子	所含维生素	酶
生物素		羧基	生物素	丙酮酸羧化酶
辅酶A	CoA	酰基	泛酸	脂酰辅酶A合成酶
腺苷钴胺素（辅酶B_{12}）		烷基	钴胺素	甲基丙二酰辅酶A变位酶
氧化型黄素单核苷酸	FMN	氢原子	核黄素	NADH脱氢酶
氧化型黄素腺嘌呤二核苷酸	FAD	氢原子	核黄素	琥珀酸脱氢酶
氧化型烟酰胺腺嘌呤二核苷酸	NAD^+	氢负离子	烟酰胺	乳酸脱氢酶

续表

辅助因子	缩写	所传递基团或原子	所含维生素	酶
氧化型烟酰胺腺嘌呤二核苷酸磷酸	$NADP^+$	氢负离子	烟酰胺	6-磷酸葡萄糖脱氢酶
磷酸吡哆醛	PLP	氨基	吡哆醛	转氨酶
四氢叶酸	FH_4	一碳单位	叶酸	胸苷酸合成酶
焦磷酸硫胺素	TPP	醛	硫胺素	丙酮酸脱氢酶
抗坏血酸		氢原子	抗坏血酸	脯氨酰羟化酶
硫辛酸		氢原子和酰基		二氢硫辛酰胺乙酰转移酶
四氢生物蝶呤	BH_4	氢原子		苯丙氨酸羟化酶
辅酶 Q	CoQ	氢原子		NADH 脱氢酶

表 5-2 部分金属离子辅助因子

金属离子	酶
Fe^{2+}	脯氨酰羟化酶，β 胡萝卜素双加氧酶，苯丙氨酸羟化酶，对羟基苯丙酮酸氧化酶，色氨酸羟化酶，尿黑酸双加氧酶，顺乌头酸酶 2，亚铁螯合酶，呼吸链复合物 Ⅰ、Ⅱ、Ⅲ、Ⅳ，过氧化氢酶，过氧化物酶，色氨酸双加氧酶，亚硫酸氧化酶，细胞色素 P450，鞘脂-4-去饱和酶，一氧化氮合酶
Cu^{2+}	呼吸链复合物Ⅳ，Cu/Zn-SOD，酪氨酸酶，多巴胺-β-羟化酶，铜蓝蛋白，赖氨酰氧化酶
Zn^{2+}	醇脱氢酶，碳酸酐酶，Cu/Zn-SOD，羧肽酶，DNA 聚合酶，RNA 聚合酶，碱性磷酸酶，基质金属蛋白酶
Mg^{2+}	己糖激酶，葡萄糖-6-磷酸酶，DNA 聚合酶，RNA 聚合酶，限制性内切酶 *Eco*R Ⅴ
K^+	丙酰辅酶 A 羧化酶，丙酮酸激酶
Mn^{2+}	精氨酸酶，丙酮酸羧化酶，核苷酸还原酶，半乳糖基转移酶，异柠檬酸脱氢酶，DNA 聚合酶 λ
Mo^{3+}	黄嘌呤氧化酶，亚硫酸氧化酶

根据与酶蛋白结合牢固程度和作用特点的不同，辅助因子还可分为辅酶和辅基：①**辅酶**（coenzyme，**辅底物**，cosubstrate）：与酶蛋白松散结合甚至只在催化反应时才结合，可用透析或超滤法去除。②**辅基**（prosthetic group）：与酶蛋白牢固结合甚至共价结合，不能用透析或超滤的方法去除，在催化反应时也不会离开活性中心。以金属离子为辅基的酶称为**金属酶**（metalloenzyme），以金属离子为辅酶的酶称为**金属激活酶**（metal-activated enzyme）。

三、单纯酶和结合酶

酶可根据其催化反应是否依赖辅助因子分为单纯酶和结合酶。

1. 单纯酶（simple enzyme） 活性中心内的必需基团全部来自酶蛋白氨基酸残基的 R 基，即催化反应不需要辅助因子参与，例如蛋白酶、淀粉酶、脂肪酶和核糖核酸酶。

2. 结合酶（conjugated enzyme） 又称缀合酶，由酶蛋白（脱辅基酶，apoenzyme）和辅助因子构成，活性中心内的部分必需基团来自辅助因子，例如[L-]乳酸脱氢酶和[L-]苹果酸脱氢酶都需要烟酰胺腺嘌呤二核苷酸（NAD^+），氨基酸转氨酶和脱羧酶都需要磷酸吡哆醛（PLP）。一种辅助因子可以与不同酶蛋白结合，组成具有不同专一性的结合酶。

四、具有不同结构特征的几类酶

这些酶具有不同的亚基种类和个数或不同的活性中心种类和个数。

1. 单体酶（monomeric enzyme） 仅具有三级结构，并且只有一个活性中心，如葡萄糖激酶。

2. 寡聚酶（oligomeric enzyme） 由多个亚基构成，有多个活性中心，这些活性中心位于不同的亚基上，催化相同的化学反应。有的寡聚酶仅由一种亚基构成，如乳酸脱氢酶 LDH_1 含四个相同的亚基（H_4），每个亚基都有一个活性中心；有的寡聚酶由不止一种亚基构成，如乳酸脱氢酶 LDH_3 含两种亚基（H_2M_2），每个亚基都有一个活性中心。

3. 多酶复合体（multienzyme complex）　由几种功能相关的酶构成，有两种或两种以上的活性中心，各活性中心催化的反应构成连续反应，即一种活性中心的产物恰好是另一种活性中心的反应物，前一个活性中心的产物通过底物通道（substrate channeling）直接转入后一个活性中心，不会脱离酶蛋白。如丙酮酸脱氢酶复合体由三种酶构成：丙酮酸脱氢酶、二氢硫辛酰胺乙酰转移酶、二氢硫辛酰胺脱氢酶（第八章，154 页）。

4. 多功能酶（multifunctional enzyme，multienzyme polypeptide）　由一条肽链构成，但有多个活性中心，这些活性中心催化不同的反应，如大肠杆菌 DNA 聚合酶 I 由一条肽链构成，有 5′→3′聚合酶、3′→5′外切酶、5′→3′外切酶活性中心各一个（第十六章，314 页）。多功能酶可以进一步构成多酶复合体，如哺乳动物脂肪酸合成酶。

5. 多酶体系（multienzyme system）　在生物体内，一组连续的酶促反应形成一条代谢途径（代谢通路，metabolic pathway），代谢途径每一步反应的产物是下一步反应的反应物，直到最后一步反应，可以完成某种物质的分解或合成，如糖酵解途径（第八章，148 页）。催化一条代谢途径全部反应的所有酶称为多酶体系。

五、同工酶

同工酶（isozyme）是指能催化相同化学反应、但由不同基因编码的一组酶，其组成、结构、理化性质、免疫学性质、酶动力学、活性调节各有差异，其辅助因子也可以不同。同工酶存在于同一个体的不同组织或同种细胞的不同亚细胞结构（区室，compartment，包括细胞质和细胞器）中，或表达于生长发育的特定阶段。同工酶是在生物进化过程中基因复制（gene duplication）和趋异进化（divergent evolution）的产物，个别是趋同进化（convergent evolution）的产物。

IUBMB 推荐的同工酶命名规则：命名采用同一名称后缀不同的数字编号，编号表示在区带电泳中由快到慢的泳动顺序，例如细胞质苹果酸脱氢酶 1（泳动快）和线粒体苹果酸脱氢酶 2（泳动慢）。

不同组织有不同的同工酶谱。同工酶差异可用于研究生物进化、个体发育、组织分化、遗传变异等。在临床上，同工酶可作为诊断指标。例如，分析血清乳酸脱氢酶同工酶和肌酸激酶同工酶水平变化可以辅助诊断急性心肌梗死。

1. 乳酸脱氢酶（LDH）　是最早发现有同工酶的酶，主要同工酶有五种，均为四聚体，由 H 亚基（heart，心肌型亚基）和 M 亚基（muscle，骨骼肌型亚基）构成，各组织器官中的 LDH 同工酶谱存在差异（表 5-3）。

表 5-3　人乳酸脱氢酶同工酶谱（%）

同工酶	亚基组成	心肌	肾脏	红细胞	胰腺	肺	骨骼肌	肝脏	血清
LDH_1	H_4	67	52	42	30	10	4	2	27
LDH_2	H_3M	29	28	36	15	20	7	4	34
LDH_3	H_2M_2	4	16	15	50	30	21	11	21
LDH_4	HM_3	<1	4	5	0	25	27	27	12
LDH_5	M_4	<1	<1	2	5	15	41	56	6

（1）心肌细胞含LDH_1最多。正常血清乳酸脱氢酶主要是LDH_2，心肌梗死或心力衰竭导致乳酸脱氢酶释放入血，血清乳酸脱氢酶水平很快升高，但LDH_1低于LDH_2，12小时后LDH_1水平接近LDH_2，24小时后超过LDH_2，所以LDH_1升高最明显。48~72小时后血清乳酸脱氢酶水平升至峰值。

与LDH_5相比，LDH_1的特点是与乳酸的亲和力强，且其活性受高浓度丙酮酸变构抑制。

（2）肝细胞含LDH_5最多，其活性不受丙酮酸变构抑制。

胸水中乳酸脱氢酶是反映炎症程度的指标，含量大于500U/L常提示为恶性肿瘤或胸水已并发细菌感染。

2. 肌酸激酶（CK） 有三种同工酶，均为二聚体，由B亚基（brain，脑型亚基）和M亚基（muscle，肌型亚基）构成，在各组织器官中的同工酶谱有差异：

（1）CK_1为BB型，主要位于脑细胞内。

（2）CK_2为MB型，位于心肌细胞内，占心肌肌酸激酶的25%~30%。正常血浆几乎不含CK_2。心肌梗死发病2小时血浆CK_2水平开始升高，12~36小时达到高峰，3~5天回落到正常水平（图5-2）。

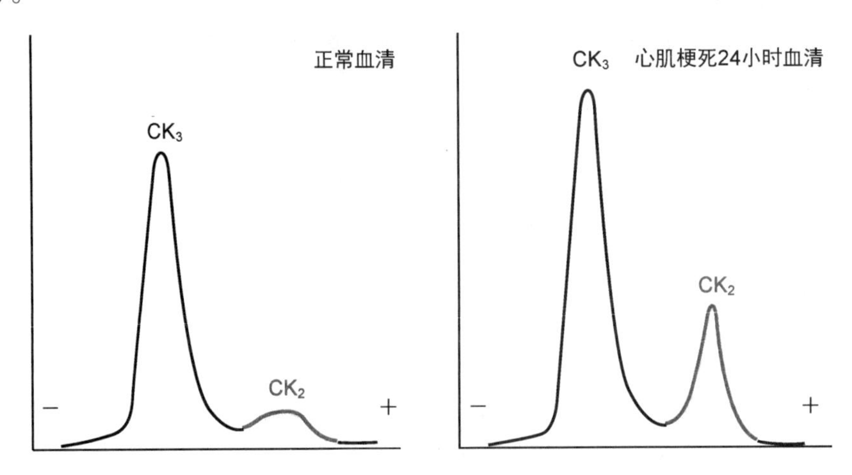

图5-2 正常人和心肌梗死患者血清肌酸激酶电泳酶谱

（3）CK_3为MM型，主要位于骨骼肌和心肌细胞内，占骨骼肌肌酸激酶的98%、心肌肌酸激酶的70%。正常血清肌酸激酶主要是CK_3，且在手术、骨骼肌损伤、酒精中毒、甲状腺功能亢进时升高明显。

3. 同工酶与临床诊断 作为诊断指标的酶应符合以下条件：①具有一定组织特异性。②在合适的时间段（诊断窗口）出现在血浆或其他体液中。③可自动化分析。

心肌梗死（myocardial infarction，MI）必须在发病数小时内作出初步诊断以启动治疗，因此应选择12小时内即出现在血浆中的酶作为诊断指标。初期选用的是乳酸脱氢酶、谷草转氨酶、谷丙转氨酶。谷草转氨酶、谷丙转氨酶不甚理想，因为它们在血浆中出现较晚，心肌特异性也差。乳酸脱氢酶也出现较晚，但LDH_1的心肌特异性较高（LDH_5的肝脏特异性较高），因此曾作为诊断指标，后来改用在血浆中出现较早的肌酸激酶CK_2。

CK_2有较好的诊断窗口，在急性心肌梗死的早期诊断中特异性较高，不过多数临床实验室已改用血清肌钙蛋白Tn-I、Tn-T，而血清肌酸激酶目前仍用于诊断骨骼肌损伤，如Duchenne型肌营养不良。

心肌肌钙蛋白（troponin，Tn）有Tn-C、Tn-I和Tn-T三种。通过检测血清Tn-I、Tn-T水平

评价心肌损伤既灵敏又特异：Tn-I、Tn-T 水平在心肌梗死发病 2~6 小时即开始升高，高水平可持续 4~10 天。除心肌梗死外，其他心肌损伤也伴发血清肌钙蛋白水平升高，因此心肌型肌钙蛋白可用于诊断各种心肌损伤。

第二节　酶促反应的特点和机制

酶促反应属于化学反应。化学反应研究通常从化学[反应]热力学和化学[反应]动力学两个方面进行。化学热力学研究化学反应发生的可能性、反应方向和反应程度。化学动力学研究化学反应速度、影响因素和反应机制。

酶既有一般催化剂的共性，又有自己的特点。酶促反应的特点是由酶的催化机制决定的。

一、酶促反应特点

酶具有一般催化剂的共性：①只催化热力学允许的反应。②可以提高反应速度，但不改变可逆反应的平衡。③在催化反应前后没有质和量的变化，并且极少量就可以有效地催化反应。酶还有自己的特点。

1. 高效性　酶能使化学反应速度提高 10^5~10^{17} 倍（表 5-4）。例如，无催化剂水解一个肽键需要 10~1000 年，蛋白酶使肽键水解快至毫秒级。

表 5-4　酶的催化效率

酶	催化效率	酶	催化效率
亲环素	10^5	磷酸葡萄糖变位酶	10^{12}
酵母己糖激酶	10^6	琥珀酰辅酶 A 转移酶	10^{13}
碳酸酐酶	10^7	尿素酶	10^{14}
磷酸丙糖异构酶	10^9	金黄色葡萄球菌核酸酶	10^{15}
羧肽酶 A	10^{11}	乳清苷酸脱羧酶	10^{17}

2. 专一性　和一般催化剂相比，酶对所催化反应的底物和反应类型具有更高的选择性，这种现象称为酶的专一性（特异性，specificity）。酶的专一性可分为结构专一性（stuctural specificity）和立体专一性（stereospecificity）。

（1）结构专一性　是指识别底物的构造，包括：①绝对专一性（绝对特异性，absolute specificity）：这类酶只能催化一种底物发生一种化学反应。例如，尿素酶（脲酶）只能催化尿素水解。②相对专一性（相对特异性，relative specificity）：这类酶可催化一类底物（例如 β-葡萄糖苷酶）或一类化学键（例如蛋白酶、脂肪酶）发生一种化学反应。例如，脂酰辅酶 A 合成酶可催化棕榈酸、硬脂酸、油酸等各种脂肪酸发生反应；胰脂肪酶既能水解甘油三酯，又能水解棕榈酸视黄酯；木瓜蛋白酶可水解任何肽键（大多数蛋白酶在体外还能水解酯键）；凝血酶可水解特定序列中的 Arg-Gly 肽键。许多水解酶类都具有相对专一性。

（2）立体专一性　又称立体特异性，是指识别底物的构型，包括：①几何[异构]专一性（geometrical specificity）：这类酶可识别底物的几何构型，例如延胡索酸酶能催化延胡索酸（反丁烯二酸）水化生成苹果酸，不能催化马来酸（顺丁烯二酸）水化。②光学[异构]专一性（optical specificity）：这类酶可识别底物的光学构型，例如 L-乳酸脱氢酶只能催化 L-乳酸脱氢生成丙酮酸，不能催化 D-乳酸脱氢。

不管是单纯酶还是结合酶，其专一性都由酶蛋白决定。

3. 反应条件温和 可在常温常压下进行。酶对变性因素（如高温、强酸、强碱）非常敏感，极易受这些因素的影响而变性失活。

此外，关键酶活性可以调节（92页）。

二、酶促反应机制

研究酶促反应机制是阐明其高效性和专一性的化学基础。

1. 酶促反应高效性的机制 在一个化学反应体系中，实际发生反应的反应物分子称为**活化分子**，其特点是最低能量水平（**过渡态**，transition state，‡）高于反应体系中全部反应物分子的平均能量水平（**基态**，ground state），过渡态自由能（$G_X^{\ddagger}$）与基态自由能（G_S）之差称为**活化[自由]能**（activation energy，$\Delta G^{\ddagger}$）。活化能与化学反应速度的关系：①活化能是决定化学反应的能障（能阈，energy barrier），活化能越高，反应体系中活化分子比例越低，反应越慢。②降低活化能可以增加反应体系中的活化分子数，从而提高反应速度。③酶提高反应速度的机制正是降低反应的活化能（图5-3）。

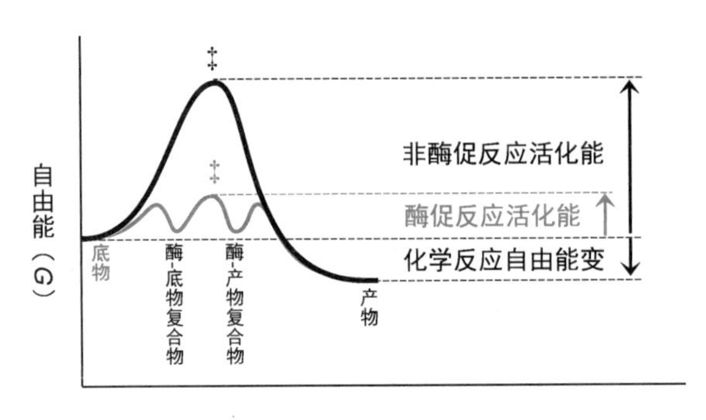

图5-3 酶促反应活化能的改变

例如H_2O_2的分解反应：$2H_2O_2 \rightarrow 2H_2O+O_2$。该反应在无催化剂时需活化能70~76kJ/mol，由铂（Pt）催化时活化能降至49kJ/mol，由过氧化氢酶催化时活化能降至8kJ/mol。当活化能由70~76kJ/mol降至8kJ/mol时，反应速度会增加10^9倍。相比之下，过氧化氢酶的催化效率比铂高10^6倍。

关于酶降低反应活化能、提高反应速度的机制，目前公认的是V. Henri以A. Wurtz于1880提出形成酶-底物复合物为基础，于1903年提出的**酶-底物复合物学说**。该学说认为：在酶促反应中，酶（enzyme，E）先与底物（substrate，S）结合成不稳定的**酶-底物复合物**（enzyme-substrate complex，ES，活化络合物，activated complex），之后酶-底物复合物转化为酶-产物复合物，再释放产物（product，P，图5-3）。

目前认为酶通过形成酶-底物复合物降低活化能提高反应速度，是邻近效应、表面效应、酸碱催化、张力催化、共价催化和金属离子催化等综合作用的结果。

（1）邻近效应（approximation） 在双分子反应中，酶通过活性中心使两个底物分子定向靠近，使反应容易发生。例如碳酸酐酶使二氧化碳和水定向靠近而反应生成碳酸氢根。

（2）表面效应（surface effect） 酶的活性中心多为疏水环境，限制水分子及其他与反应无关成分的进入，防止它们干扰活性中心必需基团与底物的作用，提高催化效率。

（3）酸碱催化（acid-base catalysis） 是最常见、最有效的催化机制。活性中心既有**特殊酸碱催化**（H^+或OH^-参与的催化），又有**广义（一般）酸碱催化**（H^+供体或受体参与的催化），以

广义酸碱催化为主。酶蛋白是两性电解质，所含的各种弱电离基团具有不同的电离常数，即使同一种电离基团，其电离常数也会因受邻近基团影响而改变。因此，酶活性中心的弱电离基团可以参与 H^+ 转移（质子转移，质子传递），即既作为 H^+ 供体起酸催化作用，又作为 H^+ 受体起碱催化作用（表 5-5）。酶的这种作用属于广义酸碱催化，可将反应速度提高 $10^2 \sim 10^5$ 倍。

表 5－5　酶活性中心起广义酸碱催化作用的必需基团

必需基团来源	共轭酸形式（质子供体）	共轭碱形式（质子受体）
Glu/Asp	R-COOH	$R\text{-}COO^-$
His	R-咪唑环（HN、$\overset{+}{N}H$）	R-咪唑环（HN、N）
Cys	R-SH	$R\text{-}S^-$
Lys/Arg	$R\text{-}NH_3^+$	$R\text{-}NH_2$
Ser/Tyr	R-OH	$R\text{-}O^-$

在广义酸碱催化中，一种分子代替水作为 H^+ 的供体或受体。例如糜蛋白酶用组氨酸残基作为碱催化剂提高丝氨酸的亲核能力，碳酸酐酶用组氨酸残基促使一个锌结合水释放一个 H^+，生成一个 OH^-。

（4）张力催化（catalysis by strain）　在酶-底物复合物（更贴切的是过渡态，可以理解为最不稳定的酶-底物复合物，图 5-3）中，酶对底物要断裂的共价键施加牵拉张力、扭转张力、弯曲张力，使其脆弱易断。

（5）共价催化（covalent catalysis）　是指酶与底物发生分步反应，在第一步反应中作为反应物，通过活性中心内的催化基团（通常是巯基、羟基、氨基、咪唑基等亲核基团）与底物共价结合（或从底物获得基团，相当于酶蛋白被化学修饰），形成酶-底物复合物，然后转化为酶-产物复合物，在最后一步反应中断开与产物的共价结合而再生。例如，糜蛋白酶通过活性中心催化三联体 Asp102、His57、Ser195 中的 Ser-195 羟基共价催化蛋白质水解，Asp102、His57 的作用是增强 Ser-195 羟基的亲核性：

$$R_1-\underset{\underset{H}{|}}{N}-\overset{\overset{O}{\|}}{C}-R_2 \xrightarrow[\;]{E-OH \;\; R_1-NH_3^+} E-O-\overset{\overset{O}{\|}}{C}-R_2 \xrightarrow[\;]{H_2O \;\; E-OH} R_2-\overset{\overset{O}{\|}}{C}-O^-$$

（6）金属离子催化（metal ion catalysis）　超过 1/3 的酶是金属酶或在催化反应时需要金属离子参与。金属离子有多种作用机制：①促进形成亲核试剂，例如碳酸酐酶的 Zn^{2+} 促进形成 OH^-。②作为亲电试剂稳定带负电荷的中间产物，例如限制性内切酶 *Eco*RⅤ的 Mg^{2+}。③作为连接酶和底物的桥梁，例如几乎所有以 ATP 为底物的酶所需要的 Mg^{2+}。④在氧化还原反应中传递电子，例如多巴胺-β-羟化酶的 Cu^+。

2. 酶促反应专一性的机制　有几个学说试图阐明酶促反应专一性的机制，例如锁钥学说、诱导契合学说和三点附着学说。

（1）锁钥学说（lock-and-key theory）　由 E. Fischer 于 1890 年提出，认为酶的专一性源于其活性中心与底物构象的严格互补，恰似锁和钥匙的关系。该学说有一定的局限性，例如它不能解释可逆反应。

（2）诱导契合学说（induced fit theory）　由 D. Koshland 于 1958 年提出，认为酶的活性中心在结构上是柔性的，即具有可塑性或弹性。当底物与活性中心靠近时，彼此通过非共价键相互影

响，构象发生变化。这种变化使活性中心必需基团与底物的相应部位正确排列和定向，利于它们相互作用而发生反应（图 5-4）。值得注意的是：诱导契合学说认为底物在构象上与活性中心最吻合时最不稳定（过渡态），因而容易发生反应。

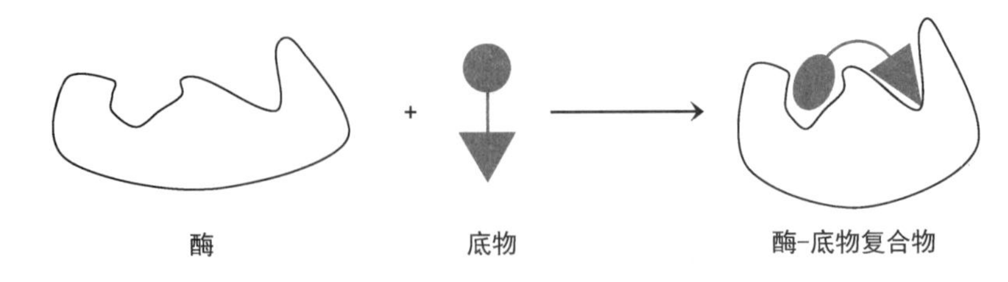

图 5-4 诱导契合学说

实际上诸如抗原-抗体、激素-受体等绝大多数生物分子相互作用时都发生诱导契合。

（3）三点附着学说（three-point attachment theory） 由 A. Ogston 于 1948 年在研究顺乌头酸酶（第八章，155 页）催化机制时提出，认为酶的结合基团与底物至少有三个部位正确结合，其催化基团才能催化反应发生。三点附着学说可解释酶的立体专一性。

第三节 酶动力学

酶[促反应]动力学（enzyme kinetics）是研究酶促反应机制、反应速度（速率）及其影响因素的科学。研究酶动力学应注意以下几点：①**酶促反应速度**通常用单位时间内产物浓度的增加值来表示，单位 mol/(L·s)或 M/s。②酶动力学通常研究反应刚开始（60 秒内，底物消耗不到 5%）时的速度，称为**初[始]速度**（initial rate，V_0）。③应使反应体系底物浓度远高于酶浓度，通常控制摩尔比 10^3~10^6。④在研究某一因素对酶促反应速度的影响时，控制其他因素不变。

一、酶浓度对酶促反应速度的影响

在酶促反应中，如果底物浓度远高于酶浓度，从而使酶全部形成酶-底物复合物，则酶促反应速度 V_0与酶浓度[E]成正比（图 5-5）。

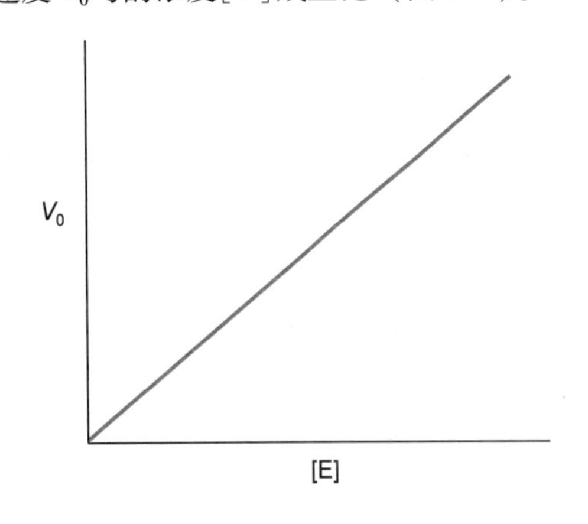

图 5-5 酶促反应速度与酶浓度的关系

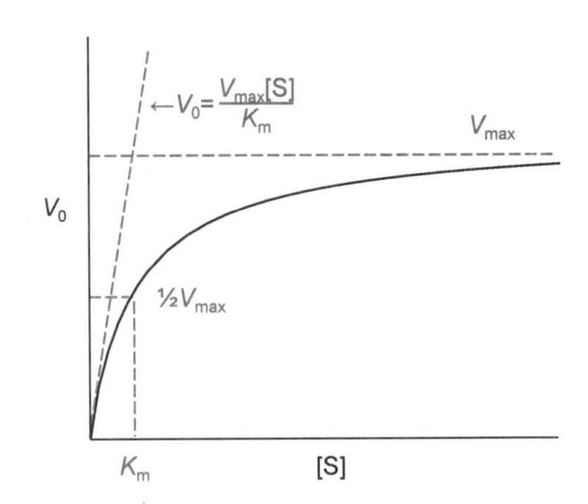

图 5-6 酶促反应速度与底物浓度的关系

二、底物浓度对酶促反应速度的影响

酶的动力学曲线是酶促反应速度 V_0与底物浓度[S]的函数图。图 5-6 是单底物反应的动力学

曲线。由图可见：①在底物浓度很低时，反应速度随着底物浓度的增加而加快，两者成正比，表现为一级反应（first-order reaction）。②在底物浓度较高时，随着底物浓度继续增加，反应速度还在加快，但幅度越来越小，表现为混合级反应（mixed order reaction）。③在底物浓度很高时，即使底物浓度继续增加，反应速度也基本不再加快，表现为零级反应（zero-order reaction），说明此时所有酶分子都已经与底物结合，接近饱和状态。

●**化学[反应]动力学**研究化学反应速度及其影响因素，关于以下化学反应：aA+bB→cC+dD，其化学反应初速度与反应物浓度的关系符合以下函数：$V_0=k[A]^{\alpha}[B]^{\beta}$。α+β=0、1、2 的反应分别被称为零级、一级、二级反应，α+β=分数的反应被称为混合级反应。○

(一)单底物反应的米氏动力学

1903 年，A. Brown 提出了酶促反应饱和的概念，V. Henri 提出酶-底物复合物学说（酶促反应分步进行，先形成酶-底物复合物）并在酶动力学研究上取得进展。

$$E+S \underset{k_2}{\overset{k_1}{\rightleftharpoons}} ES \xrightarrow{k_3} E+P$$

1913 年，L. Michaelis 和 M. Menten 进一步发展了酶-底物复合物学说和酶动力学，他们根据定量研究的实验数据归纳出一个反映酶促反应[初]速度 V_0与底物浓度[S]关系的数学方程式，称为**米氏方程**（Michaelis-Menten equation），符合米氏方程的酶动力学称为**米氏动力学**。

$$V_0=\frac{V_{max}[S]}{K_m+[S]}$$

符合米氏动力学的酶促反应需要满足以下条件，①酶促反应是单底物反应，酶只有游离酶（E）和酶底物复合物（ES）两种状态。②酶和底物形成酶-底物复合物的反应是快反应，很快（在毫秒级的时间内）达到稳态（steady state，ES 浓度不变）。③酶-底物复合物分解为酶和产物的反应是慢反应、限速反应。④反应刚开始时，产物极少，限速反应的逆反应可忽略。

在米氏方程中，V_{max}为**最大反应速度**（maximum rate），K_m称为**米氏常数**（Michaelis constant，单位与底物浓度单位一致，是 mol/L 或 mmol/L），$K_m=(k_2+k_3)/k_1$，k 为**化学反应速度常数**（rate constant）。

分析米氏方程可知：当底物浓度极低即$[S]<<K_m$时，$K_m+[S]\approx K_m$，$V_0\approx(V_{max}/K_m)[S]$，即反应速度与底物浓度成正比。当底物浓度极高即$[S]>>K_m$时，$K_m+[S]\approx[S]$，$V_0\approx V_{max}$，即反应速度接近最大反应速度，此时即使增加底物浓度，反应速度也已基本不再加快。因此，米氏方程揭示了反应速度与底物浓度的关系。

(二)K_m和 V_{max}的意义

分析米氏方程可知 K_m和 V_{max}有以下意义：

1. K_m是反应速度为最大反应速度一半时的底物浓度　当反应速度为最大反应速度的一半时，将 $V_0=\frac{1}{2}V_{max}$代入米氏方程，可以求得 $K_m=[S]$。

2. K_m是酶的特征常数　大多数酶的 K_m在 $10^{-7}\sim10^{-1}$mol/L 之间（表 5-6），接近或高于其底物在细胞内的浓度（$[S]/K_m=0.01\sim1.0$）。K_m只与酶的结构、底物的种类和反应体系的条件有关，与酶浓度、底物浓度无关。

表 5-6 人体部分酶对底物的 K_m

酶	底物	K_m	酶	底物	K_m
己糖激酶 2	ATP	1.1mmol/L	丝氨酸脱水酶	丝氨酸	23.0mmol/L
	葡萄糖	0.2mmol/L	(苏氨酸脱氨酶)	苏氨酸	31.0mmol/L
碳酸酐酶 1	CO_2	4.0mmol/L	β-葡萄糖苷酶	葡萄糖神经酰胺	13.7μmol/L
	对硝基苯基乙酸酯	15.0mmol/L		半乳糖神经酰胺	9.2μmol/L
碳酸酐酶 2	CO_2	8.2mmol/L		木樨草素	10.0μmol/L
	对硝基苯基乙酸酯	2.9mmol/L		对硝基苯基-β-半乳糖苷	3.1mmol/L

（1）K_m小表示相对较低的底物浓度就可以使反应接近最大速度。

（2）对于同一底物，不同的同工酶有不同的 K_m（和 V_{max}），因此对于来自不同组织或同一组织不同发育期的催化同一反应的酶，通过比较 K_m可以判断它们是同工酶还是同一种酶。

（3）K_m与 pH、温度、离子强度、激活剂和抑制剂等反应条件有关。通过研究不同物质对酶促反应 K_m的影响，可以鉴定激活剂或抑制剂，发现有意义的调节物。

3. K_m反映酶与底物的亲和力 当 $k_2>>k_3$时，即酶-底物复合物解离成酶和底物的速度远高于分解成酶和产物的速度时，k_3可以忽略不计。此时 K_m近似于酶-底物复合物的解离常数 K_d（dissociation constant，$K_d=[E][S]/[ES]$）：

$$K_m=(k_2+k_3)/k_1 \approx k_2/k_1=[E][S]/[ES]=K_d$$

在这种情况下，K_m可以反映酶与底物亲和力的强弱，K_m越小亲和力越强，表示不需要很高的底物浓度就可以使酶达到饱和。不过，K_m和 K_d的含义不同，对于不满足 $k_2>>k_3$的酶促反应不能代替。

4. 从 V_{max}可以计算酶的转换数 **酶的转换数**（turnover number，催化常数，catalytic constant，k_{cat}），即限速反应的速度常数 k_3。只要确定了酶的总浓度和最大反应速度，就可根据 $V_{max}=k_3[E]$计算 k_3，$k_3=V_{max}/[E]$，由此可知转换数的物理意义：转换数是当酶被底物饱和时，一个酶分子在单位时间内催化反应的底物分子数。生理状态下多数酶的转换数为 $1\sim10^4$/s（表 5-7）。转换数与米氏常数的比值（k_{cat}/K_m）是反映酶**催化效率**（catalytic efficiency）的物理量，数值越大表示酶的催化效率越高。

表 5-7 部分酶的转换数

酶	转换数（s^{-1}）	酶	转换数（s^{-1}）
过氧化氢酶	40000000	延胡索酸酶	800
碳酸酐酶	400000~600000	糜蛋白酶	100
乙酰胆碱酯酶	14000~25000	DNA 聚合酶 I	15
β-内酰胺酶	2000	色氨酸合成酶	2
乳酸脱氢酶	1000	溶菌酶	0.5

（三）K_m和 V_{max}的测定

从图 5-6 可见，用酶促反应速度作为底物浓度的函数作图，得到一条直角双曲线，即底物浓度再高也只能使反应速度趋近而不是达到 V_{max}，因此不能从图中直接得到 K_m和 V_{max}的准确值。如

果将米氏方程两边取倒数，可以得到一个双倒数方程，称为林-贝氏方程（Lineweaver-Burk equation）。

$$\frac{1}{V_0}=\frac{K_m}{V_{max}}\frac{1}{[S]}+\frac{1}{V_{max}}$$

在林-贝氏方程中，$1/V_0$与$1/[S]$呈线性关系。因此，以$1/V_0$对$1/[S]$作图得到一条直线，这种作图方法称为双倒数作图法（double reciprocal plot，林-贝氏作图法，图5-7）。

双倒数图中直线在纵轴和横轴上的截距分别为$1/V_{max}$和$-1/K_m$，可以得到K_m和V_{max}。

三、温度对酶促反应速度的影响

酶是生物催化剂，因此温度对酶促反应速度的影响具有两重性：一方面当反应温度过低时，升高温度会增加活化分子数，使酶促反应速度加快，温度升高10℃时，多数反应可以加倍（$k_{t+10}/k_t\approx2$）；另一方面当反应温度过高时，继续升高温度会改变酶活性构象，进而导致酶蛋白变性失活，使酶促反应速度减慢（图5-8）。酶促反应最快时的反应温度称为该酶[促反应]的最适温度（optimum temperature）。人体多数酶的最适温度在35~55℃范围内（表5-8），多数酶在60℃以上变性显著，80℃以上发生不可逆变性。

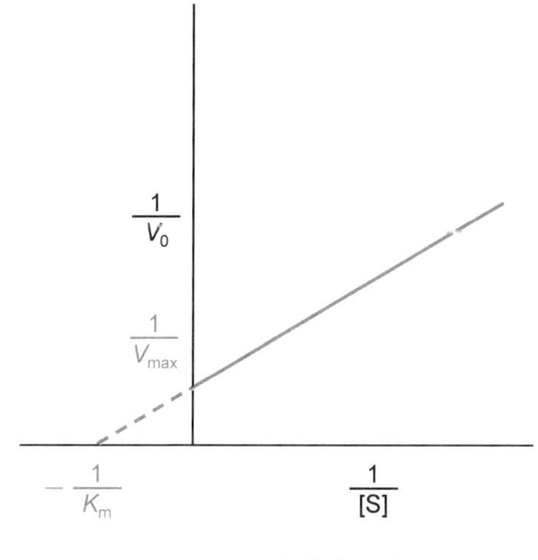

图5-7 双倒数作图法

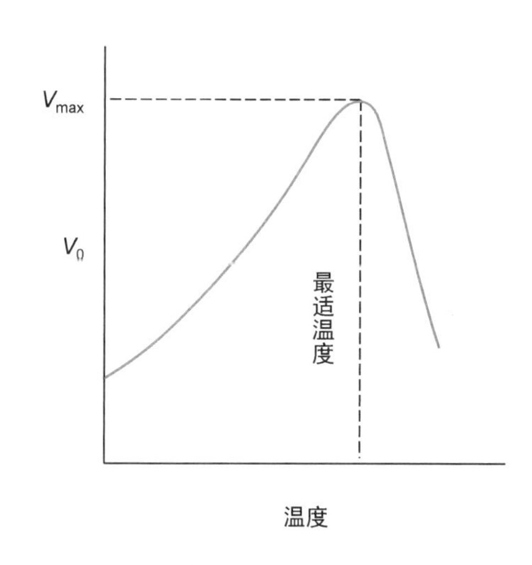

图5-8 酶促反应速度与温度的关系

表5-8 人体部分酶的最适温度和最适pH

酶	最适温度（℃）	最适pH	酶	最适温度（℃）	最适pH
烟酰胺腺嘌呤二核苷酸激酶	55	7.5	磷脂酸磷酸酶	40	-
细胞质β-葡萄糖苷酶	50	6.0~7.0	脂酰辅酶A氧化酶1	40	8.5
苯丙氨酸羟化酶	50	-	DNA聚合酶κ	37	6.5~7.5
线粒体谷草转氨酶	47.5	8.5	透明质酸酶	37	4.5~5.0
溶酶体酸性葡萄糖神经酰胺酶	43	5.3	唾液酸酶3	20	4.5~6.5

降低温度不会引起酶蛋白变性失活，但会使活化分子数减少，从而使酶促反应速度减慢。因此：①在科学研究和临床检验中分析酶活性时，要严格控制反应温度。②临床上常通过低温麻醉使组织细胞代谢减慢，以适应缺氧和营养缺乏。③各种菌种、细胞株、活体组织通常采用低温保

存，甚至冻存。

四、pH 对酶促反应速度的影响

酶促反应体系的 pH 从以下几方面影响酶与底物的结合，从而影响酶促反应速度：①影响酶和底物的电离状态，因而影响催化基团和反应基团的亲核性或亲电性。②影响酶和底物的构象。③过酸或过碱导致酶蛋白变性失活。综合这些因素，在某一 pH 值下酶促反应最快，该 pH 值称为酶[促反应]的最适 pH（optimum pH）（图 5-9）。

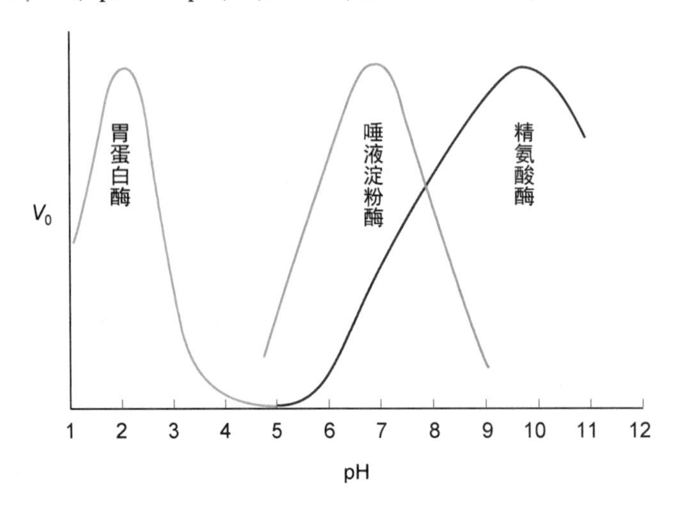

图 5-9　酶促反应速度与 pH 的关系

动物体内多数酶的最适 pH 在 5~9 范围内。酶的最适 pH 通常接近其所在区室的 pH（表 5-9）。例如，肝细胞质 pH 6.9~7.2，肝细胞葡萄糖-6-磷酸酶最适 pH 约为 7.8。胃液 pH 1~3，胃蛋白酶最适 pH 约为 1.6，所以临床上胃蛋白酶制剂常配合稀盐酸一起服用。小肠液 pH 7.4~7.6，胰蛋白酶的最适 pH 约为 8，所以药用胰蛋白酶配以 $NaHCO_3$效果更好。

表 5－9　人体部分体液 pH

体液	pH	体液	pH	体液	pH
血浆	7.4	溶酶体基质	<5.0	乳汁	7.4
小肠液	7.4~7.6	胃液	1.0~3.0	唾液	6.4~7.0
肝细胞质	6.9~7.2	胰液	7.8~8.0	尿液	5.0~8.0

五、抑制剂对酶促反应速度的影响

能与酶蛋白特定部位结合，使酶促反应速度减慢而不引起酶蛋白变性的物质称为酶的抑制剂（inhibitor，I）。研究抑制剂有助于阐明以下内容：①酶的催化机制。②酶的专一性。③酶活性的调节方式。④某些药物和毒物的作用机制。抑制剂可分为不可逆抑制剂和可逆抑制剂。

（一）不可逆抑制剂

有些抑制剂通过与酶的必需基团共价结合或非共价强力结合且在生理条件下解离极慢，使酶部分或完全失活（inactivation），从而使酶促反应速度减慢或停止，而且用透析等物理方法

不能将其去除，这类抑制剂称为**不可逆[性]抑制剂**（irreversible inhibitor），这类抑制作用称为**不可逆[性]抑制**（irreversible inhibition）。常见的不可逆抑制剂有巯基酶抑制剂和丝氨酸酶抑制剂。

1. 巯基酶抑制剂　**巯基酶**是以巯基为必需基团的一类酶，如 3-磷酸甘油醛脱氢酶和脂肪酸合成酶。砷化合物和重金属 Ag^{+}、Hg^{2+}、Pb^{2+} 等是巯基酶抑制剂，其作用机制是破坏巯基，使酶失活。临床上常用的重金属中毒解毒药（XV03AB）有二巯丙醇、二巯丙磺钠和二巯丁二酸，机制是以其分子中的巯基置换出酶蛋白巯基，使酶复活（图 5-10）。

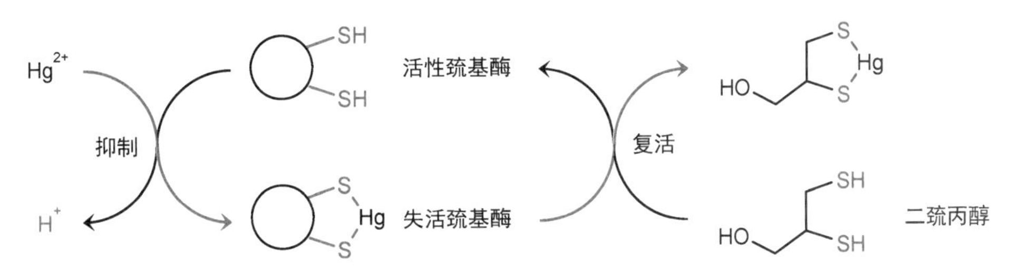

图 5-10　巯基酶的抑制与复活

戒酒硫　用于治疗酗酒，机制是化学修饰醛脱氢酶（ALDH）活性中心巯基，抑制乙醛氧化，导致乙醛在血液和组织中积累，产生恶心呕吐感。

HS-ALDH + 戒酒硫 ⟶ ALDH-S-S-C(=S)-N(Et)₂ + HS-C(=S)-N(Et)₂

乙醛脱氢酶　　戒酒硫

2. 丝氨酸酶抑制剂　**丝氨酸酶**是以丝氨酸羟基为必需基团的一类酶，如乙酰胆碱酯酶、丝氨酸蛋白酶、环氧化酶。有机磷化合物如 E-1059、1605、敌百虫、敌敌畏、对硫磷、甲胺磷、乐果等杀虫剂是丝氨酸酶抑制剂，其作用机制是酯化丝氨酸酶如乙酰胆碱酯酶的丝氨酸残基羟基，使酶失活。临床上常用乙酰胆碱酯酶复活剂（首选碘解磷定，XV03AB）配合乙酰胆碱受体拮抗剂（首选阿托品，XA03B）治疗有机磷中毒，机制是以其分子中电负性较强的肟基（-CH=NOH）置换出酶蛋白的丝氨酸羟基，使酶复活（图 5-11，图中 R 和 R′可以是烷基、烷氧基、胺基，X 可以是 OR、SR、F、CN，X′可以是 O、S）。

例如引起葡萄球菌感染的病原体是金黄色葡萄球菌，其细胞壁的重要成分是肽聚糖，控制肽聚糖合成的关键酶是肽聚糖转肽酶（glycopeptide transpeptidase），该酶是一种丝氨酸酶，其必需基团羟基与青霉素共价结合而被不可逆抑制。

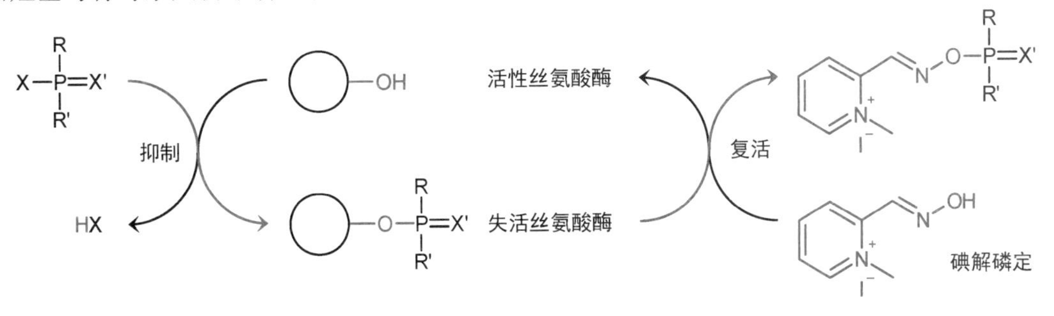

图 5-11　丝氨酸酶的抑制与复活

有机磷中毒 乙酰胆碱酯酶的功能是催化乙酰胆碱水解。例如，乙酰胆碱在神经肌肉接头间隙完成神经传导后，被接头后膜乙酰胆碱酯酶水解灭活。拟副交感神经药物（XN07A）新斯的明是乙酰胆碱酯酶抑制剂，可以增加乙酰胆碱在神经肌肉接头间隙的浓度，改善肌无力患者的症状。有机磷中毒时乙酰胆碱酯酶受到抑制，造成乙酰胆碱在接头间隙内积累，出现胆碱能神经兴奋性增强的中毒症状（肌肉震颤、额疼、眼疼、胸闷、恶心呕吐、腹痛腹泻、大小便失禁、大汗、流泪流涎、气道分泌物增多、心率减慢）。

有机磷中毒诊断 以正常人血清乙酰胆碱酯酶活性值为参照。胆碱酯酶活性降至50%~70%为轻度中毒，降至30%~50%为中度中毒，降至30%以下为重度中毒。

前列腺素是关键炎症介质，其合成始于炎症时环加氧酶催化花生四烯酸氧化和环化。抑制环加氧酶即可抗炎。①水杨酸及其衍生物类解热镇痛药（XN02BA）阿司匹林（乙酰水杨酸）通过乙酰化Ser530抑制环加氧酶，抑制花生四烯酸进入活性中心。②（非甾体类）抗炎药（XS01B）吲哚美辛通过可逆抑制花生四烯酸进入活性中心抑制环加氧酶。

（二）可逆抑制剂

有些抑制剂通过与酶或酶-底物复合物非共价结合抑制酶促反应，抑制效应的强弱取决于抑制剂与底物的浓度比（[I]/[S]）以及它们与酶的亲和力比。可以采用透析等物理方法将其去除，从而解除抑制，这类抑制剂称为**可逆[性]抑制剂**（reversible inhibitor），这类抑制作用称为**可逆[性]抑制**（reversible inhibition）。可逆抑制剂可分为竞争性抑制剂、反竞争性抑制剂和非竞争性抑制剂，其抑制效应均符合米氏动力学。

1. 竞争性抑制剂 有些可逆抑制剂（I）能与酶（E）的活性中心结合，因而抑制底物（S）与酶的活性中心结合，从而抑制酶促反应，这类抑制剂称为**竞争性抑制剂**（competitive inhibitor），这种抑制作用称为**竞争性抑制**（competitive inhibition，图5-12①）。

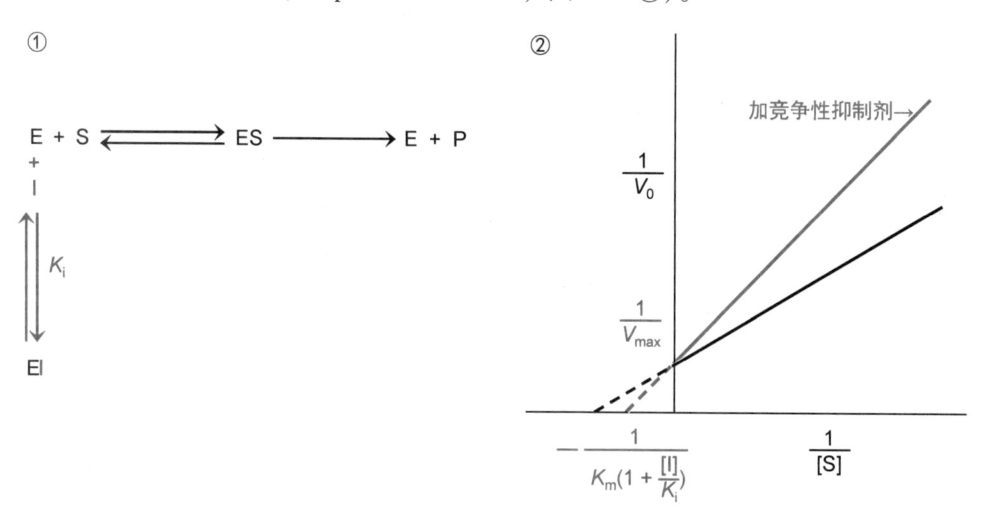

图5-12 竞争性抑制

反应速度V_0与竞争性抑制剂浓度[I]、底物浓度[S]的动力学关系符合以下林-贝氏方程：

$$\frac{1}{V_0}=\frac{K_m}{V_{max}}\frac{1}{[S]}(1+\frac{[I]}{K_i})+\frac{1}{V_{max}} \quad K_i=\frac{[E][I]}{[EI]}$$

根据该林-贝氏方程作双倒数图（图5-12②）。从图中可见，酶促反应体系中存在竞争性抑

制剂时表观 K_m（apparent K_m，存在抑制剂时双倒数图中直线在横轴上的截距的负倒数值）增大，表观 V_{max}（apparent V_{max}，存在抑制剂时双倒数图中直线在纵轴上的截距的倒数值）不变。

（1）竞争性抑制特点 ①竞争性抑制剂都能与酶的活性中心结合。②抑制剂与底物存在竞争，即两者不能同时与活性中心结合。③抑制剂结合抑制底物结合，从而抑制酶促反应。④动力学特征是表观 K_m 增大，表观 V_{max} 不变。因为竞争性抑制剂不改变酶活性，而是阻碍底物进入活性中心，所以增加底物浓度理论上可以削弱甚至消除竞争性抑制剂的抑制作用。

例如，丙二酸对琥珀酸脱氢酶的抑制作用属于竞争性抑制。丙二酸和草酰乙酸等一些二元羧酸能与琥珀酸脱氢酶的活性中心结合，抑制琥珀酸的结合与脱氢。

（2）竞争性抑制意义 许多临床药物就是靶酶的竞争性抑制剂。①许多抗肿瘤药物通过竞争性抑制干扰肿瘤细胞代谢，抑制其生长，例如甲氨蝶呤（氨甲蝶呤）、氟尿嘧啶、[6-]巯[基]嘌呤（第十一章，243 页）。②磺胺类抗菌药（XJ01E）和磺胺增效剂甲氧苄啶（XJ01EA）分别竞争性抑制二氢蝶酸合酶、二氢叶酸还原酶，从而抑制细菌生长繁殖。③布洛芬是丙酸衍生物类抗炎和抗风湿药（XM01AE），是环氧化酶的竞争性抑制剂。④他汀类降脂药（如阿托伐他汀）是 HMG-CoA 还原酶抑制剂类单方调节血脂药（XC10AA），是胆固醇合成途径关键酶的竞争性抑制剂，抑制胆固醇合成，从而降血胆固醇（第九章，200 页）。

阿托伐他汀

四氢叶酸是一碳代谢不可缺少的辅助因子（第十章，226 页），是细胞增殖所必需的。磺胺类抗菌药敏感菌自己合成四氢叶酸：①利用对氨基苯甲酸和6-羟甲基-7,8-二氢蝶呤、谷氨酸合成二氢叶酸（FH_2，DHF），反应由二氢蝶酸合[成]酶和二氢叶酸合成酶催化；二氢叶酸还原成四氢叶酸（FH_4，THF），反应由二氢叶酸还原酶催化。②磺胺类抗菌药（如磺胺嘧啶，XJ01EC）是对氨基苯甲酸类似物，能竞争性抑制二氢蝶酸合酶，从而抑制二氢叶酸的合成；治疗麻风病药氨苯砜（XJ04BA）与磺胺类抗菌药类似，能竞争性抑制二氢蝶酸合酶，强烈抑制麻风杆菌。磺胺增效剂甲氧苄[氨嘧]啶是二氢叶酸类似物，能竞争性抑制细菌二氢叶酸还原酶（甲氧苄啶与哺乳动物二氢叶酸还原酶的亲和力仅为细菌二氢叶酸还原酶亲和力的 $1/10^5$，因此治疗浓度不会抑制人二氢叶酸还原酶），抑制二氢叶酸还原成四氢叶酸。抗疟药（XP01B）乙胺嘧啶的作用机制也是抑制二氢叶酸还原酶。③四氢叶酸缺乏时磺胺类抗菌药敏感菌的一碳代谢受到影响，其核酸和蛋白质合成受阻。④单一应用磺胺类抗菌药或磺胺增效剂只能抑制细菌的生长繁殖，联合应用则可通过双重抑制作用抗感染，例如复方磺胺甲噁唑（XJ01EE，复方新诺明）是磺胺甲噁唑和甲氧苄啶 5∶1 的复合制剂。⑤人体不能合成叶酸，所需叶酸来自消化道，所以其参与的代谢不受磺胺类抗菌药影响。⑥有些细菌能从细胞外摄取叶酸，所以对磺胺类抗菌药不敏感。G. Domagk 因将对氨基苯磺酰胺应用于临床而获得 1939 年诺贝尔生理学或医学奖。

$H_2N-C_6H_4-COOH$ 对氨基苯甲酸　　$H_2N-C_6H_4-SO_2NHR$ 磺胺类抗菌药　　甲氧苄啶

6-羟甲基-7,8-二氢蝶呤 + 对氨基苯甲酸 —二氢蝶酸合酶（⊥磺胺类抗菌药）→ 二氢蝶酸 —+谷氨酸，二氢叶酸合成酶→ 二氢叶酸 —二氢叶酸还原酶（⊥甲氧苄啶）→ 四氢叶酸

根据竞争性抑制的特点，在应用磺胺类抗菌药时，应当维持其血液浓度高于对氨基苯甲酸的浓度，以有效发挥其竞争性抑制作用。因此，首次用药时要用大剂量，持续用药时再用维持剂量。

乙醇治疗甲醇中毒　46岁男性酒后7小时入院，视力不清，腹背疼痛，检验结果重度代谢性酸中毒，血清渗透压465mmol/kg（参考值285～295mmol/kg），血清甲醇4.93g/L（156 mmol/L），通过积极治疗，包括静脉滴注乙醇、碳酸氢盐（XB05X），血液透析，最终转危为安，视力恢复。

分析：甲醇中毒的早期特征是视力障碍，临床检验显示重度代谢性酸中毒，血浆甲醇浓度增加。甲醇缓慢代谢生成甲醛。甲醛可以损伤多种组织，甚至致盲，因为眼睛对甲醛特别敏感。甲醛代谢生成甲酸，甲酸积累早期阶段导致酸中毒，晚期阶段导致乳酸积累（因为甲酸抑制呼吸）。乙醇与醇脱氢酶的亲和力高于甲醇，因此用于竞争性抑制甲醇代谢。未代谢的甲醇可经肾脏排泄。早期用乙醇联合碳酸氢盐缓解酸中毒，透析去除甲醇及其有毒代谢物，可有效治疗。此外，虽然乙醇在此起竞争性抑制作用，但自己也是底物（氧化成乙醛），所以不是竞争性抑制剂。

2. 反竞争性抑制剂　所抑制的酶在与底物结合后才暴露出抑制剂结合位点，因此其抑制剂（I）只与酶-底物复合物（ES）结合，使酶（E）失去催化活性，且其抑制效应不能通过增加底物浓度消除。抑制剂与ES结合后降低了ES的有效浓度：①有利于底物与酶的结合，即在结合效应上恰好与竞争性抑制剂相反，因此这类抑制剂称为**反竞争性抑制剂**（uncompetitive inhibitor），这种抑制作用称为**反竞争性抑制**（uncompetitive inhibition，图5-13①）。②产物（P）的生成受到抑制。

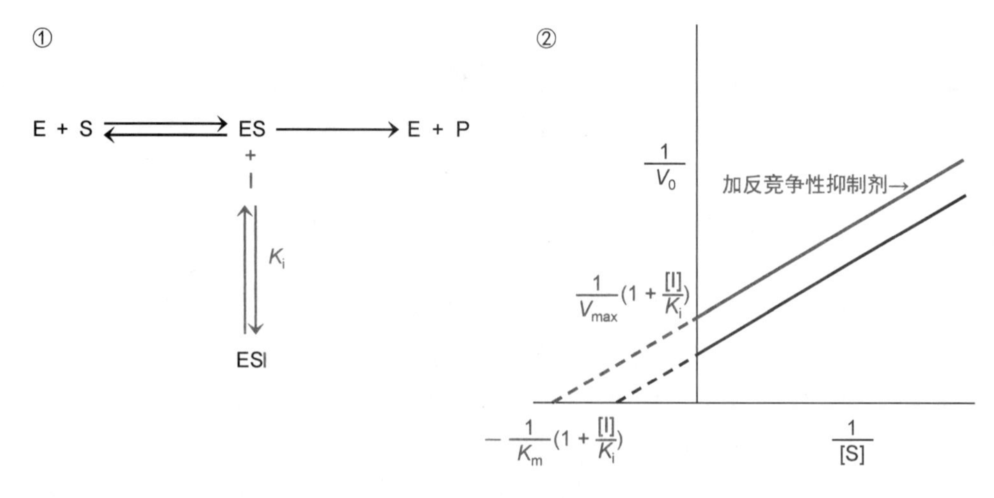

图5-13　反竞争性抑制

反应速度V_0与反竞争性抑制剂浓度[I]、底物浓度[S]的动力学关系符合以下林-贝氏方程：

$$\frac{1}{V_0}=\frac{K_m}{V_{max}}\frac{1}{[S]}+\frac{1}{V_{max}}(1+\frac{[I]}{K_i})\qquad K_i=\frac{[ES][I]}{[ESI]}$$

根据该林-贝氏方程作双倒数图（图 5-13②）。从图中可见，酶促反应体系中存在反竞争性抑制剂时表观 K_m 和表观 V_{max} 都减小。

（1）反竞争性抑制特点 ①抑制剂结合部位位于活性中心外。②抑制剂只与酶-底物复合物（ES）结合，因而不抑制酶与底物结合。③抑制剂与 ES 结合导致 ES 浓度降低。④动力学特征是表观 K_m 和表观 V_{max} 都减小，因此增加底物浓度可以削弱但不能消除反竞争性抑制剂的抑制作用。

（2）反竞争性抑制意义 反竞争性抑制剂少见，主要见于双（多）底物反应。苯丙氨酸和肼分别是肠碱性磷酸酶和胃蛋白酶的反竞争性抑制剂。治疗良性前列腺肥大的爱普列特（XG04C）是类固醇 5α-还原酶的反竞争性抑制剂，抑制睾酮还原成双氢睾酮。除草剂草甘膦（已被列为致癌物）是植物芳香族氨基酸合成途径一种酶的反竞争性抑制剂。

3. 非竞争性抑制剂 有些抑制剂（I）和底物（S）可以同时结合于酶（E）的不同部位，因而不影响底物与酶的结合，但妨碍酶活性构象的形成，从而抑制酶促反应，且其抑制效应不能通过增加底物浓度消除。这类抑制剂称为**非竞争性抑制剂**（noncompetitive inhibitor），这种抑制作用称为**非竞争性抑制**（noncompetitive inhibition，图 5-14①）。

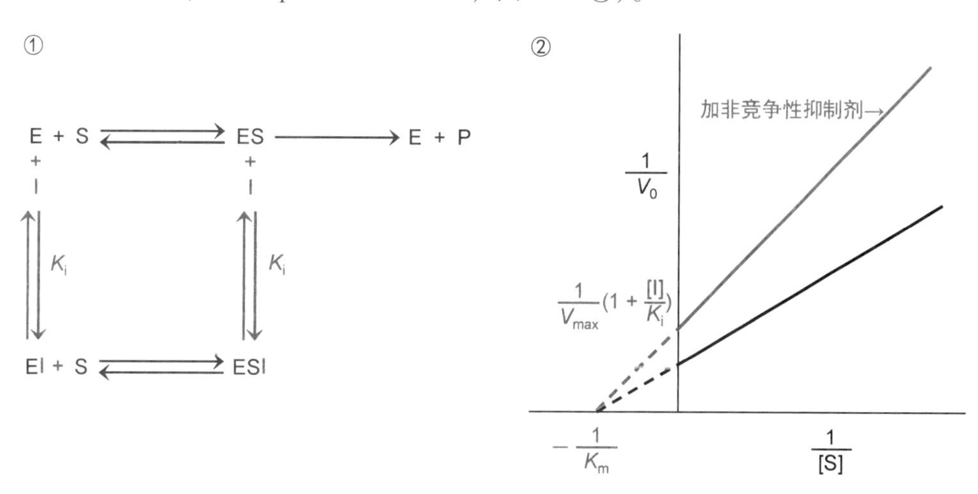

图 5-14 非竞争性抑制

反应速度 V_0 与非竞争性抑制剂浓度[I]、底物浓度[S]的动力学关系符合以下林-贝氏方程：

$$\frac{1}{V_0}=\frac{K_m}{V_{max}}\frac{1}{[S]}(1+\frac{[I]}{K_i})+\frac{1}{V_{max}}(1+\frac{[I]}{K_i}) \qquad K_i=\frac{[E][I]}{[EI]}=\frac{[ES][I]}{[ESI]}$$

根据该林-贝氏方程可作双倒数图（图 5-14②）。从图中可见，酶促反应体系中存在非竞争性抑制剂时表观 K_m 不变，表观 V_{max} 减小。

（1）非竞争性抑制特点 ①抑制剂结合于酶的活性中心外。②抑制剂的结合不影响底物与活性中心的结合。③抑制剂的结合抑制底物转化为产物，即导致酶的催化活性丧失。④动力学特征是表观 K_m 不变，表观 V_{max} 减小，因此增加底物浓度可以削弱但不能消除非竞争性抑制剂的抑制作用。

（2）非竞争性抑制意义 非竞争性抑制剂不多，作用于双(多)底物反应。异亮氨酸是细菌苏氨酸脱水酶的非竞争性抑制剂。卡泊芬净（XJ02AX）作为全身用抗真菌药非竞争性抑制真菌β-1,3-葡聚糖合酶，从而干扰其细胞壁的形成。多西环素（XJ01A）本身是一种四环素类全身用抗菌药，在低浓度下还是胶原酶的非竞争性抑制剂，可用于治疗牙周病。

三种可逆抑制剂特点总结见表 5-10。

表 5－10 可逆抑制剂特点

种类	抑制对象	表观 K_m	表观 V_{max}
竞争性抑制剂	酶	增大	不变
反竞争性抑制剂	酶-底物复合物	减小	减小
非竞争性抑制剂	酶、酶-底物复合物	不变	减小

六、激活剂对酶促反应速度的影响

激活剂（activator）是指通过与酶或底物非共价结合使酶促反应速度加快的物质。激活剂大多数是金属离子，如 Mg^{2+} 几乎是所有以三磷酸核苷为底物的反应的激活剂；少数是阴离子，如 Cl^- 是唾液 α 淀粉酶的激活剂；也有些是有机化合物，如牛磺胆酸是脂肪酶 BAL（bile salt-activated lipase）的激活剂。

七、酶活力单位与酶活性测定

一定条件下，酶促反应速度与酶活性（酶活力，enzyme activity）成正比。因此可以通过分析酶促反应速度测定酶活性。

1. 酶[活力]单位 酶活性高低或酶的催化效率用酶活力单位（酶活性单位）表示。IUBMB 酶学委员会于 1964 年推荐酶活力单位：1 个**酶活力单位**（a standard unit of enzyme activity，U）是指在 25℃、最适条件下，每分钟催化 1μmol 底物反应所需的酶量。

为了使酶活力单位符合国际单位制，IUPAC 与 IUBMB 于 1972 年推荐酶活力单位催量：1 催量（kat）是指在特定条件下，每秒钟催化 1mol 底物反应所需的酶量。$1kat=6\times10^7$ U。

2. 比活力 是指 1mg 酶制剂总蛋白所具有的酶活力单位，也可用 1g 总蛋白或 1mL 酶制剂所具有的酶活力单位来表示。比活力可用于鉴定酶制剂纯度。

3. 酶活性测定的基本原则 测定酶活性时除酶量外其他条件必须保持恒定，才能获得正确结果，因为酶促反应速度对反应条件非常敏感，不仅取决于酶量，还与底物浓度、pH、温度、抑制剂、激活剂等密切相关，为此应控制合适的底物浓度和离子强度、最适 pH 和适宜温度，必要时应加入适量激活剂，还要排除抑制剂干扰。此外，应当尽可能分析酶促反应初速度，因为只有反应刚开始时的反应速度是相对稳定的，反应进行一段时间后速度明显减慢。

第四节 酶的调节

许多代谢途径都有这样一种或几种酶：它们不但催化特定反应，还负有控制代谢速度的使命，因而其活性受到调节。它们被称为代谢途径的**关键酶**（key enzyme，限速酶，rate-limiting enzyme，调节酶，regulatory enzyme），其催化的反应称为代谢途径的**关键步骤**（committed step，限速步骤，rate-limiting step，关键反应，key reaction，限速反应，rate-limiting reaction）。机体通过调节关键酶活性来控制代谢速度，以满足机体对能量和代谢物的动态需要。临床上，许多药物正是以关键酶为靶点。

关键酶含有催化位点（catalytic site）和调节位点（regulatory site），关键酶的调节包括结构调节和水平调节。

一、酶的结构调节

酶的结构调节是指改变现有酶分子的结构，从而改变其催化活性，因显效快，又称快速调节，调节方式包括变构调节（allosteric regulation）、化学修饰调节（chemical modification）和酶原激活（activation）。

1. 变构调节 是指酶活性中心外的特定部位结合或释放特定分子（不是基团），引起酶构象改变，活性也随之改变。能通过变构调节改变活性的酶称为变构酶（allosteric enzyme），属于变构蛋白。变构酶活性中心外与特定分子结合的部位称为变构位点（变构部位，属于调节位点）。能对变构酶进行变构调节的特定分子称为变构[调节]剂（变构效应物，变构效应剂），其中提高酶活性的称为变构激活剂（allosteric activator），降低酶活性的称为变构抑制剂（allosteric inhibitor）。变构调节剂可以是酶的底物或产物、其他小分子代谢物、金属离子或第二信使，也可以是调节蛋白（regulatory protein），包括激活蛋白和抑制蛋白。

变构酶催化的反应一般位于代谢途径上游，某些下游产物甚至是最终产物常常成为其变构抑制剂。它们的生成量一旦超过需要量，就会积累而抑制变构酶，降低其所催化反应的速度，其下游的酶促反应也减慢，这种调节称为反馈抑制（feedback inhibition）。反馈抑制使最终产物生成量与代谢需要量一致，既避免最终产物积累对细胞造成损害，又避免能量和代谢物浪费。

2. 化学修饰调节 又称共价[修饰]调节（covalent modification），是指酶活性中心外的化学修饰位点（属于调节位点）通过酶促反应结合或脱去特定修饰基团（不是分子），引起酶构象改变，活性也随之改变。

酶的化学修饰以磷酸化和去磷酸化最为常见。磷酸化（phosphorylation）在此是指酶调节位点特定基团（主要是特定部位丝氨酸、苏氨酸或酪氨酸残基R基的羟基）与ATP提供的γ-磷酸基以磷酸酯键结合，反应由蛋白激酶（protein kinase）催化。去磷酸化（dephosphorylation）是指水解脱去磷酸化的酶蛋白调节位点特定基团上的磷酸基，反应由蛋白磷酸酶（protein phosphatase）催化。磷酸化和去磷酸化效应：改变酶的构象和带电荷状态，影响底物与活性中心结合；或改变调节位点对催化位点（活性中心）的影响，从而改变酶活性，即改变表观 V_{max} 或 K_m。

3. 酶原激活 有些酶在细胞内刚合成、初分泌时或催化反应前是无活性前体，必须水解一个或几个特定肽键，或水解掉一个或几个特定氨基酸残基或肽段（称为激活肽，activation peptide），从而改变酶的构象，形成或暴露出酶的活性中心，表现出酶活性。酶的这种无活性前体称为酶原（zymogen）。酶原向酶转化的过程称为酶原激活。

例如，人胰腺细胞合成分泌的羧肽酶原A1（含有403个氨基酸残基）没有活性，进入小肠后由胰蛋白酶催化水解掉N端激活肽（含有94个氨基酸残基），改变构象，形成活性中心，成为有催化活性的羧肽酶A1。

人胰腺细胞合成分泌的前糜蛋白酶原B一级结构含有263个氨基酸残基，由信号肽酶切去含有18个氨基酸残基的信号肽成为含有245个氨基酸残基的糜蛋白酶原，由胰蛋白酶水解Arg33-Ile34得到激活的π糜蛋白酶，π糜蛋白酶相互催化切去Ser32-Arg33和Asn165-Ala166两个二肽，得到由A链（Cys19~Leu31）、B链（Ile34~Tyr164）和C链（Asn167~Asn263）通过两个二硫键（Cys19-Cys140，Cys154-Cys219）连接组成的更稳定的活性α糜蛋白酶，其活性中心内的必需基团来自His75、Asp120和Ser213（图5-15）。

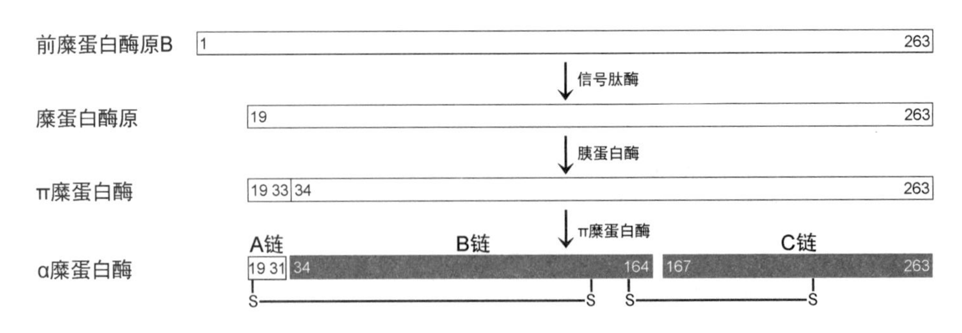

图 5-15 前糜蛋白酶原激活

酶原和酶原激活具有重要的生理意义。

（1）酶原是酶的安全运输形式 一些消化酶类如胰蛋白酶、糜蛋白酶和羧肽酶都是以无活性的酶原形式合成于胰腺腺泡细胞，经胰管运到十二指肠，经过激活才成为有活性的酶，发挥消化作用（图 5-16），这样可避免在分泌和运输过程中消化组织蛋白。

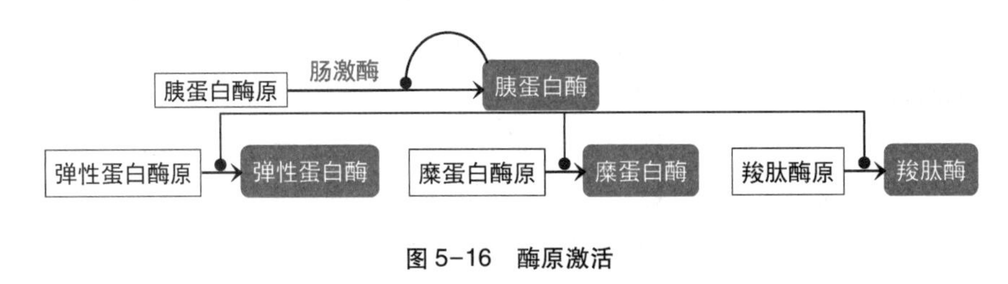

图 5-16 酶原激活

胰蛋白酶原既可以被肠激酶激活成胰蛋白酶，又可以被胰蛋白酶激活，所以其激活过程存在**正反馈**（positive feedback）。

（2）酶原是酶的安全储存形式 有些凝血因子和纤溶因子是酶，如凝血酶和纤溶酶，它们先以无活性的凝血酶原和纤溶酶原形式存在于血液循环中，一旦需要便迅速激活成有活性的凝血酶和纤溶酶，发挥对机体的保护作用。

凝血系统和纤溶系统的激活是典型的**级联反应**（cascade）过程。例如，只要激活少数凝血因子，就可以通过瀑布式的放大作用迅速激活大量凝血酶原，引发快速而有效的血液凝固。

（3）酶原激活参与发育控制 例如，蝌蚪变态成青蛙时其尾巴有大量胶原在数日内分解，产妇分娩后子宫有大量胶原分解，上述过程均由胶原酶原激活成胶原酶后完成。

（4）酶原激活参与细胞凋亡 在细胞凋亡过程中起核心作用的胱天蛋白酶（caspase）都是以酶原形式存在于细胞内，被各种凋亡信号通过凋亡途径激活后水解激活其他胱天蛋白酶或降解细胞内其他靶蛋白，引起细胞凋亡。细胞凋亡发生在发育、感染等过程。

和变构调节、化学修饰调节相比，酶原激活是不可逆调节且可以在细胞外进行。

●化学反应的可逆性 包括两个方面：①化学反应过程的可逆性，是指一个化学反应是否存在逆反应。②化学物质转化的可逆性，是指两种化学物质是否可以相互转化。

例如：①6-磷酸葡萄糖异构生成6-磷酸果糖的反应可逆，6-磷酸葡萄糖和6-磷酸果糖可以通过该反应相互转化，即反应可逆，反应物的转化可逆。②葡萄糖磷酸化生成6-磷酸葡萄糖的反应不可逆，6-磷酸葡萄糖水解生成葡萄糖的反应也不可逆，但葡萄糖和6-磷酸葡萄糖可以通过这两个反应相互转化，即反应不可逆，反应物的转化可逆。③丙酮酸在人体内氧化脱羧生成乙酰辅酶A的反应不可逆，乙酰辅酶A也不能通过其他反应生成丙酮酸，所以丙酮酸与乙酰辅酶A的转化不可逆，即反应不可逆，反应物的转化也不可逆。

因此，①变构调节可逆，T型变构酶与R型变构酶的转化可逆。②化学修饰调节如磷酸化/去磷酸化反应不可逆，去磷酸化酶蛋白和磷酸化酶蛋白的转化可逆。③酶原激活成酶的反应不可逆，酶原与酶的转化也不可逆。○

二、酶的水平调节

酶的水平调节（regulation of enzyme level，酶含量的调节）是指通过调节酶蛋白的合成和降解速度改变酶蛋白水平，从而改变其总活性，因显效慢，又称缓慢调节（迟缓调节）。

1. 酶蛋白合成调节　根据酶水平是否受到调节可将其分为组成酶、诱导酶和阻遏酶。组成酶（constitutive enzyme）含量相对稳定，不受组织组成、代谢物水平和生长条件影响。诱导酶和阻遏酶的合成受某些底物、产物、激素或药物影响，其中使诱导酶（inducible enzyme）合成增加的称为诱导物（inducer），诱导物往往是代谢底物，例如饥饿时组织蛋白分解增加，大量产氨，诱导合成尿素合成酶系；使阻遏酶（repressible enzyme）合成减少的称为辅阻遏物（corepressor），辅阻遏物往往是代谢产物，例如胆固醇能抑制胆固醇合成途径关键酶羟甲基戊二酰辅酶A还原酶的合成，使胆固醇合成减少。一些关键酶是诱导酶或阻遏酶，其底物或产物通过调控酶蛋白基因的表达起作用（第十九章，354页）。

2. 酶蛋白降解调节　控制酶蛋白的降解也是调节酶水平的重要方式。酶蛋白可以通过泛素-蛋白酶体途径和溶酶体途径降解：①泛素-蛋白酶体途径：酶蛋白被多聚泛素化后被蛋白酶体降解，该途径消耗ATP，故又称依赖ATP的泛素-蛋白酶体降解途径。②溶酶体途径：酶蛋白在溶酶体内被组织蛋白酶降解，该途径不消耗ATP，故又称不依赖ATP的溶酶体降解途径。其他组织蛋白也通过这两条途径降解（第十章，217页）。

第五节　酶的命名和分类

酶的命名可采用习惯命名法（俗称，通称）和系统命名法。

1. 习惯命名法　①多数酶命名：底物名称+反应类型+“酶”，例如“苹果酸脱氢酶”。②水解酶命名：底物名称+“酶”，略去反应类型，例如“蛋白[水解]酶”。③有时在底物名称前加酶的来源，例如“唾液淀粉酶”。习惯命名法命名简单，应用方便，但有时会出现一酶数名或一名数酶的混乱现象，如“琥珀酸硫激酶”又称“琥珀酰辅酶A合成酶”。

2. 系统命名法　国际生物化学联合会（IUB，IUBMB前身）于1964年成立酶学委员会（enzyme commission，EC），提出酶的系统命名法，规定每一种酶都有一个系统名称，它包含酶的所有底物和反应类型信息，底物名称之间以“：”分隔。由于许多酶促反应是双底物或多底物反应，而且底物的化学名称很长，结果使得酶的系统名称冗长。为了应用方便，IUBMB又从每一种酶的数个俗称中选定一个简便实用的推荐名称。例如催化下列反应的酶：

L-天冬氨酸+α-酮戊二酸→L-谷氨酸+草酰乙酸

系统名称为L-天冬氨酸：α-酮戊二酸转氨酶，推荐名称为天冬氨酸转氨酶（谷草转氨酶）。

3. 酶的国际系统分类法　①根据酶促反应的性质将酶分为七类（表5-11），编号1、2、3、4、5、6、7。②每一类酶按照底物发生反应的基团或化学键的特点分为若干亚类，编号1、2、3等。③每一亚类按照底物性质分为若干亚亚类，编号1、2、3等。④每一亚亚类内的各种酶有一个流水号。因此，每一种酶的国际系统分类编号均由四组数字组成，数字前冠以EC。例如L-乳

酸：NAD^+氧化还原酶（乳酸脱氢酶）的分类编号为 EC：1（氧化还原酶类）.1（羟基）.1（NAD/NADP）.27。

表 5－11　酶的分类

编号	分类	催化反应类型	举例
1	氧化还原酶类（oxidoreductases）	氧化还原（转移电子、氢原子、氢负离子）	乳酸脱氢酶
2	转移酶类（transferases）	基团转移或交换	葡萄糖激酶
3	水解酶类（hydrolases）	水解（以水为受体的基团转移）	胰脂肪酶
4	裂合酶类（lyases）	基团加成于双键或其逆反应（加成或消除）	延胡索酸酶
5	异构酶类（isomerases）	重排（分子内基团转移），形成异构体	磷酸丙糖异构酶
6	连接酶类（ligases）	缩合反应形成 C-C、C-S、C-O、C-N 键，消耗 NTP	脂酰辅酶 A 合成酶
7	转位酶类（translocases）	离子或分子跨膜转运	钠钾 ATP 酶

第六节　酶与医学的关系

医学的根本任务是保障健康，防病治病，提高人类的健康水平。从生物化学的角度来看，身体健康的表现是维持代谢稳态（homeostasis）。因为代谢是通过酶促反应实现的，所以酶调节机制的正常是代谢稳态的基础。疾病的生化特征就是代谢紊乱引起稳态失调。许多代谢紊乱本身由先天性或继发性的酶异常引起，且又导致其他酶异常。因此，许多疾病的临床表现和治疗最终还是要落实到酶的调节上。

随着临床实践和相关酶学研究的发展，酶在医学领域的重要性越来越受到重视。酶不仅与疾病的发生发展直接相关，而且已成为临床诊断的重要指标。随着基因诊断和基因治疗的开展及酶工程的发展，酶也将更多地用于治疗。

一、酶与疾病发生的关系

生物体内的化学反应几乎都是由酶催化进行的，所以先天性或遗传性酶异常或酶的活性受到抑制都会导致疾病，反之疾病也会导致酶异常。

1. 酶导致疾病　①先天性或遗传性酶异常：酶基因发生突变，导致酶的合成不足，或结构异常、没有催化活性，从而使代谢发生异常，导致疾病。其中遗传性酶异常引起的疾病属于遗传病，例如酪氨酸酶缺乏引起的白化病，6-磷酸葡萄糖脱氢酶缺乏引起的蚕豆病，苯丙氨酸羟化酶缺乏引起的苯丙酮尿症，胱硫醚合成酶缺乏引起的高同型半胱氨酸血症。②酶活性被抑制：许多中毒性疾病实际上是由于某些酶活性被抑制而导致的，例如有机磷抑制乙酰胆碱酯酶，重金属抑制巯基酶，氰化物抑制细胞色素 *c* 氧化酶，肼抑制谷氨酸脱羧酶，巯基乙酸抑制脂酰辅酶 A 脱氢酶和琥珀酸脱氢酶，都会使代谢发生异常，导致疾病。

2. 疾病导致酶异常　某些疾病会导致相关酶异常，如胆道梗阻导致血清碱性磷酸酶（ALP）升高，肝病（如肝炎）导致血清谷丙转氨酶（GPT）升高，急性心肌梗死导致血清肌酸激酶（CK_2）升高。

二、酶在疾病诊断中的应用

酶既可作为诊断指标，又可作为诊断工具。

1. 酶作为诊断指标　酶异常与疾病互为因果关系，这是酶诊断的理论基础，以此可进行疾病诊断、病程追踪、疗效评价、预后及预防。目前，酶诊断占临床化学检验总量的25%，由此可见其在临床诊断中非常重要。

酶诊断的特点是取材方便、分析规范，但特异性受限，主要作为辅助诊断指标。例如，碱性磷酸酶同工酶和γ-谷氨酰转肽酶可以辅助诊断原发性肝癌，酸性磷酸酶（前列腺同工酶可被酒石酸抑制，其他组织同工酶不被抑制）是前列腺癌的标志物，检测其血清水平可以筛查高危个体，诊断肿瘤复发（表5-12）。

表5-12　部分临床诊断血清酶

血清酶	诊断疾病	血清酶	诊断疾病
谷草转氨酶	心肌梗死、肝病	γ-谷氨酰转肽酶	肝病
谷丙转氨酶	肝病	乳酸脱氢酶5	肝病
淀粉酶	急性胰腺炎，胆管阻塞	脂肪酶	急性胰腺炎，胆管阻塞
血浆铜蓝蛋白	肝豆状核变性	β-葡萄糖脑苷脂酶	高雪氏病
肌酸激酶	肌肉损伤，心肌梗死	碱性磷酸酶同工酶	各种骨病，阻塞性肝病

酶诊断所用标本多为血清，故其检测的酶被称为**血清酶**。血清酶来自组织细胞，包括以下三类。

（1）血浆功能酶　多数由肝细胞合成分泌，在血浆中起作用，例如假性胆碱酯酶、卵磷脂-胆固醇酰基转移酶、肝脂肪酶、凝血酶、纤溶酶、肾素。肝细胞受损时此类酶的合成分泌减少，血浆水平下降。

（2）外分泌酶　由外分泌腺合成分泌，在其他细胞外液中起作用，例如胃蛋白酶和胰蛋白酶在消化道催化食物消化。正常条件下仅有少量外分泌酶进入血浆。当外分泌腺受到损伤时此类酶进入血浆增多，因而具有临床诊断意义，例如急性胰腺炎时血淀粉酶水平明显升高。

急性胰腺炎时胰腺腺泡细胞向血液释放消化酶类，其中血淀粉酶变化有以下特点：发病后6~12小时开始升高，48小时开始下降，持续3~5天，因此发病12小时内即可作为急性胰腺炎诊断指标，参考范围因测定方法而异，差别极大；淀粉酶水平越高，诊断准确率也越高；24小时内都可分析。不过，淀粉酶水平高低不一定与病变程度成正比，例如晚期重症坏死性胰腺炎由于胰腺腺泡细胞大量坏死，无淀粉酶分泌，血淀粉酶水平可能正常，甚至下降。

尿淀粉酶活性升高稍晚于血淀粉酶且持续时间稍长，常于发病12~24小时开始升高，能持续5~7天。故急性胰腺炎后期测定尿淀粉酶比测定血淀粉酶更有诊断意义。

（3）细胞酶　在细胞内起作用，例如谷丙转氨酶、碱性磷酸酶、γ-谷氨酰转肽酶，正常条件下仅有少量进入血浆。当组织细胞死亡或受到损伤时，会有大量细胞酶进入血浆，达到一个峰值后迅速或缓慢回落。其中某些酶来自特定组织器官，因而可以作为相应疾病诊断和预后的生物标志物（biomarker）。

2. 酶作为诊断工具　酶法分析灵敏、准确、方便和迅速，因而广泛应用于临床检验和科学研究。**酶法分析**（enzymatic analysis）是指用酶作为分析试剂，对一些酶、底物、激活剂和抑制剂等进行定量分析，例如用葡萄糖氧化酶测定血糖。酶法分析常用**酶偶联法**，其原理是利用

某种酶的底物或产物可直接、简便分析的特点，把该酶作为指示酶（indicator enzyme）与不易直接分析的反应相偶联，组成可以分析的反应体系。

例如，有些脱氢酶类以 NAD^+/NADH 或 $NADP^+$/NADPH 为辅助因子，NADH 和 NADPH 在波长 340nm 处有吸收峰，而 NAD^+和 $NADP^+$无该吸收峰（图 5-17）。因此可用分光光度法分析依赖 $NAD(P)^+$的脱氢酶，或用这类脱氢酶作为指示酶，与待测酶建立偶联反应，通过分析 340nm 光吸收的变化测定 NADH 水平的变化，分析待测酶活性。例如用苹果酸脱氢酶作为指示酶分析谷草转氨酶，用 6-磷酸葡萄糖脱氢酶作为指示酶分析己糖激酶。

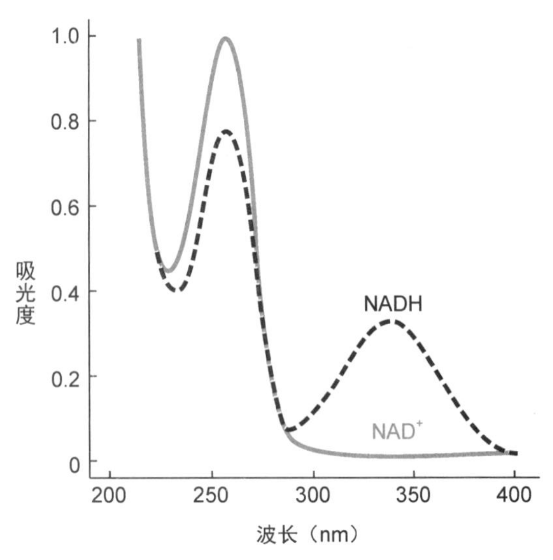

图 5-17 NAD^+/NADH 吸收光谱

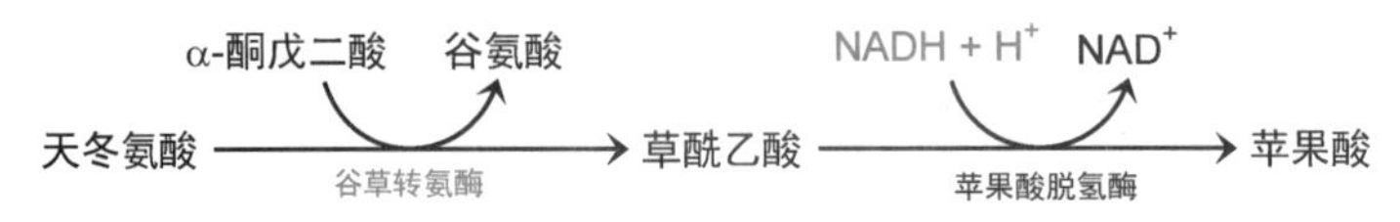

三、酶在疾病治疗中的应用

酶作为医药最早用于助消化。公元前 6 世纪我们的祖先就用富含消化酶（包括淀粉酶和蛋白酶）的麦曲治疗胃肠病，并称之为神曲。常用药用酶见表 5-13。

表 5-13 常用药用酶

分类	酶制剂
（1）消化（XA09）	乳酶生、胃蛋白酶、胰酶、淀粉酶
（2）止血（XB02B）	凝血酶、蛇毒血凝酶
（3）抗血栓形成（XB01AD）	尿激酶、链激酶、纤溶酶、蚓激酶
（4）周围血管扩张（XC04）	胰激肽原酶
（5）抗肿瘤（XL01XX）	门冬酰胺酶、谷氨酰胺酶、神经氨酸酶
（6）溶酶体贮积症	β-葡萄糖苷酶、α-葡萄糖苷酶、α-半乳糖苷酶、β-葡萄糖醛酸酶

天冬酰胺酶：药物名称门冬酰胺酶，儿童急性淋巴细胞白血病细胞的生长依赖血清天冬酰胺（原因尚未阐明），因此化疗策略之一是联合使用一种来自细菌的天冬酰胺酶，缓解率超过 95%，单独使用缓解率 40%~60%。

糖苷酶：静脉输注重组糖苷酶，可以治疗溶酶体贮积综合征（高雪氏病，β-葡萄糖苷酶缺乏）、Ⅱ型糖原贮积症（Pompe 病，α-葡萄糖苷酶缺乏）、α-半乳糖苷酶 A 缺乏病（Fabry 病，α-半乳糖苷酶 A 缺乏）、Ⅶ型黏多糖贮积症（Sly 病，β-葡萄糖醛酸苷酶缺乏）。

酶与中药

用中药调节酶活性越来越受到重视，一些影响酶活性的中药见表 5-14。

表 5－14　影响酶活性的中药

酶	中药（作用成分）
	抑制类中药
胃蛋白酶、胰酶	甘草、肉桂、黄柏、黄连、山椒
钠钾 ATP 酶	杠柳皮、黄连、人参、五味子
生物氧化酶系	苍术、甘草、黄连、野百合
琥珀酸脱氢酶	芦丁、秦皮、石蒜
核酸、蛋白质合成酶系	巴豆、蓖麻子、长春花、大黄（大黄素）、汉防己、黄柏、黄连、三尖杉、喜树、野百合
磷酸二酯酶	槟榔、草果、柴胡、川芎、大腹皮、甘草、肉桂、合欢皮、红花、荆芥、决明子、连翘、秦皮、青皮、山椒、苏叶、五倍子、旋覆花、芫花、远志、知母、竹茹
葡萄糖-6-磷酸酶	柴胡
醛缩酶	灵芝
腺苷酸环化酶	黄连、苍术、柴胡、赤芍、大枣、丹参、党参、防己、黄芪、牵牛子、人参、郁金
乙酰胆碱酯酶	杠柳皮、黄连（小檗碱）、灵芝、龙葵（龙葵胺）、一叶萩（一叶萩碱）
谷丙转氨酶	柴胡、垂盆草、灵芝、五味子、茵陈、栀子
	激活类中药
纤溶酶	丹参、当归
超氧化物歧化酶	何首乌、黄芪、人参、三七、五味子

甘草中的甘草次酸可以抑制磷酸二酯酶，因而能使幽门和贲门黏膜细胞内 cAMP 增加而抑制胃酸分泌。用甘草次酸合成的甘草次酸琥珀酸半酯二钠盐（生胃酮的主要成分）在胃内可以抑制胃蛋白酶，同时增加胃黏膜的黏液分泌，减少胃上皮细胞的脱落，从而保护溃疡面，促进组织再生和愈合，用于治疗慢性消化性溃疡。

小结

酶是由活细胞合成的生物催化剂，绝大多数是蛋白质。酶通过活性中心催化反应。酶的活性中心位于酶蛋白的特定结构域内，能与底物特异性结合，并催化底物生成产物。

酶分为单纯酶和结合酶。结合酶由酶蛋白和辅助因子构成，结合酶的酶蛋白决定着酶促反应的专一性，辅助因子则传递电子、原子或基团，两者结合才能发挥催化作用。酶的辅助因子主要是小分子有机化合物和无机离子，可分为辅酶和辅基。

酶有各种结构状态，常见有单体酶、寡聚酶、多酶复合体、多功能酶和多酶体系等。

同工酶是在生物进化过程中基因突变的产物，研究同工酶具有重要的理论意义和临床意义。

酶具有不同于一般催化剂的特点，包括高效性、专一性、反应条件温和。

酶提高反应速度的机制是通过形成酶-底物复合物降低反应的活化能，是邻近效应、表面效应、酸碱催化、张力催化、共价催化和金属离子催化等综合作用的结果。

目前可以阐述酶促反应专一性机制的主要是诱导契合学说。

酶动力学研究酶促反应速度及其与酶浓度、底物浓度、温度、pH、抑制剂和激活剂的关系。米氏方程揭示了反应速度与底物浓度的关系，米氏常数 K_m 是酶的特征常数，可用双倒数作图法求值。温度及 pH 对酶促反应速度的影响具有两重性，因而在最适温度或最适 pH 条件下酶促反应最快。

抑制剂可分为不可逆抑制剂和可逆抑制剂。常见的不可逆抑制剂有巯基酶抑制剂和丝氨酸酶抑制剂。可逆抑制剂可分为竞争性抑制剂、反竞争性抑制剂和非竞争性抑制剂。竞争性抑制剂结合于酶的活性中心，导致表观 K_m 增大，但表观 V_{max} 不变；反竞争性抑制剂结合于酶的活性中心外，导致表观 K_m 和表观 V_{max} 均减小；非竞争性抑制剂结合于酶的活性中心外，导致表观 V_{max} 减小，但表观 K_m 不变。

生物体内的代谢途径由多酶体系催化，其中存在一种或几种关键酶，其活性受到结构调节和水平调节。结构调节包括变构调节、化学修饰调节和酶原激活。水平调节包括酶蛋白的合成调节和降解调节。

酶与医学的关系十分密切，酶不但与疾病的发生发展直接相关，而且已经成为临床诊断的重要手段，并越来越多地用于治疗。

讨论

1. 酶的活性中心及其所含的必需基团。
2. 酶的辅助因子。
3. 酶促反应的特点。
4. 酶的专一性及其分类。
5. 酶原和酶原激活及其意义。
6. 酶越来越多地出现在日常生活中，比如嫩肉酶、酵素、加酶护肤品、加酶洗涤剂，如何看待酶在日常生活中的应用？

第六章 维生素和微量元素

扫一扫，查阅本章数字资源，含PPT、音视频、图片等

维生素（vitamin）是人体必需的一类微量营养素，维持人体正常生理功能所必需的一类微量小分子有机化合物，分为水溶性维生素和脂溶性维生素两类。前者包括维生素C和B族维生素，后者有维生素A、维生素D、维生素E、维生素K。人和动物缺乏维生素时不能正常生长，并发生特异性缺乏病。

与糖、脂肪、蛋白质等营养物质相比，维生素具有以下特点：①维生素既不是机体组织结构材料，也不是供能物质，它们大多数是酶的辅助因子或其核心成分，在代谢过程中起重要作用。②维生素种类多，化学结构各异，本质上都属于小分子有机化合物。③维生素的机体需要量很少，但多数不能在人体和其他脊椎动物体内合成，或合成不足，必须由食物或肠道菌群提供。④维生素摄入不足会引起代谢障碍，但某些维生素长期过量摄入也会引起中毒。

维生素缺乏病（维生素缺乏症，vitamin deficiency，avitaminosis）是指机体缺乏某种维生素导致的相应的特异性疾病。引起维生素缺乏的原因有摄入量不足、吸收障碍、丢失过多、机体需要量增加、胃肠道手术并发症、服用某些药物、慢性肝肾疾病和特异性缺陷等。单一维生素缺乏罕见，常见患者为复合缺乏（multiple deficiency）。

微量元素（trace element）是指人体内含量低于0.01%、每日需要量在100mg以下的元素。微量元素与维生素统称微量营养[素/物]（micronutrient）。

维生素和部分微量元素的推荐日摄入量见原中华人民共和国国家卫生和计划生育委员会发布的《中国居民膳食营养素参考摄入量》（WS/T 578）。

第一节　水溶性维生素

水溶性维生素（water-soluble vitamin）包括维生素C和B族维生素（硫胺素、核黄素、烟酰胺、吡哆醛、泛酸、生物素、叶酸和钴胺素），其特点是：①B族维生素都含有氮元素，个别含有硫或钴元素。②易溶于水，不溶或微溶于有机溶剂。③机体储存量很少（B_{12}例外），必须经常摄入。产能营养素特别是糖摄入多，则B族维生素需要量也多，如高糖摄入易患脚气病。④吸收过多部分可直接经肾脏排泄，一般不会积累而引起中毒。⑤一旦缺乏，往往是复合缺乏，只是缺乏程度不同。⑥肠道细菌可以合成部分B族维生素，供人体吸收利用。

B族维生素生理功能各异，共性是都作为酶的辅助因子或其核心成分起作用。

一、维生素C

1932年，A. Szent-Györgyi、W. Waugh和C. King分离并合成了维生素C。维生素C包括抗坏

血酸和脱氢抗坏血酸，其中抗坏血酸是酸性多羟基化合物（$pK_1=4.17$，$pK_2=11.57$），具有还原性（$E°=0.390V$），是维生素 C 的主要存在形式。维生素 C 在中性和碱性条件下稳定性差，对热、重金属敏感。

1. 来源 维生素 C 广泛存在于新鲜水果和蔬菜中（特别是柑橘类和浆果类水果及胡椒、番茄、土豆、西兰花）。食物维生素 C 在干燥、研磨、烹制过程中会被破坏。干菜几乎不含维生素 C，但种芽可以合成维生素 C，因此各种豆芽也是维生素 C 的来源。大多数动物可以利用葡萄糖合成维生素 C，但人和其他灵长类、豚鼠和某些狐蝠、雀形目鸟类、大多数鱼类、无脊椎动物不能合成，因为它们缺乏催化维生素 C 合成途径最后一步反应的酶——L-古洛糖酸内酯氧化酶。

维生素 C 由依赖钠的同向转运体和葡萄糖转运蛋白 2 在肠道吸收，每日最大吸收量 1~2g。在每日吸收量为 150mg 以下时，其血浆水平与吸收量呈线性关系。在每日吸收量为 150mg 时，机体维生素 C 含量为 20mg/kg 体重。即使每日吸收量超过 1g，机体维生素 C 含量也只是略有增加。

虽然每日吸收量超过 100mg 时即开始有维生素 C 经肾脏排泄（肾阈值 30mmol/L。约 3%维生素 C 以原形或代谢物形式如草酸经肾脏排泄），但考虑到它还促进无机铁吸收，多摄入可能是有益的。

2. 生理功能、缺乏症和毒性 抗坏血酸既是含铜羟化酶和依赖 α-酮戊二酸的含铁羟化酶的辅助因子，又是一种非特异性抗氧化剂、氧自由基清除剂，参与体内各种氧化还原反应。抗坏血酸参与反应时被氧化成脱氢抗坏血酸或单脱氢抗坏血酸自由基，而脱氢抗坏血酸或单脱氢抗坏血酸自由基又可以被 GSH 还原成抗坏血酸，由依赖 GSH 的脱氢抗坏血酸还原酶（谷胱甘肽-*S*-转移酶 ω）催化。血浆抗坏血酸与脱氢抗坏血酸浓度比为 14∶1。

2GSH + 脱氢抗坏血酸 ⇌ 抗坏血酸 + H^+ + GSSG

（1）抗坏血酸是依赖 α-酮戊二酸的含铁羟化酶的辅助因子 其中 Fe^{2+} 作为辅助因子激活 O_2，但 Fe^{2+} 会被氧化成 Fe^{3+}，一部分需由抗坏血酸还原再生。①在胶原的翻译后修饰过程中参与 Gly-Xaa-Yaa（Xaa 常为脯氨酸，Yaa 常为羟脯氨酸）中脯氨酸和赖氨酸的羟化（由胶原脯氨酰羟化酶、赖氨酰羟化酶催化），促进成熟胶原（前胶原分子、胶原纤维）的合成。胶原是人体含量最多的蛋白质，占人体总蛋白的 25%，是骨、毛细血管、结缔组织的重要组分。抗坏血酸缺乏会引起胶原翻译后修饰发生障碍，难以形成前胶原分子，引起坏血病。②参与肉碱合成（需要三甲基赖氨酸羟化酶、丁酰甜菜碱羟化酶催化），肉碱缺乏会出现疲倦乏力。③参与蛋白质翻译后修饰（如蛋白 C 的一个天冬氨酸残基被天冬氨酰 β-羟化酶催化羟化）。

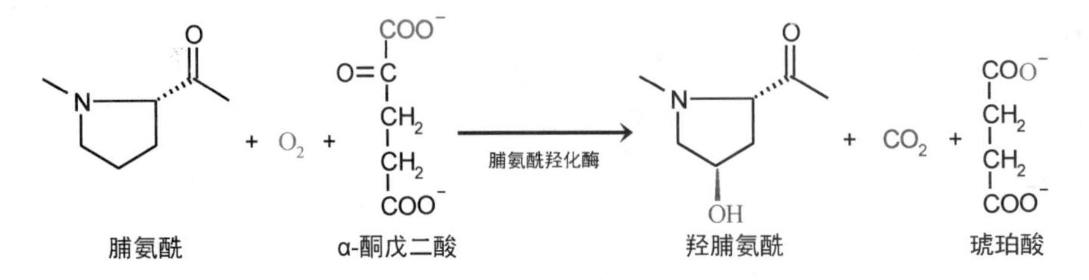

（2）抗坏血酸是含铜羟化酶的辅助因子　其中 Cu^{+} 会被氧化成 Cu^{2+}，需由抗坏血酸还原再生。①参与多巴胺-β-羟化酶催化多巴胺生成去甲肾上腺素。②参与肽酰甘氨酸-α-酰胺化单加氧酶（含锌）催化的肽类激素 C 端酰胺化。

（3）抗坏血酸参与其他代谢　①维持巯基酶活性中心内巯基的还原态，保护巯基酶。②把高铁血红蛋白还原成血红蛋白，恢复其携氧能力。③作为氧自由基清除剂保护脂蛋白、不饱和脂肪酸、维生素 A、维生素 E 免遭氧化。④通过瘦素调节脂质代谢。⑤在肠道把 Fe^{3+} 还原成 Fe^{2+}，促进非血红素铁的吸收。⑥保护叶酸不被氧化。⑦胃液抗坏血酸浓度高时，可防止食物硝酸盐和亚硝酸盐在胃肠道生成亚硝胺类致癌物。

维生素 C 缺乏病（坏血病）　维生素 C 缺乏引起的营养缺乏病。主要表现为毛细血管脆性增加而导致皮下组织、关节腔等处出血。

坏血病症状在维生素 C 缺乏 2~3 个月之后出现，此时体内只有约 300mg 维生素 C。皮肤出现瘀斑、紫癜（皮下出血）、毛囊性角化症，之后出现口眼干涩、牙龈出血溃烂、牙周易感染、牙齿松动甚至脱落（牙龈胶原更新快，故对维生素 C 缺乏敏感），伤口愈合不良，疤痕出血，易骨折。患者疲倦嗜睡，有时伴发关节肿痛、腿痛，每日摄入 20~50mg 维生素 C 可以治疗。

世界卫生组织（WHO）建议每日维生素 C 摄入量不能超过 1g。吸收过多导致胃肠功能紊乱、腹泻、高草酸尿（高钙尿患者形成草酸钙结石）。

临床上维生素 C 主要用于防治坏血病，治疗高铁血红蛋白症。此外还用于病毒性疾病、缺铁性贫血、组织创伤、血小板减少性紫癜等疾病的辅助治疗。

二、维生素 B_1

维生素 B_1 又称硫胺素（thiamine，抗神经炎素或因子，抗脚气病维生素或因子），在 233、276nm 处有吸收峰，酸性条件下比较稳定，对碱敏感。

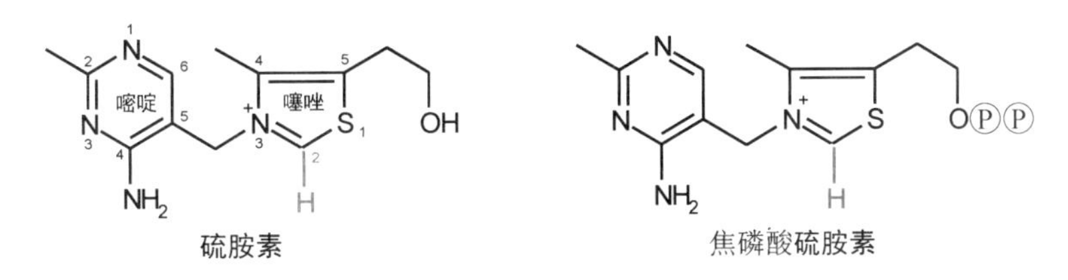

硫胺素　　焦磷酸硫胺素

1. 来源　酵母、瘦猪肉、豆类、稻谷外皮富含维生素 B_1 的活性形式焦磷酸硫胺素。消化释放的硫胺素由硫胺素转运蛋白介导吸收、摄取。

2. 生理功能、缺乏症　维生素 B_1 的活性形式主要是焦磷酸硫胺素（TPP），也是维生素 B_1 的主要存在形式，占维生素 B_1 总量（约 30mg）的 80%。焦磷酸硫胺素在心、肾、睾丸、小肠、外周血白细胞等由硫胺素焦磷酸激酶 1 催化生成：硫胺素+ATP→TPP+AMP。

焦磷酸硫胺素参与以下代谢：①焦磷酸硫胺素是 α-酮酸脱氢酶复合体的辅助因子，参与 α-酮酸氧化脱羧。②焦磷酸硫胺素是转酮[醇]酶的辅助因子，参与转活性乙醇醛。

维生素 B_1 与乙酰胆碱水平呈正相关。①焦磷酸硫胺素促进丙酮酸氧化脱羧，生成的乙酰辅酶 A 用于合成乙酰胆碱。②维生素 B_1 抑制乙酰胆碱酯酶水解乙酰胆碱。乙酰胆碱不足影响神经传导，造成胃肠道蠕动缓慢、消化液分泌不足、消化不良、食欲不振。

此外，三磷酸硫胺素通过磷酸化激活神经细胞膜氯离子通道参与兴奋传递。

维生素 B_1 缺乏病（脚气病）　维生素 B_1 缺乏引起的以神经系统、心血管系统及消化系统功能异常为主的全身性疾病。分为干性脚气病、湿性脚气病、婴儿脚气病。

脚气病特征是水肿、疼痛、麻痹，严重时死亡。脚气病病因是维生素 B_1 缺乏，一方面导致神经组织供能不足（神经细胞以葡萄糖为唯一的供能物质）且血液丙酮酸和 α-酮戊二酸积累，另一方面导致神经髓鞘磷酸戊糖途径障碍。脚气病主要发生在以精加工食物（精米）为饮食者或习惯性大量饮酒者。脚气病是第一种被阐明病因的维生素缺乏病，C. Eijkman 因此而获得 1929 年诺贝尔生理学或医学奖。

Wernicke-Korsakoff 综合征（遗忘综合征） 硫胺素重度缺乏。一种神经系统疾病，症状与脚气病类似，表现为记忆力严重减退，精神错乱，精细动作技能缺失，步态不稳甚至瘫痪。可由酗酒导致硫胺素摄取不足或转酮酶基因异常引起（第八章，162 页）。

高糖饮食会造成硫胺素缺乏患者血乳酸、丙酮酸积累，引起致命性乳酸酸中毒（lactic acidosis）。

维生素 B_1 缺乏检验 ①取全血或红细胞裂解物，分析加焦磷酸硫胺素前后转酮酶活性变化（用活性系数表示）。②在口服葡萄糖之后分析血乳酸和丙酮酸水平。③直接用高效液相色谱分析。

临床应用 维生素 B_1 用于治疗脚气病，辅助治疗神经痛、面神经麻痹、视神经炎及维生素 B_1 缺乏导致的乙酰胆碱不足。

三、维生素 B_2

维生素 B_2 又称**核黄素**（riboflavin）。还原型核黄素及其活性形式在 450nm 处有吸收峰，故呈黄色。核黄素及其活性形式耐热，对可见光敏感。

黄素腺嘌呤二核苷酸（FAD）
黄素单核苷酸（FMN）
核黄素
异咯嗪
核糖醇
活性中心组氨酸

1. 来源 奶类、肝、酵母、蛋、肉、谷物富含维生素 B_2 的活性形式。消化释放的核黄素在小肠上部通过核黄素转运蛋白介导吸收。摄入过多部分经肾脏排泄，或由肝微粒体酶转化后排泄。

2. 生理功能、缺乏症 维生素 B_2 的活性形式统称**黄素辅酶**（黄素核苷酸），包括氧化型黄素单核苷酸（FMN）、还原型黄素单核苷酸（$FMNH_2$）、氧化型黄素腺嘌呤二核苷酸（FAD）、还原型黄素腺嘌呤二核苷酸（$FADH_2$），活化在各组织（小肠上皮、脑、膀胱、胎盘等）进行：①细胞质核黄素激酶催化合成 FMN：核黄素+ATP→FMN+ADP。②线粒体 FAD 合［成］酶催化合成 FAD：FMN+ATP→FAD+PP_i。

黄素辅酶是被称为**黄素蛋白**（flavoprotein，第七章，129 页）的多种需氧脱氢酶（如黄嘌呤

氧化酶、单胺氧化酶）和不需氧脱氢酶（如3-磷酸甘油脱氢酶、琥珀酸脱氢酶、脂酰辅酶A脱氢酶）的辅基，与酶活性中心的结合非常牢固，甚至形成共价键，如FAD与琥珀酸脱氢酶活性中心组氨酸咪唑基共价结合。黄素辅酶在生物氧化等代谢过程中通过其异咯嗪环的氧化还原反应发挥递氢作用。

E-FAD　$\underset{-H^{+}-e^{-}}{\overset{+H^{+}+e^{-}}{\rightleftharpoons}}$　E-FADH•　$\underset{-H^{+}-e^{-}}{\overset{+H^{+}+e^{-}}{\rightleftharpoons}}$　$E\text{-}FADH_2$

维生素B_2缺乏病（核黄素缺乏）　维生素B_2缺乏引起的全身性疾病。主要表现为口腔黏膜炎症和阴囊炎。

维生素B_2缺乏通常与其他维生素缺乏共同发生，常由嗜酒引起，症状有舌炎、唇炎、口角炎、咽炎、（阴囊、鼻）脂溢性皮炎等，并发生正细胞正色素性贫血。蓝光治疗新生儿黄疸时，核黄素会被破坏，导致新生儿维生素B_2缺乏。

维生素B_2缺乏检验　①取新鲜红细胞裂解物，分析加FAD前后谷胱甘肽还原酶（同二聚体，每个亚基含有一个FAD）活性变化。②分析尿核黄素。

四、维生素PP

维生素PP又称**维生素B_3**（nacin），包括**烟酸**（尼克酸）和**烟酰胺**（尼克酰胺）。维生素PP性质稳定，耐热耐酸碱。

烟酸　烟酰胺　异烟肼

NAD^+（辅酶Ⅰ）：R=H
$NADP^+$（辅酶Ⅱ）：$R=PO_3H_2$

1. 来源　酵母、肉、肝、花生、豆类、谷物富含维生素PP，但以NAD（旧称辅酶Ⅰ）、NADP（旧称辅酶Ⅱ）形式存在，消化后才被小肠吸收，运到各组织后再活化成NAD、NADP，过多部分经肾脏排泄。多数人体内维生素PP的50%由色氨酸代谢生成，但每摄入60mg色氨酸仅相当于摄入1mg维生素PP，且合成过程需要维生素B_1、维生素B_2、维生素B_6参与。谷物虽富含维生素PP，但其利用率很低。

2. 生理功能、缺乏症和毒性　用维生素PP合成的辅助因子统称**烟酰胺核苷酸**，包括烟酰胺腺嘌呤二核苷酸（NAD）和烟酰胺腺嘌呤二核苷酸磷酸（NADP），它们是200多种氧化还原酶类的辅助因子。①NAD：包括氧化型（NAD^+）和还原型（NADH），是不需氧脱氢酶的辅助因子，主要在生物氧化过程中发挥递氢作用。A. Harden和H. von Euler-Chelpin因发现NAD并阐明

其结构而获得1929年诺贝尔化学奖。②NADP：包括氧化型（$NADP^+$）和还原型（NADPH），主要在还原性合成代谢和生物转化中发挥递氢作用。

NAD^+ + L-乳酸 $\xrightleftharpoons{\text{L-乳酸脱氢酶}}$ 丙酮酸 + NADH + H^+

此外，①NAD^+还为蛋白质ADP核糖基化提供ADP核糖基。②NAD^+由ADP-核糖基环化酶（ADP-ribosyl cyclase）催化生成的环腺苷二磷酸核糖（cyclic adenosine diphosphate ribose，cADPR）是第二信使，可通过激活细胞内钙库兰尼碱受体升高细胞内钙水平。③NAD作为某些关键酶的变构剂参与代谢调节。④大肠杆菌合成DNA时用NAD^+供能。

cADPR

烟酸缺乏病（糙皮病，癞皮病） 烟酸缺乏引起的全身性疾病。糙皮病有“3D”症状：皮炎（dermatitis）、腹泻（diarrhea）和痴呆（dementia）。

维生素PP和色氨酸缺乏起初引起浅表性舌炎，严重缺乏时发展为糙皮病。糙皮病早期症状有舌炎、无力、疲乏、厌食、消化不良，重度症状有光敏性皮炎（皮肤见光部位对称地形成红斑皮疹）、腹泻（黏膜表面大面积炎症引起）、痴呆（从茫然到意识错乱、记忆丧失、器质性精神病）。糙皮病具有致死性，应及时治疗。

维生素PP缺乏主要见于以玉米为主食者，因为玉米含色氨酸极少。虽然玉米含有一定量维生素PP，但其与其他成分牢固结合，不易消化吸收。过量饮酒影响小肠吸收维生素PP，也会导致缺乏。

异烟肼是一种酰肼类（XJ04AC）治疗结核病药，通过抑制结核菌分枝菌酸合成干扰其细胞壁合成。异烟肼结构与维生素PP类似，所以两者有拮抗作用，长期服用异烟肼会导致维生素PP缺乏。

某些遗传病影响色氨酸代谢，也会引起糙皮病。如类癌综合征，分子基础是肠嗜铬细胞大量合成5-羟色胺，可消耗总色氨酸的60%，引起维生素PP合成不足。

除补充维生素PP之外，补充色氨酸也可防治糙皮病，但需同时补充维生素B_2、维生素B_6，因为它们参与色氨酸合成维生素PP过程。糙皮病患者中女性约占2/3，这可能是雌激素代谢物抑制色氨酸代谢的结果。

五、泛酸

泛酸（pantothenic acid）又称**遍多酸**、**维生素B_5**，中性条件下耐热和抗氧化。

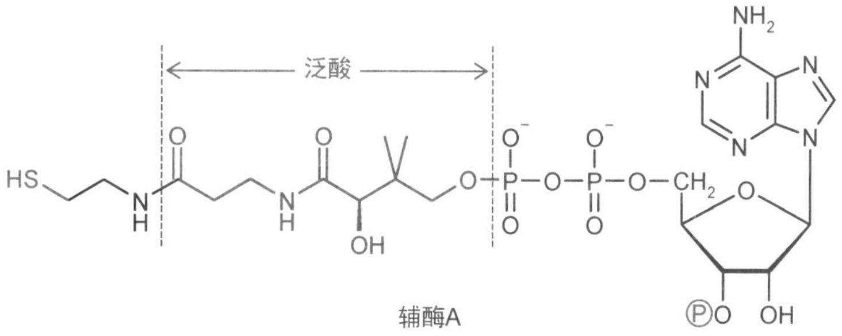

辅酶A

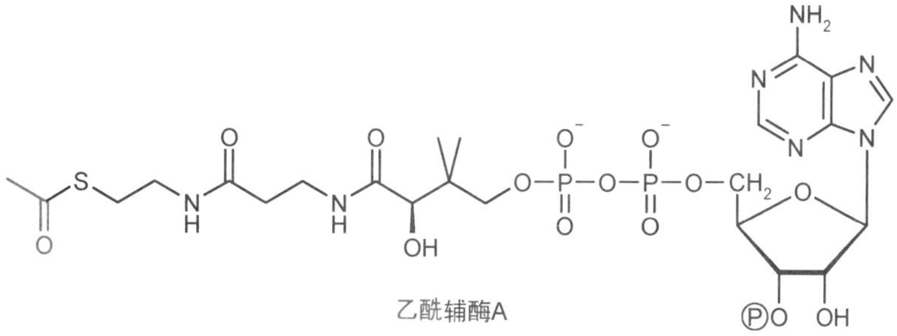

乙酰辅酶A

1. 来源　各种食物（特别是蛋、肝、豆类、谷物、蘑菇和酵母）中广泛存在泛酸的活性形式。消化释放的泛酸由钠离子依赖型多维生素转运蛋白介导吸收（该转运蛋白还介导吸收生物素）。

2. 生理功能、缺乏症　泛酸的活性形式是**辅酶 A**（CoA，CoASH，HSCoA）和**酰基载体蛋白**（ACP），它们是 70 多种酰基转移酶的辅助因子，其中辅酶 A 参与酰基转移，酰基载体蛋白参与脂肪酸合成。因此，泛酸与糖、脂肪和蛋白质代谢关系密切。

泛酸缺乏可能影响肾上腺功能，从而影响生殖能力。人类未见泛酸缺乏。

临床应用　在治疗其他 B 族维生素缺乏时同时给予适量泛酸常可提高疗效，例如用于治疗厌食、乏力，对症状有缓解作用。此外泛酸还用于白细胞减少症、原发性血小板减少性紫癜、功能性低热、脂肪肝、各种肝炎及动脉粥样硬化、心肌梗死等疾病的辅助治疗。

六、维生素 B_6

维生素 B_6 又称抗皮炎维生素，是吡哆醇（pyridoxine）、吡哆醛（pyridoxal）、吡哆胺（pyridoxamine）及其磷酸酯的统称，对光、热、碱敏感。

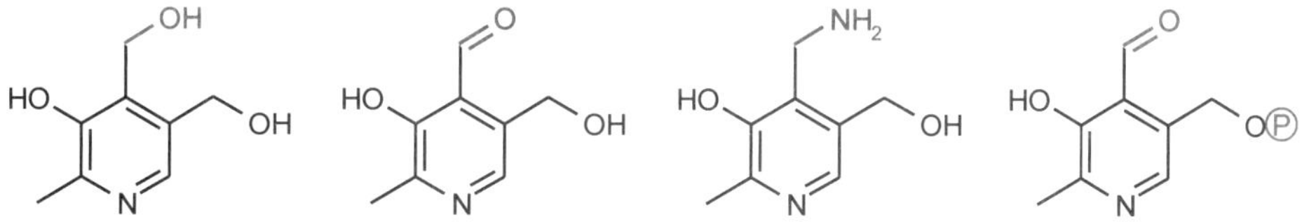

吡哆醇　吡哆醛　吡哆胺　磷酸吡哆醛

1. 来源　肝、鱼、蛋黄、谷物、坚果、豆类、酵母富含维生素 B_6 的活性形式磷酸吡哆醛和磷酸吡哆胺，被小肠碱性磷酸酶水解后在空肠吸收，在各组织细胞质被吡哆醛激酶催化磷酸化。肠道细菌也可合成一部分维生素 B_6。成人体内约含 25mg 磷酸吡哆醛。吡哆醛和磷酸吡哆醛是维生素 B_6 在血中的主要存在形式。吡哆醛氧化成吡哆酸后经肾脏排泄。

2. 生理功能、缺乏症和毒性　维生素 B_6 的活性形式是**磷酸吡哆醛**（PLP）和**磷酸吡哆胺**（PMP），它们是 100 多种氨基酸、脂质和糖代谢酶的辅基。

（1）磷酸吡哆醛是氨基酸转氨酶和氨基酸脱羧酶的辅基　参与氨基酸的转氨反应和脱羧反应（第十章，218、224 页）。

肌细胞磷酸吡哆醛约占维生素 B_6的 80%，且大部分作为辅基与糖原磷酸化酶结合。饥饿时（特别是糖原耗尽时）磷酸吡哆醛从糖原磷酸化酶释放，运到肝或肾，参与氨基酸脱氨基，生成的 α-酮酸用于糖异生（第十章，223 页）。

（2）磷酸吡哆醛是丝氨酸棕榈酰转移酶的辅基　参与神经酰胺及鞘脂合成（第九章，196 页）。

（3）磷酸吡哆醛是糖原磷酸化酶的辅基　其磷酸基参与糖原磷酸解（第八章，165 页）。

（4）磷酸吡哆醛是 5-氨基乙酰丙酸合成酶的辅基　参与血红素合成（第十三章，267 页）。维生素 B_6缺乏会导致小细胞低色素性贫血。

（5）磷酸吡哆醛参与类固醇激素激活的信号转导　磷酸吡哆醛促使激素-受体复合物与增强子解离，从而终止信号转导。因此，维生素 B_6缺乏时雌激素、雄激素、皮质醇、骨化三醇转导效应增强。

维生素 B_6 缺乏病　维生素 B_6缺乏引起的全身性疾病。主要表现为小细胞低色素性贫血、末梢神经炎、皮炎。

维生素 B_6轻度缺乏会有易怒、紧张不安、抑郁表现。中度缺乏多见，会引起色氨酸、蛋氨酸代谢障碍，类固醇激素效应增强，乳腺癌、子宫癌、前列腺癌等激素依赖性肿瘤发展加快，且影响预后。严重缺乏罕见，会引起周围神经病变、抽搐、昏迷，铁粒幼细胞性贫血，皮炎、口腔炎、舌炎、（儿童）癫痫。

与维生素 B_6缺乏有关的精神症状可能是因为谷氨酸脱羧酶活性低下，导致抑制性神经递质γ-氨基丁酸生成不足（第十章，224 页）。

铁粒幼细胞性贫血　是一种小细胞低色素性贫血，类似于缺铁性贫血，但血浆铁正常。机制是骨髓 5-氨基乙酰丙酸合成酶活性低下（可由磷酸吡哆醛缺乏导致），铁利用不足（铁积累于骨髓有核红细胞，这些细胞称为**铁粒幼细胞**），导致血红素合成不足，进而血红蛋白合成不足或无效造血，机体出现贫血。

维生素 B_6缺乏主要见于嗜酒、肥胖、吸收障碍（Crohn 病、乳糜泻、溃疡性结肠炎）、终末期肾病、自身免疫病。某些药物（如异烟肼、金属螯合剂青霉胺）能与磷酸吡哆醛发生非酶促反应，引起缺乏。口服避孕药也会增加对维生素 B_6的需要。高蛋白膳食需要增加 B_6摄入。

异烟肼能与磷酸吡哆醛发生非酶促反应生成异烟腙而失活。因此，在服用异烟肼时应注意补充维生素 B_6。

维生素 B_6 中毒　每日进食超过 500mg 吡哆醇（如每日服用 2~7g 治疗经前期综合征），持续数月，会引起外周感觉神经异常。每日服用 100~150mg 可治疗腕管综合征（鼠标手），但可能引起神经损伤。

维生素 B_6 缺乏检验　①取新鲜红细胞裂解物，分析加磷酸吡哆醛前后谷草转氨酶活性变化。②分析血浆维生素 B_6含量。

七、生物素

生物素（biotin）又称**维生素 B_7**、**维生素 H**，主要有 α 生物素和 β 生物素两种。生物素在常温下稳定，对热敏感。

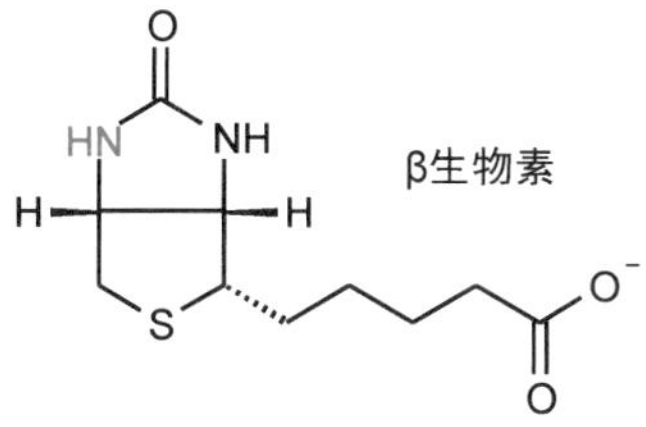

β生物素　　生物胞素

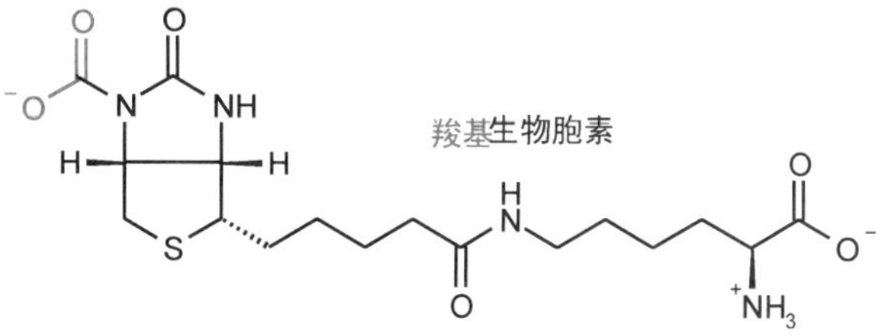

羧基生物胞素

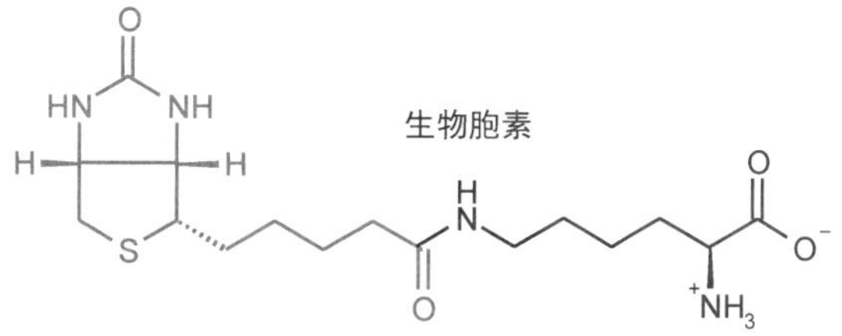

1. 来源　酵母、肝、蛋、奶、鱼类、花生富含生物素，与酶蛋白活性中心赖氨酸共价结合，消化释放后由钠离子依赖型多维生素转运蛋白介导吸收。肠道细菌合成的生物素也可满足人体需要。

2. 生理功能、缺乏症　生物素与酶活性中心内赖氨酸的 ε-氨基共价结合生成的 ε-氨基生物素赖氨酸称为生物胞素，是食物生物素的存在形式。生物素是依赖 ATP 的羧化酶（丙酮酸羧化酶、乙酰辅酶 A 羧化酶、丙酰辅酶 A 羧化酶、甲基丁烯酰辅酶 A 羧化酶）的辅基，作为羧基载体参与羧化反应，在糖、脂肪和蛋白质代谢中起重要作用。此外，生物素还通过参与细胞核蛋白生物素化调节细胞周期。

生物素缺乏表现有抑郁、幻觉、肌痛、皮炎、结膜炎，儿童会有免疫缺陷。

人类罕见生物素缺乏。①长期服用抗生素抑制肠道细菌代谢，会引起生物素缺乏。②生物素酶缺乏导致非食物性生物素缺乏，因为它通过水解生物胞素促进生物素循环利用。③长期依赖肠外营养会引起生物素缺乏。④长期大量生食鸡蛋会引起生物素缺乏，因为蛋清中含亲和素（抗生物素蛋白，avidin），能与生物素结合而抑制其吸收。

八、叶酸

叶酸（folic acid）又称维生素 B_9、蝶酰谷氨酸，由蝶酸（6-羟甲基蝶呤+对氨基苯甲酸）和 1~8 个 γ-谷氨酰基构成，在 260nm 处有吸收峰，对热敏感。

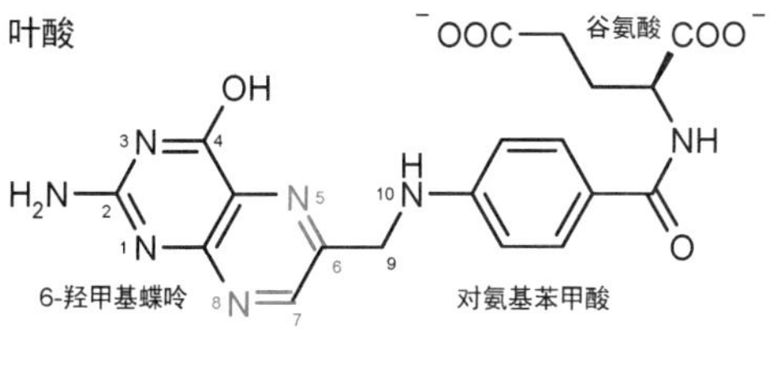

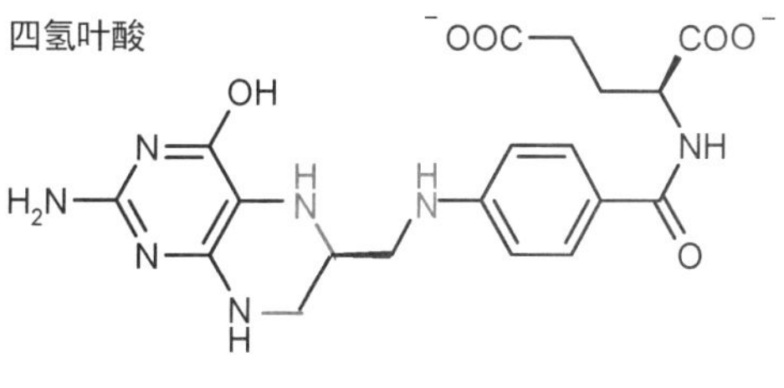

叶酸　　四氢叶酸

1. 来源　酵母、肝、某些水果、绿叶蔬菜富含叶酸。肠道细菌可合成叶酸。

植物性食物叶酸的存在形式多为蝶酰多谷氨酸，特别是蝶酰七谷氨酸，需在小肠近端由刷状缘分泌的 γ-谷氨酰水解酶和顶端膜谷氨酸羧肽酶 2（叶酸水解酶 1）水解掉 6 个谷氨酸（限速步骤，最适 pH 5），由顶端膜质子偶联叶酸转运蛋白介导吸收（基侧膜载体尚未阐明）。食物叶酸吸收率约 50%，叶酸补剂吸收率约 85%，叶酸当量（dietary folate equivalent，DFE）= 食物叶酸

μg+补剂叶酸×1.7μg。

2. 生理功能、缺乏症 [5,6,7,8-]四氢叶酸（THF，FH_4）是叶酸的活性形式，由细胞质/线粒体二氢叶酸还原酶（辅助因子 NADPH）催化还原生成，是一碳单位转移酶类的辅助因子，参与一碳代谢，从而参与细胞增殖，尤其是红细胞增殖和成熟（第十章，227 页）。

叶酸缺乏是最常见的维生素缺乏，人类叶酸缺乏者约占 10%。①叶酸缺乏影响胸苷酸合成，影响甘氨酸、血红素、血红蛋白合成，DNA 复制及细胞分裂特别是骨髓红细胞成熟受阻，表现为幼红细胞分裂减慢，体积增大，直接进入血液，发生**巨幼细胞性贫血**。妊娠后期孕妇常见血浆叶酸水平低下，会发生巨幼细胞性贫血。②在各种出生缺陷中神经管畸形（神经管缺陷）最多，发生率高达 1∶1000~1∶400，表现为无脑畸形、脊柱裂，虽然机制不明，已确定适量补充叶酸可有效预防。目前推荐育龄妇女怀孕前开始每日补充叶酸至少 400μg，这一措施已将胎儿脊柱裂和其他神经管畸形的发生率降低了 46%~70%。③叶酸缺乏会引起高同型半胱氨酸血症，表现为厌食、腹泻、虚弱（第十章，228 页）。④胸苷酸合成不足导致 dUMP 掺入 DNA。这种掺入会被 DNA 修复系统检出、切除，掺入较多时导致断链，影响 DNA 功能和调节，最终突变增加、肿瘤发生增加。⑤叶酸缺乏影响 CpG 岛（第十九章，363 页）甲基化，同样使某些肿瘤发生增加。

叶酸缺乏的可能原因有摄入不足，吸收障碍，代谢障碍，需求增加，透析，肝病，酗酒。

体内通常储存有 5~10mg 叶酸，每日仅消耗 200μg，因此叶酸摄入不足或吸收障碍对代谢的影响通常发生在 3~4 个月之后。

叶酸缺乏检验 ①高效液相色谱分析。②服用一定量组氨酸，分析尿液组氨酸代谢中间产物 *N*-亚氨甲基谷氨酸。

九、维生素 B_{12}

维生素 B_{12} 又称**钴胺素**（cobalamin）、**抗恶性贫血维生素**，是唯一含金属元素（Co^{3+}）的维生素，常见有甲钴胺[素]、腺苷钴胺[素]（XB03B）、羟钴胺素、氰钴胺素四种，前三种是机体内存在形式，氰钴胺素是药剂或补剂形式。维生素 B_{12} 在弱酸性条件下稳定，对强酸、强碱、日光、氧化剂、还原剂敏感。

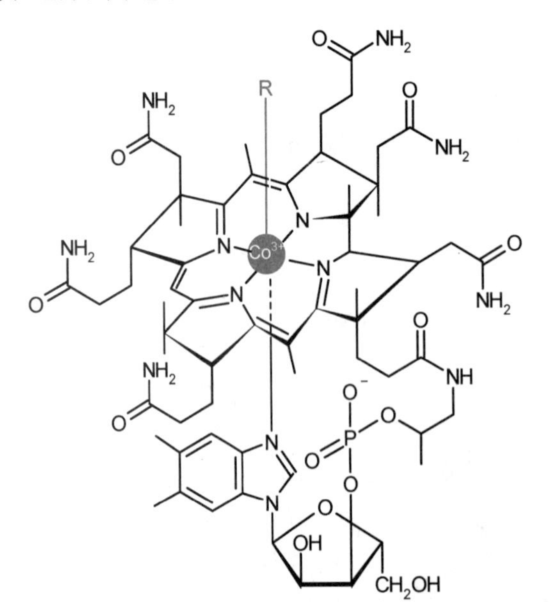

钴胺素形式	R基
羟钴胺素	羟基
甲钴胺素	甲基
腺苷钴胺素	5'-脱氧腺苷基
氰钴胺素	氰基

1. 来源 肝、肉、鱼、贝、蛋、奶等动物性食物富含维生素 B_{12}。植物性食物不含维生素

B_{12}（素食者注意）。仅部分微生物（如灰色链霉菌，*Streptomyces griseus*）可以合成维生素 B_{12}。

食物维生素 B_{12}以结合蛋白质形式存在，其蛋白质部分在胃内变性、水解，释放的维生素 B_{12}与唾液腺分泌的转钴胺素Ⅰ（钴胺传递蛋白Ⅰ，transcobalamin 1，TC-1）结合。胃壁细胞合成分泌的内因子（intrinsic factor，IF）介导维生素 B_{12}吸收，但在酸性条件下两者并不结合。在十二指肠，食糜被胰腺和十二指肠分泌的 HCO_3^-中和至弱碱性，转钴胺素Ⅰ·维生素 B_{12}复合物解离，转钴胺素Ⅰ被胰酶水解，维生素 B_{12}（食物摄入的和胆汁分泌的）与内因子结合成内因子·维生素 B_{12}复合物，在回肠远端 1/3 部分与上皮细胞顶端膜依赖钙离子的特异受体 Cubilin 结合，以耗能方式内吞、解离。IF 被溶酶体降解，维生素 B_{12}与转钴胺素Ⅱ（TC-2）结合，从基侧膜胞吐进入门脉循环，被各组织细胞以受体介导内吞方式摄取，过多部分被肝细胞摄取储存或汇入胆汁，形成维生素 B_{12}的肠肝循环。

2. 生理功能、缺乏症 维生素 B_{12}的活性形式是甲钴胺素和[5′-脱氧]腺苷钴胺素：①甲钴胺素在细胞质参与一碳代谢，如作为蛋氨酸合成酶的辅助因子参与蛋氨酸循环（第十章，227 页）。维生素 B_{12}缺乏会影响四氢叶酸再生，从而影响红细胞成熟，发生恶性贫血、巨幼细胞性贫血，因此服用叶酸治疗巨幼细胞性贫血时，需同时服用维生素 B_{12}。②腺苷钴胺素（辅酶 B_{12}）在线粒体内作为甲基丙二酰辅酶 A 变位酶的辅助因子参与丙酰辅酶 A 转化为琥珀酰辅酶 A 的反应（见于缬氨酸、苏氨酸、异亮氨酸、蛋氨酸、胆固醇、奇数碳脂肪酸代谢过程中）。辅酶 B_{12}缺乏会引起甲基丙二酰辅酶 A 积累及甲基丙二酸血症（甲基丙二酸尿）。

维生素 B_{12}缺乏很少在正常饮食者中出现，偶见于有严重吸收障碍的患者及长期素食者。以下因素会影响维生素 B_{12}吸收：①胃大部分切除或胃壁细胞损伤导致内因子缺乏，例如胃壁细胞自身免疫性破坏患者胃壁细胞数量减少，内因子分泌减少。②体内产生抗内因子抗体。③小肠细菌增殖过度，大量结合和代谢维生素 B_{12}。④克罗恩病（节段性回肠炎）和回肠切除。这些因素导致的贫血必须补充维生素 B_{12}。

体内通常储存有 1~10mg 维生素 B_{12}，主要在肝脏。每日代谢仅丢失（因而仅需补充）1~3μg，因此吸收障碍发生 1~10 年之后才会影响代谢，发生恶性贫血和巨幼细胞性贫血。不过，维生素 B_{12}每日肠肝循环量 1~10μg，大部分重吸收，故若回肠重吸收障碍，则 2~4 年后会发生缺乏。

恶性贫血 一种致死性自身免疫性疾病，表现为胃壁细胞受到破坏，因而内因子缺乏甚至缺失，食物及胆汁维生素 B_{12}均不能吸收。不过，即使没有内因子，仍会有 0.1%~1%的口服维生素 B_{12}可以通过非特异机制吸收。因此，通过补充维生素 B_{12}治疗恶性贫血，既可以采用每日高剂量口服，又可以采用每月中等剂量注射。恶性贫血有两个症状：巨幼细胞性贫血（类似于叶酸缺乏）和神经功能障碍（周围神经和脊髓变性，原因不是叶酸缺乏，而是中枢神经系统蛋氨酸缺乏，导致髓鞘碱性蛋白精氨酸甲基化缺失，中枢神经系统重度进行性损伤）。

补充叶酸应接受医生指导：补充叶酸可以防治维生素 B_{12}缺乏引起的巨幼细胞性贫血，但不能纠正其神经功能障碍，反而会掩盖维生素 B_{12}缺乏，加重神经功能障碍，特别是对老年人，因为他们易患萎缩性胃炎，导致胃酸分泌减少，影响维生素 B_{12}吸收，因此叶酸治疗需同时补充 B_{12}。

第二节 脂溶性维生素

脂溶性维生素（fat-soluble vitamin）包括维生素 A、维生素 D、维生素 E 和维生素 K，其特点是：①元素组成和分子结构简单，只含有碳、氢、氧三种元素，且都是异戊二烯类化合物。②易溶于脂肪，不溶于水。在食物中常以酯的形式与其他脂质或蛋白质共存，与其他脂质一同消化并形成微团（胶束）而吸收，吸收机制是自由扩散和载体介导易化扩散，在血浆中与脂蛋白或特异的结合蛋白（如视黄醇结合蛋白）结合运输。③可在体内（脂肪细胞、肝细胞）大量储存。④不能直接排泄，需先转化，因此摄入过多会积累甚至引起中毒。⑤以下因素影响摄入，甚至引起缺乏症：食物中脂溶性维生素含量不足，吸收障碍，维生素活化不足，肝胆疾病，炎症性肠道疾病（克罗恩病、乳糜泻），服用消胆胺、奥利司他，减肥手术。⑥作用机制甚至功能尚未完全阐明。

一、维生素 A

维生素 A 又称抗干眼病维生素，包括维生素 A_1（视黄醇）及其衍生物（视黄醛、视黄酸、视黄醇酯）和维生素 A_2（3-脱氢视黄醇）及其衍生物（3-脱氢视黄醛、3-脱氢视黄酸、3-脱氢视黄醇酯）（也有定义维生素 A 包括 A_1和 A_2）。维生素 A 化学性质活泼，遇空气会被氧化分解，且在 325nm 处有吸收峰，所以对紫外线敏感。

视黄醇　　3-脱氢视黄醇

视黄醛　　11-顺视黄醛

视黄酸　　9-顺视黄酸

β 胡萝卜素

1. 来源　维生素 A 最早发现于鱼肝中（海水鱼肝富含维生素 A_1，淡水鱼肝富含维生素 A_2），只存在于动物性食物中，故称维生素 A。奶类、（鱼）肝、蛋黄富含视黄醇（以长链脂肪酸酯的形式存在）。胡萝卜、菠菜、南瓜、杧果、杏、番木瓜等蔬菜和水果富含类胡萝卜素（carotenoid，已发现 700 多种，对 450～470nm 可见光有强吸收），特别是β 胡萝卜素（β carotene）。

视黄醇酯在小肠由胰脂肪酶催化水解后吸收，吸收率为 50%～90%。类胡萝卜素被小肠吸收后主要在肝细胞、一部分在小肠[黏膜]上皮细胞内被β 胡萝卜素双加氧酶 1 裂解成视黄醛（所以类胡萝卜素又称维生素 A 原），再还原成视黄醇。视黄醇在滑面内质网被酯化后与其余类胡萝卜素一同汇入乳糜微粒。维生素 A 原的吸收和转化效率有限，可用视黄醇[活性]当量（retinol activity equivalent，RAE）表示：1 视黄醇当量（RAE）= 1μg 全反式视黄醇 = 2μg 补剂全反式 β

胡萝卜素=12μg 食物全反式 β 胡萝卜素=24μg 食物其他胡萝卜素。食物维生素 A 含量曾用国际单位 IU 表示：1IU=0.3μg 全反式视黄醇，目前已少用。

●《营养名词术语》定义视黄醇活性当量：膳食摄入具有视黄醇活性物质的活性之和。视黄醇活性当量（RAE/μg）=膳食或补充剂来源的全反式视黄醇（μg）+1/2 补充剂纯品全反式 β 胡萝卜素（μg）+1/12 膳食全反式 β 胡萝卜素（μg）+1/24 膳食其他维生素 A 原（μg）。○

维生素 A（视黄醇酯）主要储存于肝（星形细胞，占肝组织细胞的 13%），占全身储量的 95%，其余储存于脂肪细胞。维生素 A 储量达 100mg，可满足 10~12 个月的需要。胡萝卜素则储存于肝实质细胞及脂肪细胞内。食物脂质不足、胰腺疾病、胆汁淤积和其他肝脏疾患会引起维生素 A 缺乏。

肝细胞利用血浆视黄醇结合蛋白 4 和转甲状腺素蛋白向肝外组织运输视黄醇。视黄酸则与血浆白蛋白或视黄酸结合蛋白结合运输。

2. 生理功能、缺乏症和毒性　视黄醇在各组织细胞被氧化成视黄醛（retinal）、视黄酸（维甲酸，retinoic acid），它们都是维生素 A 的活性形式。视黄醇和视黄醛参与视觉传导。视黄酸是信号分子，可作用于所有组织细胞，特别是角膜、皮肤、肺上皮、肺气管、免疫系统，维持上皮细胞完整性，调节胚胎发育、细胞分化、红细胞生成、个体生长、生殖能力、免疫功能。

（1）视黄醛参与视觉传导　11-顺视黄醛与视蛋白形成光感受器（感光色素、光受体），位于视网膜感光细胞内（表 6-1，图 6-1）。

表 6-1　人视网膜光感受器一览

感光细胞	细胞个数	光感受器	视蛋白大小（氨基酸残基数）	吸收峰（nm）	感光强度
视杆细胞	1×10^8	视紫红质	348	495	弱光
视锥细胞	3×10^6	蓝色光感受器	348	420	强光
		绿色光感受器	364	530	强光
		红色光感受器	364	560	强光

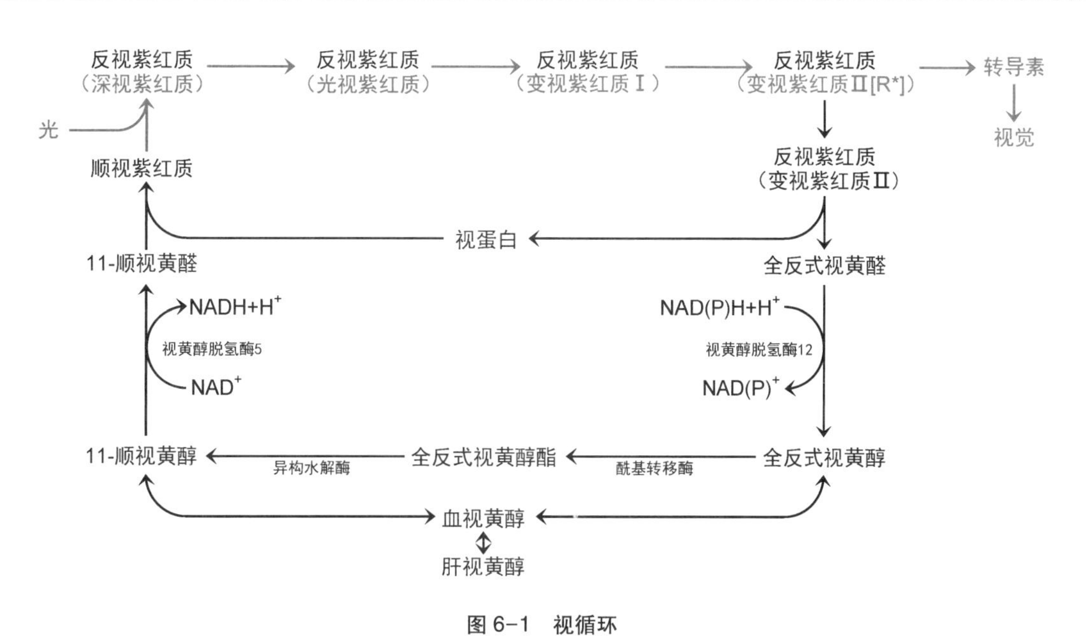

图 6-1　视循环

维生素 A 缺乏导致角膜软化症：①早期表现是夜盲，即绿视觉丧失，之后是暗视觉受损。②之后发展为干眼症（干眼病、眼干燥症、干燥性角膜炎）：病人感眼部不适，发干，有烧灼感，

睑裂部球结膜处可见毕脱斑。③继续发展为角膜起皱、软化，并发细菌或衣原体感染、破裂、穿孔、溶解、坏死，最终眼球萎缩失明。

（2）视黄酸和9-顺视黄酸调控基因表达　全反视黄酸和9-顺视黄酸是信号分子，可以与视黄酸受体（retinoic acid receptor，RAR）结合，9-顺视黄酸还可以与类视黄酸受体（retinoid X receptor，RXR）结合，结合后调控基因表达，从而调控细胞生长、增殖、分化，调节胚胎发育、器官形成、机体生长、生殖能力、免疫功能，维持上皮完整性。①维持上皮形态与生长。②诱导细胞分化、抑制细胞癌变、促进肿瘤细胞凋亡。维生素A是调节免疫细胞分化的重要因子，因此轻度缺乏引起机体免疫力下降，易感染。维生素A缺乏引起以下非特异性后果：生长发育迟缓，生殖能力下降，患病率、死亡率和贫血（小细胞性贫血）风险增加。

视黄酸在胚胎发育早期即参与基因表达调控，因此维生素A缺乏或过量都会引起胚胎发育异常或先天畸形（孕妇应避免使用治疗重度痤疮的维甲酸霜）。

（3）维生素A和胡萝卜素是抗氧化剂　参与清除自由基，控制脂质过氧化，保护细胞膜的完整性。

胡萝卜素无毒，但会积累于富脂部位，多喂胡萝卜汁的婴儿皮肤会呈橙色，脂肪组织（尸检）也呈黄色。积累于皮肤的胡萝卜素可以吸收一部分紫外线，因而降低晒伤的可能性。

维生素A缺乏病　维生素A缺乏引起的以眼、皮肤改变为主的全身性疾病。患者体内维生素A水平不足以维持正常生理功能，血清（血浆）中视黄醇水平6岁及以下儿童低于0.35μmol/L，6岁以上儿童及成人低于0.70μmol/L。维生素A边缘型缺乏（marginal vitamin A deficiency）：人体内维生素A水平可以维持正常生理功能，但是补充维生素A后血清（血浆）中视黄醇水平上升，血清（血浆）中视黄醇水平6岁及以下儿童0.35～0.70μmol/L，6岁以上儿童及成人0.70～1.05μmol/L。

维生素A缺乏检验　通常用高效液相色谱法测定血清（血浆）视黄醇评价体内维生素A水平。

临床应用　维生素A用于治疗夜盲，视黄酸用于治疗干眼症、皮肤干燥起皱、寻常痤疮、重度痤疮、某些白血病等。

维生素A中毒　因为维生素A在体内有储存，而且主要以棕榈酸酯形式储存于肝脏，所以一次性吸收超过200mg维生素A，或长期日吸收量超过40mg，超过细胞内结合蛋白储存能力时，游离维生素A增加，发生维生素A中毒。

游离维生素A会引起细胞裂解、组织损伤，涉及神经系统（颅内压增高导致头痛、双瞳、头晕、恶心、运动失调、厌食、呕吐、腹泻）、肝脾（肿大）、骨骼和关节（疼痛）、血液（高血脂）、皮肤（过度干燥、皮炎、脱屑、脱发）、钙稳态（长骨增厚、高钙血症、软组织钙化）、生殖（胚胎吸收、流产、畸胎、出生缺陷）。

二、维生素D

维生素D又称**抗佝偻病维生素**，包括维生素D_2～D_7六种，其中**维生素D_3**（胆钙化醇、胆骨化醇）和**维生素D_2**（钙化醇、骨化醇）常见。维生素D结构稳定，在265nm处有吸收峰。

德国化学家A. Windaus（1928年诺贝尔化学奖获得者）研究发现维生素D属于类固醇，并报道了维生素D_1、维生素D_2、维生素D_3。后来发现他报道的维生素D_1是维生素D_2和光甾醇的混合物。

1. 来源　（鱼）肝、蛋黄等动物性食物富含维生素D_3，其他食物含量很少。维生素D主要

在空肠吸收，吸收需胆汁酸乳化，吸收率50%~80%。吸收后由乳糜微粒及维生素D结合蛋白运输，大部分储存于脂肪细胞。酵母麦角固醇虽不能被吸收，但是经过紫外线照射后可转化为能被吸收的维生素D_2，所以麦角固醇称为**维生素D_2原**。维生素D_2活性同维生素D_3，所以常用作食品添加剂。机体自身合成是维生素D_3的主要来源。

（1）皮下　胆固醇合成中间产物7-脱氢胆固醇积累于皮下（表皮生发层），在紫外线照射下发生两步反应，转化为维生素D_3（所以7-脱氢胆固醇称为**维生素D_3原**）。白人维生素D_3合成量五倍于黑人。

（2）肝脏　维生素D_3由乳糜微粒、维生素D结合蛋白分别从小肠、皮下运到肝细胞，由内质网（微粒体）膜25-羟化酶催化羟化，生成25-羟维生素D_3（25-OH-D_3），是维生素D的主要存在形式。25-羟化酶在肾、肠也有低表达。

（3）肾脏　血浆中的维生素D代谢物85%由肝细胞合成分泌的维生素D结合蛋白运输，其中25-OH-D_3运到肾（或其他组织），由近端小管细胞线粒体外膜1α-羟化酶催化羟化，生成1,25-$(OH)_2$-D_3，即**骨化三醇**（钙三醇）。

骨化三醇是维生素D_3的主要活性形式，其合成受反馈调节，**1α-羟化酶**是调节酶，受甲状旁腺激素诱导、骨化三醇阻遏、高血钙和高血磷抑制。机制是骨化三醇抑制肾1α-羟化酶基因表达，同时诱导肾24-羟化酶基因表达。24-羟化酶可以羟化灭活25-OH-D_3、骨化三醇（第十四章，274页）。

25-OH-D_3与维生素D受体（vitamin D receptor，VDR）的亲和力仅为骨化三醇的1/1000，但血浆浓度是骨化三醇的1000倍，因此可能也是维生素D的活性形式。

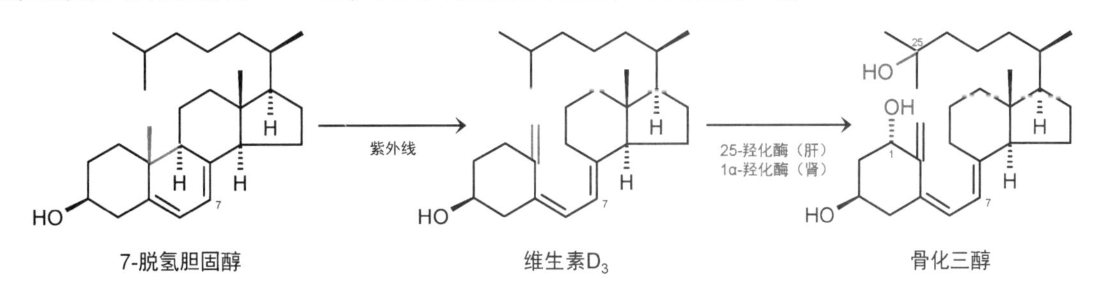

2. 生理功能、缺乏症和毒性　骨化三醇起激素作用，功能是调节钙磷代谢和细胞分化，作用机制是由维生素D结合蛋白通过血液运到靶细胞，进入细胞核，激活VDR。VDR和RXR形成异二聚体，调控基因表达。VDR靶基因有200多种，表达产物功能包括调节钙磷代谢以维持钙稳态、调节细胞增殖和细胞分化等。

（1）主要功能是维持钙稳态　机制见第十五章，302页。

（2）调节细胞增殖和细胞分化　皮肤、大肠、前列腺、乳腺、心、脑、骨骼肌、胰岛β细胞、单核细胞、淋巴细胞等均存在维生素D受体，这些细胞的分化受维生素D调节。例如：①维生素D促进胰岛素、甲状旁腺激素和甲状腺激素合成分泌。②维生素D促进肿瘤细胞分化，抑制其增殖，降低肿瘤发生率。光照不足与结肠癌、乳腺癌的发生率和死亡率有一定相关性。③维生素D还能防止心血管疾病、自身免疫性疾病（自身免疫性糖尿病）。

（3）其他功能　维生素D调节肌细胞多种代谢，净效应是增强肌肉功能。

维生素D储量大（储存形式主要是25-OH-D_3），每日仅更新1%~2%（维生素D_3、25-OH-D_3、骨化三醇半衰期分别为60天、15天、12~24小时），可满足3~4个月的需要，故长期摄入不足才会引起缺乏。正常人维生素D_3合成量足以满足需要。

各种形式的维生素 D 在血浆中均与特定蛋白质结合运输，其中 85% 由维生素 D 结合蛋白运输。维生素 D 结合蛋白由肝细胞合成分泌。严重肝病时，维生素 D 结合蛋白合成减少，导致血浆维生素 D 代谢物浓度下降。

维生素 D 缺乏病 维生素 D 缺乏导致钙、磷代谢障碍引起的全身性骨病。维生素 D 缺乏时儿童会患**佝偻病**（早期诊断指标是血清骨化三醇降低）、生长发育受损，成人会引起**骨软化**。

佝偻病（rickets）：小儿缺乏维生素 D 和（或）钙，导致钙、磷代谢障碍引起的以骨钙沉积不良为特征的全身性骨病。骨软化症（osteomalacia，halosteresis）：成人缺乏维生素 D 或钙，导致钙吸收不良和骨骼脱钙而发生的骨病。

佝偻病和骨软化发病机制：小肠钙吸收不足，血钙减少，甲状旁腺激素合成分泌增加，动员骨盐，补充血钙，因而即使维生素 D 长期缺乏，血钙也可以接近正常，代价是骨解，引起儿童骨软化易弯曲，成人骨骼脆性增加易断裂。

维生素 D 缺乏性手足搐搦症（婴儿手足搐搦症） 主要是由于维生素 D 缺乏，引起血钙低下，神经肌肉兴奋性增高，出现惊厥和手足搐搦等症状，多见于婴儿。

临床应用 常用维生素 D 为骨化三醇和阿法骨化醇（XA11），用于治疗骨质疏松（但尚无研究结果支持）。骨质疏松是老年人病理性骨折的主要原因。

维持较高水平维生素 D 可以降低胰岛素抵抗、高血压、高血脂、肥胖、肿瘤（如前列腺癌、结肠癌）等风险。

需要补充维生素 D 或钙时，两者应同时补充。

维生素 D 过多症 长期吸收过量（每日超过 50μg）维生素 D 引起的中毒现象，表现为高钙血症、高钙尿症，进而血管收缩、高血压、钙质沉着，可引起头痛、恶心，软组织和肾钙化。若由维生素 D_3 过多引起，数月后才能恢复；若由骨化三醇过多引起，一周后可恢复。

三、维生素 E

维生素 E（生育酚，tocopherol）包括生育酚类和生育三烯酚（三烯生育酚）类，天然存在的生育酚类和生育三烯酚类各有 α、β、γ 和 δ 四种，主要是[D-]α 生育酚（占人体维生素 E 总量的 90%）。维生素 E 在 259nm 处有吸收峰，在无氧条件下较稳定，对氧敏感。

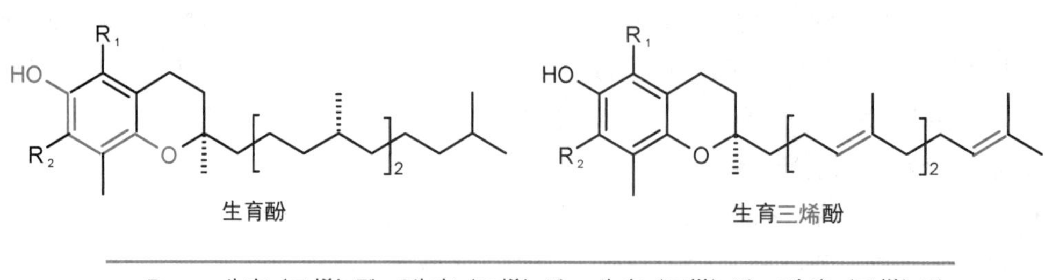

R	α生育（三烯）酚	β生育（三烯）酚	γ生育（三烯）酚	δ生育（三烯）酚
R_1	CH_3	CH_3	H	H
R_2	CH_3	H	CH_3	H

1. 来源 油性坚果、种子、麦芽富含维生素 E。

● 《营养名词术语》定义 α 生育酚当量（α-tocopherol equivalent，α-TE）：膳食中具有维生素 E 生物活性物质的总量，以毫克 α 生育酚当量（mg α-TE）表示。

α-TE（mg）= 1×α 生育酚（mg）+0. 5×β 生育酚（mg）+0. 1×γ 生育酚（mg）+0. 02×δ 生育酚（mg）+0. 3×α 生育三烯酚酚（mg）○

正常人小肠α生育酚吸收率为20%~70%，以脂蛋白形式运输，分布于细胞膜、贮脂。肝可以从脂蛋白摄取各种维生素E，但向血浆分泌α生育酚，向胆汁分泌其他维生素E。

2. 生理功能、缺乏症　维生素E是抗氧化剂，是细胞膜和血浆脂蛋白中主要的脂溶性抗氧化剂、自由基清除剂，但其特异功能尚未阐明。被氧化的维生素E会由维生素C、GSH等还原再生。

（1）脂溶性抗氧化剂和自由基清除剂　可以清除活性氧及其他自由基，从而保护生物膜免受氧化损伤，保护细胞。

●抗氧化剂可分为两类：①预防型抗氧化剂（preventive antioxidant），可阻止产生活性氧反应的启动，如过氧化氢酶、谷胱甘肽过氧化物酶及其他过氧化物酶、硒、金属螯合剂（如EDTA，ethylene diamine tetraacetic acid，乙二胺四乙酸）。②终止型抗氧化剂（chain breaking antioxidant），可终止已启动的产生活性氧的反应，如超氧化物歧化酶、尿酸、维生素C、维生素E和β胡萝卜素。○

（2）与酶活性有关　能提高血红素合成途径关键酶5-氨基乙酰丙酸合成酶的活性，促进血红素合成。

（3）可能参与基因表达调控　上调或下调维生素E摄取和分解相关基因、脂质摄取和动脉粥样硬化相关基因、某些细胞外基质蛋白基因、细胞黏附与炎症相关基因、信号转导相关基因，因而具有抗炎、维持免疫功能、抑制细胞增殖作用，可降低血浆低密度脂蛋白（LDL）水平。

人类罕见维生素E缺乏。脂质吸收不良、囊性纤维化、无β脂蛋白血症、某些慢性肝病患者会发生维生素E缺乏。早产儿维生素E缺乏时脂质过氧化导致红细胞脆性增加，会发生轻度溶血性贫血、血小板增多、水肿。

实验动物维生素E缺乏时观察到以下结果：鳞状皮肤、肌病、脑软化、周围神经病变、肾变性、胰腺纤维化、肝坏死、微血管病、睾丸萎缩、妊娠失败、胚胎吸收、脂肪组织炎、渗出性素质、溶血、恶性高热。

临床应用　维生素E用于治疗先兆流产、习惯性流产和不育症等。

维生素E是某些保健或抗衰老用品的主要成分。流行病学证据表明维生素E可以预防动脉粥样硬化和心血管疾病，但有干预实验发现大量补充α生育酚增加死亡率。

四、维生素K

维生素K又称凝血维生素（koagulation，凝结，斯堪的纳维亚语拼写），包括维生素K_1、维生素K_2和维生素K_3，是萘醌衍生物，维生素K在249nm处有吸收峰，热稳定性好，但对光和碱敏感。

维生素K_1　　维生素K_2（MKn）　　维生素K_3

1. 来源　绿叶蔬菜、水果、奶制品、油性坚果或种子、谷物，肠道菌群可合成。①维生素K_1（叶绿醌，phylloquinone，PK）在绿叶植物及动物肝内含量丰富。②维生素K_2（甲基萘醌，

menaquinone，MKn）是细菌（包括肠道细菌）的代谢产物。不同细菌合成的维生素 K_2的 C-3 位侧链所含异戊二烯单位数不同，已鉴定的有 MK-6、MK-7、MK-8、MK-10 和 MK-11。MK-4 例外，它是维生素 K_1 和维生素 K_3 在人体组织细胞内（如肝细胞）的转化产物。③维生素 K_3（menadione，甲萘醌）是人工合成物（活性最强）。维生素 K 吸收率50%~80%，在血浆中由乳糜微粒运输。

2. 生理功能、缺乏症 维生素 K 是内质网膜 γ-谷氨酰羧化酶的辅助因子（图 6-2）。γ-谷氨酰羧化酶最适 pH 7.0，其功能是在翻译后修饰环节催化一类钙结合蛋白（统称**维生素 K 依赖性蛋白、Gla 蛋白**）特定谷氨酸的 γ-羧化作用，从而产生以下效应：

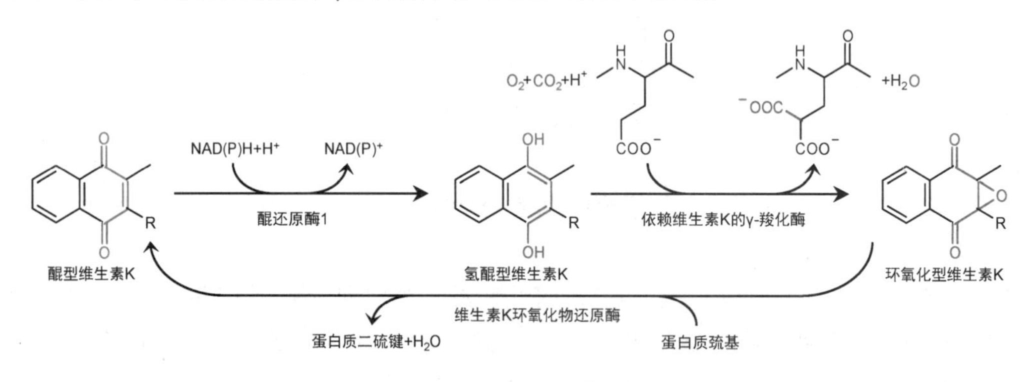

图 6-2 维生素 K 作用机制

（1）参与凝血因子合成　促进肝脏合成的凝血因子Ⅱ（凝血酶原）、凝血因子Ⅶ（前转变素）、凝血因子Ⅸ（血浆凝血活酶成分）、凝血因子Ⅹ和抗凝物质蛋白 C、蛋白 M、蛋白 S、蛋白 Z 等的翻译后修饰（羧化），维持正常凝血功能。维生素 K 缺乏会引起继发性凝血酶缺乏，导致凝血功能障碍，表现为凝血时间延长，严重时发生皮下、肌肉及消化道出血。

H. Dam 和 E. Doisy 等于 1935 年鉴定维生素 K 并证明其凝血活性，获得 1943 年诺贝尔生理学或医学奖。

凝血酶原 N 端 10 个谷氨酸残基被 γ-谷氨酰羧化酶催化羧化成 γ-羧基谷氨酸后，可以螯合 Ca^{2+}（凝血因子Ⅳ），之后得以锚定于（黏附、聚集于损伤部位而活化的）血小板表面磷脂上，被已经结合的凝血因子Ⅹa 和凝血因子Ⅴa 激活，激活时钙结合域被切除，使凝血酶得以离开，去激活纤维蛋白原及凝血因子Ⅴ、凝血因子Ⅶ、凝血因子Ⅷ和凝血因子ⅩⅢ，与血栓调节蛋白（thrombomodulin）结合激活蛋白 C。

华法林（抗血栓形成药，XB01A）是维生素 K 拮抗剂，临床用于抗血栓形成和血栓栓塞，如深静脉血栓形成、肺栓塞，预防房颤心率异常患者中风。

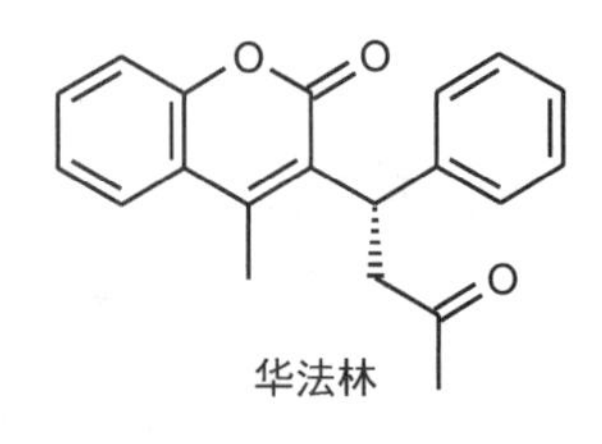

华法林

（2）促进骨代谢　骨钙素（osteocalcin，含有 49 个氨基酸残基，包括 3 个 γ-羧基谷氨酸）占骨蛋白 1%~2%，与磷灰石及钙结合。女性股骨颈、脊柱的骨盐密度与其维生素 K 摄入量呈正相关。

（3）抗动脉钙化　降低动脉粥样硬化风险。骨基质 Gla 蛋白（matrix Gla protein，含有 77 个氨基酸残基，包括 5 个 γ-羧基谷氨酸）是骨和软骨基质蛋白，功能是抑制骨形成。骨基质 Gla 蛋白也存在于血管壁，其作用可能是抑制动脉钙化。

维生素 K 分布广泛，但人体储量仅为 50~100μg，影响脂质吸收的以下因素会引起维生素 K 缺乏：食物中缺乏脂质、脂质吸收不良、肝病、胆汁淤积、服用头孢菌类抗生素、胆瘘。通常通

过测定凝血时间诊断维生素 K 缺乏。

维生素 K 缺乏病　维生素 K 缺乏引起的以出血为特征的全身性疾病。新生儿及婴儿可表现为迟发性维生素 K 缺乏病。

维生素 K 缺乏导致出血病，主要见于新生儿，特别是早产儿。因为需要量大（5μg/d），储量少，肠道菌群尚未形成，乳汁维生素 K 含量低（1~2μg/L，每日需哺乳 3L 才能满足维生素 K 需要），所以新生儿出生后 2~3 天依赖维生素 K 的凝血因子会减少。1/400 新生儿会有异常出血倾向，称为新生儿出血病，这是最常见的新生儿营养不良，会导致颅内出血及持久性神经系统后遗症，因此一些国家立法规定新生儿短期口服或肌肉注射维生素 K 以预防其缺乏。成人维生素 K 缺乏多由脂质吸收不良引起，因此胆道梗阻患者术前常先补充维生素 K。

临床应用　药用维生素 K（XB02B）包括维生素 K_1、维生素 K_3（亚硫酸氢钠甲萘醌）、还原型维生素 K_3（甲萘氢醌）、维生素 K_4（甲萘氢醌醋酸酯）。

第三节　微量元素

除碳、氢、氧、氮之外的生命元素称为矿物质，分为常量元素（含量高于 0.01%）和微量元素（含量低于 0.01%）。人体微量元素（痕量元素，trace element）分为三类：①人体必需的微量元素，有铁、锌、铜、碘、硒、钼、铬、钴 8 种。②人体可能必需的微量元素，有锰、硅、镍、硼、钒 5 种。③具有潜在毒性，但在低剂量时，对人体可能是有益的微量元素，包括氟、铅、镉、汞、砷、铝、锂、锡 8 种。必需微量元素中锌、铜、铬、钴也有较大毒性。

一、铁

铁在人体必需微量元素中含量最高，成年男性为 0.005%，成年女性为 0.004%。人体铁分为功能性铁和储存铁。储存铁主要储存于肝，其余储存于肠黏膜、骨髓、脾、胰、心肌膜等组织（表 6-2）。铁储量极不稳定，许多儿童和经期女性几乎没有储存铁，而某些老年男性储存铁可超过 1g。

表 6-2　人体内铁的含量和分布（g）

蛋白质	70kg 男性	55kg 女性	蛋白质	70kg 男性	55kg 女性
功能铁（70%~75%）			储存铁（25%~30%）		
血红蛋白	2.50	1.70	铁蛋白	0.50	0.30
肌红蛋白	0.15	0.10	含铁血黄素	0.50	0.10
酶、细胞色素、铁硫蛋白	0.15	0.10	转铁蛋白	0.003~0.004	0.002
			总量	4	3

1. 来源　体内铁可重复利用，因而推荐日摄入量并不多（1~1.5mg），主要用于补偿铁的丢失。大多数人每日膳食含铁 10~20mg，分为非血红素铁和血红素铁，吸收率都不高。非血红素铁主要来自植物性食物（豆、枣、某些绿叶蔬菜），吸收率低，为 0.8%（大米）~10%（大豆）（但缺铁或贫血时吸收增加）。血红素铁主要来自动物性食物（蛋黄、肝、肉类含铁较多，奶类含铁较少），且以血红素的形式直接吸收，吸收率高于非血红素铁，为 20%~25%。

铁主要由十二指肠吸收，主要吸收形式是 Fe^{2+}，①非血红素铁主要是 Fe^{3+}，所以先被维生素

C 还原成 Fe^{2+}（由肠上皮细胞刷状缘膜细胞色素 *b* 还原酶 1 催化，胃酸、食物中的各种还原剂促进 Fe^{3+} 的还原），再通过十二指肠二价金属转运体（也转运 Mn^{2+}、Co^{2+}、Cd^{2+}、Ni^{2+}、V^{2+}、Pb^{2+}）吸收。②血红素铁通过血红素转运体（也转运叶酸）吸收，然后被血红素加氧酶催化氧化释放 Fe^{2+}。③Fe^{2+} 吸收后氧化成 Fe^{3+}，与铁蛋白结合，储存于十二指肠黏膜胞内；或通过基侧膜铁转运蛋白（ferroportin）释放入血，被基侧膜亚铁氧化酶（hephaestin，含铜，与铜蓝蛋白同源，活性中心在胞外）氧化成 Fe^{3+}。④血浆 Fe^{3+} 由转铁蛋白（运铁蛋白，transferrin，由肝细胞合成分泌的一种糖蛋白，属于 β_1 球蛋白）结合运输。每一分子转铁蛋白可结合 $2Fe^{3+}$。⑤转铁蛋白 Fe^{3+} 由肝、骨髓、脾、胰、心肌膜等细胞通过转铁蛋白受体（transferrin receptor）摄取，游离后还原成 Fe^{2+} 再利用，或以铁蛋白形式储存 Fe^{3+}。

慢性酒精中毒诊断指标 慢性酒精中毒影响转铁蛋白糖基化，未糖基化转铁蛋白称为缺糖转铁蛋白，可用等电聚焦电泳分析，因而可作为慢性酒精中毒诊断指标。

铁的吸收由肝控制：①血浆转铁蛋白饱和时，肝细胞会合成分泌铁调素（hepcidin，一种二十五肽激素），与基侧膜铁转运蛋白结合，促使铁转运体内吞、分解，抑制细胞铁输出。肠上皮细胞的过量铁会积累于细胞内，随细胞脱落后随粪便排出。②缺氧、贫血或出血时，肝细胞铁调素合成分泌减少，基侧膜铁转运体增加，铁吸收加快。

铁的吸收受食物成分影响：①酸性条件下，氨基酸、柠檬酸、苹果酸等与 Fe^{2+} 螯合，促进其吸收。胃酸缺乏、胃切除引起 Fe^{2+} 吸收减少。②鞣酸（单宁酸）、草酸、植酸、磷酸等与 Fe^{3+} 形成沉淀或难吸收复合物，抑制吸收；钙也抑制铁吸收。

铁的吸收和排泄均通过肠黏膜：肠上皮细胞寿命 2~6 天，脱落后随粪便排出，从而排泄铁。尿液、汗液、胆汁、消化液几乎不含铁。

2. 生理功能、缺乏症和毒性 铁在代谢中起重要作用。

（1）构成血红素 ①造血。作为血红蛋白和肌红蛋白的辅基，运输和储存氧。②作为细胞色素 *a*、细胞色素 *b* 和细胞色素 *c* 的辅基，参与生物氧化。③作为细胞色素 P450 酶系、过氧化氢酶等的辅基，参与生物转化。

（2）构成铁硫中心 ①作为铁硫蛋白辅基，参与生物氧化。②作为黄嘌呤氧化酶辅基，参与嘌呤核苷酸分解代谢。③DNA 解旋酶、DNA 引物酶等一组参与 DNA 修复、转录的酶和其他因子含有[4Fe-4S]铁硫中心。

（3）作为酶的辅助因子 ①依赖维生素 C 和 α-酮戊二酸的含铁羟化酶。②其他含铁羟化酶，如苯丙氨酸羟化酶、色氨酸羟化酶、对羟基苯丙酮酸氧化酶。③其他酶，如 β 胡萝卜素双加氧酶、核苷酸还原酶。

（4）提高免疫力 激活中性粒细胞和吞噬细胞，增强机体的抗感染能力。

铁缺乏很常见。缺铁原因包括铁吸收不足，急性大出血，长期慢性失血，儿童生长期、女性妊娠期和泌乳期。缺铁的典型表现是苍白、虚弱、疲劳。缺铁时先动员储存铁，之后血红蛋白合成不足导致贫血，进一步发生含铁酶不足，相关代谢障碍。

缺铁可影响血红素合成，婴幼儿、青少年、孕期和经期妇女、老年人易发生缺铁性贫血（normocytic or microcytic hypochromic anemia，正常细胞或小细胞低色素性贫血），表现为血浆铁和骨髓储存铁减少。缺铁性贫血是发生率仅次于蛋白质摄入不足的营养不良，全球有 5 亿~6 亿人患缺铁性贫血。儿童、经期/孕期女性缺铁性贫血发生率在发达国家为 2%~15%，在贫穷国家为 10%~50%。缺铁性贫血可通过补铁治疗，通常以抗坏血酸联合铁制剂类抗贫血药（XB03A，硫酸亚铁、富马酸亚铁、琥珀酸亚铁、葡萄糖酸亚铁）口服补铁。治疗应持续数月，并在血色素恢

复正常之后继续治疗数月以使机体保有一定量的储存铁。

另外，铁过量或分布异常都有毒性，如 Fe^{2+} 催化 O_2 形成活性氧，因此铁都以 Fe^{3+} 并与特异蛋白牢固结合而运输和储存。误服大量铁剂或长期铁摄入过多，可引起铁中毒，在肝、肾、心等器官引起血色病（血色素沉着），可用铁螯合剂去铁胺（XV03AC）解毒。

缺铁检验　以血清铁蛋白为储存铁的指标，低于 12μg/L 视为缺铁。

二、锌

人体含锌 1.5~2.5g，含量仅次于铁，广泛分布于各种组织，其中 20%存在于皮肤，骨骼、牙齿、前列腺、精子、附睾、眼脉络膜中也较多。

1. 来源　牡蛎、肉类、坚果、豆类、麦芽等富含锌。食物锌在小肠通过锌转运蛋白 Zip4 部分吸收，在基侧膜通过锌转运蛋白 ZnT1 转出入血，在血中 80%~90%与白蛋白（其余与 α_2巨球蛋白）结合运输，在细胞内与金属硫蛋白结合储存（该蛋白质也结合铜等重金属以降低其毒性，因而其合成受锌、镉、铋、砷等诱导）。过量锌主要随粪便排出，少量随尿液（0.5mg/d）、汗液（0.2~2.0mg/d）、精液（1mg/每次射精）排出。

2. 生理功能、缺乏症　锌参与多种生理过程，如细胞运输、胰腺分泌、免疫功能、细胞增殖、精子形成、伤口愈合。

（1）是数百种含锌金属酶组分　如碳酸酐酶、Cu/Zn 超氧化物歧化酶、醇脱氢酶、羧肽酶 A/B、金属蛋白酶、DNA 聚合酶、RNA 聚合酶、碱性磷酸酶、腺苷脱氨酶。

（2）人类基因组编码 300 多种锌指蛋白　如各种类固醇受体。它们多数是转录因子和其他 DNA/RNA 结合蛋白，调控基因表达，促进生长发育。锌能增强创伤组织的再生能力，促进伤口愈合，维护皮肤完整性。

人体没有锌储存，锌缺乏很常见。儿童缺锌表现生长缓慢、皮肤病变、发育不良、免疫功能减退。肠病性肢端皮炎是一种罕见的隐性遗传病，表现为锌吸收障碍，引起重度皮肤病变、腹泻、脱发。缺锌还会伴发嗅觉味觉低下、伤口愈合迟缓、精神障碍、异食癖。

谷物所含植酸（肌醇六磷酸）与锌（或钙）螯合，抑制其吸收。酵母含植酸酶，可水解植酸，促进锌吸收。

克罗恩病、短肠综合征、溃疡性结肠炎、胃肠道手术会引起吸收不良而缺锌，肝肾疾病、糖尿病、恶性肿瘤、慢性腹泻、严重烧伤也引起缺锌，孕妇、酗酒者易缺锌。

有锌缺乏检验证据的患者可口服硫酸锌（XA12）补锌。

三、铜

人体含铜 80~110mg，分布于肌肉（50%）、肝脏（10%）、血液（5%~10%）等。大部分铜与蛋白质结合或作为酶组分，少量以游离状态存在。

1. 来源　海产品、鸡蛋、坚果、樱桃、蘑菇、谷物、豆类含铜较多。Cu^{2+} 由顶端膜金属还原酶 STEAP2（six-transmembrane epithelial antigen of prostate 2）催化还原成 Cu^{+}，在十二指肠由铜转运蛋白 1（copper transporter 1，CTR1）介导易化扩散吸收。吸收后由依赖 ATP 的铜泵 1（copper pump 1）泵入高尔基体，分泌入血，在血中 60%与血浆铜蓝蛋白结合，其余与白蛋白或组氨酸结合。食物铜吸收率约 25%，推荐日摄入量 1~3mg。铜主要从胆汁排泄。

2. 生理功能、缺乏症和毒性　人体约有 30 种含铜金属酶，参与催化利用分子氧或活性氧的反应：①铜是细胞色素 *c* 氧化酶的辅基，参与生物氧化（第七章，131 页）。②铜是酪氨酸

酶、多巴胺β-羟化酶的辅基，参与儿茶酚胺及黑色素的合成（第十章，230-231页）。③铜是Cu/Zn超氧化物歧化酶的辅基，参与超氧阴离子和其他活性氧清除（第七章，142页）。④铜参与铁代谢和造血过程：血浆铜蓝蛋白属于α_2球蛋白，是由肝脏合成分泌的一种含铜糖蛋白，含6个Cu^{2+}，是血浆中主要的含铜蛋白，具有亚铁氧化酶活性，在血浆中负责催化Fe^{2+}氧化成Fe^{3+}，使其易被细胞摄取利用。⑤铜是依赖铜的赖氨酰氧化酶的辅基，参与胶原、弹性蛋白赖氨酰的氧化脱氨基。

缺铜主要见于肠外营养者和摄铜不足新生儿，特征是缺铁性贫血、白细胞减少、出血性血管变化、骨质流失、高胆固醇血症，细胞色素*c*氧化酶活性下降导致生物氧化受阻、ATP合成减少，因而发育迟缓、脑组织萎缩、神经组织脱髓鞘。

遗传因素或铜缺乏导致血浆铜蓝蛋白缺乏，影响铁循环，导致其积累于肝或其他组织。低铜蓝蛋白血症（hypoceruloplasmenia）患者血浆铜蓝蛋白水平约为正常水平的50%，通常无临床症状，但若突变导致其亚铁氧化酶活性缺失，称为无铜蓝蛋白血症（aceruloplasminemia），后果严重，如不治疗，铁积累于胰岛细胞、基底核，会导致1型糖尿病、神经系统变性（痴呆、构音障碍、肌张力障碍）。

Menkes病 是一种罕见的X连锁隐性遗传病。铜缺乏导致进行性神经退化，结缔组织缺陷，临床表现为局灶性脑和小脑变性，生长迟缓，头发色素减少、卷曲易断，皮肤松弛，血管并发症，通常三岁前死亡。原因是缺乏依赖ATP的铜泵1，肠上皮细胞向血液转运Cu^{+}障碍，细胞内运输也异常，引起铜缺乏，进而依赖铜的赖氨酰氧化酶活性低下，胶原和弹性蛋白交联障碍（赖氨酰氧化酶的功能是催化胶原的赖氨酸和羟赖氨酸和弹性蛋白的部分赖氨酸脱ε-氨基成醛基，肽链间通过醛基间的醇醛缩合、醛基-氨基间的席夫碱反应或形成锁链素交联，赋予胶原刚性、弹性蛋白弹性）。该病可用组氨酸铜治疗，否则新生儿会在一岁前夭亡。

Wilson病（肝豆状核变性） 是一种常染色体隐性遗传病。铜积累引起溶血性贫血、慢性肝病（肝硬化、肝炎）、进行性神经损伤。原因是肝细胞高尔基体缺乏依赖ATP的铜泵2，肝细胞内铜不能与铜蓝蛋白结合分泌入胆汁，先后积累于肝、脑、肾。该病可用D-青霉胺治疗（螯合排铜），口服锌可抑制铜吸收，从而缓解Wilson病。

四、碘

人体含碘10~15mg，70%~90%被甲状腺细胞摄取、储存，用于合成甲状腺激素。

1. 来源 海带、紫菜、海鱼、海虾、贝类等海产品富含碘。食物碘被吸收后通常仅20%被甲状腺细胞通过碘泵（钠-碘同向转运体）摄取，其余均经肾脏排泄。

2. 生理功能、缺乏症和毒性 碘是甲状腺激素的合成原料（第十章，229页）。甲状腺激素的作用主要是促进糖、脂肪和蛋白质代谢以及能量代谢，促进机体生长发育，对脑和骨的发育尤为重要，是影响神经系统发育最重要的激素。

缺碘会导致**碘缺乏病**（iodine deficiency disorder，IDD，缺碘引起的一组疾病的总称）。例如：①缺碘影响甲状腺激素的合成，结果促甲状腺激素（TSH）长期刺激甲状腺，引起甲状腺组织增生、肿大，因此类疾病多具有地区性，称为**地方性甲状腺肿**（endemic goiter），严重时引起发育迟缓、智力低下。②胎儿、婴幼儿缺碘会引起甲状腺激素缺乏，甲状腺功能减退，机体和神经的生长发育均受限，表现出智力低下、反应迟钝和身材矮小等特征，称为**呆小症（克汀病）**。人体以甲状腺球蛋白形式储存的甲状腺激素量可满足2~3个月的代谢需要，故饮食中缺碘数月后才会影响到机体代谢。

碘化食盐（食盐中加入一定量的碘化钾或碘化钠）可以预防缺碘。我国将每年的5月15日定为“防治碘缺乏病日”。国家卫生健康委（原卫生部）2011年9月29日发布《食用盐碘含量》标准，规定我国食盐碘含量标准平均水平为20~30mg/kg。同样值得注意的是：碘吸收过多会引起高碘性甲状腺肿（碘甲亢）。

五、硒

人体含硒14~21mg，分布于除脂肪组织外的所有组织中，如肌、肾、肝、心等。

1. 来源　在食物中的存在形式是硒代半胱氨酸。海产品、内脏、肾、肉类含硒较多，蔬菜、水果含硒较少，精加工食品含硒很少。烹调会导致硒挥发损失。硒在十二指肠吸收，随尿液排泄。

2. 生理功能、缺乏症和毒性　硒是硒代半胱氨酸的组成元素，存在于硒蛋白、特别是含硒酶的活性中心，直接参与催化氧化还原反应。人体内已发现至少25种硒蛋白（selenoprotein）：①硫氧还蛋白：参与脱氧核苷酸合成及其他氧化还原反应。②硫氧还蛋白还原酶：清除过氧化物，催化二硫键异构，促进基因表达、精子成熟、细胞增殖、分化和凋亡。③谷胱甘肽过氧化物酶：清除H_2O_2，保护细胞膜、特别是红细胞膜免受氧化损伤。④碘甲状腺原氨酸脱碘酶：位于甲状腺、脑、肝、肾、子宫等各种组织内质网膜上，催化四碘甲状腺原氨酸（T_4）5′-脱碘活化成三碘甲状腺原氨酸（T_3），T_3则5-脱碘灭活成二碘甲状腺原氨酸（T_2）。⑤甲状腺素-5-脱碘酶：位于胎盘及胚胎细胞膜上，活性中心在细胞外，催T_4和T_3 5-脱碘灭活成逆三碘甲状腺原氨酸（rT_3）和T_2。⑥硒蛋白P：是硒在细胞外特别是血浆中的运输形式，此外还参与抗氧化保护作用。

缺硒可导致克山病（一种地方性心肌病，因1935年在黑龙江省克山县发现而得名，第七章，138页）并与肿瘤、动脉粥样硬化、糖尿病、神经变性疾病等相关。有硒缺乏检验证据的患者可口服硒酵母（XA11）补硒。

硒摄入过多会引起脱发、大骨节、指甲变形、胃肠道出血、脾大、肝硬化，重者致死。。

六、钴

人体含钴1.3~1.8mg，分布于骨骼（14%）、肌组织（43%）及其他软组织（43%）。

1. 来源　同钴胺素。

2. 生理功能、缺乏症　构成钴胺素参与代谢，钴缺乏即钴胺素缺乏。

七、钼

人体含钼约11mg，主要分布于肝脏和肾脏。

1. 来源　动物肝、肾富含钼，谷物、豆类和奶类是钼的良好来源。推荐日摄入量25~250μg。

2. 生理功能、缺乏症和毒性　以下三种酶均为同二聚体，每个亚基含有一个钼蝶呤（Mo-molybdopterin）：①黄嘌呤氧化酶（第十一章，242页）：位于细胞质、过氧化物酶体中，催化以下两个反应：次黄嘌呤$+NAD^+ + H_2O \rightarrow$黄嘌呤$+NADH+H^+$，黄嘌呤$+H_2O+O_2 \rightarrow$尿酸$+H_2O_2$。②醛氧化酶：每个亚基还含有一个FAD、两个[2Fe-2S]型铁硫中心，多数位于肝细胞质中，催化以下反应：醛$+H_2O+O_2 \rightarrow$羧酸$+H_2O_2$。③亚硫酸氧化酶：每个亚基还含有一个血红素*b*，定位于线粒体膜间隙，催化以下反应：亚硫酸$+O_2+H_2O \rightarrow$硫酸$+H_2O_2$。

缺钼特征是嗜睡、心动过速、夜盲，硫代硫酸盐排泄增加，血浆蛋氨酸积累。上述症状可因

硫吸收增加而加重。动物实验表明缺钼导致受孕率降低、流产率和死亡率增加。

钼过多导致成骨缺陷，易骨折，关节畸形。此外，钼和铜有拮抗作用，会干扰铜吸收，因而钼过多会引起铜缺乏。

八、锰

人体含锰 12~20mg。骨、肝、胰和肾有储存。

1. 来源 河蚌、茶、榛子、芝麻、姜、黑木耳等富含锰。推荐日摄入量 2~5mg。

2. 生理功能、缺乏症和毒性 锰是许多酶的激活剂或辅助因子，如精氨酸酶、谷氨酰胺合成酶、磷酸烯醇式丙酮酸羧激酶、超氧化物歧化酶 2、丙酮酸羧化酶、异柠檬酸脱氢酶、乙酰辅酶 A 羧化酶、丙酰辅酶 A 羧化酶、蛋白磷酸酶、氨肽酶、糖原引物蛋白、CAD 蛋白（第十一章，241 页）、*N*-乙酰半乳糖胺转移酶、腺苷酸环化酶、RNA 聚合酶，多数可被镁代替。锰缺乏时生长发育会受到影响。过量摄入会诱导氧化应激、线粒体损伤、细胞凋亡，引起精神病、帕金森病。

九、铬

人体含铬 2~7mg，主要存在于肺、肾、胰、骨、皮肤、脂肪组织等。除肺外，各组织和器官中的铬量均随年龄而减少。

1. 来源 肉类、奶类、豆类、谷物富含铬。推荐日摄入量 33~40μg。

2. 生理功能、缺乏症和毒性 铬可以增强胰岛素效应，特别是其降血糖效应。目前认为作用机制如下：胰岛素激活靶细胞胰岛素受体，胰岛素受体促进靶细胞从血浆摄取 Cr^{3+}，Cr^{3+} 与靶细胞中脱辅基铬调素（apo-chromodulin，一种多肽，由半胱氨酸、甘氨酸、谷氨酸、天冬氨酸构成，可结合四个 Cr^{3+}）结合形成铬调素（chromodulin），铬调素进一步激活胰岛素受体，促进靶细胞对葡萄糖的摄取。

正常人罕见铬缺乏。铬主要经肾脏排泄。高血糖、高胰岛素导致铬排泄增加，进一步导致胰岛素抵抗，因此补铬可以使 2 型糖尿病得到改善。不过，正常人补铬不但无益，反而有致癌风险。

十、氟

氟影响牙齿骨骼釉质结构，可增强骨骼牙齿强度，甚至预防骨质疏松，但摄入过多引起牙齿变色和骨骼脆弱。

维生素与中药

传统医学很早就应用富含维生素的中药治疗维生素缺乏症，如唐代孙思邈用猪肝、苍术和黄花治疗夜盲，用白谷皮、糙米、防风和车前子治疗脚气病。虽然当时尚不了解引起这些疾病的原因和所用中药的有效成分，但这些宝贵经验说明，当人体维生素缺乏时，可用富含维生素的中药进行补充（表 6-3）。

表6-3　部分富含维生素（原）的中药

维生素	中药
类胡萝卜素	山茱萸、天麻、五加皮、五味子、车前子、玄参、玉竹、白术、白芥子、决明子、地黄、地榆、地肤子、川芎、菟丝子、当归、辛夷、麦冬、苍术、桑叶、夜明砂、牛黄
维生素 B_1	人参、火麻仁、车前子、甘遂、艾叶、蜂蜜、杏仁、苏子
维生素 B_2	蜂蜜
维生素 C	枸杞子、人参、五味子、艾叶、柿叶、桑叶、松针
维生素 E	淫羊藿
维生素 K	人参、蜂蜜、桃仁、桑叶、夏枯草
维生素 PP	枸杞子、人参、猪苓、蜂蜜、肉桂、远志、柴胡、甘草、桃仁、瓜蒌、茵陈
泛酸	当归
生物素	川芎、黄芪、蜂蜜、虻虫
叶酸	蜂蜜、当归、苍术、柿叶

小结

维生素是人体重要的营养物质之一，具有以下特点：①维生素既不是机体组织结构材料，也不是供能物质，它们大多数是酶的辅助因子或其核心成分，在代谢过程中起重要作用。②维生素种类多，化学结构各异，本质上都属于小分子有机化合物。③维生素的机体需要量很少，但多数不能在人体和其他脊椎动物体内合成，或合成不足，必须从消化道吸收。④维生素摄入不足会引起代谢障碍，但长期过量摄入也会引起中毒。

维生素通常根据溶解性分为水溶性维生素和脂溶性维生素。

水溶性维生素包括维生素 C 和 B 族维生素（硫胺素、核黄素、烟酰胺、吡哆醛、泛酸、生物素、叶酸和钴胺素）。B 族维生素虽然生理功能各异，但通常都作为酶的辅助因子或其成分起作用。

水溶性维生素的特点是：①易溶于水，不溶或微溶于有机溶剂。②机体储存量很少，必须经常摄入。③吸收过多部分可直接经肾脏排泄，一般不会积累而引起中毒。

脂溶性维生素包括维生素 A、维生素 D、维生素 E 和维生素 K，其中维生素 A 和维生素 D 是激素前体。

脂溶性维生素的特点是：①易溶于脂肪，不溶于水。②在食物中常以酯的形式与其他脂质或蛋白质共存。③与其他脂质一同消化并形成微团而吸收。④在血浆中与脂蛋白或特异的结合蛋白结合运输。⑤可在体内储存。⑥吸收过多会积累甚至引起中毒。

由维生素缺乏引起的疾病称为维生素缺乏病。引起维生素缺乏的原因有饮食中缺乏、吸收障碍、机体需要量增加、服用某些药物、慢性肝肾疾病和特异性缺陷等。

各种维生素主要信息见表6-4。

表6-4　维生素一览

名称	活性形式	来源或前提	主要功能	缺乏症和毒性
水溶性维生素				
维生素 C	抗坏血酸	水果、蔬菜、豆芽	①参与羟化反应 ②参与其他代谢	坏血病
维生素 B_1	TPP	肝脏，豆类、谷物外皮和胚芽	①α-酮酸脱氢酶复合体辅助因子 ②转酮酶辅助因子 ③乙酰胆碱酯酶抑制剂	脚气病、末梢神经炎

续表

名称	活性形式	来源或前提	主要功能	缺乏症和毒性
水溶性维生素				
维生素 B_2	黄素辅酶	肉、蛋、奶，绿叶蔬菜、蘑菇、酵母	黄素蛋白辅助因子	唇炎、舌炎、口角炎、眼睑炎和阴囊炎
维生素 PP	NAD、NADP	肉类、谷物、豆类、花生、芦笋、酵母	脱氢酶辅助因子	糙皮病
泛酸	辅酶 A、酰基载体蛋白	鸡蛋、肝脏、豆类、谷物、蘑菇、酵母	酰基转移酶辅助因子	人类罕见
维生素 B_6	磷酸吡哆醛、磷酸吡哆胺	酵母、米糠、肝脏、蛋黄、肉类、鱼等，肠道细菌合成	①氨基酸转氨酶、脱羧酶辅助因子 ②5-氨基乙酰丙酸合成酶辅助因子 ③糖原磷酸化酶辅助因子	小细胞低色素性贫血
生物素	生物素	各种动植物性食物，肠道细菌合成	羧化酶辅助因子	人类罕见
叶酸	四氢叶酸	各种动植物性食物，肠道细菌合成	一碳单位转移酶类辅助因子	巨幼细胞性贫血
维生素 B_{12}	甲钴胺素、腺苷钴胺素	动物性食物	参与一碳代谢	恶性贫血
脂溶性维生素				
维生素 A	视黄醇、视黄醛、视黄酸	动物性食物，植物胡萝卜素	①参与视觉传导 ②调控基因表达 ③抗氧化	夜盲、干眼症 过量中毒
维生素 D	骨化三醇	鱼肝油等 动物性食物	①参与钙稳态调节 ②影响细胞分化	儿童佝偻病 成人骨软化 过量中毒
维生素 E	维生素 E	各种动植物性食物	①抗氧化 ②维持生殖机能 ③促进血红素代谢 ④调控基因表达	少见
维生素 K	维生素 K	绿叶蔬菜、肝脏，肠道细菌合成	①参与凝血因子翻译后修饰 ②促进骨代谢	凝血功能障碍

人体内微量元素含量低于 0.01%，且分布不均。它们构成某些蛋白质、酶、激素及维生素等的成分，参与各种代谢，对维持机体的生理功能起重要作用。

讨论

1. 维生素的特点。
2. B 族维生素的活性形式及其在代谢中的作用。
3. 维生素缺乏病与维生素中毒。
4. 食物铁的种类、吸收机制及影响吸收的因素。
5. 维生素 A 为何主要储存于肝而不是脂肪组织?

第七章
生物氧化

扫一扫，查阅本章数字资源，含PPT、音视频、图片等

生物体通过代谢维持生命活动。代谢是生命现象的化学本质，是物质代谢与能量代谢的有机整合。从物质代谢的角度来看，生物体一方面获取和合成它所需要的物质，这是一个同化过程；另一方面又分解和排泄它不需要和不再需要的物质，这是一个异化过程。从能量代谢的角度来看，生命活动是一个获得能量、利用能量的过程，任何代谢都伴随能量的传递和转换。

生物氧化研究的核心内容是从能量代谢角度阐述生命现象，重点阐明生命活动需要怎样形式的能量？这些能量从何而来？如何获得、利用和储存？

第一节　概　述

生命活动所需的能量来自生物氧化。生物氧化（biological oxidation）是指宏量营养素（macronutrient，产能营养素，热源[物]质）糖、脂肪、蛋白质在体内氧化分解，最终生成二氧化碳和水，释放能量推动合成高能化合物 ATP，满足生命活动需要的过程。由于这一过程是在组织细胞中进行的，而且通过呼吸道吸入的氧主要消耗于生物氧化，呼出的二氧化碳也主要产生于生物氧化，所以生物氧化又称细胞呼吸（组织呼吸）。细胞呼吸包括无氧呼吸（第八章，151 页）和有氧呼吸（第八章，153 页）。

生物氧化的意义是为生命活动提供能量。

1. 生物氧化特点　产能营养素在体内氧化分解与在体外氧化分解的化学本质是相同的，表现在两者均符合氧化还原反应的一般规律，耗氧量相同，最终产物相同，释放的能量（即反应的自由能变化 ΔG）也相同；但生物氧化还有自己的特点。

（1）生物氧化在细胞内进行，由一系列生理状态下发生的酶促反应完成。

（2）产能营养素在生物氧化过程中逐步释放能量，并尽可能多地以化学能的形式储存于高能化合物（主要是 ATP）中，能量利用率高。

（3）生物氧化的产物二氧化碳是由产能营养素中的碳原子氧化成羧基之后发生脱羧反应（decarboxylation）生成的，并非如体外氧化时碳原子直接与氧反应生成。脱羧反应既可根据是否伴有氧化反应分为单纯脱羧和氧化脱羧，又可根据脱掉的羧基在底物分子结构中的位置分为 α-脱羧和 β-脱羧。

（4）生物氧化的产物水主要是由产能营养素中的氢原子间接与氧反应生成的，并非如体外氧化时氢原子直接与氧反应生成。

2. 生物氧化过程　可分为三个阶段（图 7-1）。

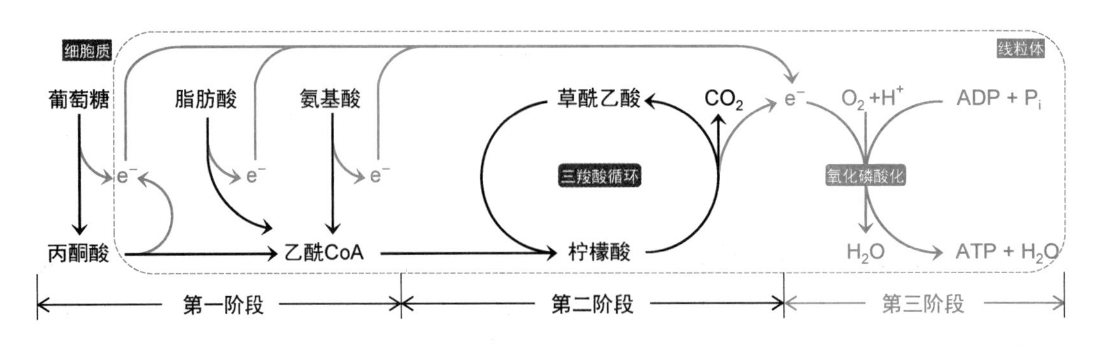

图 7-1 生物氧化三个阶段

（1）产能营养素降解为乙酰辅酶 A 糖、脂肪和蛋白质水解产物葡萄糖、脂肪酸和氨基酸通过各自的代谢途径氧化成乙酰辅酶 A，氧化释放的氢和电子被酶的辅助因子接收，反应在细胞质中和线粒体内进行。其中葡萄糖在这一阶段生成少量高能化合物 ATP。

产能营养素氧化释放的氢原子和电子由一系列电子载体传递。这些氢原子和电子统称还原当量（reducing equivalent，高能电子）。有些电子载体只传递电子，所以氢原子传递过程中会解离成氢离子和电子（$H=H^++e^-$）。如果还原当量最终传递给氧，只有电子是通过电子载体直接传递给氧的。

（2）三羧酸循环 乙酰辅酶 A 的乙酰基通过三羧酸循环氧化成二氧化碳，并释放大量还原当量，反应在线粒体内进行。这一阶段生成少量 ATP。

（3）氧化磷酸化 前两个阶段释放的还原当量经呼吸链传递给氧生成水，同时推动合成大量 ATP，反应在线粒体内进行。

综上所述，葡萄糖、脂肪酸和氨基酸的氧化分解过程在第二、第三阶段均相同，只是在第一阶段通过不同的代谢途径氧化成乙酰辅酶 A。乙酰辅酶 A 是葡萄糖、脂肪酸和氨基酸代谢的汇合点。

3. 代谢物氧化方式 产能营养素氧化方式从化学本质上分为脱氢、加氧和失电子。

（1）脱氢 是生物氧化的主要方式，由脱氢酶或氧化酶催化，例如线粒体琥珀酸脱氢酶催化琥珀酸脱氢，过氧化物酶体脂酰辅酶 A 氧化酶催化脂酰辅酶 A 脱氢。

$$FAD + {}^-OOC{-}CH_2{-}CH_2{-}COO^- \underset{\text{琥珀酸脱氢酶}}{\rightleftharpoons} {}^-OOC{-}CH{=}CH{-}COO^- + FADH_2$$

琥珀酸　　　　延胡索酸

（2）加氧 ①在底物中加入一个氧原子，由单加氧酶（羟化酶）催化，例如苯丙氨酸羟化。②在底物中加入两个氧原子，由双加氧酶催化，例如尿黑酸氧化。

$$\text{苯丙氨酸} + NADPH + H^+ + O_2 \xrightarrow{\text{苯丙氨酸羟化酶}} \text{酪氨酸} + NADP^+ + H_2O$$

苯丙氨酸　　　　酪氨酸

（3）失电子 原子或离子在反应过程中失去电子，化合价升高。如细胞色素中 Fe^{2+} 氧化。

第二节 呼吸链

呼吸链（respiratory chain）是指由一组电子载体（电子传递体，electron carrier）按照电子传递顺序形成的代谢途径，其作用是接收产能营养素氧化释放的还原当量，并将其电子传递给氧生成水。这是一个通过连续反应有序传递电子的途径，所以呼吸链又称电子传递链（electron transport chain）。呼吸链位于真核生物线粒体内膜或原核生物细胞膜上。

一、呼吸链电子载体

用胆酸类表面活性剂处理线粒体内膜，可以分离出呼吸链成分，包括辅酶 Q、细胞色素 *c* 和四种称为呼吸链复合物（呼吸链复合体）的超分子复合物（supramolecular complex）（图 7-2），其中细胞色素 *c* 是周边蛋白（peripheral protein），四种呼吸链复合物是整合蛋白（intrinsic protein，内在蛋白）。肝细胞一个线粒体的内膜上有 10000 多套呼吸链电子载体，心肌细胞则有 30000 多套。

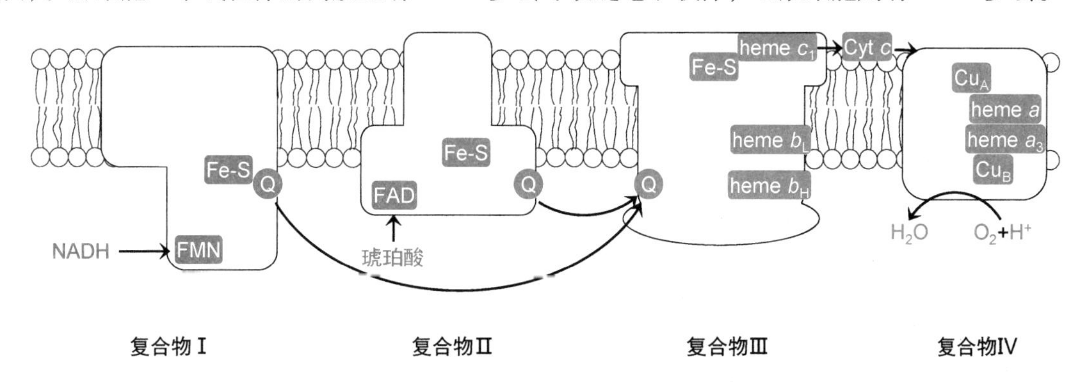

图 7-2 呼吸链组成

进一步分析呼吸链复合物组成得到黄素蛋白、铁硫蛋白、细胞色素和铜离子（表 7-1）。

表 7-1 人呼吸链复合物

成分	名称	蛋白组成/电子载体（辅基名称符号）	肽链数
复合物Ⅰ	NADH 脱氢酶	黄素蛋白（FMN），铁硫蛋白（Fe-S）	45
复合物Ⅱ	琥珀酸脱氢酶	黄素蛋白（FAD），铁硫蛋白（Fe-S），Cyt b_{560}（血红素 b_{560}）	4
复合物Ⅲ	细胞色素 *c* 还原酶	铁硫蛋白（Fe-S），Cyt *b*（血红素 b_H、b_L）、c_1（血红素 c_1）	11
复合物Ⅳ	细胞色素 *c* 氧化酶	Cyt aa_3（血红素 *a*、a_3，Cu_A，Cu_B）	14

1. 黄素蛋白（flavoprotein） 复合物Ⅰ和复合物Ⅱ均为脱氢酶，含黄素蛋白。复合物Ⅰ所含的黄素蛋白以黄素单核苷酸（FMN/$FMNH_2$）为辅基，参与催化 NADH 脱氢。复合物Ⅱ所含的黄素蛋白以黄素腺嘌呤二核苷酸（FAD/$FADH_2$）为辅基，参与催化琥珀酸脱氢。

2. 辅酶 Q（Q，CoQ） 又称泛醌（广义），是生物体内分布广泛的一类脂溶性醌类化合物（苯醌衍生物），包括氧化型 Q（狭义泛醌）和还原型 QH_2（泛醇，二氢泛醌），均为线粒体内膜成分，统称 Q 库。辅酶 Q 带有聚异戊二烯侧链。因为该侧链的疏水性，辅酶 Q 可以在线粒体内膜中自由移动。不同辅酶 Q 侧链异戊二烯单位的数目不同，人体辅酶 Q 侧链有 10 个异戊二烯单

位（CoQ_{10}）。

泛醌可被1个电子和1个H^+还原成半醌[自由基]（$\cdot QH$）。半醌可电离成半醌[自由基]离子（$\cdot Q^-$），也可被1个电子和1个H^+还原成泛醇（QH_2）。泛醇可被氧化成泛醌，释放电子和H^+。

半醌自由基离子

$-H^+$ ⇅ $+H^+$

泛醌 $\underset{-H^+-e^-}{\overset{+H^++e^-}{\rightleftharpoons}}$ 半醌自由基 $\underset{-H^+-e^-}{\overset{+H^++e^-}{\rightleftharpoons}}$ 泛醇

在呼吸链中，复合物Ⅰ和复合物Ⅱ通过铁硫蛋白将电子传递给泛醌生成泛醇，泛醇再将电子传递给复合物Ⅲ的铁硫蛋白。

副神经节瘤 复合物Ⅱ的血红素*b*或泛醌结合位点附近点突变导致在琥珀酸脱氢过程中大量产生活性氧，患者头部或颈部（通常在对氧分压敏感的颈动脉体）会患副神经节瘤。

3. 铁硫蛋白[质] 是一类结合蛋白质，其辅基称为**铁硫中心**（Fe-S center，铁硫簇）。铁硫中心由2~4个非血红素铁和无机硫构成，包括[2Fe-2S]（见于复合物Ⅰ、复合物Ⅱ、复合物Ⅲ）、[3Fe-4S]（见于复合物Ⅱ）和[4Fe-4S]（见于复合物Ⅰ、复合物Ⅱ）三种形式，均通过铁与半胱氨酸硫螯合（图7-3）。

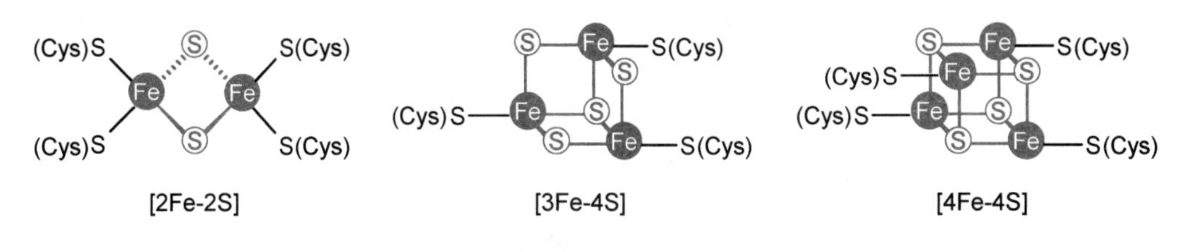

图7-3 铁硫中心结构

复合物Ⅰ、复合物Ⅱ和复合物Ⅲ都含铁硫蛋白，其铁硫中心所含铁通过以下反应传递电子：

$$铁硫蛋白（Fe^{3+}）+ e^- \rightleftharpoons 铁硫蛋白（Fe^{2+}）$$

复合物Ⅲ还含有一个称为Rieske中心的[2Fe-2S]中心（向血红素c_1传递电子），其特点是其中一个Fe是与两个组氨酸氮（而不是半胱氨酸硫）螯合，易于从泛醇获得电子。

4. 细胞色素（Cyt） 是一类含有血红素辅基的蛋白质，参与呼吸链电子传递及其他氧化还原过程。其**血红素**（heme，铁卟啉）所含铁通过以下反应传递电子：

$$细胞色素（Fe^{3+}）+ e^- \rightleftharpoons 细胞色素（Fe^{2+}）$$

细胞色素因含血红素而具有特征性可见光吸收光谱，其还原态吸收光谱有3个吸收峰（吸收带），最初根据吸收峰波长的不同进行分类，后根据其所含血红素不同分为细胞色素*a*（含血红素

A)、细胞色素 b（含血红素 B）、细胞色素 c（含血红素 C）、细胞色素 d（含血红素 D）4 类。呼吸链中有细胞色素 a、细胞色素 b、细胞色素 c 3 类 7 种。

血红素A　　血红素B　　血红素C

（1）细胞色素 aa_3　即复合物Ⅳ，其亚基Ⅰ含有两个血红素 A，分别称为血红素 a、血红素 a_3。血红素 A 在三方面不同于血红素 C：一个甲酰基取代了一个甲基，一个 C_{17}烃链取代了一个乙烯基，与亚基Ⅰ非共价结合。

（2）细胞色素 b_{560}和细胞色素 b　含血红素 B：①复合物Ⅱ的细胞色素 b_{560}：由亚基 C、D 和血红素 b_{560}组成，它不参与电子传递。②复合物Ⅲ的细胞色素 b 亚基：即亚基Ⅲ，含血红素 b_H（还原电位较高，又称 b_{566}）和血红素 b_L（还原电位较低，又称 b_{562}），它参与电子传递的 Q 循环。

（3）细胞色素 c_1和细胞色素 c　含血红素 C：①复合物Ⅲ的细胞色素 c_1：即亚基Ⅳ，含血红素 c_1，向细胞色素 c 传递电子。②细胞色素 c：含血红素 c，是一种周边蛋白，可在线粒体内膜胞质面自由移动，从复合物Ⅲ的细胞色素 c_1获得电子，向复合物Ⅳ传递。细胞色素 c 在两方面不同于其他细胞色素：一是通过离子键结合于线粒体内膜外表面，二是所含血红素 c 与蛋白质半胱氨酸残基共价结合。

5. Cu^{2+}/Cu^+　在复合物Ⅳ形成两个双核中心：①亚基Ⅱ的 Cu_A 双核中心，含两个 Cu^{2+}，可以从细胞色素 c 接收电子。②亚基Ⅰ的血红素 a_3-Cu_B双核中心，是呼吸链出口，电子在此传递给氧，将其还原成水。它们通过以下反应传递电子：

$$\text{复合物Ⅳ}（Cu^{2+}）+ e^- \rightleftharpoons \text{复合物Ⅳ}（Cu^+）$$

二、呼吸链复合物电子传递

复合物Ⅰ介导传递电子的辅基是 1 个 FMN 和 9 个铁硫中心，电子传递顺序如下：NADH→FMN→铁硫中心 1～铁硫中心 9→Q。复合物Ⅰ是质子泵，每传递 1 对电子泵出 4 个 H^+，机制有待阐明，反应方程式如下（H_N^+ 和 H_P^+ 分别代表线粒体基质 H^+和膜间隙 H^+）：

$$(NADH + H_N^+) + Q + 4H_N^+ \rightarrow NAD^+ + QH_2 + 4H_P^+$$

复合物Ⅱ介导传递电子的辅基是 1 个 FAD 和 3 个铁硫中心，电子传递顺序如下：琥珀酸→FAD→铁硫中心 1～铁硫中心 3→Q。复合物Ⅱ不是质子泵，不泵出 H^+，反应方程式如下：

$$\text{琥珀酸} + Q \rightarrow \text{延胡索酸} + QH_2$$

复合物Ⅲ介导传递电子的辅基是 1 个铁硫中心、1 个血红素 c_1、1 个血红素 b_L和 1 个血红素

b_H，电子传递机制见 Q 循环（图 7-4）。①Q 循环把电子从双电子载体 QH_2 传递给单电子载体细胞色素 c。②复合物Ⅲ是质子泵，每传递 1 对电子泵出 4 个 H^+，反应方程式如下：

$$QH_2 + 2Cyt\ c(Fe^{3+}) + 2H^+_N \rightarrow Q + 2Cyt\ c(Fe^{2+}) + 4H^+_P$$

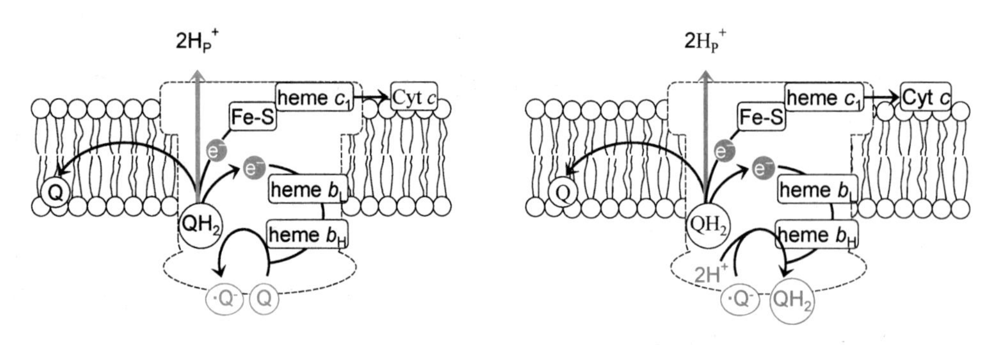

QH_2+Q+Cyt $c(Fe^{3+})$→Q+·Q^-+$2H_P^+$+Cyt $c(Fe^{2+})$　　QH_2+·Q^-+$2H_N^+$+Cyt $c(Fe^{3+})$→Q+QH_2+$2H_P^+$+Cyt $c(Fe^{2+})$

图 7-4　Q 循环

复合物Ⅳ介导传递电子的辅基是 1 个 Cu_A 双核中心、1 个血红素 a 和 1 个血红素 a_3-Cu_B 双核中心，电子传递顺序如下：细胞色素 $c(Fe^{3+})$→Cu_A 双核中心(Cu^{2+})→血红素 $a(Fe^{3+})$→血红素 a_3-Cu_B 双核中心→O_2，其中水的生成机制见图 7-5。复合物Ⅳ是质子泵，每传递 1 对电子泵出 2 个 H^+，机制有待阐明，反应方程式如下：

$$2Cyt\ c(Fe^{2+}) + (½O_2 + 2H^+_N) + 2H^+_N \rightarrow 2Cyt\ c(Fe^{3+}) + H_2O + 2H^+_P$$

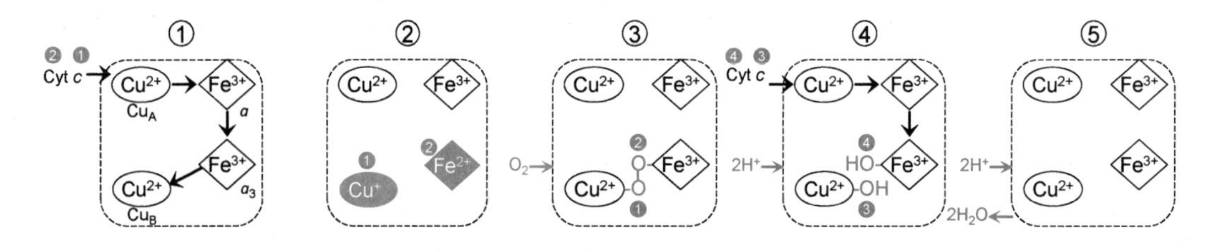

❶❷❸❹ 指示4个电子的传递路径

图 7-5　复合物Ⅳ电子传递机制

三、呼吸链复合物电子传递顺序

呼吸链复合物组成两条呼吸链，将产能营养素的还原当量传递给氧（图 7-6）。

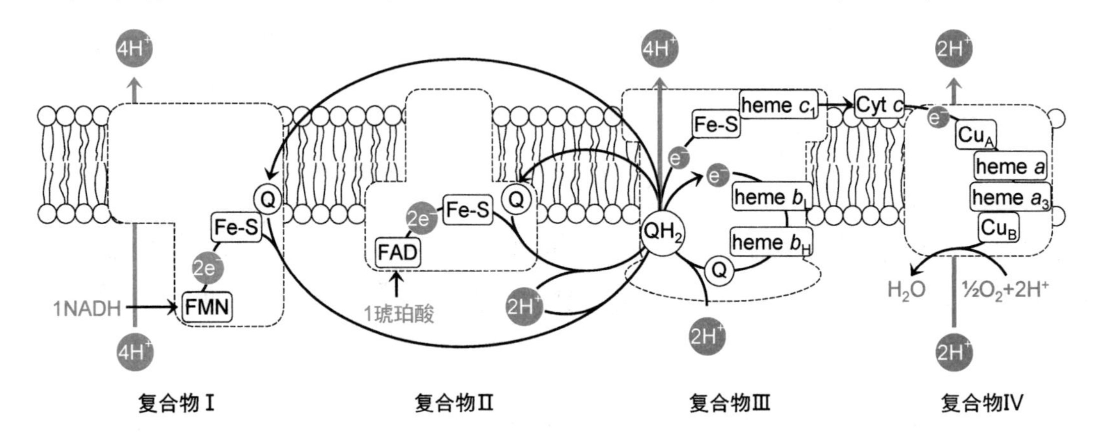

图 7-6　呼吸链电子传递一览

1. NADH 氧化呼吸链　线粒体内 NADH 直接把还原当量送入呼吸链，即通过以下途径把电子传递给氧生成水：

NADH → 复合物Ⅰ → 辅酶Q → 复合物Ⅲ → Cyt *c* → 复合物Ⅳ → O_2

这一传递途径称为NADH 氧化呼吸链。产能营养素的大部分还原当量都是送入该呼吸链的，例如丙酮酸、异柠檬酸、α-酮戊二酸、苹果酸、β-羟脂酰辅酶 A、β-羟丁酸、谷氨酸。

2. 琥珀酸氧化呼吸链　线粒体内琥珀酸把还原当量通过 FAD 送入呼吸链，即通过以下途径把电子传递给氧生成水：

琥珀酸 → 复合物Ⅱ → 辅酶Q → 复合物Ⅲ → Cyt *c* → 复合物Ⅳ → O_2

这一传递途径称为琥珀酸氧化呼吸链。产能营养素的一部分还原当量以与琥珀酸类似的方式通过 FAD 传递给辅酶 Q，例如脂酰辅酶 A、部分 3-磷酸甘油。

呼吸链电子传递顺序主要根据以下研究结果确定：

（1）呼吸链电子载体的标准[氧化]还原电位（$E^{o\prime}$）与其电子传递顺序一致，电子从低还原电位载体向高还原电位载体传递（表 7-2）。

表 7-2　呼吸链各电子载体（氧化还原对）标准还原电位（电极电位）（pH 7，25℃）

电子载体（电极反应）	$E^{o\prime}$（V）	电子载体（电极反应）	$E^{o\prime}$（V）
$NAD^+ + 2H^+ + 2e^- \rightarrow NADH + H^+$	-0.32	Cyt c_1（Fe^{3+}）+ e^- → Cyt c_1（Fe^{2+}）	+0.22
$FMN + 2H^+ + 2e^- \rightarrow FMNH_2$	-0.30	Cyt *c*（Fe^{3+}）+ e^- → Cyt *c*（Fe^{2+}）	+0.25
$FAD + 2H^+ + 2e^- \rightarrow FADH_2$	-0.22	heme *a*（Fe^{3+}）+ e^- → heme *a*（Fe^{2+}）	+0.29
$Q + 2H^+ + 2e^- \rightarrow QH_2$	+0.04	heme a_3（Fe^{3+}）+ e^- → heme a_3（Fe^{2+}）	+0.35
Cyt *b*（Fe^{3+}）+ e^- → Cyt *b*（Fe^{2+}）	+0.08	$\frac{1}{2}O_2 + 2H^+ + 2e^- \rightarrow H_2O$	+0.82

（2）呼吸链电子载体的氧化态和还原态具有不同的吸收光谱，所以先在无氧条件下将离体线粒体置于有底物的反应体系中使其全部被还原成还原态，再突然供氧，因为离氧最近的先氧化，所以分析这些还原态吸收光谱变化的先后次序，可以确定其氧化顺序，从而确定其电子传递顺序。

（3）用抑制剂抑制呼吸链某个电子载体，上游的其他电子载体处于还原态，下游的其他电子载体则处于氧化态。

（4）分离呼吸链的四种复合物，在体外进行组合研究，可以确定其电子传递顺序。

研究发现呼吸链复合物进一步组装成呼吸体（respirasome），例如超复合体（supercomplex，SC-$Ⅰ_1Ⅲ_2Ⅳ_1$）和巨复合体（megacomplex，MC-$Ⅰ_2Ⅲ_2Ⅳ_2$），这种结构确保氧化磷酸化有极高的代谢效率和能量利用率。

第三节　生物氧化与能量代谢

产能营养素在生物氧化过程中所释放的能量有一部分（约 60%）以热能形式散失，其余（约 40%）则以化学能形式储存到一些特殊的高能化合物中，这些高能化合物可以直接为生命过程如物质合成、底物活化、物质运输、信息传递和细胞运动等提供能量。

一、高能化合物种类

传统生物化学把在标准条件（温度 298K，压力 1 个大气压，溶质的浓度均为 1mol/L，pH

7.0）下水解时释放大量自由能（$\Delta G^{\circ\prime}$<-25kJ/mol）的化学键称为高能键，可用“～”表示。生物分子的高能键主要是高能磷酸键和高能硫酯键。含有高能键的化合物称为高能化合物，包括高能磷酸化合物和高能硫酯化合物（表7-3）。高能磷酸化合物中以高能键结合的磷酸基团称为高能磷酸基团。实际上，高能化合物水解时所释放的能量应当理解为来自整个分子，不是被水解的高能键含有特别多的能量。不过为了叙述方便，目前仍保留“高能键”这一术语。

表7-3 部分高能化合物水解 $\Delta G^{\circ\prime}$（pH 7，25℃）

高能化合物	$\Delta G^{\circ\prime}$（kJ/mol）	（kcal/mol）	高能化合物	$\Delta G^{\circ\prime}$（kJ/mol）	（kcal/mol）
磷酸烯醇式丙酮酸	-61.9	-14.8	琥珀酰辅酶A	-33.5	-8.0
氨甲酰磷酸	-51.4	-12.3	ADP	-32.8	-7.8
1,3-二磷酸甘油酸	-49.4	-11.8	乙酰辅酶A	-31.4	-7.5
磷酸肌酸	-43.1	-10.3	ATP	-30.5	-7.3

●自由能（free energy，G）是一个热力学状态函数，化学反应的自由能变化（free-energy difference，ΔG）是指恒温恒压条件下化学反应释放的能量中可用于做功的部分，可用于判定该反应是否能自发进行：

（1）当 ΔG <0 时，化学反应能自发进行，称为放能反应。

（2）当 ΔG =0 时，化学反应处于平衡状态，反应物和产物水平不会发生变化。

（3）当 ΔG >0 时，化学反应不能自发进行，需输入自由能方可驱动其发生，称为吸能反应。

（4）化学反应 ΔG 为产物自由能与反应物自由能之差，即只取决于化学反应的终态和初态，与反应过程无关。例如，葡萄糖氧化成 CO_2 和 H_2O，不管是通过体外燃烧还是通过体内有氧氧化，其 ΔG 是一样的。

（5）ΔG 的大小与反应速度无关，反应速度与活化能有关。○

ATP被喻为能量“通货”（energy currency），是含量最高的核苷酸（10^{-3}mol/L）、应用最广的高能化合物、消耗量最多的直接供能物质。其水解成ADP的标准自由能变化 $\Delta G^{\circ\prime}$ = -30.5kJ/mol（-7.3kcal/mol），生理状态下的自由能变化 $\Delta G \approx$ -52kJ/mol（-12kcal/mol）。人体90%以上的ATP都来自线粒体，线粒体是生物氧化的主要区室。

二、ATP合成

ATP有两种合成方式：底物水平磷酸化和氧化磷酸化，以氧化磷酸化为主。

1. 底物[水平]磷酸化（substrate-level phosphorylation） 是指由产能营养素通过分解代谢生成其他高能化合物，通过高能基团转移合成ATP。例如葡萄糖有氧氧化途径有三步底物水平磷酸化反应，其中磷酸甘油酸激酶、丙酮酸激酶催化的底物水平磷酸化反应在细胞质中进行，琥珀酰辅酶A合成酶催化的反应在线粒体内进行（第八章，150、156页）。

2. 氧化磷酸化（oxidative phosphorylation） 是指由产能营养素氧化分解释放能量推动ADP与磷酸缩合成ATP：$ADP+P_i \rightarrow ATP+H_2O$。氧化磷酸化在线粒体内进行。

三、氧化磷酸化机制

氧化磷酸化是三种代谢的偶联：①产能营养素电子通过呼吸链传递给氧。②电子传递过程释放自由能偶联 H^+ 泵出，即化学能转换为质子动力。③H^+ 通过特殊蛋白通道回流，偶联ADP磷酸化。

化学渗透学说可以较好地解释上述偶联机制。化学渗透学说（chemiosmotic theory）最早由英国学者 P. Mitchell（1978 年诺贝尔化学奖获得者）于 1961 年作为假说（hypothesis）提出，后来得到较多的研究支持。

1. 化学渗透学说 电子传递和 ATP 合成是通过跨线粒体内膜的质子动力偶联的。

（1）呼吸链传递电子同时将 H^+ 从线粒体基质泵至膜间隙。研究发现，复合物Ⅰ、复合物Ⅲ和复合物Ⅳ都具有质子泵功能，在呼吸链传递电子时向膜间隙泵出 H^+，标准条件下每传递一对电子，分别泵出 4 个、4 个和 2 个 H^+。因此，NADH 氧化呼吸链每传递一对电子泵出 10 个 H^+，琥珀酸氧化呼吸链每传递一对电子泵出 6 个 H^+。

（2）线粒体内膜不允许 H^+ 自由通过，所以泵出 H^+ 的结果造成 H^+ 分布不平衡，膜间隙 H^+ 高于线粒体基质。这种不平衡称为质子动力[势]（proton-motive force，Δp，单位 mV，电化学梯度）。质子动力包含两个内容：化学梯度（pH 梯度，ΔpH，化学势）即 H^+ 浓度差，电位梯度（$\Delta\psi$，电势）即膜电位。

$$\Delta p = Z\Delta pH - \Delta\psi \qquad Z = (RT\ln 10)/F$$

（3）线粒体内膜上嵌有[F_1F_o]ATP 合[成]酶（ATP synthase，又称复合物Ⅴ，是线粒体内膜标志酶），其结构包括 F_o 和 F_1 两部分：F_o 含质子通道，允许 H^+ 通过；F_1 则催化合成 ATP。

●**合酶和合成酶** 合酶（synthase）多用于命名裂合酶类，也有用于命名转移酶类、异构酶类、连接酶类甚至氧化还原酶类。合成酶（synthetase）多用于命名连接酶类。二者有时通用，如 CTP synth[et]ase。很多中文著作或文献中并未严格区分。本教材主要采用高频词，仅在首次出现时以“合[成]酶”提示。○

（4）膜间隙 H^+ 通过 F_o 通道流回线粒体基质时驱动 F_1 催化 ADP 与磷酸缩合成 ATP（图 7-7）。

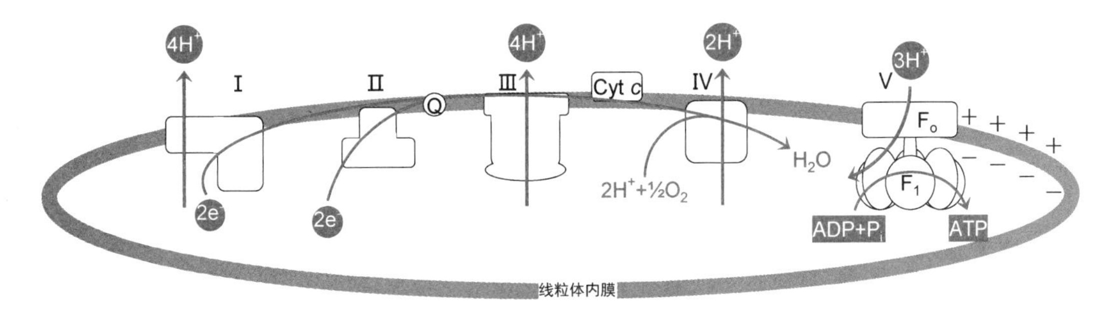

图 7-7 化学渗透学说

2. ATP 合成机制 被称为旋转催化机制（rotational catalysis）：人 ATP 合成酶结构非常复杂，像一个精巧的分子发电机（图 7-8）。①F_1 为 $\alpha_3\beta_3\gamma\delta\varepsilon$ 复合体，含 3 个活性中心，位于每个 β 亚基上，催化合成 ATP。②F_o 为 ab_2c_{10} 疏水复合体，是 H^+ 马达，10 个 c 亚基形成 c 环，a 亚基有两个质子半通道，分别开口于线粒体膜间隙侧（H^+ 入口）和基质侧（H^+ 出口），半通道底端则对应 c 环 c 亚基 Glu58 R 基的羧基。该羧基在 c 环旋转时从膜间隙侧半通道向基质侧半通道传递 H^+，使其回流。③ab_2 与 $\delta\alpha_3\beta_3$ 形成刚性结构，与线粒体内膜保持相对固定，相当于发电机定子（stator）。④$\gamma\varepsilon$ 与 c_{10} 形成刚性结构，一端 γ 可以在 $\alpha_3\beta_3$ 中央逆时针旋转（基质面俯视），另一端 c_{10} 可以在膜脂中旋转，相当于发电机转子（rotor）。⑤H^+ 通过质子通道回流时，驱使 a 与 c 之间相对运动，使转子旋转（图 7-9），转速可达 100 转/秒。⑥转子旋转时，γ 亚基驱使 β 亚基活性中心变构，合成释放 ATP（图 7-10）。

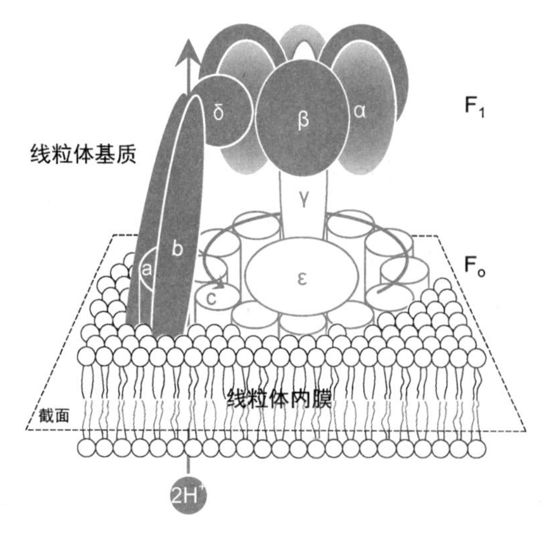

图 7-8 ATP 合成酶结构

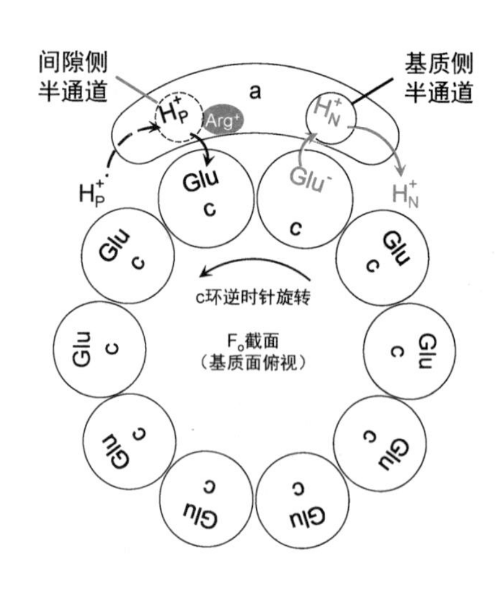

图 7-9 H^+ 回流-转子旋转机制

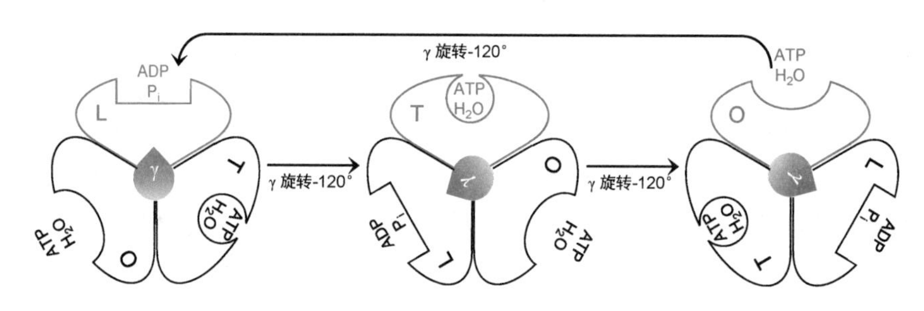

图 7-10 ATP 合成酶催化机制

β 亚基有疏松型（L，loose，β-ADP）、紧密型（T，tight，β-ATP）和开放型（O，open，β-空）三种构象：①疏松型构象可结合 ADP 和磷酸，转换为紧密型构象。②紧密型构象可催化 ADP 和磷酸合成 ATP，转换为开放型构象。③开放型构象可释放 ATP，转换为疏松型构象，完成构象循环（袖珍饺子机）。④每个 β 亚基每次循环合成一个 ATP。⑤“转子”旋转一周，三个 β 亚基都完成一次构象循环，因此合成三个 ATP。⑥标准条件下约 9 个 H^+ 回流驱动“转子”旋转一周，因此 3 个 H^+ 回流驱使 ATP 合成酶合成一个 ATP（图 7-10）。

阐明 ATP 合成酶的结构和催化机制对探索生物能量转换和理解化学渗透学说有重要意义，其发现者 P. Boyer 和 J. Walker 因此获得 1997 年诺贝尔化学奖。

3. 腺苷酸-磷酸转运 ATP 主要在线粒体外被利用，同时分解成 ADP 和磷酸，所以在线粒体内合成的 ATP 要转出线粒体，ATP 合成原料 ADP 和磷酸也要从线粒体外转入。ADP 和 ATP 由**腺苷酸转运蛋白**（腺苷酸转位酶，约占线粒体内膜蛋白的 15%）转运，这是一种**反向转运体**（逆向转运蛋白），转出一分子 ATP 的同时转入一分子 ADP。磷酸则由**磷酸盐转运蛋白**转运，这是一种**同向转运体**（同向转运蛋白），转入一分子磷酸的同时转入一个 H^+。因此，标准条件下在线粒体内由 ATP 合成酶合成 1 分子 ATP 并转出，需要 4 个 H^+ 回流（图 7-11）。

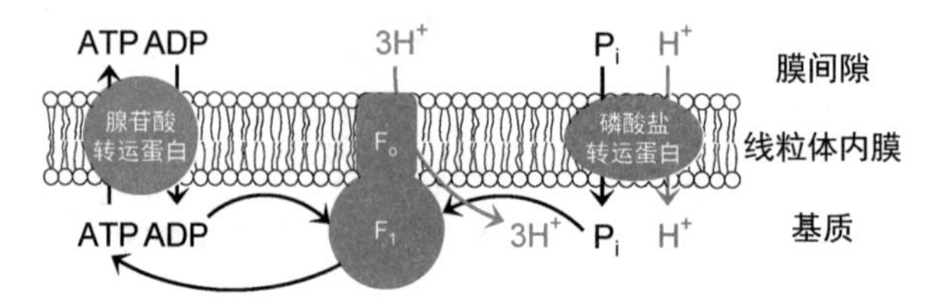

图 7-11 腺苷酸-磷酸转运

腺苷酸转运蛋白、磷酸盐转运蛋白与 ATP 合成酶组成称为 ATP synthasome 的超复合体。

4. 磷/氧比（P/O ratio，P：O ratio）　是指氧化磷酸化过程中每消耗 1 摩尔氧原子（0.5 摩尔氧分子）所合成 ATP 的摩尔数或消耗磷酸的摩尔数。标准条件下在线粒体内每合成 1 分子 ATP 并转出，需要 4 个 H^+ 回流，而 NADH 氧化呼吸链和琥珀酸氧化呼吸链每传递一对电子分别泵出 10 个 H^+ 和 6 个 H^+，可以计算出偶联合成 2.5 个 ATP 和 1.5 个 ATP。因为每传递一对电子消耗 $\frac{1}{2}O_2$，所以两条呼吸链传递还原当量的磷/氧比分别是 2.5 和 1.5。氧化磷酸化反应方程式如下：

$$NADH + H^+ + \frac{1}{2}O_2 + 2.5(ADP+P_i) \rightarrow NAD^+ + H_2O + 2.5(ATP + H_2O) \quad \Delta G^{o\prime}=-143.8kJ/mol$$

$$\text{琥珀酸} + \frac{1}{2}O_2 + 1.5(ADP+P_i) \rightarrow \text{延胡索酸} + H_2O + 1.5(ATP + H_2O) \quad \Delta G^{o\prime}=-105.7kJ/mol$$

四、细胞呼吸调节及其影响因素

高能化合物为机体各种活动提供能量，例如肌肉运动、精神活动、体温维持，其中肌肉运动是最经常的活动。肌肉总量很大（占体重的 40%~50%），运动耗能量最多，耗氧量占总耗氧量的 30%（静息时）~90%（运动时），所以肌肉运动对能量代谢影响最大。

●能荷　机体能量状态取决于细胞内 ATP、ADP 和 AMP 的含量，通常用能荷评价。能荷（energy charge）可定义为腺苷酸库（ATP、ADP 和 AMP）中的 ATP 可供量。因为 ADP 可通过以下反应提供 ATP：2ADP→ATP+AMP，即 2 分子 ADP 可提供 1 分子 ATP，所以腺苷酸库可提供 ATP 量=[ATP]+½[ADP]。因此：

$$\text{能荷} = \frac{[ATP]+\frac{1}{2}[ADP]}{[ATP]+[ADP]+[AMP]}$$

能荷大小 0~1，多数细胞能荷为 0.8~0.95。能荷大小反映机体对 ATP 的需要。○

氧化磷酸化是生物氧化的核心，在分子水平受内源因素和外源因素影响。

1. 内源因素　包括 ADP、甲状腺激素、ATP 合成酶抑制因子 1、解偶联蛋白、线粒体 DNA 突变等。

（1）ADP　氧化磷酸化速度取决于机体对 ATP 的需要，即能荷大小，因而主要受 ADP 调节。静息状态下机体耗能较少，ATP 较多（4mmol/L），ADP 很少（0.013mmol/L），氧化磷酸化速度较慢；运动状态下机体耗能较多，大量消耗 ATP，ADP 增加，转入线粒体促进氧化磷酸化。ADP 水平对氧化磷酸化的调节称为呼吸控制（respiratory control，[接]受体控制，acceptor control）。这种调节作用可使 ATP 合成速度适应生理需要。ADP 通过影响呼吸链的电子传递速度影响 $FADH_2$、NADH 的水平，进而影响三羧酸循环的速度。

（2）甲状腺激素　生命活动需要由钠泵（钠钾 ATP 酶，是一种离子泵，细胞膜标志酶之一）维持细胞内高钾低钠状态，为此会消耗静息状态下 ATP 总消耗量的 1/4 以上（神经元甚至高达 2/3），能量利用率约为 74%。甲状腺激素能诱导许多组织（脑组织除外）钠泵基因表达，合成钠泵，从而加快消耗 ATP，产生大量 ADP 转入线粒体，使氧化磷酸化加快。甲状腺激素还能诱导解偶联蛋白基因表达，增加线粒体内膜解偶联蛋白数量。上述两种调节使机体基础代谢率增高，即耗氧量和产热量增加，故甲状腺功能亢进患者常出现怕热和易出汗等症状。

洋地黄类药物地高辛属于强心苷类心脏治疗药（XC01A），可以抑制钠泵（机制是抑制其去磷酸化），从而抑制 Na^+ 梯度形成，影响通过 Na^+-Ca^{2+} 交换泵出 Ca^{2+}，使 Ca^{2+} 滞留于细胞质中，增强心肌收缩力，因此可用于治疗充血性心力衰竭。

（3）ATP 合成酶抑制因子 1　一种线粒体基质蛋白，pH>7.0 时为无活性同四聚体，pH<6.5 时为有活性同二聚体，可抑制 ATP 合成酶，避免缺氧时水解 ATP。许多肿瘤存在 ATP 合成酶抑制因子 1 过表达，诱导 Warburg 效应（第八章，153 页）。

（4）解偶联蛋白　人（特别是新生儿）以及冬眠动物体内存在棕色脂肪组织（brown adipose tissue，BAT），这种组织可以通过代谢产热。这是因为其细胞内含有大量线粒体，线粒体内膜 ATP 合成酶活性低，但含有大量**解偶联蛋白 1**（UCP1，产热蛋白）。这是一种六次跨膜蛋白，在线粒体内膜上形成质子通道，使 H^+ 流回线粒体基质，从而将以质子动力形式储存的自由能转换为热能，用于维持体温、抵御严寒。UCP1 通常被嘌呤核苷酸抑制，去甲肾上腺素促进脂肪动员产生游离脂肪酸和脂酰辅酶 A 并解除 UCP1 抑制。脂肪酸羧基通过 UCP1 向线粒体基质释放质子。肌肉、肝脏和肾脏等的线粒体内膜上也有解偶联蛋白，在调节代谢方面起重要作用。

人类基因组编码 5 种解偶联蛋白（uncoupling protein，UCP），UCP2 见于白色脂肪组织和骨骼肌，UCP3 见于骨骼肌和心肌，UCP4 和 UCP5 见于脑。

新生儿体表散热快，如果缺乏棕色脂肪组织，则在低温下无法维持正常体温，导致皮下脂肪凝固，患**新生儿硬肿症**。

（5）线粒体 DNA 突变　哺乳动物线粒体有 1100 多种蛋白质，其中有 13 种是由线粒体 DNA（mitochondrial DNA，mtDNA）编码的，它们是复合物Ⅰ（7 种）、复合物Ⅲ（1 种）、复合物Ⅳ（3 种）和 ATP 合成酶（2 种）组分，因而线粒体 DNA 突变将影响氧化磷酸化。以下因素使动物线粒体 DNA 突变率 5~10 倍于染色体 DNA：①线粒体 DNA 多为裸露环状双链结构，没有组蛋白保护，因而容易被活性氧（ROS）等损伤。②线粒体内活性氧最多，细胞内 95%以上的活性氧来自呼吸链。③线粒体 DNA 修复系统不完善，其突变会导致氧化磷酸化合成 ATP 不足而致病。高耗能器官更易出现功能障碍，如聋、盲、痴呆、肌无力和糖尿病。

线粒体是易损伤细胞器。线粒体 DNA 突变与衰老、肿瘤、心脏病、特殊类型糖尿病、阿尔茨海默病、帕金森病等有关，可引起 100 多种线粒体病。线粒体病发病率 1×10^{-4} ~ 1.5×10^{-4}。大部分线粒体病是由复合物Ⅰ突变引起。①Leber 视神经萎缩（失明）是第一种被阐明的线粒体病，分子机制是复合物Ⅰ突变，导致 NADH 不能结合或电子不能向辅酶 Q 传递。②克山病是最初发现于我国黑龙江省克山县的一种地方性心肌病，由缺硒导致，线粒体形态特征是出现肿胀、嵴稀少不完整，复合物Ⅱ、复合物Ⅳ及 ATP 合成酶活性明显降低，氧化磷酸化低下。③致死性小儿线粒体肌病和肾功能不全的分子基础是呼吸链复合物严重缺乏。④线粒体脑病-乳酸性酸中毒-中风的分子基础是复合物Ⅰ或复合物Ⅳ存在遗传缺陷。

2. 外源因素　包括呼吸链抑制剂、解偶联剂、ATP 合成酶抑制剂、腺苷酸转运蛋白抑制剂等。

（1）呼吸链抑制剂　能选择性抑制呼吸链中某些电子载体的电子传递，从而抑制 ATP 合成，引起代谢障碍，甚至危及生命（表 7-4）。

表 7-4　氧化磷酸化抑制剂

氧化磷酸化成分	复合物Ⅰ	复合物Ⅱ	复合物Ⅲ	复合物Ⅳ	ATP 合成酶
抑制剂	粉蝶霉素 A	萎锈灵	抗霉素 A	CO	寡霉素（F_o）
	阿米妥	丙二酸	二巯基丙醇	CN^-	二环己基碳二亚胺（F_o）
	鱼藤酮	2-噻吩甲酰三氟丙酮	黏噻唑	H_2S	杀黑星菌素（F_o）
				N_3^-	金轮霉素（F_1）

阿米妥（异戊巴比妥）是一种镇静剂。鱼藤酮是一种植物成分，可用作杀虫药。它们和粉蝶霉素 A 均抑制复合物Ⅰ铁硫中心向辅酶 Q 传递电子。黏噻唑由色黏球菌合成，竞争性抑制

QH_2向铁硫中心传递电子。抗霉素A由链霉菌合成，抑制血红素b_H的电子传递。CN^-和N_3^-结合于血红素a_3的Fe^{3+}，CO结合于血红素a_3的Fe^{2+}，均抑制氧的结合。

（2）解偶联剂　能解除呼吸链传递电子与ATP合成酶合成ATP的偶联。其解偶联机制是使H^+不经ATP合成酶的F_o通道直接流回线粒体基质，使以质子动力形式储存的自由能转换为热能散失，不能驱动ATP合成。

2,4-二硝基苯酚和羰氰三氟甲氧苯腙是常用的强解偶联剂，它们可在线粒体内膜两面来回穿梭，在膜间隙面结合H^+，在基质面释放H^+，从而消耗质子动力。2,4-二硝基苯酚可用于生产除草剂和杀菌剂，也被一些人用于减肥。用作杀菌剂、防腐剂、消毒剂的五氯苯酚、甲酚都是解偶联剂。

啤酒花和啤酒中的黄腐酚作为微效解偶联剂（mild uncoupler）可用于治疗肥胖及某些肿瘤，它还用于清除自由基。

（3）ATP合成酶抑制剂　例如寡霉素和二环己基碳二亚胺，它们与F_o的c亚基的羧基结合，抑制H^+回流，抑制ATP合成，导致呼吸链电子传递停止。

（4）腺苷酸转运蛋白抑制剂　例如苍术苷（一种植物糖苷）和米酵菌酸（一种来自霉菌的抗生素），它们分别从线粒体膜间隙面和基质面结合抑制腺苷酸转运蛋白，从而抑制氧化磷酸化。

五、ATP利用

ATP合成量大，应用广泛：①能量“通货”。②基团供体，如磷酸吡哆醛的磷酸基、焦磷酸硫胺素的焦磷酸基、黄素腺嘌呤二核苷酸的腺苷酸基。③变构酶的变构剂。④化学修饰，如酶或其他蛋白质的磷酸化、腺苷酸化。⑤底物活化，如单糖、甘油、胆碱、氨基酸、一磷酸核苷、二磷酸核苷的磷酸化，5-磷酸核糖的焦磷酸化，脂肪酸、氨基酸的腺苷酸化，蛋氨酸的腺苷化。

生物氧化合成ATP，生命活动利用ATP，ATP的合成与利用形成ATP循环。ATP每日循环300多次，是能量代谢的核心（图7-12）。人体ATP储量只有0.1~0.25kg，但即使在静息状态下每天也要消耗40~83kg，剧烈运动时每分钟消耗约0.5kg，两小时长跑消耗60kg。

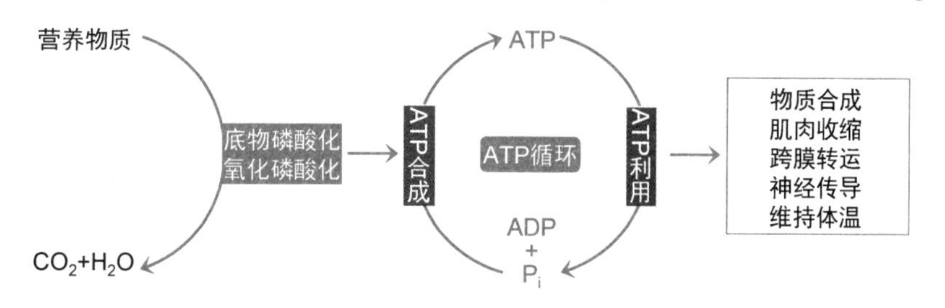

图7-12　ATP循环

细胞质中存在由肌酸激酶催化的以下可逆反应（$\Delta G^{\circ\prime}$=-12.5kJ/mol，图7-13①）：

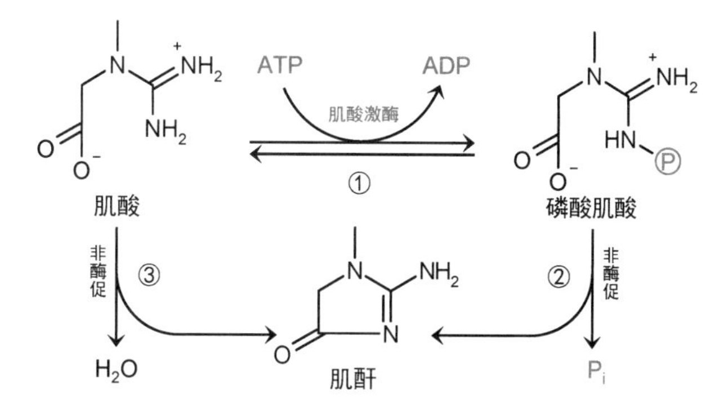

图7-13　肌酸代谢

磷酸肌酸是高能磷酸化合物。因此，当 ATP 充足时，通过该反应可以储存高能磷酸基团；当 ATP 缺乏时，可以通过该反应的逆反应补充 ATP。该反应主要发生在消耗 ATP 迅速的组织细胞，特别是骨骼肌（磷酸肌酸可达 10~30mmol/L）、心肌、精子、脑、平滑肌、感光细胞、内耳毛细胞等。磷酸肌酸是高能磷酸基团的储存形式和运输形式，用于维持 ATP 水平。

●**磷酸原（phosphagen）** 高能磷酸基团储存形式的统称，包括脊椎动物的磷酸肌酸、无脊椎动物的磷酸精氨酸。○

静息肌细胞中 ATP、ADP、磷酸肌酸、肌酸的典型浓度分别为 4、0.013、25、13mmol/L。百米运动员在第 1 秒钟内即耗尽其 ATP，磷酸肌酸支持其 ATP 再生，可为其前 4~5 秒钟供能。

第四节　细胞质 NADH 氧化

大多数小分子和离子可通过线粒体外膜所含的大量电压依赖性阴离子通道（voltage-dependent anion-selective channel protein）扩散进入膜间隙。相比之下，几乎所有离子和极性分子都不能扩散通过线粒体内膜。呼吸链的入口在线粒体内，产能营养素的某些脱氢反应发生在线粒体外，产生的 NADH 不能自由通过线粒体内膜，其还原当量是通过特定穿梭机制进入呼吸链的。已经阐明的穿梭有苹果酸-天冬氨酸穿梭（malate-aspartate shuttle）和 3-磷酸甘油穿梭（glycerol 3-phosphate shuttle）。

1. 苹果酸-天冬氨酸穿梭 ①细胞质 NADH 在线粒体膜间隙还原草酰乙酸生成苹果酸，由细胞质苹果酸脱氢酶 1 催化。②苹果酸由 α-酮戊二酸-苹果酸转运蛋白转入线粒体，脱氢生成草酰乙酸和 NADH，由线粒体苹果酸脱氢酶 2 催化。NADH 把还原当量送入 NADH 氧化呼吸链，最终推动合成 2.5 个 ATP。③草酰乙酸不能自由通过线粒体内膜，需由谷氨酸协助经过两次转氨基回到细胞质，分别由谷草转氨酶 2 和谷草转氨酶 1 催化。苹果酸-天冬氨酸穿梭主要在肝、心和肾细胞中进行（图7-14）。

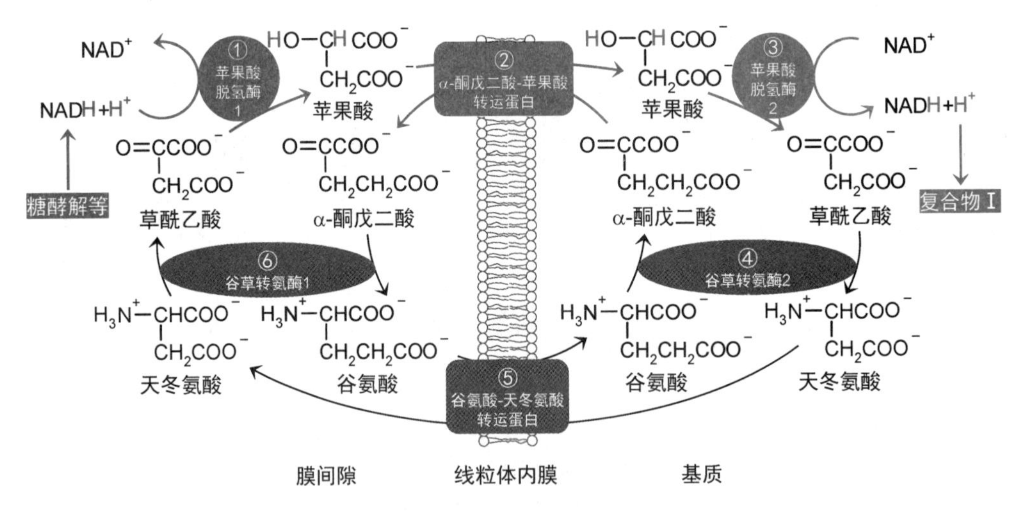

图 7-14　苹果酸-天冬氨酸穿梭

苹果酸-天冬氨酸穿梭过程可逆，在肝、肾用氨基酸、丙酮酸合成葡萄糖时，线粒体 NADH 通过该穿梭逆过程转到细胞质，用于合成葡萄糖。

2. 3-磷酸甘油穿梭 ①细胞质 NADH 还原磷酸二羟丙酮生成 3-磷酸甘油，反应由细胞质 3-磷酸甘油脱氢酶催化。②3-磷酸甘油可以通过线粒体外膜进入膜间隙，还原泛醌生成泛醇，反应由

位于线粒体内膜外表面的线粒体3-磷酸甘油脱氢酶（同工酶，以FAD为辅基、CoQ为辅酶）催化。泛醇的还原当量经复合物Ⅲ→Cyt *c*→复合物Ⅳ传递给氧，最终推动合成1.5个ATP。3-磷酸甘油穿梭主要在脑细胞和骨骼肌之快肌纤维（白肌纤维）中进行（图7-15）。

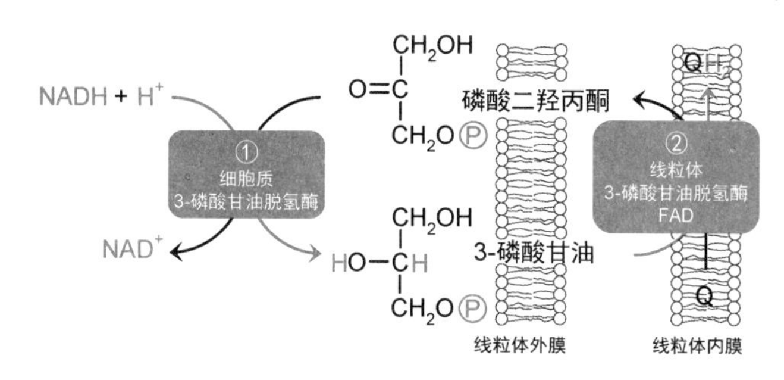

图7-15　3-磷酸甘油穿梭

第五节　其他氧化体系与抗氧化体系

生物氧化主要在线粒体内进行，但线粒体外特别是微粒体和过氧化物酶体含有其他氧化体系。这些体系不与ADP磷酸化偶联，所以不属于生物氧化体系，但与过氧化氢、过氧化物、类固醇、儿茶酚胺及药物、毒物的代谢有密切关系。

1. 细胞色素P450酶系　是分布广泛的一类膜蛋白，以肝细胞和小肠上皮细胞内质网（微粒体，第十四章，274页）膜上最多，占肝微粒体总蛋白的20%。细胞色素P450酶系由还原酶和P450羟化酶组成，还原酶把NAD(P)H的电子传递给P450羟化酶，与其共同完成底物羟化反应：

$$RH + NADPH + H^+ + O_2 \rightarrow ROH + NADP^+ + H_2O$$

细胞色素P450酶系还存在于类固醇生成组织（肾上腺皮质、睾丸、卵巢、胎盘）的线粒体内膜上，参与类固醇代谢，例如类固醇激素代谢中的11β-、17-、18-、19-羟化反应，维生素D代谢中25-OH-D_3的1α-、24-羟化反应，胆汁酸代谢中胆固醇7α-、27-羟化反应。

此外，肝细胞内质网（微粒体）细胞色素P450酶系还联合细胞色素b_5在药物代谢过程中起作用，催化75%药物的修饰和灭活。

细胞色素P450酶系属于细胞色素P450超家族，因在Fe^{2+}状态下结合CO时在450nm有吸收峰而得名，已在人体内鉴定了59种，分为18个家族和44个亚家族，命名规则是“CYP”+“家族（成员氨基酸序列相似性不低于40%）”+“亚家族（成员氨基酸序列相似性不低于55%）”+“成员”，例如CYP1A2为1家族、A亚家族、2号同工酶。

除肝、小肠、肾外，细胞色素P450酶系还少量存在于肺、胃、皮肤等，并有以下特点：①专一性广泛，能催化数百种非营养物质的生物转化。②变异性较大，受遗传、年龄、营养状况、机体状态、疾病等因素的影响而呈现个体差异。③其合成受非营养物质特别是药物诱导或阻遏，从而产生耐药性或药物相互作用。

2. 氢过氧化物酶　包括过氧化氢酶（catalase）和过氧化物酶（peroxidase），主要功能是清除活性氧，防止其损伤机体。

（1）过氧化氢酶　是一种同四聚体血红素蛋白（每个亚基含有1个血红素辅基），功能：①过

氧化氢酶活性：当细胞内 H_2O_2 积累时，催化 H_2O_2 分解清除：$2H_2O_2 \rightarrow 2H_2O+O_2$。②过氧化物酶活性：通过催化 H_2O_2 与醛、醇（酒中乙醇约25%经此代谢）、酚的反应参与生物转化：$H_2O_2+RH_2 \rightarrow R+2H_2O$。

过氧化氢酶是过氧化物酶体的主要酶，占其总蛋白的40%。过氧化物酶体还含有催化生成 H_2O_2 的氧化酶，例如黄嘌呤氧化酶、D-氨基酸氧化酶，因此过氧化物酶体既能产生 H_2O_2，又可将其随时清除。过氧化物酶体分布于许多组织细胞，包括肝、肾、血液、骨髓、黏膜等。

H_2O_2 是需氧脱氢酶（以 FAD/FMN 为辅基、O_2 为直接受氢体，例如黄嘌呤氧化酶）催化反应的产物，其作用具有两重性：①在粒细胞和吞噬细胞内它可以杀死细菌，在甲状腺细胞内它参与甲状腺球蛋白酪氨酸合成甲状腺激素的反应。②对大多数细胞来说，它是一种细胞毒，因为它具有强氧化性，能氧化巯基酶和其他蛋白质，还能把生物膜中的不饱和脂肪酸氧化成脂质过氧化物，造成膜损伤。脂质过氧化物与蛋白质形成的复合物积累形成棕褐色的色素颗粒，称为**脂褐素**。

（2）过氧化物酶　均含血红素辅基，是一类催化抗氧化剂（GSH、维生素 C、醌类、细胞色素 *c*）还原 H_2O_2 的酶（$H_2O_2+RH_2 \rightarrow R+2H_2O$），例如谷胱甘肽过氧化物酶、甲状腺过氧化物酶、嗜酸性粒细胞过氧化物酶。红细胞等富含谷胱甘肽过氧化物酶，催化 GSH 还原 H_2O_2（$H_2O_2+2GSH \rightarrow GSSG+2H_2O$）和其他过氧化物（如脂质过氧化物，$ROOH+2GSH \rightarrow GSSG+ROH+H_2O$），所以对组织细胞如食管上皮细胞、红细胞酶蛋白和其他蛋白质及细胞膜有保护作用。

临床上通过分析粪便嗜酸性粒细胞过氧化物酶活性判断有无潜血。过氧化物酶将联苯胺氧化成蓝色化合物。

3. 超氧化物歧化酶　可以催化**超氧阴离子**（superoxide anion，$\cdot O_2^-$，超氧自由基，superoxide radical）发生歧化反应，生成 H_2O_2 和 O_2（$2\cdot O_2^-+2H^+ \rightarrow H_2O_2+O_2$），$H_2O_2$ 可被过氧化氢酶催化分解成水和 O_2。

自由基是具有未成对电子的原子、分子、离子和基团的统称，如超氧阴离子和羟自由基（$\cdot OH$）等。细胞内有些代谢会产生自由基，例如呼吸链复合物Ⅰ和复合物Ⅱ向辅酶 Q 传递电子及 QH_2 向复合物Ⅲ传递电子时有 $\cdot Q^-$ 形成，$\cdot Q^-$ 会向 O_2 传递一个电子形成 $\cdot O_2^-$。呼吸链消耗的 O_2 有0.1%~4%转化为 $\cdot O_2^-$。$\cdot O_2^-$ 与 H_2O_2、$\cdot OH$、ROO·、RO·等统称**活性氧**（ROS）。成人每日消耗氧30mol，其中3%~5%生成活性氧，因此每日可产生1.5mol活性氧。

●**活性氧[类]**　单线态氧、超氧阴离子、过氧化氢、羟自由基等含氧自由基的统称，具有较强的参与反应作用的物质。○

红细胞、晶状体、角膜与氧接触，会产生较多活性氧。活性氧是正常代谢产物，但其性质活泼，氧化性强，如不及时清除而积累，会造成氧化损伤（oxidative damage），包括破坏蛋白质、生物膜和核酸结构，使细胞裂解（溶血）、蛋白质交联变性、激素失活、免疫功能下降，从而引发肿瘤、炎症性疾病、衰老、动脉粥样硬化、肺气肿、支气管炎、帕金森病、Duchenne 肌营养不良、宫颈癌、酒精性肝病、糖尿病、急性肾功能衰竭、唐氏综合征、早产儿视网膜病变（晶体后纤维增生症）、脑血管病、缺血再灌注损伤等疾病。

机体通过超氧化物歧化酶（superoxide dismutase，SOD）清除超氧阴离子，从而抗氧化损伤。SOD 由 I. Fridovich 于1969年发现，在生物体内分布广泛，功能是清除超氧阴离子。人类基因组编码三种 SOD（表7-5）。

表7-5　人体SOD一览

同工酶	符号	区室	辅基	结构
SOD1	Cu/Zn-SOD	细胞质	Cu^{2+}，Zn^{2+}	同二聚体
SOD2	Mn-SOD	线粒体	Mn^{2+}	同四聚体
SOD3	Cu/Zn-SOD	细胞外	Cu^{2+}，Zn^{2+}	同四聚体

保持一定的运动量可以提高SOD水平：运动时有氧代谢增加，活性氧产生增多，防御酶类合成增加。

活性氧虽然导致氧化损伤，研究表明在一定条件下它们参与信号转导。已经证明生长因子通过信号转导促进活性氧产生，活性氧则调节通道及转录因子活性。活性氧还参与调节细胞分化、免疫反应、自噬及其他代谢。

生物氧化与中药

某些中药通过影响生物氧化而发挥治疗作用。人参、当归、黄芪和五味子四味常用中药和复方生脉液对鼠肝氧化磷酸化作用的研究结果表明，这些药均不同程度地降低线粒体耗氧量、磷/氧比和呼吸控制率；生脉液具有解偶联作用，有调节体温和改善外周循环的功效。另有实验显示：黄连素能抑制牛心肌线粒体NADH、琥珀酸和细胞色素*c*的氧化，甘草次酸也是氧化磷酸化解偶联剂。

苦杏仁苷是杏仁成分，在人体内会缓慢分解，生成不稳定的α羟基苯乙腈，进而分解生成具有苦杏仁味的苯甲醛和氢氰酸。小剂量口服分解产生的少量氢氰酸对呼吸中枢产生抑制作用而镇咳；大剂量口服产生的氢氰酸能使延髓中枢先兴奋后麻痹，并抑制复合物Ⅳ而抑制呼吸链，从而引起中毒，严重者危及生命。

枇杷叶和苦杏仁可以抑制肿瘤细胞的生物氧化，导致肿瘤细胞死亡或凋亡，临床上对于治疗呼吸系统肿瘤有一定疗效，可以改善由肺癌引起的咳嗽及呼吸困难，对于癌性胸水也有一定疗效。

线粒体自噬

为维持细胞的正常代谢状态，损伤线粒体需及时清除。细胞主要通过自噬机制清除损伤线粒体，这一过程称为**线粒体自噬**（mitophagy）。线粒体自噬是一个特异性选择过程，是细胞清除损伤线粒体、维持自身稳态的一种重要调节机制。线粒体自噬异常与多种疾病包括神经退行性疾病（如帕金森病）、血液病和心血管疾病甚至肿瘤的发生密切相关。

小结

机体通过生物氧化分解产能营养素，获得能量满足生命活动需要。

生物氧化过程分为三个阶段：第一阶段是产能营养素氧化成乙酰辅酶A，第二阶段是乙酰基通过三羧酸循环氧化成二氧化碳，第三阶段是前两个阶段释放的还原当量经呼吸链传递给氧生成水，同时推动合成大量ATP。

呼吸链是指由一组氧化还原酶类和电子载体按照电子传递顺序形成的代谢途径，其作用是接

收产能营养素氧化释放的还原当量，并将其电子传递给氧，生成水，同时向线粒体内膜外泵出氢离子。呼吸链组分含有以下电子载体：FMN、FAD、辅酶 Q、铁硫蛋白、细胞色素 a、细胞色素 b 和细胞色素 c。

呼吸链组分按顺序传递电子，构成 NADH 氧化呼吸链和琥珀酸氧化呼吸链。在标准条件下，两条呼吸链每传递一对还原当量分别向线粒体内膜外泵出 10 个和 6 个氢离子。

生命活动所需能量主要由高能化合物直接供给。ATP 是含量最高的核苷酸、应用最广的高能化合物、最主要的直接供能物质。ATP 的合成方式有底物水平磷酸化和氧化磷酸化，以氧化磷酸化为主。化学渗透学说认为呼吸链传递还原当量时泵出的氢离子回流驱动 ATP 合成酶合成 ATP，标准条件下每回流 4 个氢离子为细胞质合成 1 个 ATP。

氧化磷酸化是生物氧化的核心，在分子水平受 ADP、甲状腺激素、ATP 合成酶抑制因子 1、解偶联蛋白、线粒体 DNA 突变等内源因素和呼吸链抑制剂、解偶联剂、ATP 合成酶抑制剂、腺苷酸转运蛋白抑制剂等外源因素影响。

ATP 循环是能量代谢的核心。

细胞质生物氧化产生的 NADH 通过苹果酸-天冬氨酸穿梭或 3-磷酸甘油穿梭送入呼吸链，磷氧比分别为 2.5 和 1.5。苹果酸-天冬氨酸穿梭主要在肝、心和肾细胞中进行，3-磷酸甘油穿梭主要在脑细胞和快肌纤维中进行。

讨论

1. 比较生物氧化和体外燃烧。
2. 生物氧化的三个阶段及特点。
3. 生物体内典型呼吸链的种类、组成、电子传递顺序。
4. NADH 还原当量的来源及其在生物氧化中的地位。
5. 生物体内 ATP 合成的两种主要方式、在真核细胞中的合成部位。
6. 2,4-二硝基苯酚在 20 世纪 30 年代曾作为减肥药被广泛使用，后因其副作用的危险性而被禁用，但依然被某些群体使用（如健美者），就此你可否给出建议？

第八章

糖代谢

扫一扫，查阅本章数字资源，含PPT、音视频、图片等

机体在生命活动过程中必须从体外获取营养物质，通过代谢释放能量供给生命活动，或提供原料合成生命物质；同时，一些生命物质也要经过分解和转化，产生的简单代谢物最终排出体外。因此，生物体与环境不断进行物质交换，这种物质交换过程是通过代谢实现的，这种代谢称为物质代谢。物质代谢包括分解代谢和合成代谢。分解代谢（catabolism）是指生物体分解营养物质，释放能量供给生命活动，或者获得简单小分子供给合成其他生物分子的过程。合成代谢（anabolism）是指生物体用简单小分子合成复杂生物分子的过程。物质代谢与能量代谢密不可分，是代谢的两个方面。因此，物质代谢既研究生命物质的转化，又研究生命物质转化过程中高能化合物的生成和利用，还涉及代谢紊乱与疾病的关系。

第一节　概　述

糖是重要的生命物质，约占人体重的1.5%。糖是食物主要成分，消化吸收后通过代谢支持各种生命活动。《中国居民膳食营养素参考摄入量》推荐糖的成人参考摄入量是120g/d，占能量需要量的50%~65%，其中添加糖（sugar，单糖和二糖的统称）<10%，另推荐成人膳食纤维适宜摄入量为25~30g/d。WHO推荐糖供能占能量需要量的55%~75%，膳食纤维适宜摄入量为25g/d以上。

一、糖的功能

糖具有多种生理功能。

1. 供能物质　糖是生命活动的主要供能物质，绝大多数非光合生物通过氧化糖类获得能量，人体每日代谢消耗的葡萄糖约有90%用于氧化供能，提供所需能量的45%~65%。人体内用于供能的糖是糖原和葡萄糖。糖原是糖的储存形式，葡萄糖是糖的运输形式和利用形式。葡萄糖是脑和其他神经组织、睾丸、肾髓质、胚胎组织的主要供能物质，是红细胞的唯一供能物质。

2. 结构成分　不溶性多糖是动物结缔组织及细菌和植物细胞壁的结构成分。糖蛋白和糖脂是神经元和其他组织细胞膜组分。蛋白多糖构成结缔组织的基质。

3. 合成原料　糖代谢为脂肪酸、氨基酸、核苷酸、辅助因子合成提供原料。

4. 代谢调节　一些糖蛋白作为激素、细胞因子、生长因子或受体参与信号转导，例如人绒毛膜促性腺激素（HCG）、[促]红细胞生成素（EPO）。

5. 其他作用　①细胞识别和细胞粘连。②润滑剂，例如透明质酸。③机体防御，例如免疫球蛋白分子中的糖基。④定向运输，使目的蛋白从合成部位运到功能部位，例如6-磷酸甘露糖是溶酶体酶的运输标志。⑤稳定蛋白质构象，使其抗蛋白酶水解，延长寿命。⑥增加蛋白质的水溶性。

二、糖的消化

糖是人体摄入量仅次于水的营养物质。食物糖主要是淀粉（45%～60%），此外还有寡糖（30%～40%）、单糖（5%～10%）和少量糖原。在消化道不同部位（以小肠为主），由不同来源的消化酶（以胰α淀粉酶为主）催化水解。多糖水解成寡糖，寡糖水解成单糖（表8-1）。

表8-1 糖的消化

部位	酶	来源	底物	产物
口腔	唾液α淀粉酶	唾液腺	淀粉，糖原	糊精，麦芽糖，麦芽三糖
小肠	胰α淀粉酶	胰腺	淀粉，糖原，糊精	麦芽糖，麦芽三糖，α极限糊精
	麦芽糖酶[-α-葡萄糖苷酶]	刷状缘膜	麦芽糖，麦芽三糖	葡萄糖
	α糊精酶	刷状缘膜	α极限糊精	葡萄糖
	蔗糖酶[-异麦芽糖酶]（转化酶）	刷状缘膜	蔗糖，异麦芽糖	葡萄糖，果糖
	乳糖酶[-根皮苷水解酶]	刷状缘膜	乳糖	葡萄糖，半乳糖

1. 口腔 淀粉在口腔内由唾液α淀粉酶部分消化。**唾液α淀粉酶**（α-amylase）以Cl^-为激活剂，催化水解淀粉的α-1,4-糖苷键，生成麦芽糖和糊精等，最适pH 5.6～6.9（唾液pH 6.4～7.0），最适温度45℃，60℃变性。由于食物在口腔内停留时间很短，淀粉消化程度不超过5%。

2. 胃 胃黏膜细胞不合成分泌消化食物糖的酶，但食物入胃后，唾液α淀粉酶继续消化淀粉，直到被胃酸酸化至pH<4而完全失活（胃液pH 1.0～3.0），可使淀粉消化程度达到30%～40%，消化产物主要是麦芽糖。

3. 小肠 淀粉主要在小肠内消化，且发生在食糜中的胃酸被小肠内的胰液（来自胰腺分泌）和肝胆汁（来自肝脏分泌）中和之后。①在十二指肠，淀粉和糊精被胰α淀粉酶水解成麦芽糖（40%）、麦芽三糖（25%）、异麦芽糖（5%）、α极限糊精（30%，α淀粉酶水解淀粉得到的残余部分，最大含9个葡萄糖基）等寡糖。**胰α淀粉酶**最适pH 6.7～7.0，专一性同唾液α淀粉酶，但活性高于唾液α淀粉酶，因此仅需15～30分钟即完成消化。②寡糖被小肠上皮细胞刷状缘（小肠上皮细胞刷状缘又称纹状缘）上的一组二糖酶及α糊精酶水解成单糖（表8-1）。食物糖消化产物中葡萄糖超过80%，半乳糖和果糖均不到10%。

阿卡波糖（拜糖平，卡博平）是一种四糖类似物，米格列醇是α-葡萄糖苷类似物，它们都是α-葡萄糖苷酶竞争性抑制剂（XA10BF），临床用于2型糖尿病患者降血糖。α-葡萄糖苷酶抑制剂适用于空腹血糖基本正常而餐后血糖升高患者。

● **膳食纤维** 植物性食物中含有，不能被小肠消化吸收，对健康有意义（刺激胃肠蠕动，防止便秘）的碳水化合物。包括纤维素、半纤维素、果胶和菊粉，还包括木质素等其他一些成分。○

血糖[生成]指数（glycemic index，GI） 是用于评价某种食物进食时引起血糖升高程度的一个指数。测定方法：进食50g待测食物后，2小时内血糖[应答]曲线下面积相比空腹时的增幅除以进食50g葡萄糖后的相应增幅，以百分数表示。指数范围0～100，参考食物的GI值定为100。通常定义GI<55%为低GI食物，GI为55%～70%为中GI食物，GI>70%为高GI食物。低GI食物糖吸收缓慢，适合于体重控制、血糖控制、糖尿病配餐，高GI食物糖吸收快速，适合于体能恢复或血糖补充。血糖指数与胰岛素分泌呈正相关，因此低GI食物被认为有利于健康。

抗性淀粉（不能被人体小肠消化吸收，但能在大肠中发酵或部分发酵的淀粉）和非淀粉多糖或未被消化的糖类在大肠由肠道细菌发酵，生成乙酸、丙酸、丁酸等短链脂肪酸，被肠上皮细胞

摄取利用。有研究表明丁酸具有抗增殖活性，因而可降低结肠癌风险。

乳糖不耐受（lactose intolerance）　又称乳糖酶缺乏症（hypolactasia），是指各种原因导致乳糖酶缺乏，如许多婴儿断奶后肠乳糖酶活性降至出生时水平的5%~10%（青春后期几乎不表达），摄入较多乳糖时消化吸收障碍，未被消化吸收的乳糖被肠道细菌发酵成乳酸、甲烷和氢气。甲烷和氢气导致腹胀，乳酸和未消化的乳糖导致腹泻，严重时影响食物消化吸收。同理，因纽特人先天性缺乏蔗糖酶，因而普遍存在蔗糖不耐受。

三、糖消化产物的吸收

食物多糖消化成单糖才能被吸收。大部分消化产物是在十二指肠和空肠从顶端膜转入上皮细胞，然后从基侧膜转出，进入毛细血管，经肝门静脉（系统）运到肝脏，再经肝静脉汇入下腔静脉，通过血液循环分配到全身各组织利用，其中85%被肌组织摄取利用。

1. 单糖通过顶端膜两类转运蛋白转入上皮细胞：①葡萄糖和半乳糖通过 Na^+ 依赖型葡萄糖转运蛋白1（SGLT1）介导的继发性主动转运（协同转运）摄取，每摄取一分子葡萄糖同时转入两个 Na^+（肾近曲小管上皮细胞也通过该机制重吸收小管液葡萄糖）。②葡萄糖和果糖分别通过葡萄糖转运蛋白2（GLUT2，也介导脱氢抗坏血酸吸收）、葡萄糖转运蛋白5（GLUT5）介导的易化扩散转入上皮细胞。果糖吸收率较低，因此大量摄入导致渗透性腹泻（图8-1）。

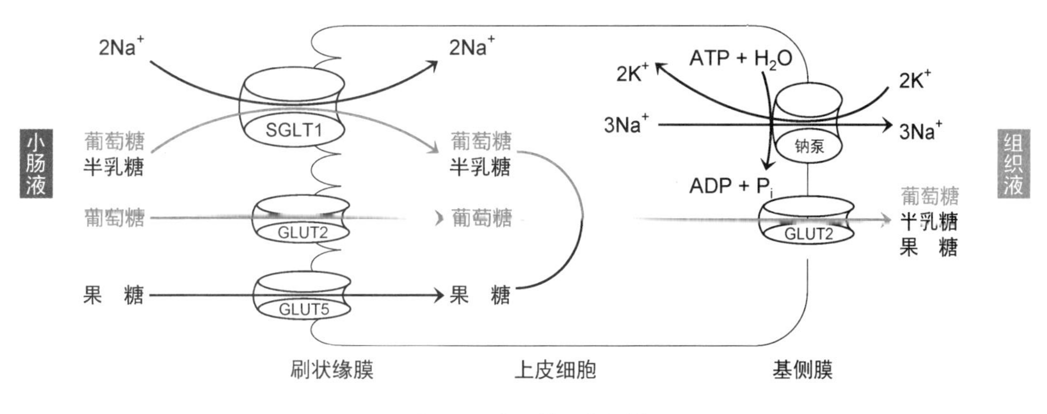

图8-1　小肠糖吸收机制

2. 葡萄糖、半乳糖和果糖通过基侧膜GLUT2转出上皮细胞，进入毛细血管。

肾近端小管通过SGLT2重吸收葡萄糖。达格列净、恩格列净和卡格列净等（SGLT2抑制剂，XA10BK）可以抑制葡萄糖重吸收，从而降血糖，是2型糖尿病二线药物。

3. 骨骼肌细胞和脂肪细胞通过葡萄糖转运蛋白GLUT4（$K_m \approx 5$mmol/L）摄取血糖，摄取速度慢且受胰岛素调节。

四、糖代谢一览

代谢主要在细胞内进行，由众多化学反应共同完成。这些反应相互联系，形成代谢网络（metabolic network）。一种代谢物可以通过代谢网络中的一组连续反应转化为其他代谢物，并产生生理效应，这样一组连续反应称为一条代谢途径（metabolic pathway）。例如发生在生物氧化第三阶段的呼吸链电子传递、苹果酸-天冬氨酸穿梭和3-磷酸甘油穿梭都是代谢途径。代谢途径可分为分解代谢途径（catabolic pathway，如糖酵解）、合成代谢途径（anabolic pathway，如胆固醇合成）和两用代谢途径（amphibolic pathway，如三羧酸循环）。值得注意的是：代谢网络是统一

的，代谢途径只是代谢网络的局部，因而各代谢途径相互联系、密不可分。

糖代谢是代谢网络中的重要内容（图 8-2，表 8-2）。

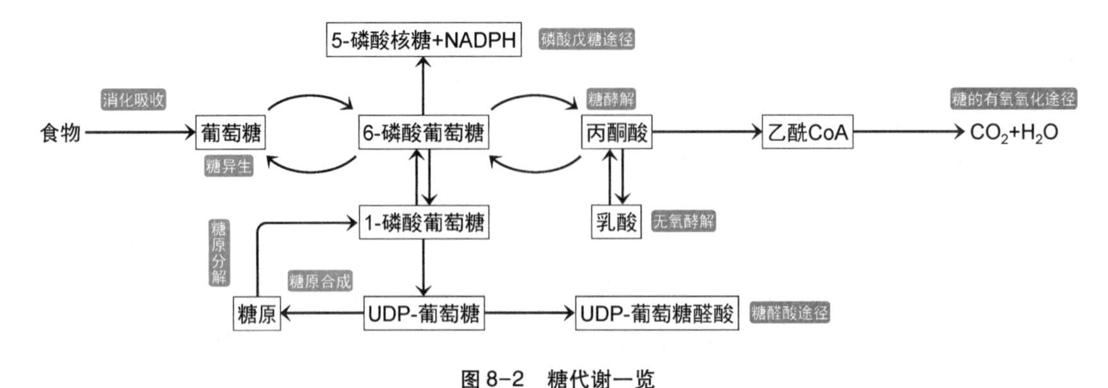

图 8-2 糖代谢一览

从图 8-2 中可以看出：①各糖代谢途径相互联系，6-磷酸葡萄糖是这些途径共同的中间产物。②有些反应是可逆反应（reversible reaction，通常以双箭头表示），其正反应和逆反应在细胞内都会发生，实际反应方向取决于生理状态；有些反应是不可逆反应（irreversible reaction，通常以单箭头表示），其逆反应在细胞内不会发生。

表 8-2 糖代谢一览

分类	代谢途径	反应物	产物	主要生理意义
消化吸收		食物糖	单糖	消化吸收
分解代谢	糖酵解	葡萄糖	丙酮酸	供能，提供合成原料
	无氧酵解	葡萄糖	乳酸	无氧供能
	糖的有氧氧化途径	葡萄糖	CO_2、H_2O	有氧供能，提供合成原料
	磷酸戊糖途径	葡萄糖	5-磷酸核糖、NADPH	提供合成原料，生物转化
	糖醛酸途径	葡萄糖	UDP-葡萄糖醛酸	提供合成原料，生物转化
	糖原分解	糖原	葡萄糖	维持血糖（肝），分解供能（肌）
合成代谢	糖原合成	葡萄糖	糖原	营养储存，控制血糖
	糖异生	乳酸等	葡萄糖	维持血糖，营养转化
两用代谢	三羧酸循环			

第二节 葡萄糖分解代谢

人体各组织细胞都能从血中摄取葡萄糖，摄取机制是 GLUT 载体介导的易化扩散。葡萄糖的分解代谢途径主要有无氧酵解、有氧氧化途径、磷酸戊糖途径和糖醛酸途径。葡萄糖通过这些分解途径为生命活动提供合成原料、还原当量和高能化合物。

一、无氧酵解途径

无氧酵解（anaerobic glycolysis）又称乳酸发酵，是指许多高等生物及微生物将葡萄糖分解成乳酸的过程。无氧酵解在细胞质中分两个阶段进行：①葡萄糖分解成 NADH 和丙酮酸，称为糖酵解[途径]（glycolytic pathway，glycolysis）。②在无氧条件下，NADH 把丙酮酸还原成乳酸，并再生 NAD^+。无氧酵解的反应方程式如下：

$$葡萄糖 + 2(P_i + ADP) \rightarrow 2乳酸 + 2(ATP + H_2O) \quad \Delta G^{\circ\prime} = -135.2kJ/mol$$

（一）糖酵解过程

糖酵解途径又称 Embden-Meyerhof 途径，是第一种被阐明反应机制的代谢途径，由 G. Embden 和 O. Meyerhof 等在研究肌细胞糖代谢时揭示，O. Meyerhof 因此获得 1922 年诺贝尔生理学或医学奖。

糖酵解途径不耗氧，在无氧或有氧条件下均可进行。一分子葡萄糖可通过该途径分解成两分子丙酮酸，所释放的化学能有一部分用于合成两分子 ATP，以供给生命活动。糖酵解的反应方程式如下：

$$葡萄糖 + 2NAD^+ + 2(P_i + ADP) \rightarrow$$

$$2丙酮酸 + 2(NADH + H^+) + 2(ATP + H_2O) \quad \Delta G^{\circ\prime} = -85kJ/mol$$

糖酵解在细胞质中进行，包括 10 步连续反应，可分为两个阶段：①一分子葡萄糖分解成两分子 3-磷酸甘油醛。②两分子 3-磷酸甘油醛氧化成两分子丙酮酸（图 8-3）。

● 酶促反应都不是简单反应，一种酶催化的反应要经历不止一个步骤才能完成。因此，“糖酵解包括 10 步连续反应”是指“糖酵解由 10 种酶催化进行”。○

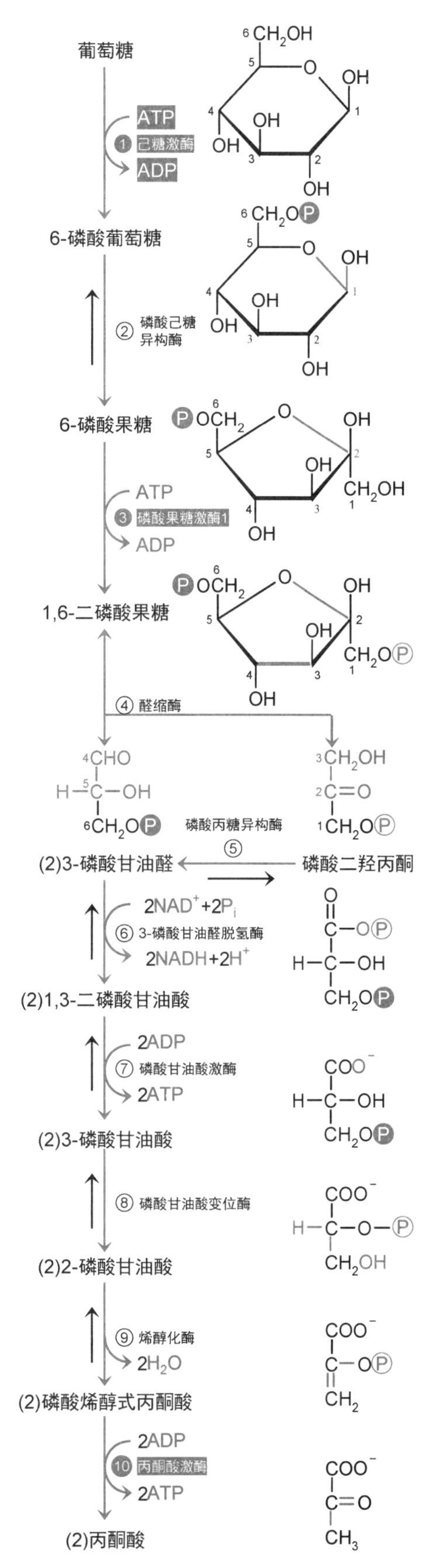

图 8-3 糖酵解

1. **磷酸化** 葡萄糖磷酸化生成 6-磷酸葡萄糖（glucose-6-phosphate，G-6P），$\Delta G^{\circ\prime}$ =-16.7kJ/mol，反应由葡萄糖激酶（glucokinase，肝细胞和胰岛 β 细胞）或己糖激酶（hexokinase，其他细胞）催化，由 ATP 提供能量及其 γ-磷酸基，需要 Mg^{2+}。

2. **异构** 6-磷酸葡萄糖异构成 6-磷酸果糖（fructose-6-phosphate，F-6P），$\Delta G^{\circ\prime}$ = 1.7kJ/mol，反应由磷酸己糖异构酶（phosphohexose isomerase）催化，需要 Mg^{2+}（第一章，10 页）。

3. **磷酸化** 6-磷酸果糖磷酸化生成 1,6-二磷酸果糖（fructose 1,6-bisphosphate，F-1,6-BP），$\Delta G^{\circ\prime}$ =-14.2kJ/mol，反应由磷酸果糖激酶 1（phosphofructokinase 1，PFK-1）催化，由 ATP 提供能量及其 γ-磷酸基，需要 Mg^{2+}。

4. **裂解** 1,6-二磷酸果糖裂解成磷酸二羟丙酮（dihydroxyacetone phosphate，DHAP）和 3-磷酸甘油醛（glyceraldehyde 3-phosphate，GAP），$\Delta G^{\circ\prime}$ = 23.8kJ/mol，反应由醛缩酶（aldolase）催化。人类基因组编码醛缩酶 A、醛缩酶 B 和醛缩酶 C 三种同工酶。

5. 异构 磷酸二羟丙酮异构成3-磷酸甘油醛（图8-3中磷酸丙糖的碳原子编号与葡萄糖的碳原子编号对应），$\Delta G^{\circ\prime}=7.5$kJ/mol，反应由磷酸丙糖异构酶（triose phosphate isomerase）催化。

磷酸丙糖异构酶还催化磷酸二羟丙酮生成甲基乙二醛，它有细胞毒性，能共价修饰蛋白质、DNA和脂质，与2型糖尿病的发展有关。

6. 氧化和磷酸化 3-磷酸甘油醛脱氢并磷酸化生成1,3-二磷酸甘油酸（1,3-bisphosphoglycerate，1,3-BPG），$\Delta G^{\circ\prime}=6.3$kJ/mol，脱下的氢将$NAD^+$还原成NADH。这是糖酵解途径唯一的一步脱氢反应，反应由3-磷酸甘油醛脱氢酶（glyceraldehyde-3-phosphate dehydrogenase，同四聚体，以NAD^+为辅助因子）催化。

3-磷酸甘油醛脱氢酶是巯基酶，可以被重金属如Hg^{2+}抑制。此外，砷酸（H_3AsO_4）可取代磷酸参与该反应，生成1-砷酸-3-磷酸甘油酸，后者会自发水解而与下一步反应解偶联。

7. 底物水平磷酸化 1,3-二磷酸甘油酸属于酰基磷酸类混合酸酐，含有一个高能磷酸基团，通过底物水平磷酸化反应转移给ADP，生成ATP和3-磷酸甘油酸（3-phosphoglycerate），$\Delta G^{\circ\prime}=-18.5$kJ/mol，反应由磷酸甘油酸激酶（phosphoglycerate kinase）催化，需要Mg^{2+}。

8. 异构 3-磷酸甘油酸异构成2-磷酸甘油酸（2-phosphoglycerate），$\Delta G^{\circ\prime}=4.4$kJ/mol，反应由磷酸甘油酸变位酶（phosphoglycerate mutase）催化，需要Mg^{2+}。注意：2-磷酸甘油酸的磷酸基是由活性中心组氨酸残基（His11）提供的，需要His186协助。

9. 脱水 2-磷酸甘油酸脱水生成磷酸烯醇式丙酮酸（phosphoenolpyruvate，PEP），$\Delta G^{\circ\prime}=7.5$kJ/mol，反应由烯醇化酶（enolase，以$Mg^{2+}$或$Mn^{2+}$为辅助因子）催化。烯醇化酶被氟化物抑制，故临床血糖测定所用采血管加有氟化钾。

氟化物抑制机制：在活性中心与磷酸、Mg^{2+}形成络合物（配合物），抑制底物进入。

10. 底物水平磷酸化 磷酸烯醇式丙酮酸属于酰基磷酸类混合酸酐，含有一个高能磷酸基团，通过底物水平磷酸化反应转移给ADP，生成ATP和丙酮酸（pyruvate），$\Delta G^{\circ\prime}=-31.4$kJ/mol，反应由**丙酮酸激酶**（pyruvate kinase）催化，需要K^+和Mg^{2+}。

（二）乳酸生成

在无氧条件下，许多高等生物及微生物糖酵解生成的NADH把丙酮酸还原成乳酸（人体内是L-乳酸，乳酸菌是D-乳酸），并再生NAD^+，$\Delta G^{\circ\prime}=-25.1$kJ/mol，反应由乳酸脱氢酶（LDH）催化：

$$\underset{\text{丙酮酸}}{\begin{matrix}COO^-\\|\\C=O\\|\\CH_3\end{matrix}}\ \underset{\text{L-乳酸脱氢酶}}{\overset{NADH+H^+\ \ \ NAD^+}{\rightleftharpoons}}\ \underset{\text{L-乳酸}}{\begin{matrix}COO^-\\|\\HO-C-H\\|\\CH_3\end{matrix}}\qquad \Delta G^{\circ\prime}=-25.1\text{kJ/mol}$$

丙酮酸还原成乳酸的意义是使NAD^+再生：①NAD^+作为辅助因子参与3-磷酸甘油醛脱氢，必须及时把氢传递出去。②在供氧不足时，NADH由无氧酵解中间产物消耗。③丙酮酸是3-磷酸甘油醛之后唯一可消耗NADH的无氧酵解中间产物。因此，乳酸是葡萄糖无氧酵解的最终产物。

丙酮酸还原成乳酸的反应是可逆的。在供氧充足时，乳酸与NAD^+反应生成丙酮酸和NADH。NADH可通过苹果酸-天冬氨酸穿梭或3-磷酸甘油穿梭把还原当量送入呼吸链。

骨骼肌运动生成的丙酮酸和乳酸及红细胞代谢生成的乳酸均可通过细胞膜单羧酸转运蛋白扩散入血。心肌细胞可通过细胞膜单羧酸转运蛋白摄取丙酮酸和乳酸。乳酸没有其他代谢，只能脱氢再生丙酮酸后被利用。心肌细胞通过摄取乳酸和丙酮酸氧化供能，可减少对血糖的消耗，使其优先供给骨骼肌等其他组织。

除还原成乳酸外，丙酮酸在不同代谢条件下还可以生成乙酰辅酶 A、草酰乙酸、葡萄糖或丙氨酸。

酵母等几种微生物和某些植物在无氧条件下可以把糖酵解产物丙酮酸脱羧、还原，生成乙醇，称为**酒精发酵**（生醇发酵）。酒精发酵和乳酸发酵统称**无氧呼吸**（anaerobic respiration）。葡萄酒原汁的最高酒精度为 12%~16%，因为发酵达到该酒精度时酿酒酵母死亡。

（三）无氧酵解/糖酵解生理意义

葡萄糖通过无氧酵解分解，既为生命活动提供能量，又为生命物质合成提供原料。

1. 无氧酵解是组织细胞在相对缺氧时快速补充能量的一种有效方式　①剧烈运动时机体消耗大量 ATP，但肌细胞 ATP 含量很低，仅 4~10mmol/L，数秒钟内即被耗尽。ATP 的消耗促进葡萄糖分解供能，需大量供氧。机体通过增加呼吸频率和血液循环速度来加快供氧，但仍不能满足需要，因而骨骼肌相对缺氧。无氧酵解不依赖供氧，因而缺氧时无氧酵解增加，以保证 ATP 供应。②人从平原初到高原时，组织细胞也会通过无氧酵解来适应高原缺氧。③感染性休克时乳酸生成增加。肝、肾和心可摄取并氧化乳酸，但在缺氧时也进行无氧酵解生成乳酸。

2. 某些组织在有氧时也通过无氧酵解供能　红细胞不含线粒体，只能通过无氧酵解获得能量。脑和其他神经细胞、骨骼肌、胃肠道、肾髓质、视网膜、皮肤、感染性休克、肿瘤即使在有氧时也会进行无氧酵解以获得能量。

3. 糖酵解的中间产物和产物是其他小分子代谢物的合成原料　①磷酸二羟丙酮是 3-磷酸甘油的合成原料。②3-磷酸甘油酸是丝氨酸、甘氨酸和半胱氨酸的合成原料。③丙酮酸是丙氨酸和草酰乙酸的合成原料。

（四）无氧酵解/糖酵解调节

机体各代谢途径因生理需要而进行，所以受到调节。除了乳酸生成受 NADH 水平控制外，调节无氧酵解主要是调节糖酵解。肌细胞糖酵解是为了满足肌肉收缩对 ATP 的需要，因而受能荷控制。肝细胞糖代谢意义则更广泛，因而其糖酵解调节机制既有与肌细胞共同之处，又有自己独特一面。

控制糖酵解途径的关键酶是催化三步不可逆反应（图 8-3①③⑩步）的己糖激酶（在肝细胞是葡萄糖激酶）、磷酸果糖激酶 1 和丙酮酸激酶（表 8-3）。其活性受变构调节和化学修饰调节，其含量也在合成和降解水平受到调节。这些调节分别在数毫秒、数秒、数小时后产生效应。

表 8-3　糖酵解关键酶变构调节

酶	变构激活剂	变构抑制剂
①己糖激酶		6-磷酸葡萄糖（肌）
②磷酸果糖激酶 1	AMP（肌）、2,6-二磷酸果糖（肝）、ADP	ATP（肌、肝）、柠檬酸（肝）
③丙酮酸激酶	1,6-二磷酸果糖（肌）	ATP、丙氨酸（肝）、乙酰辅酶 A、长链脂肪酸

1. 己糖激酶和葡萄糖激酶　两种酶在不同组织催化葡萄糖的磷酸化反应，其中己糖激酶活性受 6-磷酸葡萄糖的变构抑制。

（1）己糖激酶广泛存在于各组织细胞质和线粒体外膜上，特别是肌细胞己糖激酶Ⅱ（$K_m \approx$ 0.1mmol/L）和脑细胞己糖激酶Ⅰ（$K_m \approx$ 0.2mmol/L）。它们具有相对专一性，底物除了葡萄糖

还有果糖和甘露糖。肌细胞己糖激酶有以下特点：①血糖水平对其催化反应的速度影响不大，血糖低时反应也很快：己糖激酶对葡萄糖的亲和力很强，其 K_m 远低于肌细胞中正常葡萄糖水平（0.5～2mmol/L），所以正常情况下接近饱和，即反应速度接近 V_{max}，因而葡萄糖水平变化对反应速度没有明显影响，即不论血糖高低肌细胞和脑细胞均可摄取和利用葡萄糖。②己糖激酶Ⅰ、Ⅱ均受产物6-磷酸葡萄糖变构抑制（反馈抑制）：使6-磷酸葡萄糖的生成与利用同步，维持稳态。6-磷酸葡萄糖浓度增加意味着肌细胞既不需要通过糖酵解获得ATP，又不需要合成肌糖原，因而不需要摄取葡萄糖。③其抑制与磷酸果糖激酶1同步：抑制磷酸果糖激酶1造成6-磷酸果糖积累，进而造成6-磷酸葡萄糖积累。因此，抑制磷酸果糖激酶1导致己糖激酶抑制。

（2）葡萄糖激酶又称己糖激酶Ⅳ，是己糖激酶同工酶，仅存在于肝细胞和胰岛β细胞内，是肝细胞主要的己糖激酶同工酶，具有绝对专一性。肝细胞葡萄糖激酶有以下特点：①血糖水平对其催化反应的速度影响很大，血糖低时反应很慢：葡萄糖激酶对葡萄糖的亲和力很低，$K_m \approx 10mmol/L$，高于在肝细胞内正常葡萄糖水平，所以反应速度直接受肝门静脉血糖影响，即肝细胞主要在血糖高时摄取葡萄糖（且用于合成糖原和脂肪酸等），确保血糖低时葡萄糖优先供给脑细胞和肌细胞。②催化效率（k_{cat}/K_m）高，在血糖处于高水平时其催化效率远高于己糖激酶Ⅰ，即催化反应极快，肝细胞摄取葡萄糖极快，可使血糖快速回落。③被葡萄糖间接激活：血糖低时葡萄糖激酶被葡萄糖激酶调节蛋白（glucokinase regulatory protein）结合抑制且限制在细胞核内，葡萄糖促使其解离而解除抑制，返回细胞质，催化葡萄糖磷酸化。④不受6-磷酸葡萄糖反馈抑制：因此，当其他细胞己糖激酶被6-磷酸葡萄糖抑制时，肝细胞葡萄糖激酶依然催化反应，确保餐后血糖高时可增加肝糖原合成。⑤水平受胰岛素调节：胰岛素促进肝细胞葡萄糖激酶基因的表达。

胰岛β细胞葡萄糖激酶的功能是在血糖升高时合成6-磷酸葡萄糖，以促进胰岛素分泌。胰岛素通过促进糖原合成和脂肪合成使血糖回落。

2. 磷酸果糖激酶1 为一组四聚体同工酶，包括肌细胞型PFK-M（muscle，M_4）、肝细胞型PFK-L（liver，L_4）和红细胞型（M_3L、M_2L_2、ML_3）。它们催化糖酵解的第三步反应，是哺乳动物糖酵解途径最重要的调节酶，其活性受ATP和柠檬酸变构抑制，受[β-]2,6-二磷酸果糖（F-2,6-BP）、AMP和ADP变构激活。

（1）正常能荷下ATP抑制磷酸果糖激酶1（PFK-1）活性的90%，但这种抑制可被AMP和ADP解除。机制：ATP结合于调节位点，降低其活性中心与6-磷酸果糖（F-6P）的亲和力。AMP、ADP结合于调节位点，解除ATP的抑制效应，因此[ATP]/[AMP]比值下降时酶活性增加，糖酵解增加。

pH降低增强ATP对肌肉PFK-1的抑制效应，意义：肌肉无氧酵解导致乳酸积累、pH降低（从7.0降到6.3），抑制糖酵解，防止乳酸积累过多造成肌肉损伤。

（2）柠檬酸抑制PFK-1，机制是增强ATP的抑制效应。意义：柠檬酸是三羧酸循环中间产物，三羧酸循环是生物氧化的第二阶段，在线粒体内进行。细胞质中出现高水平柠檬酸意味着合成代谢原料充足（如乙酰辅酶A，第九章，189页），不需要继续通过分解葡萄糖为合成代谢提供原料。

（3）F-2,6-BP是PFK-1最强的变构激活剂，机制是结合于调节位点，解除ATP的抑制效应。如果没有F-2,6-BP，即使底物F-6P和变构激活剂AMP达到生理浓度，PFK-1仍将处于低活性状态。意义：F-2,6-BP是由磷酸果糖激酶2（PFK-2）催化F-6P磷酸化生成的。血糖低时，胰高血糖素通过信号转导（第十二章，255页）抑制PFK-2，抑制F-2,6-BP合成，使PFK-1不能完全激活，糖酵解减少，血糖回升到正常水平。血糖高时，胰岛素通过信号转导激活PFK-2，促进F-2,6-BP合成，激活PFK-1，使糖酵解增加，血糖回落到正常水平。

3. 丙酮酸激酶　人体内有四种丙酮酸激酶同工酶，由两种基因 *PKLR* 和 *PKM* 编码。*PKLR* 基因编码 L 型同工酶（liver，肝细胞的主要同工酶）和 R 型同工酶（red blood cell，红细胞的同工酶），*PKM* 基因编码 M1 型同工酶（muscle，肌细胞和脑细胞的主要同工酶）和 M2 型同工酶（早期胚胎和许多肿瘤细胞的同工酶）。①它们都被 1,6-二磷酸果糖变构激活，被 ATP、乙酰辅酶 A 和长链脂肪酸变构抑制，L 型还被丙氨酸变构抑制。②L 型丙酮酸激酶还受化学修饰调节。血糖低时，胰高血糖素通过信号转导激活蛋白激酶 A，后者催化 L 型丙酮酸激酶磷酸化抑制（低活性），确保葡萄糖不足时优先供给脑细胞和肌细胞。

除上述结构调节外，糖酵解关键酶还存在水平调节：胰岛素促进己糖激酶Ⅱ、葡萄糖激酶、磷酸果糖激酶 1、丙酮酸激酶和磷酸果糖激酶 2 基因的表达。ATP 不足、AMP 积累或高血糖促进葡萄糖激酶基因的表达。

骨骼肌和脂肪细胞等肝外细胞通过葡萄糖转运蛋白 GLUT4 摄取血糖，摄取速度慢，且 GLUT4 水平受胰岛素调节，因此血糖摄取也是这些组织糖酵解的限速步骤。

（五）无氧酵解异常

在某些病理状态下，如严重贫血、大量失血、呼吸障碍和循环障碍，供氧不足导致无氧酵解增加甚至过度，导致乳酸积累，会引起代谢性酸中毒（第十五章，308 页）。此外，和正常细胞相比，无论供氧是否充足，大多数肿瘤细胞主要通过葡萄糖分解合成 ATP，并且产生大量乳酸，甚至导致乳酸积累，这一现象称为 Warburg 效应、有氧酵解。

Warburg 效应　O. Warburg（1931 年诺贝尔生理学或医学奖获得者）于 1928 年注意到：和正常细胞相比，无论供氧是否充足，大多数肿瘤主要通过无氧酵解合成 ATP，并且产生大量乳酸（也见于增殖迅速的正常细胞）。目前已知多数实体瘤糖酵解消耗葡萄糖量 10 倍于正常组织，原因可能是：①实体瘤毛细血管生成不足，局部缺氧，多数细胞通过糖酵解获得 ATP，获得等量 ATP 所消耗的葡萄糖远多于有氧氧化。②肿瘤细胞呼吸链存在缺陷。③肿瘤细胞线粒体较少，有氧氧化不足。④肿瘤细胞线粒体上存在己糖激酶同工酶 2（HK-2），不受反馈调节，所以肿瘤细胞可大量摄取葡萄糖。⑤肿瘤细胞存在低活性的丙酮酸激酶同工酶 M2。⑥有氧酵解产物成为蛋白质、脂质和核苷酸的合成原料。⑦缺氧促进缺氧诱导因子（hypoxia-inducible factor，HIF-1）基因表达。HIF-1 在转录水平促进葡萄糖转运蛋白（GLUT1、GLUT3）、糖酵解酶（己糖激酶、磷酸果糖激酶、醛缩酶、3-磷酸甘油醛脱氢酶、磷酸甘油酸激酶、烯醇化酶、丙酮酸激酶）、信号分子（如血管内皮生长因子）基因的表达。⑧产生的乳酸分泌到细胞外，维持酸性环境，既促进肿瘤浸润，又抵抗免疫系统（拮抗 $CD8^+$T 细胞和 NK 细胞活化）。

二、有氧氧化途径

葡萄糖的有氧氧化（aerobic oxidation）属于有氧呼吸（aerobic respiration），是指有氧条件下，葡萄糖在细胞质中酵解生成丙酮酸，转入线粒体后氧化成 CO_2 和 H_2O，并释放大量能量推动合成 ATP 供给生命活动。有氧氧化途径的反应方程式如下：

$$\text{葡萄糖} + 6O_2 + 30\text{或}32(ADP + P_i) \rightarrow 6(CO_2 + H_2O) + 30\text{或}32(ATP + H_2O) \quad \Delta G^{o\prime} = -1925\text{或}-1864\text{kJ/mol}$$

有氧氧化途径是葡萄糖氧化供能的主要途径，可分为三个阶段：①葡萄糖在细胞质中分解成丙酮酸。②丙酮酸转入线粒体，氧化脱羧生成乙酰辅酶 A。③乙酰基通过三羧酸循环氧化成 CO_2 和 H_2O，释放的还原当量通过氧化磷酸化推动合成 ATP。

(一)葡萄糖分解成丙酮酸

有氧氧化途径的第一阶段即糖酵解途径。

(二)丙酮酸氧化脱羧生成乙酰辅酶 A

丙酮酸由线粒体丙酮酸载体（异二聚体）转入线粒体，通过 α-氧化脱羧生成乙酰辅酶 A（acetyl-CoA，活性乙酸），反应由丙酮酸脱氢酶复合体（pyruvate dehydrogenase complex）催化：

$$\text{丙酮酸} + \text{辅酶A} + NAD^+ \rightarrow \text{乙酰辅酶A} + CO_2 + NADH + H^+ \quad \Delta G^{o\prime} = -33.4\text{kJ/mol}$$

1. 丙酮酸脱氢酶复合体组成 催化反应的丙酮酸脱氢酶复合体是一种多酶复合体，由 3 种酶和 5 种辅助因子等构成（表 8-4），其中 4 种辅助因子是 B 族维生素 B_1、维生素 B_2、维生素 PP 和泛酸的活性形式，[R-α]硫辛酸是二氢硫辛酰胺乙酰转移酶（E_2）的辅基，与活性中心 Lys46、Lys173 的 ε-氨基以酰胺键结合。

S—S ... COOH

硫辛酸

S—S ... H N ... COOH, O, NH_2

硫辛酰胺-赖氨酸

表 8-4 人丙酮酸脱氢酶复合体

组成酶	符号	原体数目	原体组成	辅基数/原体（维生素）	辅酶（维生素）
丙酮酸脱氢酶	E_1	20~45	$\alpha_2\beta_2$四聚体	2TPP（硫胺素）	
二氢硫辛酰胺乙酰转移酶	E_2	48	单体	2 硫辛酸	CoA（泛酸）
二氢硫辛酰胺脱氢酶	E_3	12	同二聚体	1FAD（核黄素）	NAD^+（烟酰胺）
E_3结合蛋白	E_3-BP	6	同二聚体		

2. 丙酮酸氧化脱羧机制 见图 8-4。

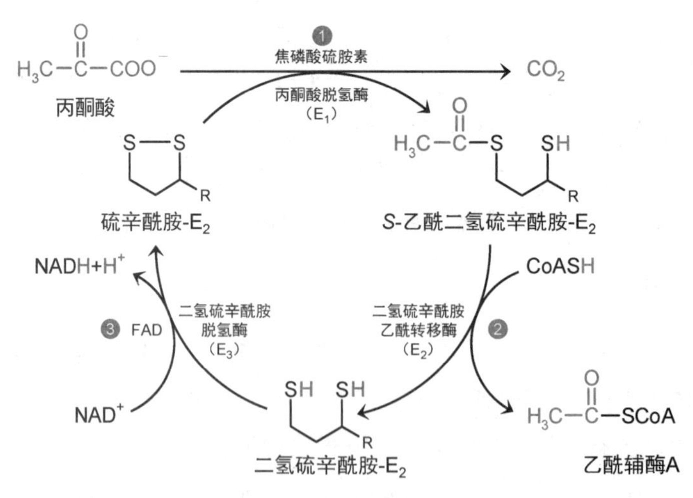

图 8-4 丙酮酸氧化脱羧机制

3. 丙酮酸氧化脱羧调节 丙酮酸脱氢酶复合体催化的反应连接糖酵解和三羧酸循环，是不可逆的关键反应。丙酮酸脱氢酶复合体是控制糖有氧氧化的关键酶之一，其中丙酮酸脱氢酶（E_1）催化的反应最慢，是调节核心。

丙酮酸脱氢酶复合体可以通过变构和化学修饰等方式进行快速调节（图 8-5）。

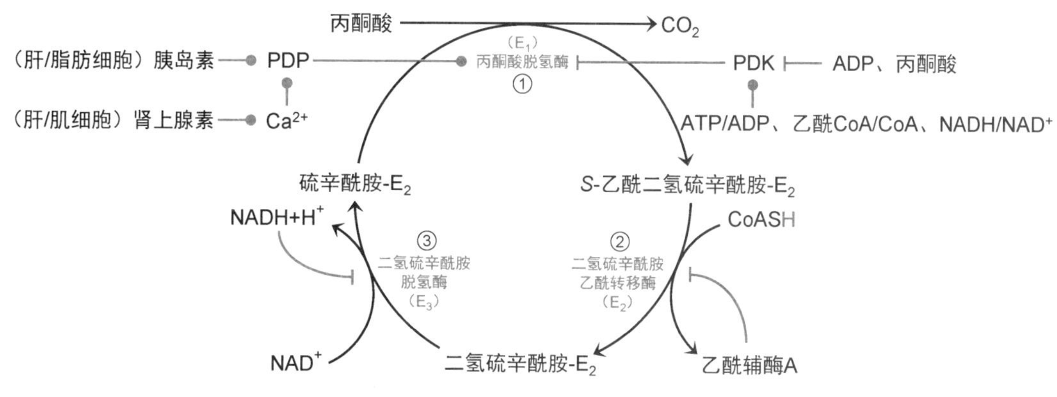

图 8-5 丙酮酸脱氢酶复合体活性调节

（1）变构调节 受 ATP、乙酰辅酶 A 和 NADH 变构抑制，受 AMP 和 CoA、NAD^+变构激活。

（2）化学修饰调节 丙酮酸脱氢酶（E_1）的 α 亚基被丙酮酸脱氢酶激酶（pyruvate dehydrogenase kinase，PDK）和丙酮酸脱氢酶磷酸酶（pyruvate dehydrogenase phosphatase，PDP）修饰。①PDK 催化磷酸化抑制：当[ATP]/[ADP]、[乙酰辅酶 A]/[辅酶 A]和[NADH]/[NAD^+]比值升高时，PDK 被 E_2募集激活，催化 E_1的 α 亚基磷酸化失活。②PDP 催化去磷酸化复活：肝组织和脂肪组织 PDP 被胰岛素通过信号转导激活，催化 E_1的 α 亚基去磷酸化复活。

（3）反馈调节 受乙酰辅酶 A、NADH、脂肪酸和 ATP 反馈抑制。意义是减少糖的消耗，多用脂肪酸。当高脂饮食或饥饿致脂肪动员增加时，许多组织利用脂肪酸作为能量来源。脂肪酸活化生成脂酰辅酶 A，通过 β 氧化生成大量乙酰辅酶 A 和 NADH。脂酰辅酶 A 还抑制腺苷酸转运蛋白，导致线粒体内 ATP 积累。上述积累的乙酰辅酶 A、NADH 和 ATP 反馈抑制丙酮酸脱氢酶复合体，从而使这些组织葡萄糖消耗减少，以确保葡萄糖优先供应脑组织等。

（三）三羧酸循环和氧化磷酸化

在线粒体内，乙酰辅酶 A 与草酰乙酸合成柠檬酸，柠檬酸经过一系列酶促反应最终又生成草酰乙酸，形成一个循环。该循环第一步反应的产物是柠檬酸，它有三个羧基，所以该循环称为柠檬酸循环（citrate cycle，三羧酸循环，tricarboxylic acid cycle）。该循环由 H. Krebs 于 1937 年阐明，所以又称 Krebs 循环。

1. 三羧酸循环过程 从草酰乙酸开始，三羧酸循环每循环一次可以氧化一个乙酰基，产生两个 CO_2，给出四对还原当量（三对由 NAD^+传递，一对由 FAD/Q 传递），还通过底物水平磷酸化合成一个高能化合物 ATP 或 GTP。三羧酸循环由八种酶催化，反应方程式如下：

$$\text{乙酰辅酶A} + 2H_2O + 3NAD^+ + FAD(Q) + ADP + P_i \rightarrow 2CO_2 + CoA + 3(NADH + H^+) + FADH_2(QH_2) + ATP$$

（1）加成 乙酰辅酶 A 与草酰乙酸（oxaloacetate）发生亲核加成反应（羟醛反应）生成柠檬酰辅酶 A，然后水解成柠檬酸（citrate）和辅酶 A，$\Delta G^{\circ\prime}$=-32.2kJ/mol，反应由柠檬酸合[成]酶（citrate synthase，同二聚体）催化（图 8-6①）。

柠檬酸钠（枸橼酸钠）可以螯合血浆 Ca^{2+}（凝血因子Ⅳ），因而用作抗凝剂。

（2）异构 柠檬酸脱水生成顺乌头酸（cis-aconitate），再水化（水合，加水，hydration）生成异柠檬酸（isocitrate），$\Delta G^{\circ\prime}$ = 13.3kJ/mol，反应由线粒体顺乌头酸酶同工酶（aconitase，含[4Fe-4S]型铁硫中心，其中一个铁参与催化）催化（图 8-6②）。

（3）氧化脱羧　异柠檬酸氧化脱羧生成α-酮戊二酸（α-ketoglutarate），$\Delta G^{\circ\prime}$=-20.9kJ/mol，反应由异柠檬酸脱氢酶[3]（isocitrate dehydrogenase，需Mn^{2+}或Mg^{2+}）催化，属于β-氧化脱羧反应（图8-6③）。人体异柠檬酸脱氢酶同工酶有三种（表8-5）。

表8-5　人体异柠檬酸脱氢酶同工酶

同工酶	辅助因子	结构	区室分布	组织分布
1	$NADP^+$，Mg^{2+}或Mn^{2+}	同二聚体	细胞质，过氧化物酶体	广泛（肾）
2	$NADP^+$，Mg^{2+}或Mn^{2+}	同二聚体	线粒体	广泛（心肌、骨骼肌）
3	NAD^+，Mn^{2+}或Mg^{2+}	αβ，αγ，αβ-αγ，$(\alpha\beta\text{-}\alpha\gamma)_2$	线粒体	广泛（心）

（4）氧化脱羧　α-酮戊二酸氧化脱羧生成琥珀酰辅酶A（succinyl-CoA），$\Delta G^{\circ\prime}$=-33.5kJ/mol，反应由α-酮戊二酸脱氢酶复合体（α-ketoglutarate dehydrogenase complex）催化。该酶是一种多酶复合体，由α-酮戊二酸脱氢酶E_1、二氢硫辛酰胺琥珀酰转移酶E_2和二氢硫辛酰胺脱氢酶E_3构成，其所含辅助因子及催化机制都与丙酮酸脱氢酶复合体一致。亚砷酸（化学修饰二氢硫辛酸）及高浓度氨均抑制该反应（图8-6④）。

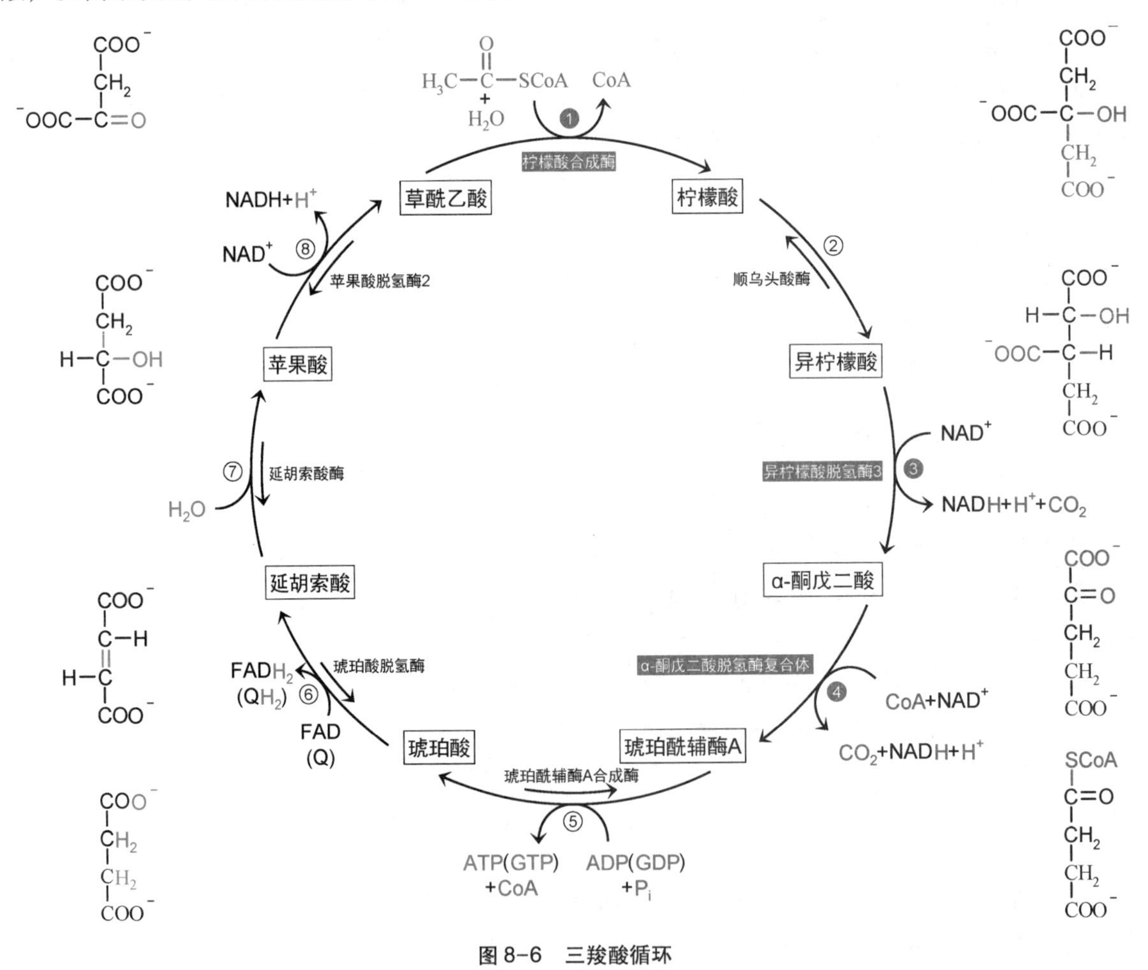

图8-6　三羧酸循环

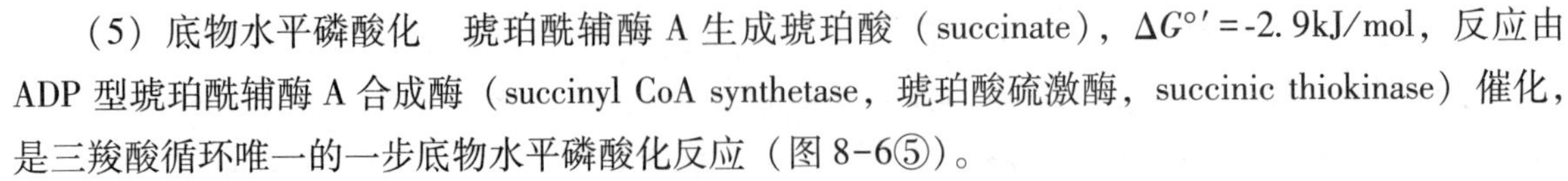

（5）底物水平磷酸化　琥珀酰辅酶A生成琥珀酸（succinate），$\Delta G^{\circ\prime}$=-2.9kJ/mol，反应由ADP型琥珀酰辅酶A合成酶（succinyl CoA synthetase，琥珀酸硫激酶，succinic thiokinase）催化，是三羧酸循环唯一的一步底物水平磷酸化反应（图8-6⑤）。

人体内有两种琥珀酰辅酶A合成酶[同工酶]。①ADP型琥珀酰辅酶A合成酶是$\alpha\beta_A$二聚体，

在 ATP 不足时催化反应，以 ADP 为底物，直接合成 ATP。$\alpha\beta_A$型分布广泛，特别是生物氧化效率高的组织，如骨骼肌和心肌，但肝和肺没有。②GDP 型琥珀酰辅酶 A 合成酶是$\alpha\beta_G$二聚体，在 ATP 充足时催化反应，以 GDP/GTP 为底物，主要功能是为糖异生提供 GTP，或为血红素合成提供琥珀酰辅酶 A。$\alpha\beta_G$型分布广泛，特别是合成代谢旺盛的组织，如肝、肾、心、脾和骨骼肌。

（6）脱氢　琥珀酸脱氢生成延胡索酸（fumarate），$\Delta G^{\circ\prime}=0$kJ/mol，反应由线粒体内膜琥珀酸脱氢酶（succinate dehydrogenase，呼吸链复合物Ⅱ）催化。该酶以 FAD 为辅基（其异咯嗪环与黄素蛋白亚基 His47 共价结合）、以 CoQ 为辅酶（图 8-6⑥），是线粒体标志酶，可用于评价生物氧化效率或活细胞数。

（7）水化　延胡索酸水化生成苹果酸（malate），$\Delta G^{\circ\prime}=-3.8$kJ/mol，反应由延胡索酸酶（fumarase）催化（图 8-6⑦）。

（8）脱氢　苹果酸脱氢生成草酰乙酸，$\Delta G^{\circ\prime}=29.7$kJ/mol，反应由苹果酸脱氢酶[2]（malate dehydrogenase 2）催化（图 8-6⑧）。

2. 三羧酸循环特点　主要表现为乙酰基完全氧化，整个循环不可逆。

（1）代谢效率　每次循环氧化 1 个乙酰基，通过两次脱羧生成两个 CO_2，通过 4 次脱氢给出 4 对还原当量（4×2H），其中 3 对由 NAD^+传递，1 对由 FAD（CoQ）传递。标准条件下 4 对还原当量通过氧化磷酸化推动合成约 9 个 ATP。另外，三羧酸循环还通过底物水平磷酸化合成 1 个 ATP（或 GTP），因此有氧氧化第三阶段每氧化 1 个乙酰基推动合成约 10 个 ATP。

（2）控制三羧酸循环关键酶　三羧酸循环有三种关键酶，即柠檬酸合成酶、异柠檬酸脱氢酶和 α-酮戊二酸脱氢酶复合体，其中异柠檬酸脱氢酶是最重要的调节酶。三种关键酶所催化的三步反应（图 8-6①③④）是限速步骤，在生理状态下不可逆，所以整个三羧酸循环不可逆。

（3）中间产物补充　三羧酸循环本身不会改变中间产物的总量，但中间产物会被其他代谢消耗，例如草酰乙酸和 α-酮戊二酸分别用于合成天冬氨酸和谷氨酸。三羧酸循环中间产物可以通过**回补反应**（anaplerotic reaction，回补途径，anaplerotic pathway）补充，最基本的补充方式是在线粒体内由丙酮酸羧化成草酰乙酸（图 8-11，169 页），由丙酮酸羧化酶催化。丙酮酸羧化酶缺乏会导致有氧氧化障碍，引起乳酸酸中毒。此外还有其他补充机制：①磷酸烯醇式丙酮酸生成草酰乙酸，由磷酸烯醇式丙酮酸羧激酶催化。②丙酮酸生成苹果酸，由苹果酸酶催化。③氨基酸分解生成 α-酮戊二酸。

3. 三羧酸循环生理意义　三羧酸循环是最重要的两用代谢途径。

（1）三羧酸循环是糖、脂肪和氨基酸分解代谢的共同途径　①糖分解成丙酮酸，进一步氧化成乙酰辅酶 A 进入三羧酸循环。②脂肪动员释放甘油和脂肪酸。甘油转化为磷酸二羟丙酮，进一步氧化成乙酰辅酶 A 进入三羧酸循环；脂肪酸通过 β 氧化分解成乙酰辅酶 A 进入三羧酸循环（第九章，186 页）。③蛋白质水解成氨基酸。氨基酸脱氨基生成 α-酮酸，进一步氧化成乙酰辅酶 A 进入三羧酸循环（第十章，223 页）。

乙酰辅酶 A 的其他应用：①合成脂肪酸和胆固醇。②合成乙酰胆碱和褪黑素。③酶和组蛋白等的化学修饰。

（2）三羧酸循环是糖、脂肪和氨基酸代谢联系的枢纽　①糖分解成乙酰辅酶 A，通过三羧酸循环合成柠檬酸，转到细胞质，用于合成脂肪酸，并进一步合成脂肪（第九章，189 页）。②糖和甘油代谢生成草酰乙酸等三羧酸循环中间产物，可用于合成非必需氨基酸。③氨基酸分解成 α-酮戊二酸等三羧酸循环中间产物，必要时可用于合成糖或甘油（第十章，223 页）。

柠檬酸的其他应用：①乙酰辅酶 A 运输。②关键酶的变构调节剂：抑制糖酵解的磷酸果糖激

酶 1，激活糖异生的果糖-1,6-二磷酸酶，激活脂肪酸合成的乙酰辅酶 A 羧化酶。

(四)有氧氧化效率

有氧氧化生成大量高能化合物。在有氧条件下，1 分子葡萄糖经过 19 步酶促反应（包括 3 步脱羧反应和 6 步脱氢反应）氧化成 CO_2和 H_2O，释放的能量通过底物水平磷酸化反应推动合成 6 分子 ATP，给出的 12 对还原当量通过氧化磷酸化推动合成 26 或 28 分子 ATP（有氧氧化的第一阶段发生在细胞质中，3-磷酸甘油醛脱氢给出的 2 对还原当量通过 3-磷酸甘油穿梭或苹果酸-天冬氨酸穿梭送入呼吸链，推动合成 3 或 5 分子 ATP）。因此，标准条件下 1 分子葡萄糖完全氧化推动合成 32 或 34 分子 ATP。因为在有氧氧化第一阶段消耗 2 分子 ATP，所以净合成 30 或 32 分子 ATP（表 8-6），是无氧酵解（净合成 2 分子 ATP）的 15 或 16 倍。人体代谢所需的能量主要来自糖的有氧氧化，标准条件下和生理状态下能量利用率分别为 34%和 58%~65%。

表 8－6　葡萄糖有氧氧化效率

反应	还原当量数	消耗 ATP 数	底物水平磷酸化生成 ATP 数	氧化磷酸化生成 ATP 数
第一阶段				
葡萄糖→6-磷酸葡萄糖		1		
6-磷酸果糖→1,6-二磷酸果糖		1		
3-磷酸甘油醛→1,3-二磷酸甘油酸	$(NADH+H^+)$ ×2			1.5（或 2.5）* ×2
1,3-二磷酸甘油酸→3-磷酸甘油酸			1×2	
磷酸烯醇式丙酮酸→丙酮酸			1×2	
第二阶段				
丙酮酸→乙酰辅酶 A	$(NADH+H^+)$ ×2			2.5×2
第三阶段				
异柠檬酸→α-酮戊二酸	$(NADH+H^+)$ ×2			2.5×2
α-酮戊二酸→琥珀酰辅酶 A	$(NADH+H^+)$ ×2			2.5×2
琥珀酰辅酶 A→琥珀酸			1×2	
琥珀酸→延胡索酸	$FADH_2$ $(CoQH_2)$ ×2			1.5×2
苹果酸→草酰乙酸	$(NADH+H^+)$ ×2			2.5×2
净生成 ATP 数			30（或 32）	

* 3-磷酸甘油穿梭 1.5，苹果酸-天冬氨酸穿梭 2.5。

(五)有氧氧化调节

有氧氧化调节依次包括 ATP 控制、NAD^+控制、氧控制和关键酶调节。关键酶包括己糖激酶、磷酸果糖激酶 1、丙酮酸激酶、丙酮酸脱氢酶复合体、柠檬酸合成酶、异柠檬酸脱氢酶和 α-酮戊二酸脱氢酶复合体。以下介绍三羧酸循环调节（表 8-7）。

表 8－7　哺乳动物三羧酸循环调节

酶	变构激活剂	变构抑制剂	反馈抑制
柠檬酸合成酶	ADP	ATP、长链脂酰辅酶 A	柠檬酸
异柠檬酸脱氢酶	柠檬酸，ADP	ATP	NADH
α-酮戊二酸脱氢酶复合体	Ca^{2+}，ADP		琥珀酰辅酶 A、NADH、ATP

1. 柠檬酸合成酶　柠檬酸合成酶是细菌三羧酸循环的重要调节酶，但真核生物特别是哺乳动物柠檬酸可以向细胞质转运乙酰辅酶 A，用于合成脂肪酸，所以激活哺乳动物柠檬酸合成酶不一定导致三羧酸循环加快。

2. 异柠檬酸脱氢酶　是三羧酸循环的主要调节酶，是变构酶。①受柠檬酸和 ADP 变构激活（γ 是调节亚基，α 是催化亚基），机制是增强酶与底物的亲和力。异柠檬酸、NAD^+、Mg^{2+}、ADP 与酶的结合具有协同性。②受高浓度 ATP 变构抑制，受 NADH 竞争性抑制。

3. α-酮戊二酸脱氢酶复合体　该多酶复合体的组成、催化机制和调节机制与丙酮酸脱氢酶复合体一致，受反应产物琥珀酰辅酶 A 和 NADH 反馈抑制。

异柠檬酸脱氢酶和 α-酮戊二酸脱氢酶复合体控制代谢物分流：①抑制异柠檬酸脱氢酶导致柠檬酸积累，转到细胞质，既抑制磷酸果糖激酶 1，抑制糖酵解，又转运乙酰辅酶 A 用于合成脂肪酸。②抑制 α-酮戊二酸脱氢酶复合体导致 α-酮戊二酸积累，用于合成谷氨酸、谷氨酰胺、脯氨酸和精氨酸。

4. 氧化磷酸化　通过改变[NADH]/[NAD^+]和[ATP]/[ADP]比值及[AMP]水平影响三羧酸循环速度。

（六）巴斯德效应

巴斯德效应（Pasteur effect）是指由 L. Pasteur 于 1857 年在研究酵母的酒精发酵时发现的一种代谢现象，即有氧条件下酵母的酒精发酵受到抑制，表现为葡萄糖消耗量减少、消耗速度减慢，并维持细胞内各种代谢物浓度基本稳定。乳酸发酵生物也是如此。机制：①细胞质 ADP 和磷酸转入线粒体，消耗于氧化磷酸化，细胞质无氧酵解底物水平磷酸化受阻。②细胞质 NADH 还原当量进入呼吸链，通过氧化磷酸化推动 ATP 合成，不会用于还原丙酮酸，丙酮酸也会转入线粒体氧化分解。③要获得等量的 ATP，有氧氧化葡萄糖消耗量仅为无氧酵解的1/15～1/16。

在某些正常细胞（如视网膜和小肠上皮细胞）中，只要葡萄糖供应充足，即使在有氧条件下，ATP 合成也以无氧酵解为主，而有氧氧化反而相应减低，这种现象称为 Crabtree 效应（反巴斯德效应）。

三、磷酸戊糖途径

磷酸戊糖途径（pentose phosphate pathway，磷酸戊糖旁路，磷酸己糖旁路）是磷酸己糖转化为磷酸戊糖的途径，其特点是葡萄糖在磷酸化生成 6-磷酸葡萄糖之后直接发生脱氢和脱羧等反应，生成 5-磷酸核糖和 NADPH，作为生物分子的合成原料。

（一）磷酸戊糖途径反应过程

磷酸戊糖途径在各组织细胞质中进行，反应过程可分为两个阶段：①不可逆的氧化阶段（图

8-7①~④)：6分子6-磷酸葡萄糖发生脱氢（①）、水解（②）、脱氢脱羧（③）和异构（④）反应，可生成6分子5-磷酸核糖和12分子NADPH。②可逆的非氧化阶段（图8-7④~⑥）：6分子5-磷酸核酮糖发生异构、转酮和转醛等反应，生成5分子6-磷酸葡萄糖。5分子6-磷酸葡萄糖也可逆此阶段转化为6分子5-磷酸核酮糖，进而异构成6分子5-磷酸核糖。5-磷酸核糖可用于合成核苷酸。

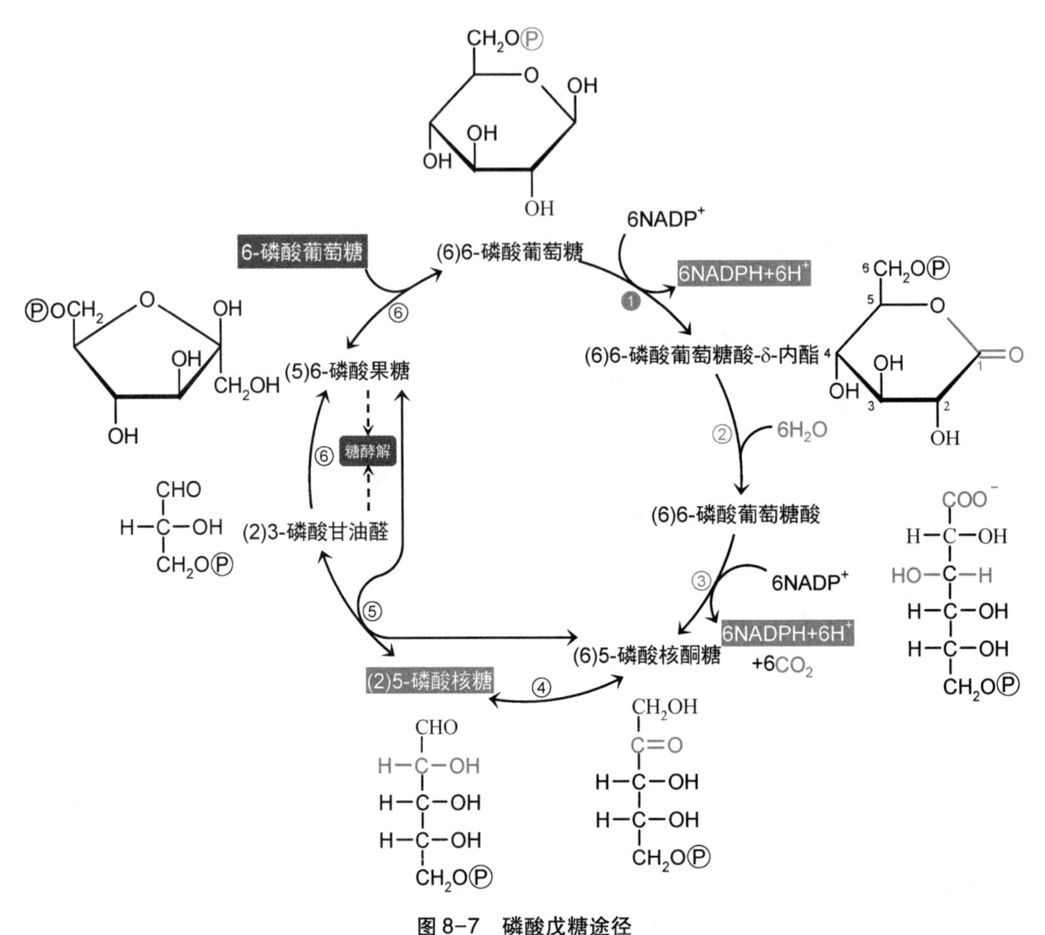

图8-7　磷酸戊糖途径

1. [β-]6-磷酸葡萄糖脱氢生成6-磷酸葡萄糖酸-δ-内酯，同时将$NADP^+$还原成NADPH，反应由6-磷酸葡萄糖脱氢酶催化，需要Mg^{2+}，在细胞内基本不可逆。

2. 6-磷酸葡萄糖酸-δ-内酯水解成6-磷酸葡萄糖酸，反应由内酯酶催化，需要Mg^{2+}，不可逆。

3. 6-磷酸葡萄糖酸氧化脱羧，生成5-磷酸核酮糖，同时将$NADP^+$还原成NADPH，反应由6-磷酸葡萄糖酸脱氢酶催化，需要Mg^{2+}，不可逆。

4. 5-磷酸核酮糖可异构成5-磷酸核糖，反应由[5-]磷酸核糖异构酶（磷酸戊糖异构酶）催化。5-磷酸核糖可全部用于核苷酸合成，也可通过非氧化阶段继续转化。

5. 在主要需要NADPH的组织或当机体主要需要NADPH时，磷酸戊糖继续代谢：6分子5-磷酸核酮糖分别异构成4分子5-磷酸木酮糖和2分子5-磷酸核糖，再经过转酮[醇]酶（transketolase，以焦磷酸硫胺素为辅助因子）、转醛[醇]酶（transaldolase）催化的连续反应生成2分子3-磷酸甘油醛和4分子6-磷酸果糖。

6. 2分子3-磷酸甘油醛和4分子6-磷酸果糖可以通过糖酵解途径或有氧氧化途径进行分解代谢，在糖异生组织也可以通过糖异生途径重新生成5分子6-磷酸葡萄糖（图8-7）。究竟转入何

种代谢取决于组织细胞对5-磷酸核糖、NADPH和ATP的需要。

（二）磷酸戊糖途径生理意义

磷酸戊糖途径位于各组织的细胞质中，主要是肝脏（合成脂肪酸和胆固醇，生物转化。肝细胞分解的葡萄糖有30%消耗于磷酸戊糖途径）、脂肪组织（合成脂肪酸，脂肪细胞分解的葡萄糖有超过30%消耗于磷酸戊糖途径）、肾上腺皮质（合成类固醇）、甲状腺（合成甲状腺激素）、红细胞（维持GSH水平）、睾丸和卵巢（合成类固醇）、泌乳期乳腺（合成脂肪酸）。

5-磷酸核糖和NADPH是重要的生命物质。磷酸戊糖途径是各组织5-磷酸核糖的唯一来源、NADPH的主要来源、红细胞NADPH的唯一来源。

1. 5-磷酸核糖是核苷酸的合成原料 核苷酸是核酸和辅助因子的合成原料。因为磷酸戊糖途径是利用葡萄糖生成5-磷酸核糖的唯一途径，所以在增殖旺盛的细胞（如骨髓、皮肤和肠黏膜）和损伤后修复再生作用强的组织中（如心肌和肝脏）很活跃。

血中几乎没有核糖，各组织所需的核糖都是自己合成的，有些组织虽然没有磷酸戊糖途径氧化阶段的酶或其活性很低，仍可用6-磷酸果糖通过非氧化阶段的逆过程合成5-磷酸核糖，例如骨骼肌。

2. NADPH为还原性合成代谢提供还原当量 磷酸戊糖途径在脂肪酸或胆固醇合成旺盛的组织中（如肝脏、脂肪组织、肾上腺、性腺和泌乳期乳腺）很活跃。

3. NADPH参与羟化反应 肝细胞内质网存在以NADPH为辅酶的细胞色素P450酶系，该酶系既参与类固醇代谢，又参与药物及毒物的生物转化（第十四章，274页）。

4. 维持细胞内高水平GSH NADPH作为谷胱甘肽还原酶（同二聚体，以FAD为辅基）的辅酶，参与氧化型谷胱甘肽（GSSG）还原成还原型谷胱甘肽（GSH）的反应（$GSSG+NADPH+H^+ \rightarrow 2GSH+NADP^+$），维持细胞内高水平GSH，支持清除活性氧及其他代谢（第十章，229页）。

（三）磷酸戊糖途径调节

磷酸戊糖途径速度受相关代谢物浓度影响。

6-磷酸葡萄糖脱氢酶结合两个$NADP^+$，一个是辅助因子，一个是必需激活剂，其催化的反应基本上不可逆，是氧化阶段的关键步骤，$NADP^+$是氧化阶段最重要的调节因素。研究表明营养充足大鼠肝细胞质$[NADP^+]/[NADPH] \approx 0.014$（而$[NAD^+]/[NADH] \approx 700$），因而氧化阶段仅在已有NADPH不能满足需要的时候进行。非氧化阶段主要受底物控制。

此外，6-磷酸葡萄糖脱氢酶和6-磷酸葡萄糖酸脱氢酶的基因表达受激素水平和营养水平等因素的调节，例如胰岛素诱导其表达。

高糖饮食时磷酸戊糖途径产生的5-磷酸木酮糖激活蛋白磷酸酶（PP2A），进而影响其他代谢途径：①促进糖酵解：PP2A催化磷酸果糖激酶2/果糖-2,6-二磷酸酶双功能酶去磷酸化，激活其磷酸果糖激酶2，抑制其果糖-2,6-二磷酸酶，促进合成2,6-二磷酸果糖。2,6-二磷酸果糖激活磷酸果糖激酶1，促进糖酵解。糖酵解导致乙酰辅酶A生成增加，促进脂肪酸合成。②促进脂肪酸合成：PP2A还催化糖反应元件结合蛋白（一种转录抑制因子）去磷酸化激活，促进脂肪酸合成。

（四）磷酸戊糖途径异常

磷酸戊糖途径酶系异常可引发相关疾病。

6-磷酸葡萄糖脱氢酶缺乏与蚕豆病 蚕豆病（favism）是指6-磷酸葡萄糖脱氢酶缺乏患者进食蚕豆甚至吸入其花粉会发生溶血。蚕豆含有蚕豆嘧啶（divicine，含量2%），在人体内会与氧反应产生 H_2O_2 和超氧阴离子，损伤细胞膜及其他生物大分子。H_2O_2 通常由谷胱甘肽过氧化物酶清除，需要消耗GSH和NADPH。蚕豆病患者6-磷酸葡萄糖脱氢酶基因异常（X连锁，主要是点突变），6-磷酸葡萄糖脱氢酶活性低下，红细胞内仅为正常人的1/10，磷酸戊糖途径障碍，导致NADPH缺乏，GSH水平低下，H_2O_2 持续损伤红细胞膜（脂质过氧化），容易发生急性溶血，引起**溶血性贫血**，并且常在进食蚕豆24~48小时出现溶血症状，有时还会出现黄疸甚至肾损伤。此外，服用抗疟药（伯氨喹和羟氯喹，XP01B）和磺胺类抗菌药等会引起6-磷酸葡萄糖脱氢酶缺乏患者药物性溶血性贫血。

蚕豆嘧啶

蚕豆病患者GSH低下引起溶血还有另一种机制：GSH通过保护血红蛋白巯基而参与维持血红蛋白结构。GSH低下时血红蛋白通过巯基氧化交联，聚集在细胞膜上形成Heinz小体。Heinz小体促进活性氧损伤细胞膜，引起溶血。

转酮酶缺乏与Wernicke-Korsakoff综合征 患者转酮酶基因异常，其转酮酶与焦磷酸硫胺素的亲和力只有正常人的1/10。多见于嗜酒者，因为酒精影响肠道对某些维生素包括硫胺素的吸收。

磷酸核糖异构酶缺乏与脑白质病 该罕见病首例报道于1999年。该15岁患者磷酸核糖异构酶基因有一个错义突变和一个无义突变，所以磷酸核糖异构酶活性低下，导致5-磷酸核糖不足，阿拉伯糖醇、核糖醇和赤藓糖醇积累。其病理尚未阐明，可能是5-磷酸核糖不足影响RNA合成，或者是阿拉伯糖醇和核糖醇积累的毒性作用。

四、糖醛酸途径

糖醛酸途径（uronic acid pathway）是葡萄糖先活化成尿苷二磷酸葡萄糖（UDP-葡萄糖，UDP-Glc），再氧化成UDP-葡[萄]糖醛酸（UDP-GlcA）的途径：

葡萄糖 → 6-磷酸葡萄糖 → 1-磷酸葡萄糖 → UDP-葡萄糖 → UDP-葡萄糖醛酸

该途径位于细胞质中，前三步反应与糖原合成过程一致（164页），第四步反应由UDP-葡萄糖脱氢酶催化：

$H_2O+2NAD^+$ → $2NADH+2H^+$（UDP-葡萄糖脱氢酶）

UDP-葡萄糖 → UDP-葡萄糖醛酸

UDP-葡萄糖醛酸称为**活性葡萄糖醛酸**，既为透明质酸、硫酸软骨素和肝素等黏多糖合成提供葡萄糖醛酸，又参与生物转化（第十四章，276页）。

戊糖尿[症]（pentosuria） 尿中有相当量的L-木酮糖（糖醛酸途径下游代谢中间产物）。①原发性戊糖尿：一种罕见的良性遗传病，原因是缺乏L-木酮糖还原酶。②药物性戊糖尿：巴比妥类（抗癫痫药，XN03AA）和氯丁醇会使更多葡萄糖进入糖醛酸途径，生成更多的葡萄糖醛酸和L-古洛糖酸；氨基比林和安替比林使戊糖尿个体L-木酮糖分泌增加。③食物性戊糖尿：进食大量富含戊糖的水果（如梨）也会出现戊糖尿。

五、多元醇通路

在某些组织（不包括肝脏）如晶状体、周围神经、肾小球和附睾，有少量葡萄糖通过多元醇通路（polyol pathway，多元醇途径，山梨醇旁路）代谢（图 8-8）：①葡萄糖生成山梨醇，消耗 NADPH，由醛糖还原酶催化。②山梨醇脱氢生成果糖，消耗 NAD^+，由山梨醇脱氢酶催化。果糖是精子的主要能源，精液果糖浓度可达 10mmol/L。③果糖磷酸化生成 6-磷酸果糖，进入糖酵解，由己糖激酶催化。血糖高时多元醇通路代谢增加，导致山梨醇、果糖和 NADH 积累，可能引起糖尿病微血管病变，典型改变是微循环障碍、微血管瘤形成、微血管基底膜增厚。

葡萄糖 山梨醇 果糖 6-磷酸果糖

图 8-8 多元醇通路

糖尿病患者晶状体果糖和山梨醇较高，可能参与糖尿病性白内障形成过程。山梨醇不能通过细胞膜，会积累而引起渗透性损伤。

第三节 糖原代谢

糖原代谢是葡萄糖与糖原的相互转化，其中葡萄糖合成糖原的过程称为糖原合成（glycogenesis），糖原分解成 6-磷酸葡萄糖及葡萄糖的过程称为糖原分解（glycogenolysis）。

糖原是糖的储存形式。当血糖升高时，几乎所有组织细胞可以摄取葡萄糖合成并储存糖原，其中肝细胞和骨骼肌细胞糖原最多，其糖原分别称为肝糖原和肌糖原。正常成人肝糖原总量 65（空腹，即进食 12 小时后）~150g（进食后），占肝重（1.8kg）的 5%~10%；肌糖原 120~400g，占骨骼肌重量的 0.7%~3%（骨骼肌占体重的 40%~50%）。当血糖下降及细胞需要葡萄糖时，糖原被分解利用。肝糖原分解可生成葡萄糖，释放入血，对维持血糖稳态并供给组织代谢（特别是脑细胞和红细胞）非常重要。肌糖原分解主要为肌肉收缩供能。

一、糖原代谢过程

糖原合成和糖原分解主要在骨骼肌快肌纤维和肝脏的细胞质中进行，反应发生在糖原的非还原端。

（一）糖原合成

葡萄糖合成糖原的过程由五种酶催化（图 8-9），每连接一个葡萄糖消耗两个高能化合物，包括一个 ATP 和一个 UTP。糖原合成的反应方程式如下：

$$Glc_n + Glc + ATP + UTP + H_2O \rightarrow Glc_{n+1} + ADP + UDP + 2P_i$$

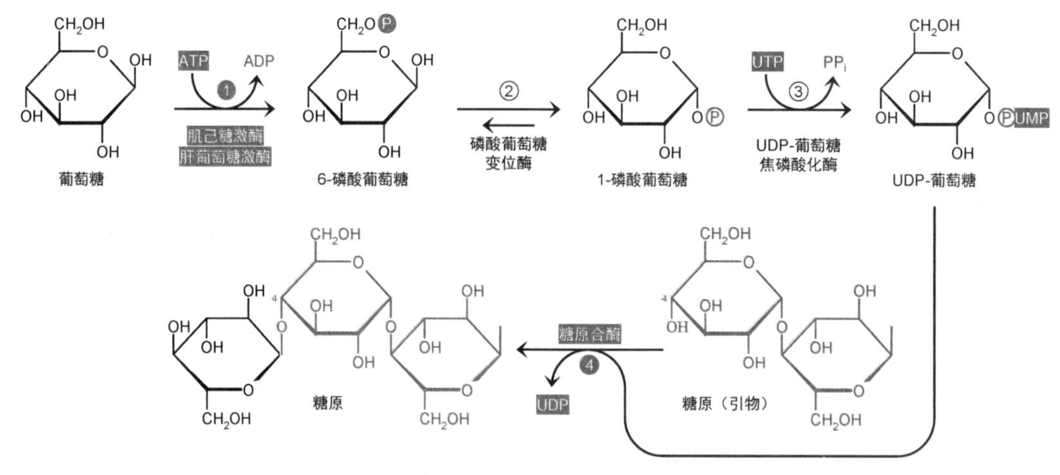

图 8-9　糖原合成

1. 活化　葡萄糖磷酸化生成 6-磷酸葡萄糖，反应由葡萄糖激酶（肝细胞）或己糖激酶Ⅱ（肌细胞）催化，消耗 ATP。

2. 异构　6-磷酸葡萄糖异构成 1-磷酸葡萄糖，反应由磷酸葡萄糖变位酶（PGM）催化，该酶活性中心有一个磷酸化丝氨酸 117（Ser117-P_i）直接参与催化反应。

3. 活化　1-磷酸葡萄糖尿苷酸化生成 UDP-葡萄糖（UDP-Glc，称为**活性葡萄糖**，属于核苷酸糖），消耗 UTP，反应由葡萄糖-1-磷酸尿苷酰转移酶（UDP-葡萄糖焦磷酸化酶）催化。该反应本身可逆，但生成的焦磷酸由焦磷酸酶催化水解，使反应在细胞内不可逆：$PP_i + H_2O \rightarrow 2P_i$。

4. 缩合　UDP-葡萄糖的葡萄糖基以 α-1,4-糖苷键连接于糖链的非还原端（非还原端 4-羟基亲核攻击活性葡萄糖 C-1），反应由**糖原合酶**（glycogen synthase）催化，并重复进行，使糖链不断延伸。①UDP 通过核苷二磷酸激酶催化的以下反应重新生成 UTP：UDP+ATP→UTP+ADP（第十一章，239 页），因此消耗一分子 UTP 相当于消耗一分子 ATP。②糖原合酶不能合成新的糖链，因此糖原合成需要引物，其长度不小于 8 个葡萄糖基。

糖原引物是**糖原蛋白**（glycogenin）的一段寡糖链。糖原蛋白是一种葡萄糖基转移酶（以 Mn^{2+} 为辅助因子），是同二聚体，每个亚基可以利用 UDP-葡萄糖在另一个亚基 Tyr194 的羟基上合成约含 10 个葡萄糖基的寡糖链，作为糖原引物。

5. 分支化　当糖链延伸到 11~18 个葡萄糖基时，末端的 6~7 个被移至邻近的糖链上，并以 α-1,6-糖苷键连接，从而形成新的糖原分支，相邻分支点至少间隔 4 个葡萄糖基（平均约 12 个）。分支化反应由糖原分支酶（glycogen-branching enzyme，仅在肝细胞和肌细胞中高表达）催化。糖原合酶和糖原分支酶交替催化糖原合成。分支化既增加糖原水溶性，又支持其快速合成或分解。

除葡萄糖外，来自食物的果糖和半乳糖等其他单糖也可以先转化为糖原合成途径的中间产物，再合成糖原。红细胞无氧酵解生成的乳酸被肝细胞摄取，经过糖异生合成 6-磷酸葡萄糖后，也会合成糖原。

糖原负载　高分支化糖原代谢快，可为短跑运动员快速供能。低分支化糖原代谢慢，可为长跑运动员持续供能。糖原合酶活性高于分支酶，因而糖链延伸快于分支化。基于此，长跑运动员常于赛前增加运动强度以耗尽肌糖原，然后进食高糖食物以快速合成低分支化糖原。

（二）糖原分解

糖原分解成葡萄糖的过程由四种酶催化进行（图 8-10），反应方程式如下：

$$Glc_n + H_2O \rightarrow Glc_{n-1} + Glc$$

图 8-10　糖原分解

1. 磷酸解　糖原非还原端磷酸解生成[α-]1-磷酸葡萄糖，反应由**糖原磷酸化酶**（glycogen phosphorylase）催化，该酶以磷酸吡哆醛为辅基（磷酸吡哆醛与 Lys681 共价结合，其磷酸基为催化基团），催化反应时要抓住非还原端的 $Glc_{4\sim5}$。

该反应达到平衡时[磷酸]/[1-磷酸葡萄糖] = 3.6（pH 6.8），在体外可逆。但细胞内[磷酸]/[1-磷酸葡萄糖]>100，所以不可逆。

和水解相比，磷酸解有两个优点：①节约 1 个 ATP。②产物 1-磷酸葡萄糖不会逸出细胞。

2. 异构　1-磷酸葡萄糖异构成 6-磷酸葡萄糖，反应由磷酸葡萄糖变位酶催化。

3. 水解　6-磷酸葡萄糖水解成葡萄糖，反应由**葡萄糖-6-磷酸酶**（glucose-6-phosphatase，G6Pase）催化，需要 Mg^{2+}。此反应主要发生在肝细胞。

G6Pase 是内质网标志酶，目前已在人体内鉴定了 3 种，均为滑面内质网膜 9 次跨膜蛋白，活性中心位于内质网腔面，所以葡萄糖生成于内质网腔，通过葡萄糖转运蛋白 GLUT7 易化扩散至细胞质。①G6Pase 1 活性最高，在肝最多，肾和肠也有。②G6Pase 2（活性仅为 G6Pase 1 的 8%）主要在胰岛，少量在睾丸。③G6Pase 3（活性仅为 G6Pase 1 的 12%）广泛存在，骨骼肌最

多，其次是心、脑、胎盘、肾、结肠、胸腺、脾和胰腺，睾丸、前列腺、卵巢、肝、肺、小肠和白细胞也有表达。

H_2O　P_i
葡萄糖-6-磷酸酶
6-磷酸葡萄糖　　葡萄糖

糖原分解产生6-磷酸葡萄糖的其他去向：①分解供能，主要发生在肌细胞。②通过磷酸戊糖途径产生NADPH和5-磷酸核糖，发生在各组织。

4. 脱支　当糖原磷酸解到离分支点还有4个葡萄糖基时发生脱支反应，由脱支酶（debranching enzyme，一种双功能酶）催化。反应分两步进行：①将外支中的3个葡萄糖基转移到相邻分支非还原端，以α-1,4-糖苷键连接。②水解分支点的α-1,6-糖苷键，生成葡萄糖和脱去该分支的寡糖链。寡糖链可以继续磷酸解。脱支酶和糖原磷酸化酶交替催化，持续分解糖原。

二、糖原代谢生理意义

糖原代谢是为了维持合适的血糖水平，缓冲饮食、禁食、无氧运动等对血糖的影响。

进食时血糖升高，肝细胞和肌细胞加快摄取葡萄糖，主要用于合成糖原，使血糖回落到正常水平；餐后6~8小时或无氧运动时血糖下降，肝糖原分解加快，生成的葡萄糖释放入血，使血糖回升到正常水平。

肝糖原分解是餐后18（12~24）小时内补充血糖的主要来源。肝细胞葡萄糖-6-磷酸酶活性最高，所以肝糖原分解可生成葡萄糖，直接补充血糖。

在基础代谢状态下，肌糖原磷酸化酶为低活性的*b*型，肌糖原分解很慢，肌细胞6-磷酸葡萄糖很少，且肌细胞G6Pase 3活性很低，不会水解产生葡萄糖。运动状态下肌糖原分解加快，产生的6-磷酸葡萄糖通过糖酵解途径分解，一方面生成ATP供给肌肉收缩，另一方面生成的丙酮酸可以还原成乳酸（或氨基化成丙氨酸）运到肝脏，通过糖异生间接补充血糖（169页）。

三、糖原代谢调节

肝糖原代谢和肌糖原代谢意义不同，其调节机制也不尽相同。

1. 关键酶　糖原代谢的关键酶是糖原合酶和糖原磷酸化酶。肝细胞和肌细胞有各自的糖原合酶和糖原磷酸化酶同工酶，它们都受化学修饰调节和变构调节（表8-8）。

表8-8　糖原代谢调节

酶	磷酸化状态	去磷酸化状态	变构激活剂（*b*型）	变构抑制剂（*b*型）
糖原合酶	低活性（*b*型）	高活性（*a*型）	G-6P	
糖原磷酸化酶	高活性（*a*型）	低活性（*b*型）	AMP（肌）	ATP、G-6P，Glc（肝）

（1）糖原合酶　是控制糖原合成的关键酶，催化的反应是不可逆反应。糖原合酶有磷酸化的*b*型和去磷酸化的*a*型两种修饰状态，两种状态可以通过磷酸化和去磷酸化相互转化。去磷酸化的*a*型是高活性型，磷酸化的*b*型有T构象和R构象两种变构状态，T构象是低活性型，与6-磷

酸葡萄糖结合变构成R构象，R构象是高活性型。基础代谢状态下糖原合酶主要呈低活性型。

（2）糖原磷酸化酶 是控制糖原分解的关键酶，催化的反应是不可逆反应。糖原磷酸化酶是同二聚体，有去磷酸化的 *b* 型和磷酸化的 *a* 型两种修饰状态，两种状态可以通过磷酸化和去磷酸化相互转化。糖原磷酸化酶有高活性的R构象和低活性的T构象两种构象，在平衡状态下，*a* 型主要呈R构象，因而属于高活性型，*b* 型主要呈T构象，因而属于低活性型。

糖原磷酸化酶主要有肝型（L型）和肌型（M型）两种同工酶。在基础代谢状态下，肝糖原磷酸化酶为高活性的 *a* 型，肌糖原磷酸化酶为低活性的 *b* 型。糖原磷酸化酶是最早发现的磷酸化酶，也是最早阐明调节机制的调节酶。

2. 化学修饰调节 血糖较低时，胰岛α细胞分泌胰高血糖素，激活肝细胞膜胰高血糖素受体，通过信号转导（第十二章，255页）促进肝糖原分解、抑制肝糖原合成，使血糖回升。紧张、恐惧、出血、缺氧、低血糖或运动兴奋时，肾上腺髓质分泌肾上腺素，激活肌细胞膜β肾上腺素能受体 β_1 和 β_2，通过信号转导促进肌糖原分解、抑制肌糖原合成，加快ATP合成，使肌肉运动加快：

（1）信号转导激活的蛋白激酶A催化糖原磷酸化酶[*b*]激酶磷酸化激活，糖原磷酸化酶激酶催化糖原磷酸化酶 *b* 的Ser14磷酸化，激活成糖原磷酸化酶 *a*，促进糖原分解。

（2）蛋白激酶A（或糖原合酶激酶）催化糖原合酶 *a* 磷酸化，灭活成糖原合酶 *b*，抑制肝糖原合成，血糖消耗减少。

肝细胞信号转导比肌细胞复杂。肾上腺素也促进肝糖原分解，且除了激活β肾上腺素能受体外，还激活α肾上腺素能受体，后者通过信号转导诱导内质网释放 Ca^{2+}。Ca^{2+} 与糖原磷酸化酶激酶 $(\alpha\beta\gamma\delta)_4$ 十六聚体的δ亚基（即钙调蛋白）结合，将糖原磷酸化酶激酶部分激活。肾上腺素和胰高血糖素共同作用使肝糖原分解达到最快。

血糖较高时，胰岛素通过信号转导调节糖原代谢，使血糖回落：①由蛋白磷酸酶1（PP1）催化糖原合酶 *b* 去磷酸化激活成糖原合酶 *a*，促进肝糖原和肌糖原合成，加快血糖消耗。②增加肌细胞膜葡萄糖转运蛋白GLUT4数量，加快血糖摄取。

3. 变构调节 基础代谢状态下肌糖原磷酸化酶 *b* 受ATP和6-磷酸葡萄糖变构抑制，主要呈T构象。AMP是肌肉收缩消耗ATP的产物，是肌糖原磷酸化酶 *b* 的变构激活剂，与ATP竞争同一调节位点，竞争性解除ATP的抑制效应，使肌糖原磷酸化酶 *b* 呈R构象，加快肌糖原磷酸解。R构象的肌糖原磷酸化酶 *b* 磷酸化成 *a* 型后不受AMP、ATP和6-磷酸葡萄糖变构调节。

基础代谢状态下肝糖原磷酸化酶 *a* 主要呈R构象，加快肝糖原磷酸解。葡萄糖是肝糖原磷酸化酶 *a* 的变构抑制剂，血糖正常时与肝糖原磷酸化酶 *a* 结合，稳定其T构象。此外，葡萄糖的结合还使其暴露出磷酸化Ser14，被蛋白磷酸酶催化去磷酸化成糖原磷酸化酶 *b*。

6-磷酸葡萄糖是糖原合酶 *b* 的变构激活剂。血糖较高时，细胞摄取葡萄糖增多，磷酸化生成6-磷酸葡萄糖，与糖原合酶 *b* 结合，使其呈高活性的R构象，加快糖原合成。

四、糖原累积病

糖原累积病（糖原贮积症）是以糖原分解缺陷或结构异常而在细胞内积累为特征的一类遗传病，是由糖原代谢酶缺乏引起的（表8-9），可引起肝损伤、肌无力，甚至早逝。其中，Ⅰ~Ⅶ型糖原累积病是常染色体隐性遗传病，Ⅷ型糖原累积病是X连锁隐性遗传病。例如，Ⅰ型糖原累积病（von Gierke disease）患者缺乏葡萄糖-6-磷酸酶，其肝糖原分解障碍，导致低血糖，结果代偿性地造成肝细胞糖酵解过度，导致血乳酸和血丙酮酸积累，脂肪代谢增加。Ⅱ型糖原累积病多

发于幼年，患儿溶酶体α-葡萄糖苷酶（酸性麦芽糖酶）缺乏，导致糖原颗粒在溶酶体内积累。

表8-9 糖原累积病主要分型

型别	酶缺乏	临床特征
0	糖原合酶	低血糖，酮血症；早逝
Ⅰa	葡萄糖-6-磷酸酶	肝和肾小管糖原积累，肝肾大，低血糖，乳酸血，酮症，高血脂，高尿酸血
Ⅰb	6-磷酸葡萄糖转运体	同Ⅰa，中性粒细胞减少和功能受损；经常感染
Ⅱ	溶酶体α-葡萄糖苷酶	溶酶体糖原积累，幼年型低肌张力，两岁死于心衰；成人型肌无力
Ⅲa	肝和肌脱支酶	禁食低血糖，胎儿肝大，极限糊精积累，外支短，肌无力
Ⅲb	肝脱支酶	禁食低血糖，胎儿肝大，极限糊精积累，外支短
Ⅳ	分支酶	糖原积累，外支长；进行性致死性肝硬化，肝衰竭，大多数2岁前死亡
Ⅴ	肌糖原磷酸化酶	肌糖原积累，耐力差，肌无力，抽筋，横纹肌溶解，肌红蛋白尿
Ⅵ	肝糖原磷酸化酶	肝大，肝糖原积累，中度低血糖，轻度酮症
Ⅶ	肌磷酸果糖激酶1	耐力差，肌糖原积累，运动后低血乳酸，容许性贫血
Ⅷ	肝糖原磷酸化酶激酶	肝大，肝糖原积累，轻度低血糖
Ⅸ	肝和肌糖原磷酸化酶激酶	肝大，肝糖原和肌糖原积累，轻度低血糖
Ⅹ	蛋白激酶A	肝大，肝糖原积累

第四节 糖异生

糖异生（gluconeogenesis）是指由非糖物质合成葡萄糖的过程。能合成葡萄糖的非糖物质主要有乳酸（来自红细胞和骨骼肌细胞）、氨基酸（来自食物消化吸收、饥饿时骨骼肌蛋白分解）、甘油（来自脂肪动员）和丙酸（来自肠道菌群发酵）。乳酸和18种编码氨基酸（第十章，223页）可分解生成三羧酸循环中间产物，因而可合成葡萄糖。正常情况下可合成葡萄糖80～160g/d。糖异生主要在肝脏进行。肾皮质也可进行糖异生，正常情况下合成量仅为肝的10%，空腹时合成量可达肝的40%，长期禁食时合成量与肝相当，可达40g。小肠也有少量合成，脑、骨骼肌和心肌基本没有。

一、糖异生过程

在糖酵解途径中，葡萄糖通过10步反应生成丙酮酸，其中3步是不可逆反应。在糖异生途径中，丙酮酸通过11步反应生成葡萄糖，其中7步是糖酵解途径7步可逆反应的逆反应，4步旁路反应（bypass reaction）绕过了糖酵解途径的3步不可逆反应（图8-11）。

糖异生途径的反应方程式如下：

$$2\text{丙酮酸}+2(NADH+H^+)+4ATP+2GTP+6H_2O \rightarrow \text{葡萄糖}+2NAD^++4ADP+2GDP+6P_i$$

1. 丙酮酸羧化支路 ①从细胞质转入线粒体的丙酮酸羧化成草酰乙酸。反应不可逆，由丙酮酸羧化酶（pyruvate carboxylase，同四聚体，以生物素和Mn^{2+}为辅助因子）催化，消耗ATP。②草酰乙酸活化成磷酸烯醇式丙酮酸，由柠檬酸转运蛋白转出线粒体。反应可逆，由线粒体磷酸烯醇式丙酮酸羧激酶2催化，消耗GTP。③草酰乙酸也可加氢生成苹果酸，由α-酮戊二酸-苹果酸转运蛋白转至细胞质，再脱氢生成草酰乙酸，活化成磷酸烯醇式丙酮酸。反应由细胞质磷酸烯醇式丙酮酸羧激酶1催化。丙酮酸羧化支路的$\Delta G^{\circ\prime}=0.9kJ/mol$。

2. 1,6-二磷酸果糖水解　生成6-磷酸果糖。反应不可逆，由果糖-1,6-二磷酸酶（FBPase-1，同四聚体，每个亚基结合3个Mg^{2+}）催化，$\Delta G^{\circ\prime}$=-16.3 kJ/mol。

3. 6-磷酸葡萄糖水解　生成葡萄糖。反应不可逆，由葡萄糖-6-磷酸酶催化，$\Delta G^{\circ\prime}$=-13.8kJ/mol，在肝、肾髓质、小肠上皮内质网中进行。

二、糖异生生理意义

糖异生主要在饥饿时、高蛋白饮食时或无氧运动后进行。

1. 饥饿时维持血糖稳态　成人机体储存葡萄糖约210g（糖原可提供约190g，体液游离葡萄糖约20g），可以满足机体日消耗量160～200g（其中包括脑细胞消耗100～120g，肾髓质、血细胞和视网膜消耗约40g，肌细胞至少消耗30～40g）。因此，正常饮食时糖异生并非维持血糖所必需。然而，长期禁食或饥饿时必需通过糖异生维持血糖高于2.8mmol/L（50mg/dL），以保证脑细胞等对血糖的利用。此时糖异生的主要原料是氨基酸和甘油。

2. 参与食物氨基酸的转化和储存　大多数氨基酸经过脱氨基等分解代谢产生的α-酮酸可以通过糖异生途径合成葡萄糖（第十章，223页）。因此，从食物消化吸收的氨基酸可以合成葡萄糖，并进一步合成糖原。

肌细胞以氨基酸为燃料时代谢产生丙氨酸。丙氨酸运到肝脏，既作为糖异生原料用于合成葡萄糖，又作为氨的运输形式参与维持氮平衡（第十章，220页）。

极低糖饮食促进体重减轻（但不符合健康食谱）：每日糖摄入量<20g（正常推荐摄入量100～120g），脂质和蛋白质摄入量正常，可以促进体重减轻。其机制是机体糖摄入量不足，需通过糖异生补偿。糖异生过程消耗脂肪以供能，消耗氨基酸以获得糖异生原料。

3. 参与乳酸的回收利用　在某些生理（如剧烈运动）和病理（如循环或呼吸功能障碍）状态下，肌糖原分解和无氧酵解生成大量乳酸，由单羧酸转运蛋白介导释放入血，被肝细胞摄取，异

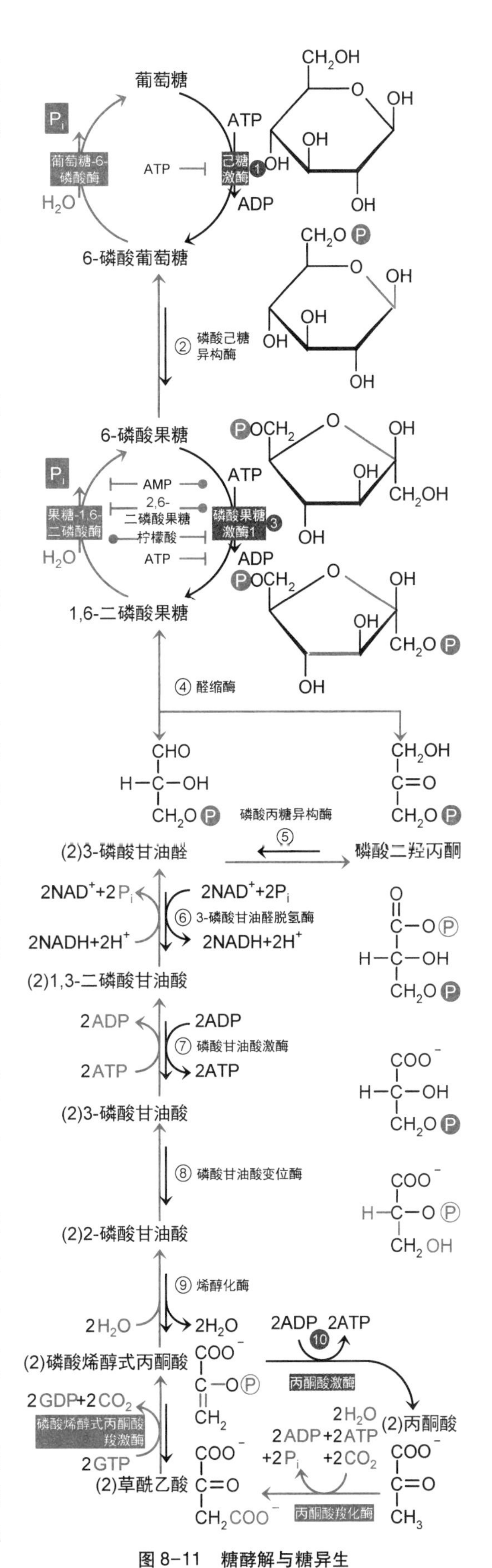

图8-11　糖酵解与糖异生

生成葡萄糖，释放入血，被肌细胞摄取，分解成乳酸，这一过程称为乳酸循环（Cori 循环），由 C. Cori 和 G. Cori 夫妇（1947 年诺贝尔生理学或医学奖获得者）阐明（图 8-12）。

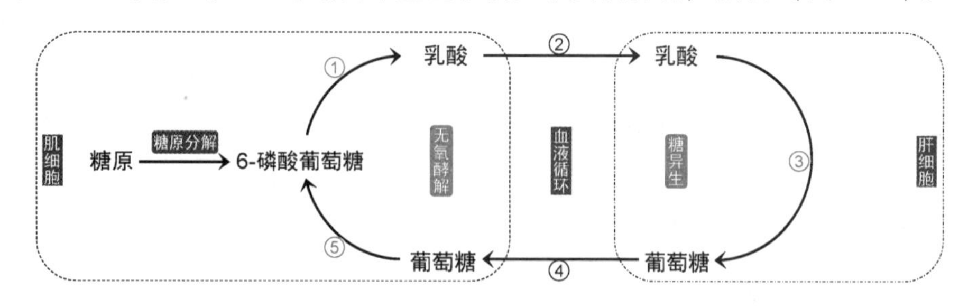

图 8-12　乳酸循环

乳酸循环的形成是因为肝细胞和肌细胞糖代谢特点的不同：肌细胞运动容易缺氧，无氧酵解活跃，会产生大量乳酸，释放入血；肝细胞糖异生活跃，可以大量摄取乳酸并合成葡萄糖。因此，乳酸循环具有以下意义：①乳酸再利用，避免营养流失。②避免乳酸积累引起代谢性酸中毒。③肝脏通过乳酸循环为骨骼肌供能，不过每运输 2ATP 要付出 4ATP 的代价，因为由乳酸异生 1 分子葡萄糖要消耗 6ATP，而 1 分子葡萄糖无氧酵解仅净得 2ATP。

4. 肾脏糖异生促进排氨排酸　氨基酸分解代谢产生的部分氨由谷氨酰胺运到肾脏排泄（第十章，220 页）。肾脏糖异生消耗 α-酮戊二酸，促进谷氨酰胺和谷氨酸降解排氨。排至小管液的 NH_3 与 H^+ 结合生成 NH_4^+，随尿液排泄，既避免 NH_3 重吸收，又促进排氢保钠，防止发生代谢性酸中毒（第十五章，308 页）。

三、底物循环

如果糖酵解和糖异生同时进行，则其中间产物会形成以下三个循环：①葡萄糖和 6-磷酸葡萄糖的相互转化，反应方程式是：$ATP+H_2O \rightarrow ADP+P_i$。②6-磷酸果糖和 1,6-二磷酸果糖的相互转化，反应方程式是：$ATP+H_2O \rightarrow ADP+P_i$。③磷酸烯醇式丙酮酸和丙酮酸的相互转化，反应方程式是：$GTP+H_2O \rightarrow GDP+P_i$（图 8-11）。

这三个循环具有以下特点：①循环不可逆，两种代谢物通过由不同酶催化的不可逆反应相互转化。②循环只净消耗高能化合物，把化学能转换为热能。③循环在同一细胞内完成。这类循环称为底物循环（substrate cycle）。

底物循环具有以下意义：①是一种代谢调节机制，使调节更灵敏。②新生儿及冬眠动物的棕色脂肪组织通过底物循环产热，维持体温。

不过，在正常生理状态下，底物循环在大多数组织不会进行，以免浪费高能化合物。

四、糖异生调节

糖异生途径的关键酶是丙酮酸羧化酶、磷酸烯醇式丙酮酸羧激酶、果糖-1,6-二磷酸酶和葡萄糖-6-磷酸酶，糖酵解途径的关键酶是己糖激酶、葡萄糖激酶（肝）、磷酸果糖激酶 1 和丙酮酸激酶（图 8-11，表 8-10）。糖异生和糖酵解都受能荷和代谢物水平调节，意义是维持血糖稳态，调节机制包括关键酶的结构调节和水平调节。

表 8－10　糖酵解与糖异生变构调节

酶		变构激活剂	变构抑制剂	竞争性抑制剂
糖酵解	①己糖激酶		G-6P	
	②磷酸果糖激酶 1	AMP、F-2,6-BP、ADP	ATP、柠檬酸	
	③丙酮酸激酶	F-1,6-BP	ATP、丙氨酸、乙酰辅酶 A、长链脂肪酸	
糖异生	①丙酮酸羧化酶	乙酰辅酶 A	ADP	
	②磷酸烯醇式丙酮酸羧激酶		ADP	
	③果糖-1,6-二磷酸酶	柠檬酸	AMP	F-2,6-BP

（一）果糖-1,6-二磷酸酶和磷酸果糖激酶 1

果糖-1,6-二磷酸酶（FBPase-1）和磷酸果糖激酶 1（PFK-1）所催化的 1,6-二磷酸果糖（F-1,6-BP）和 6-磷酸果糖（F-6P）的相互转化最重要。

1. 变构调节　FBPase-1 的变构激活剂是柠檬酸，变构抑制剂是 AMP，竞争性抑制剂是 2,6-二磷酸果糖（F-2,6-BP）；PFK-1 的变构激活剂是 AMP、F-2,6-BP 和 ADP，变构抑制剂是 ATP 和柠檬酸。

（1）ATP、AMP 和柠檬酸　低能荷时 ATP 不足，AMP 积累。AMP 激活 PFK-1 同时抑制 FBPase-1，因而促进糖酵解同时抑制糖异生。高能荷时 ATP 充足，柠檬酸积累且进入细胞质，柠檬酸和 ATP 抑制 PFK-1 同时柠檬酸激活 FBPase-1，因而抑制糖酵解同时促进糖异生。

（2）F-2,6-BP　F-2,6-BP 既是 FBPase-1 最重要的抑制剂（使其表观 K_m 增大），又是 PFK-1 的变构激活剂（使其表观 K_m 减小）。F-2,6-BP 是血糖信号，其水平与血糖呈正相关，血糖偏高时 F-2,6-BP 水平高，F-2,6-BP 激活 PFK-1 从而促进糖酵解，同时抑制 FBPase-1 从而抑制糖异生，最终使血糖回落；血糖偏低时 F-2,6-BP 水平低，PFK-1 失活因而糖酵解减少，同时 FBPase-1 复活因而糖异生增加，最终使血糖回升。F-2,6-BP 水平受胰高血糖素下调，受胰岛素上调。

2. 化学修饰调节　肝 PFK-1 的 Ser528 被 *N*-乙酰氨基葡萄糖糖基化抑制。

（二）丙酮酸羧化酶、磷酸烯醇式丙酮酸羧激酶和丙酮酸激酶

丙酮酸羧化酶、磷酸烯醇式丙酮酸羧激酶和丙酮酸激酶所催化的磷酸烯醇式丙酮酸和丙酮酸的相互转化也很重要。

1. 变构调节　丙酮酸羧化酶的变构激活剂是乙酰辅酶 A，变构抑制剂是 ADP；磷酸烯醇式丙酮酸羧激酶的变构抑制剂是 ADP；丙酮酸激酶变构激活剂是 F-1,6-BP，变构抑制剂是 ATP、丙氨酸、乙酰辅酶 A 和长链脂肪酸。其中乙酰辅酶 A 既是丙酮酸羧化酶必需的变构激活剂，促进糖异生，又是丙酮酸激酶的变构抑制剂，抑制糖酵解。

2. 化学修饰调节　①肝丙酮酸激酶：胰高血糖素及肾上腺素通过信号转导激活蛋白激酶 A，蛋白激酶 A 催化肝丙酮酸激酶磷酸化抑制；胰岛素通过信号转导激活一种蛋白磷酸酶，该蛋白磷酸酶催化肝丙酮酸激酶去磷酸化激活。②磷酸烯醇式丙酮酸羧激酶：葡萄糖充足时磷酸烯醇式丙酮酸羧激酶被乙酰化，反应方向是磷酸烯醇式丙酮酸生成草酰乙酸，糖酵解加快；葡萄糖缺乏时磷酸烯醇式丙酮酸羧激酶被去乙酰化，反应方向是草酰乙酸生成磷酸烯醇式丙酮酸，糖异生加快。

此外，糖异生和糖酵解的关键酶含量也受到调节：①高糖饮食时胰岛素分泌增加，通过信号转导一方面诱导肝葡萄糖激酶、磷酸果糖激酶 1、丙酮酸激酶和双功能酶基因表达，促进糖酵解；

另一方面抑制丙酮酸羧化酶、磷酸烯醇式丙酮酸羧激酶和葡萄糖-6-磷酸酶基因表达，抑制糖异生。②饥饿或糖尿病时胰高血糖素和糖皮质激素分泌增加，通过信号转导一方面抑制肝葡萄糖激酶、磷酸果糖激酶1和丙酮酸激酶基因表达，抑制糖酵解；另一方面诱导肝丙酮酸羧化酶、磷酸烯醇式丙酮酸羧激酶、果糖-1,6-二磷酸酶和葡萄糖-6-磷酸酶基因表达（第十二章，258页），促进糖异生。

第五节 其他单糖代谢

从食物消化吸收的糖除葡萄糖外还有少量果糖、半乳糖和甘露糖。它们可以转化为葡萄糖代谢中间产物，然后进一步代谢。

1. 果糖代谢 ①果糖主要在肝脏通过**1-磷酸果糖途径**代谢：果糖磷酸化生成1-磷酸果糖（由果糖激酶催化，该酶分布于肝、肾、肠、脾和胰腺等，不受胰岛素调节），1-磷酸果糖裂解成磷酸二羟丙酮和甘油醛（由肝醛缩酶B催化，但该酶主要功能是催化1,6-二磷酸果糖裂解），甘油醛磷酸化生成3-磷酸甘油醛（由丙糖激酶催化），与磷酸二羟丙酮进入糖异生途径或糖酵解途径（图8-13①~③）。②在肌肉和脂肪组织，果糖磷酸化生成6-磷酸果糖（由己糖激酶催化），6-磷酸果糖进入糖酵解等糖代谢途径（图8-13④）。

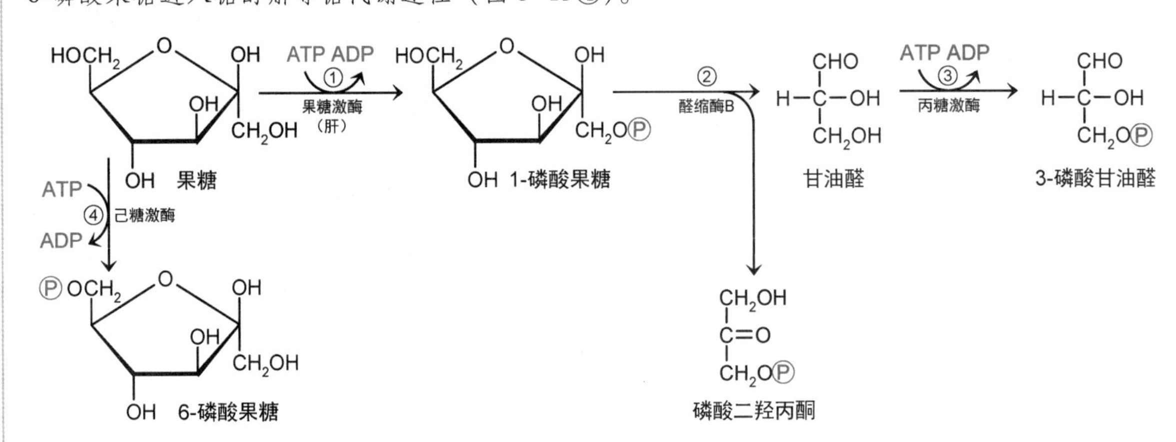

图8-13 果糖代谢

果糖摄入过多会导致脂肪肝、肥胖和胰岛素抵抗，增加高甘油三酯血症、高胆固醇血症、高尿酸血症和2型糖尿病风险：肝1-磷酸果糖途径绕过了糖酵解途径中磷酸果糖激酶1催化的关键步骤，因而肝细胞糖酵解利用果糖的速度比利用葡萄糖还快，大量果糖代谢生成的丙酮酸和乙酰辅酶A量超过生物氧化分解量而用于合成甘油三酯和胆固醇。甘油三酯积累引起脂肪肝。极低密度脂蛋白（VLDL）分泌引起高甘油三酯血症和低密度脂蛋白（LDL）胆固醇增加，引起高胆固醇血症（第九章，208页）。1-磷酸果糖途径消耗大量磷酸（ATP），影响ATP合成，ATP减少，①对嘌呤核苷酸从头合成的抑制减弱，尿酸生成增加，引起高尿酸血症和痛风（第十一章，242页）。②糖酵解加快，引起乳酸酸中毒。

果糖代谢缺陷：①肝果糖激酶缺乏引起**原发性果糖尿**，不过它是良性的，无临床症状。②醛缩酶B缺乏引起**果糖不耐受**，表现为低血糖、高果糖或蔗糖饮食时呕吐。低血糖是因为醛缩酶B缺乏导致1-磷酸果糖积累，变构抑制肝糖原磷酸化酶，肝糖原不能及时分解补充血糖。

2. 半乳糖代谢 半乳糖在肝脏通过Leloir途径代谢：①异构成1-磷酸葡萄糖，进入糖酵解途径或糖原合成途径。②活化生成UDP-半乳糖（UDP-Gal），合成糖脂（脑苷脂）、蛋白多糖、糖

蛋白和乳糖。

Leloir途径：①半乳糖变旋酶催化β-半乳糖异构成α-半乳糖。②半乳糖激酶催化α-半乳糖磷酸化生成1-磷酸半乳糖。③半乳糖-1-磷酸尿苷酰转移酶催化1-磷酸半乳糖从UDP-Glc获得UMP生成UDP-Gal和1-磷酸葡萄糖。④UDP-Glc差向异构酶（以NAD^+为辅酶）催化UDP-Gal差向异构成UDP-Glc。该反应可逆，所以也可把葡萄糖转化为UDP-半乳糖，用于合成糖脂等（图8-14）。

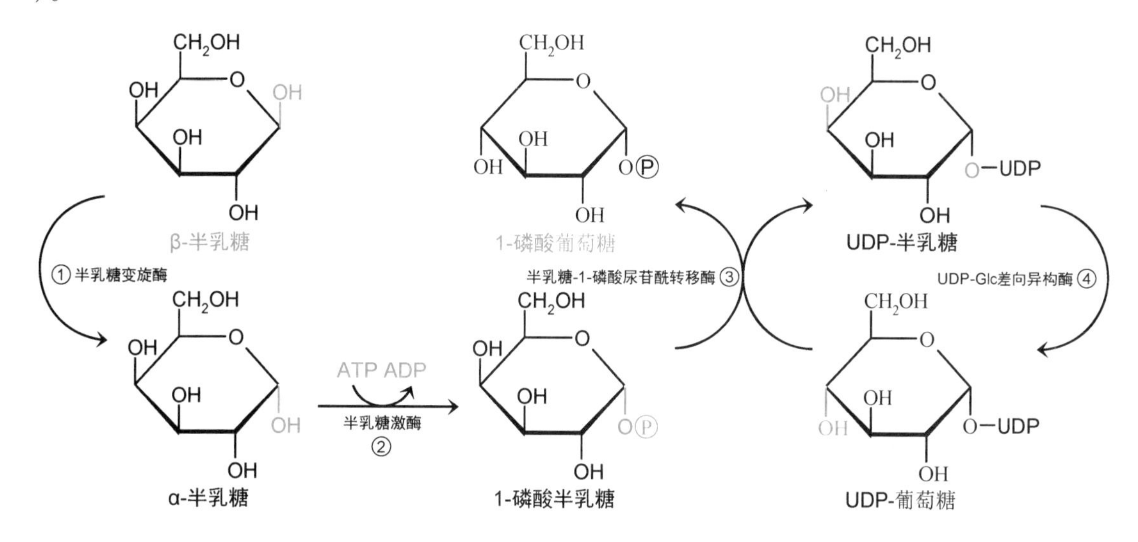

图8-14 半乳糖代谢

半乳糖血症（galactosemia） 半乳糖代谢酶缺乏引起半乳糖积累，还被醛糖还原酶催化原成半乳糖醇，包括：①半乳糖激酶缺乏症：引起高半乳糖血、高半乳糖尿，婴幼儿晶状体半乳糖醇积累而导致溶胀、浑浊，形成白内障。通过控制半乳糖摄入可缓解。②半乳糖-1-磷酸尿苷酰转移酶缺乏症：新生儿哺乳后会出现呕吐、腹泻、高半乳糖血和高半乳糖尿。伴发白内障、肝大（磷酸缺乏）、黄疸，严重时肝硬化，女性卵巢衰竭。此外还有嗜睡、生长缓慢、语言表达能力低下，智力缺陷。预后不佳。诊断标准是红细胞缺乏半乳糖-1-磷酸尿苷酰转移酶。③差向异构酶缺乏症：症状与前面类似，但恶性程度低，通过控制半乳糖摄入可缓解。

3. 甘露糖代谢 甘露糖磷酸化生成6-磷酸甘露糖（由细胞质己糖激酶Ⅰ催化），异构成6-磷酸果糖（由细胞质磷酸甘露糖异构酶催化），进入糖酵解或糖原合成途径（图8-15）。

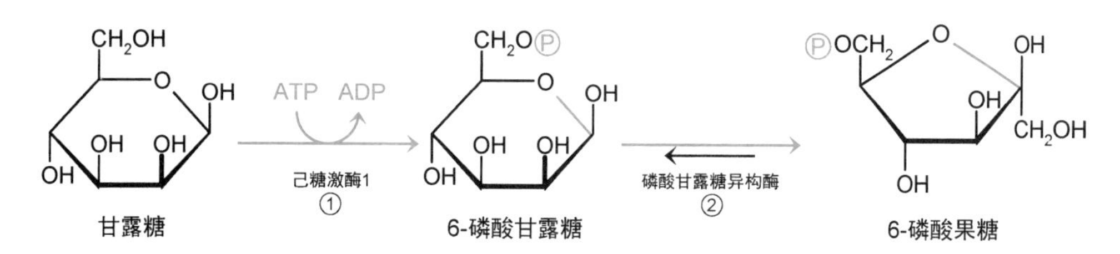

图8-15 甘露糖代谢

第六节 血 糖

血糖是指血中的游离葡萄糖，占血中全部单糖的95%以上。正常人空腹血糖为4.5~5mmol/L或120mg/dL（临床检验参考值为3.6~6.1mmol/L或65~110mg/dL）。进食后血糖升至6.5~

7.2mmol/L，但两小时后回落到正常水平。饥饿时血糖也可以维持在3.3~3.9mmol/L。

一、血糖来源和去路

血糖有多个来源和多条去路，并且受到严格调节，保持平衡，以维持血糖稳态。

1. 血糖来源 ①食物糖消化吸收：是血糖的主要来源。②肝糖原分解：是空腹血糖的主要来源。③糖异生：是饥饿时血糖的重要来源。

2. 血糖去路 ①氧化分解供能：是血糖的主要去路。②合成糖原：包括肝糖原和肌糖原。③转化为其他糖类或非糖物质：包括核糖、脱氧核糖、氨基糖、唾液酸和糖醛酸等其他糖，脂肪和非必需氨基酸等非糖物质。

二、血糖调节

肝脏是调节血糖的主要器官。肝脏在血糖正常时释放葡萄糖，仅在进食后摄取葡萄糖。进食后肝门静脉血糖可达20mmol/L，而肝静脉血糖则降至8~9mmol/L。肾脏对维持血糖起重要作用。肾小管对葡萄糖有很强的重吸收能力，其极限值约为2mmol/分，对应血糖水平是8.9~10.0mmol/L（160~180mg/dL），该水平称为肾糖阈。如果血糖超过肾糖阈，就会出现糖尿。正常人血糖基本低于肾糖阈，所以极少出现糖尿。肾糖阈是可以变化的，长期糖尿病患者肾糖阈稍高，而有些孕妇肾糖阈稍低。

肝脏通过调节糖原代谢和糖异生维持血糖稳态。神经系统和内分泌系统控制糖代谢激素分泌的协调和平衡。维持血糖稳态的激素主要有胰岛素（胰岛β细胞合成，是降血糖的主要激素，且可拮抗胰高血糖素和糖皮质激素）、胰高血糖素（胰岛α细胞合成）、肾上腺素（肾上腺髓质合成）、糖皮质激素（肾上腺皮质合成）、生长激素（垂体前叶合成）和甲状腺激素（甲状腺合成），其中胰岛素和胰高血糖素起核心作用（表8-11、表8-12）。

表8-11 激素对血糖的影响

激素		效应	
降血糖激素	胰岛素	①上调肌、脂肪细胞GLUT4，促进其摄取血糖	④抑制糖原分解
		②促进肝、脂肪细胞葡萄糖转化为脂肪	⑤抑制糖异生
		③促进肝糖酵解和糖原合成，促进肌糖原合成	
升血糖激素	胰高血糖素	①促进肝糖原分解	③抑制肝糖原合成
		②促进肝糖异生	④抑制肝糖酵解
	肾上腺素	①促进肝糖原分解	③促进糖异生
		②促进肌糖原分解和糖酵解	
	糖皮质激素	①抑制肝外组织摄取葡萄糖	②促进肝摄取氨基酸，促进糖异生
	生长激素	①抑制肌摄取葡萄糖	②促进糖异生
	甲状腺激素	①促进小肠吸收单糖	③促进糖的氧化分解（降血糖，但效应弱）
		②促进肝糖原分解和糖异生	

1. 胰岛素 激活胰岛素受体，启动信号转导，调节各组织代谢，从而降血糖：①作用于肝细胞，促进糖原合成、糖酵解、糖转化为脂肪和蛋白质，抑制糖原分解和糖异生。②作用于肌细胞，促进血糖摄取和糖原合成，抑制糖原分解。③作用于脂肪细胞，促进血糖摄取和糖转化为脂肪。

刺激胰岛素分泌的因素有高血糖、游离氨基酸、游离脂肪酸、酮体、胰高血糖素、促胰液素、磺酰脲类降糖药（XA01BB，格列苯脲、格列吡嗪、格列美脲等，用于治疗2型糖尿病）和副交感神经兴奋，抑制胰岛素分泌的因素有肾上腺素和去甲肾上腺素。

2.［胰］高血糖素　激活胰高血糖素受体，启动信号转导，调节各组织代谢，从而升血糖：①作用于肝细胞，促进糖原分解和糖异生，抑制糖原合成和糖酵解。②作用于脂肪细胞，促进脂肪动员，抑制脂肪合成，减少血糖消耗。

低血糖促进胰高血糖素分泌，高血糖抑制胰高血糖素分泌。

表8-12　胰岛素和胰高血糖素的组织效应

组织	肝组织	脂肪组织	肌组织
胰岛素	促进脂肪酸、糖原和蛋白质合成，抑制酮体生成和糖异生	促进葡萄糖摄取和脂肪酸合成，抑制脂肪动员	促进葡萄糖摄取，促进糖原和蛋白质合成
胰高血糖素	促进糖原分解、糖异生和酮体生成	促进脂肪动员	

3. 肾上腺素　激活肾上腺素受体，启动信号转导，调节各组织代谢，从而升血糖：①作用于肌细胞，促进肌糖原分解和无氧酵解，通过乳酸循环间接补充血糖，不过这不是肾上腺素促进肌糖原分解的目的。②作用于肝细胞，促进肝糖原分解。

4. 生长激素　又称**促生长素**，属于垂体前叶激素，拮抗胰岛素效应，促进脂肪动员释放游离脂肪酸，脂肪酸抑制肌细胞摄取葡萄糖。低血糖促进生长激素分泌。

5. 糖皮质激素　激活糖皮质激素受体，启动信号转导，调节各组织代谢，从而升血糖：①作用于肌细胞，抑制葡萄糖有氧氧化，减少血糖消耗；促进肌蛋白分解，为糖异生提供原料。②作用于肝细胞，促进氨基酸分解，为糖异生提供原料；促进糖异生。

垂体前叶合成分泌的促肾上腺皮质激素刺激肾上腺皮质合成分泌糖皮质激素，脂肪组织也组成性合成分泌糖皮质激素。

脂肪组织合成分泌的糖皮质激素和巨噬细胞合成分泌的一组细胞因子都拮抗胰岛素效应，该效应可解释为什么肥胖者易患胰岛素抵抗。

各种激素的调节作用并非孤立地各行其是，而是相互协同或相互制约，共同维持血糖稳态。应激时上述升血糖激素分泌增加，使肝糖原分解加快，补充血糖。

三、血糖测定

临床上多用葡萄糖氧化酶法：①葡萄糖氧化酶：β-葡萄糖$+O_2+H_2O\rightarrow$葡萄糖酸$+H_2O_2$。②过氧化物酶：$2H_2O_2+$4-氨基安替比林+苯酚$\rightarrow$醌类化合物$+4H_2O$。③醌类化合物在500nm比色。

第七节　糖代谢紊乱

神经功能紊乱、内分泌紊乱、先天性酶缺乏及肝、肾功能不全均可引起糖代谢紊乱。无论何种原因引起糖代谢紊乱都会影响血糖，但只有血糖持续异常或耐糖曲线异常才可确定为糖代谢紊乱。

一、低血糖

低血糖（hypoglycemia）是指空腹血糖低于2.8mmol/L（50mg/dL）。脑组织基本没有能量储备，主要依靠血糖供能，因此低血糖会导致脑功能障碍，出现头晕、倦怠、心悸，严重时昏迷

（低血糖休克）甚至危及生命。

低血糖可由某些生理或病理因素引起：①长期禁食。②长时间高强度运动。③胰岛 β 细胞增生或癌变导致胰岛素合成分泌过多，或胰岛 α 细胞功能低下导致胰高血糖素合成分泌不足。④垂体前叶或肾上腺皮质功能减退，导致生长激素或糖皮质激素等拮抗胰岛素的激素合成分泌不足。⑤严重的肝病导致肝糖原合成和糖异生减少，肝脏不能有效地调节血糖。⑥孕妇胎儿耗糖量多，饮食间隔时间太长会导致孕妇和胎儿低血糖。早产儿（胎龄<37 周）和低出生体重儿（<2.5kg）几乎没有脂肪组织为糖异生提供甘油，糖异生酶系基因表达也不高，易患低血糖。

二、高血糖及糖尿

高血糖（hyperglycemia）是指空腹血糖高于 6.9mmol/L（130mg/dL）。高血糖引起体液高渗，影响血液流动性，细胞内酸和超氧阴离子积累，内皮系统、免疫系统和凝血系统受损。血糖超过肾糖阈 8.9~10.0mmol/L 时出现糖尿（glucosuria）。

1. 生理性高血糖和糖尿 正常人偶尔也会出现高血糖和糖尿，但都是暂时的，空腹血糖正常：①高糖饮食时，由于血糖快速升高，会出现饮食性糖尿。②情绪激动时，交感神经兴奋，肾上腺素分泌增加，引起血糖快速升高，会出现情感性糖尿。

2. 垂体性糖尿 生长激素合成分泌过多时，可因血糖升高而出现垂体性糖尿。

3. 肾性糖尿 肾病（慢性肾炎、肾病综合征等）导致肾小管重吸收葡萄糖的能力减弱，肾糖阈降低，出现肾性糖尿，但血糖和耐糖曲线正常。因此，尿糖阳性不一定有高血糖和糖代谢紊乱。

三、糖尿病

糖尿病（diabetes mellitus）是由遗传因素、内分泌功能紊乱或膳食不平衡等各种致病因子作用，导致胰岛功能减退、胰岛素抵抗等而引发的糖、蛋白质、脂肪、水和电解质等一系列代谢紊乱。临床上以持续性高血糖和糖尿为主要特点。目前全球有 3.46 亿糖尿病患者（约占总人口 5%）。2019 年，WHO 推荐糖尿病分 6 类：1 型、2 型、混合型、特殊类型、暂不分类型和妊娠期糖尿病，以 1 型和 2 型为主。

1. 1 型糖尿病 又称胰岛素依赖型糖尿病，占糖尿病的 5%。发病是由于胰岛素合成分泌不足（大多数是因为自身免疫导致胰岛 β 细胞持续性破坏），主要表现为细胞摄取葡萄糖能力下降，糖异生、脂肪动员和酮体生成增加。通常在童年期和青少年期即发病，需胰岛素终身治疗。

2. 2 型糖尿病 又称非胰岛素依赖型糖尿病，占糖尿病的 90%。发病是由于以胰岛素抵抗为主伴 β 细胞功能缺陷，在葡萄糖刺激时，患者的胰岛素水平可稍低、基本正常、高于正常或分泌高峰延迟。通常在成年期发病，与肥胖、缺乏运动及不健康饮食相关，其中肥胖是重要的诱发因素。治疗方案包括改变生活方式、减肥、口服药物、注射胰岛素。2 型糖尿病与 1 型糖尿病的主要区别是胰岛素基础水平与释放曲线不同。

3. 糖尿病症状 许多糖尿病患者常见症状为“三多一少”，即多食、多尿、多饮和体重下降：①糖氧化供能障碍，多食易饥。②血糖去路障碍，血糖升高，超过肾糖阈，小管液葡萄糖滞留，引起渗透性利尿，出现糖尿、多尿甚至尿崩。③多尿失水，血量减少，口渴多饮。④糖氧化供能障碍，脂肪动员增加（脂肪合成不足），甚至动员组织蛋白氧化供能，因而形体消瘦，体重下降。这些症状源于患者糖代谢紊乱：葡萄糖分解、糖原合成、脂肪合成均减少，糖异生增加。

糖尿病常伴有各种并发症。微血管病变是糖尿病特异性并发症，可造成各器官的长期损伤和

功能障碍（如糖尿病肾病、视网膜病变）。糖尿病严重时还会引起酮症酸中毒（第九章，此时血糖可达 16.7~33.3mmol/L）。

糖尿病患者临床表现之“三多一少”与中医之“消渴”症候群相似，因此常将二者联系起来学习、研究和治疗。

4. 糖尿病血液指标 血糖、果糖胺和糖化血红蛋白均可用于诊断糖尿病和评价疗效，并指导预防糖尿病并发症。

果糖胺 又称糖化白蛋白，是血浆蛋白与葡萄糖共价结合（以白蛋白为主，非酶促、不可逆反应）的产物，其水平与血糖水平成正比。果糖胺水平可反映采血前 2~3 周的血糖总水平，用于鉴别应激性高血糖（心脑血管疾病可引起）和糖尿病高血糖。

糖化血红蛋白（GHB，HbA1c） 是血红蛋白（主要通过血红蛋白赖氨酸 ε-氨基和 N 端氨基）与葡萄糖共价结合（非酶促、不可逆反应）的产物。糖化血红蛋白在总血红蛋白中的百分含量通常与血糖水平成正比，血糖正常者低于 5%（对应血糖 120mg/100mL），未经治疗的糖尿病患者可达 10%~13%（对应血糖平均值约 300mg/dL）。糖化血红蛋白临床用于评价采血前2~3 个月的治疗效果，低于 7%即可。国外还以高于 6.5%~7%作为糖尿病确诊指标。

血红蛋白糖化不影响其携氧功能，但其他血浆蛋白糖化可能影响功能，因而与衰老、动脉粥样硬化、糖尿病等有关。

四、糖耐量试验

[葡萄]糖耐量（glucose tolerance）是指人体处理所给予葡萄糖的能力。糖耐量试验（glucose tolerance test，GTT）是临床上测定糖耐量的常用方法。

正常人糖代谢调节机制健全，即使摄入大量的糖，血糖水平也只有短暂升高，很快即可回落到正常水平，这是正常的耐糖现象。如果血糖升高不明显甚至不升高，或升高后回落缓慢，均反映血糖调节存在障碍，称为耐糖现象失常。

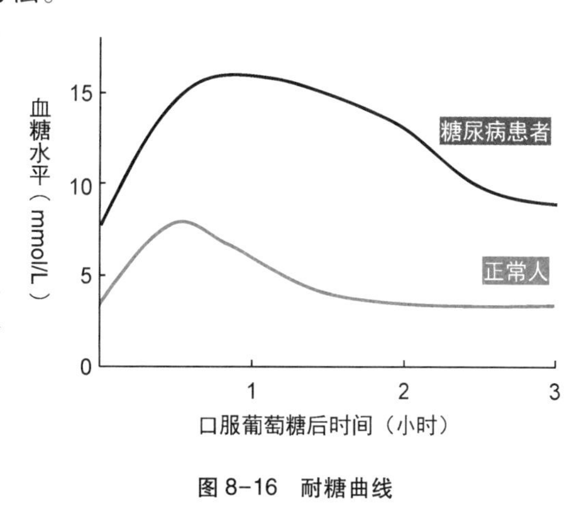

图 8-16 耐糖曲线

临床常做的糖耐量试验是先测定受试者空腹血糖（禁食过夜），然后 5 分钟内口服 75g 葡萄糖（或 1g/kg 体重）。之后在 0.5、1、1.5、2、3 小时时取血，测定血糖，以时间为横坐标，血糖水平为纵坐标绘制曲线，称为耐糖曲线（图 8-16）。通过分析耐糖曲线可以诊断糖代谢紊乱疾病。

1. 正常人耐糖曲线特点 空腹血糖正常；口服葡萄糖后血糖升高，在 1 小时内达到峰值，但一般不超过肾糖阈，无糖尿或极少糖尿；之后血糖开始回落，2 小时内降至 7.8mmol/L 以下，3 小时内降至空腹水平（fasting level）。

2. 糖尿病患者耐糖曲线特点 空腹血糖高于正常水平；口服葡萄糖后血糖急剧升高，超过肾糖阈，出现糖尿；之后血糖回落缓慢，2 小时后仍可高于 11.1mmol/L，3 小时后仍不能降至空腹水平。

应激性糖尿、单纯性肥胖、脑垂体前叶功能亢进、甲状腺功能亢进、胰岛 β 细胞功能衰竭、肾上腺皮质功能亢进（柯兴综合征）、药物（如阿司匹林、消炎痛）或感染导致肝功能损害等都可引起糖耐量减低，其耐糖曲线也有类似特点。

3. 胰岛素瘤患者耐糖曲线特点 空腹血糖低于正常值；口服葡萄糖后血糖升高不明显，并且短时间即回落到空腹水平。

α-葡萄糖苷酶抑制剂与降糖中药

糖尿病患者的高血糖会引起一些严重的并发症，而餐后血糖升高会引起蛋白质糖化，从而引起一些慢性并发症。因此，糖尿病治疗的一个重要目的就是维持血糖稳态，减少并发症。

目前临床应用的口服降血糖药物属于SGLT-2抑制剂（XA10BK）、双胍类（XA10BA）、磺酰脲类衍生物（XA10BB）、口服复方降糖药（XA10BD）和α-葡萄糖苷酶抑制剂（XA10BF）等。

α-葡萄糖苷酶抑制剂能够抑制α-葡萄糖苷酶（即麦芽糖酶-α-葡萄糖苷酶），从而延缓小肠对葡萄糖的吸收，延迟并降低餐后血糖升高，减轻餐后高血糖对胰岛β细胞的刺激作用。因此，α-葡萄糖苷酶抑制剂既可提高糖耐量，防治餐后高血糖和缓解高胰岛素血症（hyperinsulinism），又可防治肥胖和高脂血症，用于治疗因糖代谢紊乱而引起的疾病。

研究发现降糖中药中含α-葡萄糖苷酶抑制剂，它们在结构上属于黄酮类、生物碱类或皂苷类。

1. 黄酮类 槲皮素、杨梅酮、非瑟酮和栎素对α-葡萄糖苷酶有很强的抑制作用。木犀草素和大豆异黄酮也有这种抑制作用。

2. 生物碱类 Asano等从桑根皮中分离出18种生物碱，发现这些多羟基生物碱对小鼠消化道α-葡萄糖苷酶有抑制作用，特别是其中的两种多羟基去甲莨菪碱的抑制作用很强。

3. 皂苷类 大豆皂苷是一类五环三萜的糖苷。动物实验表明，富含皂苷和异黄酮的大豆胚轴提取物能降低糖尿病大鼠的血糖，并提高其糖耐量。此外，大豆皂苷单体强烈抑制酵母α-葡萄糖苷酶的活性，并且呈剂量依赖性，其抑制作用属于非竞争性抑制。

小结

糖既是供能物质、结构成分、合成原料，又参与细胞识别、代谢调节及其他生命过程。

食物中的糖主要是淀粉，在消化道不同部位（以小肠为主）由不同来源的消化酶催化水解成葡萄糖，并在十二指肠和空肠由上皮细胞通过继发性主动转运机制吸收，经过肝脏分配到全身各组织利用。

人体各组织细胞都能从血中摄取葡萄糖，通过糖酵解、有氧氧化途径、磷酸戊糖途径、糖醛酸途径等分解转化，为生命活动提供合成原料、还原当量和高能化合物。

糖酵解和无氧酵解：糖酵解是指葡萄糖分解成丙酮酸。无氧酵解是指在无氧条件下，葡萄糖分解成丙酮酸后进一步还原成乳酸。糖酵解和无氧酵解在各组织细胞质中进行，释放能量的一部分推动合成ATP供给生命活动。无氧酵解由11种酶催化，其中己糖激酶（或肝葡萄糖激酶）、磷酸果糖激酶1和丙酮酸激酶是关键酶，所催化的反应是不可逆反应。生理意义：①无氧酵解是组织细胞在相对缺氧时快速补充能量的一种有效方式。②某些组织在有氧时也通过无氧酵解供能。③糖酵解的中间产物和产物是其他小分子代谢物的合成原料。

糖的有氧氧化：是指葡萄糖在供氧充足时完全氧化成CO_2和H_2O，并释放大量能量推动合成ATP供给生命活动。有氧氧化途径是葡萄糖氧化供能的主要途径，可以分为三个阶段，从细胞质中开始，在线粒体内完成。糖的有氧氧化由 19 种酶催化，其中己糖激酶、磷酸果糖激酶 1、丙酮酸激酶、丙酮酸脱氢酶复合体、柠檬酸合成酶、异柠檬酸脱氢酶和 α-酮戊二酸脱氢酶复合体是关键酶，所催化的反应是不可逆反应。

三羧酸循环：是指在线粒体内，草酰乙酸与乙酰辅酶 A 合成柠檬酸，经过一系列酶促反应最终又生成草酰乙酸。生理意义：三羧酸循环是重要的两用代谢途径，一方面是生物氧化的第二阶段，因而是糖、脂肪和蛋白质分解代谢的共同途径；另一方面是糖、脂肪和氨基酸代谢联系的枢纽。三羧酸循环特点：①每次循环氧化 1 个乙酰基，合成 10 个 ATP。②关键酶是柠檬酸合成酶、异柠檬酸脱氢酶和 α-酮戊二酸脱氢酶复合体，其中异柠檬酸脱氢酶最重要。③被其他代谢消耗的中间产物可由丙酮酸羧化生成的草酰乙酸补充。

磷酸戊糖途径：葡萄糖在各组织细胞质中氧化分解，生成的 5-磷酸核糖和 NADPH 是重要的生命物质。6-磷酸葡萄糖脱氢酶催化的反应是关键反应。

糖醛酸途径：葡萄糖氧化成 UDP-葡萄糖醛酸，既为黏多糖合成提供葡萄糖醛酸，又参与生物转化。

糖原代谢：葡萄糖与糖原相互转化以维持血糖稳态。进食时血糖升高，肝细胞和肌细胞加快摄取葡萄糖，主要用于合成糖原，使血糖回落到正常水平。葡萄糖合成糖原过程由 5 种酶催化进行，其中糖原合酶是关键酶，每连接一个葡萄糖需要消耗 1 个 ATP 和 1 个 UTP。餐后 6~8 小时或无氧运动时血糖下降，肝糖原分解加快，生成的葡萄糖释放入血，使血糖回升到正常水平。肝糖原分解过程由 4 种酶催化进行，其中糖原磷酸化酶是关键酶。

糖异生：非糖物质在肝脏（少量在肾皮质）的细胞质和线粒体内合成葡萄糖。能合成糖的非糖物质有乳酸、氨基酸、甘油等。乳酸异生成葡萄糖由 12 种酶催化，其中丙酮酸羧化酶、磷酸烯醇式丙酮酸羧激酶、果糖 1,6-二磷酸酶和葡萄糖-6-磷酸酶是关键酶。生理意义：①饥饿时维持血糖稳态。②参与食物氨基酸的转化和储存。③参与乳酸的回收利用。④肾脏糖异生促进排氨排酸。

乳酸循环：由骨骼肌细胞无氧酵解与肝细胞糖异生联合形成。生理意义：①避免乳酸积累引起酸中毒。②乳酸再利用，避免营养流失。③肝脏通过乳酸循环为骨骼肌供能。

其他单糖代谢：从食物吸收的其他单糖可以转化为葡萄糖代谢中间产物进行代谢。

血糖有多个来源和多条去路，并且受到严格调节，保持平衡，以维持血糖稳态。血糖来源有食物糖消化吸收、肝糖原分解、糖异生，去路有氧化分解供能、合成糖原、转化为其他糖类或非糖物质。

肝脏是调节血糖的主要器官，肾脏对调节血糖起重要作用。神经系统和激素通过调节肝脏和肾脏的糖代谢维持血糖稳态。胰岛素是降血糖激素，胰高血糖素、肾上腺素、糖皮质激素、生长激素和甲状腺激素是升血糖激素。

讨论

1. 葡萄糖分解代谢的主要途径。

2. 从以下方面比较糖的无氧酵解和有氧氧化：反应条件、反应区室、最终产物、ATP 合成量。

3. 6-磷酸葡萄糖、丙酮酸、乙酰辅酶 A、血糖的来源和去路。

4. 无氧酵解、磷酸戊糖途径、糖原代谢、糖异生生理意义。

5. 下列各化合物完全氧化时 ATP 合成量：乙酰辅酶 A、葡萄糖、1,6-二磷酸果糖、丙酮酸、α-酮戊二酸。

6. 丙氨酸、天冬氨酸、乳酸、草酰乙酸的生糖过程。

第九章

脂质代谢

扫一扫，查阅本章数字资源，含PPT、音视频、图片等

脂质是重要的生命物质。人体脂质以体内合成为主，即使从食物摄入的脂质往往也要经过再加工才能被利用。脂质代谢紊乱与心血管疾病、脂肪肝等有关。

第一节　概　述

脂质包括脂肪和类脂。它们的组成和结构不同，在体内的分布和生理功能也不尽相同。

一、脂质分布

脂肪是脂肪组织的主要成分，占脂肪细胞质量的80%~95%。脂肪组织包括白色脂肪组织和棕色脂肪组织（极少）。白色脂肪组织主要分布于皮下（皮下脂肪，subcutaneous fat）、腹腔（内脏脂肪，visceral fat）和乳腺等部位，统称脂库，其功能是储存脂肪，所储存的脂肪称为贮脂（储脂，storage lipid）。肌细胞也储存脂肪，但只为自身供能。贮脂占体重的13%~40%。贮脂量因人而异，且受营养状况、运动状态、神经和激素等多种因素影响，所以称为可变脂。可变脂通过合成与分解不断更新。

类脂是生物膜的结构成分，占体重的2.5%~5%，其含量在各组织器官中比较稳定，且基本不受营养状况和运动状态的影响，所以称为结构脂（structural lipid，固定脂，基本脂）。

二、脂质功能

脂质种类不一，功能多样（表9-1）。

表9-1　脂质主要功能

功能	举例	功能	举例
储能供能	贮脂	膜蛋白锚定	脂酰基、法尼基、磷脂酰肌醇类
脂溶性维生素溶剂	食物脂肪	激素	骨化三醇、类固醇激素、类花生酸、视黄酸
提供必需脂肪酸	食物脂肪	第二信使前体	磷脂酰肌醇类
维持体温	皮下脂肪	辅助因子	维生素K
保护内脏	内脏脂肪	载体	多萜醇
绝缘体	膜脂	食物脂质乳化剂	胆汁酸
生物膜成分	磷脂、糖脂、胆固醇	视觉成分	视黄醇、视黄醛

脂肪是脂肪酸的主要储存形式，是机体最重要的储能物质。正常成人通常每日摄入50~100g

脂肪，提供所需能量的20%~40%。新生儿每千克体重脂肪消耗量是成人的3~5倍。

脂肪作为储能物质具有以下特点：①储量大：一个70kg体重成年男性体内的储能物质包括11kg脂肪和0.4kg糖原。11kg脂肪即使在空腹状态下也能维持12周的能量供应，而0.4kg糖原在进食12~24小时后即基本耗尽。②热值高：氧化1g脂肪可以释放37kJ能量，大约是氧化1g碳水化合物（17kJ）或蛋白质（17kJ）所释放能量的2倍。

脂肪导热性差，皮下脂肪可防止热量散失而维持体温；脏器周围的脂肪可降低脏器之间的摩擦，缓冲机械冲击，保护和固定脏器；食物脂肪既能提供必需脂肪酸，又可作为溶剂促进脂溶性维生素的吸收。

类脂是维持生物膜结构与功能必不可少的成分，含量占膜成分的50%以上。类脂中的不饱和脂肪酸赋予膜流动性，饱和脂肪酸和胆固醇赋予膜坚固性。胆固醇可以转化为胆汁酸和类固醇激素等活性物质。

三、脂质消化

食物脂质每日摄入量为60~150g，其中90%以上是脂肪（甘油三酯，50~100g），5%是磷脂（4~8g），另有少量胆固醇酯（0.85~0.9g）、胆固醇（0.1~0.15g）、脂溶性维生素。此外，肠道脱落细胞含有2~6g膜脂，每日死亡肠道细菌提供约10g膜脂。WHO建议（以供能计）每日摄入脂肪15%~30%，其中饱和脂肪酸低于10%，多不饱和脂肪酸6%~10%，反式脂肪酸低于1%。

食物脂质在消化道不同部位（以小肠为主）由不同来源的消化酶催化水解（多数需要胆汁酸协助），生成甘油一酯（甘油单酯，单酰甘油）、溶血磷脂、胆固醇、脂肪酸。

1. 胃　食物脂肪的15%（成人）~50%（新生儿）由胃脂肪酶消化成1,2-甘油二酯。胃脂肪酶由胃主细胞合成分泌，其最适pH约为4，耐酸、抗胃蛋白酶，消化时不需要胆汁酸协助，但进入小肠后失活。

2. 小肠　脂质主要在十二指肠和空肠部位消化，消化前先被胆汁酸和磷脂酰胆碱乳化成微团（胶团，胶束，micelle，直径不到1μm）。消化由胰腺腺泡细胞合成分泌的脂酶催化，主要有胰脂肪酶、辅脂酶、磷脂酶A_2和胆固醇酯酶。

（1）甘油三酯　水解成脂肪酸和2-甘油一酯（约72%）、1-甘油一酯（约6%，由异构酶催化2-甘油一酯生成）、甘油（22%~25%），由胰脂肪酶（水解甘油C-1和C-3酯键）催化，需辅脂酶（由胰腺合成分泌的一种蛋白因子，并无催化活性）协助其锚定于微团表面，以免被胆汁酸清除。胆汁分泌障碍会影响胰脂肪酶消化效率。

（2）甘油磷脂　水解成脂肪酸和2-溶血磷脂，由磷脂酶A_2催化（196页）。

某些蛇毒及微生物分泌物中含磷脂酶A_2，通过水解细胞膜磷脂引起溶血或组织细胞坏死。

（3）胆固醇酯　水解成脂肪酸和胆固醇，由胆固醇酯酶催化。

未消化的食物脂质会在结肠被厌氧菌水解。

母乳中有胆汁酸激活的脂肪酶，抗胃酸，专一性广泛，在十二指肠和空肠水解甘油三酯、甘油二酯、甘油一酯、胆固醇酯、脂溶性维生素酯。

其他消化液分泌正常而胆汁不足（因肝功能损害）或胰液缺乏可引起脂肪泻，每日随粪便排出约30g脂肪。

急性胰腺炎时，大量胰酶淤积于炎症区，胰蛋白酶原被激活，进而激活磷脂酶A_2等。磷脂酶A_2水解细胞膜磷脂，引起胰实质凝固性坏死、酶解性脂肪坏死、溶血。

奥利司他是一种处方药，用于减肥，作用机制是抑制胃脂肪酶和胰脂肪酶，从而抑制脂

质消化吸收。

四、脂质消化产物吸收

脂质消化产物由小肠（前 100cm，主要是十二指肠下段和空肠上段）上皮细胞摄取，大都再酯化，装配成脂蛋白，通过血液运到全身各组织利用。

1. 短链脂肪酸、中链脂肪酸和甘油 直接被肠上皮细胞摄取，经肝门静脉进入血液循环。

2. 甘油一酯、长链脂肪酸、溶血磷脂、胆固醇和脂溶性维生素等 与胆汁酸形成更小的可溶性微团（3～6nm），被肠上皮细胞摄取。在滑面内质网内，2-甘油一酯通过**甘油一酯途径**（monoacylglycerol pathway，由脂酰辅酶 A 合成酶和 2-甘油一酯酰基转移酶催化）再酯化成甘油三酯，然后与胆固醇酯（胆固醇再酯化，由脂酰辅酶 A-胆固醇酰基转移酶催化，198 页）、胆固醇、磷脂、脂溶性维生素、载脂蛋白形成乳糜微粒，分泌到毛细淋巴管（乳糜管），通过胸导管进入血液循环（204 页）。

微团中的胆汁酸并不随食物脂质一同吸收，而是在回肠和结肠部位被重吸收（第十四章，280 页）。

纤维素、果胶和琼脂、植物固醇、消胆胺等能与胆汁酸形成复合物，影响脂质乳化、消化和吸收，所以高纤维食物有助于限制胆固醇吸收。

☞ 谷固醇等植物固醇可用于降低血胆固醇，治疗高胆固醇血症，机制是抑制胆固醇的吸收和在肠上皮细胞内的酯化，未酯化固醇类会通过主动转运排入肠道。

五、脂质代谢一览

脂质代谢包括食物脂质的消化和吸收、甘油三酯代谢、磷脂的合成和分解、胆固醇的合成和转化、血浆脂蛋白的形成和运输等。肝脏为脂质代谢中心，经血浆脂蛋白的运输和代谢与肝外组织相互调配（图 9-1）。

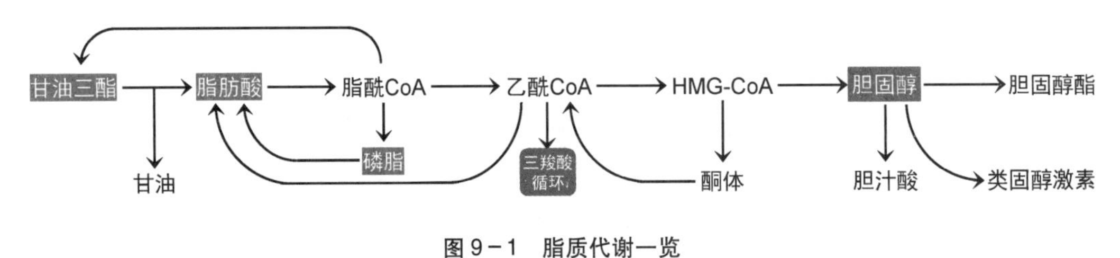

图 9-1 脂质代谢一览

第二节 甘油三酯代谢

甘油三酯代谢包括甘油三酯、脂肪酸及酮体的分解和合成。

一、甘油三酯分解代谢

脂肪组织可为绝大多数组织提供燃料。甘油三酯分解代谢过程可分为三个阶段：①甘油三酯水解成甘油和脂肪酸，并逸出脂肪细胞，通过血液运到其他组织。②甘油被肝脏和肾脏等摄取利用。③脂肪酸被其他组织摄取、活化、转入线粒体，分解成乙酰辅酶 A，通过三羧酸循环氧化供能；肝细胞还可以利用乙酰辅酶 A 合成酮体，供肝外组织利用。

（一）脂肪动员

在静息状态及中等运动状态（如步行）下，机体主要由脂肪动员释放的脂肪酸供能。脂肪动员（mobilization of triacylglycerol）是指脂肪细胞中的甘油三酯被水解成甘油和脂肪酸的过程。甘油（通过一种水通道蛋白）和一部分脂肪酸（通过脂肪酸转运蛋白）扩散入血，供给其他组织利用，其余脂肪酸再酯化，形成底物循环。脂肪动员依次由脂肪组织甘油三酯脂肪酶（ATGL）、激素敏感性脂肪酶（HSL）和甘油一酯脂肪酶（MGL）催化（表 9-2）。肌细胞也有脂肪动员，但只是为其自身供能。

$$\underset{\text{L-甘油三酯}}{\begin{matrix} & & CH_2-O-\overset{O}{\overset{\|}{C}}-R_1 \\ R_2-\overset{O}{\overset{\|}{C}}-O- & & CH \\ & & CH_2-O-\overset{O}{\overset{\|}{C}}-R_3 \end{matrix}} + 3H_2O \xrightarrow[\text{ATGL、HSL、MGL}]{} \underset{\text{甘油}}{\begin{matrix} & CH_2-OH \\ HO- & CH \\ & CH_2-OH \end{matrix}} + \underset{\text{脂肪酸}}{\begin{matrix} R_1-COO^- \\ R_2-COO^- \\ R_3-COO^- \end{matrix}}$$

表 9-2　脂肪酶专一性

脂肪酶	功能与特点
脂肪组织甘油三酯脂肪酶	优先水解 TAG 的 C-2 酯键，也可水解 C-1 酯键
激素敏感性脂肪酶	优先水解 DAG 的 C-3 酯键，其次水解 TAG 的 C-1、C-2 酯键，也可水解 MAG、CE、RE
甘油一酯脂肪酶	水解 MAG

1. 脂肪动员涉及两种关键成分　①激素敏感性脂[肪]酶（HSL）是一种丝氨酸酶，具有相对专一性，可以催化水解甘油三酯（TAG）、甘油二酯（DAC）、甘油一酯（MAG）、胆固醇酯（CE）和视黄醇酯（RE），但催化水解 DAG 的 C-3 酯键活性最高，其次是 TAG 的 C-1 和 C-2 酯键，所以在脂肪动员中主要催化水解 DAG。HSL 是控制脂肪动员的关键酶，其活性受化学修饰调节：被蛋白激酶 A 催化磷酸化激活，被特定蛋白磷酸酶催化去磷酸化抑制。②脂滴包被蛋白（perilipin）参与脂肪细胞脂滴形成，机制是在基础条件下与脂滴结合蛋白（lipid droplet-binding protein，CGI）形成复合物，包被于脂滴表面，抑制 HSL 与脂滴甘油三酯接触，从而抑制脂肪动员，但在受脂解激素刺激时被蛋白激酶 A 催化磷酸化，募集 HSL 结合于脂滴表面，促进脂肪动员，因此其协调脂肪储存和动员，以适应代谢需要。

脂肪动员时，胰高血糖素通过信号转导激活蛋白激酶 A。蛋白激酶 A 一方面激活 HSL，另一方面催化 perilipin 磷酸化。磷酸化 perilipin 变构暴露脂滴表面便于脂肪动员，且募集 HSL、释放 CGI。CGI 结合并激活 ATGL。ATGL、HSL 和 MGL 共同水解甘油三酯生成脂肪酸和甘油。

2. 脂肪动员受两类激素调节　①脂解激素（lipolytic hormone）：包括肾上腺素、去甲肾上腺素、胰高血糖素、促甲状腺激素、生长激素、糖皮质激素和心钠素等，它们通过信号转导激活蛋白激酶 A，促进脂肪动员。②抗脂解激素（antilipolytic hormone）：包括胰岛素、前列腺素 E_2，此外还有非激素信号神经肽 Y 和腺苷，它们通过信号转导拮抗蛋白激酶 A，抑制脂肪动员。

脂肪细胞摄取葡萄糖增加时不会抑制脂肪动员，但会促进脂肪酸再酯化，因而使脂肪细胞释放脂肪酸减少，但释放甘油不变。

（二）甘油代谢

甘油易溶于水，可直接通过血液运输。肝脏、肾脏、肠道、睾丸、棕色脂肪组织、哺乳期乳腺等细胞质中富含甘油激酶。它们可以摄取甘油，并将其磷酸化生成3-磷酸甘油，然后脱氢生成磷酸二羟丙酮，通过糖酵解途径分解，或通过糖异生途径生糖（在肝脏）。骨骼肌细胞和白色脂肪细胞内没有甘油激酶或活性极低，所以不能利用甘油。

$$\underset{\text{甘油}}{CH_2OH-CH(OH)-CH_2OH} \xrightarrow[\text{甘油激酶}]{ATP \to ADP} \underset{\text{3-磷酸甘油}}{CH_2OH-CH(OH)-CH_2O\text{Ⓟ}} \underset{\text{3-磷酸甘油脱氢酶}}{\overset{NAD^+ \to NADH+H^+}{\rightleftharpoons}} \underset{\text{磷酸二羟丙酮}}{CH_2OH-C(=O)-CH_2O\text{Ⓟ}}$$

（三）脂肪酸氧化

脂肪动员（和脂蛋白代谢，204页）释放的长链脂肪酸入血后由白蛋白运输（1分子白蛋白可结合10分子长链脂肪酸，复合物密度>1.281g/mL，含脂肪酸1%），被各组织细胞通过细胞膜脂肪酸转运蛋白（肝）、脂肪酸转位酶（肝外组织）介导摄取（非常迅速），在细胞质中由脂肪酸结合蛋白运到线粒体、内质网或过氧化物酶体，用于氧化供能或合成脂质。除脑神经细胞和红细胞外，肝脏、心脏、骨骼肌、肾、肺、睾丸、脂肪组织等大多数组织细胞都能摄取并氧化脂肪酸（或合成脂质），其中肝脏、心脏和骨骼肌氧化量最多，分别供给其所需能量的80%、80%和50%以上（静息态）。脂肪酸氧化有多条途径，其中主要途径是先活化成脂酰辅酶A，再通过β氧化分解成乙酰辅酶A，这一分解过程是脂肪酸生物氧化第一阶段。β氧化主要在线粒体内进行，中链和短链脂肪酸先进入线粒体（不需要载体介导），再活化成脂酰辅酶A；长链脂肪酸先活化成脂酰辅酶A，再转入线粒体（需要肉碱介导）；极长链脂肪酸先在过氧化物酶体内通过β氧化缩短成辛酰辅酶A，再转入线粒体继续完成β氧化。

1. 脂肪酸活化与转运 活化产物脂酰辅酶A又称**活性脂肪酸**，它既可转入线粒体氧化分解，又可在细胞质中合成脂质。

$$H_2O + PP_i \xrightarrow{\text{焦磷酸酶}} 2P_i$$

$$\underset{\text{脂肪酸}}{R-\overset{O}{\overset{\|}{C}}-O^-} \underset{\text{脂酰辅酶A合成酶}}{\overset{ATP \to PP_i}{\rightleftharpoons}} \underset{\text{酶-脂酰AMP}}{[R-\overset{O}{\overset{\|}{C}}-O-AMP]} \underset{\text{脂酰辅酶A合成酶}}{\overset{CoASH \to AMP}{\rightleftharpoons}} \underset{\text{脂酰辅酶A}}{R-\overset{O}{\overset{\|}{C}}-SCoA}$$

脂肪酸活化反应由长链脂酰辅酶A合成酶（脂肪酸硫激酶）催化。该酶是一种单次跨膜蛋白，位于线粒体外膜及内质网（微粒体）、过氧化物酶体膜上。此外，线粒体基质内有中链和短链脂酰辅酶A合成酶。实际上$C_4 \sim C_{11}$脂肪酸可以或必须先进入线粒体再活化。

脂肪酸活化产生的焦磷酸被焦磷酸酶催化水解（该反应不可逆，从而使脂肪酸活化反应不可逆），因而每活化一分子脂肪酸实际消耗两个高能磷酸键，相当于消耗两分子ATP，总反应$\Delta G^{\circ\prime}=-34kJ/mol$。

催化脂肪酸β氧化的多酶体系主要位于线粒体内，因此脂酰辅酶A必须转入线粒体才能被氧化。长链脂酰辅酶A和脂肪酸不能直接通过线粒体内膜，需以**[L-]肉碱**（carnitine）为载体转运：①细胞质脂酰辅酶A把脂酰基转给肉碱，生成脂酰肉碱，反应由线粒体外膜**肉碱脂酰转移酶Ⅰ**（CPT-Ⅰ，属于两次跨膜蛋白，活性中心位于胞质面，有肝、肌、脑三型）催化。②脂酰肉碱通过线粒体内膜肉碱转位酶（肉碱转运蛋白，六次跨膜）转入线粒体。③脂酰肉碱把脂酰基转给线粒体辅酶 A，生成脂酰辅酶 A（图 9-2），反应由线粒体内膜基质侧肉碱脂酰转移酶Ⅱ（CPT-Ⅱ，属于周边蛋白）催化。

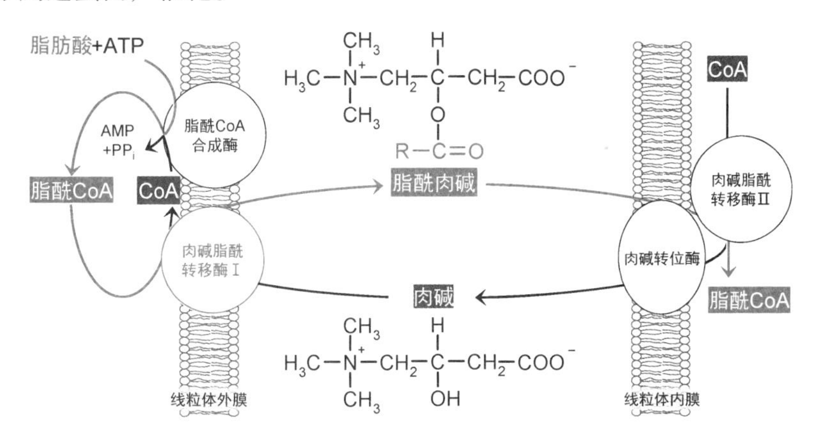

图 9-2　脂肪酸转运

肉碱　药品名称左卡尼丁（XG04B），有两种剂型：①注射剂，限长期血透患者在血透期间使用。②口服液体剂，限原发性肉碱缺乏症患者或因罕见病导致的继发性肉碱缺乏症患者使用。

2. β 氧化　脂酰辅酶 A 的氧化过程主要发生在 β 碳原子上，包括脱氢、水化、再脱氢和硫解四步反应，最终是 β-碳原子被氧化，所以称为 β 氧化（β-oxidation pathway，由 F. Knoop 于 1904 年通过动物实验阐明，图 9-3）。以棕榈酰辅酶 A（C_{16}）为例，β 氧化过程如下。

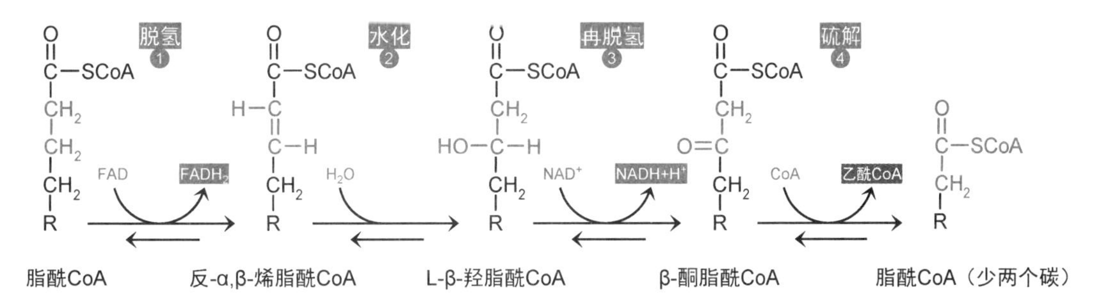

图 9-3　脂肪酸 β 氧化

（1）脱氢　脂酰辅酶 A（C_{16}）脱氢生成反-α,β-烯脂酰辅酶 A，反应由线粒体内膜脂酰辅酶 A 脱氢酶（acyl CoA dehydrogenase，一种黄素蛋白，以 FAD 为辅基）催化。脱下的氢由 FAD 通过线粒体基质电子传递黄素蛋白（含有一个 FAD）和线粒体内膜电子传递黄素蛋白泛醌氧化还原酶（含有一个［4Fe-4S］型铁硫中心和一个 FAD）传递给辅酶 Q，通过氧化磷酸化推动合成 1.5ATP。

（2）水化　反-α,β-烯脂酰辅酶 A 水化生成 L-β-羟脂酰辅酶 A，反应由 α,β-烯脂酰辅酶 A 水化酶（enoyl CoA hydratase）催化。该酶也可催化顺-α,β-烯脂酰辅酶 A 水化，但生成D-β-羟脂酰辅酶 A。

（3）再脱氢　L-β-羟脂酰辅酶 A 脱氢生成 β-酮脂酰辅酶 A，反应由 L-β-羟脂酰辅酶 A 脱氢酶（L-3-hydroxyacyl CoA dehydrogenase，以 NAD^+ 为辅酶）催化。脱下的氢由 NAD^+ 传递给呼吸链复合物Ⅰ，通过氧化磷酸化推动合成 2.5ATP。

（4）硫解　β-酮脂酰辅酶 A 硫解生成豆蔻酰辅酶 A（C_{14}）和 1 分子乙酰辅酶 A（C_2），反应

由[β-酮脂酰辅酶A]硫解酶（β-ketoacyl-CoA-thiolase）催化。棕榈酰辅酶A进行一轮β氧化的反应方程式如下：

$$棕榈酰辅酶A + FAD + H_2O + NAD^+ + CoA \rightarrow FADH_2 + (NADH + H^+) + 豆蔻酰辅酶A + 乙酰辅酶A$$

催化β氧化第一步反应的脂酰辅酶A脱氢酶有长链、中链、短链三型，分别催化C_{12}～C_{18}、C_4～C_{14}、C_4～C_6脂酰辅酶A脱氢。催化β氧化后三步反应的酶有两组：①催化C_{12}及以上脂酰辅酶A氧化的三种酶构成多酶复合体，位于线粒体内膜上，称为三功能酶（trifunctional enzyme）。②催化C_{12}以下脂酰辅酶A氧化的是3种线粒体基质酶。

豆蔻酰辅酶A（C_{14}）再进行六轮脱氢、水化、再脱氢和硫解反应，最终分解成七分子乙酰辅酶A（C_2×7）。棕榈酰辅酶A经过七轮β氧化分解的反应方程式如下：

$$棕榈酰辅酶A + 7(FAD + H_2O + NAD^+) + 7CoA \rightarrow 7(FADH_2 + NADH + H^+) + 8乙酰辅酶A$$

3. 乙酰辅酶A氧化 在标准条件下，1分子棕榈酸完全氧化推动合成106分子ATP（表9-3），并生成122分子H_2O，其反应方程式如下：

$$棕榈酸 + 23O_2 + 106(ADP + P_i) \rightarrow 16(CO_2 + H_2O) + 106(ATP + H_2O)$$

表9-3 棕榈酸氧化生成的ATP

8乙酰辅酶A	$7FADH_2$	7NADH	活化消耗ATP	净得ATP
10×8	1.5×7	2.5×7	2	106

标准条件下棕榈酸生物氧化的自由能利用率为33%，生理状态下高达68%。

除了直接氧化供能之外，β氧化生成的乙酰辅酶A还可以合成酮体或胆固醇。

4. 脂肪酸氧化调节 肉碱脂酰转移酶Ⅰ是控制脂肪酸氧化分解的关键酶。

（1）关键酶调节 ①饱食时机体甘油三酯合成增加，细胞内丙二酰辅酶A增加（190页），竞争性抑制肉碱脂酰转移酶Ⅰ（特别是在心、肾、肝、肌细胞），脂肪酸转运和氧化减少。②饥饿或高脂低糖饮食时机体糖供应不足，糖尿病患者不能有效利用血糖，均需通过脂肪酸氧化分解供能，此时细胞内丙二酰辅酶A缺乏，肉碱脂酰转移酶Ⅰ抑制解除，活性增加，脂肪酸转运和氧化增加。

（2）代谢物调节 ①高糖饮食时，糖代谢增加，一方面消耗NAD^+，抑制β-羟脂酰辅酶A脱氢；另一方面生成大量乙酰辅酶A，抑制β-酮脂酰辅酶A硫解。②高脂低糖饮食或饥饿、糖尿病促进脂肪动员时，脂肪酸大量供应，组织细胞摄取和氧化脂肪酸增加。

5. 脂肪酸其他氧化方式 极长链脂肪酸、不饱和脂肪酸和奇数碳脂肪酸的氧化需要其他酶参与。此外脂肪酸还可以进行ω氧化和α氧化等。

（1）极长链脂肪酸氧化 极长链脂肪酸（如C_{20}～C_{26}）先在过氧化物酶体内通过β氧化缩短成辛酰辅酶A，之后（和NADH、乙酰辅酶A）转入线粒体继续完成β氧化。过氧化物酶体β氧化第一步反应是由脂酰辅酶A氧化酶催化，脱下的氢直接由FAD传递给O_2，生成H_2O_2。此外，过氧化物酶体β氧化途径还参与胆汁酸合成。

（2）不饱和脂肪酸氧化 不饱和脂肪酸也可以通过β氧化途径分解，只是氧化过程中会生成两种含有顺式双键的中间产物，其所含的顺式双键要异构成反式双键。①Δ^3-顺-烯脂酰辅酶A，需由Δ^3,Δ^2-烯脂酰辅酶A异构酶（Δ^3,Δ^2-enoyl-CoA isomerase）催化异构成Δ^2-反-烯脂酰辅酶A。②Δ^2-反-Δ^4-顺-二烯脂酰辅酶A，需由2,4-二烯脂酰辅酶A还原酶（2,4-dienoyl-CoA reductase）

催化还原成Δ^3-反-烯脂酰辅酶 A（消耗 NADPH），再由Δ^3,Δ^2-烯脂酰辅酶 A 异构酶催化异构成Δ^2-反-烯脂酰辅酶 A。

（3）奇数碳脂肪酸氧化　最后生成 1 分子丙酰辅酶 A。①丙酰辅酶 A 羧化成 D-甲基丙二酰辅酶 A，由线粒体丙酰辅酶 A 羧化酶催化。该酶为$\alpha_6\beta_6$十二聚体，以生物素为辅基（消耗 ATP）。②D-甲基丙二酰辅酶 A 异构成 L-甲基丙二酰辅酶 A，由线粒体差向异构酶催化。③L-甲基丙二酰辅酶 A 变位成琥珀酰辅酶 A，由线粒体甲基丙二酰辅酶 A 变位酶催化。该酶以腺苷钴胺素（辅酶B_{12}）为辅基。④琥珀酰辅酶 A 可合成葡萄糖。

注意：①缬氨酸、苏氨酸、异亮氨酸和蛋氨酸分解也会生成丙酰辅酶 A（而且是主要来源，第十章，223 页）。②丙酰辅酶 A 羧化酶缺乏会导致丙酸血症（propionic acidemia）。③甲基丙二酰辅酶 A 变位酶缺乏会导致甲基丙二酸血症。

（4）脂肪酸 ω 氧化　在肝细胞和肾细胞的内质网上，少量中链和长链（优先底物$C_{10}\sim C_{16}$）脂肪酸的 ω 碳原子可以由羟化酶和脱氢酶催化氧化成羧基，得到 α,ω-二羧酸，然后进入线粒体进行 β 氧化。胆固醇合成胆汁酸时也发生 ω 氧化。

（5）脂肪酸 α 氧化　在过氧化物酶体中，植烷酸（3,7,11,15-四甲基十六烷酸）由羟化酶催化氧化成 α-羟脂酸，然后通过 α-氧化脱羧反应生成比植烷酸少一个碳原子的脂酰辅酶 A，再进行 β 氧化。

6. 脂肪酸分解代谢紊乱　以下异常影响脂肪酸转运或氧化，从而引起低血糖等疾病：肉碱缺乏、遗传性肉碱脂酰转移酶Ⅰ缺乏、肉碱脂酰转移酶Ⅱ缺乏、肉碱转位酶缺乏、脂肪酸氧化酶系缺乏、中链脂酰辅酶 A 脱氢酶缺乏（酸尿症）、牙买加呕吐病、Refsum 病、Zellweger 综合征。

（四）酮体代谢

酮体（ketone body）包括乙酰乙酸（20%）、[D-(-)-]β-羟丁酸（78%）和丙酮（2%），是脂肪酸氧化代谢的产物。

1. 酮体生成　肝脏是脂肪酸氧化最活跃的器官之一，是酮体生成的主要部位。肝脏通过 β 氧化分解脂肪酸生成大量乙酰辅酶 A，一部分乙酰辅酶 A 在线粒体内合成酮体（图 9-4）。

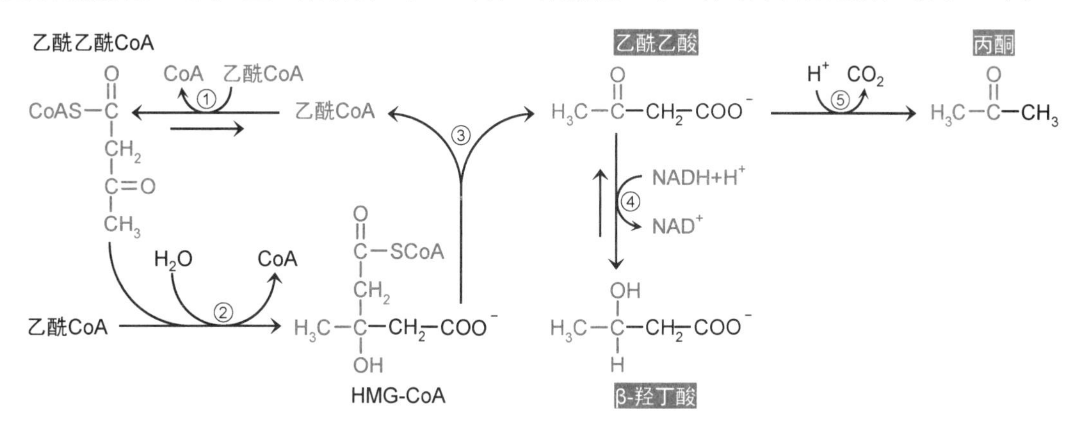

图 9-4　酮体生成

（1）缩合　两分子乙酰辅酶 A 缩合成乙酰乙酰辅酶 A，反应由线粒体乙酰辅酶 A 乙酰转移酶（ACAT1，乙酰乙酰辅酶 A 硫解酶。同四聚体，以K^+为激活剂）催化。

（2）加成　乙酰乙酰辅酶 A 与一分子乙酰辅酶 A 加成再水解，生成羟甲基戊二[酸单]酰辅酶 A（HMG-CoA），反应由线粒体羟甲基戊二酰辅酶 A 合[成]酶（HMG-CoA 合[成]酶）催化

（请对比柠檬酸合成）。

羟甲基戊二酰辅酶A合成酶在肝细胞线粒体内活性最高，至少是其他组织（结肠、肾、睾丸、胰）的200倍，但脑细胞没有。

（3）裂解 羟甲基戊二酰辅酶A裂解成乙酰乙酸和乙酰辅酶A，反应由线粒体羟甲基戊二酰辅酶A裂解酶（HMG-CoA裂解酶）催化。

肝细胞线粒体羟甲基戊二酰辅酶A裂解酶活性最高，脑、胰、肠、肾、睾丸、骨骼肌、成纤维细胞、淋巴母细胞也有，脑、骨骼肌活性最低。羟甲基戊二酰辅酶A裂解酶缺乏导致酮体合成障碍，亮氨酸分解代谢异常，出生一年内发病。

（4）还原 乙酰乙酸可以由 $NADH+H^+$ 还原成β-羟丁酸，反应由β-羟丁酸脱氢酶催化（请对比丙酮酸还原）。

（5）脱羧 少量乙酰乙酸自发脱羧生成丙酮。

2. 酮体利用 肝脏合成的酮体从线粒体扩散进入细胞质，通过细胞膜单羧酸转运蛋白介导出细胞入血液循环，被肝外组织（如心、肾）通过细胞膜单羧酸转运蛋白介导摄取，在线粒体内被氧化分解（图9-5）。

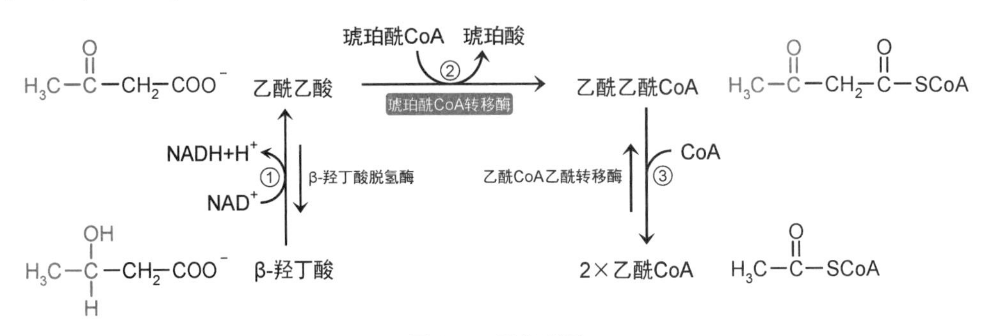

图9-5 酮体利用

（1）β-羟丁酸脱氢生成乙酰乙酸，反应由β-羟丁酸脱氢酶催化。

（2）乙酰乙酸被琥珀酰辅酶A活化成乙酰乙酰辅酶A，反应由线粒体琥珀酰辅酶A转移酶（3-酮酸辅酶A转移酶）催化，该酶在心、肾、脑、肌肉、白细胞、成纤维细胞水平较高，但肝细胞没有。

（3）乙酰乙酰辅酶A硫解生成乙酰辅酶A，反应由线粒体乙酰辅酶A乙酰转移酶催化。丙酮不能被利用，主要由肺呼出。

人肾、心、脑、肝、脂肪组织细胞质存在一种乙酰乙酰辅酶A合成酶，催化以下反应：ATP+乙酰乙酸+CoA→AMP+PP_i+乙酰乙酰辅酶A。考虑到存在细胞质乙酰乙酰辅酶A硫解酶2，极少量酮体可能用于在脂肪细胞合成脂肪酸，在肝细胞合成胆固醇。

3. 酮体代谢生理意义 酮体是脂肪酸分解代谢的产物，是乙酰辅酶A的转运和运输形式。肝脏的β氧化能力最强，生成的乙酰辅酶A很多用于供给其他组织。乙酰辅酶A不能直接通过生物膜，必须转化为可转运的形式——酮体。酮体是水溶性小分子，容易通过毛细血管壁，被肝外组织特别是心肌、骨骼肌、肾皮质甚至脑细胞摄取利用。空腹状态下心肌和骨骼肌所需能量主要由脂肪酸和酮体（先于葡萄糖）提供，脑细胞所需能量的20%也由酮体提供。长期禁食引起血糖下降或长期高脂低糖饮食时，脑组织所需能量的60%~75%由酮体提供。

4. 酮体代谢调节 在正常代谢条件下，酮体的生成和利用在三个环节受到调节，维持稳态。

（1）脂肪动员 酮体生成量与血浆游离脂肪酸水平呈正相关。无论血浆游离脂肪酸水平高低，流过肝脏时都有约30%被肝细胞摄取，因而血浆游离脂肪酸水平高时肝细胞摄取增加，酮体生成增加。因此，调节脂肪动员的因素也调节酮体生成。反之，血酮体积累会抑制脂肪动员。

（2）脂酰辅酶A分流　肝细胞摄取的游离脂肪酸有两个去向：合成甘油三酯和磷脂，或通过β氧化分解，生成的乙酰辅酶A氧化供能或合成酮体。两个去向受肉碱脂酰转移酶Ⅰ（CPT-Ⅰ）调节：①进食状态下糖代谢产生乙酰辅酶A，羧化成丙二酰辅酶A，抑制CPT-Ⅰ，抑制β氧化，酮体生成减少。脂肪动员减少，血浆游离脂肪酸减少（0.1~0.7mmol/L），肝细胞摄取的游离脂肪酸较少，且几乎全部用于合成甘油三酯，并形成极低密度脂蛋白（VLDL）输出（205页）。②空腹状态下脂肪动员增加，血浆游离脂肪酸增加（0.7~0.8mmol/L），肝细胞摄取的游离脂肪酸增加，活化成脂酰辅酶A，抑制乙酰辅酶A羧化酶，抑制丙二酰辅酶A合成，解除CPT-Ⅰ抑制，β氧化增强，酮体生成增加。

（3）乙酰辅酶A分流　脂肪酸β氧化生成的乙酰辅酶A通过三羧酸循环氧化或合成酮体，ATP合成总量保持稳定。血浆游离脂肪酸增加时，肝细胞多摄取的部分全部用于合成酮体。以棕榈酸为例：一分子棕榈酸完全氧化生成106ATP，用于合成酮体时也生成16~26ATP。因此，如果肝细胞多摄取10%的游离脂肪酸（110%），用于合成酮体的将增加11.8%~13.2%，而完全氧化的将减少1.8%~3.2%。显然，肝细胞β氧化增强时，氧化磷酸化增加，三羧酸循环减慢，酮体生成增加。

5. 酮体代谢紊乱　正常饮食时酮体生成较少，并且很快被肝外组织吸收利用，所以血中仅有少量酮体（<0.3mmol/L或3mg/100mL，主要是β-羟丁酸）。在长期禁食、高脂低糖饮食、1型糖尿病未经治疗、先天性缺乏琥珀酰辅酶A转移酶患者长期低糖饮食时，肝细胞葡萄糖缺乏，草酰乙酸缺乏，三羧酸循环减弱；脂肪动员增加，血浆游离脂肪酸可达2.0mmol/L；脂肪酸分解增加，酮体生成增加，超过肝外组织利用酮体的能力，造成血酮体升高（多在4.8mmol/L以上，甚至达到9mmol/L或90mg/100mL），称为**酮血症**（ketonemia），此时尿酮体也会升高（日排泄量500mmol或5g，而正常人日排泄量<12mmol或125mg，主要是β-羟丁酸），称为**酮尿症**（ketonuria）。酮血症和酮尿症统称**酮症**（ketosis）。乙酰乙酸和β-羟丁酸都是有机酸，所以长期酮症会引起**酮症酸中毒**（ketoacidosis），属于代谢性酸中毒（第十五章，308页），累及组织，特别是中枢神经系统，可出现昏迷，甚至危及生命。

二、甘油三酯合成代谢

甘油三酯主要在肝脏、脂肪组织和小肠黏膜合成，合成原料是脂肪酸和甘油。它们来自食物消化吸收，或由消化吸收的葡萄糖和氨基酸合成。

（一）脂肪酸合成

机体可因需要或营养过剩而合成脂肪酸。

脂肪酸主要是在肝、脑、肺、肾、乳腺、脂肪组织等的细胞质中合成的（线粒体内可合成C_{28}脂肪酸）。肝脏脂肪酸合成最活跃，其合成能力较脂肪组织大8~9倍。

乙酰辅酶A和NADPH是脂肪酸合成原料：乙酰辅酶A主要来自糖的有氧氧化，NADPH主要来自磷酸戊糖途径，细胞质苹果酸酶（图9-6⑤）、异柠檬酸脱氢酶（第八章，156页）催化的反应也有NADPH生成。

此外，脂肪酸合成还需要ATP、生物素、HCO_3^-和Mn^{2+}（或Mg^{2+}）等。

1. 乙酰辅酶A转运　乙酰辅酶A在线粒体内生成，而脂肪酸主要在细胞质中合成。乙酰辅酶A不能自由通过线粒体内膜，只能通过以下循环转到细胞质中，用于合成脂肪酸（图9-6）。

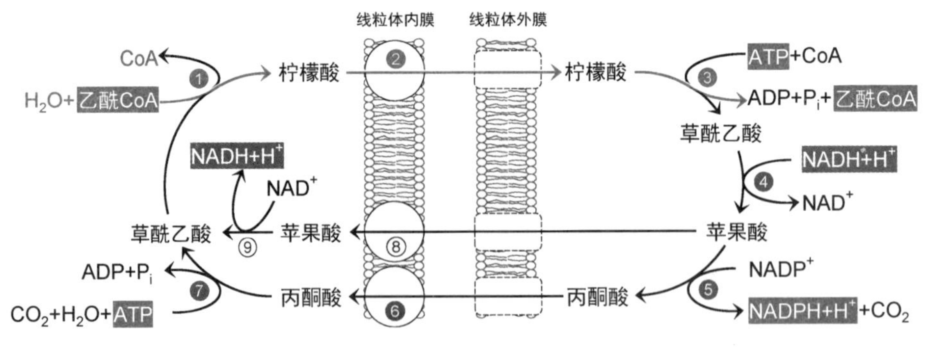

图 9-6 乙酰辅酶 A 转出线粒体

（1）柠檬酸-丙酮酸循环 又称**柠檬酸-丙酮酸穿梭**，是主要转运途径。①乙酰辅酶 A 与草酰乙酸合成柠檬酸。②柠檬酸由柠檬酸转运蛋白（三羧酸转运蛋白，同时转运苹果酸）转到细胞质中。③柠檬酸裂解成乙酰辅酶 A 和草酰乙酸，由 **ATP 柠檬酸裂解酶**催化。④草酰乙酸还原成苹果酸，由苹果酸脱氢酶 1 催化。⑤苹果酸氧化脱羧生成丙酮酸和 NADPH，反应可逆，由细胞质苹果酸酶 1 催化，该酶还催化草酰乙酸脱羧生成丙酮酸。⑥丙酮酸通过线粒体丙酮酸载体转入线粒体。⑦丙酮酸羧化再生草酰乙酸。该穿梭的另一个意义是为脂肪酸合成提供 NADPH。

（2）柠檬酸-苹果酸循环 又称**柠檬酸-苹果酸穿梭**：⑧苹果酸也可以由柠檬酸转运蛋白或 α-酮戊二酸转运蛋白转入线粒体。⑨苹果酸脱氢生成草酰乙酸，由苹果酸脱氢酶 2 催化。

2. 乙酰辅酶 A 活化 即乙酰辅酶 A 羧化成丙二[酸单]酰辅酶 A，反应由**乙酰辅酶 A 羧化酶**催化。该酶是一种多功能酶，以生物素和 Mn^{2+} 或 Mg^{2+} 为辅助因子。

$$\underset{\text{乙酰辅酶A}}{H_3C-\overset{O}{\overset{\|}{C}}-SCoA} \xrightarrow[\text{乙酰辅酶A羧化酶}]{HCO_3^- + ATP \;\; \text{生物素} \;\; ADP + P_i} \underset{\text{丙二酰辅酶A}}{^-O-\overset{O}{\overset{\|}{C}}-CH_2-\overset{O}{\overset{\|}{C}}-SCoA}$$

3. 棕榈酸合成 棕榈酸是人体内从头合成的主要脂肪酸，由 1 分子乙酰辅酶 A 与 7 分子丙二酰辅酶 A 合成。棕榈酸合成过程实际上是乙酰辅酶 A 经历 7 次循环，每次循环从丙二酰辅酶 A 获得两个碳原子，最终被加长成棕榈酸。

棕榈酸是脂肪酸合成酶催化合成的主要产物。人**脂肪酸合[成]酶**是一种多功能酶，分子结构中有一个酰基载体蛋白结构域（ACP，通过 Ser-2156 连接磷酸泛酰巯基乙胺，其巯基直接参与催化反应，以 ACP-SH 表示）和六个活性中心：①丙二酰辅酶 A/乙酰辅酶 A-ACP 酰基转移酶（MAT）。②β-酮脂酰-ACP 合[成]酶（KS），其一个半胱氨酸巯基直接参与催化反应，以 KS-SH 表示（催化的反应不可逆）。③β-酮脂酰-ACP 还原酶（KR）。④β-羟脂酰-ACP 脱水酶（DH）。⑤烯脂酰-ACP 还原酶（ER）（催化的反应不可逆）。⑥棕榈酰-ACP 水解酶（TE，硫酯酶），以棕榈酰-ACP 为最适底物。两分子脂肪酸合成酶首尾相连构成的同二聚体为其活性形式。

脂肪酸合成酶抑制剂有抗肿瘤和抗肥胖效应：大多数肿瘤细胞存在脂肪酸合成酶过度表达，且与肿瘤恶性程度呈正相关，所合成的脂肪酸用于合成磷脂，在细胞增殖过程中用于构建生物膜。动物实验表明脂肪酸合成酶和乙酰辅酶 A 羧化酶抑制剂可以降低肿瘤细胞增殖速度（可能是诱导凋亡）。此外，酮脂酰合酶抑制剂可使小鼠体重减轻，食欲减退。

棕榈酸合成是一个复杂的循环过程，可分为缩合（图 9-7①~③）、加氢（图 9-7④）、脱水（图 9-7⑤）、再加氢（图 9-7⑥）四个反应阶段。

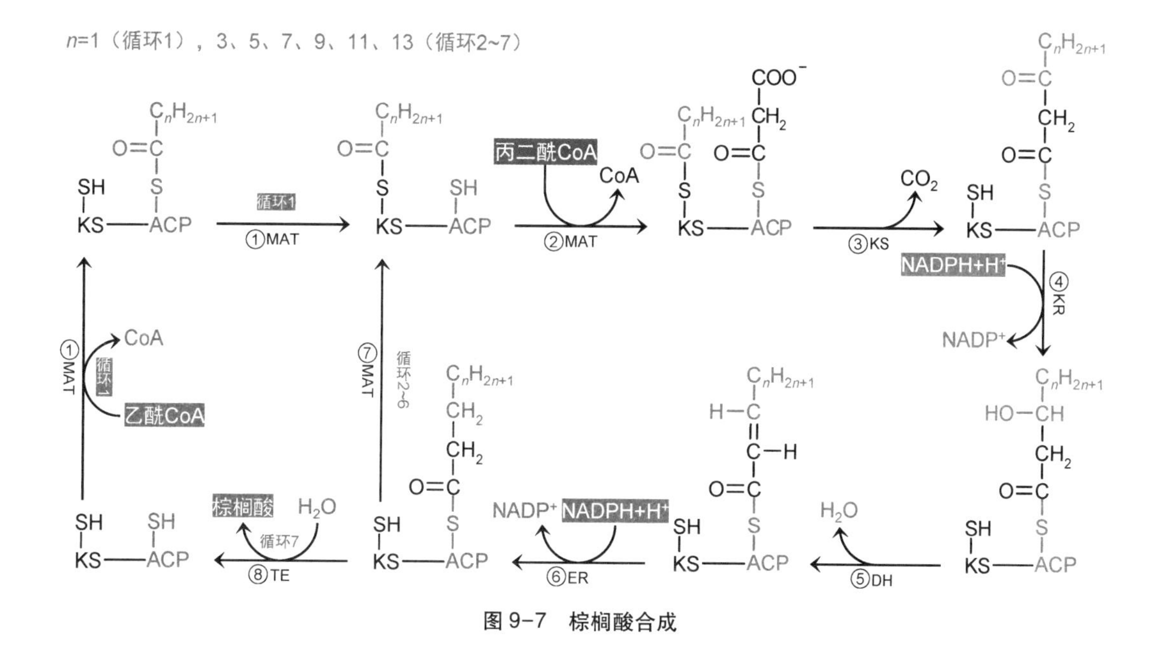

图 9-7 棕榈酸合成

（1）转移 乙酰辅酶A的乙酰基先转移到ACP-SH的巯基上，再转移到KS-SH的巯基上，形成乙酰KS，反应由MAT催化。该酶具有相对专一性，也可以丙酰辅酶A等为底物，但活性低得多。

（2）转移 丙二酰辅酶A与ACP-SH缩合成丙二酰ACP，反应由MAT催化。

（3）缩合 乙酰KS与丙二酰ACP缩合成β-酮丁酰ACP，并释放CO_2，反应由KS催化。

（4）羰基还原 NADPH将β-酮丁酰ACP还原成D-β-羟丁酰ACP，反应由KR催化。

（5）脱水 D-β-羟丁酰ACP脱去1分子H_2O，生成反-α,β-烯丁酰ACP（巴豆酰ACP），反应由DH催化。

（6）双键还原 NADPH将反-α,β-烯丁酰ACP还原成丁酰ACP，反应由ER催化。

细菌烯脂酰-ACP还原酶抑制剂三氯生（triclosan）是具有广谱抗菌性的抗菌剂、防腐剂，添加于牙膏、香皂、护肤霜等。

经过上述循环，乙酰基（乙酰辅酶A）从丙二酰辅酶A获得1个二碳单位，合成了丁酰基（丁酰ACP），反应方程式如下：

$$\text{ACP-SH} + \text{乙酰辅酶A} + \text{丙二酰辅酶A} + 2(\text{NADPH} + \text{H}^+) \rightarrow 2\text{CoA} + \text{CO}_2 + 2\text{NADP}^+ + \text{H}_2\text{O} + \text{丁酰ACP}$$

（7）转移 丁酰ACP把丁酰基转移到KS-SH的巯基上（图9-7⑦），反应由MAT催化。

之后重复②~⑦，依次生成己酰KS、辛酰KS、癸酰KS、月桂酰KS、豆蔻酰KS。最后一轮重复②~⑥，生成棕榈酰ACP。

（8）水解 棕榈酰ACP水解释放棕榈酸，反应由TE催化（图9-7⑧）。

棕榈酸合成反应方程式如下：

$$\text{乙酰辅酶A} + 7\text{丙二酰辅酶A} + 14(\text{NADPH} + \text{H}^+) \rightarrow 8\text{CoA} + 7\text{CO}_2 + 14\text{NADP}^+ + 6\text{H}_2\text{O} + \text{棕榈酸}$$

4. 脂肪酸延长 脂肪酸合成酶主要催化合成棕榈酸，更长的脂肪酸是由脂肪酸延长酶系催化棕榈酸（或其他C_{10}以上的脂肪酸）进一步延长合成的。延长反应在滑面内质网胞质面进行，延长过程与脂肪酸合成酶催化的反应过程类似，但不需要ACP。滑面内质网脂肪酸延长酶系可将饱和或不饱和脂肪酸链延长至二十四碳，但主要合成十八碳的硬脂酸。

$$棕榈酰辅酶A + 丙二酰辅酶A + 2NADPH + 2H^+ \rightarrow CO_2 + CoA + 2NADP^+ + H_2O + 硬脂酰辅酶A$$

5. 不饱和脂肪酸合成 哺乳动物滑面内质网表面存在脂酰辅酶A去饱和酶系和脂肪酸去饱和酶系，这些酶系由细胞色素b_5还原酶（以FAD为辅基）、细胞色素b_5和去饱和酶（脱饱和酶，以非血红素铁为辅基）构成，可以催化脂酰辅酶A和脂肪酸脱氢，从而引入顺式双键，把饱和脂肪酸转化为不饱和脂肪酸，例如把棕榈酸转化为棕榈油酸，把硬脂酰辅酶A转化为油酰辅酶A。

$$硬脂酰辅酶A + O_2 + NAD(P)H + H^+ \rightarrow 油酰辅酶A + 2H_2O + NAD(P)^+$$

不过，这些去饱和酶系不能在C-10至ω碳之间引入顺式双键，因此不能把硬脂酸转化为必需脂肪酸亚油酸和α亚麻酸。

6. 脂肪酸合成调节 主要受营养水平、血液游离脂肪酸水平调节。乙酰辅酶A羧化酶是多功能变构酶，含有一个生物素和两个Mn^{2+}（或Mg^{2+}），具有单体、同二聚体、同四聚体、棒状寡聚体等不同结构形式，以棒状寡聚体活性最高。乙酰辅酶A羧化酶是控制脂肪酸合成最重要的关键酶，其活性受多种机制调节。

（1）变构调节 ①高脂饮食或脂肪动员增加时，肝细胞棕榈酰辅酶A增加，使乙酰辅酶A羧化酶棒状寡聚体解聚失活。棕榈酰辅酶A还抑制柠檬酸转运蛋白、6-磷酸葡萄糖脱氢酶。②高糖饮食时糖代谢增加，ATP增加，抑制异柠檬酸脱氢酶，导致异柠檬酸和柠檬酸积累。柠檬酸被转出线粒体，促使乙酰辅酶A羧化酶形成棒状寡聚体而变构激活（V_{max}可提高10倍），促进脂肪酸合成。③丙二酰辅酶A反馈抑制乙酰辅酶A羧化酶。

（2）化学修饰调节 乙酰辅酶A羧化酶同工酶1的Ser80和同工酶2的Ser222被AMP激活的蛋白激酶（AMPK，乙酰辅酶A羧化酶激酶，羟甲基戊二酰辅酶A还原酶激酶）催化磷酸化抑制（高活性的寡聚体解聚成低活性的二聚体），被蛋白磷酸酶2A（PP2A）催化去磷酸化激活。

对乙酰辅酶A羧化酶进行化学修饰调节的AMPK和PP2A受激素调节和代谢物调节：①胰高血糖素、肾上腺素通过信号转导促使蛋白激酶A激活尚未阐明的蛋白激酶，后者催化AMPK磷酸化激活。②胰岛素可能通过信号转导促使PP2A催化AMPK去磷酸化失活。③AMP变构激活AMPK，并诱导其被磷酸化激活，抑制其去磷酸化失活；ATP抑制AMPK，并诱导其去磷酸化失活，抑制其磷酸化激活。

（3）水平调节 脂肪酸合成酶和乙酰辅酶A羧化酶是诱导酶，禁食动物高糖低脂饮食数日即通过胰岛素和葡萄糖诱导其基因高表达，在饥饿、高脂饮食、糖尿病时表达下调，这种机制称为自适应控制（adaptive control）。胰高血糖素通过cAMP拮抗这种胰岛素效应。

（4）代谢物调节 ①高糖饮食时糖代谢增加，NADPH和乙酰辅酶A增加，在底物水平促进脂肪酸合成。②禁食或高脂低糖饮食时血浆游离脂肪酸增加，细胞摄取游离脂肪酸增加，脂肪酸合成被抑制。

此外，ATP柠檬酸裂解酶也是控制脂肪酸合成的关键酶，被胰岛素通过信号转导激活的蛋白激酶B催化磷酸化激活，被6-磷酸果糖变构激活。

（二）3-磷酸甘油合成

合成甘油三酯所需的甘油是其活化形式3-磷酸甘油，主要由糖代谢中间产物磷酸二羟丙酮还原生成。此外，肝细胞富含甘油激酶，可以利用甘油；脂肪细胞甘油激酶活性极低，不能利用甘油。

甘油 $\xrightarrow[\text{甘油激酶}]{ATP \rightarrow ADP}$ 3-磷酸甘油 $\underset{\text{3-磷酸甘油脱氢酶}}{\overset{NAD^+ \quad NADH+H^+}{\rightleftharpoons}}$ 磷酸二羟丙酮

（三）甘油三酯合成

由脂肪酸和甘油合成 1 分子甘油三酯要消耗 7 分子 ATP，反应方程式如下：

$$3\text{脂肪酸} + \text{甘油} + 7ATP + 4H_2O \rightarrow \text{甘油三酯} + 7(ADP + P_i)$$

1. 合成过程 甘油和脂肪酸先活化成 3-磷酸甘油和脂酰辅酶 A，然后由四种酶在内质网膜上组成的甘油三酯合成酶复合体催化合成甘油三酯：

（1）3-磷酸甘油与脂酰辅酶 A 缩合成 2-溶血磷脂酸，反应由 3-磷酸甘油酰基转移酶催化。

（2）2-溶血磷脂酸与脂酰辅酶 A（多为不饱和脂肪酸）缩合成磷脂酸，反应由溶血磷脂酸酰基转移酶催化。

（3）磷脂酸水解脱磷酸，生成甘油二酯，反应由磷脂酸磷酸酶（是关键酶）催化。

（4）甘油二酯与脂酰辅酶 A 缩合成甘油三酯，是控制甘油三酯合成的关键步骤，反应主要由甘油二酯-*O*-酰基转移酶 2（受烟酸抑制）催化（图 9-8）。

3-磷酸甘油 $\xrightarrow[\text{① 3-磷酸甘油酰基转移酶}]{\text{脂酰CoA} \rightarrow \text{CoA}}$ 2-溶血磷脂酸 $\xrightarrow[\text{② 溶血磷脂酸酰基转移酶}]{\text{脂酰CoA} \rightarrow \text{CoA}}$ 磷脂酸 $\xrightarrow[\text{③ 磷脂酸磷酸酶}]{H_2O \rightarrow P_i}$ 甘油二酯 $\xrightarrow[\text{④ 甘油二酯-O-酰基转移酶2}]{\text{脂酰CoA} \rightarrow \text{CoA}}$ 甘油三酯

图 9-8 甘油三酯合成

上述合成途径从 3-磷酸甘油开始，有中间产物磷脂酸和甘油二酯生成，所以称为磷酸甘油途径（glycerol phosphate pathway，磷脂酸途径，甘油二酯途径），这是肝细胞和脂肪细胞合成甘油三酯的主要途径。

2. 合成部位和意义 甘油三酯主要在肝脏合成，在脂肪组织和小肠黏膜也合成较多，合成原料及来源不同，意义不同：①肝脏合成甘油三酯（内源性甘油三酯）最多，但合成后几乎全部输出。合成原料来自消化吸收的脂肪酸、以消化吸收的其他营养物质（特别是葡萄糖）为原料合成的脂肪酸和脂肪动员释放的脂肪酸。②脂肪组织储存甘油三酯，它合成甘油三酯所需的脂肪酸主要来自血浆脂蛋白。③小肠黏膜用消化吸收的 2-甘油一酯与游离脂肪酸（活化成脂酰辅酶 A）合成甘油三酯（外源性甘油三酯，甘油一酯途径），是食物甘油三酯消化吸收的一个环节。

三、激素对甘油三酯代谢的调节

脂肪组织甘油三酯代谢很快，2~3 周更新一次。对甘油三酯代谢影响较大的激素有胰岛素、

胰高血糖素、肾上腺素、甲状腺激素、糖皮质激素、生长激素、脂肪[细胞]因子等，其中胰岛素促进甘油三酯合成，其余激素促进甘油三酯分解，以胰岛素、肾上腺素和胰高血糖素最为重要。

1. 胰岛素 脂肪组织是对胰岛素最敏感的组织。胰岛素通过信号转导既促进甘油三酯合成又抑制脂肪动员，从而使脂肪组织贮脂增加：①胰岛素促进脂肪酸和甘油三酯合成，机制是促进脂肪细胞通过 GLUT4 摄取葡萄糖；激活乙酰辅酶 A 羧化酶、脂肪细胞（不是肝细胞）丙酮酸脱氢酶和 ATP 柠檬酸裂解酶，诱导乙酰辅酶 A 羧化酶基因表达，从而促进脂肪酸合成；胰岛素激活 3-磷酸甘油酰基转移酶，从而促进磷脂酸和甘油三酯合成。②胰岛素抑制脂肪动员，机制是通过信号转导的蛋白激酶 B 途径激活磷酸二酯酶 3，降解 cAMP。此外，抑制脂肪动员即降低血浆游离脂肪酸水平，降低细胞内长链脂酰辅酶 A 水平，避免其抑制脂肪酸合成。③胰岛素诱导脂肪细胞和肌细胞表达脂蛋白脂[肪]酶，促进这些细胞摄取游离脂肪酸并合成甘油三酯。

2. 胰高血糖素和肾上腺素 既抑制脂肪组织甘油三酯合成又促进脂肪动员：胰高血糖素激活信号转导的蛋白激酶 A 途径，一方面抑制乙酰辅酶 A 羧化酶，从而抑制脂肪酸合成，抑制和内化脂蛋白脂肪酶，从而抑制脂肪酸摄取及甘油三酯合成；另一方面激活激素敏感性脂肪酶，从而促进脂肪动员，向肝、心、骨骼肌提供脂肪酸，节约葡萄糖。

3. 糖皮质激素 对机体不同部位脂肪代谢作用不同，促进四肢脂肪组织脂肪动员，促进腹部、面部、背部、肩部脂肪合成。因此，糖皮质激素合成分泌过多会引起脂肪在体内重新分布，四肢消瘦，躯干肥胖，面圆背厚。

4. 脂肪因子 是由脂肪组织分泌的一组激素和细胞因子的统称，包括肿瘤坏死因子 α（TNF-α）、白[细胞]介素 6（IL-6）、瘦素（leptin）和脂联素（adiponectin）等。①**瘦素**的作用是限制食物摄入（抑制脂肪合成），促进能量消耗（促进脂肪酸 β 氧化），从而调节能量平衡。瘦素的合成分泌与贮脂水平呈正相关，缺乏瘦素导致食物摄入失控，引起肥胖。②**脂联素**的作用是调节肌细胞、肝细胞的糖代谢和脂质代谢，增加其对胰岛素的敏感性。脂联素的合成分泌与贮脂水平呈负相关。

第三节 磷脂代谢

磷脂包括甘油磷脂和鞘磷脂，合成于各组织细胞的内质网和高尔基体，其中 90% 合成于肝脏。

一、甘油磷脂代谢

磷脂酰胆碱和磷脂酰乙醇胺是人体内含量最高的甘油磷脂，占血液和各组织磷脂的 75% 以上。

（一）甘油磷脂合成

甘油磷脂可以从食物中获取，也可在体内合成。

1. 合成部位 机体各种组织细胞都能合成甘油磷脂，以肝脏、肾脏和小肠等最为活跃，主要在滑面内质网胞质面合成。

2. 合成原料 ①合成各种甘油磷脂都需要甘油和脂肪酸。细胞摄取或合成的脂肪酸优先用于甘油磷脂合成，之后才用于甘油三酯合成。②合成不同的甘油磷脂还需要胆碱、乙醇胺、丝氨酸或肌醇等。③ATP 和 CTP 提供能量，ATP 还提供甘油磷脂中的磷酸基。

3. 合成过程 有两条途径分别合成不同的甘油磷脂。甘油二酯途径合成磷脂酰胆碱和磷脂酰乙醇胺，CDP-甘油二酯途径合成磷脂酰肌醇和心磷脂。两条途径都消耗 CTP，只是 CTP 的活化对象不同。

（1）甘油二酯途径 又称 Kennedy 途径，以磷脂酰胆碱为例，①食物胆碱磷酸化生成磷酸胆碱，反应由胆碱激酶催化。②磷酸胆碱与 CTP 反应，生成 CDP-胆碱（称为**活性胆碱**），反应由磷酸胆碱胞苷[酰]转移酶催化。③CDP-胆碱与甘油二酯（来自甘油三酯合成途径）缩合成磷脂酰胆碱（图 9-9），并融入膜脂，反应由甘油二酯磷酸胆碱转移酶催化。磷脂酰乙醇胺的合成机制与磷脂酰胆碱相同，先生成 CDP-乙醇胺。

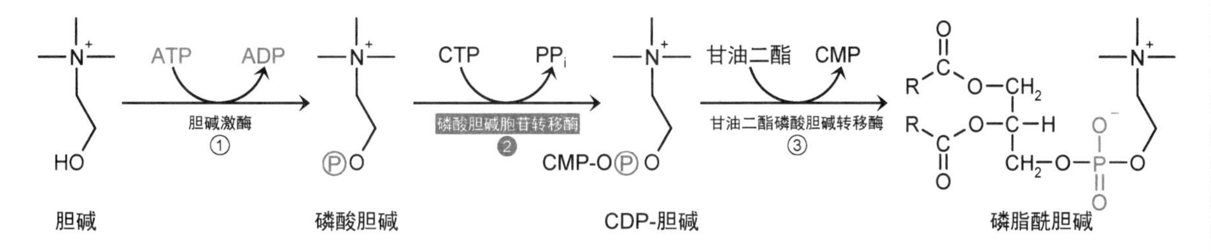

图 9-9 甘油二酯途径

磷酸胆碱胞苷转移酶是控制磷脂酰胆碱合成的关键酶，其 C 端富含丝氨酸，被磷酸化抑制并游离于细胞质中，被去磷酸化后结合于内质网膜上，被阴离子脂质或甘油二酯激活。

（2）CDP-甘油二酯途径 又称**磷脂从头合成途径**（*de novo* pathway），是利用甘油三酯合成过程产生的磷脂酸合成甘油磷脂，即磷脂酸先与 CTP 反应生成 CDP-甘油二酯，由磷脂酸胞苷酰转移酶（CDP-甘油二酯合成酶）催化。CDP-甘油二酯与肌醇缩合成磷脂酰肌醇（由磷脂酰肌醇合酶催化），或与磷脂酰甘油缩合成心磷脂（由线粒体内膜心磷脂合酶催化）（图 9-10）。

磷脂酸 —(CTP → PP_i)→ CDP-甘油二酯 —(肌醇 → CMP)→ 磷脂酰肌醇

图 9-10 CDP-甘油二酯途径

此外：①人体内磷脂酰丝氨酸由丝氨酸取代磷脂酰乙醇胺的乙醇胺（或磷脂酰胆碱的胆碱）生成，反应由内质网磷脂酰丝氨酸合酶催化。②磷脂酰乙醇胺的另一个合成途径是磷脂酰丝氨酸脱羧基，由线粒体内膜磷脂酰丝氨酸脱羧酶催化。③肝细胞磷脂酰胆碱的另一个合成途径是磷脂酰乙醇胺甲基化（特别是食物胆碱摄入不足时，反应由位于肝细胞内质网膜和线粒体膜上的磷脂酰乙醇胺-*N*-甲基转移酶催化，腺苷蛋氨酸提供甲基，第十章，228 页），合成量占肝脏磷脂酰胆碱合成总量的 10%～15%。④磷脂酸还可由甘油二酯磷酸化生成，由甘油二酯激酶催化。

呼吸窘迫综合征 肺泡表面活性物质主要由脂质和蛋白质、糖类组成，这些成分（特别是二棕榈酰磷脂酰胆碱）可以降低气液界面表面张力，从而降低呼吸功，防止肺泡不张。许多早产儿肺组织未成熟，不能合成足够的二棕榈酰磷脂酰胆碱，易发生新生儿呼吸窘迫综合征（infant respiratory distress syndrome，IRDS）。呼吸窘迫综合征可用天然或人工表面活性物质治疗。

临床上常通过分析羊水[磷脂酰胆碱]/[鞘磷脂]比值评价胎[儿]肺发育状况。正常情况下比值大于2，比值小于1.5的新生儿易患呼吸窘迫综合征。

虽然胆碱摄入对维护机体特别是肝细胞和神经细胞功能很重要，但不可摄入过量：肠道细菌可将过量胆碱转化为三甲胺（臭鱼味气体），吸收后被肝转化为氧化三甲胺，后者促进巨噬细胞摄取胆固醇，导致动脉粥样硬化。已知牛羊肉和乳制品富含磷脂酰胆碱，因而促进氧化三甲胺生成。

（二）甘油磷脂分解

甘油磷脂在溶酶体内水解。水解甘油磷脂的酶主要有磷脂酶 A_1（PLA_1）、磷脂酶 A_2（PLA_2）、磷脂酶 C（PLC）和磷脂酶 D（PLD）。它们水解甘油磷脂不同的酯键，得到不同的水解产物（图 9-11）。

溶血磷脂可以由其他酶进一步水解，如细胞质溶血磷脂酶（水解溶血磷脂 C-1、C-2 酯键），细胞质溶血磷脂酶 1（水解溶血磷脂C-1、C-2 酯键），细胞质磷脂酶 A_2（水解磷脂 C-1、磷脂酸 C-2 酯键），小肠刷状缘膜磷脂酶 A_2（磷脂酶 B_1，水解磷脂 C-2、溶血磷脂 C-1、C-2 酯键），细胞质溶血磷脂酶 D（水解溶血磷脂）。

图 9-11　磷脂水解

二、鞘磷脂代谢

鞘脂合成分两个阶段，第一阶段在滑面内质网外质面合成神经酰胺，第二阶段在高尔基体膜和细胞膜上合成鞘磷脂（图 9-12）。神经酰胺还用于合成鞘糖脂。

1. 神经酰胺合成　神经酰胺的合成原料包括棕榈酰辅酶 A、脂酰辅酶 A、丝氨酸和 NADPH，此外还需要磷酸吡哆醛和 Mn^{2+} 参与：①棕榈酰辅酶 A 与丝氨酸缩合并脱羧生成 3-酮基二氢鞘氨醇，是限速反应，由丝氨酸棕榈酰转移酶催化，该酶以磷酸吡哆醛为辅基。②3-酮基二氢鞘氨醇被 NADPH 还原成二氢鞘氨醇，反应由 3-酮基二氢鞘氨醇还原酶催化。③二氢鞘氨醇与脂酰辅酶 A 缩合成二氢神经酰胺，反应由神经酰胺合酶催化。④二氢神经酰胺氧化脱氢，生成神经酰胺，反应由鞘脂-4-去饱和酶催化（以细胞色素 b_5 为辅基）。

2. 鞘磷脂合成　神经酰胺从磷脂酰胆碱获得磷酸胆碱，生成鞘磷脂，反应由鞘磷脂合酶催化。鞘磷脂合成以脑细胞最为活跃，此外还有心、肾、肝、胃、肌细胞等。

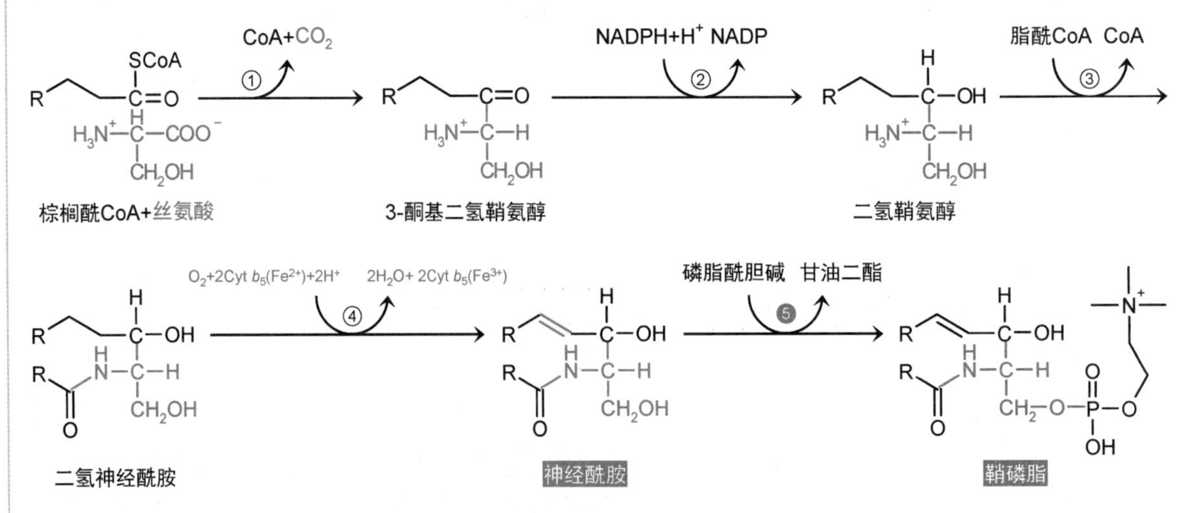

图 9-12　鞘磷脂合成

3. 鞘磷脂分解　鞘磷脂水解产物为磷酸胆碱和神经酰胺，反应由酸性鞘磷脂酶催化，该酶分布于脑、肝、脾、肾溶酶体。

4. 鞘脂贮积症　鞘脂属于结构脂，其合成与分解保持平衡，因而水平相当稳定。鞘脂在溶酶体内水解，由一组酶催化。不同的酶水解不同的化学键。其中某些酶的缺乏或缺陷导致水解的中间产物在组织中积累，引起鞘脂贮积症（sphingolipidose）。

第四节　类固醇代谢

机体每日转化和排泄胆固醇约 1.5g，可以通过消化吸收（外源性胆固醇）和自身合成（内源性胆固醇）进行补充，以合成为主。胆固醇转化主要在肝内进行，且主要转化产物为胆汁酸。大部分胆固醇不经转化直接随胆汁排入肠道，随粪便排出。

一、胆固醇合成

机体每日合成胆固醇 0.5~1.5g，与食物胆固醇摄入量呈负相关。①合成部位：各种有核细胞都可以合成胆固醇，其中肝脏合成最多。此外小肠、肾皮质和生殖系统（卵巢、睾丸、胎盘）合成较多。胆固醇合成酶系位于细胞质中和滑面内质网上。②合成原料：胆固醇的合成原料是乙酰辅酶 A 和 NADPH：乙酰辅酶 A 主要来自糖的有氧氧化，NADPH 主要来自磷酸戊糖途径。此外，胆固醇合成还需要 ATP 供能。

胆固醇的合成过程比较复杂（图 9-13），可分为三个阶段。

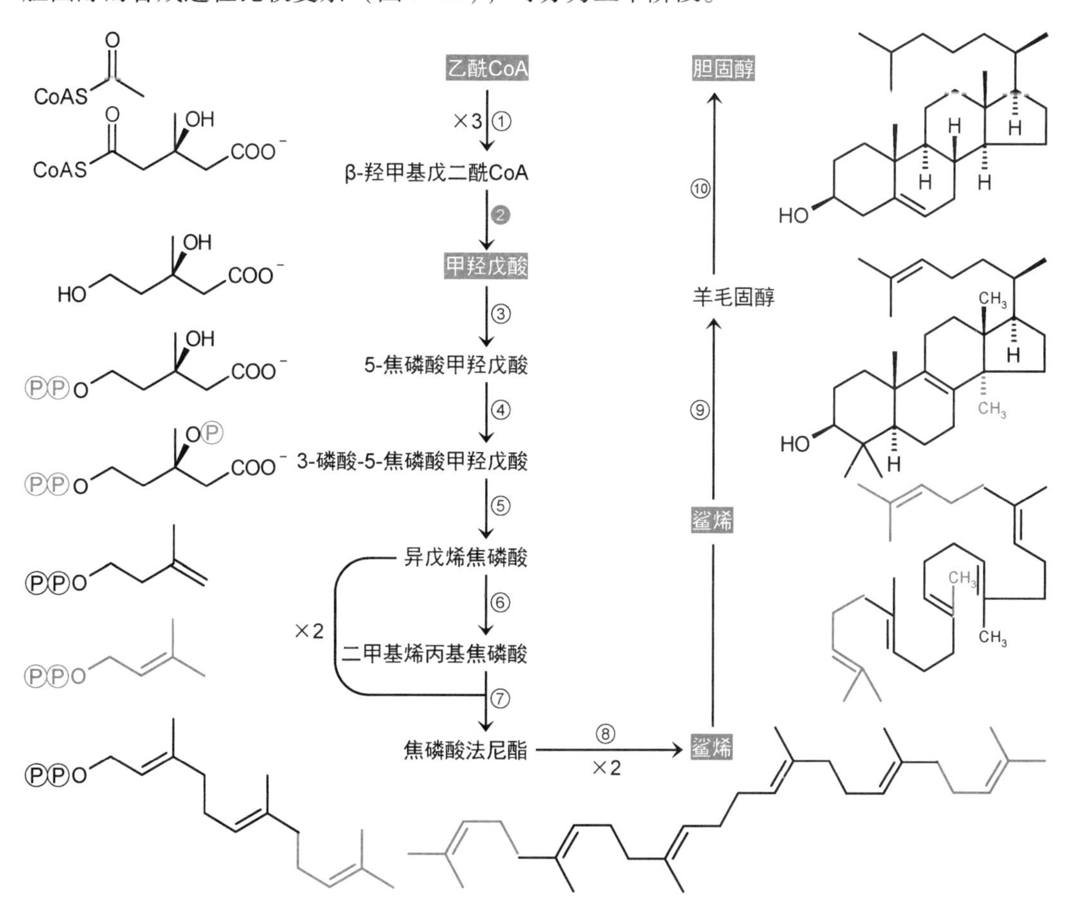

图 9-13　胆固醇合成

1. 合成甲羟戊酸（$3C_2 \rightarrow C_6$） 在细胞质中，两分子乙酰辅酶 A（C_2）缩合成乙酰乙酰辅酶 A（C_4），然后与一分子乙酰辅酶 A 缩合成羟甲基戊二酰辅酶 A（C_6）。在滑面内质网（和过氧化物酶体）上，羟甲基戊二酰辅酶 A 被 NADPH 还原成甲羟戊酸（C_6），反应由**羟甲基戊二酰辅酶 A 还原酶**（HMG-CoA 还原酶）催化。

2. 合成鲨烯（$6C_6 \rightarrow C_{30}$） 在细胞质中，甲羟戊酸经过磷酸化、脱羧基、异构等生成异戊烯焦磷酸（C_5）和二甲基烯丙基焦磷酸（C_5），两分子异戊烯焦磷酸和一分子二甲基烯丙基焦磷酸缩合成焦磷酸法尼酯（C_{15}）。在内质网上，两分子焦磷酸法尼酯缩合成鲨烯（C_{30}）。

3. 生成胆固醇（$C_{30} \rightarrow C_{27}$） 在内质网上，鲨烯经过两步酶促反应环化生成羊毛固醇（C_{30}）。后者再经过氧化、脱羧和还原等 19 步反应，生成胆固醇（C_{27}）。

胆固醇合成途径最后一步反应是 7-脱氢胆固醇还原生成胆固醇。该反应不可逆，7-脱氢胆固醇可由固醇载体蛋白 2（sterol carrier protein 2，SCP2）从内质网运到细胞膜，进而转出用于合成维生素 D_3。

二、胆固醇酯化

胆固醇酯是胆固醇的储存形式和运输形式。肾上腺皮质可储存大量胆固醇酯，用于合成皮质激素。胆固醇酯化在两个部位进行（图 9-14）。

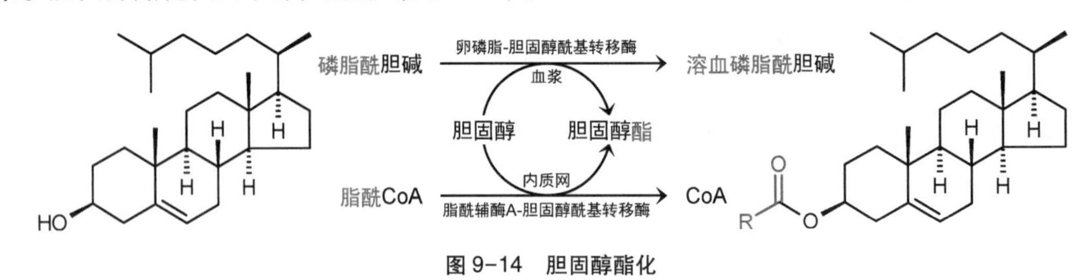

图 9-14 胆固醇酯化

1. 细胞内酯化 在肝细胞和小肠上皮细胞内，胆固醇与脂酰辅酶 A 缩合成胆固醇酯，反应由滑面内质网膜**脂酰辅酶 A-胆固醇酰基转移酶**（ACAT）催化。

2. 血浆中酯化 在血浆高密度脂蛋白上，胆固醇从磷脂酰胆碱获得 C-2 脂酰基，生成胆固醇酯和 2-溶血磷脂酰胆碱，反应由肝实质细胞合成分泌的**卵磷脂-胆固醇酰基转移酶**（LCAT）催化。

肝实质细胞有病变或损伤时 LCAT 和胆固醇合成均减少，引起血浆 LCAT 减少，血胆固醇酯和胆固醇下降，临床上可以据此评价肝功能。

三、胆固醇转化和排泄

人体内胆固醇不能完全分解成 CO_2 和 H_2O，但可以转化为具有重要功能的物质，包括胆汁酸（第十四章，278 页）和类固醇激素。

人体每日排泄胆固醇约 1.5g：①大部分以原形直接随胆汁（少量通过肠黏膜）排入小肠，随粪便排出（其中一部分先被肠道细菌还原成粪固醇）。②约 0.5g 在肝细胞转化为胆汁酸后汇入胆汁，排入小肠，随粪便排出。③少许（1%）以原形通过皮脂腺排泄。

四、胆固醇代谢调节

机体每日更新胆固醇约 1.5g，其来源和去路保持平衡，其中来源以合成为主。

(一)调节点

胆固醇合成是为了维持胆固醇稳态，满足代谢需要。细胞内胆固醇稳态维持机制包括吸收调节和代谢调节，主要调节点是羟甲基戊二酰辅酶A还原酶、脂酰辅酶A-胆固醇酰基转移酶、胆固醇7α-羟化酶、低密度脂蛋白受体（图9-15）。

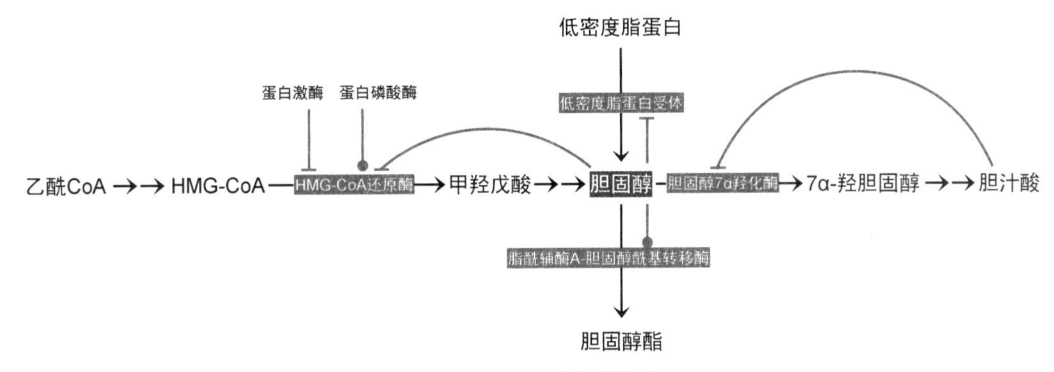

图9-15　胆固醇代谢调节

1. 羟甲基戊二酰辅酶A还原酶　是控制胆固醇合成的关键酶，也是大多数降胆固醇药物的靶点。

羟甲基戊二酰辅酶A还原酶（HMG-CoA还原酶）是一种七次跨膜糖蛋白，活性中心由Gln450~Ala888序列构成，位于胞质面。各种因素主要通过调节该酶活性影响肝脏和小肠胆固醇合成。

（1）水平调节　肝脏HMG-CoA还原酶在转录、翻译、降解水平受甲羟戊酸、胆固醇、胆汁酸负反馈调节。该调节效应显著，水平变化可达200倍，且更新快，半衰期只有4小时。

足量胆固醇抑制位于内质网上的转录因子固醇调节元件结合蛋白（SREBP）进入细胞核促进HMG-CoA还原酶等胆固醇合成酶系及低密度脂蛋白受体（LDLR）基因的转录。甲羟戊酸的非固醇类代谢物抑制HMG-CoA还原酶mRNA的翻译。足量羊毛固醇、25-羟胆固醇等固醇类与HMG-CoA还原酶跨膜区结合使其变构，被泛素-蛋白酶体系统降解。

（2）结构调节　HMG-CoA还原酶受化学修饰调节，即被AMP激活的蛋白激酶（AMPK，羟甲基戊二酰辅酶A还原酶激酶）催化磷酸化抑制（与脂肪酸合成调节一致，192页），被蛋白磷酸酶催化去磷酸化激活。

2. 低密度脂蛋白受体　位于细胞膜上，参与低密度脂蛋白（LDL）摄取。其水平受胆固醇（通过SREBP）反馈调节。

3. 脂酰辅酶A-胆固醇酰基转移酶　催化胆固醇酯化生成胆固醇酯。nevanimibe是该酶竞争性抑制剂，临床上有望用于治疗先天性肾上腺皮质增生症和皮质醇增多症（库欣综合征）。

4. 胆固醇7α-羟化酶　是控制胆汁酸代谢的关键酶，催化胆固醇羟化成7α-羟胆固醇（第十四章，280页）。

(二)调节因素

作用于上述调节点的调节因素包括激素、胆固醇、营养状况和药物因素，它们直接或间接（通过信号转导）改变上述酶和受体的结构和水平，从而维持胆固醇稳态。

1. 激素　①胰岛素通过信号转导激活蛋白磷酸酶，去磷酸化灭活AMPK、激活HMG-CoA还原酶，从而促进胆固醇合成。②胰高血糖素通过信号转导抑制蛋白磷酸酶，从而拮抗胰岛素效应，即磷酸化抑制HMG-CoA还原酶，从而抑制胆固醇合成。③生理浓度甲状腺激素能诱导

HMG-CoA 还原酶的合成，从而促进胆固醇合成，但同时还能促使胆固醇转化为胆汁酸，而且后一效应更强，所以甲状腺功能亢进患者的血胆固醇下降，且不易出现高脂血症。

2. 胆固醇 高水平胆固醇使胆固醇合成和摄取减少，酯化和转化增加。①抑制 HMG-CoA 还原酶基因表达。②抑制 LDLR 基因转录，使细胞膜 LDLR 减少，LDL 摄取减少。③激活 ACAT，促进胆固醇酯化和储存，降低游离胆固醇。④作为诱导物诱导胆固醇 7α-羟化酶基因表达，使胆固醇转化为胆汁酸增加、游离胆固醇降低。

3. 营养状况 高糖高脂饮食使胆固醇合成增加。①诱导 HMG-CoA 还原酶基因表达。②代谢产生大量 ATP，通过变构调节抑制 AMPK 间接激活 HMG-CoA 还原酶。③代谢产生大量胆固醇合成原料乙酰辅酶 A 和 NADPH，从底物水平使胆固醇合成增加。

4. 药物因素 他汀类（statin，XC10AA）单方调节血脂药如辛伐他汀、阿托伐他汀、氟伐他汀、洛伐他汀、匹伐他汀、普伐他汀主要作用是竞争性抑制肝细胞 HMG-CoA 还原酶，导致 LDLR 激活，加速清除血浆 LDL，从而降血胆固醇，也可降血甘油三酯。

M. Brown 和 J. Goldstein 因阐明胆固醇代谢调节机制而获得 1985 年诺贝尔生理学或医学奖。

第五节 血脂和血浆脂蛋白

血脂是血浆中所含脂质的统称。**血浆脂蛋白**（lipoprotein）是脂质在血浆中的存在形式和运输形式。脂质不溶于水，所以必须与蛋白质结合才能在血浆中运输。血浆脂蛋白是由脂质和蛋白质非共价结合形成的球形颗粒，其种类不一，结构和功能、来源和去路不尽相同。

一、血脂

血脂包括胆固醇酯、磷脂、甘油三酯、游离胆固醇和游离脂肪酸等，其来源和去路保持平衡（表 9-4）。禁食 12~14 小时后血脂水平维持在 400~700mg/dL（表 9-5），但受饮食、种族、性别、年龄、职业、运动状态、生理状态和激素水平等因素影响，差异较大，如青年人血胆固醇低于老年人。由于各组织器官之间脂质的交换或运输都通过血液进行，因而血脂水平可以反映其脂质代谢情况。某些疾病影响血脂水平，如糖尿病患者和动脉粥样硬化患者的血脂明显偏高，所以血脂测定具有重要的临床意义。

表 9-4 血脂的来源和去路

来源	食物脂质消化吸收	脂库动员	体内合成	
去路	氧化供能	进入脂库储存	转化为其他物质	构成生物膜

表 9-5 正常成人空腹血脂的组成和含量

组成	含量（均值）		
	mmol/L	mg/dL	%
总脂	-	400~700（500）	100
甘油三酯	0.11~1.69（1.13）	10~160（100）	16
游离脂肪酸	0.7~0.8	5~20（15）	4
总磷脂	48.44~80.73（64.58）	150~250（200）	30
总胆固醇	2.59~6.47（5.17）	150~200（200）	50
胆固醇酯	1.81~5.17（3.75）	70~200（145）	36
游离胆固醇	1.03~1.81（1.42）	40~70（55）	14

二、血浆脂蛋白分类和命名

血浆脂蛋白可根据电泳或离心沉降特征进行分类和命名。

1. 电泳分类法　各类脂蛋白的颗粒大小和所带电荷量不同，电泳速度也就不同（图 9-16），可分离出四类脂蛋白。①乳糜微粒：位于点样处，在正常人空腹血浆中测不出，仅在进食后较多。②前 β 脂蛋白：位于血浆蛋白电泳 α_2 球蛋白的位置，占脂蛋白总量的 4%～16%，含量低时测不出。③β 脂蛋白：位于血浆蛋白电泳 β 球蛋白的位置，含量最高，占脂蛋白总量的 48%～68%。④α 脂蛋白：移动最快，位于血浆蛋白电泳 α_1 球蛋白的位置，占脂蛋白总量的 30%～47%。

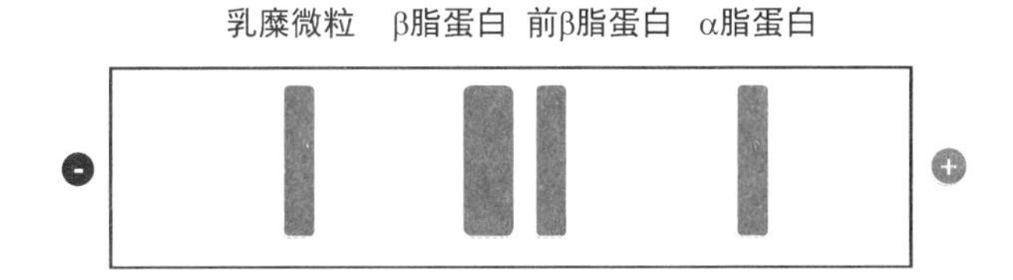

图 9-16　血浆脂蛋白琼脂糖凝胶电泳图谱

2. 离心分类法　脂蛋白中脂质和蛋白质的比例不同，密度也就不同。脂质含量高蛋白质含量低的脂蛋白密度低，脂质含量低蛋白质含量高的脂蛋白密度高。通过密度梯度离心分离时，各种脂蛋白因密度不同而漂浮或沉降，可以按密度从低到高（离心管从管口到管底）分出乳糜微粒（CM）、极低密度脂蛋白（VLDL）、低密度脂蛋白（LDL）、高密度脂蛋白（HDL），依次对应电泳分类法的乳糜微粒、前 β 脂蛋白、β 脂蛋白、α 脂蛋白。

除上述脂蛋白外，血浆中还有中密度脂蛋白和脂蛋白（a）：①中密度脂蛋白（IDL）：是 VLDL 在血浆中代谢的中间产物，又称极低密度脂蛋白残粒（VLDL 残粒）。②脂蛋白（a）：脂质组成与 LDL 相似，但含有载脂蛋白（a）。载脂蛋白（a）是一种丝氨酸蛋白酶，可自我裂解，裂解产物积累于粥样硬化灶点，促进血栓形成，因而脂蛋白（a）水平与患心血管疾病的风险呈正相关。

三、血浆脂蛋白组成

血浆脂蛋白由脂质和载脂蛋白组成。

1. 脂质　血浆脂蛋白中的脂质包括甘油三酯、磷脂、胆固醇酯和游离胆固醇等，其含量和比例在不同脂蛋白中差别极大（表 9-6）。

表 9-6　血浆脂蛋白一览

离心分类	CM	VLDL	IDL	LDL	HDL
密度（g/cm^3）	<0.95	0.95～1.006	1.006～1.019	1.019～1.063	1.063～1.21
直径（nm）	50～1200	28～90	15～35	18～25	5～25
分子量	4×10^8	1×10^7～8×10^7	5×10^6～1×10^7	2.3×10^6	1.75×10^5～3.6×10^5
甘油三酯（%）	84～89	50～65	22～38	7～10	3～10
胆固醇酯（%）	3～5	10～15	30	35～40	12～21
游离胆固醇（%）	1～3	5～10	8	7～10	2～7
磷脂（%）	7～9	15～20	22～23	15～22	19～35
载脂蛋白（%）	1.0～2.5	5～10	11～20	20～25	32～57

续表

离心分类	CM	VLDL	IDL	LDL	HDL
主要载脂蛋白	A-Ⅰ、A-Ⅱ、A-Ⅳ B-48 C-Ⅰ、C-Ⅱ、C-Ⅲ E	B-100 C-Ⅰ、C-Ⅱ、C-Ⅲ E	B-100 C-Ⅲ E	B-100	A-Ⅰ、A-Ⅱ、A-Ⅳ C-Ⅰ、C-Ⅱ、C-Ⅲ D E
主要来源	小肠黏膜	肝	血浆 VLDL	血浆 VLDL/IDL	肝，小肠黏膜
功能	运输食物甘油三酯和胆固醇	向肝外组织运输甘油三酯和胆固醇	LDL 前体	向肝外组织运输胆固醇	向肝内运输胆固醇

2. 载脂蛋白（apo） 是指血浆脂蛋白中的蛋白质成分，主要由肝脏和小肠合成，包括 apo A、apo B、apo C、apo D、apo E、apo F 等。载脂蛋白既有周边蛋白（apo A、apo C、apo E，可在脂蛋白之间传递）又有整合蛋白（apo B，不能在脂蛋白之间传递）。载脂蛋白的主要功能是结合及运输脂质，此外还各有其特殊功能（表 9-7）。

表 9-7 载脂蛋白的分布与功能

载脂蛋白	大小（氨基酸残基数）	合成部位	主要分布	特殊功能
apo A-Ⅰ	243	肝脏、小肠	HDL、CM	促进肝外组织释放胆固醇，激活 LCAT，识别 SR-B1
apo A-Ⅱ	2×77	肝脏、小肠	HDL、CM	抑制 LPL 和肝脂肪酶，稳定 HDL 结构
apo A-Ⅳ	2×376	小肠	CM、HDL	协助 apo C-Ⅱ激活 LPL，激活 LCAT
apo A-Ⅴ	343	肝脏（少量）	HDL、VLDL	协助 apo C-Ⅱ激活 LPL，抑制肝 VLDL 形成，弱激活 LCAT
apo B-48	2152	小肠	CM	识别巨噬细胞 apo B-48R，介导 CM 残粒和 VLDL 残粒内吞
apo B-100	4536	肝脏	LDL、VLDL	识别 apo B-48R、LDLR，介导 CM 残粒、VLDL 残粒和 LDL 内吞
apo C-Ⅰ	57	肝脏、小肠（少量）	VLDL、CM、HDL	抑制脂蛋白与 LDLR、LRP、VLDLR 结合，与游离脂肪酸结合，抑制其被细胞摄取，抑制血浆 CETP，激活 LCAT
apo C-Ⅱ	79	肝脏、小肠	VLDL、CM、HDL	激活 LPL
apo C-Ⅲ	79	肝脏	VLDL、CM、HDL	促进肝细胞组装分泌 VLDL，抑制肝细胞摄取脂蛋白残粒，抑制 LPL 和肝脂肪酶
apo C-Ⅳ	100	肝脏	VLDL	参与脂蛋白代谢
apo D	169	肝脏、小肠、肾脏等	HDL	与 LCAT 形成复合体
apo E	4×299	肝脏、脑、神经、脂肪细胞等	VLDL、CM、HDL	结合 LDLR、LRP、VLDLR、肝素，介导肝细胞摄取 CM、VLDL、HDL，介导肝外组织摄取脂蛋白，激活 LCAT
apo F	162	肝脏	LDL	抑制 CETP，调节胆固醇转运
apo L-Ⅰ	371	胰、肺、肝等	HDL	脂质交换，胆固醇逆向运输
apo M	166	肝、肾		运输部分脂肪酸、维生素 A
apo(a)	4529	肝等	Lp(a)	丝氨酸蛋白酶，参与动脉粥样硬化斑块血栓形成

LPL：脂蛋白脂肪酶；VLDLR：极低密度脂蛋白受体；CETP：胆固醇酯转移蛋白；apo B-48R：载脂蛋白 B-48 受体；LDLR：低密度脂蛋白受体；LRP：低密度脂蛋白受体相关蛋白；LCAT：卵磷脂-胆固醇酰基转移酶；SR-B1：清道夫受体（高密度脂蛋白受体）；apo

(a)：载脂蛋白（a）；Lp（a）：脂蛋白（a）。

载脂蛋白功能：①组装脂蛋白，如 apo B。②激活剂和抑制剂，如 apo C-Ⅱ激活脂蛋白脂肪酶，apo A-Ⅰ激活 LCAT，apo A-Ⅱ和 apo C-Ⅲ抑制脂蛋白脂肪酶和肝脂肪酶，apo C-Ⅰ抑制胆固醇酯转移蛋白。③作为配体介导细胞募集或摄取脂蛋白，如 apo B-100、apo E 识别 LDL 受体，apo E 识别 LDL 受体相关蛋白 1（LRP-1，CM/VLDL 残粒受体），apo A-Ⅰ识别 HDL 受体。

四、血浆脂蛋白结构

各种血浆脂蛋白的基本结构相似，即近似球形（新生 HDL 例外），由疏水性较强的甘油三酯和胆固醇酯形成脂核，表面覆盖由磷脂、胆固醇和载脂蛋白形成的单分子层，其背水面疏水基团与脂核结合，向水面为亲水基团（图 9-17）。

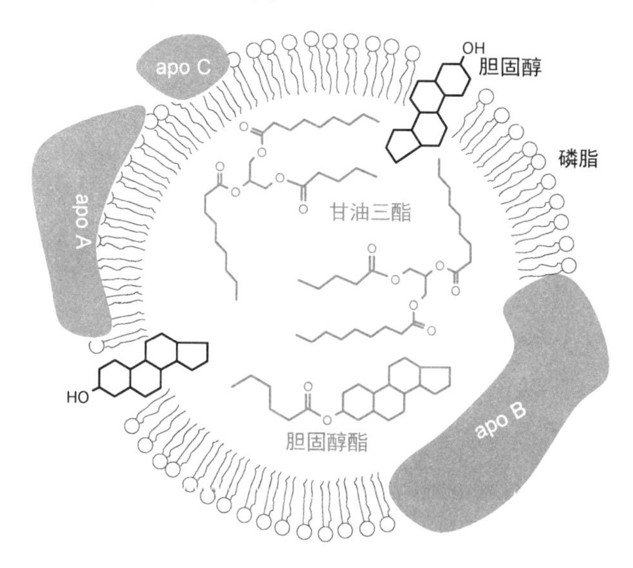

图 9-17　CM 结构

五、血浆脂蛋白功能

不同血浆脂蛋白的形成部位不同，功能也不同。

1. 乳糜微粒　形成于小肠上皮细胞，功能是运输从食物摄取的外源性甘油三酯和胆固醇酯。

2. 极低密度脂蛋白　主要形成于肝细胞，功能是向肝外组织运输肝细胞合成的内源性甘油三酯和胆固醇酯。此外有少量形成于小肠上皮细胞。

3. 低密度脂蛋白　由极低密度脂蛋白/中密度脂蛋白在血浆中转化而成，功能是向肝外组织运输胆固醇，从而调节其胆固醇的从头合成。

4. 高密度脂蛋白　主要形成于肝，少量形成于小肠，功能是逆向运输胆固醇，即从肝外组织向肝内运输胆固醇，此外通过 apo C、apo E 循环参与乳糜微粒、极低密度脂蛋白代谢。

六、血浆脂蛋白代谢

不同血浆脂蛋白运输的主要脂质不同，代谢过程也不同。

（一）乳糜微粒代谢

乳糜微粒（CM）从形成到清除经历新生乳糜微粒、成熟乳糜微粒和乳糜微粒残粒三个阶段（图 9-18）。

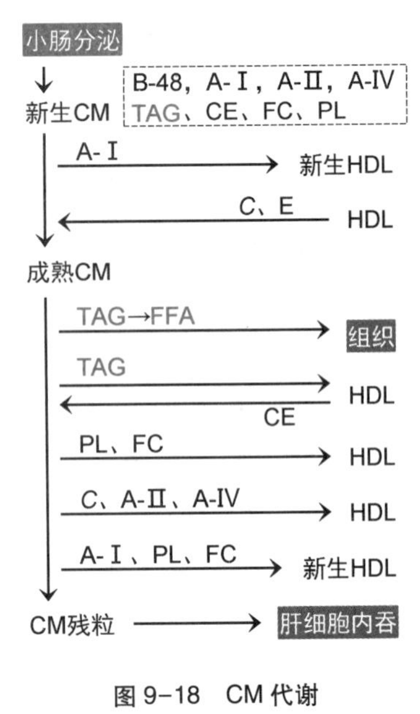

图 9-18 CM 代谢

1. 新生乳糜微粒形成 在粗面内质网，apo B-48 合成并结合磷脂、apo A-Ⅳ，在滑面内质网与食物脂质消化吸收再酯化形成的脂滴（含甘油三酯 TAG、胆固醇酯 CE、游离胆固醇 FC、磷脂 PL、脂溶性维生素）结合形成乳糜微粒前体，转运到高尔基体与 apo A-Ⅰ、apo A-Ⅱ结合，形成新生乳糜微粒（新生 CM）。

无 β 脂蛋白血症（abetalipoproteinemia） 是一种罕见病，患者 *APOB* 基因存在无义突变，不能形成含 apo B 的脂蛋白，脂滴在肝、肠积累。

2. 成熟乳糜微粒形成 新生 CM 分泌到毛细淋巴管，通过胸导管和左锁骨下静脉进入血液，迅速释放 apo A-Ⅰ（这部分约占血浆 A-Ⅰ总量的 10%），并从成熟 HDL 获得 apo C 和 apo E，成为成熟乳糜微粒（成熟 CM）。除 apo B-48 之外，乳糜微粒的其他载脂蛋白（特别是 apo C-Ⅱ）主要来自其他脂蛋白，特别是 HDL，这一过程大约需要 5 分钟。

3. 成熟乳糜微粒代谢 在通过血液运到脂肪组织和骨骼肌、心肌、泌乳期乳腺等组织时，成熟 CM 经历以下代谢：①甘油三酯（TAG）由毛细血管内皮细胞表面脂蛋白脂肪酶等水解，生成游离脂肪酸（FFA）、2-甘油一酯，被组织摄取利用。其中 80% 的脂肪酸被肝外细胞（特别是脂肪细胞和肌细胞）摄取，20% 被肝细胞摄取；2-甘油一酯可被摄取，也可被血浆甘油一酯脂肪酶水解后再摄取。②部分甘油三酯由胆固醇酯转移蛋白（CETP）通过胆固醇酯-甘油三酯交换转给 HDL，从 HDL 交换等量胆固醇酯（CE），是乳糜微粒胆固醇酯的主要来源。③多余的表面磷脂（PL）、游离胆固醇（FC）陆续释放或通过磷脂转运蛋白（PLTP）转给 HDL。④apo C、apo A-Ⅱ、apo A-Ⅳ陆续转给 HDL。⑤apo A-Ⅰ与部分磷脂、游离胆固醇脱落，形成新生 HDL。成熟 CM 在 70%~90% 的甘油三酯被水解释放后，缩小成乳糜微粒残粒（CM 残粒）。

脂蛋白脂[肪]酶（LPL） 是一种同二聚体糖蛋白，由心肌、脂肪组织、骨骼肌、脾、肺、肾髓质、主动脉、膈、泌乳期乳腺等细胞合成分泌，结合在毛细血管内皮细胞膜上带负电荷的蛋白多糖硫酸类肝素链上，被磷脂和 apo C-Ⅱ、apo A-Ⅴ激活，被 apo C-Ⅲ、apo A-Ⅱ抑制。其中脂肪组织和骨骼肌毛细血管 LPL 还受胰岛素介导的结构调节和水平调节。

肝脂[肪]酶（HL，磷脂酶 A_1，溶血磷脂酶） 由肝细胞合成分泌，催化水解 CM、IDL、LDL、HDL 中的甘油三酯，也能水解甘油二酯、磷脂（特别是 C-2 位是多不饱和脂肪酸的卵磷脂）甚至溶血磷脂。

4. 乳糜微粒残粒清除 CM 残粒含 6%~8% 载脂蛋白（apo B-48、apo E）和 92%~94% 脂质（甘油三酯、磷脂、胆固醇酯、游离胆固醇，保留了成熟 CM 95% 的胆固醇酯和游离胆固醇），直径只有成熟 CM 的一半。

在肝脏，CM 残粒通过 apo E 与 LDL 受体相关蛋白 1（LRP1）、LDL 受体（LDLR）或硫酸肝素蛋白多糖结合，被肝细胞以内吞方式摄取，在溶酶体内水解，释放的游离胆固醇、脂肪酸再酯化后与肝细胞载脂蛋白形成 VLDL，向肝外组织运输。CM 代谢迅速，半衰期为 5~15 分钟，因此空腹血浆中测不出 CM。

CM所含胆固醇有95%随CM残粒被肝细胞摄取。相比之下，VLDL所含胆固醇大部分保留到IDL、LDL，被肝和其他组织细胞通过LDL受体介导摄取。

（二）极低密度脂蛋白代谢

极低密度脂蛋白（VLDL）主要形成于肝实质细胞（图9-19）。

1. 新生极低密度脂蛋白形成 在内质网中，1分子apo B-100与含有甘油三酯、胆固醇酯和磷脂的脂滴组装成**新生极低密度脂蛋白（新生VLDL）**。

2. 成熟极低密度脂蛋白形成 新生VLDL先分泌到狄氏间隙，再经肝血窦内皮细胞窗孔进入肝血窦，5~10分钟后从HDL获得apo C和apo E，转化为**成熟极低密度脂蛋白（成熟VLDL）**。

3. 成熟极低密度脂蛋白代谢 成熟VLDL在血液中经历的代谢与乳糜微粒一致：①通过ApoE与细胞膜极低密度脂蛋白受体（VLDLR）结合，募集于骨骼肌、心肌、脂肪组织细胞膜上，甘油三酯由脂蛋白脂肪酶等水解，生成脂肪酸和甘油一酯，被组织摄取利用，VLDL颗粒慢慢缩小。②部分甘油三酯由CETP通过胆固醇酯-甘油三酯交换转给HDL，从HDL交换等量胆固醇酯，是VLDL胆固醇酯的重要来源。③多余的表面磷脂、游离胆固醇陆续释放或通过磷脂转运蛋白（PLTP）转给HDL。④apo C陆续转给HDL。成熟VLDL最终转化为**极低密度脂蛋白残粒**，即**中密度脂蛋白（IDL）**。

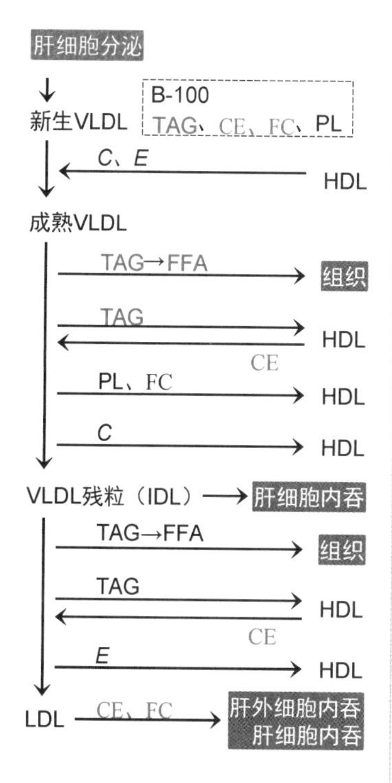

图9-19 VLDL/IDL/LDL代谢

4. 极低密度脂蛋白代谢影响因素 肝细胞甘油三酯的合成直接促进VLDL的形成和分泌。甘油三酯不应在肝细胞内积累，因此甘油三酯合成应与向肝外运输同步。促进肝细胞合成甘油三酯和分泌VLDL的因素有饱食、高糖饮食（特别是高蔗糖、高果糖）、高血浆游离脂肪酸、饮酒、高胰岛素和低胰高血糖素。

5. 极低密度脂蛋白与肝脂肪变性、脂肪肝 正常肝脏所含脂质占肝重的4%~7%，其中50%为甘油三酯。肝脏是脂肪代谢中心，脂肪代谢障碍导致甘油三酯在肝细胞积累，细胞质中出现脂滴，称为**肝脂肪变性**。显著弥漫性肝脂肪变性称为**脂肪肝**（fatty liver），重度肝脂肪变性可发展为肝坏死、肝硬化、肝癌、肝功能衰竭。导致肝脂肪变性和脂肪肝的两个直接原因是肝脏甘油三酯合成过多和VLDL形成障碍。

（1）甘油三酯合成过多 见于禁食、糖尿病（脂肪动员增加）或高脂饮食（CM代谢增加）、缺氧、脂肪酸氧化障碍时，血浆游离脂肪酸增加，肝细胞摄取脂肪酸和合成甘油三酯增加，VLDL形成却没有同步增加，导致甘油三酯积累，引发脂肪肝。

（2）极低密度脂蛋白形成障碍 导致甘油三酯积累。可能的原因：①载脂蛋白合成过慢或分解过快。②脂蛋白形成被嘌呤霉素、乙硫氨酸（在蛋氨酸循环中代替蛋氨酸与ATP反应，生成*S*-腺苷乙硫氨酸，消耗腺苷，从而导致ATP缺乏）、四氯化碳（参与形成自由基，引起脂质过氧化）、氯仿、磷、铅、砷等化学物质抑制。③磷脂酰胆碱摄取或合成不足。④脂蛋白分泌障碍。

蛋氨酸是胆碱的合成原料，合成过程需要维生素B_{12}参与；胆碱和CTP是磷脂酰胆碱的合成原料。因此，蛋氨酸、维生素B_{12}、胆碱、CTP和磷脂酰胆碱都能促进VLDL的形成，具有抗脂肪肝作用，其中胆碱称为**促脂解因子**。

（三）中密度脂蛋白代谢

中密度脂蛋白（IDL）含 apo B-100、apo E 和甘油三酯、胆固醇酯，经历以下代谢：

1. 30%~50%由 apo E 通过结合 LRP、LDLR 等受体，被肝细胞内吞摄取。

2. 其余继续代谢：①所含甘油三酯的 80%~90%和部分磷脂继续通过 LPL 等水解。②继续通过 CETP 从 HDL 获得胆固醇酯。③把 apo E 转给 HDL。IDL 最终转化为富含胆固醇酯的低密度脂蛋白（LDL）。

（四）低密度脂蛋白代谢

低密度脂蛋白（LDL）是正常人空腹时主要的血浆脂蛋白，占脂蛋白总量的 1/2~2/3，半衰期为 2~3 天。

LDL 由 1 分子 apo B-100、1500 多分子胆固醇酯（主要是亚油酰胆固醇酯）和少量磷脂、游离胆固醇构成，陆续被各组织细胞通过低密度脂蛋白受体和巨噬细胞清道夫受体介导内吞摄取，其中 70%~75%被肝细胞摄取，25%~30%被肾上腺皮质、睾丸、卵巢等肝外组织摄取。肝外组织主要通过摄取 LDL 获取胆固醇，而不是从头合成（图 9-19）。

1. 低密度脂蛋白受体（LDLR） 是介导 LDL 内吞的唯一受体。LDLR 通过特异结合 apo B-100（Val3373~Leu3393）、apo E（His158~Arg168）募集 LDL、IDL，故又被称为 apo B/E 受体。LDLR 分布广泛，肝细胞最多，占总量的 60%~70%。

不饱和脂肪酸上调 LDLR，促进 LDL 代谢，减少血胆固醇；饱和脂肪酸促进形成小颗粒 VLDL，它含较多的胆固醇，肝外组织摄取慢，因而增加血胆固醇。

2. 巨噬细胞清道夫受体（MSR1） 位于巨噬细胞和肝细胞膜上，介导一组大分子内吞，包括由一部分 LDL 氧化而成的氧化低密度脂蛋白（oxLDL）。正常情况下，巨噬细胞会将吞噬的 oxLDL 中的胆固醇通过细胞膜胆固醇流出调节蛋白（CERP）转出。如果转运障碍，则巨噬细胞会转化为泡沫细胞，在血管壁沉积，推动形成动脉粥样硬化斑块，引起动脉狭窄、心脏发病。

LDL 被细胞摄取后，在溶酶体内水解，释放的游离胆固醇被细胞利用：①补充膜胆固醇。②生成类固醇激素、氧化胆固醇。③再酯化储存。再酯化胆固醇酯主要含油酸、棕榈油酸。此外还激活 ACAT，抑制 LDLR 基因表达。

（五）高密度脂蛋白代谢

高密度脂蛋白（HDL）主要来自肝和小肠，成熟 HDL 含有 apo A、apo C 和 apo E，此外它们还在血浆中从 CM、VLDL 获得 apo C。

HDL 分为新生高密度脂蛋白（新生 HDL，Preβ1-HDL）和由新生 HDL 转化形成的成熟高密度脂蛋白（成熟 HDL，α-HDL）。新生 HDL 约有 90%来自肝脏，10%来自小肠。

1. 新生高密度脂蛋白形成 主要形成于肝脏和小肠。

（1）肝脏新生 HDL ①肝细胞分泌，由 apo A-Ⅰ原和少量磷脂、极少量游离胆固醇构成，所含 apo A-Ⅰ原呈球形，被血浆金属蛋白酶切除 1 个六肽，成为 apo A-Ⅰ。②由结合在肝细胞膜上的成熟 HDL 释放的 apo A-Ⅰ和少量磷脂形成。

（2）小肠新生 HDL 肠细胞分泌，由 apo A-Ⅰ和少量磷脂、极少量游离胆固醇构成，呈圆盘状。

（3）血液循环新生 HDL CM 和 VLDL 在血液循环中脂解（依赖 LPL）缩小，表面 apo A-Ⅰ

和多余磷脂释放形成。

（4）巨噬细胞新生 HDL　巨噬细胞膜胆固醇流出调节蛋白（CERP）与 apo E 结合介导磷脂和游离胆固醇转出细胞，形成新生 HDL。

胆固醇流出调节蛋白（CERP，ATP 结合盒转运蛋白 A1，ABCA1，磷脂转位酶，phospholipid-transporting ATPase）是一种转位酶，分布广泛，在巨噬细胞膜上最多，与 apo E 结合介导磷脂和游离胆固醇转出细胞，形成新生 HDL。

2. 新生高密度脂蛋白代谢　新生 HDL 具有圆盘状脂质双分子层结构，在血浆中转化为成熟 HDL 过程经历以下代谢（图 9-20）。

（1）募集 LCAT，从成熟 CM 回收 apo C、apo E。血浆 LCAT 很少（5μg/mL），只有 1%的 HDL 结合有 LCAT。

（2）持续募集游离胆固醇：①肝外细胞游离胆固醇（肝外细胞合成或来自 VLDL、LDL、CM），由 CERP 转出。②血浆脂蛋白游离胆固醇。新生 HDL 水平与细胞释放游离胆固醇量成正比，60%游离胆固醇都给新生 HDL 和 HDL。

（3）持续募集磷脂：①肝外细胞磷脂，由 CERP 转出。②VLDL、LDL、CM 的磷脂，由 PLTP 介导。

（4）游离胆固醇转化为胆固醇酯：由 LCAT（被 apo A-Ⅰ、apo C-Ⅰ激活）催化，生成的溶血磷脂由白蛋白运输，生成的胆固醇酯约 60%～80%由 CETP 通过胆固醇酯-甘油三酯交换转给 VLDL、IDL、LDL、CM（以免胆固醇酯抑制 LCAT），20%～40%胆固醇酯形成 HDL 内核，使圆盘状新生 HDL 逐渐膨大成球形。

apo A-Ⅰ是 LCAT 的强效激活剂，此外 LCAT 也被 apo E、apo A-Ⅳ和 apo C-Ⅰ激活。

（5）部分磷脂和甘油三酯被血浆内皮细胞脂[肪]酶（EL）水解，生成的脂肪酸和溶血磷脂转给白蛋白。

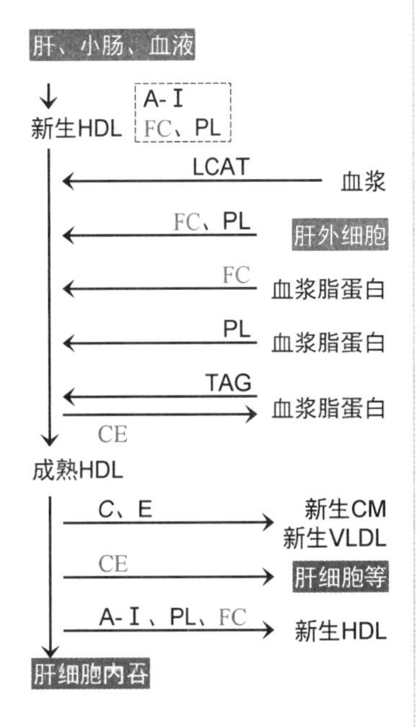

图 9-20　HDL 代谢

3. 成熟高密度脂蛋白代谢　成熟 HDL 在血液中向新生 CM、新生 VLDL 提供 apo C 和 apo E，直到募集于肝细胞或生类固醇激素细胞膜（通过 apo E 结合 LDLR、LRP、VLDLR），经历以下代谢：

（1）向肝细胞和生类固醇激素细胞内转入胆固醇酯，由细胞膜清道夫受体（SR-B1）介导卸载，残余 HDL 释放不内吞。这部分胆固醇占 HDL 胆固醇的 20%。

清道夫受体 B1（SR-B1）广泛存在于各组织细胞膜上，可结合磷脂、胆固醇酯、脂蛋白等，其功能是作为 HDL 受体，通过结合 apo A-Ⅰ募集 HDL，①在肝和其他类固醇生成组织，向细胞内转入胆固醇酯。②在其他组织，从细胞内转出并接收游离胆固醇。此外，SR-B1 介导含 apo B-100 的脂蛋白、氧化脂蛋白与细胞膜之间传递游离胆固醇和胆固醇酯。

（2）部分甘油三酯被肝脂肪酶水解，释放 FFA。

（3）释放 apo A-Ⅰ和少量磷脂、游离胆固醇形成新生 HDL，部分新生 HDL 会被肾清除（由磷脂转运蛋白促进）。

（4）HDL 被肝细胞内吞，由 apo E 结合 LDLR、LRP、VLDLR 或硫酸肝素蛋白多糖介导。这部分胆固醇占 HDL 胆固醇的 10%。HDL 的半衰期为 3～5 天。

胆固醇逆向转运会减少泡沫细胞的形成及胆固醇在肝外组织的沉积，因而新生 HDL 有对抗动脉粥样硬化形成的作用。因为 HDL 中的胆固醇主要来自 CM、VLDL 代谢，所以 HDL 水平与脂

蛋白脂肪酶活性呈正相关，新生 HDL 水平与血浆甘油三酯水平及动脉粥样硬化发生率呈负相关。

七、血脂测定

1. 甘油三酯测定 ①脂肪酶：甘油三酯+H_2O→甘油+脂肪酸。②甘油激酶：甘油+ATP→3-磷酸甘油+ADP。③3-磷酸甘油氧化酶：3-磷酸甘油+O_2→磷酸二羟丙酮+H_2O_2。④过氧化物酶：$2H_2O_2$+4-氨基安替比林+苯酚→醌类化合物+$4H_2O$。⑤醌类化合物在 500nm 比色。

2. 总胆固醇测定 ①胆固醇酯酶：胆固醇酯+H_2O→胆固醇+脂肪酸。②胆固醇氧化酶：胆固醇+O_2→胆甾-4-烯-3-酮+H_2O_2。③过氧化物酶：$2H_2O_2$+4-氨基安替比林+苯酚→醌类化合物+$4H_2O$。④醌类化合物在 500nm 比色。

3. 高密度脂蛋白胆固醇测定 加磷钨酸和 Mg^{2+} 沉淀 LDL、VLDL 和 CM，离心，上清液分析同总胆固醇测定。

第六节 脂质代谢紊乱

1. 高脂血症 简称**脂血症**（lipidemia，lipemia），是指空腹血脂持续高于正常水平。临床上的高脂血症主要是指血胆固醇或甘油三酯水平超过正常上限的异常状态。血胆固醇和甘油三酯的正常上限因地区、种族、饮食、年龄、职业以及测定方法等的不同而异。一般以禁食 12~14 小时后血浆甘油三酯 1.70mmol/L（150mg/dL）、总胆固醇 5.18mmol/L（200mg/dL）为正常上限，甘油三酯高于 2.26mmol/L（200mg/dL）、总胆固醇高于 6.22mmol/L（240mg/dL）为升高。脂质在血浆中均以脂蛋白形式存在，所以高脂血症（hyperlipidemia）实际上是**高脂蛋白血症**（hyperlipoproteinemia，**异常脂蛋白血症**，dyslipoproteinemia）。1970 年，WHO 建议将高脂血症分为六型（表 9-8）。我国高脂血症主要为Ⅳ型（占 50%以上）和Ⅱ型（约占 40%）。

表 9-8 高脂血症分型

分型	CM	VLDL	IDL	LDL	甘油三酯	胆固醇	分布（%）
Ⅰ	↑				↑↑↑	↑	<1
Ⅱa				↑		↑↑	10
Ⅱb		↑		↑	↑↑	↑↑	40
Ⅲ			↑		↑↑	↑↑	<1
Ⅳ		↑			↑↑		45
Ⅴ	↑	↑			↑↑↑	↑	5

高脂血症根据病因分为原发性高脂血症和继发性高脂血症。**原发性高脂血症**（家族性高脂血症）有一定的遗传性，其载脂蛋白及受体基因的结构、功能和调控异常可能是发病的重要原因。**继发性高脂血症**继发于糖尿病、肾病综合征和甲状腺功能减退等疾病。例如 1 型糖尿病患者胰岛素缺乏，脂肪动员增加，CM、VLDL 代谢减慢，引起高甘油三酯血症。

贝特类单方调节血脂药（XC10AB） 如吉非罗齐，抑制肝细胞合成甘油三酯，从而抑制肝细胞分泌 VLDL。临床应用表明能降低高脂血症的甘油三酯和胆固醇，降低高 LDL，升高低 HDL。

2. 家族性高胆固醇血症 属于Ⅱa 型高脂血症，是一类遗传性代谢紊乱，患者 LDL 受体缺乏或功能异常，不能介导 LDL 摄取。血浆 LDL 及总胆固醇显著升高，且胆固醇合成因反馈抑制

缺失而失控。纯合子和杂合子血胆固醇分别是680和300mg/dL。血浆LDL胆固醇水平与早期动脉粥样硬化发生率呈正相关，因而患者易患早期动脉粥样硬化。

家族性高胆固醇血症（FH）纯合子大多数在童年期死于冠心病，可通过肝移植缓解。杂合子可药物治疗：①消胆胺等带正电荷的聚合物抑制小肠胆盐重吸收，从而抑制食物胆固醇及其他脂质吸收。②洛伐他汀（K_i = 1nmol/L，与消胆胺联合应用可使许多患者血胆固醇降低50%）等他汀类药物竞争性抑制羟甲基戊二酰辅酶A还原酶，从而抑制胆固醇从头合成。

3. 动脉粥样硬化和冠心病　**动脉粥样硬化**（atherosclerosis，AS）是一种炎症性疾病，是由于动脉内皮损伤，脂质浸润，胆固醇过高而沉积于动脉内膜下，内膜灶状纤维化，粥样斑块形成，致管壁变硬，管腔狭窄，从而影响受累器官（心、脑、肾等）的供血，可发生斑块内出血、斑块破裂、血栓形成、钙化、动脉瘤形成、血管腔狭窄等继发性改变。冠状动脉如有上述变化，会引起心肌缺血、缺氧的功能性或器质性病变，称为**冠状动脉硬化性心脏病**（**冠心病**，CHD）。VLDL、LDL过高和新生HDL过低是导致动脉粥样硬化的关键因素。动脉粥样硬化是引起心脏病的主要因素。

降低VLDL、LDL和提高新生HDL是防治动脉粥样硬化的基本原则。

4. 黄色瘤　动脉粥样硬化或高脂血症时，某些非脂肪细胞如巨噬细胞、平滑肌细胞蓄积过量的胆固醇和胆固醇酯。此类巨噬细胞显著增加并聚集于皮肤和肌腱，形成胆固醇结节，称为**黄色瘤**（xanthoma）。

5. 肥胖　是指贮脂过多导致体内发生一系列病理生理变化，是内分泌系统疾病的常见症状和体征。目前国际上用**体重指数**（body mass index，BMI）作为肥胖度的衡量标准：BMI = 体重（kg）/身高^2（m^2），BMI<18.5，消瘦；BMI = 18.5～24.99，正常；BMI = 25～28，超重；BMI>28，肥胖（obesity）。成人脂肪细胞数目稳定，故肥胖导致脂肪细胞体积增大，可达正常脂肪细胞的1000倍；生长发育期儿童肥胖则表现为脂肪细胞体积增大，数目也增加。

肥胖（特别是腹部肥胖）是导致冠心病、2型糖尿病、肿瘤（子宫内膜、乳腺、结肠等）、高血压、血脂异常（高胆固醇、高甘油三酯）、中风、肝胆疾病、呼吸系统疾病（睡眠呼吸暂停）、骨关节炎、妇科疾病（月经异常、不孕不育）、男性不育及其他内分泌紊乱的危险因素。

●**代谢综合征**　一组临床特征的统称，包括高血压，血浆高低密度脂蛋白和高甘油三酯，空腹血糖略高，肥胖，此类个体易患心血管疾病和2型糖尿病。○

引起肥胖的基本因素是进食长期超过生理需要量，超出部分转化为贮脂。其他因素包括遗传因素、环境条件、饮食结构、体力活动等。这些因素引起的肥胖会出现各种临床表现，如怕热、多汗、疲乏、心悸、呼吸困难、嗜睡、腹胀等。因为不伴明显的神经及内分泌功能紊乱，常称为**单纯性肥胖**。此外，一些内分泌系统疾病包括皮质醇增多症、多囊卵巢综合征、下丘脑综合征、甲状腺功能减退、胰岛素瘤等都可以引起肥胖。

调节血脂药（XC10AX）　①依折麦布：抑制小肠吸收胆固醇。②阿西莫司：维生素PP类似物，通过抑制脂肪动员抑制VLDL合成，抑制肝细胞利用游离脂肪酸；通过抑制肝脂肪酶抑制HDL代谢。用于治疗高血脂，特别是高甘油三酯血症，间接治疗高胆固醇血症。③普罗布考：抗氧化剂，可能通过抑制LDL氧化促进其清除，可将血浆LDL降低20%，副作用是也降HDL。

高脂血症与中药

随着生活水平的不断提高，高脂血症的发生率呈上升趋势。高脂血症是导致脂肪肝、动脉粥样硬化、冠心病等的重要因素，因此寻找高效降脂药具有重要的现实意义。

中医将高脂血症归于肝肾亏虚、脾虚痰湿、气滞血瘀等，多用补益肝肾、健脾化湿、活血化瘀、清热通便、消食化痰药治疗。

许多中药有降脂作用，其降脂机制是抑制脂质特别是胆固醇的吸收或从头合成，促进脂质运输和排泄，其所含降脂成分概述如下：

1. 皂苷类 降脂中药的有效成分以皂苷类居多，如绞股蓝、人参、柴胡、三七叶和刺五加叶等，它们可以促进脂质运输和排泄，调节脂质代谢，能显著降低高脂血症动物的胆固醇、甘油三酯和LDL。

2. 蒽醌类 广泛存在于天然药物中，主要代表药物有大黄、何首乌和虎杖等，可以抑制脂质吸收。

3. 黄酮类 其生物活性多样，可通过抗氧化作用降脂。如山楂所含以金丝桃苷（hyperin）为主的黄酮能显著降小鼠LDL，升高HDL；荞麦总黄酮、沙棘黄酮和银杏叶黄酮均可抑制高脂血症动物胆固醇和甘油三酯升高。

4. 生物碱类 利用荷叶生物碱制剂喂饲高脂血症小鼠，其血胆固醇显著减少。

5. 挥发油及脂肪油类 挥发油主要含萜、小分子脂肪族和芳香族化合物，如沙棘油、微孔草油、月见草油、中华大蒜油及火麻仁油均属于此类，可降脂。

6. 蛋白质类 包括活性蛋白、活性肽及氨基酸等，可以与胆汁酸结合，从而抑制胆固醇的吸收。如大豆蛋白、甘薯黏蛋白和决明子蛋白等都能显著降高脂血症大鼠的胆固醇和甘油三酯。

7. 活性多糖类 枸杞多糖和海带多糖等可显著降高脂血症动物胆固醇和甘油三酯，升高HDL，降脂机制与蛋白质类似。

8. 不饱和脂肪酸类 与胆固醇结合生成的胆固醇酯易于运输、代谢和排泄，改变胆固醇的体内分布，减少胆固醇酯在血管壁上的沉积。

9. 多酚类 可通过抗氧化和清除自由基进行降脂。

10. 其他 绿豆植物固醇可以抑制胆固醇吸收，泽泻所含的三萜类化合物可以抑制胆固醇合成，降血胆固醇和甘油三酯，升高HDL。

小结

脂质包括脂肪和类脂。脂肪是脂肪组织的主要成分，是脂肪酸的主要储存形式、机体最重要的储能物质。类脂是构成生物膜的基本成分。

食物脂质主要是甘油三酯。食物脂质在消化道不同部位（以小肠为主）由不同来源的酶催化消化（多数需要胆汁酸协助），生成甘油一酯、溶血磷脂、胆固醇、脂肪酸，由小肠（主要是十二指肠下段和空肠上段）上皮细胞摄取，再酯化，装配成乳糜微粒，通过血液运到全身各组织利用。

脂肪动员：脂肪细胞中的甘油三酯被水解成甘油和脂肪酸，脂肪动员受激素敏感性脂肪酶和脂滴包被蛋白控制，其活性受化学修饰调节，其化学修饰受脂解激素和抗脂解激素调节。

甘油代谢：脂肪动员释放的甘油被肝脏、肾脏和睾丸等摄取利用。

脂肪酸氧化：脂肪动员释放的脂肪酸入血，由白蛋白运输，被各组织细胞摄取，在细胞质中活化成脂酰辅酶A，由肉碱转入线粒体，通过β氧化分解成乙酰辅酶A，通过三羧酸循环完全氧化供能。肉碱脂酰转移酶Ⅰ是控制脂肪酸氧化分解的关键酶。

酮体代谢：肝脏通过 β 氧化分解脂肪酸生成大量乙酰辅酶 A，一部分乙酰辅酶 A 在线粒体内合成酮体，运到肝外组织利用。

脂肪酸合成：脂肪酸主要在肝、肾、脑、肺、乳腺和脂肪组织等的细胞质中合成，合成原料是乙酰辅酶 A 和 NADPH。乙酰辅酶 A 通过柠檬酸-丙酮酸循环或柠檬酸-苹果酸循环从线粒体转到细胞质中，由乙酰辅酶 A 羧化酶催化羧化成丙二酰辅酶 A，由脂肪酸合成酶催化合成棕榈酸。乙酰辅酶 A 羧化酶是控制脂肪酸合成最重要的关键酶。

3-磷酸甘油合成：3-磷酸甘油主要由糖代谢中间产物磷酸二羟丙酮还原生成。

甘油三酯合成：主要在肝脏、脂肪组织和小肠黏膜合成，肝脏和脂肪组织通过甘油二酯途径合成甘油三酯，小肠黏膜通过甘油一酯途径合成甘油三酯。

甘油磷脂合成：甘油磷脂在肝脏、肾脏和小肠等合成最多，磷脂酰胆碱和磷脂酰乙醇胺通过甘油二酯途径合成，磷脂酰肌醇和心磷脂通过 CDP-甘油二酯途径合成。

甘油磷脂分解：甘油磷脂在溶酶体内由多种磷脂酶催化水解。

胆固醇合成：体内胆固醇包括外源性胆固醇和内源性胆固醇，以后者为主。胆固醇主要在肝脏合成，合成原料是乙酰辅酶 A 和 NADPH。

胆固醇酯化：胆固醇酯是胆固醇的储存形式和运输形式。胆固醇酯化在两个部位进行：在肝细胞和小肠上皮细胞内由 ACAT 催化，由脂酰辅酶 A 提供酰基；在血浆中由 LCAT 催化，由磷脂酰胆碱提供酰基。

胆固醇转化和排泄：胆固醇可以转化为胆汁酸和类固醇激素；胆固醇大部分以原形、少量转化为胆汁酸后随胆汁排入肠道，随粪便排出。

细胞内胆固醇代谢维持平衡，平衡维持机制包括吸收调节和代谢调节，主要调节点是羟甲基戊二酰辅酶 A 还原酶、脂酰辅酶 A-胆固醇酰基转移酶、胆固醇 7α-羟化酶、LDL 受体，调节因素包括激素、胆固醇和营养状况。

血浆脂蛋白是脂质在血浆中的存在形式和运输形式，主要有四类：①CM 形成于小肠上皮细胞，功能是运输外源性甘油三酯和胆固醇。②VLDL 主要形成于肝细胞，功能是向肝外组织运输内源性甘油三酯和胆固醇。③LDL 由 VLDL/IDL 在血浆中转化而成，功能是向肝外组织运输胆固醇。④HDL主要形成于肝，少量形成于小肠，功能是从肝外组织向肝内逆向运输胆固醇。

讨论

1. 脂肪动员及其影响因素。
2. 脂肪酸如何转入线粒体?
3. 棕榈酸、硬脂酸完全氧化过程、催化反应的酶、ATP 合成量。
4. 酮体生成的第二步反应，乙酰乙酰辅酶 A 为什么没有直接水解生成乙酰乙酸?
5. 比较棕榈酸 β 氧化与棕榈酸合成。
6. 酮体代谢的生理意义。
7. 柠檬酸在脂肪酸合成中的作用。
8. 柠檬酸-丙酮酸循环转出乙酰辅酶 A 的同时合成等量的 NADPH，即该循环可提供合成棕榈酸所需 NADPH 的 8/14。合成棕榈酸所需的 NADPH“主要来自磷酸戊糖途径”吗?
9. 1 型糖尿病常伴发高甘油三酯血症，表现为血浆有大量 VLDL，试分析其分子机制。
10. 人体为何不能将胆固醇完全分解?
11. 血浆脂蛋白的分类、功能、代谢过程。

第十章

氨基酸代谢

扫一扫，查阅本章数字资源，含PPT、音视频、图片等

机体时刻都在进行蛋白质的更新即分解和合成，分解产物氨基酸可以成为合成原料。不过一方面仅靠蛋白质分解产物氨基酸不能满足蛋白质合成的需要，另一方面这部分氨基酸也并非全部用于蛋白质合成。因此，机体需要自己合成或从食物摄取一部分氨基酸，同时也得分解一部分氨基酸，二者形成平衡。本章主要系统介绍氨基酸分解代谢。

第一节 概 述

蛋白质是食物重要的营养成分，在消化道内由消化酶水解成氨基酸。氨基酸由小肠上皮细胞摄取，通过血液供给全身各组织利用。少量未被消化的蛋白质、寡肽和未被吸收的氨基酸被肠道细菌代谢。某些代谢产物对人体有害。

一、食物蛋白营养作用

蛋白质是生命的物质基础，其重要的生理功能是维持组织细胞的结构、代谢、更新、修复。蛋白质是用20种氨基酸合成的，其中一部分氨基酸必须从食物获取。因此，食物蛋白[质]对生命活动十分重要。

（一）氮平衡

氮平衡（nitrogen balance）是氮摄入量与氮排出量的动态平衡状态，用以评价机体蛋白质代谢状况。摄入氮主要来自食物蛋白，大部分用于合成组织蛋白。排出氮主要来自组织蛋白分解，约90%随尿液（主要以尿素形式）、10%（主要是食物蛋白未消化或消化后未吸收部分）随粪便排出，此外表皮脱落、出汗也丢失部分氮。因此，分析氮摄入量和氮排出量在一定程度上可以评价机体蛋白质的合成和分解状况。氮平衡有以下三种类型：

1. 总氮平衡（nitrogen equilibrium） 又称零氮平衡，即摄入氮=排出氮，机体总氮量不变，说明蛋白质的合成与分解保持平衡，多见于正常成人。

2. 正氮平衡（positive nitrogen balance） 即摄入氮>排出氮，机体总氮量增加，说明蛋白质合成多于分解，多见于成长期、怀孕期、康复期。注意：大量摄入蛋白质不会出现正氮平衡。

3. 负氮平衡（negative nitrogen balance） 即摄入氮<排出氮，机体总氮量减少，说明蛋白质合成少于分解，多见于外伤（烧伤、手术等）、晚期肿瘤、恶性营养不良、消瘦、感染、蛋白质摄入不足。

根据氮平衡状态可分析体内蛋白质代谢状况，还可推荐蛋白质需要量。

(二)蛋白质生理需要量

人体含蛋白质约16%，每天更新1%~3%，主要是骨骼肌蛋白。《中国居民膳食营养素参考摄入量》中关于18岁以上成人食物蛋白参考摄入量的相关建议是：①平均需要量（estimated average requirement，EAR，群体中各个体营养素需要量的平均值）男性60g/d，女性50g/d。②推荐摄入量（recommended nutrient intake，RNI，可以满足某一特定性别、年龄及生理状况群体中绝大多数个体需要的营养素摄入水平）男性65g/d，女性55g/d。联合国粮农组织（FAO）和世界卫生组织（WHO）于1985年推荐的蛋白质摄入量为45g/60kg·d体重。

(三)食物蛋白营养价值

摄入蛋白质不仅要考虑量，还必须考虑质——蛋白质的营养价值。蛋白质的营养价值取决于：①所含必需氨基酸的种类、含量和比例。②消化吸收率。

1. 必需氨基酸和非必需氨基酸　20种编码氨基酸中有9种氨基酸（亮氨酸、色氨酸、苯丙氨酸、蛋氨酸、赖氨酸、异亮氨酸、组氨酸、苏氨酸、缬氨酸）不能在人体内合成，需从食物获取（因此食物蛋白的营养作用不能被糖和脂肪替代），缺乏其中任何一种都会出现负氮平衡。这9种氨基酸称为[营养]必需氨基酸（[nutritionally] essential amino acid）。其余11种氨基酸可以在人体内合成，不依赖食物供给，称为[营养]非必需氨基酸（[nutritionally] nonessential amino acid）。营养学定义部分非必需氨基酸为条件必需氨基酸（conditionally essential amino acid）：①能减少必需氨基酸需求的氨基酸。如酪氨酸和半胱氨酸。②在创伤、感染、剧烈运动及高分解代谢等特殊条件下，需要食物提供一部分的氨基酸。如精氨酸和谷氨酰胺。

食物蛋白营养价值的高低主要取决于其必需氨基酸含量高低及种类和比例是否与人体需要一致。通常用氨基酸模式评价。氨基酸模式（amino acid pattern，氨基酸相对比值）是指以食物蛋白中含量最少的色氨酸为1，计算出的其他必需氨基酸和它的比值。食物蛋白的氨基酸模式与人体的越接近，营养价值越高。据此可把食物蛋白分为：①完全蛋白[质]（complete protein）：又称优质蛋白质，是指所含必需氨基酸种类齐全、比例适当，能维持人体健康、促进生长发育的食物蛋白。如乳类中的酪蛋白、乳清蛋白，蛋类中的卵清蛋白。②半完全蛋白[质]（partially complete protein）：是指所含必需氨基酸种类齐全，但比例不适当，可以维持生命，但不能促进生长发育的蛋白质。如小麦麦胶蛋白。③不完全蛋白[质]（incomplete protein）：是指所含必需氨基酸种类不全，不能维持生命、更不能促进生长发育的蛋白质。如胶原、玉米胶蛋白、豆球蛋白。动物蛋白氨基酸模式与人接近，且消化吸收率更高所以营养价值高于植物蛋白（表10-1）。

表10-1　成人组织蛋白和部分食物蛋白氨基酸模式

氨基酸	人体	鸡蛋	蛋清	牛奶	瘦猪肉	牛肉	大豆	面粉	大米
Ile	4.0	2.5	3.3	3.0	3.4	3.2	3.0	2.3	2.5
Leu	7.0	4.0	5.6	6.4	6.3	5.6	5.1	4.4	5.1
Lys	5.5	3.1	4.3	5.4	5.7	5.8	4.4	1.5	2.3
Met+Cys	3.5	2.3	3.9	2.4	2.5	2.8	1.7	2.7	2.4
Phe+Tyr	6.0	3.6	6.3	6.1	6.0	4.9	6.4	5.1	5.8
Thr	4.0	2.1	2.7	2.7	3.5	3.0	2.7	1.8	2.3
Val	5.0	2.5	4.0	3.5	3.9	3.2	3.5	2.7	3.4
Trp	1.0	1.0	1.0	1.0	1.0	1.0	1.0	1.0	1.0

2. 食物蛋白互补作用　食物蛋白中一种或几种含量相对较低，影响蛋白质利用率的必需氨

基酸称为**限制[性]氨基酸**（limiting amino acid）。将两种或两种以上食物蛋白混合食用，其所含必需氨基酸种类和数量之间相互补充，食物蛋白营养价值得到提高，称为**食物蛋白互补作用**（protein complementary action）。例如，谷物蛋白（玉米蛋白例外）富含蛋氨酸和色氨酸而缺乏赖氨酸和异亮氨酸，豆类蛋白富含赖氨酸和异亮氨酸而缺乏蛋氨酸和色氨酸，这两类食物单独食用时其蛋白质营养价值较低，按一定比例搭配食用可提高其蛋白质营养价值。

二、食物蛋白消化

消化道消化的蛋白质既有食物蛋白又有内源蛋白质（各占约 50%）。内源蛋白质包括酶、激素、免疫球蛋白、肠道脱落细胞蛋白质。蛋白质是生物大分子，未经消化很难吸收，而且食物蛋白有免疫原性，如果不经消化直接吸收会引起过敏反应（如小麦面筋蛋白引起乳糜泻），严重时会因血压下降等引起休克。因此，蛋白质必须被水解成氨基酸和寡肽，才能被机体有效吸收和安全利用。

食物蛋白在消化道不同部位由不同来源的蛋白酶消化，其中小肠是主要消化部位。

（一）口腔

食物蛋白在口腔内没有酶促消化，因为口腔细胞不分泌蛋白酶。

（二）胃

食物蛋白在胃内由胃蛋白酶部分消化。由于在胃内滞留时间较短，食物蛋白在胃内消化程度仅为 10%~20%，消化产物是多肽和寡肽。

食物蛋白在胃内的消化不是必需的，胃切除或不分泌胃酸的恶性贫血患者（胃液 pH>7）的食物蛋白消化不受影响。不过，胃蛋白酶可使乳酪蛋白形成凝块，延长乳汁留胃时间，使其消化更充分，这对婴儿较重要。

胃蛋白酶（pepsin）属于内肽酶，最适 pH 1.8~3.5（pH>5 时失活）。胃蛋白酶专一性广泛，但优先水解 R 基较大的疏水性氨基酸形成的肽键。

胃酸既激活胃蛋白酶原，又使食物蛋白变性，有利于消化。

胃蛋白酶是胃蛋白酶原的激活产物。胃蛋白酶原（pepsinogen）是由胃主细胞合成分泌的一组消化酶原的统称，由胃蛋白酶及胃壁细胞分泌的盐酸激活。盐酸的分泌受胃窦、十二指肠和空肠上段黏膜 G 细胞合成分泌的胃泌素促进。

（三）小肠

食物蛋白主要在小肠的十二指肠和空肠部位消化，消化产物是氨基酸和部分寡肽，催化消化的多种蛋白酶和肽酶由胰腺和小肠上皮细胞合成分泌。

1. 胰[腺分泌的蛋白]酶 经胰管分泌到十二指肠后，与食糜混合，将食物蛋白水解成氨基酸（约 30%）和寡肽（约 70%，主要是二肽和三肽）的混合物。胰酶根据专一性的不同分为内肽酶和外肽酶。

（1）内肽酶（endopeptidase） 水解肽链非末端肽键，水解产物是寡肽。内肽酶主要有**胰蛋白酶**（trypsin）、**糜蛋白酶**（胰凝乳蛋白酶，chymotrypsin）和**弹性蛋白酶**（elastase）。

（2）外肽酶（exopeptidase） 水解肽链末端肽键，水解产物是氨基酸。胰腺合成分泌的外肽酶主要有羧肽酶 A（carboxypeptidase A）和羧肽酶 B（表 10-2）。

表10－2　消化系统部分蛋白酶专一性

蛋白酶	水解肽键的专一性
胃蛋白酶	芳香族氨基酸、亮氨酸等R基较大的疏水性氨基酸的氨基形成的肽键
胰蛋白酶	精氨酸、赖氨酸羧基形成的肽键
糜蛋白酶	芳香族氨基酸及其他R基较大疏水性氨基酸羧基形成的肽键
弹性蛋白酶	R基较小的氨基酸（如丙氨酸、丝氨酸）羧基形成的肽键
羧肽酶A	C端氨基酸（精氨酸、赖氨酸、脯氨酸、谷氨酸、天冬氨酸除外）
羧肽酶B	C端氨基酸（特别是赖氨酸、精氨酸）

促胰酶素（胆囊收缩素、缩胆囊素）促进胰酶分泌。

2. 肠上皮细胞蛋白酶　包括肠激酶和寡肽酶。

（1）肠激酶（enterokinase）　位于十二指肠上皮细胞刷状缘上的一种丝氨酸蛋白酶，可以激活胰蛋白酶原。

前述胰酶最初从胰腺细胞分泌时均为无活性酶原，进入十二指肠后被激活。先是胰蛋白酶原被肠激酶激活成胰蛋白酶（如胰蛋白酶原1切除N端八肽）。胰蛋白酶既正反馈激活胰蛋白酶原，又激活糜蛋白酶原、弹性蛋白酶原和羧肽酶原等（第五章，94页）。

胰液中含有胰蛋白酶抑制剂（抑肽酶，可抑制胰蛋白酶、糜蛋白酶、激肽释放酶、纤溶酶），可以防止胰蛋白酶原提前激活对胰腺组织造成消化损伤。急性胰腺炎时，弹性蛋白酶原等被提前激活，溶解胰腺组织细胞、血管弹性纤维，引起胰腺出血、血栓形成、血管坏死。

（2）寡肽酶（oligopeptidase）　位于十二指肠和空肠上皮细胞刷状缘上（活性中心在外）和细胞质中，刷状缘寡肽酶主要是氨肽酶N（aminopeptidase N）和二肽酶（dipeptidase），此外还有内肽酶、羧肽酶。氨肽酶N可水解寡肽N端的肽键，生成氨基酸和C端为脯氨酸的二肽。二肽由二肽酶水解。

综上所述，在各种蛋白酶的共同作用下，通常有超过96%的食物蛋白在消化道被消化。消化既消除了其免疫原性，又可被机体有效吸收和安全利用。

三、氨基酸吸收

食物蛋白消化产物氨基酸大部分在十二指肠和空肠被吸收，吸收后大部分通过毛细血管进入血液循环，少量用于小肠蛋白质合成。氨基酸的吸收机制与葡萄糖类似，即由上皮细胞刷状缘膜同向转运体以继发性主动转运方式转入上皮细胞，由基侧膜以载体介导的易化扩散方式转出，进入组织液、血液。由于氨基酸种类多，结构各异，因而其转运体有不止一种（表10-3）。

表10－3　参与人体氨基酸跨膜转运的部分转运体

转运体	性质	主要转运对象	共转运对象
中性氨基酸转运蛋白B^0	同向转运体	中性氨基酸	钠
中性氨基酸转运蛋白B^0AT1	同向转运体	中性氨基酸	钠
质子偶联氨基酸转运蛋白	同向转运体	中性氨基酸（小分子量：Gly、Ala、Pro）	氢
氨基酸转运蛋白$b^{0,+}$AT 1	单向转运体	中性氨基酸、碱性氨基酸、胱氨酸	-
兴奋性氨基酸转运蛋白3	同向转运体	酸性氨基酸、半胱氨酸	钠、氢
亚氨基酸转运蛋白XTRP3	同向转运体	脯氨酸、甘氨酸	钠、氯
寡肽转运蛋白PepT1	同向转运体	二~四肽	氢

Hartnup 病　表现为中性氨基酸尿、光敏性糙皮病样皮疹、腹泻、小脑[性]共济失调、智力发育延迟，分子基础是中性氨基酸转运蛋白（B^0AT1）缺陷导致肠道吸收和肾小管重吸收障碍，中性氨基酸（特别是色氨酸）缺乏。

其他：①继发性主动转运及易化扩散也是肾近曲小管的氨基酸重吸收机制。肾小球滤过游离氨基酸每日超过50g，但在近曲小管几乎完全重吸收。②小肠能以同样机制吸收二～四肽，即由刷状缘膜寡肽转运蛋白 PepT1 通过继发性主动转运机制摄取二～四肽，被细胞质寡肽酶水解成氨基酸后，通过基侧膜氨基酸载体逸出细胞，进入肝门静脉。③部分较大的肽也可通过**跨细胞途径**（transcellular）和**细胞旁途径**（paracellular）吸收。

食物蛋白消化吸收部分 99%为氨基酸，极少量是肽，微量是蛋白原形，这部分有时会引起过敏反应。

新生儿在 6 月龄前能以顶端膜内吞（胞饮）机制直接吸收初乳蛋白质，之后由激素介导终止。成人吸收蛋白质极少，但也足以成为免疫原：①肠上皮细胞内吞 3200ng/(h. cm^2)，其中 3000ng 被溶酶体降解，200ng 直接通过基侧膜进入组织液。②散布于肠上皮细胞之间的 M 细胞内吞 400ng/(h. cm^2)，其中 200ng 被溶酶体降解，200ng 直接通过基侧膜进入固有层，引起免疫反应。

四、腐败

腐败（putrefaction）是指少量（不到摄入氮的 4%）未被消化的食物蛋白和未被吸收的消化产物在大肠下部受肠道细菌作用，进行分解。腐败产物中既有营养成分如 B 族维生素和短链脂肪酸，又有有害成分如胺类、酚类和氨。

1. 部分腐败产物　①胺类：氨基酸脱羧产物，例如组胺、尸胺、酪胺、苯乙胺。②氨：氨基酸还原脱氨基产物，尿素水解产物。③酚类：酪胺腐败产物，例如苯酚和对甲酚。④硫化氢：含硫氨基酸腐败产物。⑤吲哚类：色氨酸腐败产生的吲哚和甲基吲哚。两者随粪便排出，成为粪臭成分。

2. 肝性脑病的假性神经递质学说　腐败产物会有少量被吸收。胺类腐败产物大多有毒性，例如组胺和尸胺会使血压下降，酪胺会使血压升高。它们被吸收后通常会被肝细胞摄取并转化解毒，例如酪胺和苯乙胺由单胺氧化酶转化清除。肠梗阻导致腐败产物生成增加，肝功能损害或形成肝门静脉侧支循环导致肝脏不能及时转化腐败产物，这些疾患均导致一些胺类进入脑组织。例如酪胺进入脑细胞，由多巴胺-β-羟化酶转化为章[鱼]胺（奥克巴胺，β-羟酪胺），其结构类似于儿茶酚胺类（多巴胺、去甲肾上腺素、肾上腺素）兴奋性神经递质，故称**假性神经递质**（false neurotransmitter）。假性神经递质并不能传递兴奋，反而竞争性抑制儿茶酚胺传递兴奋，引起脑功能障碍，产生深度抑制而昏迷，临床上称为**肝性脑病**（肝昏迷），此为**肝性脑病的假性神经递质学说**。

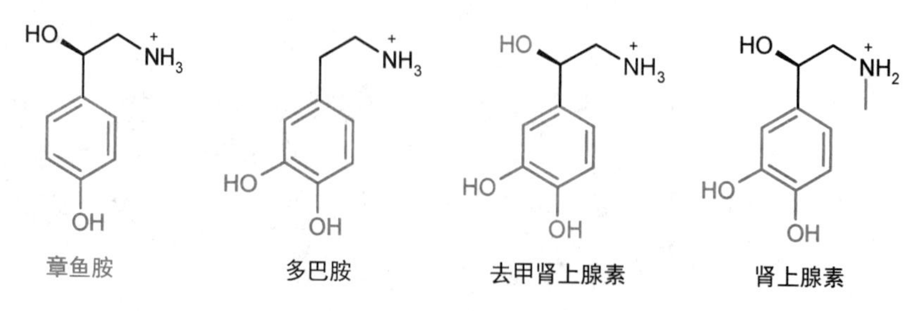

五、组织蛋白分解

组织蛋白通过不断地合成和分解得到更新，每日更新量占总蛋白的1%~3%。组织蛋白分解产生的氨基酸约75%用于合成新的组织蛋白，其余被分解或转化为两用代谢物（amphibolic metabolite）。细胞外蛋白、膜蛋白和半衰期长的细胞内蛋白通过溶酶体途径降解。其他蛋白质可通过泛素-蛋白酶体途径降解（第五章，95页）。

六、氨基酸代谢一览

氨基酸[代谢]库（氨基酸池，amino acid metabolic pool）是指体液中的全部游离氨基酸，其中超过50%位于肌组织，约10%位于肝组织，4%位于肾，1%~6%位于血浆。

1. 氨基酸库的三个来源　①食物蛋白消化吸收。②组织蛋白分解。③机体利用α-酮酸和氨合成非必需氨基酸。

2. 氨基酸库的三条去路　①合成组织蛋白和其他多肽，是主要去路。②脱氨基生成α-酮酸和氨，是氨基酸的主要分解途径，称为一般代谢。③通过脱羧基及其他特殊代谢途径生成胺类和其他活性物质。氨基酸的来源和去路保持平衡（图10-1）。

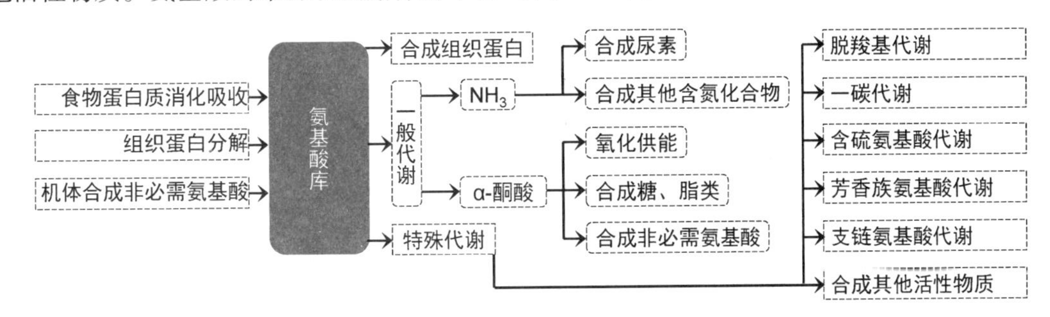

图10-1　氨基酸库及代谢一览

第二节　氨基酸的一般代谢

氨基酸的一般代谢通常是指氨基酸的脱氨基代谢（deamination），即氨基酸脱氨基生成α-酮酸和氨。生成的氨一部分用于合成含氮化合物，其余排出体外，且主要是先合成尿素。α-酮酸则被进一步代谢利用。多数氨基酸的一般代谢主要在肝细胞进行，但支链氨基酸主要在肌细胞进行。

一、氨基酸脱氨基

氨基酸脱氨基方式主要有转氨基、氧化脱氨基和其他脱氨基代谢。

1. 转氨基（transamination）　是指氨基酸的α-氨基转移到一个α-酮酸的羰基碳上，生成相应的α-酮酸和一个新的α-氨基酸，反应由转氨酶（transaminase，氨基转移酶，aminotransferase）催化。

$$\underset{\text{氨基酸1}}{H_3\overset{+}{N}CH(R_1)COO^-} + \underset{\text{α-酮酸2}}{O{=}C(R_2)COO^-} \xrightleftharpoons{\text{转氨酶}} \underset{\text{氨基酸2}}{H_3\overset{+}{N}CH(R_2)COO^-} + \underset{\text{α-酮酸1}}{O{=}C(R_1)COO^-}$$

转氨反应具有以下特点。

（1）反应过程只发生转氨基，未产生游离氨（NH_3）。

（2）转氨反应是可逆的（平衡常数接近 1），通过其逆反应可以合成非必需氨基酸。

（3）转氨酶以磷酸吡哆醛（PLP）或磷酸吡哆胺（PMP）为辅基（图 10-2）。

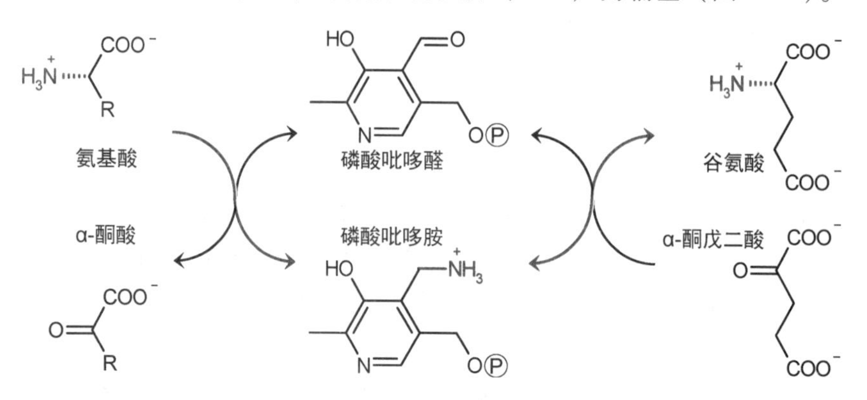

图 10-2　转氨基机制

（4）许多氨基酸都能通过转氨反应脱氨基（甚至包括鸟氨酸的 δ-氨基），但编码氨基酸中赖氨酸、苏氨酸和脯氨酸例外。

转氨酶广泛存在于各组织细胞质中和线粒体内，特别是在心肌细胞和肝细胞内活性最高，但在血浆中活性很低。重要的转氨酶有**谷丙转氨酶**（GPT，丙氨酸转氨酶，ALT）和**谷草转氨酶**（GOT，天冬氨酸转氨酶，AST）（表 10-4）。

表 10－4　正常成人各组织及血浆中 GOT 和 GPT 活性（单位/每克组织）

组织	心脏	肝脏	骨骼肌	肾脏	胰腺	脾	肺	血浆
GOT	156000	142000	99000	91000	28000	14000	10000	20
GPT	7100	44000	4800	19000	2000	1200	700	16

当组织细胞受损时，细胞破裂或细胞膜通透性增加，转氨酶会从细胞内逸出，进入血液，引起血浆转氨酶升高。例如病毒性肝炎、化脓性胆管炎、急性胆囊炎、心肌梗死患者血浆 GPT 活性明显升高，心肌梗死患者血浆 GOT 活性明显升高。临床上常用 GPT 和 GOT 作为这些疾病诊断和预后的辅助指标。

多数转氨酶催化的转氨反应都是把氨基酸的 α-氨基转移给 α-酮戊二酸，生成谷氨酸和相应 α-酮酸的反应，或其逆反应；但也有例外，例如丝氨酸-丙酮酸转氨酶、丙氨酸-乙醛酸转氨酶、色氨酸-丙酮酸转氨酶、谷氨酰胺-6-磷酸果糖转氨酶、鸟氨酸-α-酮酸转氨酶、牛磺酸-丙酮酸转氨酶。

2. 氧化脱氨基（oxidative deamination）　是指在酶的催化下，氨基酸氧化脱氢、水解脱氨基，生成氨和 α-酮酸，例如谷氨酸脱氢酶催化的谷氨酸氧化脱氨基。

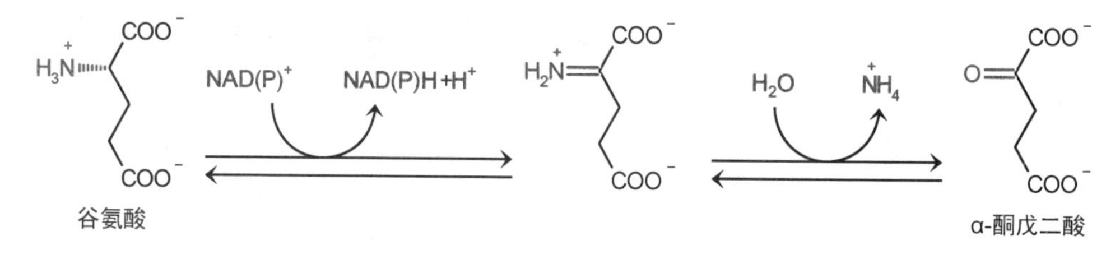

谷氨酸脱氢酶（glutamate dehydrogenase）广泛分布于肝、肾、脑等细胞线粒体基质，以 NAD^+ 或 $NADP^+$ 为辅酶，催化谷氨酸氧化脱氨基生成氨和α-酮戊二酸，反应可逆。哺乳动物谷氨酸脱氢酶受到结构调节：①变构调节：谷氨酸脱氢酶是一种同六聚体变构酶，其活性受 ATP、GTP 变构抑制，受 ADP 变构激活。②化学修饰调节：Cys-172 发生 ADP-核糖基化后失活。

人免疫组织细胞溶酶体内存在一种 L-氨基酸氧化酶，可以催化 L-氨基酸（特别是芳香族氨基酸）氧化脱氨基，同时生成 H_2O_2，其功能可能是参与免疫调节。

脑、肾、肝等组织有一种 D-氨基酸氧化酶（以 FAD 为辅基）活性较高，可催化脑神经调质 D-丝氨酸（谷氨酸受体的共激动剂）灭活、其他毒性 D-氨基酸（如来自食物）解毒。

人体内能够以氧化脱氨基方式有效脱氨基，从而满足代谢需要的只有谷氨酸。其他氨基酸只能通过其他方式脱氨基，其中大多数是通过氨基酸转氨基与谷氨酸氧化脱氨基的联合，即氨基酸将氨基转移给α-酮戊二酸生成谷氨酸，谷氨酸再氧化脱氨基生成氨。这种方式称为**联合脱氨基**（转氨脱氨基，transdeamination）。联合脱氨基由转氨酶和谷氨酸脱氢酶联合催化，这些酶在体内普遍存在，所以联合脱氨基是体内许多氨基酸脱氨基的主要途径。联合脱氨基反应可逆，其逆反应是合成非必需氨基酸的主要途径（图 10-3）。

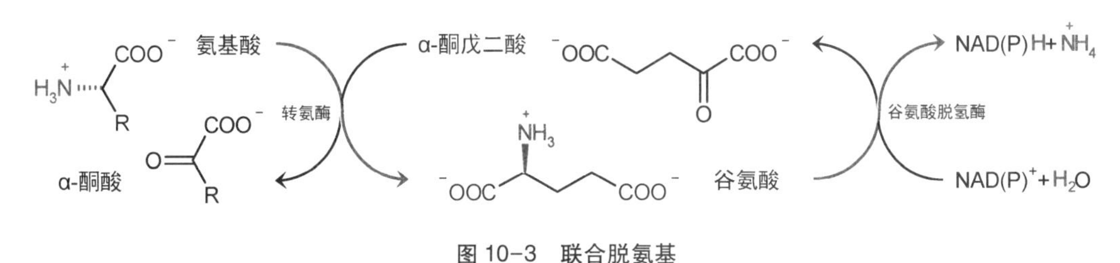

图 10-3　联合脱氨基

3. 其他脱氨基　少数氨基酸可通过其他方式脱氨基：①丝氨酸和苏氨酸由丝氨酸脱水酶（苏氨酸脱氨酶）脱水脱氨基，生成丙酮酸和α-酮丁酸。②天冬氨酸通过尿素循环裂解脱氨基，生成延胡索酸。③组氨酸由组氨酸脱氨酶催化裂解脱氨基生成尿刊酸。④谷氨酰胺、天冬酰胺水解脱去氨甲酰基的氨基。

二、氨代谢

除氨基酸脱氨基外，体内其他代谢也产生一部分氨。它们与消化道吸收的氨汇入血液，统称**血氨**。氨一部分用于合成含氮化合物，其余排出体外。氨具有毒性，大部分在肝脏合成尿素，经肾脏排泄。

（一）氨的来源和去路

氨的来源：①氨基酸脱氨基，是氨的主要来源。②其他含氮物质分解，例如核苷酸分解、胺类氧化。③肠道内腐败和尿素分解产氨（日产 4g，90%来自尿素水解），在结肠吸收。④在肾远曲小管上皮细胞内，谷氨酰胺可水解产生氨，这部分氨通常分泌到小管液中，与 H^+ 结合成 NH_4^+，经肾脏排泄，此过程与泌氢同步，因而酸性尿有利于肾小管排氨，碱性尿则不利于排氨，反而导致氨重吸收入血，成为血氨的另一个来源。

氨的去路：①在肝脏合成尿素，经肾脏排泄，是氨的主要去路，占总排出氮的 80%～95%（每日约 450mmol，约合每年 10kg）。②合成谷氨酸、谷氨酰胺、天冬酰胺等非必需氨基酸和嘌呤碱基、嘧啶碱基等含氮化合物。③部分由谷氨酰胺运到肾脏，水解产生 NH_3，与 H^+ 结合成 NH_4^+，

排出体外（每日约 40mmol）。

（二）氨的运输

各组织代谢产生的氨以谷氨酰胺的形式通过血液运到肝脏或肾脏，或以丙氨酸的形式运到肝脏。

1. 谷氨酰胺的运氨作用 谷氨酸和氨合成谷氨酰胺，反应由谷氨酰胺合成酶（glutamine synthetase）催化，消耗 ATP。

谷氨酰胺无毒，易溶于水，是脑中氨的主要解毒产物，在脑、肌等细胞内合成后可通过血液运到肠、肝脏和肾脏，由线粒体谷氨酰胺酶（glutaminase）催化水解成谷氨酸和氨（图 10-4）。①在肝细胞内，由肝型谷氨酰胺酶催化水解，产物氨用于合成其他含氮化合物（如天冬酰胺），或合成尿素，经肾脏排泄。②在肾细胞中，由肾型谷氨酰胺酶催化水解，产物氨排至小管液，与 H^+结合成 NH_4^+，排出体外。由于肾脏排氨伴随泌氢，所以肾脏排氨量取决于血液 pH，例如代谢性酸中毒时排氨增加，代谢性碱中毒时排氨减少。

新生儿谷氨酰胺合成酶缺乏（罕见）会引起严重的脑损伤和多器官衰竭，直至死亡。

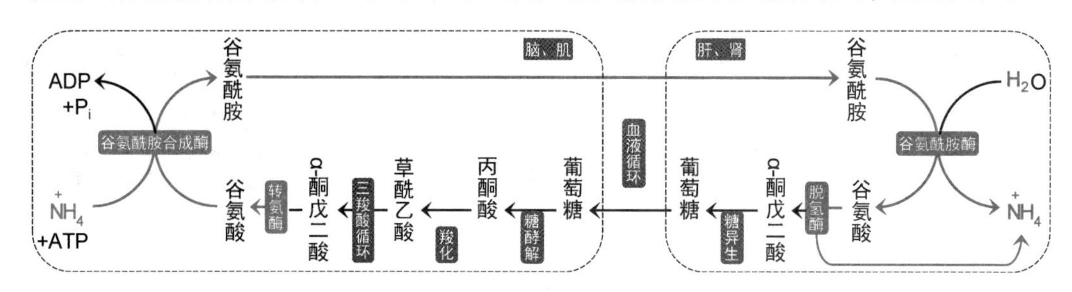

图 10-4 谷氨酰胺运氨作用

2. 丙氨酸-葡萄糖循环 空腹状态下骨骼肌细胞释放的丙氨酸远多于骨骼肌蛋白分解产生的丙氨酸，多出部分是由丙酮酸通过转氨基生成的。丙酮酸转氨基生成丙氨酸是为了向肝脏运氨，运输过程形成丙氨酸-葡萄糖循环：①在肌细胞中，氨基酸通过两步转氨反应将氨基转移给丙酮酸，生成丙氨酸，通过血液运到肝脏。②在肝细胞内，丙氨酸通过联合脱氨基作用释放氨，用于合成尿素或其他含氮化合物。③丙酮酸通过糖异生途径合成葡萄糖，所需 ATP 由脂肪酸氧化提供。④葡萄糖通过血液运到肌细胞，通过糖酵解途径分解成丙酮酸，从而形成循环（图 10-5）。

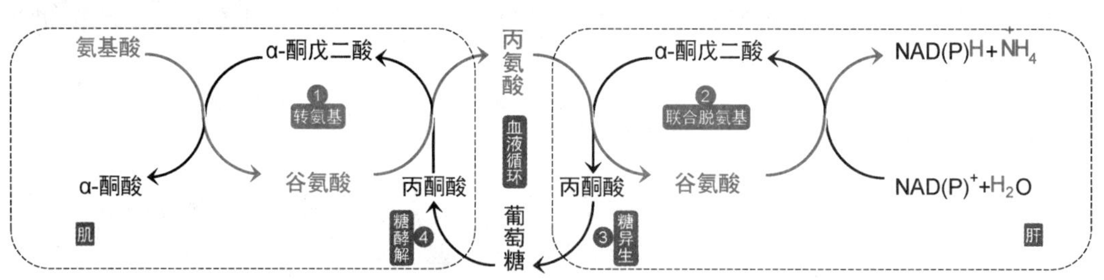

图 10-5 丙氨酸-葡萄糖循环

丙氨酸-葡萄糖循环的意义是既实现了氨的无毒运输，又使肝脏为肌肉收缩提供能量。

（三）尿素合成

1932 年，德国科学家 H. Krebs 和 K. Henseleit 研究发现：①在有氧条件下将大鼠肝切片与铵盐保温数小时后，铵盐减少，尿素增加。②鸟氨酸、瓜氨酸和精氨酸都能促进尿素合成，但它们的总量并不减少。从三种氨基酸的结构上推断，它们在代谢上可能有一定联系。经过进一步研究，H. Krebs 和 K. Henseleit 提出了尿素合成的循环机制：首先鸟氨酸与氨及 CO_2 合成瓜氨酸，然后瓜氨酸再与一分子氨合成精氨酸，最后精氨酸水解产生一分子尿素并重新生成鸟氨酸，鸟氨酸进入下一个循环。该循环过程最终被阐明，称为**尿素循环**（urea cycle，鸟氨酸循环，ornithine cycle）。

1. 尿素合成过程　在肝细胞进行的尿素合成过程包括五步反应，前两步在线粒体内进行，后三步在细胞质中进行（图 10-6），反应都不可逆。

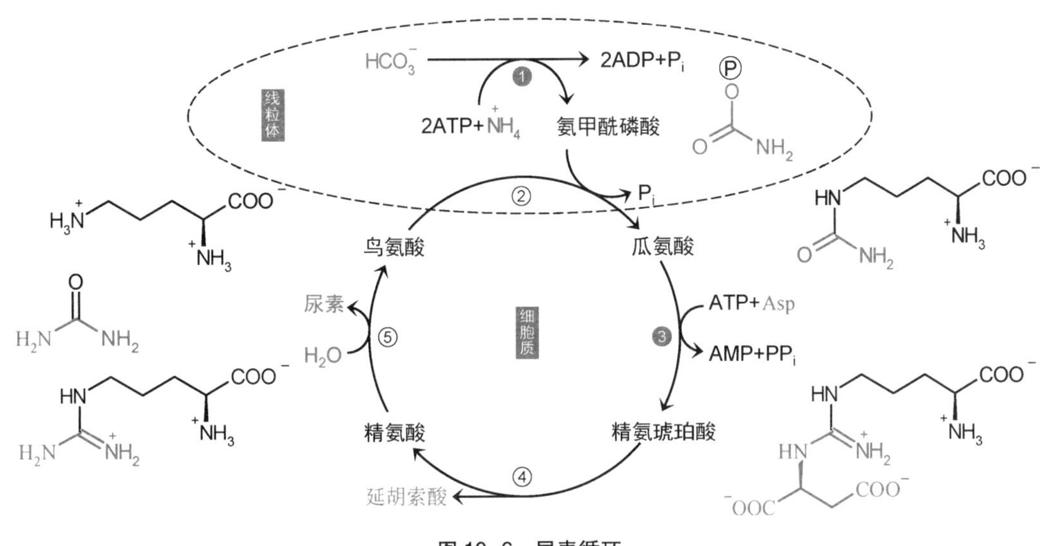

图 10-6　尿素循环

（1）合成　NH_3、HCO_3^-（来自 CO_2）和 ATP 合成氨[基]甲酰磷酸，反应由线粒体**氨[基]甲酰磷酸合成酶 Ⅰ**（carbamoyl phosphate synthetase Ⅰ，CPS Ⅰ）催化。

（2）缩合　氨甲酰磷酸与鸟氨酸缩合成瓜氨酸，反应由线粒体鸟氨酸氨基甲酰转移酶（ornithine transcarbamylase，OTCase）催化。

（3）合成　瓜氨酸由线粒体内膜鸟氨酸转运蛋白转到细胞质中，与天冬氨酸合成精氨琥珀酸，其中天冬氨酸提供尿素的第二个氮原子，反应由细胞质**精氨琥珀酸合成酶**（argininosuccinate synthetase，ASS）催化。

（4）裂解　精氨琥珀酸裂解成精氨酸和延胡索酸，反应由细胞质精氨琥珀酸裂解酶（argininosuccinate lyase，ASAL）催化。

在细胞质中，延胡索酸可水化生成苹果酸，脱氢生成草酰乙酸，通过转氨基作用再生天冬氨酸，为尿素合成供氮。

（5）水解　精氨酸水解成尿素和鸟氨酸，反应由肝型细胞质精氨酸酶（arginase）催化。生成的鸟氨酸由线粒体内膜鸟氨酸转运蛋白转入线粒体，进入下一个尿素循环。尿素则通过血液运到肾脏排泄。

尿素循环的反应方程式如下：

$$HCO_3^- + NH_4^+ + 天冬氨酸 + 3ATP + 2H_2O \rightarrow 2ADP + AMP + 4P_i + 延胡索酸 + 尿素$$

2. 尿素合成生理意义　氨具有毒性，尿素是氨的主要排泄形式。正常人肝脏每日合成尿素约 450mmol（333~500mmol），可排出氨总量的 80%~95%。尿素合成消耗的 NH_3 是碱、CO_2 是酸，因此尿素合成还调节体液酸碱平衡。

3. 尿素合成调节 尿素合成酶系是诱导酶，高蛋白饮食时氮摄入增加，长时间饥饿时组织蛋白分解增加，均以氨基酸氧化供能为主，产氨增加，尿素合成酶系的水平可升高10~20倍。此外，以下两种关键酶受到结构调节：

（1）氨甲酰磷酸合成酶Ⅰ 该酶是一种变构酶，主要存在于肝细胞线粒体内，以*N*-乙酰谷氨酸为必需变构激活剂。*N*-乙酰谷氨酸由*N*-乙酰谷氨酸合成酶催化合成，精氨酸是该酶的激活剂，可通过促进*N*-乙酰谷氨酸合成而加快尿素合成。

（2）精氨琥珀酸合成酶 该酶活性最低，控制尿素合成速度，其活性受乙酰化抑制且具有昼夜节律性。

4. 高氨血和氨中毒 正常生理状态下，血氨的来源和去路保持平衡，并处于低水平（20~60μmol/L）。合成尿素对保持血氨平衡起重要作用。肝脏是合成尿素的主要器官（肾有少量合成），是清除血氨的主要器官。当肝功能异常或尿素合成酶系存在遗传缺陷时，尿素合成障碍，导致血氨升高，称为**氨中毒**（ammonia intoxication，**高氨血症**，hyperammonemia）。氨中毒的临床症状包括震颤抽搐、言语不清、视力模糊、呕吐、嗜睡、昏迷等，直至死亡。

氨中毒机制尚未阐明，可能是高氨血导致Na-K-Cl协同转运蛋白（其功能是维持细胞体积和离子平衡）异常激活，结果破坏了神经细胞的渗透压平衡，引起细胞肿胀、损伤，导致神经障碍；也可能是NH_3（不是NH_4^+）能通过血脑屏障进入脑细胞，与α-酮戊二酸合成谷氨酸，并进一步合成谷氨酰胺，结果：①消耗NADH和ATP等供能物质。②氨抑制α-酮戊二酸脱氢酶，加之消耗α-酮戊二酸，使三羧酸循环减弱，有氧氧化减少，ATP合成不足。③谷氨酸是神经递质，也被消耗。能量及神经递质缺乏影响脑功能直至昏迷，称为**肝性脑病**，这就是**肝性脑病的氨中毒学说**。

氨中毒多发于肝病晚期，另见于某些氨基酸代谢缺陷遗传病，如HHH综合征。

尿素合成障碍与氨中毒 氨甲酰磷酸合成酶Ⅰ（1型高氨血症）、鸟氨酸氨基甲酰转移酶（2型高氨血症）、精氨琥珀酸合成酶、精氨琥珀酸裂解酶（精氨琥珀酸尿）缺陷均导致尿素合成障碍，相应代谢物特别是氨和谷氨酰胺积累，其中氨甲酰磷酸合成酶Ⅰ、鸟氨酸氨基甲酰转移酶缺乏引起的氨中毒最严重。尿素合成障碍的特征是高氨血症、脑病、呼吸性碱中毒，临床症状是呕吐、间歇性共济失调、易激惹、嗜睡、重度智力低下。通过控制蛋白质摄入可以缓解。

HHH综合征 即高氨血症-高鸟氨酸血症-同型瓜氨酸尿综合征，线粒体内膜鸟氨酸转运蛋白缺陷造成细胞质鸟氨酸不能进入线粒体，导致高氨血症、高鸟氨酸血症。线粒体内缺乏鸟氨酸时，氨甲酰磷酸与赖氨酸缩合成大量同型瓜氨酸，导致同型瓜氨酸尿。

某些山黧豆含2,4-二氨基丁酸，是鸟氨酸的同系物，可竞争性抑制鸟氨酸氨基甲酰转移酶，从而抑制尿素合成，引起氨中毒。

NH_3比NH_4^+容易通过自由扩散通过细胞膜。在碱性环境中，NH_4^+电离成NH_3，所以碱性肠液促进NH_3的吸收，碱性小管液促进NH_3的重吸收。为此临床上对高氨血、肝性脑病、肝硬化腹水患者禁用碱性肥皂水灌肠或碱性利尿剂利尿，避免血氨升高。临床上还可让高氨血症患者口服或静脉输注谷氨酸盐使其与氨合成谷氨酰胺，从而降血氨。

低钾碱中毒促进NH_3通过血脑屏障，对脑细胞毒性增加。乳果糖（半乳糖β1→2β果糖，XA06，治疗便秘药物）和乳糖醇（4-β-半乳糖-山梨醇）能抑制NH_3的吸收，可用于治疗肝性脑病。

5. 尿素测定 ①尿素酶水解尿素生成NH_3，NH_3与硝普钠、苯酚、次氯酸盐反应呈蓝色，

640nm 比色分析。②尿素酶水解尿素生成 NH_3，NH_3 与 NADH、α-酮戊二酸合成谷氨酸，340nm 比色分析。正常成人血清尿素临床检验参考值 3.6~14.2mmol/L。

三、α-酮酸代谢

氨基酸脱氨基生成的 α-酮酸在不同营养状况下经历不同代谢。

1. 氧化供能 α-酮酸可分解成乙酰辅酶 A，并通过三羧酸循环氧化，生成 CO_2 和 H_2O，同时释放能量供给生命活动。因此，蛋白质也是供能物质。成人每日代谢所需能量有 10%~15%通过分解蛋白质获得，不过蛋白质的供能作用可由糖或脂肪代替。

支链氨基酸包括异亮氨酸、亮氨酸和缬氨酸，均为必需氨基酸，它们的分解代谢存在共性：①转氨基生成相应的 α-酮酸，由同一种支链氨基酸转氨酶催化。②α-酮酸氧化脱羧生成相应的脂酰辅酶 A，由同一种支链 α-酮酸脱氢酶复合体催化。③脂酰辅酶 A 通过 β 氧化等分解：缬氨酸生成琥珀酰辅酶 A（先生成丙酰辅酶 A，187 页），亮氨酸生成乙酰辅酶 A 和乙酰乙酰辅酶 A，异亮氨酸生成琥珀酰辅酶 A 和乙酰辅酶 A，所以三种氨基酸分别属于生糖氨基酸、生酮氨基酸、生糖兼生酮氨基酸（表 10-5）。④分解代谢主要在骨骼肌、脂肪组织、肾、脑细胞中进行，肝细胞没有支链氨基酸转氨酶，所以不能分解。⑤**枫糖尿病**（槭糖尿病，maple syrup urine disease，MSUD）患者先天性缺乏支链 α-酮酸脱氢酶，血浆支链氨基酸及其脱氨基产生的 α-酮酸升高而经肾脏排泄，其尿液有类似枫糖浆味，其他症状包括致死性酮症酸中毒、神经系统紊乱、智力低下，机制尚未阐明。如不限制支链氨基酸摄入将导致脑发育异常，幼年早逝。

☞ 支链氨基酸能抑制假性神经递质生成，或拮抗假性神经递质，所以临床上可用于治疗肝性脑病。

2. 合成糖和脂质 实验发现，如果用各种氨基酸喂养糖尿病犬，大多数氨基酸可使尿糖升高，表明这些氨基酸经过脱氨基等分解代谢生成的 α-酮酸可通过糖异生途径合成葡萄糖，因而被称为**生糖氨基酸**；少数氨基酸可使尿糖和尿酮体同时升高，被称为**生糖兼生酮氨基酸**（生酮生糖氨基酸）；亮氨酸和赖氨酸可使尿酮体升高，被称为**生酮氨基酸**（表 10-5）。

表 10-5 生糖或生酮氨基酸种类

分类	氨基酸
生糖氨基酸	半胱氨酸、丙氨酸、甘氨酸、丝氨酸、苏氨酸，谷氨酸、谷氨酰胺、精氨酸、脯氨酸、组氨酸，蛋氨酸、缬氨酸，天冬氨酸、天冬酰胺
生糖兼生酮氨基酸	色氨酸，苯丙氨酸、酪氨酸，异亮氨酸
生酮氨基酸	赖氨酸、亮氨酸

氨基酸通过分解代谢可生成乙酰辅酶 A、酮体和以下糖异生原料：丙酮酸、草酰乙酸、α-酮戊二酸、琥珀酰辅酶 A、延胡索酸。生糖氨基酸（14 种）只生成糖异生原料，生酮氨基酸（2 种）只生成乙酰辅酶 A 或酮体，生糖兼生酮氨基酸（4 种）既生成糖异生原料，又生成乙酰辅酶 A 或酮体（表 10-5）。

3. 合成非必需氨基酸 α-酮酸可循联合脱氨基逆过程还原氨基化，生成 α-氨基酸。不过，以此方式合成非必需氨基酸的 α-酮酸主要来自糖代谢。此代谢的意义是可以把体内一部分非蛋白氮（第十三章，266 页）转化为蛋白氮。例如临床上可以给慢性肾功能不全（如尿毒症）患者调配富含必需氨基酸的低蛋白饮食，使机体利用非蛋白氮合成非必需氨基酸，既能满足蛋白质合成需要，避免营养不良，又可降低尿素氮，减轻肾负荷，防止水盐代谢和酸碱平衡紊乱，延缓慢性

肾功能不全进程。

人体 11 种非必需氨基酸中有 10 种是用糖代谢中间产物合成的（括号内数字为合成反应步骤数）：3-磷酸甘油酸→丝氨酸（3）→半胱氨酸（2）、甘氨酸（1），丙酮酸→丙氨酸（1），草酰乙酸→天冬氨酸（1）→天冬酰胺（1），α-酮戊二酸→谷氨酸（1）→谷氨酰胺（1）、脯氨酸（3）、精氨酸（6）。只有酪氨酸（1）是由苯丙氨酸羟化生成。

第三节　氨基酸的特殊代谢

除一般代谢外，有些氨基酸还通过特殊代谢产生一些具有重要生理功能的含氮化合物（表 10-6）。本节主要介绍以下代谢：氨基酸脱羧基代谢、一碳代谢、含硫氨基酸代谢、芳香族氨基酸代谢、甘氨酸代谢、精氨酸代谢。

表 10－6　氨基酸代谢产生的含氮化合物

含氮化合物	功能	氨基酸前体	含氮化合物	功能	氨基酸前体
γ-氨基丁酸	神经递质	谷氨酸	维生素 PP	维生素	色氨酸
乙酰胆碱	神经递质	丝氨酸	肉碱	脂肪酸氧化	赖氨酸
5-羟色胺	神经递质	色氨酸	血红素	合成血红素蛋白	甘氨酸
褪黑素	激素	色氨酸	肌酸	能量储存	甘氨酸、精氨酸、蛋氨酸
儿茶酚胺	神经递质，激素	酪氨酸	嘌呤碱	合成核苷酸	谷氨酰胺、甘氨酸、天冬氨酸
一氧化氮	激素	精氨酸	嘧啶碱	合成核苷酸	谷氨酰胺、天冬氨酸
甲状腺激素	激素	酪氨酸	鞘氨醇	合成鞘脂	丝氨酸
组胺	血管扩张剂	组氨酸	牛磺酸	合成结合胆汁酸	半胱氨酸
多胺	促进细胞增殖	鸟氨酸、蛋氨酸	黑色素	皮肤、毛发色素	酪氨酸

一、氨基酸脱羧基

部分氨基酸可以脱羧生成相应的胺。这些产物具有重要的生理功能，因而其水平受到控制，例如可被相应的单胺氧化酶催化氧化成醛和氨而灭活（第十四章，274 页）。脱羧反应由特异的氨基酸脱羧酶催化，并且以磷酸吡哆醛为辅基。

1. γ-氨基丁酸　由谷氨酸脱羧生成，反应由谷氨酸脱羧酶催化。

$$\underset{\text{谷氨酸}}{H_3\overset{+}{N}CH(COO^-)CH_2CH_2COO^-}\xrightarrow[\text{谷氨酸脱羧酶}]{CO_2}\underset{\gamma\text{-氨基丁酸}}{H_3\overset{+}{N}CH_2CH_2CH_2COO^-}$$

谷氨酸脱羧酶在脑细胞内活性最高，所以脑细胞 γ-氨基丁酸含量最高。γ-氨基丁酸是一种抑制性神经递质，其生成不足会引起中枢神经系统过度兴奋。磷酸吡哆醛是谷氨酸脱羧酶的辅基，因此临床上给妊娠呕吐孕妇和抽搐惊厥小儿补充维生素 B_6，以促进 γ-氨基丁酸生成，抑制中枢兴奋，缓解临床症状。

2. 5-羟色胺　又称血清素，由色氨酸通过羟化酶（需要四氢生物蝶呤、Fe^{2+}）催化羟化，脱羧酶（需要磷酸吡哆醛）催化脱羧生成。

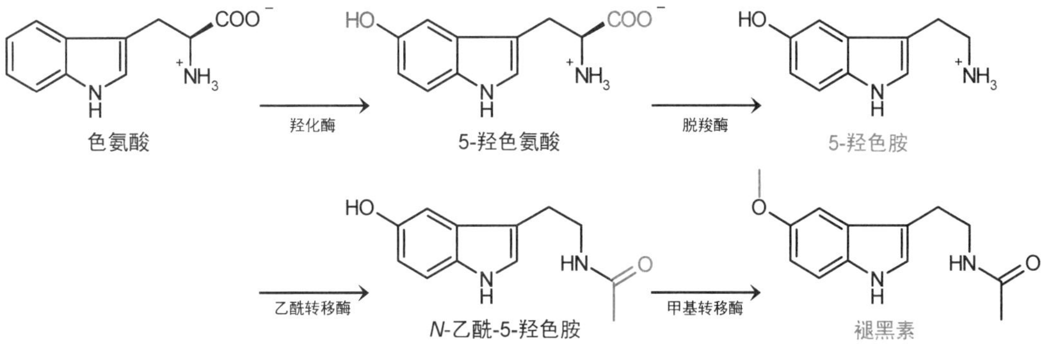

色氨酸 —羟化酶→ 5-羟色氨酸 —脱羧酶→ 5-羟色胺 —乙酰转移酶→ *N*-乙酰-5-羟色胺 —甲基转移酶→ 褪黑素

5-羟色胺分布广泛，在神经系统、消化道、血小板和乳腺等细胞均可生成，但约90%储存于肠嗜铬细胞（enterochromaffin cell）。

（1）在脑组织，5-羟色胺是一种抑制性神经递质，与调节睡眠、体温和镇痛等有关。

（2）在外周组织，5-羟色胺是一种平滑肌收缩剂，可刺激（胃、肠、血管、哮喘患者支气管）平滑肌收缩。

（3）在松果体，5-羟色胺通过乙酰化和甲基化等反应生成褪黑素。褪黑素的分泌有昼夜节律（昼低夜高）和月经节律（月经前最高，排卵期最低），与生物节律（维持生物钟）、神经系统（镇静、催眠、镇痛、抗惊厥、抗抑郁）、生殖系统（与性激素抗衡）和免疫系统（提高免疫力）功能有密切关系。

良性嗜银细胞瘤（argentaffinoma）合成5-羟色胺过多，尿中可检出其代谢物。

3. 组胺 由组氨酸脱羧生成，主要存在于呼吸道、消化道和皮肤等组织的肥大细胞内及血液嗜碱性粒细胞内。

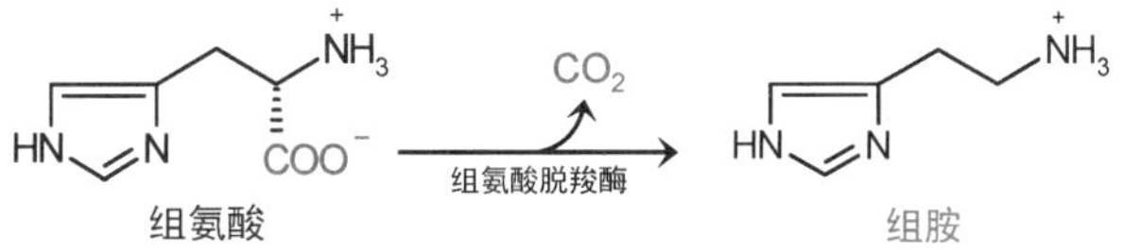

组氨酸 —组氨酸脱羧酶（CO_2）→ 组胺

组胺的生理功能：①是一种强烈的血管扩张剂，并能增加毛细血管通透性，引起血压下降。②过量组胺引起变态反应。过敏反应（Ⅰ型超敏反应）时过敏原诱导肥大细胞释放组胺，刺激支气管平滑肌收缩，引起支气管痉挛进而哮喘。③能刺激胃酸和胃蛋白酶原分泌，常用于研究胃功能。④是一种兴奋性中枢神经递质，与控制觉醒和睡眠、调节情感和记忆等功能有关。

4. 多胺 由鸟氨酸、赖氨酸和蛋氨酸通过脱羧基等反应生成的腐胺（putrescine）、尸胺（cadaverine）、亚精胺（精脒，spermidine）和精胺（spermine）含有不止一个氨基，它们统称多胺（polyamine）。

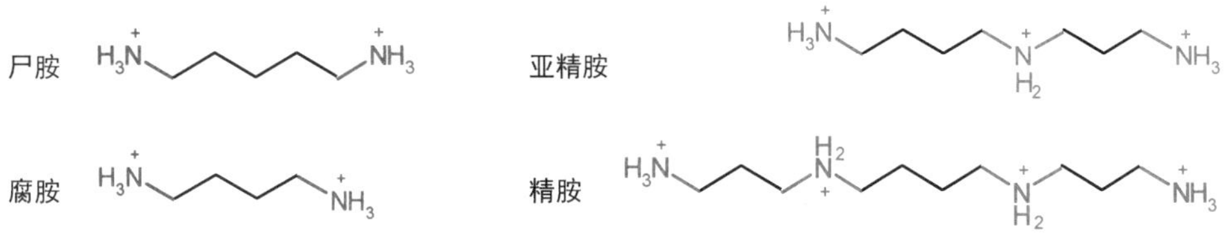

尸胺　亚精胺　腐胺　精胺

多胺通过参与染色质组装促进细胞增殖。生长旺盛的组织（如胚胎、再生肝）以及肿瘤组织多胺含量较高。临床上把测定患者血中或尿中多胺的含量作为肿瘤诊断和预后的辅助指标。

胺类物质大多活性较高，如果产生或吸收过多，会引起代谢紊乱。不过，体内存在一组单胺

氧化酶，在正常情况下可随时分解多余的胺类。

二、一碳代谢

一碳单位（one carbon unit）是部分氨基酸在分解代谢过程中产生的含有一个碳原子的活性基团，其转移或转化过程称为一碳[单位]代谢。

1. 一碳单位种类和来源 体内重要的一碳单位有甲酰基（formyl，$-CHO$）、亚胺甲基（formimino，$-CH=NH$）、次甲基（methenyl，$-CH=$）、亚甲基（methylene，$-CH_2-$）和甲基（methyl，$-CH_3$）（图 10-7），它们主要来自丝氨酸和甘氨酸，少量来自组氨酸和色氨酸。

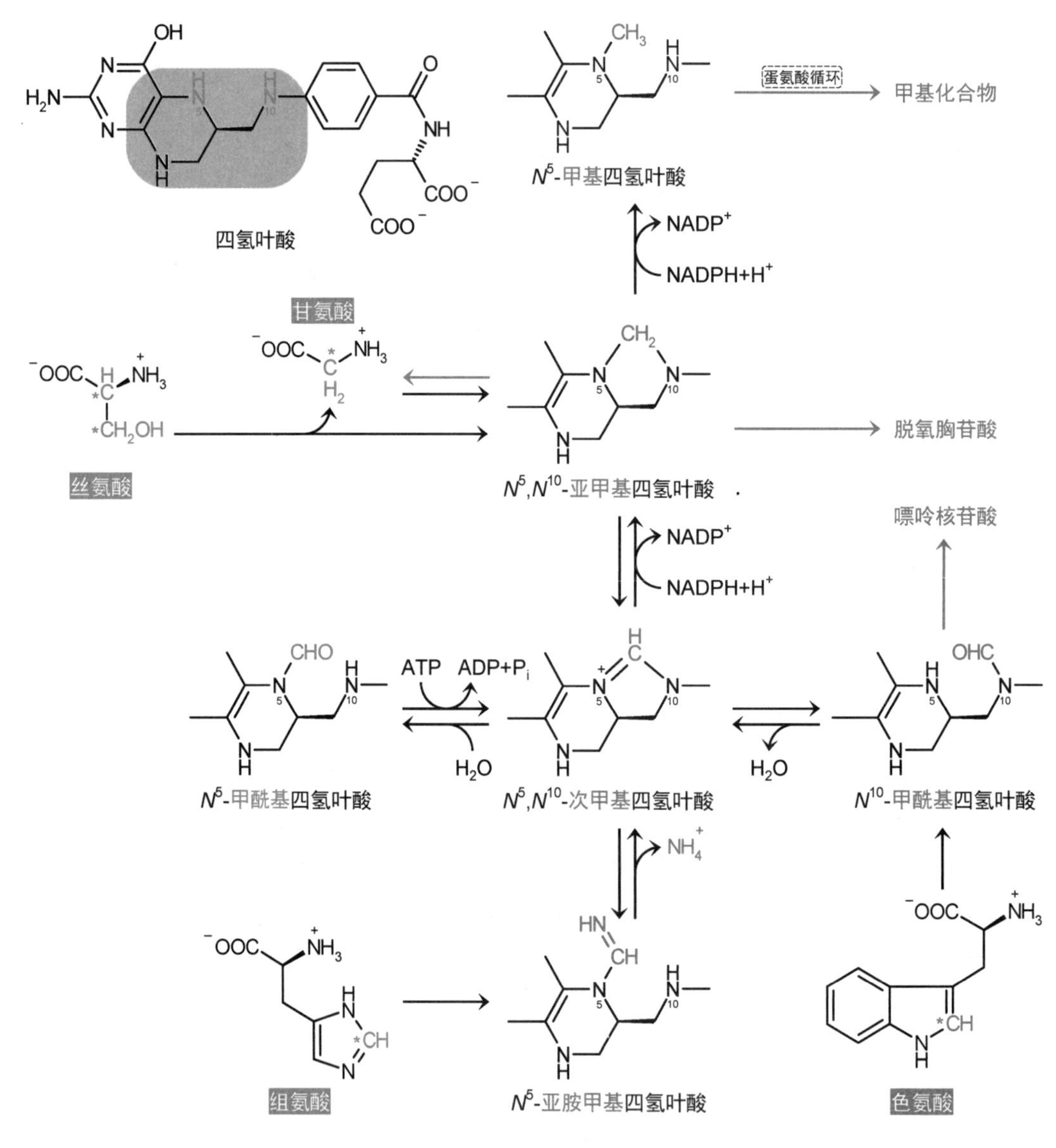

图 10-7 一碳代谢

2. 一碳单位载体 一碳单位是一类基团，由四氢叶酸（FH_4，THF）或钴胺素作为载体传递。四氢叶酸仅在参与一碳代谢时携带一碳单位，否则是空载的。哺乳动物四氢叶酸是由二氢叶酸还原酶催化叶酸经过两步还原反应生成，第一步是生成二氢叶酸。

3. 一碳单位生成 例如丝氨酸和甘氨酸分解生成 N^5,N^{10}-亚甲基四氢叶酸：在丝氨酸羟甲基转移酶的催化下，丝氨酸的羟甲基转移给四氢叶酸，脱水生成 N^5,N^{10}-亚甲基四氢叶酸和甘氨酸；

甘氨酸在甘氨酸裂解酶系的催化下与四氢叶酸反应，生成 N^5,N^{10}-亚甲基四氢叶酸（图 10-7）。

4. 一碳单位相互转化　各种一碳单位所含碳原子的氧化态不同。在一定条件下，多数一碳单位可以通过氧化还原反应相互转化（图 10-7）。不过，由其他一碳单位还原成 N^5-甲基四氢叶酸的反应是不可逆的，即该甲基不能再氧化成其他一碳单位。实际上 N^5-甲基四氢叶酸携带的甲基都是由其他一碳单位还原生成的，而不是从蛋氨酸获得的。相反，该甲基不能直接传递给甲基[接]受体（acceptor），只能通过蛋氨酸循环利用（图 10-8）。

5. 一碳代谢生理意义　①用于合成嘌呤核苷酸和嘧啶核苷酸，其中嘌呤环的 C-2 和 C-8 由 N^{10}-甲酰基四氢叶酸提供，胸苷酸的 5-甲基由 N^5,N^{10}-亚甲基四氢叶酸提供（第十一章，239 页）。②N^5-甲基四氢叶酸通过蛋氨酸循环传递甲基，合成甲基化合物。

如上所述，一碳代谢与核苷酸合成关系密切。当一碳代谢发生障碍或四氢叶酸缺乏时，核苷酸合成会受影响，可引起巨幼细胞性贫血等疾病。磺胺类抗菌药抑菌（第五章，89 页）及甲氨蝶呤类药物抗肿瘤的机制（第十一章，243 页）就是抑制四氢叶酸合成，抑制一碳代谢和核苷酸合成，抑制细菌和肿瘤生长。

三、含硫氨基酸代谢

含硫氨基酸代谢相互联系，丝氨酸合成半胱氨酸所需的硫就是来自蛋氨酸。不过，半胱氨酸不能用于合成蛋氨酸。蛋氨酸是必需氨基酸。

（一）蛋氨酸代谢

蛋氨酸除作为蛋白质的合成原料外，还在蛋氨酸循环中传递甲基，用于合成甲基化合物。

1. 蛋氨酸循环过程　蛋氨酸循环（甲硫氨酸循环，methionine cycle）是一个同型半胱氨酸获得甲基生成蛋氨酸，蛋氨酸传出甲基后再生同型半胱氨酸的过程，是 N^5-甲基四氢叶酸为生物合成提供活性甲基的必由之路，有四氢叶酸、辅酶 B_{12} 参与且消耗 ATP（图 10-8）。

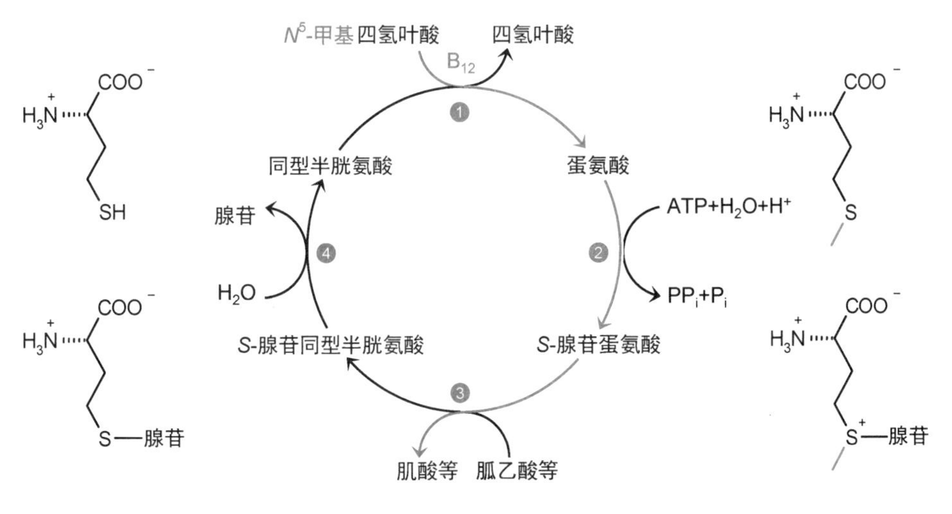

图 10-8　蛋氨酸循环

（1）四氢叶酸再生　N^5-甲基四氢叶酸将甲基传递给同型半胱氨酸（高半胱氨酸），使四氢叶酸再生，反应由细胞质蛋氨酸合成酶（N^5-甲基四氢叶酸转甲基酶）催化，需要维生素 B_{12} 作为辅助因子。注意：不可因有蛋氨酸在此生成而将其归入非必需氨基酸，因为同型半胱氨酸就是蛋氨酸的去甲基化产物，人体内不能合成。

（2）蛋氨酸活化　蛋氨酸与 ATP 反应，生成[*S*-]**腺苷蛋氨酸**（SAM）和 PPP_i，后者进一步水解成和 PP_i 和 P_i，反应由细胞质腺苷蛋氨酸合[成]酶（蛋氨酸腺苷转移酶）催化。

（3）SAM 转甲基　腺苷蛋氨酸称为**活性蛋氨酸**，其甲基称为**活性甲基**（activated methyl），可用于合成一组甲基化合物，反应由相应的甲基转移酶催化。

据统计，体内有 50 多种分子可以从腺苷蛋氨酸获得甲基，合成相应的甲基化合物。例如，磷脂酰乙醇胺、去甲肾上腺素、胍乙酸获得甲基后分别生成磷脂酰胆碱、肾上腺素、肌酸。DNA 碱基、组蛋白、RNA 核糖 2′-羟基、mRNA 5′帽子的甲基化也由 SAM 提供甲基。

腺苷蛋氨酸（XA16）用于治疗肝硬化所致肝内胆汁淤积或妊娠期肝内胆汁淤积。

（4）同型半胱氨酸再生　SAM 供出甲基后生成的腺苷同型半胱氨酸进一步水解脱腺苷，生成同型半胱氨酸（homocysteine），反应由细胞质[*S*-]腺苷同型半胱氨酸酶催化。

2. 蛋氨酸循环生理意义　①再生四氢叶酸，参与其他一碳代谢。②提供活性甲基，合成甲基化合物。

维生素 B_{12} 是蛋氨酸合成酶的辅助因子。当维生素 B_{12} 缺乏时，N^5-甲基四氢叶酸的甲基不能传递出去，既影响甲基化合物的合成，又影响四氢叶酸的再生，进而影响一碳代谢、核苷酸合成，导致核酸合成减少、蛋白质合成减少，细胞分裂减慢。红细胞成熟受到影响，表现为幼红细胞分裂减慢，红细胞体积增大，发生恶性贫血。

3. 同型半胱氨酸降解与半胱氨酸合成　同型半胱氨酸是有毒代谢物，可通过转硫途径清除：①同型半胱氨酸与丝氨酸缩合生成胱硫醚，由胱硫醚 β-合成酶催化。②胱硫醚分解生成半胱氨酸、α-酮丁酸和氨，由胱硫醚 γ-裂合酶催化。胱硫醚 γ-裂合酶是一种多功能酶，还可以催化 2 分子半胱氨酸缩合生成羊毛硫氨酸和 H_2S。H_2S 是一种神经递质，可调节血压、保护神经细胞。

高同型半胱氨酸血症　是指由胱硫醚 β-合成酶、亚甲基四氢叶酸还原酶缺陷或叶酸、维生素 B_{12}、维生素 B_6 缺乏等因素引起功能性叶酸缺乏，同型半胱氨酸代谢障碍，血浆同型半胱氨酸或同型胱氨酸水平升高，超过 15μmol/L。流行病学表明高同型半胱氨酸血症是动脉粥样硬化、冠心病、血栓形成、高血压的危险因素，但尚未阐明是否有因果关系。

（二）半胱氨酸代谢

半胱氨酸代谢生成其他含硫化合物。

1. 氧化脱羧生成牛磺酸　①牛磺酸在肝细胞内参与结合胆汁酸合成及其他生物转化第二相反应（第十四章，279 页）。②牛磺酸在脑组织中含量较高，可能起抑制性神经递质作用。

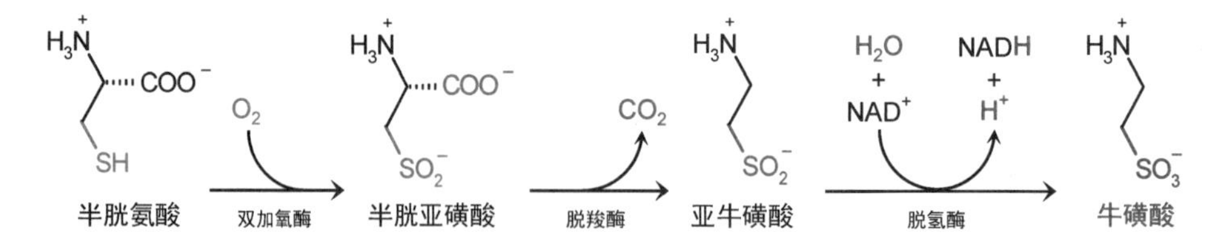

2. 氧化分解产生活性硫酸　半胱氨酸可以氧化脱硫脱氨基，生成丙酮酸、硫酸和氨。一部分硫酸以无机盐形式经肾脏排泄，另一部分与 ATP 反应，生成 **3′-磷酸腺苷-5′-磷酰硫酸**（PAPS），称为**活性硫酸[基]**，反应由双功能 PAPS 合成酶催化。

PAPS 性质活泼，为各种代谢提供活性硫酸：①蛋白多糖合成：合成硫酸软骨素、硫酸角质素和肝素等黏多糖，进而合成蛋白多糖。②蛋白质硫酸化：例如结合到蛋白多糖的酪氨酸羟基上。③生物转化第二相反应：与类固醇或酚类物质结合，促使其经肾脏排泄（第十四章，276 页）。

3'-磷酸腺苷-5'-磷酰硫酸（PAPS）

3. 合成还原型谷胱甘肽　还原型谷胱甘肽（GSH）由谷氨酸、半胱氨酸和甘氨酸合成。

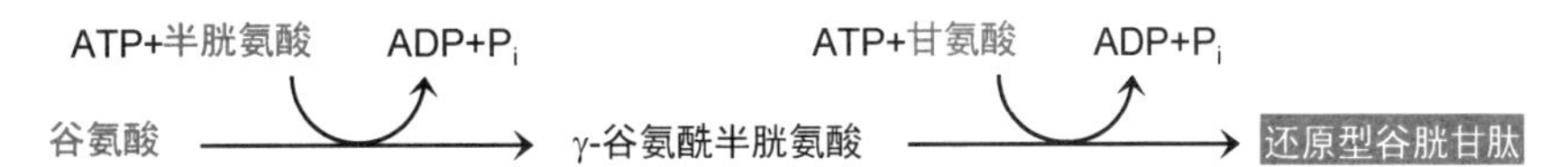

GSH在大多数动物细胞内的浓度高达5mmol/L，至少是氧化型谷胱甘肽（GSSG）的500倍，是重要的抗氧化剂：①保护硒蛋白（包括含硒酶）、巯基蛋白（包括巯基酶），从而维持这些蛋白质的结构和功能。②保护血红素亚铁。③在合成脱氧核苷酸时为谷氧还蛋白传递还原当量。④清除活性氧及其他氧化剂，从而抗氧化损伤。⑤参与生物转化第二相反应，与药物或毒物等结合，抑制这些物质对DNA、RNA、蛋白质结构的破坏和功能的干扰。

GSH（XA05B）临床用于治疗药物性肝损伤或肝功能衰竭。

四、芳香族氨基酸代谢

芳香族氨基酸包括苯丙氨酸、酪氨酸和色氨酸，它们主要在肝中分解。

1. 苯丙氨酸羟化成酪氨酸　反应由苯丙氨酸羟化酶（细胞质酶，同二聚体、同四聚体，以四氢生物蝶呤、Fe^{2+}为辅助因子）催化，且不可逆，故酪氨酸不能生成苯丙氨酸，但补充酪氨酸可“节省”苯丙氨酸。

$NADPH+H^++O_2$　$NADP^++H_2O$　四氢生物蝶呤　苯丙氨酸羟化酶

苯丙氨酸　　酪氨酸

正常人有1/4苯丙氨酸用于合成蛋白质，3/4羟化成酪氨酸，极少量脱氨基生成苯丙酮酸。当先天性缺乏苯丙氨酸羟化酶时，苯丙氨酸不能羟化成酪氨酸。一方面血中苯丙氨酸升高，超过1.2mmol/L（正常水平0.1mmol/L），对中枢神经系统有毒性作用，会影响幼儿脑发育，造成不可逆转的智力低下；另一方面苯丙氨酸脱氨基生成苯丙酮酸。过多的苯丙酮酸及其部分代谢产物（苯乳酸、苯乙酸）会经肾脏排泄，故临床上称为**Ⅰ型苯丙酮尿症**（phenylketonuria，PKU，Ⅱ～Ⅴ型由四氢生物蝶呤合成异常引起）。苯丙酮尿症患者出生时没有症状，但如不接受治疗，出生不到1岁即发病，有1/2患儿寿命不超过20岁，3/4不超过30岁。对这种患儿的治疗原则是早期诊断，严格控制（至少在18岁之前）饮食苯丙氨酸含量，同时补充酪氨酸。

2. 酪氨酸合成甲状腺激素　**甲状腺激素**（thyroid hormone）是甲状腺滤泡细胞合成分泌激素的统称，包括三碘甲状腺原氨酸（T_3）、逆-三碘甲状腺原氨酸（r-T_3，1%，无活性）和四碘甲状

腺原氨酸（T_4，甲状腺素，thyroxine）。T_4合成最多（90%~93%），通常是 T_3（7%~9%）的 7~13 倍，但 T_3活性最高，是 T_4的 4~5 倍。实际上，大部分 T_4都会脱碘转化为 T_3，最终与甲状腺激素受体结合的 90%以上都是 T_3。

四碘甲状腺原氨酸　　三碘甲状腺原氨酸　　逆-三碘甲状腺原氨酸

甲状腺激素的合成原料是甲状腺滤泡细胞甲状腺球蛋白同二聚体。人体甲状腺球蛋白单体（含糖 8%~10%）一级结构含有 2768 个氨基酸残基，其中 Tyr24、Tyr1310、Tyr2573、Tyr2587 可合成四个 T_4，Tyr2766 可合成一个 T_3。甲状腺球蛋白分泌到滤泡腔胶质后，由甲状腺过氧化物酶催化合成甲状腺激素，反应包括生成活性碘，酪氨酸碘化成一碘酪氨酸和二碘酪氨酸，两分子二碘酪氨酸缩合成 T_4，或二碘酪氨酸与一碘酪氨酸缩合成 T_3、r-T_3，需要时水解释放。

甲状腺激素是影响神经系统发育最重要的激素，其分泌受垂体分泌的促甲状腺激素（TSH）调节。促甲状腺激素刺激甲状腺滤泡细胞顶部一侧微绒毛伸出伪足，将含甲状腺球蛋白的胶质吞回滤泡细胞，由溶酶体蛋白酶水解释放甲状腺激素，从滤泡细胞底部分泌入血。

抗甲状腺制剂类（XH03B）甲状腺治疗用药　①甲硫咪唑：药理作用是抑制甲状腺过氧化物酶，从而抑制甲状腺激素合成。②丙硫氧嘧啶：药理作用是抑制 T_4 在外周组织脱碘生成 T_3。

3. 酪氨酸合成儿茶酚胺　在神经组织（黑质纹状体系统）和肾上腺髓质中含有一种称为嗜铬细胞的神经内分泌细胞，可从血液摄取酪氨酸，由酪氨酸羟化酶催化羟化，生成 3,4-二羟苯丙氨酸（L-多巴，L-dihydroxyphenylalanine，L-DOPA）。L-多巴由多巴脱羧酶（以磷酸吡哆醛为辅基）催化脱羧生成多巴胺（dopamine）。多巴胺由多巴胺 β-羟化酶催化羟化，生成去甲肾上腺素（norepinephrine）。去甲肾上腺素由 *N*-甲基转移酶催化从 SAM 获得甲基，生成肾上腺素（epinephrine）。多巴胺、去甲肾上腺素和肾上腺素都是具有儿茶酚结构的胺类物质，故统称**儿茶酚胺**（catecholamine）。肾上腺儿茶酚胺的 80%是肾上腺素。

酪氨酸羟化酶（tyrosine hydroxylase）以四氢生物蝶呤作为辅助因子，是控制儿茶酚胺合成的关键酶，受儿茶酚胺的反馈抑制，受蛋白激酶 A 和钙调蛋白激酶Ⅱ磷酸化激活。

脑细胞和其他神经细胞合成的儿茶酚胺是兴奋性神经递质，肾上腺髓质合成的去甲肾上腺素和肾上腺素是激素。去甲肾上腺素（XC01C）是临床上常用的升压药物。多巴胺缺乏是**帕金森病**（parkinsonism，震颤麻痹，paralysis agitans）发生的重要原因。多巴胺、去甲肾上腺素和肾上腺素均为心脏兴奋药（XC01C）。A. Garlsson 因阐明多巴胺功能而获得 2000 年诺贝尔生理学或医学奖。

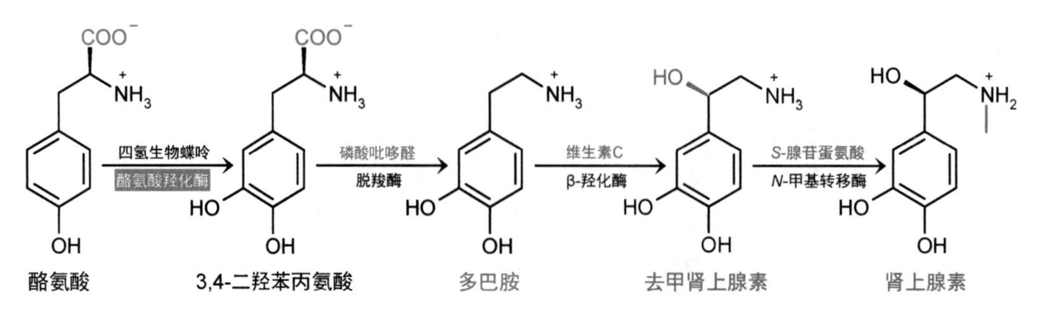

肝性脑病时中枢神经系统多巴胺缺乏，需要补充，但多巴胺不能通过血脑屏障，故不能直接补充，可补充能通过血脑屏障的L-多巴，由脑细胞L-多巴脱羧酶催化脱羧生成多巴胺起作用。L-多巴药品名称左旋多巴（XN04BA），临床作为抗帕金森[氏]病药（XN04）。L-多巴脱羧酶存在于所有组织。α-甲基多巴为抗肾上腺素能类抗高血压药（XC02A），作用机制是竞争性抑制L-多巴脱羧酶。

4. 酪氨酸合成黑色素　在皮肤和毛囊等的黑色素细胞内，在酪氨酸酶（tyrosinase，一种含Cu^{2+}的羟化酶，是关键酶）的催化下，酪氨酸发生羟化反应生成3,4-二羟苯丙氨酸（多巴），再通过氧化、脱羧等反应生成吲哚-5,6-醌，聚合成黑色素，成为这些组织中色素的来源。

酪氨酸 —酪氨酸酶→ 3,4-二羟苯丙氨酸 —酪氨酸酶→ 多巴醌 ----→ 吲哚-5,6-醌 ----→ 黑色素

酪氨酸酶缺乏导致黑色素合成障碍，毛发、皮肤等发白，称为白化病（albinism）。患者对阳光敏感，易患皮肤癌。

5. 酪氨酸氧化分解　酪氨酸可以完全分解，即由酪氨酸转氨酶（缺陷致Ⅱ型酪氨酸血症，以下同）催化脱氨基生成对羟基苯丙酮酸，对羟基苯丙酮酸氧化酶（新生儿酪氨酸血症）催化氧化脱羧生成尿黑酸，尿黑酸氧化酶（尿黑酸尿症）催化氧化成马来酰乙酰乙酸，马来酰乙酰乙酸异构酶（以GSH为辅助因子）催化异构成延胡索酰乙酰乙酸，延胡索酰乙酰乙酸酶（Ⅰ型酪氨酸血症）催化水解成延胡索酸和乙酰乙酸，以上反应发生在细胞质。

酪氨酸 → 对羟苯丙酮酸 → 尿黑酸 —尿黑酸氧化酶→ 马来酰乙酰乙酸 → 延胡索酰乙酰乙酸 → 延胡索酸 + 乙酰乙酸

先天性缺乏尿黑酸氧化酶（尿黑酸双加氧酶）者的尿黑酸只能经肾脏排泄，被氧化后呈黑色，故称尿黑酸尿症（alkaptonuria）。患者的骨等结缔组织会有广泛的黑色物质沉积，患关节炎和褐黄病（ochronosis）。

6. 色氨酸氧化分解　①先分解成丙酮酸和乙酰乙酰辅酶A，再完全氧化，其中C-5作为一碳单位提供给四氢叶酸。②合成部分维生素PP。因为色氨酸是必需氨基酸，且在食物蛋白中常为第一限制氨基酸，因此维生素PP合成量很少，仍需从食物中摄取。

芳香族氨基酸及其腐败产物的代谢和转化主要在肝脏进行，所以肝性脑病患者血液芳香族氨

基酸水平升高。

五、甘氨酸代谢

甘氨酸本身就是活性物质，例如位于脊髓前角的闰绍细胞释放的甘氨酸就是抑制性神经递质。此外，甘氨酸还用于合成其他活性物质：①参与一碳代谢。②与谷氨酸、半胱氨酸合成GSH。③与精氨酸、腺苷蛋氨酸合成肌酸。④与谷氨酰胺、天冬氨酸等合成嘌呤核苷酸（第十一章，235 页）。⑤与琥珀酰辅酶 A 合成血红素（第十三章，267 页）。⑥参与生物转化第二相反应，合成结合胆汁酸、马尿酸等（第十四章，276 页）。其中肌酸合成如下：

$H_3\overset{+}{N}CH_2COO^-$ 甘氨酸 —（精氨酸 → 鸟氨酸）→ 胍基乙酸 —（*S*-腺苷蛋氨酸 → *S*-腺苷同型半胱氨酸）→ 肌酸

先天性肌酸合成或摄取缺陷者会有严重智力障碍、癫痫，核磁共振分析脑肌酸极度低下。补充肌酸提高其脑肌酸、磷酸肌酸水平，上述症状可有一定改善。

六、精氨酸代谢

精氨酸氧化生成一氧化氮（NO），反应由血管内皮细胞一氧化氮合酶（nitric oxide synthase，NOS）催化。NO 是重要的气体信号分子，如血管内皮细胞 NO 可迅速扩散至皮下平滑肌细胞，激活蛋白激酶 G 途径，松弛平滑肌，舒张血管。硝酸甘油等（XC01D）用于治疗心脏疾病的血管扩张药就是通过分解产生 NO 发挥作用的。

精氨酸 —（O_2 + NADPH → H_2O + $NADP^+$）→ *N*-羟基精氨酸 —（½H^+ + O_2 + ½NADPH → NO + H_2O + ½$NADP^+$）→ 瓜氨酸

第四节　激素对蛋白质代谢的调节

正常人每日组织蛋白代谢量基本稳定。有许多激素可以调节蛋白质代谢，特别是胰岛素、生长激素、性激素、甲状腺激素、肾上腺素和糖皮质激素等。

1. 胰岛素　可通过信号转导使肝细胞等通过易化扩散加快氨基酸摄取，促进组织蛋白合成，抑制组织蛋白分解，抑制氨基酸生糖，是促进组织蛋白合成不可缺少的激素。

2. 生长激素　可促进各种细胞氨基酸摄取，促进组织蛋白合成。

3. 性激素　可通过不同途径促进组织蛋白合成，抑制氨基酸分解。其中雌激素促进子宫氨基酸摄取，睾酮可使骨骼肌蛋白增加 30%~50%。

4. 甲状腺激素　调节效应因激素水平而异，正常水平促进组织蛋白合成，高水平（如甲亢）

则促进组织蛋白分解，增加血尿素氮（第十三章，266页）。

5. 肾上腺素和糖皮质激素　可促进组织蛋白分解，糖皮质激素还促进肝细胞摄取氨基酸并生糖。

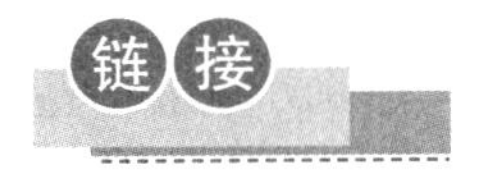

慢性肾功能衰竭的中药治疗

慢性肾功能衰竭（chronic renal failure，CRF）是指原发性或继发性肾脏疾患造成肾结构和功能损害，引起一系列代谢紊乱和临床症状的一组综合征。中西医结合非透析疗法可以缓解症状，与透析疗法相结合能保护肾功能，延缓病情进展，推迟必须透析或移植的时间等。

探讨慢性肾功能衰竭进行性恶化的机制，寻找有效方药早期预防、延缓或阻止慢性肾功能衰竭病情进展，这是中西医结合研究的重要课题。研究表明，大黄等药物对慢性肾功能衰竭的多种病理机制都有不同程度的改善作用。

大黄主要功效为泻下攻积，清热泻火，凉血解毒，逐瘀通经，利湿退黄，是治疗慢性肾功能衰竭的有效药物之一，不论是其单味药，还是复方，都有较显著的疗效。大黄治疗慢性肾功能衰竭的机制包括以下几方面。

1. 影响氮代谢　促进血浆蛋白合成，抑制肌动蛋白和肌球蛋白分解，从而使尿素合成减少，血尿素氮（BUN）下降。

2. 抑制肾代谢　从而缓解慢性肾功能衰竭进展。

3. 抑制系膜细胞增殖　既直接抑制肾小球系膜细胞增殖，又拮抗白介素2（IL-2）和促肾生长因子对系膜细胞增殖的促进作用，延缓肾小球硬化。

4. 纠正脂质代谢紊乱　延缓慢性肾功能衰竭进展。

5. 促进肠道排泄肌酐和尿素等非蛋白氮　减轻肾脏排泄负荷。

6. 其他作用　大黄在抗凝血、血液流变、消炎、免疫调节等方面的作用对慢性肾功能衰竭进展可能也有影响。

小结

机体蛋白质代谢状况可用氮平衡评价。食物蛋白的营养价值取决于其所含必需氨基酸的种类、含量和比例是否与人体需要一致，食物蛋白消化吸收率。将几种营养价值较低的食物蛋白搭配食用，可使必需氨基酸相互补充，营养价值得到提高。

食物蛋白主要在小肠的十二指肠和空肠部位消化和吸收，消化产物是氨基酸和部分寡肽，消化过程由胰腺和小肠上皮细胞合成分泌的多种蛋白酶和肽酶催化，消化产物氨基酸大部分通过继发性主动转运机制吸收。少量未被消化的食物蛋白和未被吸收的消化产物在大肠下部受肠道细菌腐败作用，进行分解。腐败产物中既有营养成分，又有有害成分，后者吸收后通常会被肝细胞摄取并转化解毒。

氨基酸的一般代谢通常是指氨基酸脱氨基生成α-酮酸和氨。脱氨基以转氨酶和谷氨酸脱氢酶催化的联合脱氨基为主。

除氨基酸脱氨基外，体内其他代谢也产生一部分氨。各组织代谢产生的氨以谷氨酰胺的形式通过血液运到肝脏或肾脏，或以丙氨酸的形式运到肝脏。这些氨一部分用于合成其他含氮化合物，其余排出体外，并且大部分先在肝脏合成尿素，经肾脏排泄。

尿素在肝细胞线粒体内和细胞质中通过尿素循环合成。尿素合成受氮摄入量及氨甲酰磷酸合成酶Ⅰ和精氨琥珀酸合成酶调节。

氨基酸脱氨基之后生成的α-酮酸可以氧化供能、合成糖和脂质。

有些氨基酸通过特殊代谢产生一些具有重要生理功能的含氮化合物。

部分氨基酸由氨基酸脱羧酶（以磷酸吡哆醛为辅基）催化脱羧生成的胺具有重要的生理功能，如γ-氨基丁酸、5-羟色胺、组胺、多胺等。

部分氨基酸通过分解代谢产生一碳单位，由四氢叶酸或钴胺素传递，参与合成嘌呤核苷酸、嘧啶核苷酸、甲基化合物等。

含硫氨基酸代谢相互联系。蛋氨酸在蛋氨酸循环中传递甲基，用于合成甲基化合物；半胱氨酸氧化脱羧生成的牛磺酸既参与生物转化第二相反应，又在脑组织中起抑制性神经递质作用；半胱氨酸氧化分解产生的活性硫酸参与蛋白多糖合成、蛋白质硫酸化、生物转化第二相反应；半胱氨酸参与合成的 GSH 是重要的抗氧化剂。

芳香族氨基酸中的苯丙氨酸可以羟化成酪氨酸，后者进一步代谢生成甲状腺激素、儿茶酚胺（多巴胺、去甲肾上腺素和肾上腺素）等重要的活性物质，或合成黑色素。

甘氨酸既是抑制性神经递质，又参与一碳代谢，还用于合成 GSH、肌酸、嘌呤核苷酸、血红素、结合胆汁酸等。

讨论

1. 假如膳食中缺乏天冬氨酸，机体是否会出现天冬氨酸缺乏的现象？为什么？
2. 必需氨基酸为何不能在人体内合成？
3. 肝性脑病的假性神经递质学说、氨中毒学说。
4. 联合脱氨基过程、催化反应的酶、需要的辅助因子、意义。
5. 血氨来源、去路、运输机制。
6. 鸟氨酸循环、蛋氨酸循环过程和意义。
7. 下列各化合物完全氧化时 ATP 合成量：丙氨酸、谷氨酸、天冬氨酸。
8. 维生素 B_{12} 缺乏导致恶性贫血的生化机制。
9. 苯丙酮尿症虽为遗传代谢病，但并不少见，我国 PKU 的患病率约为 10^{-4}，请你针对其分型、诊断、检查指标、治疗、预后及预防进行科普性综述。

第十一章
核苷酸代谢

扫一扫，查阅本章数字资源，含PPT、音视频、图片等

核苷酸可来自食物核酸消化吸收，但主要由机体自身合成。食物中的核酸以核蛋白形式存在。核蛋白在胃内受胃酸作用，解离成核酸和蛋白质。食物核酸的消化和吸收主要在小肠内进行，其消化过程由来自胰腺的多种水解酶催化进行（图 11-1）。

核酸 $\xrightarrow{\text{核酸酶}}$ 核苷酸 $\xrightarrow{\text{核苷酸酶}}$ 核苷 + 磷酸 $\xrightarrow{\text{核苷磷酸化酶}}$ 碱基 + 1-磷酸戊糖

图 11-1　核酸消化

核苷酸及其水解产物都能被吸收，吸收后可进一步分解，或用于合成核苷酸、核酸。

第一节　核苷酸合成代谢

核苷酸通过细胞质中的两条途径合成：①从头合成途径（*de novo* pathway），是指机体以 5-磷酸核糖、氨基酸、一碳单位和 CO_2 等简单小分子为原料，通过一系列酶促反应合成核苷酸，是机体、特别是肝脏、小肠上皮和胸腺合成核苷酸的主要途径。②补救途径（salvage pathway），是指机体直接利用核苷酸分解生成的中间产物（碱基和核苷），通过简单反应合成核苷酸，是脑细胞合成嘌呤核苷酸的主要途径，骨髓、中性粒细胞的唯一途径。

一、嘌呤核苷酸从头合成途径

嘌呤核苷酸从头合成途径的主要特点：嘌呤碱基是在 5-磷酸核糖焦磷酸（PRPP）的基础上逐步合成的，嘌呤碱基的九个杂环原子分别来自谷氨酰胺、天冬氨酸、甘氨酸、一碳单位（甲酰基）和 CO_2（图 11-2）。

图 11-2　嘌呤碱杂环原子来源

嘌呤核苷酸的从头合成途径可分为两个阶段：第一阶段合成肌苷酸（IMP），第二阶段由 IMP 合成一磷酸腺苷（AMP）和一磷酸鸟苷（GMP）。

1. 合成 IMP　从 5-磷酸核糖（R-5-P，来自磷酸戊糖途径）合成 5-磷酸核糖焦磷酸开始，经过 11 步反应生成 IMP（图 11-3）。

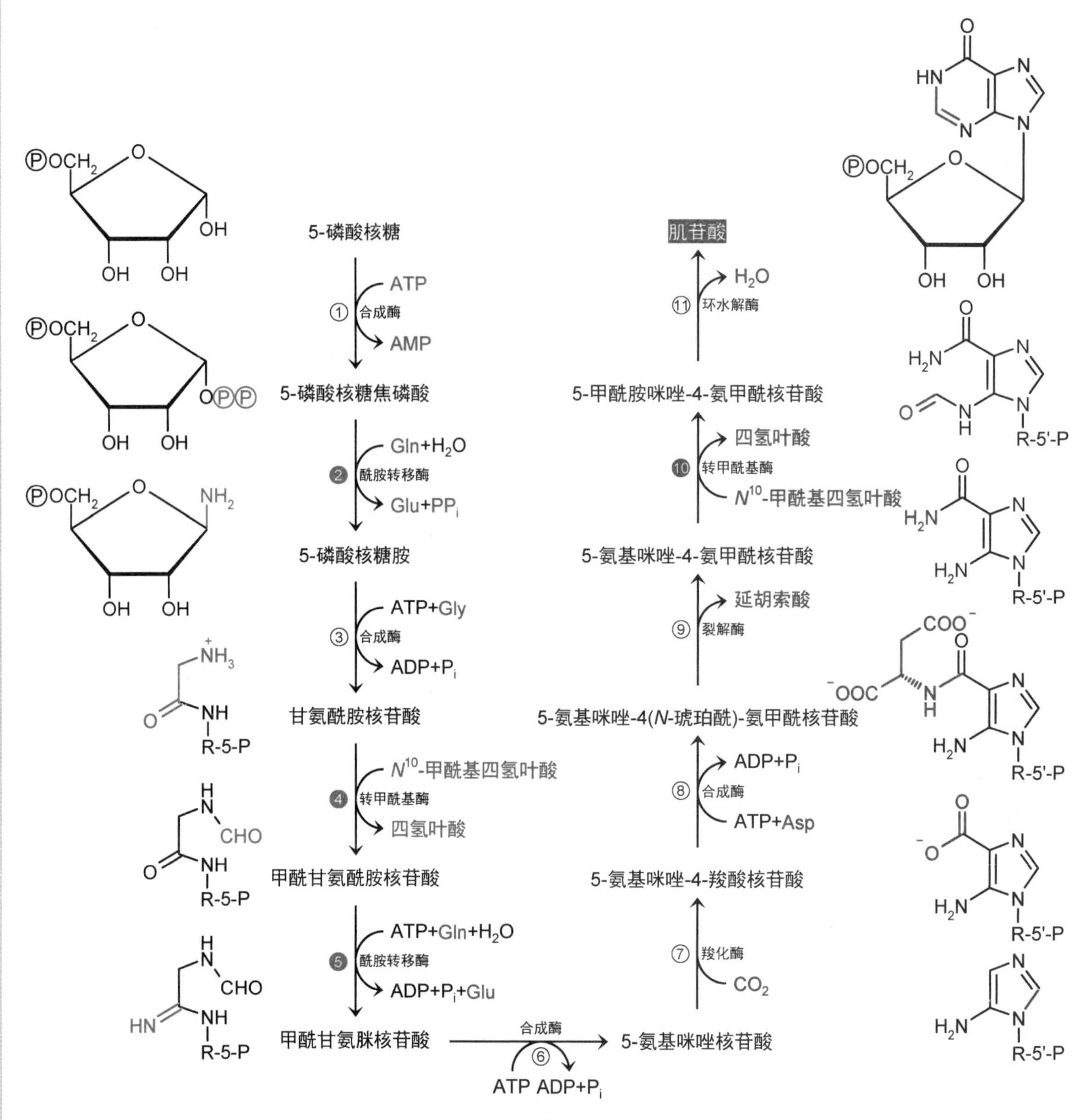

图 11-3 肌苷酸从头合成

5-磷酸核糖由磷酸核糖焦磷酸合成酶（磷酸核糖焦磷酸激酶，被 Mg^{2+} 和磷酸激活）催化生成 5-磷酸核糖焦磷酸（①），由谷氨酰胺提供氨基生成 5-磷酸核糖胺（②，关键步骤），然后与甘氨酸缩合（③）并从 N^{10}-甲酰基四氢叶酸获得甲酰基，生成甲酰甘氨酰胺核苷酸（④），再从谷氨酰胺获得氨基（⑤），脱水环化生成 5-氨基咪唑核苷酸（⑥），至此合成了嘌呤环中的咪唑环部分。5-氨基咪唑核苷酸被 CO_2 羧化后（⑦）从天冬氨酸获得氨基（⑧⑨），然后从 N^{10}-甲酰基四氢叶酸获得甲酰基（⑩），脱水环化生成 IMP（⑪）。

2. 合成 AMP 和 GMP IMP 是嘌呤核苷酸从头合成途径重要的中间产物，是 AMP 和 GMP 的前体：①IMP 从天冬氨酸获得氨基生成 AMP，反应消耗 GTP。②IMP 氧化成黄嘌呤核苷酸（XMP），然后从谷氨酰胺获得氨基生成 GMP，反应消耗 ATP（图 11-4）。

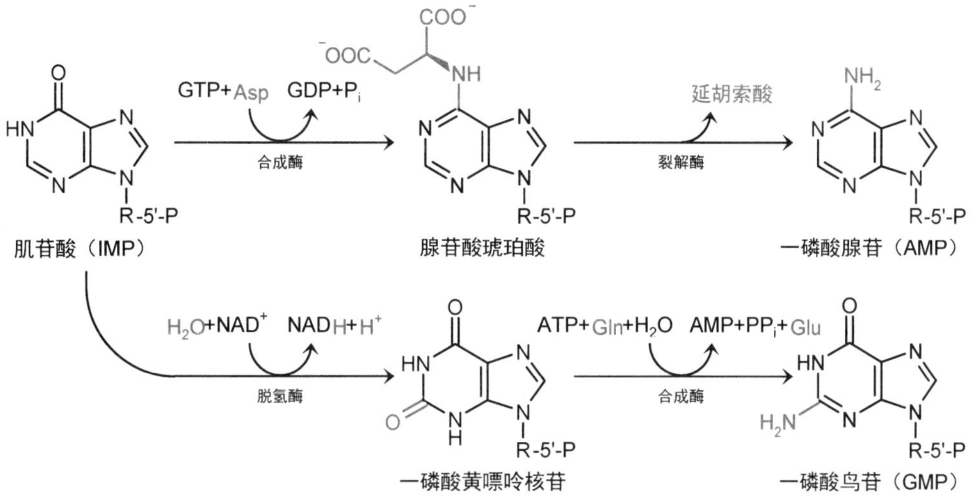

图 11-4 一磷酸腺苷和一磷酸鸟苷合成

二、嘧啶核苷酸从头合成途径

嘧啶核苷酸从头合成途径的主要特点：先合成嘧啶碱基，再与5-磷酸核糖焦磷酸缩合，合成一磷酸尿苷（UMP）。嘧啶碱基的六个杂环原子分别来自谷氨酰胺、天冬氨酸和 CO_2（图 11-5）。

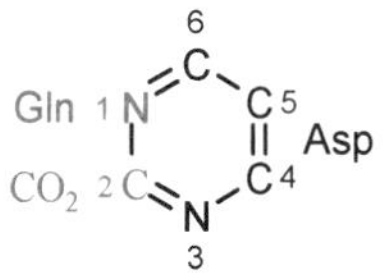

图 11-5 嘧啶碱杂环原子来源

嘧啶核苷酸的从头合成途径可分为两个阶段：第一阶段合成一磷酸尿苷（UMP），第二阶段由 UMP 合成三磷酸胞苷（CTP）。

1. 合成 UMP 在细胞质中，谷氨酰胺和 CO_2 由**氨甲酰磷酸合成酶Ⅱ**催化合成氨甲酰磷酸。氨甲酰磷酸通过 3 步反应合成含嘧啶环的乳清酸。乳清酸与5-磷酸核糖焦磷酸缩合并脱羧生成 UMP（图 11-6）。

值得注意的是：①尿素循环中也有氨甲酰磷酸合成，但合成部位是线粒体，催化反应的酶是氨甲酰磷酸合成酶Ⅰ，两者不可混淆。②催化二氢乳清酸脱氢的二氢乳清酸脱氢酶是线粒体酶，以 FMN 为辅基，醌类为受氢体。

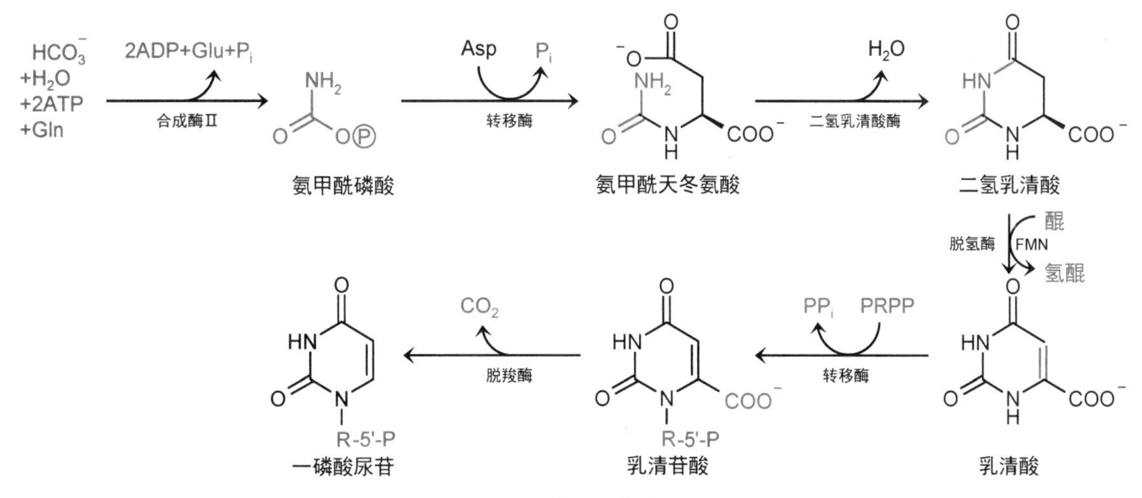

图 11-6 一磷酸尿苷从头合成

2. 合成 CTP UMP 依次由尿苷酸激酶催化磷酸化生成 UDP、核苷二磷酸激酶催化磷酸化生

成 UTP。UTP 从谷氨酰胺获得酰氨基（也可直接利用氨）生成 CTP，反应由 CTP 合成酶催化，消耗 ATP。

$$\text{三磷酸尿苷（UTP）} \xrightarrow[\text{CTP合成酶}]{Gln+ATP+H_2O \quad Glu+ADP+P_i} \text{三磷酸胞苷（CTP）}$$

三、核苷酸补救途径

有些组织可通过补救途径合成核苷酸，所需碱基、核苷可由肝组织提供。补救途径包括三类反应：

1. **碱基** 与 5-磷酸核糖焦磷酸缩合成核苷酸，反应由碱基磷酸核糖转移酶催化：

$$\text{碱基} + \text{5-磷酸核糖焦磷酸} \rightarrow \text{核苷酸} + PP_i$$

2. **胸腺嘧啶** 与 1-磷酸脱氧核糖缩合成胸苷，反应由胸苷磷酸化酶催化：

$$\text{胸腺嘧啶} + \text{1-磷酸脱氧核糖} \rightarrow \text{脱氧胸苷} + P_i$$

3. **核苷** 磷酸化生成核苷酸，反应由核苷激酶催化：

$$\text{核苷} + ATP \rightarrow \text{核苷酸} + ADP$$

可以通过补救途径合成核苷酸的碱基、核苷及催化反应的酶见表 11-1。

表 11-1 人体内核苷酸补救途径一览

碱基	酶	产物	核苷	酶	产物
腺嘌呤	腺嘌呤磷酸核糖转移酶	AMP	腺苷	腺苷激酶	AMP
鸟嘌呤	次黄嘌呤鸟嘌呤磷酸核糖转移酶	GMP	鸟苷	-	-
次黄嘌呤	次黄嘌呤鸟嘌呤磷酸核糖转移酶	IMP	肌苷	-	-
黄嘌呤	-	-	黄嘌呤核苷	-	-
尿嘧啶	尿苷磷酸化酶	尿苷	尿苷	尿苷-胞苷激酶	UMP
胞嘧啶	-	-	胞苷	尿苷-胞苷激酶	CMP
胸腺嘧啶	胸苷磷酸化酶	脱氧胸苷	脱氧胸苷	胸苷激酶	dTMP
			dC/dG/dA	脱氧胞苷激酶	dCMP/dGMP/dAMP
			dG	脱氧鸟苷激酶	dGMP

脑细胞嘌呤核苷酸从头合成途径的酰胺磷酸核糖转移酶活性低下，主要通过补救途径合成嘌呤核苷酸；骨髓、中性粒细胞和红细胞等没有该酶，只能通过补救途径合成嘌呤核苷酸。对于这些细胞来说，通过补救途径合成嘌呤核苷酸可以节约能量和原料。

胸苷激酶（thymidine kinase，TK） 在静息细胞中活性很低，在恶性肿瘤细胞中活性明显增强，并且与肿瘤的恶性程度相关。此外，胸苷激酶基因是重组 DNA 技术常用的报告基因。

腺嘌呤磷酸核糖转移酶缺乏　人体缺乏腺嘌呤磷酸核糖转移酶（adenine phosphoribosyltransferase，APRT，16q24.3）造成腺嘌呤的代谢产物2,8-二羟腺嘌呤积累形成结石，导致尿石症、肾衰竭等，是一种常染色体隐性遗传病。

自毁容貌症　脑细胞主要通过补救途径合成嘌呤核苷酸。自毁容貌症患者次黄嘌呤鸟嘌呤磷酸核糖转移酶（Xq26.2-q26.3）缺乏，导致脑细胞嘌呤核苷酸不足。ATP和ADP是信号分子，通过激活GPCR调节神经细胞多巴胺分泌；GTP是G蛋白激活剂。因此，ATP、ADP和GTP缺乏导致神经细胞多巴胺分泌失调。患者中枢神经系统2~3岁即开始受损，表现为咬指、咬唇等自残行为及攻击行为，智力缺陷，伴有高尿酸血症，进而出现肾结石、痛风等，称为**自毁容貌症**（Lesch-Nyhan syndrome），是一种X连锁隐性遗传病。

四、三磷酸核苷合成

一磷酸（脱氧）核苷（NMP/dNMP）在各自的核苷酸激酶的催化下从ATP获得高能磷酸基团，生成相应的二磷酸（脱氧）核苷（NDP/dNDP）。二磷酸（脱氧）核苷（ADP除外）由同一种核苷二磷酸激酶（二磷酸核苷激酶）催化从ATP获得高能磷酸基团，生成相应的三磷酸（脱氧）核苷（NTP/dNTP）。ADP则通过底物水平磷酸化或氧化磷酸化生成ATP。NTP是RNA的合成原料。

NMP ⇌（ATP→ADP，核苷酸激酶）NDP ⇌（ATP→ADP，核苷二磷酸激酶）NTP →（RNA聚合酶）RNA

五、脱氧核苷酸合成

核糖核苷酸还原成脱氧核苷酸，还原反应在二磷酸核苷水平上进行，由NADPH提供还原当量（谷胱甘肽、FAD、谷氧还蛋白和硫氧还蛋白参与还原当量传递），由核苷酸还原酶催化。生成的二磷酸脱氧核苷（dNDP）再由核苷二磷酸激酶催化磷酸化，生成三磷酸脱氧核苷（dNTP）。dNTP是DNA的合成原料。以脱氧腺苷酸为例，反应如下：

二磷酸腺苷（ADP）→（NADPH+H^+→$NADP^+$+H—O—H，核苷酸还原酶）二磷酸脱氧腺苷（dADP）⇌（ATP→ADP，核苷二磷酸激酶）dATP →（DNA聚合酶）DNA

羟基脲（XL01XX）　是尿素的羟基取代物，核苷酸还原酶抑制剂，用于治疗慢性粒细胞白血病。

脱氧胸苷酸（dTMP）是由脱氧尿苷酸（dUMP，来自dUDP水解或dCMP脱氨基）通过一碳代谢生成的，一碳单位由N^5,N^{10}-亚甲基四氢叶酸提供，反应由胸苷酸合成酶催化。dTMP进一步磷酸化生成dTTP，用于合成DNA。dUMP还可由线粒体dUTPase催化水解dUTP生成。dUTP有两个来源：①UDP脱氧生成dUDP，磷酸化生成dUTP。②CDP脱氧生成dCDP，磷酸化生成dCTP，脱氨基生成dUTP。

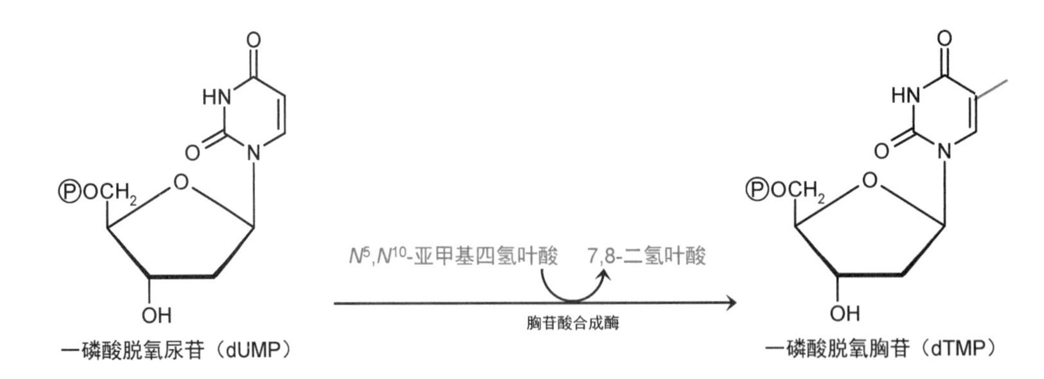

核苷酸合成一览见图 11-7。

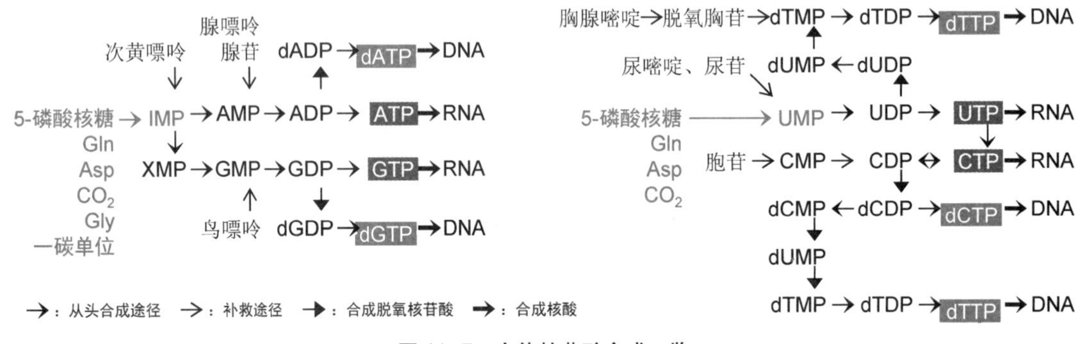

图 11-7 人体核苷酸合成一览

六、核苷酸合成调节

从头合成途径是核苷酸的主要来源，但从头合成途径消耗大量的合成原料和高能化合物，因此必需受到调节，既满足需要，又避免浪费。核苷酸合成调节的核心机制是反馈抑制。

1. 嘌呤核苷酸从头合成调节 嘌呤核苷酸从头合成途径的关键酶都是变构酶，以代谢途径下游产物为变构抑制剂（表 11-2），受反馈调节，包括以下三种机制（图 11-8）。

表 11－2 嘌呤核苷酸从头合成途径关键酶

关键酶	变构抑制剂	关键酶	变构抑制剂
①磷酸核糖焦磷酸合成酶	ADP、GDP	③腺苷酸琥珀酸合成酶	AMP
②谷氨酰胺磷酸核糖焦磷酸酰胺转移酶	IMP、AMP、GMP	④肌苷酸脱氢酶	GMP

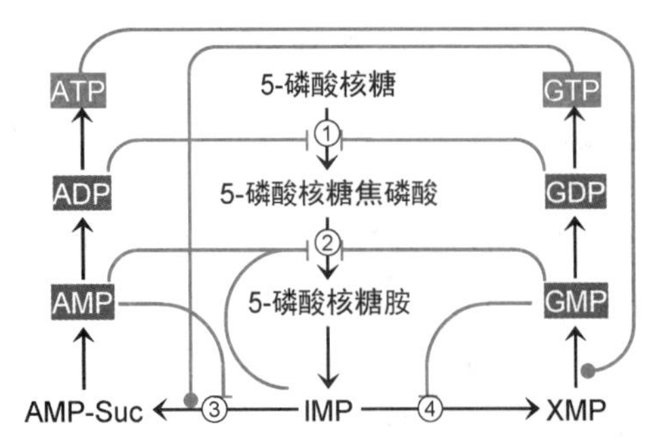

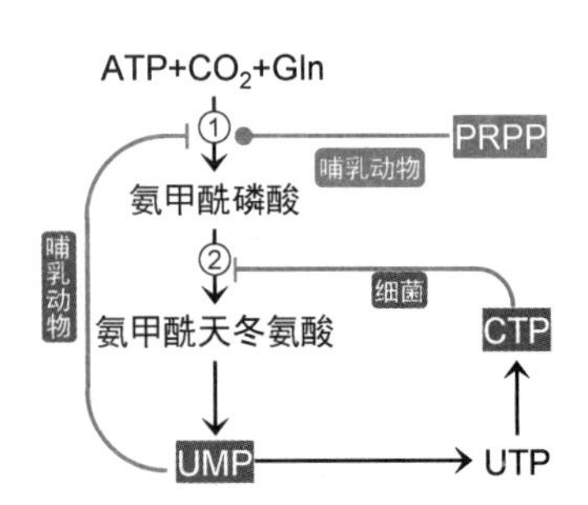

图 11-8 核苷酸从头合成调节

（1）总体调节 磷酸核糖焦磷酸合成酶和谷氨酰胺磷酸核糖焦磷酸酰胺转移酶（[4Fe-4S]

铁硫蛋白同四聚体，需要 Mg^{2+}）催化的反应发生在嘌呤核苷酸从头合成途径第一阶段的上游，ADP、GDP、IMP、AMP、GMP 都可以调节其活性，而且这种调节对 AMP 和 GMP 的合成都有影响，其中 AMP 和 GMP 对谷氨酰胺磷酸核糖焦磷酸酰胺转移酶的变构抑制具有协同性。

（2）分支调节　腺苷酸琥珀酸合成酶和肌苷酸脱氢酶催化的反应发生在嘌呤核苷酸从头合成途径第二阶段的起点，它们被各自下游产物调节，而且这种调节只会影响各自下游产物的合成：AMP 调节腺苷酸琥珀酸合成酶只抑制 AMP 合成，GMP 调节肌苷酸脱氢酶只抑制 GMP 合成。

（3）交叉调节　嘌呤核苷酸从头合成途径第二阶段两个代谢分支的最终产物均促进对方的合成：XMP 合成 GMP 时需要 ATP，IMP 合成 AMP 时需要 GTP。因此，ATP 促进 GMP（进而 GTP）的生成，GTP 促进 AMP（进而 ATP）的生成。这种交叉调节对维持 ATP 与 GTP 水平的平衡具有重要意义。

此外，①人体嘌呤核苷酸从头合成途径的 11 步反应中有 7 步是由 3 种多功能酶催化的（反应③④⑥、⑦⑧、⑩⑪），这种形式非常有利于均衡控制嘌呤核苷酸的合成。②嘌呤核苷酸从头合成途径的中间产物很不稳定，一旦脱离酶蛋白，就会被水解。实际上，在嘌呤核苷酸从头合成途径启动时，催化反应的酶系会形成称为**嘌呤体**（purinosome）的多酶复合体，因而中间产物可以从一个活性中心直接进入下一个活性中心而不会脱离酶蛋白。

值得注意的是：实施反馈调节的核苷酸既可来自从头合成途径，又可来自补救途径。

2. 嘧啶核苷酸从头合成调节　原核生物和真核生物嘧啶核苷酸的从头合成有不同的调节机制（图 11-8）。

（1）细菌嘧啶核苷酸从头合成途径关键酶　是天冬氨酸转氨甲酰酶（天冬氨酸氨甲酰基转移酶，ATCase），该酶是一种十二聚体变构酶（$2C_3:3R_2$），有六个活性中心和六个调节位点，被合成途径最终产物 CTP 变构抑制（反馈抑制），被 ATP 变构激活（图 11-8 右②）。

（2）哺乳动物嘧啶核苷酸从头合成途径关键酶　是氨甲酰磷酸合成酶Ⅱ，是变构酶，以 PRPP 为变构激活剂，UMP 和 UTP 为变构抑制剂（图 11-8 右①）。

此外，人体嘧啶核苷酸从头合成途径的前六步反应中有五步反应是由两种多功能酶催化的，这种形式非常有利于均衡控制嘧啶核苷酸的合成：①CAD 蛋白：含依赖谷氨酰胺的氨甲酰磷酸合成酶Ⅱ、天冬氨酸转氨甲酰酶和二氢乳清酸酶活性中心，而且形成同六聚体。②UMP 合成酶：含乳清酸磷酸核糖转移酶和乳清苷酸脱羧酶活性中心，而且形成同二聚体。

3. 脱氧核苷酸合成调节　大肠杆菌核苷酸还原酶是一种具有相对专一性的变构酶，四种二磷酸核苷都是它的底物。该酶有两种调节位点，一种位点控制酶活性，以 dATP 为抑制剂、ATP 为激活剂。另一种位点控制底物特异性，在结合 dATP 或 ATP 时促进 UDP 和 CDP 脱氧，结合 dTTP 时抑制 UDP 和 CDP 脱氧、促进 GDP 脱氧，结合 dGTP 时促进 ADP 脱氧。

第二节　核苷酸分解代谢

核苷酸由核苷酸酶催化水解成核苷和磷酸，核苷（不包括腺苷）由核苷磷酸化酶催化磷酸解生成碱基和 1-磷酸（脱氧）核糖，碱基可以进一步代谢。

1. 嘌呤碱基分解　在人体内，嘌呤碱基分解最终生成**尿酸**（uric acid）：①AMP 分解生成次黄嘌呤，次黄嘌呤由黄嘌呤氧化酶催化氧化成黄嘌呤。②GMP 水解成鸟嘌呤，鸟嘌呤脱氨基生成黄嘌呤。③黄嘌呤由黄嘌呤氧化酶催化氧化成尿酸，经肾脏排泄（图 11-9）。

鸟苷酸 → 鸟苷 → 鸟嘌呤

腺苷酸 → 腺苷

↓ ↓

肌苷酸 → 肌苷 → 次黄嘌呤

鸟嘌呤 → 黄嘌呤；次黄嘌呤 →(XO) 黄嘌呤 →(XO) 尿酸

胞嘧啶、尿嘧啶 → CO_2+NH_3+β-丙氨酸　胸腺嘧啶 → CO_2+NH_3+β-氨基异丁酸

图 11-9　核苷酸分解代谢

嘌呤核苷酸的分解代谢主要在肝脏、小肠和肾中进行，黄嘌呤氧化酶在这些器官过氧化物酶体中活性较高。黄嘌呤氧化酶（xanthine oxidase，XO）是一种双功能酶，含以下辅基：[2Fe-2S]型铁硫中心 2 个，FAD、钼蝶呤和 NAD^+ 各 1 个，催化次黄嘌呤脱氢生成黄嘌呤、黄嘌呤氧化生成尿酸。

（1）高尿酸血症　嘌呤代谢紊乱及/或尿酸排泄减少引起的代谢性疾病，与痛风密切相关，并且是糖尿病、代谢综合征、血脂异常、慢性肾病和脑卒中等疾病发生的独立危险因素。其诊断标准为：通常饮食状态下，2 次采集非同日的空腹血，以尿酸酶法测定血尿酸值，男性高于 0.42mmol/L 或女性高于 0.36mmol/L 为高尿酸血症。

（2）痛风　一种由单钠尿酸盐沉积所致的晶体相关性关节病，与嘌呤代谢紊乱及/或尿酸排泄减少所致的高尿酸血症直接相关，属代谢性疾病范畴。常表现为急性发作性关节炎、痛风石形成、痛风石性慢性关节炎、尿酸盐肾病和尿酸性尿路结石等，重者可出现关节残疾和肾功能不全。常伴发代谢综合征的其他表现，如腹型肥胖、血脂异常、2 型糖尿病及心血管疾病等。

临床常用抗痛风药（XM04）有黄嘌呤氧化酶的竞争性抑制剂别嘌[呤]醇、非竞争性抑制剂苯溴马隆和非布司他，其中别嘌呤醇最早应用（1966 年）。别嘌呤醇（血浆半衰期 1~2 小时）一方面作为次黄嘌呤类似物抑制黄嘌呤氧化酶，另一方面作为自杀性抑制剂被黄嘌呤氧化酶氧化成别嘌呤二醇（别黄嘌呤，血浆半衰期约 15 小时），牢固结合于活性中心，抑制钼蝶呤的 Mo^{4+} 回归 Mo^{6+}，从而自杀性抑制黄嘌呤氧化酶，抑制尿酸生成。积累的次黄嘌呤和黄嘌呤（均比尿酸易溶）会随尿液排泄，且对肾功能无影响。

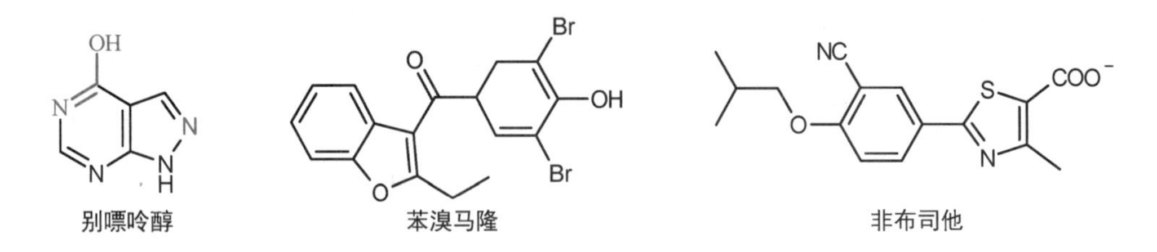

（3）腺苷脱氨酶缺乏症　**腺苷脱氨酶**（adenosine deaminase，ADA）催化腺苷脱氨基：

$$\text{腺苷} + H_2O \rightarrow \text{肌苷} + \text{氨}$$

腺苷脱氨酶缺乏的后果：①导致腺苷积累，进而导致脱氧腺苷和腺苷同型半胱氨酸积累。它们具有细胞毒性，因为不能被淋巴细胞排出，所以对淋巴细胞毒性最大，可以杀死 T 细胞和 B 细胞，导致免疫缺陷，易发生急性复发性感染，常致夭亡。此外，腺苷是信号分子，其积累导致信号转导异常。②导致 dATP 积累，达正常水平的 50~100 倍。dATP 抑制脱氧核苷酸合成，从而影响 DNA 复制，影响细胞分裂。腺苷脱氨酶缺乏症是一种单基因隐性遗传病（20q13.12），85%的患者伴有致死性重症联合免疫缺陷（severe combined immunodeficiency，SCID，俗称气泡男孩症）。

（4）尿酸测定　①尿酸酶：尿酸$+O_2+H_2O \rightarrow$尿囊素$+CO_2+H_2O_2$。②过氧化物酶：H_2O_2+4-氨基安替比林+2,4,6-三溴-3-羟基苯甲酸→醌类化合物$+4H_2O$。③醌类化合物在546nm比色。

2. 嘧啶碱基分解　与嘌呤碱基的分解不同，嘧啶碱基在人体内的分解产物均为开环化合物且易溶于水：①胞嘧啶脱氨基生成尿嘧啶，尿嘧啶还原并水解开环，生成氨、CO_2和β-丙氨酸。②胸腺嘧啶还原并水解开环，生成氨、CO_2和β-氨基异丁酸。③β-丙氨酸和β-氨基异丁酸可继续分解，或直接经肾脏排泄（图11-9）。

3. 1-磷酸（脱氧）核糖分解　1-磷酸（脱氧）核糖异构成5-磷酸（脱氧）核糖。①5-磷酸核糖再合成核苷酸，或通过磷酸戊糖途径代谢。②5-磷酸脱氧核糖由磷酸脱氧核糖醛缩酶催化裂解生成3-磷酸甘油醛和乙醛，3-磷酸甘油醛进入糖代谢，乙醛氧化成乙酸，乙酸活化成乙酰辅酶A。

第三节　核苷酸抗代谢物

抗代谢物（antimetabolite）是指能干扰细胞正常代谢过程的物质，多数能竞争性拮抗正常代谢物的代谢，从而抑制或减少其正常利用。**核苷酸抗代谢物**是氨基酸、叶酸、碱基和核苷的类似物，能竞争性抑制核苷酸合成，从而抑制DNA合成，具有抗肿瘤、抗病毒作用。

1. 谷氨酰胺类似物　阿西维辛是谷氨酰胺类似物，可以不可逆抑制以谷氨酰胺为底物的以下酶：甲酰甘氨酰胺核苷酸酰胺转移酶、鸟苷酸合成酶、氨甲酰磷酸合成酶Ⅱ、CTP合成酶，从而抑制核苷酸合成。

阿西维辛 —(巯基酶E-SH, HCl)→ 酶-阿西维辛

2. 叶酸类似物（XL01BA）　甲氨蝶呤和培美曲塞是叶酸类似物，能竞争性抑制二氢叶酸还原酶，从而抑制四氢叶酸再生，抑制一碳单位代谢，导致以下核苷酸合成反应受阻：①嘌呤环C-8和C-2掺入。②dUMP合成dTMP。甲氨蝶呤用于治疗急性白血病和绒毛膜癌等肿瘤，培美曲塞用于治疗局部晚期或转移性非鳞状细胞型非小细胞肺癌和恶性胸膜间皮瘤。

甲氨蝶呤　　培美曲塞

3. 嘌呤（核苷）类似物（XL01BB）　①巯嘌呤（mercaptopurine，6-MP）和硫鸟嘌呤等，其中6-MP在临床上应用较多，用于治疗急性白血病和绒毛膜上皮癌等，其前药硫唑嘌呤（XL04AX）作为免疫抑制剂用于器官移植。6-MP的结构与次黄嘌呤相似，只是由巯基取代了次黄嘌呤的羟基。6-MP的作用机制：一是竞争性抑制次黄嘌呤鸟嘌呤磷酸核糖转移酶，从而抑制AMP/GMP补救合成。二是通过补救途径转化为巯嘌呤核苷酸，进而抑制由IMP合成AMP和GMP及由5-磷酸核糖焦磷酸合成5-磷酸核糖胺，从而抑制AMP/GMP从头合成。②氟达拉滨、氯法拉滨和克拉屈滨三磷酸化后成为dATP类似物，变构抑制核苷酸还原酶、DNA聚合酶，用于治疗B细胞慢性淋巴细胞白血病或滤泡淋巴瘤、小儿急性髓系白血病、慢性淋巴细胞白血病。

巯嘌呤　　氟达拉滨　　氯法拉滨　　克拉屈滨

4. 嘧啶（核苷）类似物（XL01BC） 氟尿嘧啶（5-fluorouracil，5-FU）是尿嘧啶类似物，临床用于治疗结肠癌、胃癌、胰腺癌和乳腺癌等，其作用机制是：①作为自杀性抑制剂通过补救途径转化为氟脱氧尿苷酸（FdUMP），不可逆抑制胸苷酸合成酶，抑制 dTMP 的合成，从而抑制 DNA 合成。②通过补救途径转化为三磷酸氟尿嘧啶核苷（FUTP），作为假底物掺入 RNA，破坏 RNA 的结构。③竞争性抑制尿嘧啶磷酸核糖转移酶，从而抑制 UMP 补救合成。

吉西他滨（二氟代脱氧胞苷）是脱氧胞苷类似物，磷酸化生成 dFdCDP 和 dFdCTP。dFdCDP 抑制核苷酸还原酶，抑制 dNTP 合成。dFdCTP 与 dCTP 竞争使 dFdCMP 掺入 DNA，阻断 DNA 合成。已用于治疗胰腺癌、肺癌、卵巢癌和乳腺癌。

阿糖胞苷三磷酸化后抑制 DNA 聚合酶，从而抑制肿瘤细胞 DNA 合成，也作为底物掺入 DNA（和 RNA），造成 DNA 损伤，用于治疗急性白血病。

氟尿嘧啶　　吉西他滨　　阿糖胞苷

5. 核苷（酸）类逆转录酶抑制剂（XJ05AF） 阿德福韦酯是阿糖腺苷酸的类似物，用于治疗成年慢性乙型肝炎；齐多夫定是脱氧胸苷类似物，用于治疗艾滋病毒感染；拉米夫定是双脱氧胞苷类似物，替比夫定是 L-脱氧胸苷，二者用于治疗有明确诊断及检验证据的活动性乙型肝炎，阻断母婴乙肝传播。

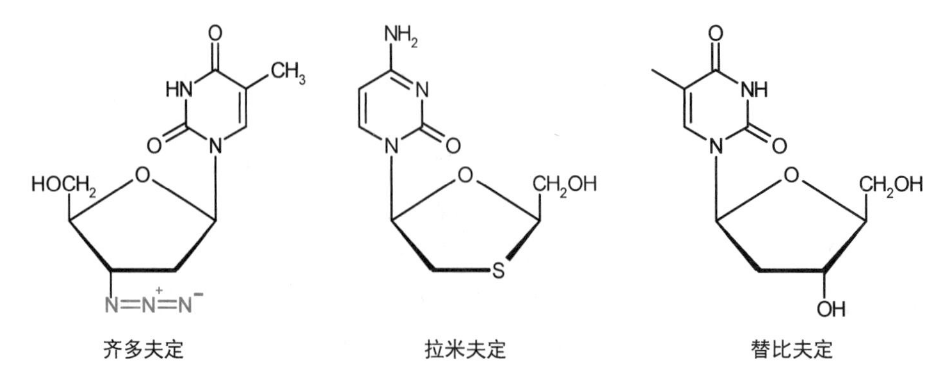
齐多夫定　　拉米夫定　　替比夫定

抗代谢物的研究对阐明药物作用机制和发现药物十分有益。以往许多药物是经过随机筛选确定的，成功率极低。现在，以抗代谢物理论为依据有目的地发现药物，在抗肿瘤和抗病毒的核苷酸类似物方面已经获得成功。

第七营养素?

营养素（nutrient）是人类膳食组分，是保证人体健康和生长发育的物质基础，其生理功能是通过代谢为机体提供能量、建造和修补细胞与组织、调节代谢，从而维持人体的正常生命活动。在目前已知人体必需的营养素中，蛋白质、脂质和糖称为“三大营养素”，蛋白质、脂质、糖、维生素、无机盐和水称为“六大营养素”。

随着生活水平的不断提高，人们越来越重视健康饮食，甚至有人提出了第七营养素。然而，究竟谁会成为第七营养素？目前人们各持己见，已有核酸、膳食纤维、益生菌和大豆生理功能因子等纷纷争当第七营养素。其实，第七营养素也许是多胞胎，也许会“难产”，这并不重要。应当明确的是：随着科学的发展，我们会发现，人体所需要的营养素比我们已知的要多。

核酸是遗传的物质基础，是生命的“身份证”。一切生命活动都离不开核酸，核酸也是人类膳食组分。几乎所有疾病都与核酸异常有关，很多制药企业也试图开发核酸药物用于治疗疾病。然而，这些是让核酸成为第七营养素的理由吗？

我们知道，核酸是在细胞内起作用的。正常人体细胞中的核酸都是机体自身用核苷酸合成的，而核苷酸也是通过从头合成途径和补救途径合成的。食物核酸不能直接被人体吸收利用，更不能进入人体细胞。核酸必须水解成核苷酸甚至进一步水解成（脱氧）核糖、碱基和磷酸，才能被吸收利用。当然，除了通过注射外，有一种途径可以让核酸进入人体，这就是病原体感染。

在临床上，碱基、核苷、核苷酸甚至核酸的确已成功应用于治疗疾病，如别嘌呤醇、氟尿嘧啶、阿糖胞苷、齐多夫定、核酸疫苗等；也有学者在探索应用基因治疗技术将核酸用于治疗疾病，如基因添加、反义核酸和自杀基因等（第二十章，386 页）。不过，这些核酸都是药品，其作用并不是膳食、营养食品或保健食品中的核酸成分可以替代的。

小结

核苷酸由机体通过从头合成途径和补救途径合成。

从头合成途径以简单小分子为原料合成核苷酸，是肝脏合成核苷酸的主要途径：①嘌呤核苷酸的从头合成是在5-磷酸核糖焦磷酸的基础上逐步合成嘌呤碱基，嘌呤碱基的九个杂环原子分别来自谷氨酰胺、天冬氨酸、甘氨酸、一碳单位和 CO_2，过程是先合成 IMP，再合成 AMP 和 GMP。②嘧啶核苷酸的从头合成是先合成嘧啶碱基，再与5-磷酸核糖焦磷酸缩合，嘧啶碱基的六个杂环原子分别来自谷氨酰胺、CO_2和天冬氨酸，过程是先合成 UMP，再合成 CTP 和 dTMP。

补救途径是直接利用核苷酸分解的中间产物（碱基和核苷），通过简单反应合成核苷酸，是脑细胞合成嘌呤核苷酸的主要途径，骨髓、中性粒细胞和红细胞的唯一途径。

NMP、NDP 磷酸化生成 NTP，用于合成 RNA；NDP 还原成 dNDP，dNDP 磷酸化生成 dNTP，用于合成 DNA。

嘌呤碱基分解的最终产物主要是尿酸。尿酸晶体沉积于软骨组织和关节会导致痛风和痛风性关节炎，沉积于肾脏会形成肾结石。嘧啶碱基的分解产物是氨、CO_2和 β-氨基酸。

核苷酸抗代谢物是氨基酸、叶酸、碱基和核苷的类似物，它们能竞争性抑制核苷酸合成，从而抑制 DNA 合成，具有抗肿瘤、抗病毒作用。

讨论

1. 比较核苷酸从头合成途径和补救途径。
2. 比较氨甲酰磷酸合成酶Ⅰ和Ⅱ。
3. 黄嘌呤和次黄嘌呤溶解度远高于尿酸，因此不会在机体内沉积。人体为什么会把它们转化为易于沉积而引起通风等疾病的尿酸?
4. 痛风的分子基础。
5. 结合“高尿酸血症、痛风”的分子基础，如何指导家人健康饮食?
6. 甲氨蝶呤、别嘌呤醇、氟尿嘧啶和巯嘌呤药物作用的生化机制。

第十二章
代谢调节

机体代谢高度统一。各代谢途径并非孤立进行，而是相互联系、相互协调、相互制约。健康机体通过一套复杂精密的机制调节代谢，使其随着内外环境的变化而不断调整，以维持稳态（homeostasis）即内环境（internal environment）的相对稳定——在整体上使能量和物质的输入量和输出量处于相对平衡状态，称为动态稳定状态（dynamic steady state），这套机制称为代谢调节（metabolic regulation）。生命进化程度越高，其代谢调节机制越复杂。神经-体液-免疫调节网络是人体维持稳态的主要调节机制。

代谢调节是功能改变的微观过程。一旦代谢调节出现障碍，生理功能随之出现异常，稳态失控，这是疾病的分子基础，几乎所有疾病都存在调节障碍、代谢紊乱的问题。药物治疗的本质是纠正功能异常，或抑制病原体代谢，这是通过药物干预机体或病原体代谢及其调节实现的。因此，揭示代谢调节机制，才能阐明代谢紊乱，从而理解疾病病因病理和药物药理药效，为医药研发和应用提供支持。

第一节　代谢整体性

糖、脂质和蛋白质是人体重要的营养物质，核苷酸是遗传物质的结构单位，它们的代谢已在第八至十一章系统介绍，从中可以归纳出代谢的以下特点：①代谢过程都是酶促反应过程。②代谢的生理意义是通过一组连续反应展现的，它们构成代谢途径。③代谢途径既有物质代谢的一面，又有能量代谢的一面，是两者的统一体。④同一物质的合成代谢途径和分解代谢途径是有区别的，甚至其组织定位或亚细胞定位（subcellular location，区室，compartment）也有区别。⑤合成代谢途径和分解代谢途径可以共用某个或某些两用代谢途径。⑥产能营养素的生物氧化过程都分三个阶段。⑦代谢途径既有线性途径、线性带分支途径，又有循环途径。⑧相关代谢途径通过中间产物相互联系，并由能荷或共同代谢物协调（图 12-1）。

一、物质代谢相互联系

糖、脂质和蛋白质的代谢一方面有其独立性，体现在一些代谢或代谢物功能不能替代，另一方面有其依赖性，体现在通过一些代谢的联系和中间产物的转化。

(一)糖和脂质的转化

乙酰辅酶 A 和磷酸二羟丙酮是糖代谢和脂质代谢的主要结合点。

1. 糖可转化为脂肪　糖代谢产生的乙酰辅酶 A 和 NADPH 可以合成脂肪酸和胆固醇，糖代谢

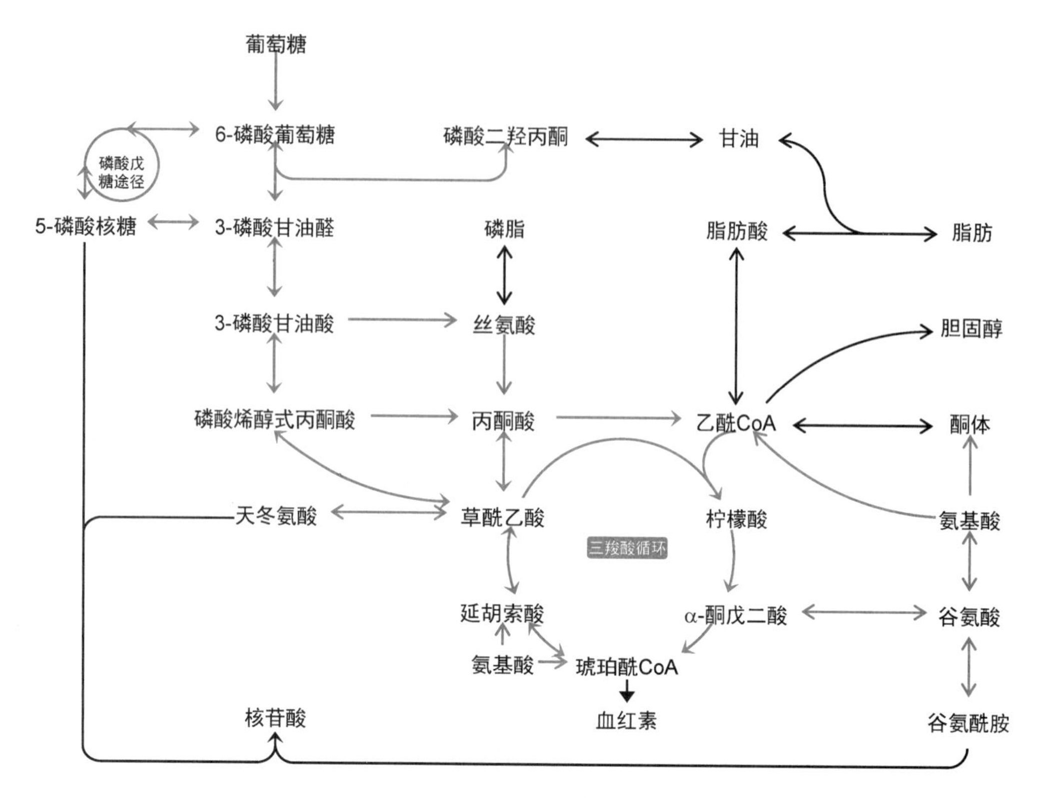

图 12-1 糖、脂质、氨基酸和核苷酸代谢的相互联系

产生的磷酸二羟丙酮可以还原成3-磷酸甘油，所以从食物摄入的糖超过氧化供能及糖原合成需要部分主要合成脂肪酸和3-磷酸甘油，进而合成甘油三酯，存入脂库。

2. 脂肪中甘油可生糖 甘油三酯水解成甘油和脂肪酸。甘油磷酸化生成3-磷酸甘油，3-磷酸甘油脱氢生成磷酸二羟丙酮，磷酸二羟丙酮可合成葡萄糖。脂肪酸通过β氧化分解成乙酰辅酶A，乙酰辅酶A可通过三羧酸循环完全氧化，也可在肝脏合成酮体。因为乙酰辅酶A在人体内不能生成丙酮酸等生糖原料或糖异生途径中间产物，所以不能通过糖异生途径合成葡萄糖，因此糖和脂肪的关系以糖转化为脂肪为主，即糖可转化为脂肪，而脂肪中只有甘油及奇数碳脂肪酸β氧化分解生成的丙酰辅酶A（极少）可转化为糖。

（二）糖和氨基酸的转化

α-酮酸是氨基酸代谢和糖代谢的重要结合点。

1. 糖代谢产生的α-酮酸可合成非必需氨基酸 如丙酮酸合成丙氨酸，草酰乙酸合成天冬氨酸。除酪氨酸外，其他非必需氨基酸都可由糖代谢提供碳骨架合成。

2. 氨基酸分解生成的α-酮酸可合成葡萄糖 它们是饥饿或进食高蛋白食物时糖异生的主要原料。赖氨酸和亮氨酸除外，它们是生酮氨基酸。

（三）氨基酸和脂质的转化

氨基酸与脂质的转化几乎是单向的。

1. 氨基酸可转化为脂质 ①氨基酸可以分解成乙酰辅酶A，进而合成脂肪酸和胆固醇。②丝氨酸可以合成磷脂酰丝氨酸，进而合成磷脂酰乙醇胺、磷脂酰胆碱，还可以合成鞘氨醇，进而合成鞘脂。③甘氨酸可以合成结合胆汁酸。

2. 脂肪中的甘油可转化为非必需氨基酸　但合成量很少，不能满足需要，没有实际意义。

(四)糖、脂质、氨基酸与核苷酸代谢的联系

核苷酸是代谢不可缺少的生命物质，其合成原料主要由葡萄糖和氨基酸代谢提供：①葡萄糖通过磷酸戊糖途径转化为5-磷酸核糖。②谷氨酰胺、天冬氨酸和甘氨酸直接用于核苷酸合成。③丝氨酸、甘氨酸、组氨酸和色氨酸代谢提供一碳单位，用于核苷酸合成。④葡萄糖（和脂肪）的氧化分解为核苷酸合成提供能量。

核苷酸的分解代谢与糖和氨基酸的分解代谢联系密切：①5-磷酸核糖通过磷酸戊糖途径转化或分解。②嘌呤碱和嘧啶碱分解产生的氨通过尿素循环合成尿素。③嘧啶碱分解产生β-氨基酸。

二、能量代谢相互协调

人体总能量消耗可分为6部分：①基础代谢：无任何身体活动和紧张的思维活动，全身肌肉放松时所需的能量消耗，仅用于维持体温、心跳、呼吸、各器官组织和细胞功能等最基本的生命活动状态，占60%~70%。②身体活动：占15%~30%。③食物热效应：人在摄食，对营养素进行消化、吸收、代谢过程中所引起的能量额外消耗现象。碳水化合物、脂肪、蛋白质的食物热效应分别为其产能量的5%~10%、0~5%、20%~30%。④生长发育：新生儿千克体重耗能比成人多2~4倍。⑤妊娠营养储备。⑥哺乳期泌乳等。

18~50岁中国居民膳食能量需要量男性9.41~12.55MJ/d（2250~3000kcal/d），女性7.53~10.04MJ/d（1800~2400kcal/d）。糖、脂肪和蛋白质都可以通过生物氧化为生命活动供能。《中国居民膳食营养素参考摄入量》中关于宏量营养素参考摄入量的建议是：①成年人膳食中各产能营养素供能百分比分别为：碳水化合物50%~65%（添加糖低于10%），脂肪20%~30%，蛋白质10%~15%。年幼者脂肪供能占总能量的比重应适当增加。②成人膳食纤维适宜摄入量为25~30g/d。WHO推荐碳水化合物55%~75%（添加糖低于10%），脂肪15%~30%，蛋白质10%~15%，膳食纤维高于25g/d。不同组织或同一组织在不同代谢条件下对供能物质的利用不尽相同，表现在：

1. 不同组织器官以不同物质为主要能量来源　例如：①脑组织占体重的2%~3%，在正常条件下以葡萄糖为主要供能物质，是静息状态耗糖量（100~120g/d）及耗氧量（20%~25%）、耗能量（25%）最多的组织。②心肌和肝80%的能量通过摄取并分解脂肪酸获得，此外心肌也消耗少量葡萄糖和酮体。③红细胞没有线粒体，只能摄取葡萄糖并通过糖酵解供能，每日消耗15~30g葡萄糖。

2. 同一组织在不同生理状态下消耗不同供能物质　例如骨骼肌：①静息状态下摄取并分解脂肪酸和酮体获得能量。②一般活动时摄取并分解葡萄糖作为补充。③剧烈运动时启动肌糖原分解，通过无氧酵解获得能量，并产生大量乳酸。

3. 糖供应不足时脂肪动员增加　例如饥饿时：①脂肪酸氧化提供机体代谢所需能量的25%~50%，是肝、心和骨骼肌的主要燃料。②心脏活动所需能量的95%由脂肪酸和酮体提供。③长期禁食时脑组织60%~75%的能量来自酮体。

综上所述，各代谢途径通过一些中间产物相互联系，形成错综复杂的代谢网络。机体必须严格调节各代谢途径，才能保证整体代谢有条不紊，保持动态平衡，维持生命活动。

第二节 细胞水平代谢调节

机体代谢形成代谢网络，研究时被碎片化为代谢途径。代谢调节也形成调节网络，研究时被碎片化为信号通路（信号途径）。代谢途径与信号通路的汇合点是关键酶。关键酶的调节及调节效应均发生在细胞内，成为细胞水平代谢调节的核心。

细胞水平代谢调节是对代谢途径的直接调节，包括：①将各种代谢限制在特定区域。②调节各代谢途径关键酶活性。

一、代谢途径区室化

细胞内与细胞外由细胞膜分隔。细胞内又进一步区室化（区隔分布，compartmentalization），即由膜系统将细胞质进一步分隔成许多区室，包括细胞质和各种细胞器。各代谢途径在不同区室进行，既可避免相互干扰，又可通过控制代谢物的跨膜转运来调节代谢（表 12-1）。

表 12-1 主要代谢途径的区室化

代谢	区室	代谢	区室	代谢	区室
糖酵解途径	细胞质	磷脂合成	内质网	三羧酸循环	线粒体
磷酸戊糖途径	细胞质	胆固醇合成	细胞质和内质网	脂肪酸 β 氧化	线粒体
糖原合成	细胞质	核酸合成	细胞核	酮体代谢	线粒体
糖异生	线粒体和细胞质	蛋白质合成	细胞质和内质网	尿素循环	线粒体和细胞质
脂肪酸合成	细胞质	氧化磷酸化	线粒体	细胞内消化	溶酶体

细胞分化、细胞内区室化是进化的结果，分子基础是同工酶和其他蛋白同源体（isoform）的出现。酶（及其他蛋白质）的功能和活性由构象直接决定，构象受 pH、离子强度、调节剂等因素影响，这些因素因细胞或区室而异。因此，发生在不同细胞或不同区室的同一代谢途径（或不同代谢途径）中的同一酶促反应分别由同工酶的不同成员催化，既可保证各代谢途径顺利进行，又有利于各代谢途径独立调节。

二、代谢途径关键酶

通过调节酶活性控制代谢速度和代谢物流向是代谢调节的重要方式。调节酶活性时不必改变代谢途径中所有酶的活性，只需调节其中关键酶的活性。每条代谢途径都有一种或几种关键酶，各主要代谢途径的关键酶见表 12-2。

1. 关键酶特点 关键酶具有以下特点：

（1）关键酶含催化位点（活性中心）和调节位点：有的关键酶分子只有一个调节位点，有的含有几个甚至十几个调节位点。多数关键酶是多亚基蛋白，其活性中心和调节位点往往位于不同的亚基上，含活性中心的亚基称为催化亚基；含调节位点的亚基称为调节亚基。

（2）关键酶至少有两种典型构象：一种是有活性（active）或高活性（more active）构象（R 构象，relaxed），另一种是无活性（inactive）或低活性（less active）构象（T 构象，tense）。

（3）所催化的反应通常位于代谢途径的上游或分支点上，反应速度在代谢途径或代谢分支中最慢，控制着整个代谢途径或代谢分支的代谢速度。

（4）所催化的反应是不可逆反应（non-reversible reaction），从而赋予代谢途径单向性。

表 12-2　主要代谢途径的关键酶

代谢途径	关键酶
糖酵解途径	己糖激酶（肌）、葡萄糖激酶（肝）、磷酸果糖激酶 1、丙酮酸激酶
三羧酸循环	柠檬酸合成酶、异柠檬酸脱氢酶、α-酮戊二酸脱氢酶复合体
糖原分解	糖原磷酸化酶
糖原合成	糖原合酶
糖异生	丙酮酸羧化酶、磷酸烯醇式丙酮酸羧激酶、果糖-1,6-二磷酸酶、葡萄糖-6-磷酸酶
脂肪动员	激素敏感性脂肪酶
脂肪酸分解	肉碱脂酰转移酶 I
脂肪酸合成	乙酰辅酶 A 羧化酶
胆固醇合成	羟甲基戊二酰辅酶 A 还原酶
血红素合成	5-氨基乙酰丙酸合成酶

2. 关键酶调节方式　包括结构调节和水平调节。一种关键酶可同时受结构调节和水平调节。

（1）结构调节显效快，又称快速调节，在数毫秒至数分钟内即可显效（第五章，93 页）。结构调节主要有变构调节、化学修饰调节。

（2）水平调节显效慢，又称缓慢调节，通常经过数分钟、数小时甚至数日才能显效。水平调节包括酶蛋白合成调节和分解调节，是基因表达调控核心内容（第十九章，354 页）。

水平受到调节的关键酶包括诱导酶和阻遏酶，它们的半衰期非常短，仅为 0.5~2 小时，如肝细胞血红素合成途径的关键酶 5-氨基乙酰丙酸合成酶 1 的半衰期只有 1 小时；相比之下，组成酶半衰期长达 100 多个小时。

关键酶常成为药物靶点，例如他汀类药物降胆固醇的机制是抑制胆固醇合成途径关键酶羟甲基戊二酰辅酶 A 还原酶，从而抑制胆固醇合成（第九章，200 页）。

三、关键酶变构调节

各代谢途径的关键酶多为变构酶，其变构调节剂通常是代谢途径的小分子代谢物，例如底物、中间产物、最终产物、ATP、ADP 和 AMP 等（表 12-3），它们在细胞内的水平与代谢物供求或能荷密切相关。

1. 变构调节机制　主要有以下两种：

（1）变构调节剂通过非共价键作用于变构酶调节位点（变构部位，属于调节位点），引起酶蛋白变构，从无活性或低活性的 T 构象转换为有活性或高活性的 R 构象（变构激活剂），或反之（变构抑制剂）。

（2）变构调节剂调节多亚基变构酶催化亚基和调节亚基的解聚和聚合。有些酶聚合状态下有催化活性，解聚后失活，例如磷酸果糖激酶 1 四聚体。有些酶则相反，聚合状态下无催化活性，解聚后激活，例如蛋白激酶 A 四聚体（图 12-2）。

有些变构酶受调节蛋白（regulatory protein）调节，其调节机制也属于变构调节，例如细胞周期蛋白（cyclin）对细胞周期蛋白依赖性激酶（cyclin-dependent kinase，CDK）的变构激活。

表 12－3 主要代谢途径的变构酶及其变构调节剂

代谢途径	变构酶	变构激活剂	变构抑制剂
糖酵解途径	己糖激酶		6-磷酸葡萄糖
	磷酸果糖激酶 1	AMP、ADP、2,6-二磷酸果糖	ATP、柠檬酸
	丙酮酸激酶	1,6-二磷酸果糖	ATP、乙酰辅酶 A、丙氨酸
三羧酸循环	柠檬酸合成酶	ADP	ATP
	异柠檬酸脱氢酶	ADP	ATP
糖异生	丙酮酸羧化酶	乙酰辅酶 A	ADP
	果糖-1,6-二磷酸酶		AMP
糖原分解	糖原磷酸化酶	AMP（肌）	ATP（肌）、6-磷酸葡萄糖（肌）、葡萄糖（肝）
糖原合成	糖原合酶	6-磷酸葡萄糖	
脂肪酸合成	乙酰辅酶 A 羧化酶	柠檬酸	棕榈酰辅酶 A
氨基酸代谢	谷氨酸脱氢酶	ADP	GTP
嘌呤核苷酸从头合成	谷氨酰胺磷酸核糖焦磷酸酰胺转移酶		IMP、AMP、GMP
嘧啶核苷酸从头合成	氨甲酰磷酸合成酶Ⅱ	PRPP	UMP、UTP

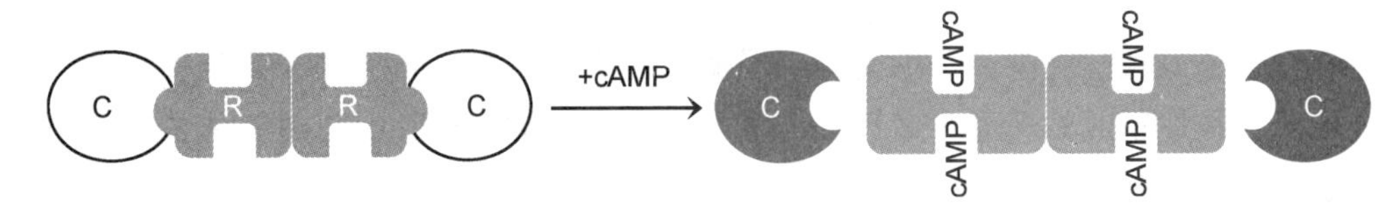

图 12-2 cAMP 变构激活蛋白激酶 A

2. 变构调节特点 变构调节有以下特点：

（1）变构调节是一个物理过程，变构调节剂与变构位点非共价可逆结合，所以结合程度取决于变构调节剂水平，只要变构调节剂水平改变，结合程度就会改变，变构酶活性也随之改变。

（2）变构调节灵敏，可以微调（fine-tuning），且不消耗高能化合物。

（3）变构调节显效极快，只需数毫秒到数秒钟，只要变构调节剂水平改变，变构酶活性立刻改变。例如，ATP 是丙酮酸激酶的变构抑制剂，高浓度 ATP 与丙酮酸激酶的结合优于解离，因而抑制其活性。一旦 ATP 浓度降低，已经结合的 ATP 就会与酶解离，从而解除抑制。

（4）多亚基变构酶与底物的结合具有协同效应（即一个底物分子与一个活性中心的结合影响下一个底物分子与同一酶分子其他活性中心的结合，与变构蛋白协同效应一致，第三章，53 页），其动力学曲线往往是一条 S 曲线而不是直角双曲线，因而变构酶动力学不符合米氏动力学。变构酶催化反应的速度达到最大反应速度一般时的底物浓度用$[S]_{0.5}$或$K_{0.5}$表示。

（5）许多变构酶的变构抑制剂是代谢途径下游中间产物或最终产物，因而受其反馈抑制。

3. 变构调节意义 变构调节是一种重要的快速调节方式，是生物界普遍存在的一种基本调节机制。

（1）防止代谢终产物积累 例如，葡萄糖有氧氧化生成的乙酰辅酶 A 与草酰乙酸缩合成柠檬酸。能荷越高 ATP 对磷酸果糖激酶 1、丙酮酸激酶、丙酮酸脱氢酶复合体、柠檬酸合成酶、异柠檬酸脱氢酶的抑制效应越强，从而控制糖酵解和有氧氧化的速度，避免乙酰辅酶 A 和 ATP 积累。ATP 的这种抑制效应属于反馈抑制。

（2）合理调配和有效利用代谢物　一种变构调节剂可以抑制一种变构酶，同时激活另一种变构酶，使代谢物根据需要进入不同代谢途径。例如糖酵解或丙氨酸脱氨基生成的丙酮酸的去向：脂肪酸供应充足（或 ATP 充足）导致乙酰辅酶 A 较高，乙酰辅酶 A 一方面激活丙酮酸脱氢酶激酶，后者化学修饰抑制丙酮酸脱氢酶复合体，从而抑制丙酮酸氧化分解；另一方面变构激活丙酮酸羧化酶，催化丙酮酸羧化成草酰乙酸，可补充三羧酸循环中间产物或进入糖异生途径。

四、关键酶化学修饰调节

关键酶的化学修饰发生在酶蛋白化学修饰位点（属于调节位点）氨基酸残基的侧链基团上，如羟基、氨基和咪唑基等。化学修饰方式包括磷酸化/去磷酸化（丝氨酸、苏氨酸、酪氨酸、组氨酸）、甲基化/去甲基化（谷氨酸、赖氨酸）、腺苷酸化/脱腺苷酸化（酪氨酸）、ADP 核糖基化（精氨酸、谷氨酰胺、半胱氨酸、组氨酸）、尿苷酸化（酪氨酸）和乙酰化/去乙酰化（赖氨酸）等，以磷酸化/去磷酸化最为常见（第五章，93 页）。

1. 化学修饰调节机制　化学修饰使酶从 T 构象转换为 R 构象，或反之（表 12-4）。

表 12-4　磷酸化和去磷酸化对酶活性的影响

酶	磷酸化效应	去磷酸化效应	酶	磷酸化效应	去磷酸化效应
糖原磷酸化酶	激活	抑制	糖原合酶	抑制	激活
糖原磷酸化酶激酶	激活	抑制	磷酸果糖激酶 2	抑制	激活
激素敏感性脂肪酶	激活	抑制	丙酮酸脱氢酶	抑制	激活
ATP 柠檬酸裂解酶	激活	抑制	乙酰辅酶 A 羧化酶	抑制	激活
羟甲基戊二酰辅酶 A 还原酶激酶	激活	抑制	羟甲基戊二酰辅酶 A 还原酶	抑制	激活

糖原磷酸化酶是磷酸化修饰调节的典型例子。糖原磷酸化酶是同二聚体，有低活性的 *b* 型和高活性的 *a* 型两种典型构象：①糖原磷酸化酶 *b* 的 Ser14 羟基由糖原磷酸化酶激酶催化磷酸化，转为高活性的糖原磷酸化酶 *a*，由 ATP 提供磷酸基。②糖原磷酸化酶 *a* 的 Ser14 磷酸基由蛋白磷酸酶催化脱去磷酸基，转换为低活性的磷酸化酶 *b*（图 12-3）（第八章，167 页）。

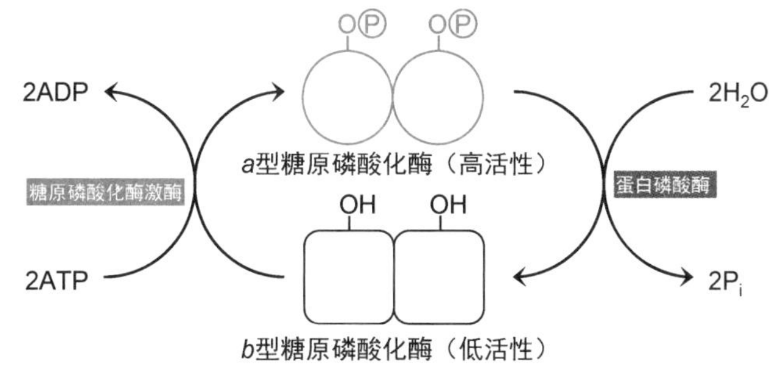

图 12-3　糖原磷酸化酶化学修饰调节

2. 化学修饰调节特点　化学修饰调节具有以下特点：

（1）化学修饰调节是一个化学反应过程，通过修饰/去修饰改变关键酶的构象。化学修饰调节是一个酶促反应过程，即关键酶的修饰受其他酶催化，修饰和去修饰反应均不可逆，所以由不同酶催化，例如蛋白激酶催化关键酶磷酸化，蛋白磷酸酶催化关键酶去磷酸化。

酶具有专一性，因此不同蛋白激酶催化不同底物蛋白磷酸化：丝氨酸/苏氨酸激酶（如蛋白激酶 A、蛋白激酶 B、蛋白激酶 C 和蛋白激酶 G）催化丝氨酸/苏氨酸羟基磷酸化，酪氨酸激酶（如酪氨酸激酶 Src、表皮生长因子受体和胰岛素受体）催化酪氨酸羟基磷酸化。人类基因组编码的 518 种蛋白激酶已被鉴定。

（2）化学修饰调节有放大效应，因此调节效率高于变构调节，例如一个蛋白激酶 A 分子可以磷酸化修饰几十个至上百个酶分子。催化关键酶化学修饰的蛋白激酶和蛋白磷酸酶通常本身也受化学修饰调节（或变构调节），从而形成级联反应，产生级联放大效应。

（3）化学修饰调节消耗 ATP，但消耗量远少于酶蛋白合成的消耗量。

（4）化学修饰调节显效很快，只需数秒钟到数分钟。

（5）有的酶分子只有一个修饰位点，有的酶分子有几个甚至十几个修饰位点。

3. 化学修饰调节意义 化学修饰调节和变构调节相辅相成，共同维持代谢顺利进行，稳定内环境。

（1）当变构调节剂太少、不能独立完成调节时，化学修饰调节可以迅速起作用，满足应激需要。

（2）许多关键酶可受变构和化学修饰双重调节，例如，肌糖原磷酸化酶 *b* 受变构调节：被 AMP 激活，被 ATP 或 6-磷酸葡萄糖抑制；同时又受化学修饰调节：被磷酸化激活，被去磷酸化抑制。

蛋白质是生理功能的执行者，所以细胞水平的调节对象是以关键酶为核心的所有功能蛋白。本节阐述的关键酶的调节机制也是其他功能蛋白的调节机制。例如，血红蛋白是变构蛋白，其携氧效率受 2,3-二磷酸甘油酸变构调节（第三章，53 页）；胰高血糖素受体是变构蛋白，被胰高血糖素变构激活；细胞因子受体被磷酸化后才能激活信号转导，调节代谢。真核生物有 30%~50% 的蛋白质（如特异转录因子和翻译起始因子）都会发生磷酸化/去磷酸化修饰。

第三节　信号转导与代谢调节

人体由 3.72×10^{13} 个高度分化的细胞组成，从细胞到组织到器官，各层次各部分密切联系，高度协调，形成统一整体。因此，人体内必然有复杂的细胞通讯和信号转导机制。有些细胞能合成分泌**信号分子**，包括激素、生长因子、细胞因子和神经递质等。这些信号分子作用于靶细胞，启动特定信号通路调节代谢，进而影响细胞增殖和分化、肌肉收缩和舒张、神经兴奋和抑制等。外源物质如毒物、药物等可干预信号分子的调节过程，这是毒物致病和药物治病的分子机制。

细胞外信号分子调节靶细胞代谢可分为两个阶段：①细胞通讯：分泌细胞分泌信号分子，通过细胞外液到达靶细胞，与受体结合成信号分子-受体复合物。②信号转导：信号分子-受体复合物激活靶细胞内特定**信号通路**（**信号途径**），调节位于信号通路和代谢途径汇合点的关键酶和其他功能蛋白，启动细胞水平代谢调节，最终调节细胞代谢和细胞行为。下面以激素为例阐述信号分子如何通过信号转导调节代谢。

一、激素

激素（hormone）是由内分泌腺或散在的内分泌细胞合成分泌的一类高效能活性物质，这些物质通过细胞外液运到靶细胞，通过与特异受体结合激活特定信号通路，调节代谢。激素可根据

受体定位分为两大类。

1. 通过细胞表面受体起作用的激素 包括蛋白质激素（如促甲状腺激素、促性腺激素、甲状旁腺激素、生长激素、催乳素、胰岛素、促红细胞生成素）、肽类激素（如催产素、降钙素、胰高血糖素）和儿茶酚胺等。

2. 通过细胞内受体起作用的激素 包括类固醇激素、甲状腺激素、骨化三醇和视黄酸等。这类激素疏水亲脂，因此它们一方面在细胞外液中由特定载体蛋白运输，另一方面通过继发性主动转运或易化扩散转入细胞。

二、激素受体

激素受体（receptor）是一类细胞膜跨膜蛋白或细胞内可溶性蛋白（个别受体是糖脂），可以通过与激素特异性结合而变构，激活信号转导。激素受体是毒素或药物最重要的靶点。受体可根据细胞定位分为细胞表面受体和细胞内受体两大类。

1. 细胞表面受体 又称**[细胞]膜受体**，位于细胞膜上，与激素结合后改变构象及活性，进而激活信号转导，引起细胞代谢和细胞行为的改变。细胞表面受体又分为G蛋白偶联受体、单次跨膜受体、离子通道受体和依赖泛素化受体等。

2. 细胞内受体 绝大多数位于细胞核内，个别位于细胞质中（例如糖皮质激素受体、NO受体）。细胞内受体绝大多数属于转录因子，与激素结合形成激素-受体复合物，结合于靶基因的调控元件（**激素反应元件**，hormone response element，HRE），调控基因表达（第十九章，365页），表达产物调节代谢。这部分又称**[激素]核受体**。

不同激素与相应受体结合激活不同的信号通路。不同信号通路既相对独立又相互联系，既有某些共性又有各自特点。

有些激素受体如雌激素受体可同时存在于细胞膜、细胞核、高尔基体。

三、蛋白激酶A途径

蛋白激酶A途径以改变靶细胞中cAMP水平和蛋白激酶A活性为主要特征，是激素调节细胞代谢和调控基因表达的重要途径。以胰高血糖素促进肝糖原分解补充血糖为例，其触发的蛋白激酶A途径有多个环节，可简要表示为：

胰高血糖素 → G蛋白偶联受体 → 三聚体G蛋白 → 腺苷酸环化酶 → cAMP →
蛋白激酶A → 糖原磷酸化酶激酶 → 糖原磷酸化酶 → 糖原

蛋白激酶A途径主要成分及信号转导机制如下（图12-4）：

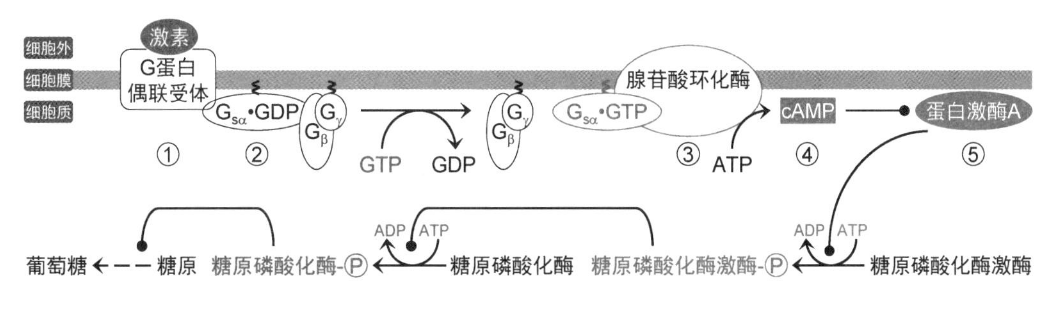

图12-4 蛋白激酶A途径

1. G蛋白偶联受体 通过与三聚体G蛋白作用转导细胞外信号，故得名。G蛋白偶联受体是

七次跨膜的单体蛋白，因此又称**七次跨膜受体**，其N端在细胞外，含配体（激素）结合位点；C端在细胞内，含三聚体G蛋白结合位点。

G蛋白偶联受体是一个细胞表面受体大家族，在真核生物中普遍存在。通过G蛋白偶联受体调节代谢的激素有胰高血糖素、肾上腺素、去甲肾上腺素、缓激肽、促甲状腺激素、黄体生成素、甲状旁腺激素等，神经递质、信息素、视觉、味觉、嗅觉等非激素信号也通过G蛋白偶联受体起作用。约50%临床药物的靶点是G蛋白偶联受体。

R. Lefkowitz和B. Kobilka因阐明GPCR构象而获得2012年诺贝尔化学奖。

2. 三聚体G蛋白 又称**大G蛋白**，是参与信号转导的两类鸟苷酸结合蛋白（guanine nucleotide-binding protein，**G蛋白**，是在各种组织细胞内普遍存在的一个蛋白家族）之一，是G蛋白偶联受体的效应蛋白。三聚体G蛋白由G_α、G_β和G_γ三个亚基构成，其中G_α和G_γ与脂酰基共价结合，锚定于细胞膜胞质面。

三聚体G蛋白有两种结构状态：一种是无活性的$G_{\alpha\beta\gamma}$·GDP，另一种是有活性的G_α·GTP。激素-受体复合物能使无活性的$G_{\alpha\beta\gamma}$·GDP释放GDP和$G_{\beta\gamma}$亚基，结合GTP，成为有活性的G_α·GTP。

G_α·GTP有两种活性：①变构调节剂活性：G_α·GTP使下游效应蛋白变构，进一步转导信号，如变构激活腺苷酸环化酶。②GTPase（GTP酶）活性：G_α·GTP将GTP水解为GDP，G_α·GDP与效应蛋白解离，与$G_{\beta\gamma}$重新结合成无活性$G_{\alpha\beta\gamma}$·GDP，终止信号转导。

人类基因组至少编码17种G_α、5种G_β和12种G_γ。它们组合成不同的三聚体G蛋白，介导不同G蛋白偶联受体的信号转导，产生不同的细胞应答。

蛋白激酶A途径有两类效应相反的三聚体G蛋白：激活型三聚体G蛋白（stimulatory G protein，G_s）和抑制型三聚体G蛋白（inhibitory G protein，G_i）。激活型激素-受体复合物（如胰高血糖素-受体复合物）激活G_s，$G_{s\alpha}$·GTP激活腺苷酸环化酶；抑制型激素-受体复合物（如生长抑素-受体复合物）激活G_i，$G_{i\alpha}$·GTP抑制腺苷酸环化酶。

霍乱毒素 是霍乱弧菌（*V. cholerae*）合成分泌的一种**外毒素**，作用于$G_{s\alpha}$，抑制其GTPase活性，使$G_{s\alpha}$组成性激活，持续激活腺苷酸环化酶，肠上皮细胞cAMP长时间保持高水平，造成细胞膜上依赖cAMP的氯通道持续开放，Cl^-大量逸出，水及其他无机盐也大量逸出，进入肠腔，出现水样腹泻甚至脱水症状。

单体G蛋白 又称**小G蛋白**，是参与信号转导的另一类G蛋白，其特点是通过C端半胱氨酸与法尼基共价结合，通过其他部位半胱氨酸与棕榈酰基共价结合，锚定于细胞膜胞质面，具有较低的GTPase活性，不被受体直接激活。Ras蛋白是最早发现的单体G蛋白，其典型的下游效应蛋白是丝裂原活化蛋白激酶级联反应系统。

3. 腺苷酸环化酶 是一类十二次跨膜蛋白（细胞膜标志酶之一），其活性中心位于细胞膜胞质面，催化ATP合成cAMP。腺苷酸环化酶是变构酶，被G_s激活后催化合成cAMP，使细胞内cAMP在数秒钟内增加，从10^{-9}mol/L升至10^{-6}mol/L。

4. cAMP 是蛋白激酶A的变构激活剂，是最早被阐明的第二信使。

许多信号分子（**第一信使**）本身不进入细胞，而是与细胞表面受体结合，引起细胞内一些小分子物质水平的改变，这些小分子物质是下游效应蛋白的变构调节剂，通过变构调节效应蛋白转导信号。它们称为**第二信使**。E. Sutherland因最早发现cAMP并提出第二信使学说，于1971年获得诺贝尔生理学或医学奖。

目前已被阐明的第二信使包括cAMP、cGMP、甘油二酯（DAG）、三磷酸肌醇（IP_3）、Ca^{2+}和神经酰胺（Cer）等。不同的第二信使介导不同的信号通路（表12-5）。

表 12－5　第二信使及其效应蛋白

第二信使	cAMP	cGMP	IP_3	DAG	Ca^{2+}
效应蛋白	蛋白激酶 A	蛋白激酶 G	IP_3门控钙通道	蛋白激酶 C	钙调蛋白激酶

第二信使的水平是由其合成与分解速度或门控通道的开关来决定的，受多种因素控制。例如，cAMP 由腺苷酸环化酶催化合成、磷酸二酯酶催化分解，因此抑制腺苷酸环化酶或激活磷酸二酯酶会使 cAMP 减少，激活腺苷酸环化酶或抑制磷酸二酯酶会使 cAMP 增加。

咖啡因、茶碱和可可碱等甲基黄嘌呤类是环磷酸腺苷磷酸二酯酶的抑制剂，因此喝咖啡和茶可以增强肾上腺素效应。

5. 蛋白激酶 A　即依赖 cAMP 的蛋白激酶（cAMP-dependent protein kinase，PKA），是一类蛋白丝氨酸/苏氨酸激酶，为异四聚体（R_2C_2）结构，由两个催化亚基 C 和两个调节亚基 R 构成。调节亚基与催化亚基结合，封闭其活性中心而抑制其催化活性。每个调节亚基有两个 cAMP 结合位点。cAMP 与调节亚基结合使其变构，与催化亚基分离。游离的催化亚基活性中心暴露而有催化活性。因此，cAMP 是蛋白激酶 A 的变构激活剂（图 12-2）。

6. 转导效应　激活的蛋白激酶 A 可催化代谢途径关键酶或其他功能蛋白磷酸化，从而调节代谢，产生短期效应和长期效应。

（1）短期效应　又称核外效应，发生在细胞质中。蛋白激酶 A 修饰已有关键酶或其他功能蛋白，所以显效快。例如：①在肝细胞内促进肝糖原分解，补充血糖。②在心肌细胞内磷酸化钙通道蛋白，增加细胞膜有效钙通道数量，增强心肌收缩。③在胃壁细胞内促进胃酸分泌。

（2）长期效应　又称核内效应，发生在细胞核内。蛋白激酶 A 磷酸化修饰转录因子，调控基因表达（第十九章，366 页），从而影响细胞增殖或细胞分化等。因为涉及基因表达，所以显效慢，但效应持久。例如：①在肝细胞内诱导合成糖异生酶类，促进糖异生。②在内分泌细胞内诱导合成生长抑素（somatostatin，促生长素抑制素），抑制生长激素分泌、胃分泌和胃蠕动。

四、蛋白激酶 C 途径

Ca^{2+}是重要的第二信使，和 cAMP 一样通过浓度变化转导信号。细胞质游离 Ca^{2+}通常由内质网（包括肌浆网）膜、线粒体膜、细胞膜钙泵清除，所以浓度极低，约 10^{-7}mol/L，仅为细胞外浓度 10^{-3}mol/L 的 $1/10^4$。信号分子或其他信号刺激可使 Ca^{2+}通过钙通道从钙库（内质网/肌浆网、线粒体）和细胞外进入细胞质，浓度增加 10～100 倍。这种浓度改变使信号通路下游发生一系列变化。

Ca^{2+}参与的信号通路主要是蛋白激酶 C 途径和钙调蛋白途径，两个途径的开始阶段是共同的。这里简要介绍蛋白激酶 C 途径，该途径以改变细胞质 Ca^{2+}水平和蛋白激酶 C 活性为主要特征，是激素调节细胞代谢和调控基因表达的重要途径。

以血管紧张素Ⅱ作用于血管内皮细胞而刺激血管收缩为例，其激活的蛋白激酶 C 途径可以表示为：

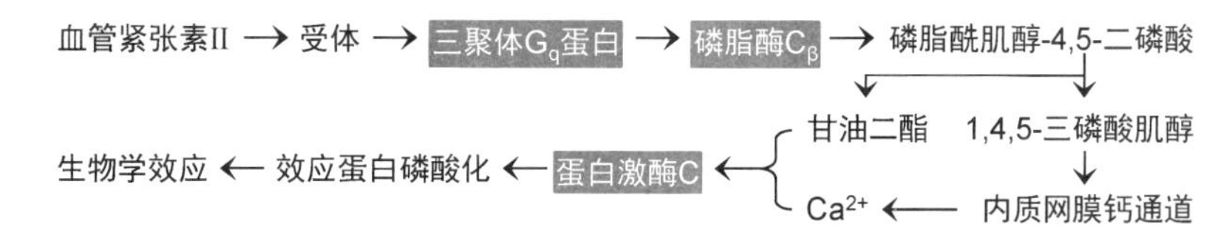

蛋白激酶 C 途径主要成分及信号转导机制如下（图 12-5）：

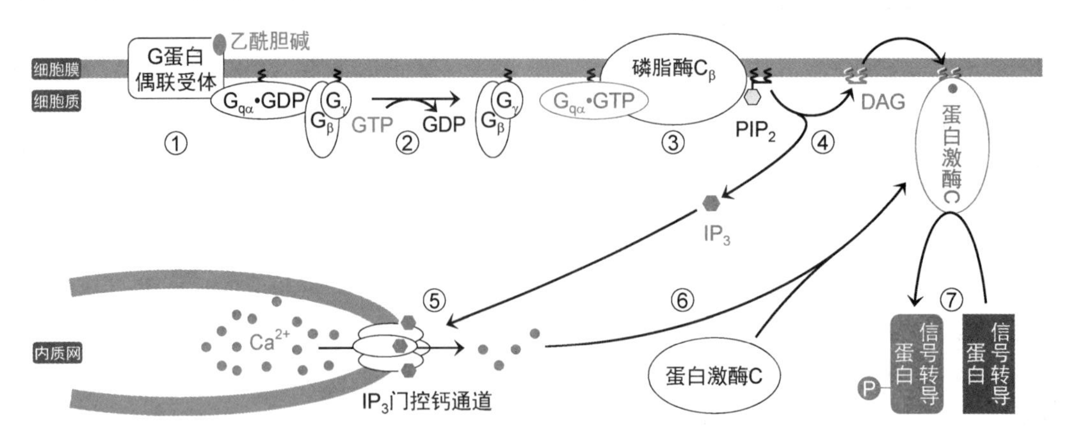

图 12-5 蛋白激酶 C 途径

1. **激素** 通过蛋白激酶 C 途径起作用的激素有血管紧张素Ⅱ、促甲状腺激素释放激素、去甲肾上腺素、肾上腺素、加压素等，乙酰胆碱和 5-羟色胺也通过该途径起作用。

2. **G 蛋白** 蛋白激酶 C 途径的三聚体 G 蛋白称为 G_q，其活性形式可以激活细胞膜胞质面的磷脂酶 C_β（phosphoinositide phospholipase C-beta，PLC_β）。

3. **磷脂酶 C_β** 具有绝对专一性，催化磷脂酰肌醇-4,5-二磷酸（PIP_2）水解成甘油二酯（DAG）和 1,4,5-三磷酸肌醇（IP_3）（第二章，25 页），它们都是第二信使。

4. **IP_3门控钙通道** 是一种同四聚体内质网膜蛋白，每个亚基可结合一分子三磷酸肌醇 IP_3，结合后通道开放，第二信使 Ca^{2+}从内质网逸出，导致细胞质 Ca^{2+}增加。

5. **蛋白激酶 C** 即依赖 Ca^{2+}的蛋白激酶（protein kinase C，PKC。C 指 Ca^{2+}），是一类蛋白丝氨酸/苏氨酸激酶。游离的蛋白激酶 C 没有活性，与 Ca^{2+}结合后转移并结合于细胞膜，被甘油二酯和磷脂酰丝氨酸激活。

6. **转导效应** 蛋白激酶 C 可催化代谢途径关键酶或其他功能蛋白磷酸化，从而调节代谢，产生短期效应和长期效应。

（1）短期效应 磷酸化修饰某些关键酶如激素敏感性脂肪酶，调节代谢。

（2）长期效应 磷酸化修饰某些转录因子如 Oct-11，调控基因表达。

五、糖皮质激素作用机制

糖皮质激素是典型的类固醇激素，其功能之一是促进肝细胞糖异生。糖皮质激素受体属于细胞内受体，与抑制蛋白结合而位于细胞质中。饥饿时糖皮质激素合成分泌增加，约 92%以结合形式由皮质类固醇结合球蛋白（少量由白蛋白）运输到肝，通过继发性主动转运进入肝细胞质，与糖皮质激素受体配体结合区（ligand-binding domain，LBD）结合，形成激素-受体复合物，变构释放抑制蛋白，暴露出核定位信号（nuclear localization signal，NLS）。复合物通过主动转运经核孔进入细胞核，形成同二聚体，或与维甲酸 X 受体（retinoic acid receptor，RXR）形成异二聚体，通过 DNA 结合域（DNA-binding domain，DBD）与糖异生途径关键酶基因的糖皮质激素反应元件（glucocorticoid response element，GRE）结合，促进基因表达，使糖异生途径关键酶增加，糖异生增加（图 12-6）。

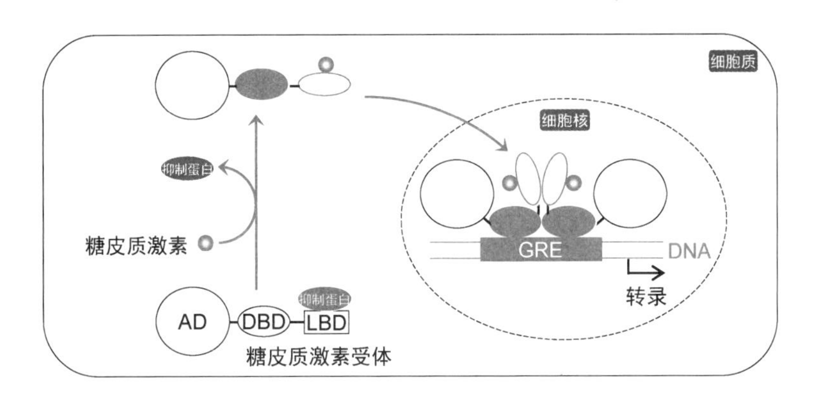

图 12-6　糖皮质激素作用机制

六、甲状腺激素作用机制

甲状腺激素是维持机体功能活动的基础性激素，几乎作用于所有组织。

甲状腺激素几乎都（超过 99%）以结合形式在血中运输，主要由甲状腺素结合球蛋白、少量由转甲状腺素蛋白（甲状腺素视黄质运载蛋白，运至脑组织）和白蛋白运输，在靶组织由细胞膜单羧酸转运蛋白 8（十二次跨膜单体形成同二聚体）介导进入靶细胞。

甲状腺激素主要通过甲状腺激素受体起作用。甲状腺激素受体（thyroid hormone receptor，TR）属于位于细胞核内的核受体，即使未与甲状腺激素结合，也与靶基因的甲状腺激素反应元件（thyroid hormone response element，TRE）结合，但同时与 RXR 结合。TR 与甲状腺激素结合后形成同二聚体，或与 RXR 形成异二聚体，促进基因表达，产生生物学效应，包括调节细胞代谢，促进生长发育。

第四节　整体水平代谢调节

整体水平代谢调节是指高等动物通过神经系统和内分泌系统调节整体代谢，使不同细胞、组织、器官的代谢相互协调和整合，以保持内环境稳定。

神经系统和内分泌系统是调节机体各种机能的两大信息传递系统。神经系统调节整体代谢，一方面通过神经活动直接影响各器官的功能，另一方面通过神经-体液途径控制内分泌系统，使激素的分泌保持协调和相对平衡。

下丘脑是联系神经系统和内分泌系统的枢纽。中枢神经系统释放的神经递质控制下丘脑分泌神经激素，从而把神经信息转换为激素信息。下丘脑促垂体区肽能神经元能合成分泌九种统称下丘脑调节肽的肽类神经激素（如促甲状腺激素释放激素、促肾上腺皮质激素释放激素、促性腺激素释放激素），这些激素可以调节垂体前叶的分泌活动。垂体前叶（腺垂体）合成分泌的促激素（如促甲状腺激素、促肾上腺皮质激素、卵泡刺激素）进一步调节下一级靶［内分泌］腺（如甲状腺、肾上腺皮质、性腺）的分泌活动，如此构成下丘脑-垂体-靶腺轴（图 12-7）。

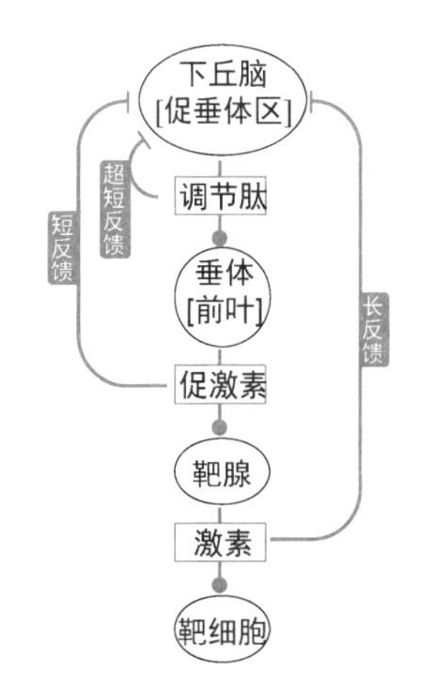

图 12-7　神经-体液调节

与此同时，各内分泌腺之间还有横向的联系和制约（如生长抑素可抑制胰岛素分泌，而胰高血糖素可促进胰岛素分泌）及纵向的反馈调节，包括长反馈（内分泌腺激素对垂体前叶、下丘脑

的反馈)、短反馈（垂体激素对下丘脑的反馈）和超短反馈（下丘脑激素对下丘脑肽能神经元的反馈），因此神经系统和内分泌系统形成一个整体调节网络。当机体内外条件发生变化时，神经系统和内分泌系统统一作用，从整体上调节代谢，以满足生理需要。下面以饥饿和应激时的代谢调节及动物血糖调节为例简要说明（表 12-6）。

表 12－6 血浆能源水平 mmol/L

	进食	禁食 40 小时	禁食 7 天
葡萄糖	5.5	3.6	3.5
游离脂肪酸	0.30	1.15	1.19
酮体	极少	2.9	4.5

1. 空腹 是指餐后 12 小时。此时体内胰岛素分泌减少，胰高血糖素分泌增加。肝糖原已经分解过半（可维持 12~24 小时），糖异生启动，脂肪动员开始增加，供给肝和骨骼肌，肝细胞用其合成酮体供给骨骼肌。骨骼肌蛋白质开始分解。

2. 短期禁食（短期饥饿） 是指禁食 1~3 天。其间糖原已耗尽，血糖减少，甘油和游离脂肪酸增加，氨基酸增加。胰岛素分泌极少，胰高血糖素分泌增加，引起代谢和器官能源调整。

（1）生物氧化前体调整 ①血糖消耗减少：保障供给脑组织、红细胞等。②脂肪动员增加：成为主要生物氧化前体，提供所需能量的 85% 以上。③酮体生成增加：可转化脂肪动员产物的 25%。④骨骼肌（占体重的 40%~50%）蛋白质分解增加：每日分解 180~200g，成为重要生物氧化前体，并为糖异生提供原料，但会出现负氮平衡。⑤糖异生增加：禁食一夜之后，糖原分解和糖异生各贡献一半血糖。禁食 16~36 小时后糖异生能力最强，每日可合成 150g 葡萄糖（80% 在肝脏，20% 在肾皮质，以氨基酸为主要原料，此外还有乳酸和甘油），成为血糖主要来源，可以维持血糖基本水平。

（2）组织器官能源调整 整体以脂肪动员为主，以脂肪酸和酮体为基本能源：①肝脏和脂肪组织利用脂肪酸。②心肌、骨骼肌和肾皮质利用脂肪酸和酮体。③脑组织不能利用脂肪酸，仍以葡萄糖为主要能源（80%，正常人脑脊液最低糖含量为 2.5mmol/L），但开始利用酮体。

3. 长期禁食（长期饥饿） 是指禁食 3 天以上，引起代谢和器官能源进一步调整。

（1）生物氧化前体调整 ①血糖消耗进一步减少。②脂肪动员和酮体生成进一步增加，17 天后达到峰值。③骨骼肌蛋白分解减少，每日分解 35~125g，负氮平衡缓解。④糖异生总体减少，其中肝脏减少，肾皮质增加。5~6 周后两者每日各合成约 40g 葡萄糖，其中 60g 来自乳酸、丙酮酸和氨基酸，20g 来自甘油。血糖维持在 3.6~3.8mmol/L。

（2）组织器官能源调整 糖代谢仅提供所需能量的不到 10%：①肝脏和脂肪组织仍然利用脂肪酸。②肌组织以脂肪酸为主要能源，保障酮体优先供给脑组织。③脑组织减少耗糖，转而以酮体为主要能源。禁食 3~4 天时，每日消耗酮体约 50g，可以节约葡萄糖约 50%；禁食两周时每日消耗酮体增至 100g。

4. 应激 是指由创伤、剧痛、寒冷、酷热、缺氧、中毒、感染等异常刺激及强烈的情绪激动或恐惧引起的非特异性紧张状态。应激（stress）引起一系列神经、体液和代谢的变化：①下丘脑-垂体前叶-肾上腺皮质系统兴奋，交感-肾上腺髓质系统兴奋，血浆促肾上腺皮质激素、糖皮质激素、儿茶酚胺、生长激素、催乳素、胰高血糖素、抗利尿激素和醛固酮增加，胰岛素减少。②糖原分解、糖异生、脂肪动员、脂肪酸 β 氧化、蛋白质分解和尿素合成增加，糖原合成和脂肪合成减少。③血中葡萄糖、乳酸、脂肪酸、甘油和氨基酸增加，尿素增加。

5. 副交感神经阻断实验 用阿托品竞争性结合大鼠乙酰胆碱受体，模拟阻断其副交感神经传导，发现其胰岛素分泌减少，血糖升高；注射胰岛素使其达到正常水平时，血糖并未回落，出现类似胰岛素抵抗现象。分析表明这是因为肝细胞某些因子的合成分泌减少，胰岛素受体合成也减少，注射胰岛素并不能使这些因子的合成分泌回升；只有解除阿托品的竞争性抑制，使肝细胞因子合成分泌回升时，胰岛素受体合成才回升，注射胰岛素才能显现降糖效应。因此，神经系统和内分泌系统以及肝脏对糖代谢的调节不是孤立的，而是协调统一的整体调节。

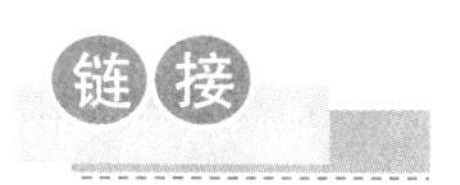

代谢组学与传统医药研究

具有几千年历史的传统医学蕴藏着朴素的辩证分析思想及系统论的观念，强调从整体和系统的角度认识和调节人体活动，积累了大量有效的治疗方法；但尚缺乏在分子水平对物质基础和作用机制的认识，至今仍停留在朴素的辩证哲学思辨层次，难以与现代科学沟通，不能被现代社会特别是现代医学界所接受。

随着人类基因组计划等重大项目的实施，人类研究复杂生物系统的能力取得了突破性进展，人类医学研究进入了系统生物学（systems biology）时代。代谢组学是20世纪90年代中期发展起来的一门新兴学科，是系统生物学的重要组成部分。**代谢组学**（metabonomics）是通过组群指标分析，进行高通量检测和数据处理，研究生物体整体或组织细胞系统的动态代谢变化，特别是对内源代谢、遗传变异、环境变化乃至各种物质进入代谢系统的特征和影响的科学。代谢组学的研究方法是用多参数动态系统检测和量化整体代谢随时间变化的规律，建立内外因素影响下整体代谢的变化轨迹，反映某种病理（生理）过程所发生的一系列代谢事件，包括环境条件改变、疾病和治疗时机体的代谢应答。代谢组学的研究方法是以高通量、大规模实验和计算机统计分析为特征的，具有“动态性研究”和“整体性研究”的特点。代谢组学可以达到从整体上把握人体的健康状态和疾病的治疗效果，从而更有效地发现药物和实现用药个体化。

代谢组学创始人、英国帝国理工大学 J. Nicholson 教授认为人体应当作为一个完整的系统来研究，应用代谢组学来理解疾病过程，这与传统医学的整体观和辨证论治思维方式不谋而合。代谢组学与传统医学在许多方面有相近的属性，如果把它们有机地结合起来研究，可能将有力推动传统医学理论的现代化进程。代谢组学已经成为运用系统生物学研究传统医药的重要手段，还可能成为传统医药走向世界的通用语言。

小结

机体无论是适应环境还是应答刺激，都会产生功能改变，代谢调节是功能改变的微观过程。

糖、脂质和蛋白质的代谢一方面有其独立性，体现在一些代谢或代谢物功能不能替代，另一方面有其依赖性，体现在通过一些代谢的联系和中间产物的转化：①乙酰辅酶A和磷酸二羟丙酮是糖代谢和脂质代谢的主要结合点：糖可转化为脂肪，而脂肪中只有甘油及奇数碳脂肪酸β氧化分解生成的丙酰辅酶A可转化为糖。②α-酮酸是氨基酸代谢和糖代谢的重要结合点：糖代谢产生的α-酮酸可合成非必需氨基酸，氨基酸分解生成的α-酮酸可合成葡萄糖。③氨基酸可转化为脂质，脂肪中的甘油可转化为非必需氨基酸。④核苷酸合成主要由葡萄糖和氨基酸代谢提供原料，核苷酸的分解代谢与糖和氨基酸的分解代谢联系密切。

糖、脂肪和蛋白质都可以通过生物氧化为生命活动供能。整体供能以糖和脂肪为主，但不同组织或同一组织在不同代谢条件下对供能物质的利用不尽相同。

代谢调节形成调节网络，即众多信号通路的整合。代谢途径与信号通路的汇合点是关键酶。关键酶的调节及调节效应均发生在细胞内，成为细胞水平代谢调节的核心。细胞内的膜系统将细胞质进一步分隔成许多区室。各代谢途径在不同区室进行，既避免相互干扰，又可以通过控制代谢物的跨膜转运来调节代谢。

通过调节酶活性控制代谢速度和代谢方向是代谢调节的重要方式。调节酶活性时只需调节关键酶，调节方式包括结构调节和水平调节：①结构调节（快速调节）显效快，包括变构调节、化学修饰调节和酶原激活。变构调节是变构调节剂通过非共价键作用于变构酶变构位点，改变其构象，从而改变其催化活性；化学修饰调节是对酶蛋白特定部位进行化学修饰，修饰方式以磷酸化和去磷酸化最为常见。②水平调节（缓慢调节）显效慢，包括酶蛋白合成调节和分解调节，是基因表达调控核心内容。

细胞外信号分子调节靶细胞代谢可分为两个阶段：①细胞通讯：内分泌腺分泌激素，通过细胞外液到达靶细胞，与受体结合成激素-受体复合物。②信号转导：激素-受体复合物激活靶细胞内特定信号通路，启动细胞水平代谢调节，最终改变细胞代谢和细胞行为。

蛋白激酶 A 途径以改变靶细胞中 cAMP 水平和蛋白激酶 A 活性为主要特征，是激素调节细胞代谢和调控基因表达的重要途径。

蛋白激酶 C 途径以改变细胞质 Ca^{2+} 水平和蛋白激酶 C 活性为主要特征，是激素调节细胞代谢和调控基因表达的重要途径。

糖皮质激素是典型的类固醇激素，通过继发性主动转运进入肝细胞质，与糖皮质激素受体配体结合形成激素-受体复合物，进入细胞核，与糖异生途径关键酶基因的糖皮质激素反应元件结合，促进基因表达，使糖异生增加。

甲状腺激素受体位于细胞核内，与甲状腺激素结合后形成同二聚体，或与维甲酸 X 受体形成异二聚体，促进基因表达，产生生物学效应，包括调节细胞代谢，促进生长发育。

神经系统和内分泌系统是调节机体各种机能的两大信息传递系统。神经系统调节整体代谢，一方面通过神经活动直接影响各器官的功能，另一方面通过神经-体液途径控制内分泌系统，使激素的分泌保持协调和相对平衡。

讨论

1. 脑、肝脏、骨骼肌物质代谢和能量代谢主要特点。
2. 关键酶调节方式。
3. 变构调节特点。
4. 变构酶动力学特征和生理意义。
5. 酶的化学修饰调节及其特点。
6. 肾上腺素调节糖原代谢机制。

第十三章
血液生化

扫一扫，查阅本章数字资源，含PPT、音视频、图片等

血液（blood）是由血细胞和血浆组成、循环于心血管系统内的流体组织，其功能包括呼吸、营养运输、代谢物运输、激素运输与代谢调节、体温调节、排泄、酸碱平衡、水平衡、防御感染、凝血等。血细胞以红细胞为主（99%），此外还有少量白细胞和血小板（1%）等。血浆（plasma）成分包括水、血浆蛋白、电解质、代谢物、营养物质和激素等，占全血体积的55%~60%，可以通过抗凝血离心制备（不包括外加抗凝剂成分）。血清（serum）是指血液在体外凝固后析出的淡黄色透明液体。血清和血浆的主要区别是血清中不含纤维蛋白原及部分其他凝血因子，因为在血液凝固过程中，纤维蛋白原（凝血因子Ⅰ）转化为纤维蛋白，凝结于血块中。

正常人体血量（血液总量，血容量）约占体重的7%（约5000mL）。失血超过20%严重影响身体健康，超过32%（>1600mL）意识模糊、血压测不到，危及生命。血液密度为1.050~1.060g/cm^3，pH为7.35~7.45，渗透压约为770kPa。

血液在机体各组织器官之间循行并进行物质交换，所以血液成分比较复杂。在生理状态下，各成分含量相对稳定。在病理状态下，某些成分含量会发生特征性变化，所以血液检查具有重要的临床意义。本章简单介绍血浆蛋白和红细胞代谢，水和血浆小分子晶体物质将在第十五章介绍。

第一节　血浆蛋白

血浆中含1000多种蛋白质，统称血浆蛋白。正常成人血浆蛋白含量60~80g/L，仅次于水。各种血浆蛋白含量高低不同，高至每升数十克，低至每升几毫克。血浆蛋白几乎都是糖蛋白（白蛋白例外）。分析生理状态下血浆蛋白的种类、含量及其病理状态下的变化，对于疾病诊断、治疗和预后具有重要意义。

一、血浆蛋白分类

血浆蛋白可按分离方法进行分类。

1. 盐析分类法　根据各种血浆蛋白在不同浓度的盐溶液中溶解度的差异，可将其分级沉淀，例如白蛋白可在饱和硫酸铵（或硫酸钠）溶液中析出，球蛋白可在50%饱和度硫酸铵溶液中析出。盐析法可从血浆蛋白中分出白蛋白（albumin）、球蛋白（globulin）和纤维蛋白原（fibrinogen），其含量依次居血浆蛋白的前三位。

2. 电泳分类法　各种血浆蛋白分子大小不同、所带电荷不同，因而电泳泳动速度不同。例如临床实验室用醋酸纤维薄膜电泳（pH 8.6）分析血浆蛋白，按泳动由快到慢顺序可分出白蛋

白、α_1球蛋白、α_2球蛋白、β 球蛋白和 γ 球蛋白等（图 13-1，表 13-1）。聚丙烯酰胺凝胶电泳或免疫电泳分辨率更高，可从血浆中分出更多的蛋白质成分。

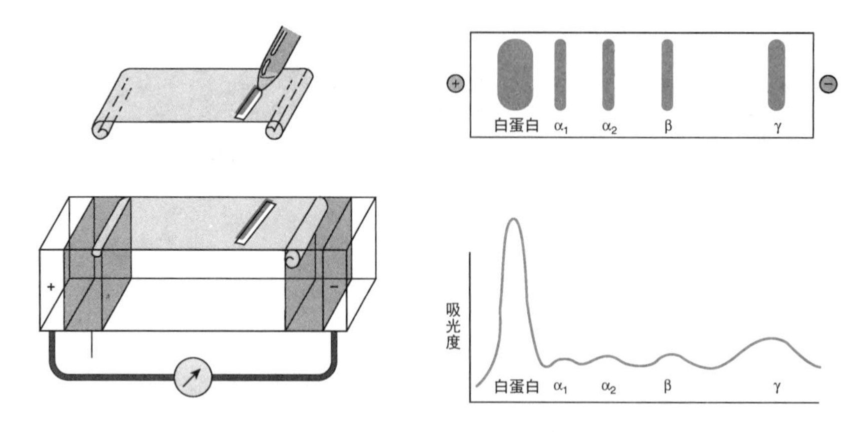

图 13-1　血浆蛋白醋酸纤维薄膜电泳

表 13-1　部分血浆蛋白来源和主要功能

血浆蛋白	来源	主要功能
白蛋白	来自肝细胞	维持血浆胶体渗透压，运输代谢物
α_1球蛋白、α_2球蛋白	主要来自肝细胞	形成血浆脂蛋白
β 球蛋白	大部分来自肝细胞	形成血浆脂蛋白
γ 球蛋白	主要来自浆细胞	体液免疫
纤维蛋白原	来自肝细胞	凝血因子 Ⅰ
凝血酶原	来自肝细胞	凝血因子 Ⅱ

二、血浆蛋白功能

血浆蛋白是血浆主要成分，在血液沟通内外环境、联系组织器官、维持内环境稳定及物质运输、防御、凝血和抗凝等方面起重要作用。

1. 维持血浆胶体渗透压　血浆蛋白含量是 60~80g/L，组织液蛋白质含量是 0.5~10g/L，因此血浆蛋白含量远高于组织液，这种差异使血浆具有较高的胶体渗透压，而胶体渗透压是控制血管内外水平衡、维持血量的重要因素。

正常人血浆白蛋白（清蛋白，albumin，ALB，A）含量是 35~55g/L，是血浆中含量最高的蛋白质、含量最高的固体成分，是维持血浆胶体渗透压的主要因素（血浆胶体渗透压的 75%~80%由白蛋白维持）。

白蛋白主要在肝细胞内合成。正常成人肝脏每日合成白蛋白约 12g，占肝脏合成蛋白质总量的1/4，占肝脏分泌蛋白总量的 1/2，所以当机体营养不良或肝脏功能障碍时，血浆白蛋白减少，引起血浆胶体渗透压降低。如果血浆白蛋白低于 30g/L，会导致水潴留，出现水肿。静脉注射白蛋白可促使水从组织液移至毛细血管内，消除水肿。

正常人血浆球蛋白（globulin，GLB，G）含量是 15~30g/L，血浆白蛋白与球蛋白的正常比值（A/G ratio）为 1.5~2.5。某些疾病引起血浆蛋白质谱改变或出现异常条带，如重度慢性肝炎、肝硬化、肝癌等患者白蛋白合成减少，或多发性骨髓瘤等患者球蛋白合成过多，会出现 A/G 比值下降，甚至倒置。因此，白蛋白可作为反映上述患者肝脏或骨髓功能的血清指标。

2. 运输作用　①运输脂质（包括脂溶性维生素和激素）、外源性物质（药物和食品添加剂），例如白蛋白运输脂肪酸、磺胺类抗菌药、青霉素 G 和阿司匹林，脂蛋白运输甘油三酯和胆固醇，转铁蛋白和铜蓝蛋白运输铁。②运输易被细胞摄取并灭活或损伤细胞的代谢物，例如白蛋白运输未结合胆红素。③与易经肾小球滤过的化合物结合，避免其经肾丢失，延长其血浆半衰期，例如白蛋白运输钙、铜、锌和部分色氨酸，α_2巨球蛋白运输锌、血小板源性生长因子和转化生长因子β，甲状腺素结合球蛋白运输甲状腺激素，皮质类固醇结合球蛋白运输类固醇激素，肝细胞合成分泌的视黄醇-视黄醇结合蛋白复合物在血浆中与转甲状腺素蛋白形成复合体，向肝外组织运输。

3. 凝血、抗凝和纤溶作用　绝大多数凝血因子、抗凝物质和纤溶系统属于血浆蛋白，且常以无活性前体（酶原、蛋白原）形式存在，在一定条件下被激活后起凝血、抗凝或纤溶作用，维护循环系统。

（1）凝血因子　凝血即血液凝固，是指血液由流体变成凝胶的过程，其生物化学过程是纤维蛋白原（血纤蛋白原）被激活成纤维蛋白（血纤蛋白），交织成网，把血细胞网罗其中，形成凝块。血浆中直接参与凝血的物质统称凝血因子，共有 14 种，根据发现的先后顺序分别以罗马数字命名为凝血因子Ⅰ（FⅠ，即纤维蛋白原）到凝血因子ⅩⅢ（FⅩⅢ）。FⅥ后被证明是活化的FⅤ（FⅤa）。除 FⅣ为 Ca^{2+}外，其余凝血因子均为蛋白质。除 FⅢ为膜蛋白外，其余凝血因子均存在于血浆中。除 FⅢ合成于肺和胰腺外，其余凝血因子均由肝脏合成。因此，肝损伤严重（如肝硬化）患者凝血因子合成不足，会导致凝血功能障碍，出现凝血时间延长和出血倾向。

（2）抗凝物质　①凝血酶抑制剂（thrombin inhibitor）：包括抗凝血酶Ⅲ（凝血酶抑制剂Ⅲ）、α_2巨球蛋白、肝素辅因子Ⅱ和 α_1抗胰蛋白酶。其中抗凝血酶Ⅲ能不可逆地抑制 FⅡa（凝血酶）、FⅨa、FⅩa、FⅪa、FⅫa 及 FⅦa-FⅢ复合物，防止血栓形成。抗凝血酶Ⅲ的该活性被肝素激活。②蛋白 C 和蛋白 S：由肝脏合成。蛋白 C（protein C）是一种依赖维生素 K 的丝氨酸蛋白酶，以酶原形式存在，被内皮细胞膜凝血酶-血栓调节蛋白复合物激活后降解 FⅤa 和 FⅧa，从而抑制FⅩ和 FⅡ激活，防止凝血过度。蛋白 S 是蛋白 C 的辅助因子。蛋白 C、S 缺陷个体易形成静脉血栓。③组织因子途径抑制物（TFPI）：通过直接抑制 FⅩa 间接抑制 FⅦa-组织因子复合物，从而抑制凝血酶原激活。

（3）纤溶系统　主要包括纤溶酶原、纤溶酶原激活物和纤溶抑制物，可使纤维蛋白和纤维蛋白原降解成可溶性寡肽，使纤维蛋白凝块适时溶解、及时清除，保证血管通畅，促进组织修复与再生。

凝血、抗凝、纤溶、抗纤溶是人体内存在的相互联系、相互制约、对立统一的动态平衡过程。

4. 免疫作用　血浆中存在数千种称为抗体（antibody，Ab，免疫球蛋白，immunoglobulin，Ig）的糖蛋白，含量可达血浆蛋白的 20%，在体液免疫中的作用是识别并结合抗原，形成抗原-抗体复合物，激活血浆中的另一类免疫蛋白——补体，避免抗原损伤机体。

免疫球蛋白由浆细胞合成分泌，结构单位是由两条重链和两条轻链以二硫键相连形成的单体，多数属于γ球蛋白，分为 IgG、IgA、IgM、IgD 和 IgE 五大类，其中 IgG、lgD 和 IgE 是单体；IgA 以二聚体为主，有少量单体和三聚体；IgM 有膜结合型单体和分泌型五聚体两类。

5. 催化作用　血浆中存在的各种酶统称血清酶，其来源不同，作用也不同，包括血浆功能酶、外分泌酶和细胞酶（第五章，97 页）。

6. 营养作用　某些组织细胞（如单核巨噬细胞系统）可以摄取血浆蛋白并分解成氨基酸，用于合成蛋白质和其他含氮化合物，或氧化供能。

7. 维持酸碱平衡　大部分血浆蛋白的等电点在 4.0~7.3，所组成的缓冲体系占血液缓冲体

系的 7%，是维持血液酸碱平衡的重要因素（第十五章，305 页）。

8. 其他 血浆中还有蛋白质激素（如胰岛素）、炎症反应蛋白（如 C 反应蛋白和 α_2酸性糖蛋白）和未知功能蛋白。

第二节 非蛋白氮

非蛋白氮（NPN）是指血液中除蛋白质外的所有含氮化合物的总氮量，主要来自尿素、尿酸、肌酸、肌酐、氨基酸、肽、胆红素和氨等含氮化合物。这些非蛋白质含氮化合物除氨基酸和肽外几乎都是蛋白质与核酸代谢的最终产物，因而是氮的排泄形式，绝大多数可以通过血液运输，经肾脏排泄。因此，血非蛋白氮变化既反映机体蛋白质和核酸的代谢状况，又反映肾脏的排泄功能。

正常成人血非蛋白氮含量为 14.3~25.0mmol/L。严重肾功能不全会导致血非蛋白氮升高。值得注意的是：机体氮摄入过多，肾血流量减少，消化道出血，蛋白质分解增加等，均可引起血非蛋白氮升高。临床上将血非蛋白氮升高称为**氮质血症**（azotemia）。

1. 尿素 是蛋白质分解代谢最终产物之一，也是血非蛋白氮的主要来源，约占非蛋白氮的 1/2，被称为**血尿素氮**（BUN，临床检验正常参考值 3.6~14.2mmol/L）。血尿素氮和非蛋白氮临床检验的意义一致，均可作为肾功能指标。肾功能严重减退时血尿素氮和非蛋白氮升高。

2. 尿酸 是嘌呤化合物分解代谢最终产物。核酸分解增多（如白血病和恶性肿瘤等），其他嘌呤化合物分解增多，肾脏排泄功能障碍，或其他疾病，均可引起血尿酸升高。

3. 肌酸 主要存在于肌细胞和脑细胞内，其磷酸化形式磷酸肌酸是高能磷酸基团的储存形式（第七章，140 页）。肌酸代谢最终产物及排泄形式是**肌[酸]酐**（creatinine，第七章，140 页），正常人每日产生一定量的肌酐（主要来自骨骼肌），并经肾脏排泄。正常人血肌酸含量为 228.8~533.8μmol/L，**血肌酐**临床检验正常参考值为 44~133μmol/L。肾功能不全患者肌酐排泄减少，血肌酐升高。临床上常通过检测血肌酐评价肾功能。血肌酐水平不受氮摄入量影响，因而其评价肾功能的临床意义优于血尿素氮。

第三节 红细胞代谢

红细胞占血细胞的 99%。我国成年男性红细胞数为 3.5×10^{12}~5.5×10^{12}/L，女性为 3.0×10^{12}~5.0×10^{12}/L。红细胞的主要成分是血红蛋白（30~34g/dL），我国成年男性全血血红蛋白含量为120~160g/L，女性为 110~150g/L。红细胞的主要功能是运输氧和二氧化碳，维持酸碱平衡。

哺乳动物红细胞和其他血细胞一样均源于造血干细胞，红细胞生成过程依次经历造血干细胞（成血细胞）→造血祖细胞→原[始]红细胞→早幼红细胞→中幼红细胞→晚幼红细胞→网织红细胞→红细胞各阶段。红细胞在成熟过程中经历一系列形态和代谢的改变：从原红细胞到晚幼红细胞均为有核细胞，与其他体细胞一样，能合成核酸和蛋白质，可以分裂。晚幼红细胞之后细胞不再分裂，分化过程中细胞核被排出而成为无核的网织红细胞。新形成的网织红细胞含有少量核糖体、内质网、线粒体和 mRNA，还能合成少量多肽如珠蛋白，24 小时后完全成熟。

一、红细胞代谢特点

红细胞无细胞核及其他细胞器结构，因此代谢简单，不能合成蛋白质，不能进行有氧氧化，只保留对其生存和功能起重要作用的少数代谢途径，如无氧酵解途径、磷酸戊糖途径和2,3-二磷酸甘油酸支路。

红细胞通过葡萄糖转运蛋白1（GLUT1，K_m=1~3mmol/L）介导的易化扩散每日从血浆摄取30g葡萄糖，其中90%~95%消耗于无氧酵解和2,3-二磷酸甘油酸支路，以获得ATP和2,3-二磷酸甘油酸（2,3-bisphosphoglycerate，2,3-BPG）；5%~10%消耗于磷酸戊糖途径，以获得NADPH。

1. 2,3-二磷酸甘油酸支路 是红细胞特有的一个无氧酵解旁路：①无氧酵解中间产物1,3-二磷酸甘油酸变位成2,3-二磷酸甘油酸，反应由二磷酸甘油酸变位酶催化。②2,3-二磷酸甘油酸水解脱磷酸，生成3-磷酸甘油酸，反应由2,3-二磷酸甘油酸磷酸酶催化（图13-2）。

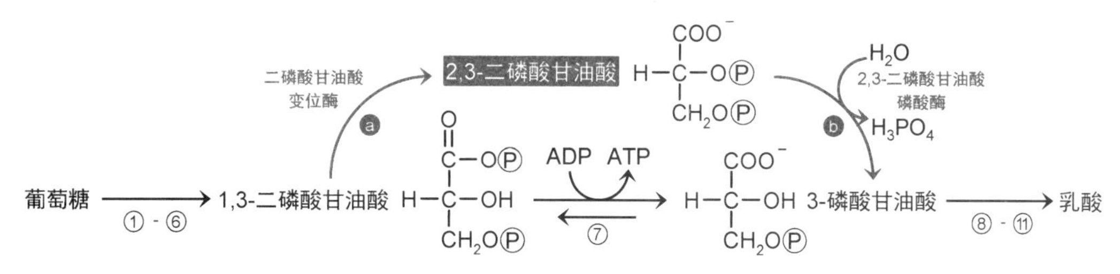

图13-2 2,3-二磷酸甘油酸支路

2,3-二磷酸甘油酸支路特点：①两步反应均为放能反应，且反应不可逆。②二磷酸甘油酸变位酶受2,3-二磷酸甘油酸反馈抑制，所以只有15%~50%的1,3-二磷酸甘油酸进入该支路。③2,3-二磷酸甘油酸磷酸酶活性低于二磷酸甘油酸变位酶，所以有2,3-二磷酸甘油酸积累，浓度可达4~5mmol/L，与血红蛋白浓度（≈5.5mmol/L）在同一水平。

2. 红细胞2,3-二磷酸甘油酸功能 降低氧合血红蛋白氧合力，促进氧的释放（释放量从8%增至66%），供组织细胞利用（第三章，52页）。

3. 红细胞ATP功能 ①主要为细胞膜钠泵供能，以维持红细胞内外的钠钾平衡、细胞体积和细胞形态。一旦ATP缺乏，Na^+积累会使红细胞膨胀而溶血。②为细胞膜钙泵供能，维持钙平衡（红细胞和血浆Ca^{2+}浓度分别为0.02和1.0~1.3mmol/L）。Ca^{2+}积累会使红细胞变形、细胞膜僵硬，被脾和肝清除。③为还原型谷胱甘肽（GSH）合成供能。④支持膜脂与血脂交换，机制尚未阐明。

4. 红细胞NADPH功能 通过以下机制维持红细胞的结构和功能：①保持高水平GSH，协助其清除活性氧，保护细胞膜和血红蛋白等。红细胞内谷胱甘肽水平极高，而且几乎都是GSH（第八章，161页）。②还原高铁血红蛋白（由黄素还原酶催化），使其含量不超过血红蛋白的1%~2%。不过，NADH、抗坏血酸和GSH都有此功能，而且还原高铁血红蛋白主要靠NADH（由NADH-Cyt b_5还原酶系催化）。

二、血红素合成

血红蛋白是结合蛋白质，由珠蛋白和血红素构成。血红素是Fe^{2+}的原卟啉Ⅸ络合物（螯合物），原卟啉Ⅸ由四个吡咯环构成，Fe^{2+}位于其中心。血红素还是其他血红素蛋白的辅基，有重要的生理功能。

1. 合成原料和合成部位 血红素的合成原料是琥珀酰辅酶A、甘氨酸和Fe^{2+}，约85%在有核红细胞合成，其余主要在肝细胞合成，此外多数其他组织也能少量合成。血红素合成的起始（图13-3①）和终末阶段（图13-3⑥~⑧）在线粒体内进行，中间阶段（图13-3②~⑤）在细胞质中进行。

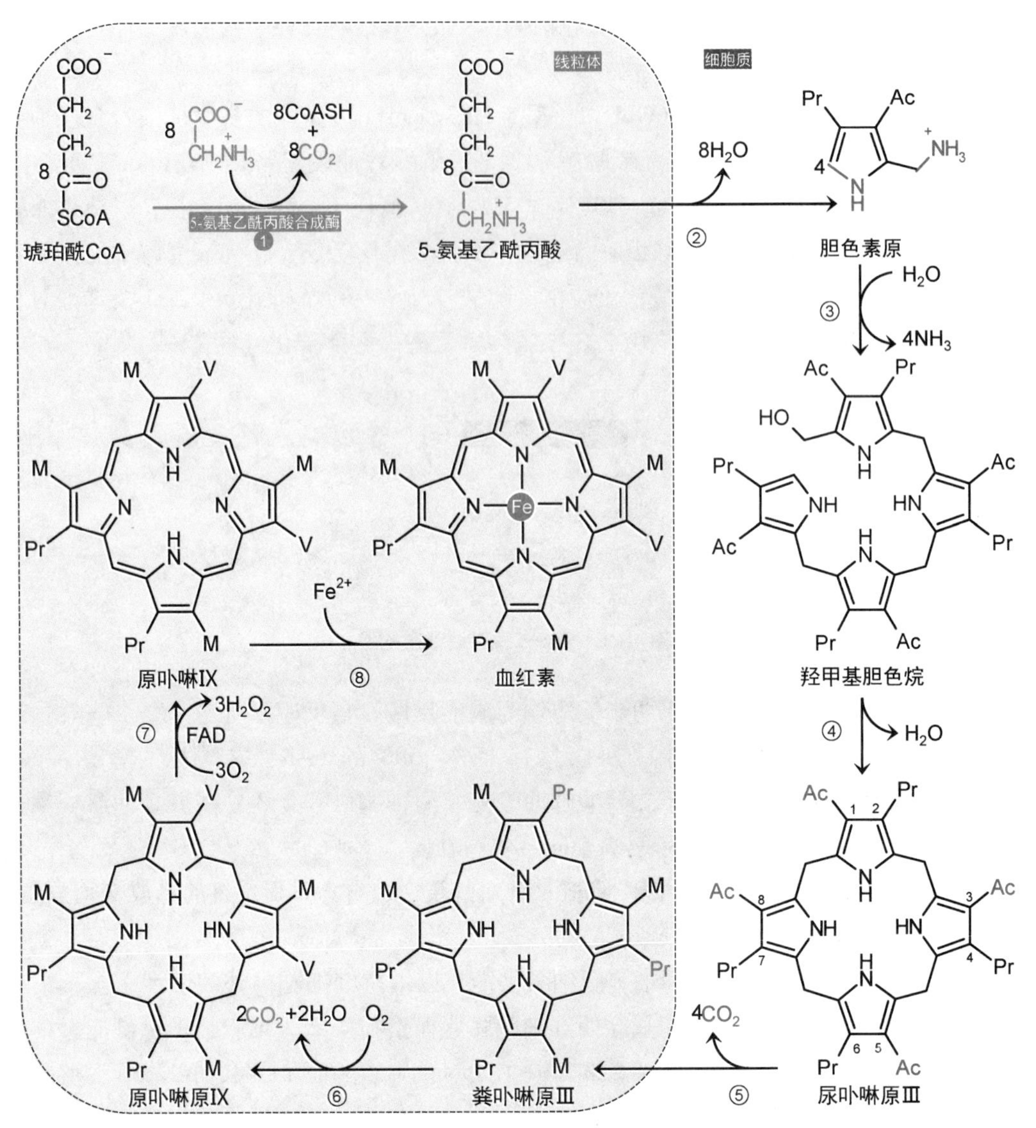

图 13-3 血红素合成

2. 合成过程 正常成人每日合成6g血红蛋白，需要210mg血红素。

（1）琥珀酰辅酶A与甘氨酸缩合成5-氨基乙酰丙酸（δ-氨基-γ-酮戊酸），反应由5-氨基乙酰丙酸合[成]酶（δ-氨基-γ-酮戊酸合[成]酶）催化，该酶以磷酸吡哆醛为辅基。

（2）2分子5-氨基乙酰丙酸缩合成胆色素原，反应由5-氨基乙酰丙酸脱水酶（胆色素原合酶）催化，该酶以 Zn^{2+} 为辅基。

5-氨基乙酰丙酸脱水酶是含锌巯基酶，对铅等重金属非常敏感（因为 Pb^{2+} 可取代 Zn^{2+}），因此血红素合成被抑制是铅中毒的重要特征。铅中毒会引起尿中5-氨基乙酰丙酸和粪卟啉增多，但胆色素原不增多。

（3）4分子胆色素原脱氨缩合并水解，生成羟甲基胆色烷（线型四吡咯），反应由胆色素原脱氨酶（羟甲基胆色烷合酶）催化，该酶以联吡咯甲烷为辅基（与Cys261巯基共价结合）。

（4）羟甲基胆色烷脱水生成尿卟啉原Ⅲ，反应由尿卟啉原Ⅲ合[成]酶（同合酶）催化。

（5）尿卟啉原Ⅲ的C-1、C-3、C-5和C-8位四个乙酸侧链脱羧，生成粪卟啉原Ⅲ，反应由尿卟啉原脱羧酶催化。

（6）粪卟啉原Ⅲ的C-2和C-4位两个丙酸基氧化脱羧，生成原卟啉原Ⅸ，反应由粪卟啉原[Ⅲ]氧化酶催化。

（7）原卟啉原Ⅸ四个吡咯环之间的亚甲基氧化脱氢，从而生成原卟啉Ⅸ，反应由原卟啉原氧化酶催化，该酶以FAD为辅基。

（8）原卟啉Ⅸ与Fe^{2+}螯合成血红素，反应由亚铁螯合酶（血红素合[成]酶）催化。亚铁螯合酶以两个[2Fe-2S]型铁硫中心为辅基，可被NO抑制，因而是NO感受器。

血红素合成后从线粒体转到细胞质中，在红细胞是与珠蛋白结合并聚合成血红蛋白，在其他有核细胞则形成血红素蛋白。

3. 合成调节 5-氨基乙酰丙酸合成酶有两种同工酶，同工酶2只存在于有核红细胞。同工酶1分布广泛，是哺乳动物肝细胞血红素合成途径的关键酶。该酶半衰期短（约1小时），因而其活性在基因表达水平上受到调节。

（1）抑制表达 血红素抑制5-氨基乙酰丙酸合成酶1基因表达，机制是通过激活阻遏蛋白抑制转录，此外还抑制酶蛋白的合成和运输。

（2）诱导表达 ①肝脏和肾脏合成促红细胞生成素（EPO），缺氧时释放入血，运到骨髓诱导5-氨基乙酰丙酸合成酶2基因表达，促进血红素和血红蛋白合成及有核红细胞成熟。EPO不足导致肾性贫血。②某些外源性物质（如致癌物、药物、杀虫剂）诱导表达细胞色素P450酶系，消耗血红素，从而间接诱导5-氨基乙酰丙酸合成酶基因表达，促进血红素合成，进而促进细胞色素P450酶系合成，加快生物转化（第十四章，274页）。

急性间歇性卟啉症（acute intermittent porphyria） 患者胆色素原脱氨酶基因存在缺陷，但多为杂合子，通常并无症状，某些营养因素或环境因素（原因尚未阐明）会引起5-氨基乙酰丙酸和胆色素原积累，进而出现急性腹痛和神经功能障碍。

先天性红细胞生成性卟啉症（congenital erythropoietic porphyria） 患者尿卟啉原Ⅲ合成酶基因存在缺陷，导致羟甲基胆色烷积累，通过非酶促反应生成大量尿卟啉原Ⅰ、进而生成尿卟啉Ⅰ、粪卟啉Ⅰ、原卟啉Ⅰ等，经肾脏排泄而使尿液呈红色。因为有卟啉沉积，其牙齿在紫外线照射下发出红色荧光，皮肤对光敏感。

中医药与造血调控

红细胞增殖以造血干细胞和造血祖细胞的活动为主。正常有效的造血依赖于两者与造血微环境的相互作用。造血微环境包括骨髓微血管系统、骨髓基质细胞（成体骨髓中的一类多能干细胞。具有分化成骨细胞、软骨细胞、脂肪细胞和其他几种结缔组织细胞的潜能，亦可转分化成心肌细胞、骨骼肌细胞）、细胞外基质（纤维连接蛋白、层粘连蛋白和胶原等）和多种细胞因子（造血生长因子、趋化因子等）。造血细胞能广泛表达整合素（如VLA4和VLA5，属于黏附分子家族）。骨髓基质细胞除能合成分泌多种细胞因子，还合成分泌细胞外基质。整合素是骨髓基质细胞表达的纤维连接蛋白、血管细胞黏附分子1等的受体，通过与配体结合介导造血细胞的迁移和归巢，将造血细胞固定于局部，在局部接受高浓度细胞因子的作用而活化、增殖、分化、成熟。当各种原因导致造血功能障碍时，外周血细胞减少，临床表现为贫血，如肿瘤患者因放化疗所致骨髓抑制等。

中医没有贫血的概念，而是将其列入“血虚”的范畴。放化疗是肿瘤治疗的策略之一，而骨髓抑制、造血功能障碍是其主要并发症。目前，针对中医药在预防及治疗放化疗所致骨髓损伤、促进造血功能恢复等方面已有大量研究报道，其中既涉及治法与方剂研究，也涉及单味药与活性成分研究。在治法方面，包括益气补血、补血活血、补肾益髓、补肾化瘀、健脾益气、活血化瘀等方法，其代表方如当归补血汤、四物汤、十全大补汤、归脾汤、补髓生血颗粒、补肾活血方、复方活血汤等。在单味药研究方面，主要有当归、黄芪、熟地黄、川芎、白芍、人参、制首乌、枸杞、补骨脂、鸡血藤等。而关于补血的活性成分研究则主要集中在中药多糖和糖苷类，如当归多糖、熟地多糖、制首乌多糖、人参多糖、红景天多糖、枸杞多糖等中药多糖，以及人参皂苷、黄芪甲苷、芍药苷、西洋参茎叶皂苷、红景天苷等糖苷类。这些中药复方、单味药以及活性成分的补血作用机制主要有：促进骨髓造血干/祖细胞增殖、抑制其凋亡；促进骨髓基质细胞增殖；促进造血生长因子及其受体的表达；促进骨髓基质细胞黏附分子、细胞外基质的合成分泌等。这些研究为丰富中医补血理论的科学内涵、提高临床疗效提供了一定科学依据。

小结

血液由血细胞和血浆组成。血浆成分包括水、血浆蛋白、电解质、代谢物、营养物质和激素等。

血浆蛋白可用盐析法分为白蛋白、球蛋白、纤维蛋白原，用醋酸纤维薄膜电泳分为白蛋白、α_1球蛋白、α_2球蛋白、β 球蛋白和 γ 球蛋白等。

血浆蛋白是血浆主要成分，在血液沟通内外环境、联系组织器官、维持内环境稳定等方面起重要作用。其功能包括维持血浆胶体渗透压，运输作用，凝血、抗凝和纤溶作用，免疫作用，催化作用，营养作用，维持酸碱平衡。

血非蛋白氮主要来自尿素、尿酸、肌酸、肌酐、氨基酸、肽、胆红素和氨等含氮化合物。血非蛋白氮变化既反映机体蛋白质和核酸的代谢状况，又反映肾脏的排泄功能。

红细胞是数量最多的血细胞，主要功能是运输氧和二氧化碳，维持酸碱平衡。

红细胞无细胞核及其他细胞器结构，因此代谢简单，只保留对其生存和功能起重要作用的少数代谢途径，如无氧酵解途径、磷酸戊糖途径和 2,3-二磷酸甘油酸支路。

红细胞通过 2,3-二磷酸甘油酸支路获得 2,3-二磷酸甘油酸，通过无氧酵解获得 ATP，通过磷酸戊糖途径获得 NADPH，维持红细胞结构及功能。

血红素用琥珀酰辅酶 A、甘氨酸和 Fe^{2+} 合成，在有核红细胞与珠蛋白结合并聚合成血红蛋白，在其他细胞则形成血红素蛋白。5-氨基乙酰丙酸合成酶是血红素合成途径的关键酶，其活性在基因表达水平上受到调节。

讨论

1. 血浆蛋白质功能。
2. 血非蛋白氮来源和去路、临床意义。
3. 红细胞代谢特点。
4. 琥珀酰辅酶 A 的来源和去路。

第十四章
肝胆生化

成人肝重1.2~1.8kg，占体重的2%~5%，是人体第二大器官、第一大腺体。肝脏是代谢量最大的器官，也是静息状态下产热量最高的器官（约占56%），其耗氧量占机体总耗氧量的20%。肝脏不仅在糖、脂质、蛋白质、核酸、维生素和激素的代谢过程中起重要作用，是物质代谢相互联系的重要器官，而且还具有转化、分泌和排泄等重要功能，被誉为“物质代谢的中枢器官”、体内最大的“化工厂”等。肝脏发生疾病会影响机体各种代谢，严重时危及生命。因此，肝功能正常对机体有着举足轻重的意义。

第一节　肝脏形态结构与化学组成

肝脏在物质代谢中的重要性是由其特殊的形态结构和化学组成决定的。

1. 肝脏形态结构　肝脏的形态结构有以下特点：

（1）两条输入通道——肝动脉和肝门静脉　肝脏25%供血来自肝动脉，从中获得来自肺的O_2和来自其他组织的代谢物；肝脏75%供血来自肝门静脉，从中获得来自消化道的消化吸收产物，为肝脏进行物质代谢奠定基础。

（2）两条输出通道——肝静脉与胆道系统　肝静脉汇入体循环，将肝脏代谢物运到其他组织利用，或经肾排出体外；胆道系统通往十二指肠，可以排泄胆汁，从而排泄非营养物质或其转化产物。

两进两出这一独特的畅通运输网使肝脏成为代谢中枢。

（3）丰富的肝血窦　肝动脉和肝门静脉在肝内经反复分支，形成小叶间动脉及静脉，最后均汇入肝血窦。血窦结构使血液流速减慢，与肝细胞的接触面积增大，有利于与肝细胞进行物质交换。

（4）丰富的细胞器　丰富的线粒体是糖和脂肪氧化供能的主要区室；大量的内质网是脂质和蛋白质合成的主要区室；富含生物转化酶类的微粒体是生物转化的主要区室。

● **微粒体**　一种近似球形的囊泡结构，直径20~200nm，在细胞匀浆中由内质网碎片形成，富含羟化酶，可以通过超速离心（离心力大于10^6g）分离。○

2. 肝脏化学组成　特点是蛋白质含量高，约占其干重的50%，其中一部分是膜蛋白，其余主要是酶。丰富的酶类使肝脏在代谢中起重要作用。

第二节　肝脏物质代谢

肝脏是代谢最活跃的器官之一，是营养物质的加工厂和调配中心，食物消化吸收的几乎所有

单糖、氨基酸和一部分脂质先经肝门静脉进入肝脏，再分配给其他组织，有些还要在肝脏中进行必要的加工改造。

一、肝糖代谢

肝脏在糖代谢中最重要的作用是通过糖原代谢与糖异生维持血糖稳态。

1. 饱食状态下 血糖升高，一方面大量的葡萄糖被肝细胞通过葡萄糖转运蛋白 2（GLUT2）摄取，优先用于合成肝糖原储存，过多部分可转化为脂肪，并以 VLDL 的形式输出，储存于脂肪组织。另一方面糖异生减少，限制血糖补充，从而使血糖回落。

2. 空腹状态下 血糖下降，肝脏将肝糖原分解成葡萄糖，补充血糖，从而使血糖回升。

3. 禁食 12~24 小时后 肝糖原耗尽，肝脏通过提高糖异生效率加快葡萄糖合成，补充血糖，维持血糖稳态。肝功能障碍严重时肝糖原代谢及糖异生减少，难以维持血糖稳态，因而出现进食后高血糖、空腹时低血糖。

肝细胞 GLUT2 转运效率极高，所以肝细胞葡萄糖水平和血糖基本一致。肝细胞葡萄糖激酶活性不受 6-磷酸葡萄糖抑制，使肝细胞可以在高血糖时持续摄取葡萄糖。葡萄糖激酶 K_m（10mmol/L）远高于其他己糖激酶，使肝细胞在低血糖时不与其他组织争夺葡萄糖。

二、肝脂质代谢

肝脏在脂质的消化、吸收、分解、合成和运输等方面均起重要作用。

1. 脂质消化吸收 肝脏通过胆总管向十二指肠排泄胆汁，参与脂质消化吸收。肝胆疾病时胆汁酸合成分泌减少，或胆道梗阻引起胆汁排泄障碍，会影响脂质消化吸收，出现厌油腻和脂肪泻（steatorrhea，吸收不良综合征。日排泄脂肪可达 30g）等临床症状。

2. 脂肪酸合成、分解和改造 肝内脂肪酸合成代谢和分解代谢十分活跃，这是因为其细胞质中有丰富的脂肪酸合成酶系，线粒体内有丰富的脂肪酸氧化酶系。

3. 甘油三酯和磷脂合成 肝细胞内质网上有丰富的甘油三酯和磷脂合成酶系。甘油三酯和磷脂在肝内合成最多、最快，合成后进一步形成脂蛋白，向肝外（特别是脂肪组织）输出。

4. 酮体生成 肝是合成酮体的主要器官，其线粒体可用脂肪酸氧化产生的乙酰辅酶 A 合成酮体，通过血液运到肝外组织氧化供能。

5. 胆固醇代谢 肝脏通过控制胆固醇和脂蛋白代谢维持机体胆固醇稳态：①肝脏合成胆固醇并进一步酯化，以 VLDL 形式向肝外输出胆固醇和胆固醇酯。肝脏合成的胆固醇占全身合成总量的 70%~80%，是血胆固醇的主要来源。②肝脏合成分泌卵磷脂-胆固醇酰基转移酶，与 HDL 共同清除肝外胆固醇。③肝脏将胆固醇转化为胆汁酸汇入胆汁，将部分胆固醇直接汇入胆汁。

6. 其他 合成分泌的白蛋白是血浆游离脂肪酸的运输工具，合成的 apo C-Ⅱ是脂蛋白脂肪酶的激活剂。

三、肝蛋白质代谢

肝脏的蛋白质代谢和氨基酸代谢非常活跃，主要表现在蛋白质合成、氨基酸分解和尿素合成等方面。

1. 蛋白质合成 肝脏蛋白质合成有三个特点：

（1）合成量多 人体内肝脏蛋白质合成量最多，占全身合成量的 40%以上。

（2）合成种类多 在血浆蛋白中，除了 γ 球蛋白主要由浆细胞合成、血管性血友病因子主要由血管内皮细胞合成外，70%～90%血浆蛋白由肝细胞合成，例如白蛋白、凝血因子和载脂蛋白（表13-1）。肝脏每日可合成15～50g血浆蛋白（其中白蛋白约占12g）。

（3）更新快　肝组织蛋白质的平均半衰期为0.9天（0.5～150小时），而骨骼肌蛋白和血浆蛋白的平均半衰期为10.7天和10天。

肝细胞酶更新速度是其他组织的5～10倍。组成酶半衰期长，如糖酵解酶半衰期超过100小时；调节酶半衰期短，如HMG-CoA还原酶只有0.5～2小时。

甲胎蛋白（alpha fetoprotein，AFP）是胎肝细胞合成的一种血浆蛋白，出生后*AFP*基因沉默，因而正常人血浆中极少检出AFP（酶联免疫法正常值≤25μg/L）。原发性肝癌细胞*AFP*基因激活，患者可检出血浆AFP，因此检测血浆AFP对原发性肝癌有一定的诊断意义，已用于肝癌普查。不过肝炎、肝硬化炎症活动期、孕妇、生殖腺胚胎癌以及少数转移性肿瘤都可出现AFP升高，因此AFP作为诊断指标有一定局限性。

2. 氨基酸分解　在肝细胞内含有丰富的氨基酸代谢酶，所以氨基酸代谢（包括脱氨基、脱羧基及其他特殊代谢）非常活跃。当肝功能障碍时，肝细胞通透性增加，某些酶（如谷丙转氨酶）逸出肝细胞，进入血浆，临床上常通过测定血清酶活性或同工酶谱辅助诊断肝病（第五章，97页；第十章，218页）。

3. 尿素合成　肝是合成尿素的主要器官，肠道吸收的氨和各组织氨基酸分解产生的氨大部分在肝脏合成尿素，以解氨毒。肝功能障碍导致尿素合成减少，血氨升高，会引起氨中毒（第十章，222页）。

四、肝维生素代谢

肝脏参与维生素的吸收、运输、活化和储存。

1. 吸收　肝脏分泌的胆汁能促进脂溶性维生素的吸收。胆汁排泄障碍会导致脂溶性维生素吸收不足，甚至引起缺乏。

2. 运输　维生素在血浆中与载脂蛋白或特异载体结合运输，例如维生素A和维生素D分别由视黄醇结合蛋白和维生素D结合蛋白运输，这些蛋白质主要由肝脏合成。

3. 活化　如将胡萝卜素转化为维生素A，将维生素D_3转化为25-OH-D_3，将硫胺素和泛酸转化为焦磷酸硫胺素和辅酶A。

4. 储存　维生素A、维生素E、维生素K和维生素B_{12}主要在肝内储存。

五、肝激素代谢

肝脏参与激素灭活或活化。

1. 激素灭活　激素发挥作用后便被分解或转化，从而降低或失去活性，该过程称为激素灭活（inactivation of hormone）。一种激素灭活50%所需的时间称为其半衰期，它反映激素的更新速度。类固醇激素和甲状腺激素主要在肝内灭活，转化为易于排泄的形式，其中大部分经肾脏排泄，少部分随胆汁排出，例如甲状腺激素被UDP-GlcA或PAPS灭活后随胆汁排出（276页）。肝硬化患者激素灭活能力下降，造成某些激素积累，导致内分泌紊乱。例如，雌激素积累引起蜘蛛痣、肝掌（毛细血管扩张）和男性乳房发育；睾酮积累引起女性排卵减少、雌激素分泌减少、乳腺退化、面生毛发；醛固酮和加压素积累引起水钠潴留而出现水肿或腹水等。

2. 激素活化　例如四碘甲状腺原氨酸被肝细胞碘甲状腺原氨酸脱碘酶催化5′-脱碘，转化为活性更高的三碘甲状腺原氨酸。

第三节　生物转化

体内代谢产生和从体外获取的某些物质既不能构建组织，又不能氧化供能，常被归为非营养物质。有些非营养物质可直接排出体外，例如二氧化碳，有些则需先进行转化，最终增加其极性和水溶性，使其易于随胆汁排出或经肾脏排泄，这一过程称为生物转化（biotransformation）。

非营养物质根据来源可分为内源性和外源性两类：内源性物质既包括有待灭活的激素和神经递质等活性物质、血红素等机体不再需要的物质，也包括氨等毒物。外源性物质（xenobiotic，外来化合物）本意是指生物体内不能合成的有机化合物，有 20 多万种，几乎都是人工合成物，包括药物、毒物、化学污染物、食品添加剂等。植物性非营养成分和肠道菌群腐败产物虽不符合该定义，也是生物转化对象。

肝脏是进行生物转化的主要器官，这是因为在肝细胞质、内质网（微粒体）及线粒体内有丰富的生物转化酶类。此外，其他组织如肺、脾、肾、肠也能进行生物转化。

一、生物转化类型

生物转化涉及各种化学反应，可分为第一相反应和第二相反应。

（一）第一相反应

第一相反应（phase I reaction）是指通过氧化、还原、水解、水化等酶促反应在非营养物质分子结构中引入极性基团，如羟基、羧基、巯基、氨基等，使其极性增加、水溶性增加，易于排出体外，反应在细胞质、内质网（微粒体）及线粒体等区室进行。

1,24,25-三羟维生素D_3

1. 氧化反应　是最常见的生物转化反应，以细胞色素 P450 酶系催化的羟化反应为主，此外还有单胺氧化酶和脱氢酶等催化的氧化反应。

（1）细胞色素 P450 酶系　参与生物转化的细胞色素 P450 酶系主要位于肝、小肠和肾上腺等的内质网（微粒体）膜上，专一性广泛，能催化各种疏水性非营养物质的羟化，例如催化骨化三醇 C-24 羟化而灭活。细胞色素 P450 酶系在外源性物质解毒过程中起重要作用，有一半药物是由细胞色素 P450 酶系代谢的。例如羟化苯巴比妥以增加其水溶性，羟化多环芳烃以便于葡萄糖醛酸化或硫酸化，增加其水溶性。

（2）单胺氧化酶　人体内有两种单胺氧化酶，均位于线粒体外膜上，活性中心位于胞质面，以 FAD 为辅助因子，可以催化胺类物质发生氧化脱氨基反应而解毒或灭活，5-羟色胺、儿茶酚胺及组胺、尸胺、酪胺、苯乙胺等腐败产物可通过该反应转化为相应的醛类。

$$RCH_2NHCH_2R' + H_2O + O_2 \rightarrow RCHO + R'CH_2NH_2 + H_2O_2$$

$$R'CH_2NH_2 + H_2O + O_2 \rightarrow R'CHO + NH_3 + H_2O_2$$

（3）醇脱氢酶和醛脱氢酶　分别催化醇和醛脱氢：①人体有 7 种醇脱氢酶，位于细胞质中，均以 NAD^+、Zn^{2+}为辅助因子：醇+NAD^+→醛/酮+NADH+H^+。②人体有 18 种醛脱氢酶，位于细胞质、内质网、线粒体内，均以 $NAD(P)^+$为辅助因子：醛+$NAD(P)^+$+H_2O→酸+NAD(P)H+H^+。

肝细胞有两种醛脱氢酶，分别是低 K_m的线粒体型和高 K_m的细胞质型。有些人的线粒体型醛

脱氢酶因存在突变而呈低活性，其乙醇代谢物乙醛只能由细胞质型醛脱氢酶代谢，因为后者 K_m 高，所以仅在乙醛积累时才起作用，导致较多的乙醛进入血液循环，引起脸红、心动过速等。

2. 还原反应 例如硝基还原酶和偶氮还原酶催化的反应，主要在微粒体内进行。

$$3NAD(P)H + 3H^+ + C_6H_5NO_2 \longrightarrow C_6H_5NH_2 + 3NAD(P)^+ + 2H_2O$$

硝基苯　　苯胺

$$2NAD(P)H + 2H^+ + C_6H_5N{=}NC_6H_5 \longrightarrow 2\,C_6H_5NH_2 + 2NAD(P)^+$$

偶氮苯　　苯胺

还原反应还可将前药活化，如偶氮还原酶将百浪多息还原成对氨基苯磺酰胺（磺胺类抗菌药之一）。德国科学家 G. Domag 因为发现百浪多息的抗菌作用而获得 1939 年诺贝尔生理学或医学奖。

百浪多息 + 4[H] ⟶ 1,2,4-三氨基苯 + 对氨基苯磺酰胺

3. 水解反应 是由肝细胞质和微粒体内的多种水解酶催化的，可水解脂质、酰胺和糖苷，以消除或减弱其活性，例如阿司匹林、利多卡因（酰胺类局部麻醉剂，XN01BB；Ⅰ类、Ⅱ类抗心律失常药，XC01B）、普鲁卡因水解。

利多卡因 + H_2O ⟶ 2,6-二甲基苯氨 + 二乙基氨基乙酸

这些水解产物通常还需经过进一步转化（特别是通过第二相反应）才能排出体外。

（二）第二相反应

有些非营养物质或第一相反应转化产物通过与一些内源性极性分子或基团共价结合增加极性和水溶性，易于随胆汁排出或经肾脏排泄。这种转化称为第二相反应（phase Ⅱ reaction）。

肝细胞有一组催化各种结合反应的酶类，所以结合反应的类型也较多，所结合的基团多数来自活性供体（表 14-1）。

表 14-1 结合反应的主要类型

结合反应	结合基团	结合基团供体	催化酶类	结合区室
葡萄糖醛酸结合反应	葡萄糖醛酸基	UDP-GlcA	UDP-葡萄糖醛酸基转移酶	内质网（微粒体）膜
硫酸结合反应	硫酸基	PAPS	磺基转移酶	细胞质
甘氨酸结合反应	甘氨酰基	Gly	酰基转移酶	细胞质
谷胱甘肽结合反应	谷胱甘肽基	GSH	谷胱甘肽-*S*-转移酶	细胞质、线粒体
甲基结合反应	甲基	SAM	甲基转移酶	细胞质
乙酰基结合反应	乙酰基	乙酰辅酶 A	乙酰基转移酶	细胞质

1. 葡萄糖醛酸结合反应 是最普遍和最重要的第二相反应，肝细胞内质网（微粒体）膜上富含 UDP-葡萄糖醛酸基转移酶（人类基因组编码的 20 种已鉴定），它们能催化葡萄糖醛酸基从 UDP-葡萄糖醛酸（UDP-GlcA）转移到非营养物质的羟基、氨基、巯基或羧基上（277 页上图），生成相应的β-葡萄糖醛酸苷或酯，产物极性增加，易于随胆汁排出或经肾脏排泄。结合对象有数千种，常见有甲状腺激素、类固醇激素、胆红素、2-乙酰氨基芴、苯胺、苯酚、苯甲酸、氯霉素。

2. 硫酸结合反应 各组织细胞质中富含一类磺基转移酶，它们能将硫酸基从 3′-磷酸腺苷-5′-磷酰硫酸（PAPS）转移到各种神经递质、激素、药物、毒物等的羟基或氨基上，生成相应的硫酸酯或磺酰胺，例如与雌酮结合生成雌酮硫酸酯。此外，硫酸结合反应也是含硫糖胺聚糖、糖脂、糖蛋白的硫酸化反应。

3. 甘氨酸结合反应 非营养物质中的羧基先活化成酰基辅酶 A，再与甘氨酸缩合，例如食物添加剂苯甲酸先活化成苯甲酰辅酶 A，再与甘氨酸缩合成马尿酸，经肾脏排泄。

苯甲酸 —(ATP + CoASH → AMP + PP_i)→ 苯甲酰辅酶A —(甘氨酸 → CoASH)→ 马尿酸

4. 谷胱甘肽结合反应 肝内质网（微粒体）、线粒体膜上及细胞质中富含有一类谷胱甘肽-*S*-转移酶（GST），它们催化某些环氧化物、脂质过氧化物、卤代物等与 GSH 结合，之后有两个去向：①汇入胆汁，由胆管细胞进一步转化。②进入血液循环，由肾近曲小管细胞进一步转化。

5. 甲基结合反应 又称甲基化反应。肝细胞质中富含各种甲基转移酶，例如胺类甲基转移酶、组胺甲基转移酶、巯嘌呤甲基转移酶、儿茶酚甲基转移酶，它们能催化腺苷蛋氨酸将含羟基、氨基、巯基的非营养物质甲基化。

6. 乙酰基结合反应 肝细胞质中富含各种乙酰转移酶，例如芳香胺乙酰转移酶，它们能催化乙酰辅酶 A 将相应的胺类、肼类乙酰化。如苯胺、异烟肼、磺胺类抗菌药。

值得注意的是：磺胺类抗菌药乙酰化产物水溶性更差，会从酸性尿中析出，久而久之会诱发结石。服用磺胺类抗菌药时可以同时服用适量小苏打，以增加其溶解度，利于经肾脏排泄。

二、生物转化特点

生物转化的特点可概括为转化反应的连续性和多样性及解毒致毒两重性。

1. 连续性和多样性 一种非营养物质的生物转化过程往往需要经过连续反应，产生多种产物，并且大多数先进行第一相反应，再进行第二相反应。例如：①约 80%甲状腺激素脱碘排泄，15%在肝脏通过第二相反应结合葡萄糖醛酸或硫酸，随胆汁排出，5%在肝脏或肾脏通过第一相反应转化为三碘甲状腺乙酸和四碘甲状腺乙酸，经肾脏排泄。②阿司匹林（乙酰水杨酸）水解后可直接结合甘氨酸或葡萄糖醛酸，也可先氧化成龙胆酸（羟基水杨酸，约 1%），再结合甘氨酸，龙胆酸还可以氧化成醌，所以其经肾脏排泄的转化产物可以有多种形式。

乙酰水杨酸 —水解→ 水杨酸

水杨酸 —甘氨酸结合→ 水杨尿酸

水杨酸 —葡萄糖醛酸结合→ 水杨酰葡萄糖苷酸

水葡糖苷酸

水杨酸 —羟化→ 龙胆酸

龙胆酸 —甘氨酸结合→ 龙胆尿酸

龙胆酸 —氧化→ 醌

2. **解毒致毒两重性** 一种物质经过转化后毒性可能降低（解毒），也可能增加（致毒）。例如：①3,4-苯并芘是烟草中的一种多环芳烃，是一种前致癌物，即本身并无致癌性，但可被肝内质网（微粒体）膜 CYP1、CYP2、CYP3 亚家族和环氧化物水解酶等催化转化为苯并芘-7,8-二氢二醇-9,10-环氧化物，后者是一种强烈的致癌物，可以与 DNA 的鸟嘌呤共价结合，使 DNA 发生 G→T 颠换，诱发肺癌。②某些致癌物硫酸化后毒性增加。

苯并芘 → 苯并芘-7,8-环氧化物 → 苯并芘-7,8-二氢二醇 → 苯并芘-7,8-二氢二醇-9,10-环氧化物 → 苯并芘-DNA加成物

外源性物质转化产物致毒机制：①损伤核酸和蛋白质等，导致细胞损伤，例如损伤 DNA 激活碱基切除修复系统，促进相关蛋白质多聚 ADP-核糖化，消耗大量 NAD^+，导致 ATP 合成不足。②转化产物是半抗原，与组织蛋白结合改变其抗原性，刺激产生抗体，不仅作用于被修饰蛋白，也作用于未修饰蛋白。③转化产物致癌。

三、生物转化影响因素

生物转化作用受遗传多态性、年龄、性别、营养、疾病、诱导物和抑制剂等因素的影响。

1. 遗传多态性 生物转化存在明显的个体差异，如CYP2C19、CYP2C9、CYP2D6存在遗传多态性。20%的亚裔人几乎完全缺乏CYP2C19。异喹胍的4-羟化代谢包括强代谢型和弱代谢型，弱代谢型可能与基因突变引起肝内CYP2D6缺乏有关。

2. 年龄 ①新生儿肝脏的生物转化酶系尚不完善，转化能力较弱，例如其细胞色素P450酶系活性仅为成人的50%，葡萄糖醛酸转移酶在出生时水平很低，3岁时才达到正常水平，因而对药物和毒物较为敏感，易引起中毒。胆红素和氯霉素都需与葡萄糖醛酸结合后排出，因而新生儿易出现黄疸或氯霉素中毒所致的灰婴综合征（gray baby syndrome）。②老年人肝血流量减少，肾清除率下降，某些药物的血浆半衰期延长，例如其肌肉注射度冷丁血浆浓度比青年人高两倍，老年人和青年人安替比林（解热镇痛药）半衰期分别是17小时和12小时，所以应当减量使用。③新生儿和老人临床用药应减量、慎用甚至禁用。

3. 性别 肝微粒体某些生物转化酶活性因性别而异，例如解热镇痛药氨基比林的男性半衰期为13.4小时，女性为10.3小时，说明女性转化氨基比林的能力强于男性，这可能与性激素对某些生物转化酶的影响有关。

4. 营养 禁食、低蛋白饮食和维生素A、维生素C、维生素E缺乏均可导致肝微粒体生物转化酶系活性降低；维生素B_2缺乏导致还原酶活性降低；钙、铜、锌和锰缺乏导致细胞色素P450酶系活性降低。

5. 疾病 肝脏是生物转化的主要器官，肝功能障碍严重时细胞色素P450酶系活性降低50%，如加上肝血流量减少，导致其转化能力降低，对药物或毒物的灭活能力下降，所以肝病患者应当谨慎用药。

6. 诱导物 有些药物既是生物转化酶系的诱导物，长期应用诱导其合成增加，又是其底物，被其灭活，导致有效剂量越来越大，产生耐药性。如苯巴比妥（巴比妥类抗癫痫药，XN03AA）能诱导UDP-葡萄糖醛酸基转移酶合成，促进胆红素排泄，从而减轻黄疸；但也能诱导细胞色素P450酶系合成，使机体对苯巴比妥的转化能力增强，产生耐药性。

7. 抑制剂 有些药物是生物转化酶系的抑制剂，同时应用时抑制其他药物代谢，导致药效增强甚至引起中毒。例如双香豆素抑制苯妥英钠（乙内酰脲类衍生物，抗癫痫药，XN03AB）代谢，从而使苯妥英钠血药浓度升高，引起中毒。西咪替丁抑制华法林（维生素K拮抗剂，抗血栓形成药，XB01AA）代谢，疗效过高甚至出现出血倾向等。

第四节 胆汁酸代谢

胆汁（bile）约3/4来自肝细胞，1/4来自胆管细胞。初分泌的胆汁称为**肝胆汁**（hepatic bile），清澈透明，呈金黄色。正常人肝脏每日分泌肝胆汁800~1000mL，其中50%（450~500mL）分泌于非消化期，分泌后汇入胆囊（成人胆囊容积30~50mL）。胆囊壁一方面从中吸收部分水和其他成分，另一方面分泌黏蛋白掺入胆汁，使其浓缩10~20倍，成为暗褐色黏稠不透明的**胆囊胆汁**（gall bladder bile）（表14-2）。消化期分泌的约500mL肝胆汁直接排入十二指肠。

表 14－2　肝胆汁与胆囊胆汁成分比较

参数	肝胆汁	胆囊胆汁	参数	肝胆汁	胆囊胆汁
pH	7.6~8.4	6.0	胆汁酸（g/L）	11	60
Na^+（mmol/L）	145	130	脂肪酸（g/L）	1.2	3~12
K^+（mmol/L）	5	12	胆色素（g/L）	0.4	3
Ca^{2+}（mmol/L）	2.5	11.5	卵磷脂（g/L）	0.4	3
Cl^-（mmol/L）	100	25	胆固醇（g/L）	1	3~9
HCO_3^-（mmol/L）	28	10	水（g/L）	975	920

胆汁的主要成分是水和胆汁酸、无机盐、黏蛋白、磷脂、胆固醇、胆色素，此外还有药物、毒物、重金属等及其转化产物。胆汁功能：①作为乳化剂乳化食物脂质，促进其消化吸收。②作为排泄液将某些非营养物质特别是生物转化产物排出体外。③肝胆汁（pH 7.6~8.4）在十二指肠内中和部分胃酸。

1. 胆汁酸种类　**胆汁酸**（bile acid）是胆汁的主要成分，占其溶质的50%。胆汁酸根据转化程度分为游离胆汁酸和结合胆汁酸：①**游离胆汁酸**包括胆酸等，是胆固醇发生生物转化第一相反应的产物。②**结合胆汁酸**是游离胆汁酸与甘氨酸或牛磺酸等缩合的产物，包括甘氨胆酸等，是游离胆汁酸发生生物转化第二相反应的产物。汇入胆汁的胆汁酸主要是结合胆汁酸（超过90%），其中与甘氨酸结合者同与牛磺酸结合者含量比约为3∶1。

胆汁酸也可根据其来源分为初级胆汁酸和次级胆汁酸：①**初级胆汁酸**（primary bile acid）主要是指由胆固醇在肝脏转化生成的胆酸、鹅脱氧胆酸及相应的结合胆汁酸（甘氨胆酸、牛磺胆酸、甘氨鹅脱氧胆酸、牛磺鹅脱氧胆酸）。②**次级胆汁酸**（secondary bile acid）主要是指由胆酸、鹅脱氧胆酸在肠道转化生成的脱氧胆酸、石胆酸及其在肝脏转化生成的结合胆汁酸（甘氨脱氧胆酸、牛磺脱氧胆酸、甘氨石胆酸、牛磺石胆酸）。

2. 胆汁酸功能　胆汁酸是胆固醇代谢的主要最终产物，水溶性优于胆固醇，既直接参与脂质消化吸收，又是胆固醇的重要排泄形式，还刺激肝胆汁分泌、具有强烈的利胆作用，促进胆固醇的直接排泄。

（1）参与脂质消化吸收　见第九章，181页。

（2）抑制胆汁胆固醇析出　正常成人每日有0.6~0.9g胆固醇（酯）随胆汁排出，其中胆固醇占96%。当胆汁在胆囊中进一步浓缩时，胆固醇因疏水而易析出。胆汁酸和磷脂酰胆碱可将胆固醇乳化成微团，抑制其析出，促进其排泄。胆汁胆固醇浓度过高、肝脏胆汁酸合成减少、胆汁酸肠肝循环减少等都会造成胆汁中胆汁酸和磷脂酰胆碱与胆固醇的比值下降。如果该比值小于10，则导致胆固醇析出，形成结石。

（3）是胆固醇的重要排泄形式　正常人每日有0.4~0.8g胆汁酸随粪便排出，因而会有约0.5g胆固醇在肝细胞内转化为胆汁酸以补充。

（4）具有极强的利胆作用　可以刺激肝细胞分泌胆汁，临床上常用作利胆剂，例如去氢胆酸和熊去氧胆酸（XA05A），它们分别是胆酸脱氢产物和鹅脱氧胆酸差向异构产物。

3. 胆汁酸代谢及肠肝循环　胆汁酸代谢包括胆汁酸的生成、转化、排泄和重吸收。

（1）初级游离胆汁酸生成　胆固醇先被**胆固醇7α-羟化酶**催化羟化成7α-羟胆固醇，再经过12~13步反应生成胆酰辅酶A和少量鹅脱氧胆酰辅酶A，可水解生成胆酸和鹅脱氧胆酸，两者统称**初级游离胆汁酸**。反应依次在内质网（微粒体）、细胞质、线粒体和过氧化物酶体内进行（图14-1）。

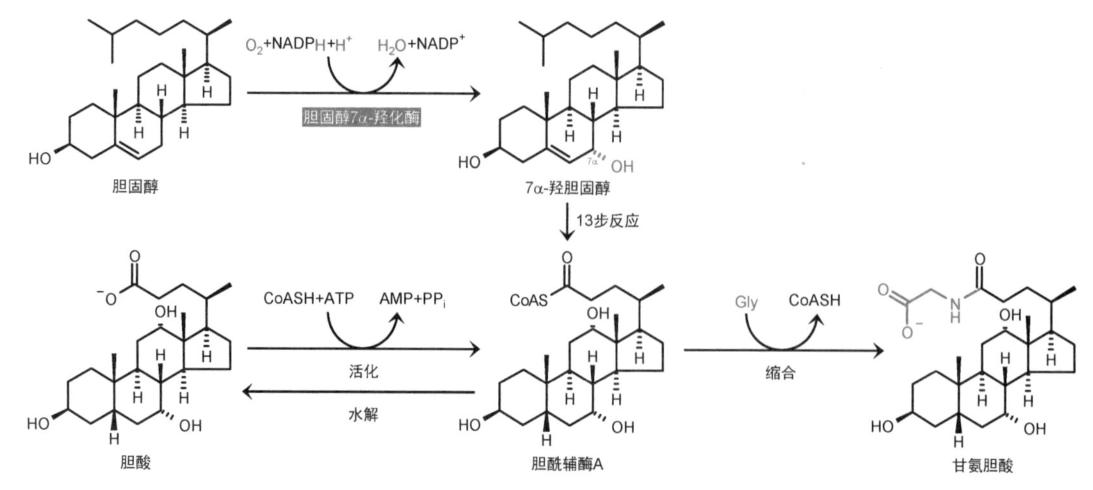

图 14-1 初级胆汁酸生成

（2）初级结合胆汁酸生成 ①胆固醇在肝细胞过氧化物酶体内转化生成的初级游离胆汁酰辅酶A可与甘氨酸或牛磺酸等缩合成**初级结合胆汁酸**。②重吸收的初级游离胆汁酸在肝细胞细胞质活化成胆汁酰辅酶A，合成初级结合胆汁酸。③少量（<5%）游离胆汁酸被硫酸化或葡萄糖醛酸化。

（3）次级游离胆汁酸生成 胆汁酸由胆盐输出泵（bile salt export pump，消耗ATP）等泵出至微胆管，随胆汁排入肠道，参与脂质消化吸收，之后少量在结肠受肠道细菌的作用，水解脱去甘氨酸或牛磺酸，重新生成初级游离胆汁酸。少量初级游离胆汁酸7α-羟基还原脱氧，分别生成脱氧胆酸和石胆酸，它们统称**次级游离胆汁酸**。

少量鹅脱氧胆酸还会被肠道细菌转化为熊脱氧胆酸（熊去氧胆酸，7α-羟基差向异构成7β-羟基）。熊去氧胆酸（XA05A）临床用于治疗胆囊胆固醇结石、胆汁淤积性肝病和胆汁反流性胃炎。

（4）次级结合胆汁酸生成 新生成的次级游离胆汁酸中，约1/3的脱氧胆酸和极少量的石胆酸在结肠被动重吸收，在肝细胞内活化成脱氧胆酰辅酶A和石胆酰辅酶A后与甘氨酸或牛磺酸缩合，生成**次级结合胆汁酸**。

（5）胆汁酸肠肝循环 进食时，胆汁酸作为胆汁主要成分排入十二指肠，参与脂质消化吸收，之后95%~99%（主要是结合胆汁酸）被重吸收，其余（主要是石胆酸）随粪便排出。重吸收机制有二：①结合胆汁酸是在回肠末端通过上皮细胞顶端膜依赖钠的胆汁酸转运蛋白重吸收。②游离胆汁酸是在小肠及结肠被动重吸收。重吸收后均与白蛋白结合，经肝门静脉回到肝脏，被肝细胞摄取，其中的游离胆汁酸转化为结合胆汁酸，与重吸收和新合成的结合胆汁酸一起随胆汁排至十二指肠。上述过程称为**胆汁酸的肠肝循环**（enterohepatic circulation）（图14-2）。

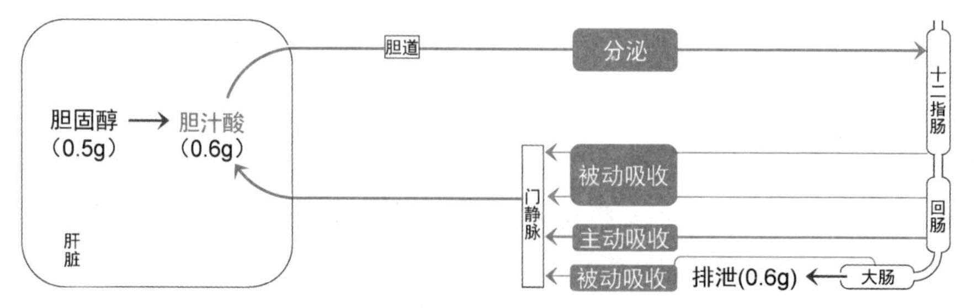

图 14-2 胆汁酸的肠肝循环

4. 胆汁酸代谢调节 胆固醇7α-羟化酶（CYP7A1）是控制胆汁酸代谢（及胆固醇代谢）的关键酶。该酶位于内质网（微粒体）膜上，其活性受胆汁酸（特别是鹅脱氧胆酸）反馈抑制

（水平调节），受胆固醇诱导（水平调节），受胰岛素、胰高血糖素、糖皮质激素、甲状腺激素、生长激素、维生素 C 等调节。

（1）成人体内胆汁酸有 3~5g，通过每日 4~12 次的肠肝循环（胆汁酸、磷脂、胆固醇的分泌量分别为 12~36g、7~22g、1~2g）可使有限的胆汁酸重复利用，满足脂质消化吸收的需要。实际上，机体每日只需通过胆固醇转化生成 0.4~0.8g 胆汁酸，补充随粪便排出部分，维持稳定的分泌量即可。

（2）如果胆汁酸重吸收障碍，比如回肠切除，则其合成明显增加，每日可达 4~6g。

胆石症（cholelithiasis）　是指在胆囊或胆管内有胆结石形成。胆汁酸、磷脂与胆固醇维持一定比例，可形成微团。一旦胆汁酸、磷脂不足，相对过剩的胆固醇就会形成不稳定的小泡，容易产生胆固醇晶核，形成结石。因此，胆固醇分泌过多、胆汁酸分泌不足、胆汁淤积是胆结石形成的重要原因。此外，未结合胆红素可以与胆汁钙形成不溶性胆红素钙。胆结石可根据形成部位分为胆管结石和胆囊结石，根据结石成分分为胆固醇结石（胆固醇含量 50%~80%，多见于胆囊）、色素性结石（多见于胆管）和混合性结石（多见于胆囊和大胆管）。

第五节　胆色素代谢

血红素（heme）是血红蛋白、肌红蛋白、细胞色素、过氧化氢酶和过氧化物酶等血红素蛋白的辅基，其主要转化产物称为胆色素（bile pigment），包括胆绿素（biliverdin）、胆红素（bilirubin）、胆素原（bilinogen）和胆素（bilin）等。

胆红素呈橙黄色，是胆色素的主要成分、胆汁中主要的色素成分，是胆色素代谢的主体。

一、未结合胆红素生成

正常人每日产生 250~350mg 的胆红素，其中 65%~85%是衰老红细胞血红蛋白血红素的降解产物（图 14-3），其余来自无效造血（如地中海贫血）及其他血红素蛋白降解。

1. 衰老红细胞清除　衰老红细胞变形能力减退，难以通过毛细血管和脾窦，进而被单核巨噬细胞系统吞噬，释放血红蛋白。正常人红细胞寿命 120 天，因此每天有 0.8%的红细胞（约 2 千亿个红细胞，相当于 40mL 血）因衰老而被清除，释放约 6g 血红蛋白/70kg 体重，其血红素转化产生约 210mg 胆红素。

● 单核巨噬细胞系统　又称单核吞噬细胞系统、网状内皮系统，是血液和骨髓中的单核细胞及其进入组织器官后分化成的巨噬细胞的统称，主要存在于脾脏、骨髓和肝。○

2. 血红蛋白解聚　血红蛋白解聚得到珠蛋白和血红素。珠蛋白水解成氨基酸，被机体再利用。

3. 血红素氧化　生成绿色的胆绿素，释放 Fe^{2+}（每日约 25mg），β-次甲基被氧化成 CO，反应由微粒体血红素加氧酶催化，消耗 $3O_2$ 和 3NADPH。Fe^{2+} 通过细胞膜铁转运蛋白（ferroportin）释出细胞，进入血液，被血浆铜蓝蛋白氧化成 Fe^{3+}，然后与转铁蛋白（transferrin）牢固结合。

4. 胆绿素还原　生成橙黄色的胆红素，反应由细胞质胆绿素还原酶催化，消耗 NADPH。这种胆红素将直接自由扩散释放入血，约占总胆红素的 80%，称为未结合胆红素（游离胆红素，血胆红素）。

血红蛋白尿　衰老红细胞有 90%被单核巨噬细胞系统清除，其余 10%在血液中裂解，释放血红蛋白与血浆结合珠蛋白（haptoglobin）结合，被肝细胞摄取清除。正常人每 100mL 血浆结

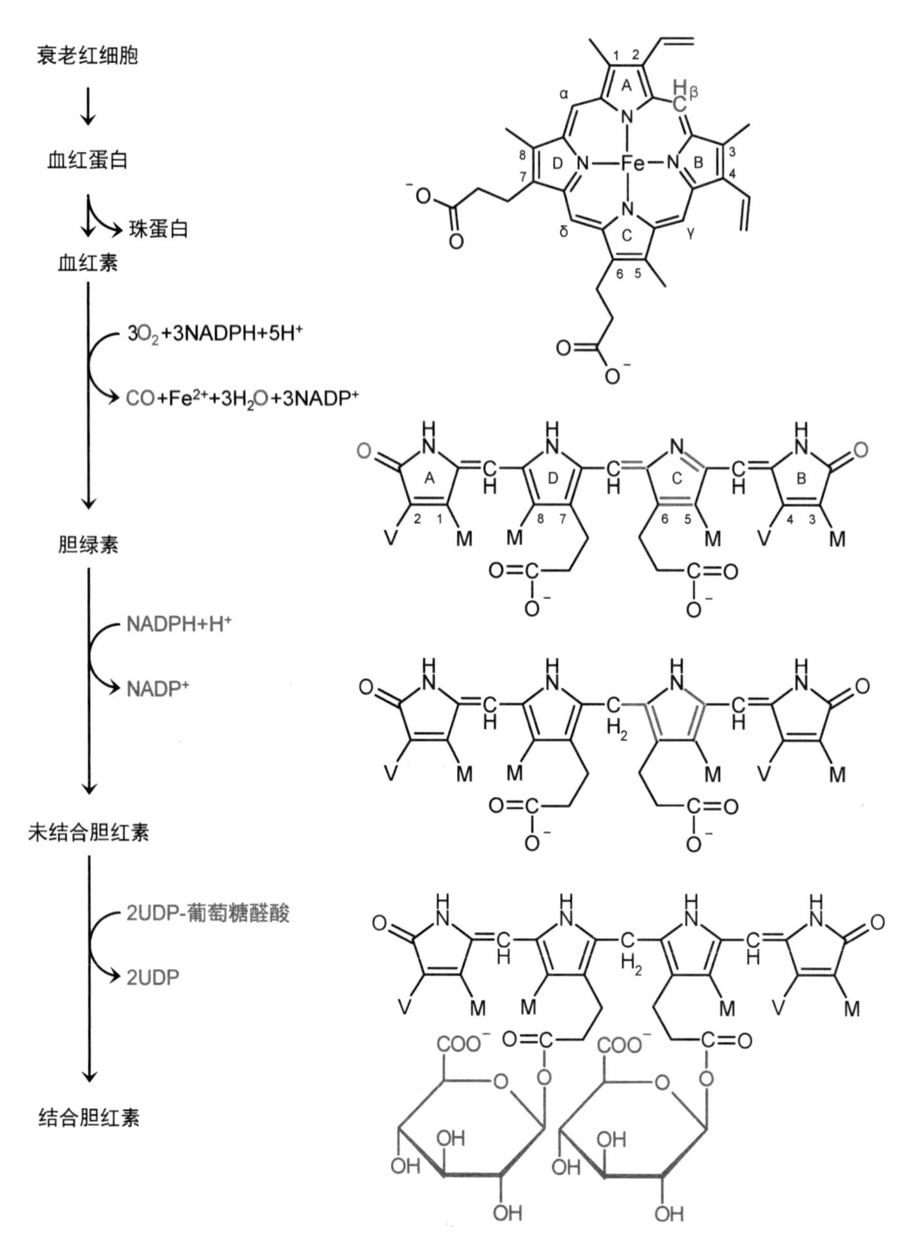

图 14-3 胆红素生成

合珠蛋白可结合 50~140mg 血红蛋白。当红细胞大量溶解，血浆血红蛋白过高、不能全部与结合珠蛋白结合时，游离部分经肾脏排泄，如果超过肾小管上皮细胞通过内吞重吸收蛋白质的能力，就会出现血红蛋白尿。

未结合胆红素通过与亚甲基相连的吡咯环 C、吡咯环 D 的旋转形成折叠构象，由 6 个分子内氢键维持（图 14-4），难溶于水，具有细胞毒性，极易扩散通过细胞膜进入细胞（特别是富含脂质的神经细胞）并损伤细胞。因此，未结合胆红素接下来的运输、转化、排泄过程就是一个解毒过程。

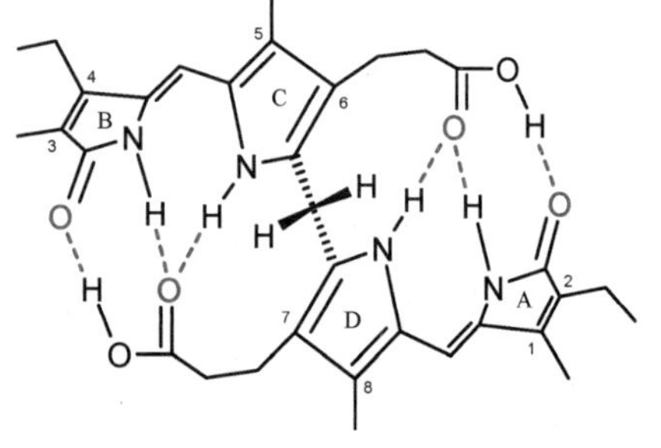

图 14-4 未结合胆红素构象和分子内氢键

二、未结合胆红素运输

肝外组织未结合胆红素向肝脏运输。白蛋白与未结合胆红素的亲和力极强，成为其在血浆中的主要运输载体（少量由 α_1 球蛋白运输）。正常人血浆未结合胆红素不超过 13.8μmol/L（0.8mg/dL）。而血浆白蛋白可结合 344~430μmol/L（20~25mg/dL）未结合胆红素。胆红素-白蛋白复合物的形成既促进其在血浆中运输，又限制其逸出血管进入组织细胞，还阻止其经肾小球滤过，因而正常情况下尿中没有未结合胆红素。

三、结合胆红素生成

肝实质细胞可有效摄取未结合胆红素，并将其转化为结合胆红素，使其极性和水溶性增加，易于随胆汁排入肠道。

1. **胆红素摄取** 胆红素-白蛋白复合物随血液运到肝血窦中，胆红素与白蛋白分离，被肝细胞血窦面转运系统摄取，与细胞质谷胱甘肽-*S*-转移酶 A1（GSTA1，曾称 Y 蛋白）结合形成胆红素-蛋白复合物（1∶1），既阻止其再入血，又向滑面内质网运输。一种脂肪酸结合蛋白（曾称 Z 蛋白）可能也参与胆红素结合与运输。

2. **胆红素转化** 在滑面内质网，80%胆红素通过丙酸基与 UDP-葡萄糖醛酸缩合成胆红素葡萄糖醛酸二酯（70%~80%）和少量胆红素葡萄糖醛酸一酯（20%~30%），反应由胆红素特异性 UDP-葡萄糖醛酸基转移酶催化；10%胆红素与硫酸结合；其余与甘氨酸或甲基、乙酰基等结合。这些结合产物统称**结合胆红素**（肝胆红素）。

研究表明，单核巨噬细胞系统每日可生成 250~350mg 胆红素，而肝脏每日可摄取和转化约 3000mg 胆红素，所以正常人血胆红素很少。

3. **胆红素排泄** 结合胆红素易溶于水，通过毛细胆管细胞膜上一种多药耐药相关蛋白 2（多特异性有机阴离子转运蛋白，该蛋白也介导胆汁酸分泌）的主动转运泵入毛细胆管（消耗 ATP）。这可能是胆红素代谢的限速步骤。

苯巴比妥等药物可诱导 UDP-葡萄糖醛酸基转移酶和多药耐药相关蛋白 2 基因表达，促进胆红素转化和排泄。

四、胆红素肠道转化

结合胆红素汇入胆汁，成为其主要色素成分，随胆汁排入肠道，在回肠末端和结肠部位由肠道细菌 β-葡萄糖醛酸苷酶催化脱去葡萄糖醛酸（或其他酶脱去其他结合基团），进而还原成一组**胆素原**，依次包括[D-]**尿胆素原**、**中胆素原**（I-尿胆素原）、**粪胆素原**（L-尿胆素原）。

1. 80%~90%胆素原（40~280mg）随粪便排出，会被氧化成褐色的**胆素**，包括[D-]**尿胆素**、**中胆素**和**粪胆素**，是粪便的主要色素成分。

2. 10%~20%胆素原（主要是尿胆素原）在回肠末端和结肠部位重吸收，经肝门静脉入肝：①约 90%被肝细胞摄取，以原形随胆汁排入肠道，形成**胆素原的肠肝循环**（enterohepatic circulation of urobilinogen）。②其余约 10%进入体循环，经肾脏排泄，在接触空气后氧化成棕色的胆素（主要是尿胆素），是尿液的主要色素成分。正常人每日经肾脏排泄胆素原 0.5~4mg。临床上将尿中的胆素原、胆素及胆红素合称为**尿三胆**，作为鉴别黄疸类型的指标。

胆红素代谢过程概括如图 14-5。从中可见胆红素有未结合胆红素和结合胆红素两种形式。结合胆红素没有分子内氢键，可直接与重氮试剂（如对氨基苯磺酸重氮盐）反应，生成紫红色偶氮胆红素（azobilirubin），因此又称**直接胆红素**（direct-reacting bilirubin）；未结合胆红素有 6 个分子内氢键，所以不能直接与重氮试剂反应，必须先用甲醇破坏氢键，才能与重氮试剂反应，因此又称**间接胆红素**（indirect-reacting bilirubin）（表 14-3）。

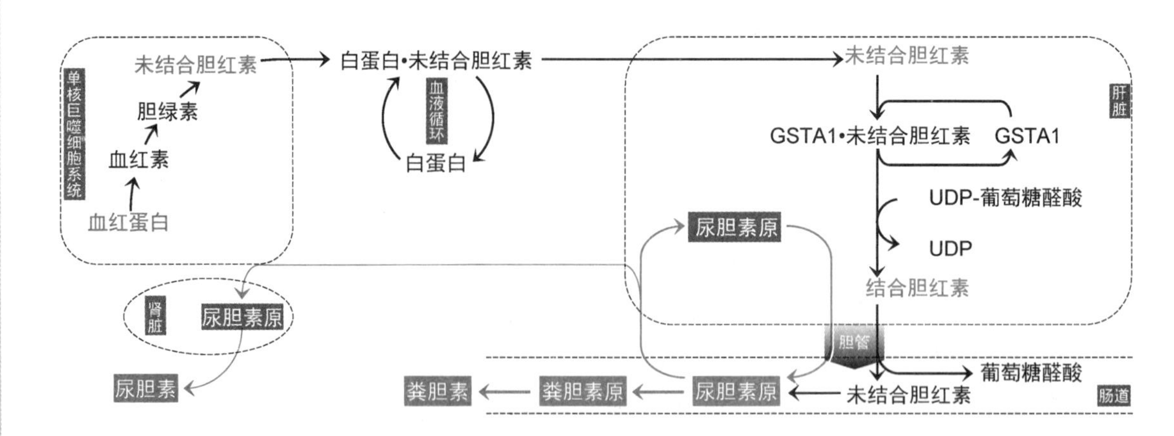

图 14-5 胆色素代谢及胆素原的肠肝循环

表 14-3 胆红素性质比较

性质	间接胆红素	直接胆红素	性质	间接胆红素	直接胆红素
其他名称	血胆红素	肝胆红素	重氮试剂反应	慢，间接	快，直接
	未结合胆红素	结合胆红素	通过细胞膜能力	易	难
	游离胆红素		细胞毒性	+	-
结合葡萄糖醛酸	-	+	经肾脏排泄	-	+
水溶性	难溶	易溶			

五、胆红素代谢异常

在正常情况下，胆红素不断地生成并随胆汁排出，所以不会在体内积累。某些因素可以使胆红素生成过多超过肝脏转化能力，或在肝脏摄取、转化和排泄的某个环节发生障碍，引起胆红素代谢异常，血浆胆红素升高，超过 1mg/dL（17.2μmol/L），称为**高胆红素血症**（hyperbilirubinemia）。

以下因素会导致血浆未结合胆红素逸出血管，进入组织细胞，对其造成损伤，出现巩膜、皮肤、黏膜黄染，临床上称为**黄疸**（jaundice）：①血浆白蛋白减少。②其他物质（如脂肪酸、胆汁酸、镇痛药、抗炎药、利尿剂、磺胺类抗菌药和某些食品添加剂等）竞争性地与白蛋白结合。③各种原因导致未结合胆红素升高，超过血浆白蛋白的结合能力。

胆红素与弹性蛋白亲和力较强，因此黄疸多出现在含有较多弹性蛋白的巩膜、皮肤和黏膜等表浅部位。黄疸程度取决于血浆未结合胆红素浓度，当血浆未结合胆红素达到 1.5～3mg/dL（25.6～51.3μmol/L）时，肉眼可见巩膜和皮肤黄染，称为**显性黄疸**。1～1.5mg/dL（17.2～25.6μmol/L）时肉眼未见黄染，称为**隐性黄疸**。

未结合胆红素可以通过血脑屏障进入中枢神经系统。过多的未结合胆红素与脑部基底核神经元的脂质结合会干扰脑功能，称为**胆红素脑病**或**核黄疸**；新生儿血脑屏障发育不全，未结合胆红素更易进入其脑组织，所以对**新生儿黄疸**和**先天性家族性非溶血性黄疸**等应谨慎用药。

黄疸的发生是胆红素代谢异常的结果，根据代谢异常环节不同分为溶血性黄疸、肝细胞性黄疸和阻塞性黄疸。

1. 溶血性黄疸（肝前性黄疸） 是由于各种原因（如蚕豆病、过敏和输血不当）造成红细胞大量破碎，或无效造血（如骨髓增生异常综合征），产生胆红素过多，超过肝脏胆红素代谢能力，导致血浆游离胆红素增多（与重氮试剂呈间接反应阳性），肝脏对胆红素的转化和排泄也相应增多，肠道胆素原重吸收增多，所以可使尿液胆素原增多。不过，血浆结合胆红素变化不大，所以

尿胆红素呈阴性。

2. 肝细胞性黄疸（肝源性黄疸） 是由于肝脏病变（如肝炎、肝癌、肝硬化）导致肝功能减退，对胆红素的摄取、转化和排泄发生障碍，致使血浆游离胆红素增多。与此同时，病变导致肝细胞受损或肝小叶结构破坏，使结合胆红素不能正常排入毛细胆管，从而返流入淋巴液和血液中，造成血浆结合胆红素也增多。因此，与重氮试剂呈间接反应和直接反应双阳性，尿胆红素也呈阳性。至于尿胆素原的浓度改变则因为以下两种因素而不能确定：一是肠道中生成的胆素原减少，胆素原重吸收减少，因而尿胆素原会减少；二是通过肠肝循环到达肝脏的胆素原也可以从损伤部位进入体循环，因而尿胆素原也会增多。

3. 阻塞性黄疸（肝后性黄疸） 是由于各种原因（如胆管闭锁、胆管炎、胆结石、肿瘤）造成胆管系统阻塞，胆小管和毛细胆管压力升高、破裂，导致结合胆红素返流入血，造成血浆结合胆红素增多。因此，与重氮试剂呈直接阳性，尿胆红素也呈阳性。此外，胆管阻塞使肠道中胆素原生成减少，粪胆素生成减少，粪便呈灰白色；胆素原重吸收减少，因而尿胆素原减少，甚至呈阴性。此外，血浆碱性磷酸酶明显升高也是阻塞性黄疸区别于其他黄疸的一个特征。

三类黄疸的血尿便临床检验特征见表 14-4。

表 14－4　黄疸的血尿便临床检验特征

	指标	正常	溶血性黄疸	肝细胞性黄疸	阻塞性黄疸
血清	总胆红素（mg/dL）	<1	>1	>1	>1
	结合胆红素（mg/dL）	0.1~0.4	轻度升高	中度升高	明显升高
	未结合胆红素（mg/dL）	0.2~0.7	明显升高	中度升高	轻度升高
尿液	胆红素	阴性	阴性	阳性	强阳性
	胆素原（mg/24h）	0~4	明显升高	升高或正常	减少或阴性
粪便	胆素原（mg/24h）	40~280	明显升高	减少	减少或阴性

第六节　药物代谢

广义药物代谢（drug metabolism）即药物体内过程，是指药物在患者（或病原体）体内经历的吸收、分布、转化和排泄过程。其中吸收、分布和排泄是一个改变药物组织定位的物理过程，其核心内容是药物的跨膜转运，转运方式有自由扩散、易化扩散和主动转运。药物在靶组织达到适当浓度、产生预期效应，既取决于用药剂量和给药途径，又取决于药物体内过程。因此，药物代谢研究非常重要，可以指导确定用药剂量和给药时间，是药物开发的重要环节。

肝脏是药物转化的主要器官、药物排泄的重要器官。药物以一定剂型通过一定途径进入血液后，一方面运到靶组织发挥药理作用，另一方面在分布过程中被肝细胞摄取、转化。转化产物进入血液，经肾脏排泄；或汇入胆汁，随粪便排出（图 14-6）。

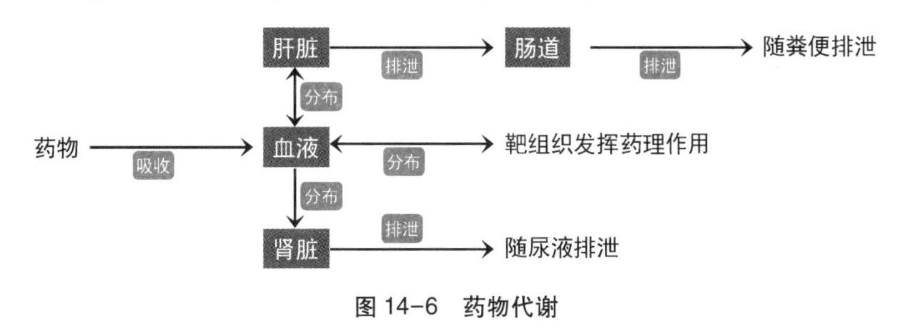

图 14-6　药物代谢

一、药物吸收

药物吸收（absorption）是指药物自给药部位进入血液循环的过程。多数药物只有经过吸收才能发挥全身作用。不同给药途径有不同的吸收过程、吸收速度和吸收率，且吸收速度和吸收率还受药物性质、药物浓度、吸收面积等因素影响。通常吸收速度由快到慢依次为吸入给药、舌下给药、肌肉注射、皮下注射、口服给药、经皮给药。

有些用药只要求在局部起作用，无需吸收，如皮肤局部用药、在胃肠道起作用的抗酸药和缓泻药。

1. 口服给药 特点是给药方便，吸收充分，是最常用的给药途径。吸收方式多为自由扩散，故适用于非离子型非极性小分子药物。吸收部位为消化道，以小肠为主（因有极大的吸收面积，小肠对离子型小分子药物吸收量也很大）。

影响口服给药吸收的因素：

（1）药物方面　理化性质（剂型、颗粒度、溶出度、脂溶性、电离度等）、消化道稳定性、跨膜浓度梯度。

（2）胃肠功能　胃肠蠕动度、血流量。

（3）首过代谢　消化道吸收药物进入体循环之前大部分经历两个环节：①经过肠上皮细胞。②经过肝脏。药物在肠上皮细胞和肝细胞内会经过药物代谢酶（即生物转化酶）转化灭活，或在肝细胞内直接汇入胆汁排泄，使进入体循环的药量明显减少，药理作用减弱，这一过程称为**首过代谢**（first-pass metabolism）。首过代谢是造成许多口服药物生物利用度偏低的重要原因。首过代谢明显的药物不宜口服，例如硝酸甘油首过代谢率达90%。

（4）其他方面　药物与消化道内容物的相互作用（如四环素类被钙沉淀），消化道pH和酶类、肠道细菌的破坏作用（如肽类药物被酶灭活，青霉素类药物被胃酸灭活），药物在消化道内的相互作用，饮水量，是否空腹。

2. 注射给药 包括肌肉注射、皮下注射、静脉注射、动脉注射等。

（1）肌肉注射和皮下注射　特点是吸收迅速、完全，显效快，适用于以下药物：①在消化道内难吸收或易灭活的药物，如青霉素G、庆大霉素。②肝脏首过代谢明显的药物，如利多卡因。

（2）静脉注射和动脉注射　是药物直接进入血液，没有吸收过程。动脉注射属于特殊给药，可以在靶器官形成较高药物浓度。

3. 吸入给药 适用于气态麻醉药、治疗性气体、易气化药物、以气道为靶点的抗哮喘药（如抗支气管痉挛药）。

4. 经皮给药 适用于脂溶性药物。给药部位主要在单薄部位，如鼻腔黏膜、耳后、胸前、阴囊皮肤等部位，也可在有炎症或病理改变的部位。经皮给药既可发挥局部作用，又可发挥全身作用。

5. 舌下给药 虽然吸收面积小，但血流丰富，吸收较快，在很大程度上可避免首过代谢，适用于硝酸甘油等。

二、药物分布

药物分布（distribution）是指药物吸收后通过血液向各组织器官或其他体液运输的过程。药物进入靶器官的速度和药量决定药物作用的快慢和强弱。药物进入代谢和排泄器官（如肝脏、肾脏）的速度则决定药物消除的快慢。

影响药物分布的因素：

1. **药物脂溶性** 决定药物在血浆中的存在状态、跨膜转运机制和转运效率。

2. **药物与血浆蛋白亲和力** 大多数药物在血浆中以游离型和结合型（与血浆蛋白结合，弱酸性药物结合白蛋白，弱碱性药物结合 α_1 酸性糖蛋白，脂溶性药物结合脂蛋白）两种状态存在。结合型药物不能跨膜转运，所以药物与血浆蛋白的结合不仅影响药物分布，还影响药理作用发挥、药物转化和药物排泄。

药物和药物或药物和其他物质与血浆蛋白的结合可能存在竞争。例如：①抗凝药物华法林和抗炎药物保泰松的血浆蛋白结合率分别为99%和98%。保泰松与华法林竞争血浆蛋白，导致游离华法林增加，抗凝效应增强，出血倾向增加。②磺胺异噁唑与未结合胆红素竞争白蛋白，导致游离的未结合胆红素增加，新生儿会发生致死性胆红素脑病。

3. **局部 pH 与药物酸性** 细胞内液 pH 低，细胞外液 pH 高，所以细胞内碱性药物浓度较高，细胞外酸性药物浓度较高。酸性药物苯巴比妥中毒时，用碳酸氢钠碱化血液及尿液，不仅可使脑细胞内苯巴比妥迅速向血液、尿液转移，还能减少其在肾小管的重吸收，从而加速自尿液排泄，使患者脱离危险。

4. **药物转运蛋白的数量和功能状态** 诱导表达药物转运蛋白可加快分布。

5. **组织器官血流量** 肝、肾、脑、肺血流丰富，药物分布快。

6. **特殊组织膜的屏障作用** 包括血脑屏障、血-房水屏障、胎盘屏障（血胎屏障）等。

7. **毛细血管通透性** 增加通透性可加快分布。

三、药物转化

狭义药物代谢仅指药物转化过程。**药物转化**是指药物在体内发生化学结构改变的过程，本质上属于生物转化。

1. **转化意义** 一方面，针对进入体内的药物特别是脂溶性药物，机体会动员各种机制转化、排泄；另一方面，我们可以利用转化系统控制药理活性。

（1）改变理化性质 大多数脂溶性药物经转化后极性和水溶性增加，甚至引入可电离基团，不易被肾小管或肠道重吸收，利于排泄，例如氨基比林、吗啡、苄非他明。

（2）改变药理活性 多数转化导致**药物灭活**，即转化后药理活性减弱或消失（这些药物作用的持续时间取决于细胞色素 P450 酶系对其灭活效率）；部分药物（如环磷酰胺、百浪多息、水合氯醛）的转化导致**药物活化**，即药物本身没有药理活性（前药），转化产物具有药理活性或毒性（如致突变、致癌、致畸）。例如：①阿司匹林水解脱去乙酰基才有药理活性。②胸苷酸合成酶是肿瘤化疗药物靶点，作用于该靶点的 5-氟脱氧尿苷酸是由其前药氟尿嘧啶通过补救途径合成的。③治疗剂量对乙酰氨基酚（扑热息痛）有 95% 与葡萄糖醛酸或硫酸结合后经肾脏排泄，5%由细胞色素 P450 酶系催化转化为对肝脏有毒性作用的 *N*-乙酰-对苯醌亚胺，进一步与 GSH 结合排泄。如果超过治疗剂量，则较多对乙酰氨基酚由细胞色素 P450 酶系催化转化为 *N*-乙酰-对苯醌亚胺，若 GSH 不足，则造成 *N*-乙酰-对苯醌亚胺积累，与肝细胞蛋白质反应，引起肝细胞坏死，严重者可致昏迷甚至危及生命。

对乙酰氨基酚 酰基苯胺类解热镇痛药（XN02BE），作为一种最常用的非抗炎解热镇痛药，是多种感冒退热和镇痛药的主要成分。FDA 于 2014 年 1 月 14 日建议医疗保健专业人员停止使用对乙酰氨基酚含量超过 325mg/单位剂量的复方药物。

2. **转化部位** 主要是肝脏，其次是肠、肾、肺、皮肤，其位他组织极弱，基本没有实际

意义。

3. 转化机制 药物转化过程即第一相反应或第二相反应：①许多药物先进行第一相反应，后进行第二相反应。②有些药物只进行第一相反应。③个别药物先进行第二相反应，后进行第一相反应，例如异烟肼先乙酰化生成*N*-乙酰异烟肼，再水解成乙酰肼（具有肝毒性）和乙酸。

药物转化都是酶促反应，催化转化的药物代谢酶位于内质网（微粒体）、线粒体、细胞质、溶酶体内或膜上，分为非特异性酶和特异性酶。

（1）非特异性酶 是指位于肝和肾上腺等内质网（微粒体）膜上的细胞色素 P450 酶系，特别是 CYP1、CYP2、CYP3 家族，是催化药物转化的主要酶系。细胞色素 P450 酶系催化 50%以上药物转化。

（2）特异性酶 如乙酰胆碱酯酶（催化乙酰胆碱水解灭活）、单胺氧化酶（催化单胺类药物氧化灭活），所转化药物种类少。

4. 转化影响因素 影响生物转化的因素同样影响药物转化，此外还有药物相互作用（通常是指两种或两种以上药物在患者体内共同存在时产生的一种不良影响）。

（1）同时服用的几种药物与药物代谢酶的作用可能存在竞争，从而影响药物转化，用药时应当注意。

（2）通过诱导可以促进转化，例如用苯巴比妥诱导表达 UDP-葡萄糖醛酸基转移酶，促进胆红素代谢，治疗新生儿黄疸。

抗凝药华法林被细胞色素 P450 酶系 CYP2C9 代谢灭活，CYP2C9 被苯巴比妥诱导，因而苯巴比妥能促进华法林降解，降低其药效。乙醇诱导 CYP2E1，CYP2E1 能把烟草中的前致癌物转化为致癌物，因而饮酒增加烟草的致癌风险。

食物成分也影响细胞色素 P450 酶系（CYP）：葡萄柚含各种呋喃香豆素，它们抑制 CYP，从而影响许多药物灭活或活化，例如他汀类、奥美拉唑、抗组胺药、苯二氮平类抗抑郁药。

CYP 的多态性导致药物转化的个体差异，药物灭活慢导致药物积累。如 CYP2A6 参与烟碱转化为可替宁。已鉴定三种 *CYP2A6* 等位基因，包括一种野生型、两种无活性型。无活性型个体不代谢烟碱，吸烟少且不会上瘾，推测可通过抑制 CYP2A6 戒烟。

四、药物排泄

药物排泄是指药物及其代谢产物排出体外的过程，是药物代谢的最后环节。肾脏是药物的主要排泄器官，许多非挥发性药物大部分甚至全部经肾脏排泄。其次是肠道，部分药物由肝汇入胆汁，分泌到肠道，随粪便排出。气体及挥发性药物主要经肺呼吸排出。少量脂溶性未电离状态药物随汗液、唾液、泪液、乳汁排泄。

1. 肾脏排泄 涉及三种跨膜转运机制：

（1）肾小球滤过 滤过率取决于分子量和游离浓度，分子量小于 6×10^4 的分子均可滤过。

（2）肾小管分泌 近曲小管通过主动转运机制以两种非特异性载体将离子型药物泌入小管液，即酸性药物载体协助分泌酸性药物离子，碱性药物载体协助分泌碱性药物离子。

当几种酸性药物（碱性药物同理）合用时，可相互竞争酸性药物载体，出现竞争性抑制现象，从而使其中一种药物的肾小管分泌减少，肾脏排泄减少，半衰期延长，可延长药效时间，但也会引起药物中毒。例如：①抗痛风药丙磺舒抑制青霉素分泌，从而提高其疗效。②抗凝药物双香豆素抑制降血糖药氯磺丙脲排泄，会出现低血糖。③利尿剂依他尼酸抑制尿酸分泌，与治疗痛风药物合用时应调整后者剂量。

（3）肾小管重吸收　肾小球滤液中的药物浓度与血浆相等，但之后经历浓缩过程，在近曲小管还发生主动分泌，因此到远曲小管时高于血浆浓度，药物会以自由扩散方式重吸收。

因为只有脂溶性分子型药物才会重吸收，所以重吸收受电离度影响。尿液 pH 降低有利于酸性药物（如苯巴比妥、阿司匹林、磺胺类抗菌药）重吸收（碱性药物排泄）；尿液 pH 升高有利于碱性药物（如吗啡、苯丙胺、抗组胺药、氨茶碱）重吸收（酸性药物排泄）。据此我们一方面可以控制药效时间，另一方面可以防治药物中毒。如酸性药物苯巴比妥中毒时，通过给予碳酸氢钠碱化尿液，可以使其大量排泄，促进排毒。

肾脏排泄率除了受药物载体竞争、药物重吸收影响外，还与血浆蛋白药物结合率、肾血流量等有关。肾功能不全时其药物排泄能力下降，应下调肾脏排泄类药物剂量。

2. 肠道排泄　以胆汁排泄为主，另有少量通过被动扩散自消化道壁进入消化道。此外，肠上皮细胞膜上有一类 P 糖蛋白可以向肠道泵出药物。

血液高浓度碱性药物的胃分泌排泄效率很高，因为胃酸将其离子化，抑制其重吸收；不过药物进入肠道后会被重吸收，因为肠道是一个碱性环境。

某些药物（如洋地黄毒苷、地高辛、地西泮）以原形随胆汁排出后，可以经小肠重吸收，形成肠肝循环，从而延长其半衰期及作用时间，但也会造成药物积累，引起中毒。通过抑制肠肝循环可以缩短药物半衰期及作用时间。例如，强心苷中毒的有效急救措施是口服考来烯胺，在肠道内与强心苷形成络合物，使其不再重吸收，从而增加排泄。

3. 其他排泄　①乳汁 pH 略小于血液 pH，弱碱性药物（如吗啡、阿托品）的乳汁浓度高于血浆浓度，要考虑泌乳期患者用药对乳儿的影响。②某些药物的唾液浓度与血浆浓度平行，因为采集方便，可以通过测定唾液药物浓度分析血浆药物浓度。

五、药物代谢研究的意义

药物代谢研究是药物开发的核心内容。为了使药物由低效到高效，由短效到长效，需要进行一系列动物实验及临床的药代动力学试验，其中包括药物的吸收、分布、转化、排泄，血浆和组织蛋白结合以及药效和毒性试验等，可见药物代谢研究在为药物开发建立理论基础方面具有重要意义。

六、病原体药物代谢

青霉素等 β-内酰胺类抗生素抑制细菌细胞壁合成。然而，细菌可以合成 β-内酰胺酶，水解 β-内酰胺类抗生素使其失活。为此可以在应用 β-内酰胺类抗生素的同时配以 β-内酰胺酶抑制剂。

第七节　肝功能检查

肝功能检查是根据肝脏参与的各种代谢设计的实验室检查项目，临床上可以通过检验患者血尿便成分的改变检查肝功能，以辅助诊断和治疗肝病，并评价其转归和预后。

肝功能检查注意事项：①肝功能检查有一定的局限性，一项检查结果只能反映其某一方面，不能反映全部。②由于肝脏的代偿能力很强，有时病变已经很明显，但检查结果可能仍在正常范围内。③检查结果与其病理组织学改变可能不一致。④有些检查的特异性和灵敏度都不高。因此，临床诊断中除了参考肝功能检查指标外，还应根据患者的临床表现综合分析，避免诊断的片面性和盲目性。

以下为临床上常用的几类肝功能检查：

1. 蛋白质代谢试验 包括血浆蛋白电泳、白蛋白（ALB）和总蛋白（TP）含量、白蛋白/球蛋白比值（A/G）、血氨等，是根据肝脏能合成多种血浆蛋白、特别是针对血浆白蛋白的含量占血浆总蛋白约50%这一性质设计的。

2. 血清酶检查 有些酶是肝细胞酶，肝细胞受损时会释放入血，如谷丙转氨酶（GPT）、乳酸脱氢酶（LDH）；有些酶是由肝细胞合成的血浆功能酶，肝病导致血浆功能酶减少，如卵磷脂-胆固醇酰基转移酶（LCAT）和凝血因子。

3. 胆色素代谢试验 如血浆胆红素定量和定性、尿三胆等，主要用于鉴别黄疸。

4. 生物转化及排泄试验 当肝功能损害时，有些药物和毒物可以在体内积累，引起中毒。如肝脏摄取、转化、排泄的任何一个环节发生障碍都会导致磺溴酞钠（sulfobromophthalein sodium，BSP）在血中滞留，所以临床上常用BSP试验来检查肝脏的排泄功能，即在注射BSP一定时间后，测定血浆BSP浓度。不过，有些药物如水杨酸和咖啡因能促进肝脏摄取BSP，加快其清除速度，所以做该项检查时应当注意。

5. 其他相关试验 如乙型肝炎病毒（两对半）、甲胎蛋白、血糖、尿糖、血脂和血浆脂蛋白成分的检查。

常见肝功能检查项目和参考值见表14-5，不同的测定方法可能有不同的参考值。

表14-5 常见肝功能检查项目和参考值

检查项目	缩写	单位	正常值	检查项目	缩写	单位	正常值
总蛋白	TP	g/L	60~80	乳酸脱氢酶	LDH	U/L	155~300
白蛋白	ALB，A	g/L	35~55	单胺氧化酶	MAO	U/L	0.2~0.9
球蛋白	GLO，G	g/L	15~35	碱性磷酸酶	ALP，AKP	U/L	20~110
白蛋白/球蛋白	A/G	g/g	1.5~2.5	γ-谷氨酰转肽酶	GGT，γ-GT	U/L	11~50
谷丙转氨酶	GPT，ALT	U/L	0~40	总胆红素	TBIL	μmol/L	3.42~20.5
谷草转氨酶	GOT，AST	U/L	0~40	直接胆红素	DBIL	μmol/L	0~6.84

肝纤维化

肝纤维化是多种慢性肝病发展成肝硬化的病理学基础，其主要表现为肝脏细胞外基质（extracellular matrix，ECM）的过度沉积，分布异常。细胞外基质包括胶原、非胶原性糖蛋白和蛋白多糖等，由肝细胞合成分泌，不仅具有支架作用，而且可影响细胞的增殖和分化等，其合成和降解受多种细胞因子调节。目前认为肝纤维化是其细胞外基质、特别是胶原合成增加、降解减少的结果。

中医学理论认为肝纤维化是阴阳失衡所致。因此，肝纤维化这一过程在乙型肝炎的初始阶段即已启动。从理论上推断，中医治疗病毒性肝炎的有效方法同样适用于治疗肝纤维化。

然而，肝纤维化是现代医学病程形态学概念，是所有慢性肝病共同的病理过程，其治疗意义在于抑制肝纤维化进程，降解或吸收已经出现的胶原组织所致纤维化。越来越多的研究表明，肝纤维化是可逆的。中医药的治疗虽应达到这一最终目的，但其辨证思路和方法与现

代医学截然不同，所以中医对这一病理过程病因、病机的研究成为理论研究的关键点。

有医家认为肝纤维化的病因是感受湿热疫毒和正气不足，病机是热毒瘀结而肝脾损伤，因而提出应当以扶正固本、活血化瘀、凉血解毒为基本方法，在此基础上分型治疗。

从病因上看，湿热疫毒及多种因素造成脏腑功能紊乱是中医病因学的基本认识；病位以肝、脾、肾三脏为主，胆、胃、肠三腑为辅；病机特征乃是气、血、津、液运化失于常度而致，湿、毒、痰、瘀的滞留为害；病证表现上应当与其主病证、即乙型肝炎发展过程中表现出的基本特征相同；其治疗则可以采用解毒、祛湿、清热、理气、益气、活血、滋肾、疏肝、柔肝、养肝等不同法则。概而言之，应当肝脾肾同调，湿痰瘀同祛。

小结

肝脏是代谢最活跃的器官之一，是营养物质的加工厂和调配中心，食物消化吸收的几乎所有单糖和氨基酸及一部分脂质先经肝门静脉进入肝脏，再分配给其他组织，有些还要在肝脏中进行必要的加工改造。

肝脏是进行生物转化的主要器官。生物转化涉及各种化学反应，可分为第一相反应和第二相反应。第一相反应包括氧化、还原、水解、水化等反应。第二相反应为结合反应，所结合的基团包括葡萄糖醛酸基、硫酸基、甘氨酰基、谷胱甘肽基、甲基、乙酰基等。转化使非营养物质极性和水溶性增加，易于随胆汁排出或经肾脏排泄。生物转化的特点可概括为转化反应的连续性和多样性及解毒致毒两重性。肝脏的生物转化作用受遗传多态性、年龄、性别、营养、疾病、诱导物和抑制剂等因素的影响。

胆汁的溶质成分主要是胆汁酸、无机盐、黏蛋白、磷脂、胆固醇、胆色素。胆汁在代谢中起乳化食物脂质、排泄非营养物质和中和胃酸等作用。胆汁酸作为胆汁主要成分参与脂质消化吸收，抑制胆汁胆固醇析出，是胆固醇的重要排泄形式，具有极强的利胆作用。

胆汁酸代谢包括胆汁酸的生成、转化、排泄和重吸收等。胆固醇在肝细胞内先被内质网（微粒体）胆固醇 7α-羟化酶催化羟化成 7α-羟胆固醇，再转化为初级游离胆汁酸，与甘氨酸或牛磺酸缩合成初级结合胆汁酸，随胆汁排入肠道，少量受肠道细菌作用水解重新生成初级游离胆汁酸，少量初级游离胆汁酸还原脱氧生成次级游离胆汁酸，大部分结合胆汁酸及少量游离胆汁酸重吸收回到肝脏，其中的游离胆汁酸转化为结合胆汁酸，所有结合胆汁酸随胆汁排入肠道，形成胆汁酸的肠肝循环。

胆固醇 7α-羟化酶是控制胆汁酸代谢（及胆固醇代谢）的关键酶，其活性受胆汁酸反馈抑制，受胆固醇诱导，受胰岛素、胰高血糖素、糖皮质激素、甲状腺激素、生长激素、维生素 C 等调节。

胆色素是血红素转化产物，包括胆绿素、胆红素、胆素原和胆素等。

胆色素代谢过程：衰老红细胞被单核巨噬细胞系统吞噬，释放血红蛋白，血红蛋白解聚成珠蛋白和血红素，血红素被氧化生成胆绿素，胆绿素被还原生成未结合胆红素。肝外未结合胆红素由血浆白蛋白向肝脏运输，被肝细胞血窦面转运系统摄取，转化为结合胆红素。随胆汁排入肠道后受肠道细菌作用水解重新生成未结合胆红素，进而还原成尿胆素原、粪胆素原。大部分胆素原随粪便排出，氧化成胆素，少量胆素原（主要是尿胆素原）由肠道重吸收。重吸收的胆素原大部分被肝细胞摄取，以原形随胆汁排入肠道，形成胆素原的肠肝循环，其余经肾脏排泄。

某些因素可引起胆红素代谢异常，出现黄疸，根据代谢异常环节分为溶血性黄疸、肝细胞性

黄疸和阻塞性黄疸。

药物代谢是指药物在体内经历的吸收、分布、转化和排泄过程。肝脏是药物代谢特别是药物转化的主要器官、药物排泄的重要器官。药物以一定剂型和一定途径进入血液后，一方面运到靶组织发挥药理作用，另一方面在分布过程中被肝细胞摄取、转化。转化产物进入血液，经肾脏排泄；或汇入胆汁，随粪便排出。

讨论

1. 肝脏在糖代谢、脂质代谢、胆固醇代谢、蛋白质代谢、维生素代谢中的作用。

2. 胆汁酸代谢、胆色素代谢、药物代谢过程和意义。

3. 关于胆石症，西医学多在保守治疗无效后进行手术取石或胆囊切除等。《黄帝内经》云："十一脏皆取决于胆。"中西医对"胆"的定义固然不同，如何看待保留胆囊的利弊？

4. 《黄帝内经》云："卧则血归于肝。"现代生命科学研究亦证实人卧位时回流肝脏的血液比站立时多30%~60%。请讨论"饮食有节，起居有常"对于健康的意义。

第十五章
水盐代谢和酸碱平衡

扫一扫，查阅本章数字资源，含PPT、音视频、图片等

水是机体含量最高的物质，是体液的主要成分。几乎所有代谢都是在体液中进行的，为了确保代谢的正常进行及各组织器官生理功能的正常发挥，必须保持内环境稳定。如果体液的组成、浓度和分布异常及酸碱平衡紊乱，就会影响到各组织器官的功能，严重时危及生命。因此，掌握水盐代谢和酸碱平衡理论知识对正确诊断某些疾病和运用体液疗法具有重要的临床意义。

第一节　体液含量和分布

体液（body fluid）是指机体内各种液体成分的统称。

一、水的含量和分布

正常成人体液量约占体重的60%（女性50%～55%），以细胞膜为界分为细胞内液（36%～40%，绝大部分存在于骨骼肌群）和细胞外液（20%～24%），细胞外液（机体的内环境）再分为血浆（约5%）、组织[间]液（细胞间液，15%～18%）、第三细胞液（1.2%，分布于关节腔、颅腔、胸膜腔、腹膜腔、心包腔等密闭腔隙中）。

水是体液的主要成分。正常人体全血含水量为77%～81%，其黏度为水的4～5倍。血浆含水量更高，达93%，其黏度为水的1.6～2.4倍。红细胞含水量较低，约为65%。

体液百分含量因性别、年龄、贮脂量与健康状态的不同而异。脂肪组织含水较少，为10%～30%；肌组织含水较多，为75%。因此，消瘦者体液百分含量高于肥胖者，对缺水有更大的耐受性。女性机体脂肪含量较高，所以体液百分含量低于男性。体液百分含量随着年龄增加而降低，新生儿、婴儿、未成年人、成年人、老年人体液含量分别为75%、70%、65%、60%、50%。新生儿比表面（单位体重表面积）大，新陈代谢旺盛，耗水量也较成人多，而且水盐代谢调节功能尚不完善，容易发生紊乱，所以在临床上对儿童脱水更应重视。

二、电解质的含量和分布

电解质对维持体液分布和平衡起重要作用。体液中的电解质主要是Na^+、K^+、Ca^{2+}、Mg^{2+}、Cl^-、HCO_3^-和蛋白质等，其分布与浓度见表15-1。

表 15-1 体液成分及渗透浓度(mOsm/L)

组成	血浆	组织液	细胞内液	组成	血浆	组织液	细胞内液
Na^+	142	139	14	氨基酸	2	2	8
K^+	4.2	4.0	140	肌酸	0.2	0.2	9
游离 Ca^{2+}	1.3	1.2	0.0001	乳酸	1.2	1.2	1.5
总 Ca^{2+}	2.4		1	ATP			5
游离 Mg^{2+}	0.8	0.7	2	磷酸己糖			3.7
总 Mg^{2+}	1.8		20~30	葡萄糖	5.6	5.6	0~1
Cl^-	108	108	4	蛋白质	1.2	0.2	4 (16g/L)
HCO_3^-	24	28.3	10	尿素	4	4	4
$H_2PO_4^-/HPO_4^{2-}$	2	2	11	其他	4.8	3.9	10
SO_4^{2-}	0.5	0.5	1	总渗透浓度	301.8	300.8	301.2
磷酸肌酸			45	有效渗透浓度	282.0	281.0	281.0
肌肽			14	37℃总渗透压 (mmHg)	5443	5423	5423

体液电解质分布有以下特点:

1. 体液呈电中性 细胞内外液的正负电荷量相等。

2. 细胞内液和细胞外液渗透压基本相等 约为770kPa。其中细胞内液和组织液渗透压相等,血浆渗透压仅比组织液高2.66kPa。体液渗透压包括晶体渗透压和胶体渗透压。以血浆为例,其晶体渗透压占血浆渗透压的99.6%,且80%来自 Na^+ 和 Cl^-;胶体渗透压占血浆渗透压的0.4%,约为3.30kPa,主要由血浆蛋白产生,且75%~80%来自血浆白蛋白。

3. 细胞内外液电解质分布差异很大 细胞内液阳离子以 K^+ 为主,阴离子以磷酸肌酸、$H_2PO_4^-/HPO_4^{2-}$ 为主。细胞外液阳离子以 Na^+ 为主,阴离子以 Cl^- 为主。

4. 血浆和组织液蛋白质含量差异较大 血浆蛋白含量为1.2mOsm/L(60~80g/L),而组织液蛋白含量仅为0.2mOsm/L(0.5~10g/L),因此血浆蛋白含量远高于组织液,这种差异使血浆胶体渗透压比组织液高2.90kPa。因为血浆和组织液的小分子水平一致,即晶体渗透压相同,所以胶体渗透压是控制血管内外水分配、维持血量的重要因素。

第二节 体液生理功能

水的功能有调节和维持体温及协助运输等,电解质则功能多样。

一、水的生理功能

水是机体含量最高的组分,是维持机体代谢重要的营养物质。

1. 是组织成分和体液成分 水在维持组织器官的形状、硬度和弹性方面起重要作用。体内的水有相当多的一部分是以结合水(bound water)的形式存在(细胞内结合水占4.5%,其余的以自由水的形式存在),即与蛋白质、黏多糖等结合。各种组织器官含自由水和结合水的比例不同,因而坚实程度各异,心肌含水79%,与血液相当,但由于心肌含结合水较多,故其形态坚实,而血液则循环流动。

2. 促进代谢和营养运输 水是良好的溶剂，能溶解各种代谢物，从而支持代谢。水的介电常数高，可以促进代谢物的电离和化学反应的进行。水的黏度低，流动性强，有利于营养物质的消化、吸收、运输及代谢废物的排泄等。水还直接参与水解反应和水化反应。

3. 调节和维持体温 水的比热大，1g 水温度升高 1℃需要吸收 4.2J 热能，所以水能吸收较多的热能而温度不会有明显改变；水的蒸发热大，1g 水在 37℃下蒸发可以吸收 2.4kJ 热能，所以蒸发较少的水就能带走较多的热能；水的流动性强，能随血液循环迅速分布于全身，使物质代谢释放的热能迅速扩散，避免体温局部升高。

4. 是良好的润滑剂 唾液保持口腔和咽部湿润而有利于吞咽，泪液保持眼球湿润而有利于活动，滲细胞液有利于减少组织间摩擦，呼吸道和消化道黏液有良好的润滑作用，这些都与水的润滑性有关。

二、主要电解质的生理功能

体液的主要电解质是无机盐。人体无机盐含量很低，仅占体重的 4%~5%，但种类多，且功能各异。

1. 是组织成分和体液成分 体液中主要的无机盐有 Na^+、K^+、Cl^-、HPO_4^{2-} 和 HCO_3^- 等，各组织器官功能不同，无机盐组成也不同。

2. 维持体液酸碱平衡和渗透压平衡 正常人组织液及血液 pH 7.35~7.45，在血液缓冲体系、肺和肾脏的调节下保持稳定。此外，无机盐在维持体液晶体渗透压和保持体液量方面起重要作用，其中 Na^+ 和 Cl^- 是维持细胞外液晶体渗透压的主要离子，K^+ 和 HPO_4^{2-} 是维持细胞内液晶体渗透压的主要离子。

3. 维持神经肌肉兴奋性、心肌兴奋性 正常情况下，神经肌肉兴奋性的维持与多种无机离子的含量和比例有关：

$$\text{神经肌肉兴奋性} \propto \frac{[Na^+]+[K^+]+[OH^-]}{[Ca^{2+}]+[Mg^{2+}]+[H^+]}$$

当血钙减少或血钾升高及碱中毒时，神经肌肉兴奋性增高，会引起抽搐。反之则神经肌肉兴奋性降低，会出现肌肉软弱无力甚至麻痹。

无机离子特别是 K^+、Na^+ 和 Ca^{2+} 对心肌兴奋性也有影响：

$$\text{心肌兴奋性} \propto \frac{[Na^+]+[Ca^{2+}]+[OH^-]}{[K^+]+[Mg^{2+}]+[H^+]}$$

当血钾升高时，心肌兴奋性降低，导致心动过缓（心率<60 次/分）、传导阻滞和收缩力减弱，严重时心跳会停止于舒张状态。当血钾降低时，心脏自律性增高，易出现期前收缩等心律失常症状，严重时心跳会停止于收缩状态。血钠和血钙升高时，心肌兴奋性增高，在一定范围内拮抗血钾对心肌的抑制作用。不过，单纯心肌细胞外 Na^+ 升高时，Na^+-Ca^{2+} 交换增加，导致细胞内 Ca^{2+} 减少，心肌收缩力减弱。

4. 影响酶活性 某些无机离子是酶的激活剂、抑制剂或辅助因子，从而影响代谢，例如 K^+ 是某些 ATP 酶的激活剂，Cu^{2+} 是唾液 α 淀粉酶的抑制剂，Zn^{2+} 是碳酸酐酶的辅助因子。

第三节 水钠代谢

正常成人每日需水2000~2500mL，以维持其吸收和排泄的平衡，称为日需要量。

正常成人含钠40~50mmol/kg体重，其中50%存在于细胞外液，40%存在于骨骼基质，仅有10%存在于细胞内液。血浆 Na^+ 浓度（即血钠）为135~145mmol/L。细胞内液 Na^+ 浓度为10mmol/L。

一、水吸收

成人每日从消化道吸收水约2100mL，包括食物水和饮水，因气候、运动量、生理状态和生活习惯不同而异。此外，体内通过生物氧化等代谢每日生成水200~300mL（每千克糖、脂肪、蛋白质代谢可产生水600mL、1070mL、410mL），这部分水称为**代谢水**、**内生水**。代谢水量虽然不多，但相当稳定。严重创伤导致组织破坏时产生更多的代谢水，每破坏1kg肌组织可以产生代谢水850mL。

二、水排泄

每日排泄水2000~2500mL，排泄途径包括肺呼出、皮肤蒸发、粪便排泄和肾脏排泄。

1. 肺呼出 正常成人每日呼出水300~400mL，呼出量与呼吸深度、呼吸速度、环境湿度及基础代谢率（BMR）等有关。

2. 皮肤蒸发 ①**不显汗**（insensible perspiration），即水的蒸发，不依赖汗腺。成人每日蒸发不显汗300~400mL。②**显汗**（sensible perspiration），即汗腺细胞主动分泌的**汗液**，通常每日100mL，但变化较大，与环境温度、运动强度有关，大量出汗时每小时可达1000~2000mL。与不显汗不同的是：显汗是低渗液，含NaCl约0.2%（受醛固酮调节），是血浆NaCl浓度的20%~50%，但含尿素是血浆浓度的4~5倍。显汗中还有少量 K^+、Ca^{2+}、Mg^{2+} 等，即出汗不但丢失水，也丢失电解质。因此，因出汗而补水时还应注意补充电解质。

3. 粪便排泄 每日分泌入消化道的各种消化液（如唾液、胃液、胆汁、胰液和肠液）可达8200mL，其中的水大部分被重吸收，仅有100~150mL随粪便排出。

4. 肾脏排泄 成人每日排尿1000~1500mL，**最低尿量**500mL，多于2500mL称为**多尿**（polyuria），100~400mL称为**少尿**（oliguria），少于100mL称为**无尿**（anuria）。

尿中除水和无机盐外还有各种非蛋白氮（NPN），以尿素氮为主。成人每日经肾脏排泄代谢废物约35g，其中尿素占50%以上。尿液最高浓度6%~8%，所以成人每日至少需要排尿500mL（最低尿量）才能将35g代谢废物全部排出体外，少尿或无尿会导致其在体内积累，血非蛋白氮升高，引起多系统出现严重的中毒症状，称为**尿毒症**（uremia）。

临床上，不能进水的患者每日**标准补水量**2000~2500mL。如果患者有水的额外丢失，还应增加补水量。如果患者因心、肾功能不全不能大量补水，可减量，但应不低于1500mL，此为**最低需水量**（按肺呼出350mL、皮肤蒸发500mL、肠道排泄150mL、肾脏排泄500mL计算）。肝（硬化）腹水（hepatic ascite）患者，一般每日进水量宜控制在500~1000mL，同时饮食限钠。

三、钠吸收

每日膳食含钠 2.3～4.6g（100～200mmol），主要来自食盐，吸收量 2.3～2.5g（100～110mmol），几乎都通过小肠吸收。《中国居民膳食营养素参考摄入量》推荐钠的适宜摄入量（AI）：18～49 岁、50～79 岁和 80 岁及以上分别为 1.5、1.4 和 1.3g/d。

四、钠排泄

钠每日经肾脏排泄约 100mmol，随粪便排出 5～10mmol，随汗液排泄少量。排钠常伴排氯。

正常人肾脏可以通过重吸收（近曲小管约 67%，髓袢约 20%，远曲小管和集合管约 12%）严格控制排钠。因此，肾脏排钠的特点是多吃多排，少吃少排，不吃几乎不排。排钠常伴排氯，故人体缺钠时尿中少氯或无氯；相反，人体多钠时尿中多氯。

五、水钠平衡

机体每日吸收和排泄适量的水钠，使体液维持正常容量和渗透压。

（一）体液交换

代谢离不开体液交换。人体各部分体液彼此隔开又相互沟通，因此每日除与外环境交换外，在各部分体液之间也在进行各种交换，包括水的分配、营养物质的吸收、代谢物的交换以及非营养物质的排泄，所以体液交换在维持生命活动中占有重要地位。若体液中水和电解质的含量发生变化，机体会出现脱水、水肿或电解质紊乱等病理症状。

1. 血浆和组织液交换　主要在毛细血管壁进行。毛细血管壁是一种半透膜，水和小分子物质如葡萄糖、氨基酸、尿素及无机盐等可以扩散通过，而蛋白质大分子不能扩散通过。因此，血浆内蛋白质浓度远高于组织液，血浆有较高的胶体渗透压（约为 3.30kPa，25mmHg），比组织液（约为 0.40kPa，3mmHg）约高 2.90kPa（22mmHg），称为**血浆有效胶体渗透压**。

水在血浆和组织液之间的分配是由毛细血管血压、组织液静水压、血浆胶体渗透压和组织液胶体渗透压决定的，其代数和称为**有效滤过压**：

有效滤过压=（毛细血管血压+组织液胶体渗透压）-（组织液静水压+血浆胶体渗透压）

在毛细血管动脉端，有效滤过压为正值，有 0.5%～2%水从血浆滤出，流向组织液；在毛细血管静脉端，有效滤过压为负值，90%的滤出水从组织液返回血浆，其余 10%通过淋巴液返回血浆。

在正常情况下，毛细血管水的滤出量和返回量基本相等。血浆与组织液水的交换很快，每分钟可达 2000mL，并保持平衡，只有这样才能维持血浆与组织液的容量及渗透压平衡，保证营养物质与代谢产物顺利交换。

2. 组织液和细胞内液交换　属于跨膜转运。细胞膜是一种半透膜，对物质的跨膜转运有严格的选择性：①自由扩散：O_2、CO_2、NH_3、H_2O、甘油、乙醇、尿酸和尿素等中性小分子。②主动转运：Na^+、K^+、Ca^{2+}、Mg^{2+}和肌酸等逆浓度梯度，依赖钠泵、钙泵、钠钙交换体等。③易化扩散：葡萄糖、氨基酸、核苷酸等中性分子及 Na^+、K^+、Ca^{2+}、Mg^{2+}、Cl^-、HCO_3^-等无机离子顺浓度梯度。④出胞和入胞：大分子或团块。

晶体渗透压决定着水在细胞内外的分配，水总是由渗透压低的一侧流向渗透压高的一侧，从而维持体液渗透压平衡。临床上解除细胞水肿特别是脑细胞水肿常用高渗溶液如 50%葡萄糖或

20%甘露醇快速静脉输入，造成细胞外液高渗，从而使水渗出细胞。

（二）水钠平衡调节

肾脏不仅是重要的排泄器官，还是维持体液平衡的主要器官，调节机制是控制远曲小管和集合管水的重吸收。神经系统、加压素、醛固酮和心钠素在维持体液平衡的过程中起着重要作用。此外，糖皮质激素促进水的排泄，雌激素过量引起水钠潴留。

肾小球滤液（原尿，几乎都是水）1.8×10^5mL/d，最终仅排出 $1.0\times10^3\sim1.5\times10^3$mL，超过99.2%都被重吸收（65%～70%在近曲小管，10%在髓袢，10%在远曲小管，10%～20%在集合管）；每日滤过钠 2.55×10^4mmol，最终仅排出约100mmol，约99.6%都被重吸收。

1. 神经系统调节 中枢神经系统通过感受体液晶体渗透压影响水的吸收。当失水过多（>1%）、高盐饮食或输入高渗溶液时，细胞外液渗透压升高，刺激位于下丘脑视上核的渗透压感受器和侧面的口渴中枢，引起大脑皮层兴奋，产生口渴感觉。此时若给予饮水，则细胞外液渗透压降低。

交感神经还调节肾的水钠排泄和钠重吸收：血量减少、疼痛、应激、外伤、出血都会刺激肾交感神经末梢释放去甲肾上腺素，一方面引起肾入球小动脉和出球小动脉收缩，若刺激较弱，则出球小动脉收缩明显，以肾血流量减少为主；若刺激强烈，则入球小动脉收缩更强，所以肾血流量减少，肾小球滤过率（两肾每分钟形成的超滤液量）下降；另一方面作用于近端小管α肾上腺素能受体，激活顶端膜 Na^+-H^+交换体和基侧膜钠泵，促进钠重吸收。

2. 加压素调节 加压素（抗利尿激素，ADH）是一种九肽，由下丘脑视上核、室旁核神经元合成的两种垂体后叶激素之一（另一种是催产素），经下丘脑-神经垂体系统运至垂体后叶（神经垂体）储存，需要时释放入血：①作用于肾小管远端上皮细胞，促进钠和水重吸收，减少尿量，维持体液渗透压稳定。②作用于血管平滑肌细胞，刺激血管收缩、血压升高。

加压素调节机制：①当血浆晶体渗透压升高（如大量出汗）、血量减少或血压下降时，一方面加压素分泌增加，激活肾小管远端（主要是皮质集合管、外髓集合管、内髓集合管，可能还包括远端小管）上皮细胞基侧膜V2受体（V2R，属于G蛋白偶联受体），激活蛋白激酶A途径，蛋白激酶A催化小泡水通道蛋白AQP2磷酸化，从而回补顶端膜，使水重吸收增加，尿量减少，血量增加；另一方面醛固酮分泌减少，引起肾小管钠重吸收减少，分泌增加，从而使细胞外液钠减少，渗透压降低。②当血量增加或细胞外液渗透压降低时，一方面加压素分泌减少，水重吸收减少，尿量增加，血量减少；另一方面醛固酮分泌增加，使肾小管钠重吸收增加，分泌减少，从而使细胞外液钠增加，渗透压升高。

影响加压素分泌或作用的其他因素：精神紧张、疼痛、创伤以及某些体液因子（血管紧张素Ⅱ）和药物（氯磺丙脲、长春新碱、环磷酰胺）能使加压素分泌增加或作用增强。

正常饮水时血浆加压素很少，仅为1～4ng/L。加压素的分泌量主要受下丘脑视上核和室旁核的渗透压感受器调节，其次受左心房和胸腔大静脉处的容量感受器、颈动脉窦和主动脉弓的压力感受器调节。血浆晶体渗透压升高、血量减少或血压下降通过影响这三种感受器促使加压素分泌增加，促进肾小管水重吸收，从而使血量增加、血压升高、血浆渗透压降低。

加压素分泌与饮水、排尿密切相关：一方面，大量饮水稀释体液，血浆晶体渗透压降低，加压素分泌减少，远曲小管和集合管水重吸收减少，尿量增加；另一方面，加压素分泌减少可引起大量饮水和尿量增加。

3. 醛固酮调节 醛固酮属于盐皮质激素，是肾上腺皮质球状带合成分泌的一种类固醇激素，

其主要生理功能是促进肾远曲小管和集合管钠重吸收，同时促进 K^+、H^+分泌和 Cl^-、HCO_3^-、H_2O重吸收。

醛固酮调节机制：通过细胞质盐皮质激素受体促进一组基因表达，增加顶端膜钠通道和钾通道数量、基侧膜钠泵数量，促进排氢保钠排钾。

影响醛固酮分泌的主要因素有肾素-血管紧张素系统和血钾、血钠。

（1）肾素-血管紧张素系统　血量减少、血压下降、肾小球滤过率下降和肾交感神经兴奋均刺激球旁细胞（肾小球旁器细胞，近球细胞。由入球小动脉平滑肌细胞衍化而成）之颗粒细胞分泌肾素，肾素促进血浆血管紧张素原分解成血管紧张素Ⅰ（十肽），然后由血浆转化酶催化转化为血管紧张素Ⅱ（八肽），发挥以下作用：①作用于肾上腺皮质球状带，刺激醛固酮合成分泌，保钠保水，增加血容量。②作用于肾小管细胞表面受体，通过蛋白激酶 C 途径促进钠重吸收。③使小动脉收缩，血压升高，肾血流量减少，肾小球滤过率下降。血管紧张素起作用后很快被血管紧张素酶灭活。

（2）血钾和血钠　当血钠降低或血钾升高时，$[Na^+]/[K^+]$比值下降，会使醛固酮分泌增加，尿钠减少。反之，当血钠升高或血钾降低时，$[Na^+]/[K^+]$比值升高，会使醛固酮分泌减少，尿钠增多。

4. 心钠素调节　心钠素（心房[钠尿]肽）是由心房肌细胞合成分泌的一种二十八肽，主要生理功能：①扩张入球小动脉，从而增加肾血流量和肾小球滤过率，促进排钠排水。②抑制集合管阳离子通道活性，抑制钠重吸收。③高水平心钠素还能降低动脉压和提高毛细血管渗透率。心钠素受体是一种鸟苷酸环化酶。

六、水钠代谢紊乱

水和钠的代谢紊乱往往同时发生，且相互影响、关系密切，故临床上常合并考虑，并根据体液容量变化分为脱水和水过多。脱水是指水钠丢失，引起细胞外液严重减少。根据水钠丢失比例的不同，可分为低渗性脱水、高渗性脱水和等渗性脱水。水过多是指水钠潴留，引起体液过多，可分为水中毒（低渗性水过多）、盐中毒（高渗性水过多）、水肿（等渗性水过多）。

第四节　钾代谢

钾具有维持细胞代谢和细胞膜电位、调节渗透压等功能。正常成人含钾 50~55mmol/kg 体重，其中 98%存在于细胞内液，2%存在于细胞外液（约 70mmol）。钾的吸收和排泄保持平衡，且保持血钾（血浆钾）在正常范围内。

一、钾吸收

正常成人膳食钾的 90%~95%可以被吸收，只有 5%~10%随粪便排出。通常每日膳食含钾 3~4.5g（80~120mmol），可吸收 3.5g（90mmol）。天然食物含钾丰富，故一般膳食钾即可满足机体需要。《中国居民膳食营养素参考摄入量》推荐钾的适宜摄入量（AI）：18 岁及以上为 2g/d。

二、钾排泄

正常成人钾几乎全部由肾脏排泄。

1. 不论膳食钾含量高低，通常肾小球滤液中钾的80%被近端小管被动重吸收，10%被髓袢重吸收。远曲小管和集合管则不同，膳食钾不足时重吸收钾，膳食钾过多时分泌钾，且受到调节。

2. 腹泻严重时，肠道排钾可达正常排钾量的10~20倍，因此应当注意补钾。

3. 皮肤通过显汗可微量排钾。

正常成人肾脏可控制钾排泄，但并不严格，在钾吸收极少、甚至不吸收时，肾脏仍可排泄1%~3%的钾。因此，肾脏排钾的特点是多吃多排，少吃少排，不吃也排，所以禁食时会因排尿引起缺钾。另外，对于长期禁食而需肠外营养者应注意检测血钾并适当补钾。

三、钾平衡

机体通过以下机制维持钾平衡：①通过细胞膜钠泵维持跨细胞膜钾梯度。②通过细胞膜 H^+-K^+交换影响跨细胞膜钾梯度。③通过改变肾小管上皮细胞膜电位影响排钾。④通过控制醛固酮分泌及远端小管流速调节肾脏排钾。⑤通过结肠排钾及出汗排钾。

物质代谢影响钾平衡：①在糖原和蛋白质合成增加时（如组织生长旺盛、创伤愈合、静脉输注胰岛素和葡萄糖），钠泵转运效率高于钾通道，净效应是K^+泵入细胞，会引起血钾降低，应注意补钾。②在糖原和蛋白质分解增加时（如烧伤、创伤、手术、饥饿、缺氧、感染等应激状态），钠泵转运效率低于钾通道，净效应是K^+逸出细胞，会引起血钾升高，在肾功能衰竭时尤为明显。

四、钾代谢紊乱

测定血钾可以采血清或血浆，正常血清钾是3.5~5.5mmol/L，比血浆钾高0.3~0.5mmol/L，这是因为凝血过程中血小板释放钾。钾代谢紊乱表现为低钾血症（血清钾低于3.5mmol/L）或高钾血症（血清钾高于5.5mmol/L）。

第五节 钙磷代谢

钙盐和磷盐是体内含量最高的无机盐。成人体内钙约1000g（99%）分布于骨骼、牙齿，10g（1%）分布于细胞内（主要是钙库），1g（0.1%）分布于细胞外液；磷约600g（85%）分布于骨骼、牙齿，100g（14%~15%）分布于软组织（主要是有机磷，如磷脂、磷蛋白、核酸、核苷酸），0.5g（<1%）分布于细胞外液（无机磷）。

一、生理功能

钙和磷的部分功能是共同的：①是骨骼和牙齿的重要成分：骨骼中的无机盐称为骨盐，骨盐成分的84%是钙盐，其中约60%是羟磷灰石[$Ca_{10}(PO_4)_6(OH)_2$]结晶，其余是无定型$CaHPO_4$。骨骼是维持钙稳态的钙库和磷库。②参与凝血：凝血因子Ⅳ即为Ca^{2+}，血小板因子3的主要成分是磷脂。此外钙和磷有各自的功能。

1. 钙的其他生理功能 ①降低神经肌肉兴奋性，并参与肌肉收缩。当血钙低于1.75mmol/L时，神经肌肉兴奋性增高，可引起抽搐。②增强心肌收缩，并与促进心肌舒张的K^+相拮抗，使心肌在正常工作时的收缩与舒张达到协调和统一。③降低毛细血管壁和细胞膜的通透性，防止渗出，抑制炎症和水肿。④作为第二信使参与信号转导，激活蛋白激酶C和钙调蛋白激酶，调节代谢。⑤是某些酶的激活剂（如胰脂肪酶）或抑制剂（如1α-羟化酶）。⑥调节激素分泌（如胰岛

素和甲状旁腺激素）和神经递质释放（如乙酰胆碱）。

2. 磷的其他生理功能　①磷酸构成机体成分，如磷脂、核苷酸和核酸。②磷酸在生物氧化过程中参与能量的获得、利用及储存，如 ATP 和磷酸肌酸。③ATP 为酶的化学修饰调节提供磷酸基。④磷酸盐形成缓冲体系，维持体液酸碱平衡。

二、吸收和排泄

正常成人每日膳食含钙 0.8～1.2g、磷 1.4g。

1. 钙吸收　钙的吸收形式是游离钙（离子钙：Ca^{2+}），每日吸收约 0.5g，分泌约 0.325g，净吸收约 0.175g。钙吸收部位是小肠，以空肠和回肠吸收能力最强。吸收机制以被动扩散为主，在十二指肠有少量通过主动转运吸收。

影响钙吸收的因素：①骨化三醇：是最主要的影响因素（302 页）。②肠道 pH：钙盐在酸性条件下易溶，碱性条件下形成难溶性钙盐。因此，食物中凡能增加肠道酸性的物质如胃酸、乳酸、柠檬酸等都促进钙吸收。③食物成分：食物碱性磷酸盐和草酸等在小肠与钙形成难溶性钙盐，抑制其吸收，因此低磷饮食促进钙吸收。谷物植酸螯合钙，抑制其吸收（酵母含植酸酶，通过发酵可降解植酸）。脂质吸收障碍导致脂肪酸大量积累于小肠，与钙形成难溶性钙盐，抑制其吸收。④血钙血磷：当血钙血磷升高时，钙磷吸收率下降，故低血钙促进钙吸收。此外，孕期、哺乳期吸收增加。钙磷吸收率还与年龄呈负相关。

2. 钙排泄　①随粪便排出：随粪便排出的钙包括未吸收的食物钙和消化道分泌液中未被重吸收的钙，排泄量因食物钙含量和吸收量而异。②经肾脏排泄：肾每日滤过钙约 10g，重吸收 98%以上，净排泄 0.175g，占机体总排泄量的 35%。

肾脏排钙与血钙量密切相关，血钙升高，则尿钙增加，血钙降低，则尿钙减少，当血钙低于 1.87mmol/L 时尿中无钙，以维持钙稳态。

3. 磷吸收　磷的吸收形式是 $H_2PO_4^-$，每日吸收约 1.4g，分泌约 0.35g，净吸收约 1.05g（相当于食物磷的 70%）。吸收部位是小肠，以空肠吸收能力最强。吸收机制以继发性主动转运（伴随钠吸收）为主。

影响钙吸收的因素也影响磷吸收，小肠上段肠液 pH 低时促进磷吸收。pH 高时 Ca^{2+}、Mg^{2+}、Fe^{3+} 等与磷酸结合成难溶盐，抑制磷吸收。

4. 磷排泄　肾是排泄磷的主要器官。当血磷为 1.3mmol/L 时，肾每日滤过磷约 8.19g，重吸收（主要在近端小管）约 7.14g（80%～95%），净排泄约 1.05g，占机体总排泄量的 70%。肾功能不全会出现高血磷。

三、血钙和血磷

血中的钙几乎全部位于血浆中，故血钙通常是指血浆钙。血磷通常是指血浆中的无机磷酸盐。临床检验通常分析血清钙磷。

1. 血钙　血钙比较稳定，正常人血钙为 2.25～2.75mmol/L，无年龄差异。血钙有三种存在形式：血浆蛋白（主要是白蛋白）结合钙（约 45%）、游离钙（约 45%，1.0～1.3mmol/L）、小分子（磷酸、柠檬酸等）钙（约 10%）。其中血浆蛋白结合钙不能通过毛细血管壁，故称非扩散钙（nondiffusible calcium）。游离钙和小分子钙可以通过毛细血管壁，故称可扩散钙（diffusible calcium）。

血钙中仅游离钙有直接的生理效应，起着降低神经肌肉兴奋性的作用。结合钙虽然没有直接

的生理效应，但可以与游离钙相互转化，保持平衡。血浆游离钙浓度受血液酸度影响，血液偏酸促进结合钙解离，增加游离钙；血液偏碱促进游离钙结合，降低游离钙。临床上碱中毒时常伴有抽搐，就是血浆游离钙降低、神经肌肉兴奋性增高所致。

输库血超过800mL时，应注射10%葡萄糖酸钙，以防抗凝剂柠檬酸盐导致的暂时性低血钙。

2. 血磷 血磷的80%~85%是HPO_4^{2-}，其余是$H_2PO_4^-$。正常成人血磷为1.1~1.3mmol/L，儿童为1.3~2.3mmol/L。血磷有三种存在形式：游离磷（HPO_4^{2-}/$H_2PO_4^-$，45%~50%）、磷酸盐（35%~40%）、血浆蛋白结合磷（10%~15%），其中血浆蛋白结合磷不能滤过肾小球。

3. 钙磷浓度积对骨代谢的影响 **钙磷浓度积**（**钙磷离子积**，I_{sp}），是以mmol/L表示的血钙和血磷的乘积，正常成人的钙磷浓度积是一个常数，称为**钙磷溶度积**（K_{sp}）。

$$K_{sp} = [Ca] \times [P] = 2.5 \sim 3.5$$

如果钙磷浓度积>3.5，钙和磷将以骨盐的形式沉积于骨组织中；如果浓度积<2.5，会影响到骨钙化及成骨过程，甚至发生骨溶解。

四、钙稳态调节

维持钙稳态是为了满足骨矿化、肌收缩、神经传导及其他代谢对钙的需要。钙稳态受甲状旁腺激素、骨化三醇和降钙素调节，它们通过合成分泌的变化影响着肾脏的钙磷排泄、骨骼的形成吸收以及小肠的钙磷吸收，从而维持钙稳态。

（一）甲状旁腺激素

甲状旁腺[激]素是由甲状旁腺主细胞合成分泌的一种激素，具有升高血钙、降低血磷的作用，是维持血钙正常水平最重要的调节因素。甲状旁腺激素的分泌主要受血浆游离钙调节：当血钙升高时，甲状旁腺激素分泌减少；当血钙降低时，甲状旁腺激素分泌增加。此外，骨化三醇抑制其合成，降钙素促进其分泌。

甲状旁腺激素作用机制：通过G蛋白偶联受体激活蛋白激酶A途径，使线粒体钙逸出并泵出细胞，使血钙升高。

1. 对骨的作用 ①快速效应：迅速增加骨细胞膜对Ca^{2+}的通透性，使骨液中的Ca^{2+}通过骨细胞转运到细胞外液。②迟缓效应：少量甲状旁腺激素刺激骨细胞分泌胰岛素样生长因子（IGF），促进胶原和基质合成，有助于成骨；大量甲状旁腺激素增加破骨细胞数量和活性，分泌各种水解酶和胶原酶，并产生大量乳酸和柠檬酸等，促进骨盐溶解，升高血钙。

2. 对肾脏的作用 促进远端小管和集合管重吸收钙，抑制近端小管和远端小管重吸收磷，使尿钙减少，尿磷增加。

3. 对小肠的作用 激活肾近端小管线粒体1α-羟化酶，促进骨化三醇合成，从而间接促进小肠吸收钙磷，效应较慢。

（二）骨化三醇

骨化三醇是维生素D_3的主要活性形式，其在钙磷代谢中的作用是促进小肠钙磷吸收，促进新骨钙化，维持骨质更新，促进肾脏钙磷重吸收。

1. 对小肠的作用 促进小肠对钙磷的吸收和转运，升高血钙血磷。①与维生素D受体结合，

诱导钙吸收相关蛋白（钙转运蛋白、钙结合蛋白、钠钙交换体）基因表达，提高主动转运效率。②直接促进小肠上皮细胞顶端膜募集钙转运蛋白，增加膜的钙通透性。③激活基侧膜腺苷酸环化酶，激活钙泵，提高主动转运效率。

2. 对肾脏的作用 促进肾远曲小管上皮细胞重吸收钙磷，机制是诱导合成钙结合蛋白。此作用较弱，仅在骨骼生长、修复或钙磷供应不足时作用明显。

3. 对骨的作用 具有促进溶骨和成骨双重作用，既有利于骨骼的生长和钙化，又维持着血钙和血磷的稳定。血钙不足时骨化三醇可以增加破骨细胞的数量并提高其活性，促进溶骨，使血钙升高。血钙充足时可以刺激成骨细胞分泌胶原等，促进成骨。

骨化三醇水平受肾小管细胞线粒体膜 1α-羟化酶控制。该酶被甲状旁腺激素激活，被降钙素、高血磷抑制，受骨化三醇反馈抑制。

（三）降钙素

降钙素是甲状腺滤泡旁细胞（C 细胞）合成分泌的一种三十二肽，主要生理功能是降低血钙血磷，拮抗甲状旁腺激素。血钙升高刺激降钙素分泌。

1. 对骨的作用 抑制破骨细胞的形成及其活性，抑制骨基质分解和骨盐溶解；促使破骨细胞和间质细胞转化为成骨细胞，并增强其活性，促进成骨，降低血钙血磷。

2. 对肾脏的作用 直接抑制肾小管钙磷重吸收，增加尿钙尿磷。

3. 对小肠的作用 抑制肾 1α-羟化酶，从而抑制骨化三醇生成，间接抑制小肠钙磷吸收。

综上可知，在正常人体内，甲状旁腺激素、骨化三醇和降钙素三者相互制约、相互协调，共同维持钙稳态（表 15-2）。

表 15-2 甲状旁腺激素、骨化三醇和降钙素对钙磷代谢的调节作用

激素	肠钙吸收	溶骨作用	成骨作用	肾脏排钙	肾脏排磷	血钙	血磷
甲状旁腺激素	↑	↑↑	↓	↓	↑	↑	↓
骨化三醇	↑↑	↑	↑	↓	↓	↑	↑
降钙素	↓	↓	↑	↑	↑	↓	↓

第六节 酸碱平衡

酸碱平衡是维持正常代谢的基本要素。健康机体的代谢不但需要适宜的温度，还需要稳定的体液，包括体液的成分、离子强度、渗透压、pH。然而，物质代谢过程会消耗或产生酸（或碱），消化道也有酸性（或碱性）食物（或药物）摄入和吸收，这些都会影响体液 pH。机体通过血液缓冲体系、肺和肾脏来调节体内酸碱含量和比例，维持血液 pH 7.35~7.45（动脉血），该过程称为**酸碱平衡**（acid-base equilibrium）。如果肺和肾功能发生障碍，或者体内酸碱过多，超过了机体的调节能力，就会引起酸碱平衡紊乱。酸碱平衡紊乱多是某些疾病或病理过程的继发性变化，然而一旦发生会使病情加重和复杂，危及生命，因此及时发现和正确处理常常是治疗成功的关键。

一、酸碱质子理论与缓冲液

酸碱质子理论由丹麦化学家 J. Brønsted 和英国化学家 T. Lowry 于 1923 年提出：①在化学反应中，酸（acid，质子供体，proton donor）是能给出质子（H^+，水合氢离子是其实际存在形式，例如

H_3O^+、$H_5O_2^+$、$H_7O_3^+$）的物质，例如 HCl、H_2CO_3、$H_2PO_4^-$、NH_4^+等；**碱**（base，质子[接]受体，proton acceptor）是能接受质子的物质，例如 Cl^-、HCO_3^-、HPO_4^{2-}、NH_3等。②酸和碱是相对的，酸给出质子生成碱，称为其**共轭碱**（conjugate base）；碱接受质子生成酸，称为其**共轭酸**（conjugate acid）。

$$共轭酸 \rightleftharpoons H^+ + 共轭碱$$

$$HCl \rightleftharpoons H^+ + Cl^-$$

$$H_2CO_3 \rightleftharpoons H^+ + HCO_3^-$$

$$NH_4^+ \rightleftharpoons H^+ + NH_3$$

不同酸碱给出或接受质子的能力不同：①给出质子能力强的是**强酸**（strong acid），例如 $HClO_4$、HNO_3、HCl、H_2SO_4；给出质子能力弱的是**弱酸**（weak acid），例如 HAc、HClO、HCN。②接受质子能力强的是**强碱**，例如 OH^-；接受质子能力弱的是**弱碱**，例如 HCO_3^-。③共轭酸给出质子能力越强，其共轭碱接受质子能力越弱，即强共轭酸给出质子后成为弱共轭碱；共轭酸给出质子能力越弱，其共轭碱接受质子能力越强，即弱共轭酸给出质子后成为强共轭碱。

缓冲液是指能够抵抗有限稀释或少量外来酸或碱的影响，保持其 pH 没有明显改变的溶液。缓冲液对有限稀释或少量外来酸或碱的抵抗作用称为**缓冲作用**。缓冲液通常含合适浓度、一定比例的共轭酸碱对，这样的共轭酸碱对称为**缓冲体系**、**缓冲对**。缓冲体系中的共轭酸称为**抗碱成分**，共轭碱称为**抗酸成分**。缓冲体系通常由弱酸和其共轭碱或弱碱和其共轭酸组成。缓冲液的缓冲机制见血液缓冲体系对酸碱平衡的调节。

二、酸碱来源

体内酸碱大部分是代谢产物，其余来自食物、饮料和药物等。

1. 酸的来源 体内酸包括挥发酸和固定酸。

（1）挥发酸 是指 H_2CO_3，其通过血液运到肺时可以分解成 CO_2呼出。成人每日通过糖、脂肪、蛋白质（统称**成酸性食物**）氧化生成的 CO_2可以与 H_2O 结合，生成 1.5×10^4mmol H_2CO_3，是机体代谢产生最多的酸。

$$CO_2 + H_2O \rightleftharpoons H_2CO_3 \rightleftharpoons H^+ + HCO_3^-$$

（2）固定酸 又称**非挥发酸**，是指不易挥发、不会由肺呼出的酸。固定酸主要是蛋白质代谢产生的硫酸、磷酸、尿酸、肌酸等，因此体内固定酸量与食物蛋白摄入量成正比。此外还有其他代谢产生的酮体等，来自食物的醋酸、柠檬酸等，酸性药物阿司匹林等。

2. 碱的来源 体内碱包括代谢产生的碱、来自食物的碱、碱性药物。例如，氨基酸脱氨基作用产生的氨是弱碱，蔬菜和水果中的柠檬酸盐、苹果酸盐、草酸盐等是弱酸盐（因此蔬菜和水果是**成碱性食物**），某些药物如药用碳酸氢钠是碱性药物。

在日常饮食条件下，一方面食物中酸多于碱，因此每日净吸收固定酸约 30mmol（以 H^+计，以下同），另一方面每日代谢产生的固定酸多于碱，中和后净剩约 40mmol。因此人体每日净增固定酸约 70mmol（50～100mmol）。

三、酸碱平衡调节

上述 1.5×10^4mmol 挥发酸、70mmol 固定酸最终分别通过血液运到肺呼出、运到肾脏排泄。

其间不会引起体液特别是血液 pH 的明显改变，因此机体可通过血液缓冲及肺呼吸、肾脏的分泌和重吸收来维持血液酸碱平衡，其中肺和肾脏是维持酸碱平衡的重要器官。

（一）血液缓冲体系对酸碱平衡的调节

血中存在各种缓冲体系：①血浆缓冲体系以碳酸氢盐缓冲体系（$NaHCO_3/H_2CO_3$）最为重要，占全血缓冲体系 35%，此外还有血浆蛋白缓冲体系（NaPr/HPr）和磷酸盐缓冲体系（Na_2HPO_4/NaH_2PO_4）等。②红细胞缓冲体系以氧合血红蛋白缓冲体系（$KHbO_2/HHbO_2$）、脱氧血红蛋白缓冲体系（KHb/HHb）最为重要，占全血缓冲体系 35%，此外还有碳酸氢盐缓冲体系（$KHCO_3/H_2CO_3$）和磷酸盐缓冲体系（K_2HPO_4/KH_2PO_4）等（表 15-3）。

表 15-3　全血各缓冲体系分布与含量

缓冲体系	血浆碳酸氢盐	细胞内碳酸氢盐	（氧合）血红蛋白	血浆蛋白	磷酸盐
含量（%）	35	18	35~40	7	5

正常人血液 pH 7.4，主要由碳酸氢盐缓冲体系维持：

$$H_2CO_3 \rightleftharpoons H^+ + HCO_3^-$$

$$K_a = \frac{[H^+][HCO_3^-]}{[H_2CO_3]}$$

$$\lg K_a = \lg[H^+] + \lg\frac{[HCO_3^-]}{[H_2CO_3]}$$

$$-\lg[H^+] = -\lg[K_a] + \lg\frac{[HCO_3^-]}{[H_2CO_3]}$$

$$pH = pK_a + \lg\frac{[HCO_3^-]}{[H_2CO_3]}$$

在 37℃时，碳酸 $pK_a=6.1$，血浆$[HCO_3^-]=24mmol/L$，$[H_2CO_3]=1.2mmol/L$，所以：

$$pH = 6.1 + \lg\frac{24}{1.2} = 6.1 + \lg\frac{20}{1} = 6.1 + 1.3 = 7.4$$

可见即使血浆$[HCO_3^-]$和$[H_2CO_3]$改变，只要维持$[HCO_3^-]/[H_2CO_3]=20:1$，就可以维持其 pH 7.4，即维持血液 pH 稳定。因此，维持血浆酸碱平衡的实质主要是维持$[HCO_3^-]/[H_2CO_3]=20:1$。

1. 对挥发酸的缓冲作用　在血中，每日有 1.5×10^4mmol CO_2以三种主要形式运到肺呼出，其间血液 pH 保持稳定。

（1）碳酸氢盐和碳酸　占 69%~80%。

当血液流经组织时，由于组织 CO_2分压高，CO_2从组织细胞弥散入血浆，进入红细胞，由碳酸酐酶催化与 H_2O 合成 H_2CO_3，H_2CO_3 与 $KHbO_2$（氧和血红蛋白钾盐）反应生成 $KHCO_3$ 和 $HHbO_2$（氧和血红蛋白），$HHbO_2$解离释放 O_2，O_2从红细胞弥散入血浆，进入组织细胞，HCO_3^- 通过与 Cl^-交换进入血浆。整个过程实现了组织 CO_2与血液 O_2的交换，基本不改变血浆$[H^+]$，所以血液 pH 保持稳定：

$$H_2O \xrightleftharpoons{CO_2} H_2CO_3 \xrightleftharpoons{KHbO_2\ \ KHCO_3} HHbO_2 \xrightleftharpoons{O_2} HHb$$

当血液流经肺泡时，由于肺泡 O_2分压高，O_2从肺泡弥散入血浆，进入红细胞，与血红蛋白

（HHb）结合成氧和血红蛋白（$HHbO_2$），$HHbO_2$与$KHCO_3$反应生成$KHbO_2$和H_2CO_3，H_2CO_3由碳酸酐酶催化分解成H_2O和CO_2，CO_2从红细胞弥散入血浆，由肺呼出。整个过程实现了血液CO_2与肺泡O_2的交换，基本不改变血浆[H^+]，所以血液pH保持稳定：

$$H_2O \xrightleftharpoons[]{CO_2} H_2CO_3 \xrightleftharpoons[]{KHbO_2\ \ KHCO_3} HHbO_2 \xrightleftharpoons[]{O_2} HHb$$

（2）碳酸血红素　占14%～23%。碳酸血红素（碳酸血红蛋白，氨基甲酸血红蛋白，HOOC—NH—Hb）是CO_2与血红蛋白N端的氨基（H_2N—Hb）结合的产物，不需酶催化：

$$CO_2 + H_2N\text{-}Pr \rightleftharpoons HOOC\text{-}NH\text{-}Hb$$

（3）CO_2分子　占7%～10%。

2. 对固定酸的缓冲作用　每日约有70mmol固定酸通过血液运到肾脏排泄。固定酸进入血液后多数被缓冲成共轭碱形式（如$H_2PO_4^-$缓冲成HPO_4^{2-}，H_2SO_4缓冲成HSO_4^-等）：

$$KHbO_2 + H_2SO_4 \rightleftharpoons KHSO_4 + HHbO_2$$

$$NaHCO_3 + H_2SO_4 \rightleftharpoons NaHSO_4 + H_2CO_3$$

碳酸氢盐缓冲体系具有以下特点：①缓冲能力最强，血液碳酸氢盐缓冲体系占全血缓冲体系的53%。②只能缓冲固定酸，不能缓冲挥发酸。③属于开放性缓冲体系，与肺和肾的调节直接联系，缓冲潜力大。

3. 对碱的缓冲作用　进入血液的碱由各缓冲体系中的抗碱成分缓冲，例如K_2CO_3：

$$H_2CO_3 + K_2CO_3 \rightleftharpoons KHCO_3 + KHCO_3$$

$$HHbO_2 + K_2CO_3 \rightleftharpoons KHCO_3 + KHbO_2$$

$$KH_2PO_4 + K_2CO_3 \rightleftharpoons KHCO_3 + K_2HPO_4$$

H_2CO_3是主要抗碱成分，消耗的H_2CO_3可以由代谢产生的二氧化碳补充。

（二）肺对酸碱平衡的调节

肺通过控制通气量控制二氧化碳呼出量，从而调节血液H_2CO_3量，以维持[HCO_3^-]/[H_2CO_3]=20∶1，从而维持血液pH 7.35～7.45。

1. 当体内二氧化碳增加时，血液二氧化碳分压升高，pH值下降，刺激延髓化学感受器，兴奋呼吸中枢，使呼吸加深、加快，肺通气量增加，血液H_2CO_3减少。

血浆二氧化碳分压正常值5.32kPa，若升高50%，则肺通气量增加10倍，但若升高超过一倍，呼吸中枢反被抑制，产生二氧化碳麻醉。

2. 当体内二氧化碳减少时，血液二氧化碳分压降低，pH值升高，抑制呼吸中枢，使呼吸变浅、减慢，肺通气量减少，血液H_2CO_3增加。

不过，肺只能调节血液H_2CO_3量，对HCO_3^-量无调节作用。血浆HCO_3^-量由肾脏调节。

（三）肾脏对酸碱平衡的调节

肾脏通过泌氢机制（Na^+-H^+交换）重吸收$NaHCO_3$、排氨（Na^+-NH_4^+交换）、排钾（Na^+-K^+

交换）、排固定酸，从而维持体液酸碱平衡。

1. Na^+-H^+交换　是指由肾小管细胞顶端膜 Na^+-H^+交换体（Na^+/H^+ exchanger, NHE）通过继发性主动转运机制向小管液泌 H^+，同时从小管液重吸收 Na^+，是主要的泌氢机制（图 15-1⑦）。Na^+-H^+交换泌出的 H^+是由碳酸酐酶催化生成的（图 15-1⑤）：$CO_2+H_2O \rightarrow H_2CO_3 \rightarrow HCO_3^-+H^+$。反应生成的 HCO_3^-与重吸收的 Na^+从基侧膜进入组织液、血液（图 15-1⑥），因此肾小管细胞通过 Na^+-H^+交换泌 H^+的同时向血液转运等量的 $NaHCO_3$。Na^+-H^+交换在近端小管、髓袢、集合管进行，与基侧膜钠泵偶联。

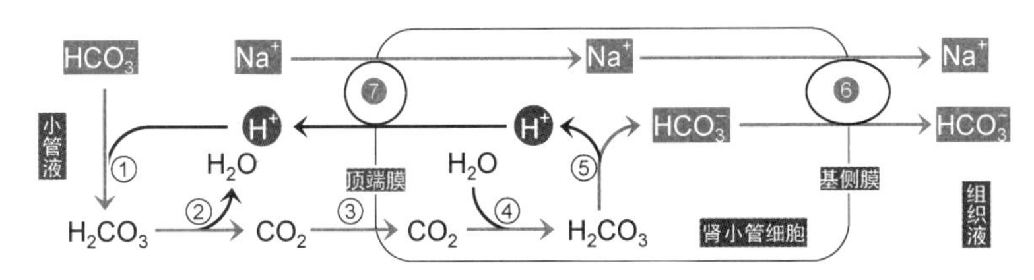

图 15-1　Na^+-H^+交换和 $NaHCO_3$重吸收

此外，肾小管还通过氢泵（主要在集合管，少量在近端小管、髓袢和远端小管）和 H^+, K^+-ATP酶（在集合管）泌 H^+。肾小管每日总泌 H^+约 4.39×10^3mmol。

肾小管分泌的 4.39×10^3mmol H^+分别与重吸收碳酸氢盐（4.32×10^3mmol）、排氨（40mmol）、酸化固定酸（30mmol）偶联。

2. 抗酸成分 $NaHCO_3$重吸收　肾小球每日滤过液 1.8×10^5 mL，含 HCO_3^- 4.32×10^3 mmol。HCO_3^-是血浆最重要的抗酸成分，因此会被肾重吸收。如果按尿液 pH 5.4（通常为 4.4~8.2）计算，重吸收率可达 99.99%（近端小管、髓袢升支粗段、远曲小管分别重吸收 80%、10%、10%），说明肾脏重吸收 HCO_3^-的能力很强。HCO_3^-从小管液回到血液要依次通过顶端膜和基侧膜。

（1）顶端膜 $NaHCO_3$重吸收机制　①HCO_3^-与分泌到小管液的 H^+结合生成 H_2CO_3。②H_2CO_3分解成 CO_2和 H_2O，由肾小管细胞顶端膜碳酸酐酶催化。③CO_2扩散进入肾小管细胞，因此 CO_2是碳酸氢盐重吸收的主要形式。④CO_2与 H_2O 结合成 H_2CO_3，由肾小管细胞质碳酸酐酶催化。⑤H_2CO_3电离成 HCO_3^-和 H^+。⑥HCO_3^-与重吸收的 Na^+一起通过基侧膜进入组织液、血液循环（图 15-1）。

（2）基侧膜 $NaHCO_3$转运机制　①大部分在近端小管通过 Na^+-HCO_3^-同向转运体转运（图 15-2⑥）。②少量在近端小管、髓袢、远端小管通过 Cl^--HCO_3^-反向转运体转运。

3. 排氨　是指将 NH_3排入小管液并与 H^+结合成 NH_4^+，经肾脏排泄：$NH_3+H^+ \rightarrow NH_4^+$。排氨与等量 Na^+的重吸收偶联，所以又称 Na^+-NH_4^+交换。成人每日净排氨约 40mmol（同时向血液补充 $NaHCO_3$约 40mmol），所排 NH_3几乎全部来自小管（主要是近端小管）上皮细胞谷氨酰胺分解（代谢性酸中毒时分解产氨增加，代谢性碱中毒时分解产氨减少），有极少量 NH_3来自血浆。

肾脏有三种排氨机制：①小管细胞以自由扩散方式分泌，这是主要方式（图 15-2）。②小管细胞通过 Na^+-H^+交换体（NH_4^+取代 H^+交换）分泌，这部分只占少量。③肾小球滤过，这部分只占极少量。前两种分泌大部分发生在近端小管，少量在集合管。

肾脏排氨的生理意义：①主要是维持酸碱平衡：NH_3的分泌受小管液 pH 影响，pH 越低，NH_3越易扩散进入小管液，生成的 NH_4^+越多，经肾脏排泄越多，因此酸中毒越严重尿中铵盐越多。②排氨解毒。

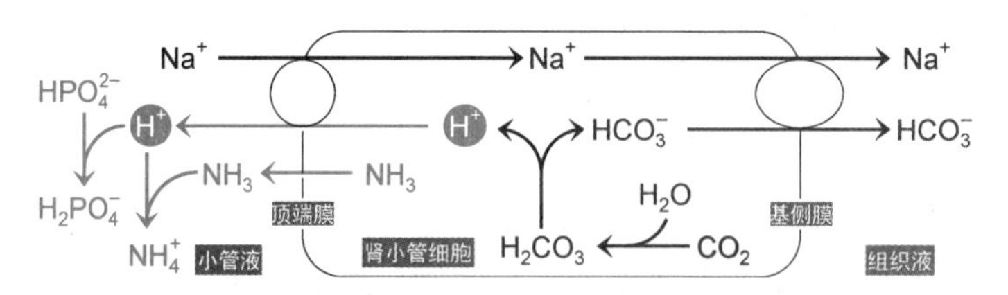

图 15-2 Na^+-H^+交换与排氨、固定酸共轭碱酸化

4. 排固定酸 是指将血浆中的固定酸（共轭碱形式）滤入小管液并酸化，随尿排出。

肾脏每日排泄约 70mmol 固定酸，它们需在小管液中被酸化，并为此消耗肾小管上皮细胞分泌的 30mmol H^+，其中约 24 mmol 用于酸化 HPO_4^{2-}，其余用于酸化肌酸、尿酸等。酸化在近端小管（15 mmol）、髓袢（10 mmol）、远端小管（5 mmol）进行，且同时向血液补充 30mmol HCO_3^-（图 15-2）。

肾通过肾小管细胞调节酸碱平衡：当 H^+增多导致 $NaHCO_3$减少时，小管细胞通过加快泌氢重吸收 $NaHCO_3$，通过排 NH_4^+、固定酸共轭碱酸化生成新的 $NaHCO_3$，使 $NaHCO_3$回升；当 $NaHCO_3$过多时，小管细胞减少 $NaHCO_3$重吸收、生成，使 $NaHCO_3$回落。当血液 pH、血钾、血氯、有效循环血量降低，醛固酮增多，碳酸酐酶活性增加时，肾小管泌氢、重吸收 $NaHCO_3$增多。

肾小球每日滤过液 1.8×10^5mL，含 $NaHCO_3$ 4.32×10^3mmol，相当于在血浆中增加 H^+ 4.32×10^3mmol，因此肾功能之一是将 $NaHCO_3$完全重吸收（>99.9%），相当于排 H^+ 4.32×10^3mmol。

5. Na^+-K^+交换 膳食钾过多时远曲小管与集合管分泌钾，这一分泌与钠的主动重吸收相关，所以称为 **Na^+-K^+交换**。Na^+-K^+交换与 Na^+-H^+交换存在竞争。因此：①细胞外液 K^+过多（特别是高血钾）时促进 Na^+-K^+交换，抑制 Na^+-H^+交换，会引起高钾性酸中毒。②细胞外液 K^+不足（特别是低血钾）时 Na^+-K^+交换减弱，Na^+-H^+交换增强，会引起低钾性碱中毒和反常性酸性尿。

综上所述，人体酸碱平衡主要是由血液缓冲体系、肺和肾脏维持的，三者在作用效率和强度上各有特点：①血液缓冲体系作用最快，但只是缓冲，不能排出。②肺的调节也很快，通常在 pH 改变几分钟内开始，30 分钟时达到高峰，可通过控制通气量调节血液 H_2CO_3的浓度，但不能排固定酸，而且影响呼吸中枢的因素较多，调节效应受一定限制。③肾脏在 3～4 小时后才发挥调节作用，起作用最慢，但效率高、作用持久，不但可排固定酸，而且还能排氨、排钾、回收碳酸氢盐，是最重要的调节系统。因此，良好的肾功能是维持酸碱平衡的重要保证。

四、酸碱平衡紊乱

酸碱平衡紊乱根据起因不同可分为代谢性紊乱和呼吸性紊乱。由于血浆 $NaHCO_3$减少或增加而引起的酸碱平衡紊乱分别称为**代谢性酸中毒**（metabolic acidosis）和**代谢性碱中毒**（metabolic alkalosis）。由肺换气不足或过度导致 H_2CO_3增加或减少而引起的酸碱平衡紊乱分别称为**呼吸性酸中毒**（respiratory acidosis）和**呼吸性碱中毒**（respiratory alkalosis）。

酸碱平衡紊乱根据紊乱程度可分为代偿性紊乱和失代偿性紊乱。酸碱平衡紊乱的主要原因是体内酸碱过多或不足，或者是肺、肾功能不全。在酸碱平衡紊乱初期，由于体液缓冲和肺、肾脏调节及细胞内外离子交换，可以获得部分代偿，此时虽然 $NaHCO_3$和 H_2CO_3的绝对浓度已经有变化，但比值仍维持在 20∶1 左右，所以血液 pH 尚能维持在正常范围内（7.35～7.45），此时称为**代偿性酸中毒**或**代偿性碱中毒**。当酸碱平衡紊乱超过人体的代偿能力时，酸碱平衡调节系统虽然已起作用，但$[NaHCO_3]/[H_2CO_3]$比值发生改变，血液 pH<7.35 或>7.45，此时称为**失代偿性酸**

中毒或失代偿性碱中毒。如果血液 pH<7.0 或>7.8，会危及生命。

特发性水肿

特发性水肿（idiopathic edema）又称周期性浮肿、单纯性水钠潴留、水潴留性肥胖等，是因内分泌、循环、神经等诸多系统紊乱而导致的一种水盐代谢紊乱综合征，属中医的“水肿”范畴，多见于20~50岁生育期伴肥胖女性，以水肿和月经周期紊乱及体重增加为主要临床症状，预后良好。

特发性水肿的病因主要有情志内伤，肝失疏泄；先天不足，肾气本虚；后天失调，伤及脾肾，皆使水运失常，溢于肌肤而出现水肿。

特发性水肿的病机为肝、脾、肾损伤，功能紊乱。肝主疏泄，疏泄正常，则气机畅行，血液及水津正常运行。若肝气郁结，气机不畅，则血瘀水阻，水泛肌肤而浮肿。脾主运化，若饮食不节，或后天失养，致脾失健运，则痰湿内阻，溢于肌肤而浮肿。肾为主水之官，若先天不足，或久病及肾，或房劳伤肾，加之经期冲任更需肾精充养，肾精随经血流失，肾阳随之受损，不能化气行水，水湿泛溢肌肤则经期浮肿加剧。此外，湿郁化热，湿热壅盛，郁于肌肤，亦见浮肿。

小结

人体内几乎所有代谢都是在体液中进行的。体液由水、无机盐和有机物组成，以细胞膜为界分为细胞内液和细胞外液，细胞外液以血管壁为界分为血浆和组织液、渗细胞液。体液电解质分布特点是体液呈电中性，细胞内液和细胞外液渗透压基本相等，细胞内外液电解质分布差异很大，血浆和组织液蛋白质含量差异较大。

水和电解质都是组织成分和体液成分。水促进代谢和营养运输，调节和维持体温，是良好的润滑剂；电解质维持体液酸碱平衡和渗透压平衡，维持神经肌肉兴奋性、心肌兴奋性，影响酶活性。

正常成人体水主要来自食物水、饮水、代谢水，排泄途径是肺呼出、皮肤蒸发、粪便排泄和肾脏排泄。正常成人每日通过膳食吸收钠，排泄钠以肾脏为主。机体每日吸收和排泄适量的水钠，使体液维持正常容量和渗透压。

代谢离不开体液交换，包括血浆和组织液之间的跨毛细血管壁交换，交换由有效滤过压决定；组织液和细胞内液之间的跨细胞膜交换，交换方式包括自由扩散、主动转运、易化扩散、出胞和入胞。

肾脏是维持体液平衡的主要器官，调节机制是控制远曲小管和集合管水的重吸收。神经系统、加压素、醛固酮和心钠素在维持体液平衡的过程中起着重要作用。此外，糖皮质激素促进水的排泄，雌激素过量引起水钠潴留。

机体内钾大部分存在于细胞内液。正常成人由肠道摄取的钾几乎全部由肾脏排泄，以维持钾平衡。物质代谢影响钾平衡：糖原合成和蛋白质合成增加时钾净入细胞，糖原分解和蛋白质分解增加时钾净出细胞。

钙盐和磷盐是体内含量最高的无机盐，是骨骼和牙齿的重要成分，参与凝血及各种代谢。

钙稳态受甲状旁腺激素、骨化三醇和降钙素调节，机制是调节肾脏的钙磷排泄和重吸收、骨组织和体液间钙磷平衡及新骨钙化和骨质更新、小肠钙磷吸收。

酸碱平衡是维持正常代谢的基本要素。体内酸碱大部分是代谢产物，其余来自食物、饮料和药物等。体内酸包括挥发酸和固定酸。挥发酸来自成酸性食物。固定酸主要是蛋白质代谢产生的硫酸、磷酸、尿酸、肌酸等。碱主要来自成碱性食物。机体可通过血液缓冲及肺呼吸、肾脏的分泌和重吸收来维持血液酸碱平衡，其中肺和肾脏是维持酸碱平衡的重要器官。

肺通过控制通气量从根本上调节血液 H_2CO_3的浓度，但不能排泄固定酸，而且影响呼吸中枢的因素较多，调节效应受一定限制。

肾脏通过泌氢机制（Na^+-H^+交换）重吸收抗酸成分 $NaHCO_3$、排氨（Na^+-NH_4^+交换）、排钾（Na^+-K^+交换）、排固定酸，从而维持体液酸碱平衡，调节效率高、作用持久。

讨论

1. 水、主要电解质、钙、磷的生理功能。
2. 水钠平衡调节机制。
3. 甲状旁腺激素、骨化三醇、降钙素调节钙稳态机制。
4. 小管液抗酸成分 $NaHCO_3$重吸收机制。
5. 肾脏排氨的生理意义。
6. 长期以来碱性水、碱性离子水、弱碱性矿泉水、弱碱性水机甚至碱性水备孕等概念不断出现于饮用水领域，你如何看待这一现象？

第十六章

DNA 的生物合成

不同生物有不同的遗传特征。早在 19 世纪，G. Mendel 通过豌豆杂交实验发现了遗传规律。1944 年，O. Avery 等通过肺炎链球菌转化实验证明 DNA 是遗传物质。

一个细胞或一个病毒粒子所含的一套遗传物质被称为基因组（genome）。DNA 携带的遗传信息既可以通过基因组 DNA 的复制从亲[代]细胞（parent cell）传递给子[代]细胞（daughter cell），又可以通过转录（transcription）传递给 RNA，然后通过翻译（translation）指导蛋白质合成，从而赋予细胞特定功能，赋予生物特定表型。1958 年，F. Crick 把遗传信息的上述传递规律归纳为中心法则（central dogma）。1970 年，D. Baltimore 和 H Temin 发现了逆转录现象，对中心法则进行了补充（图 16-1）。

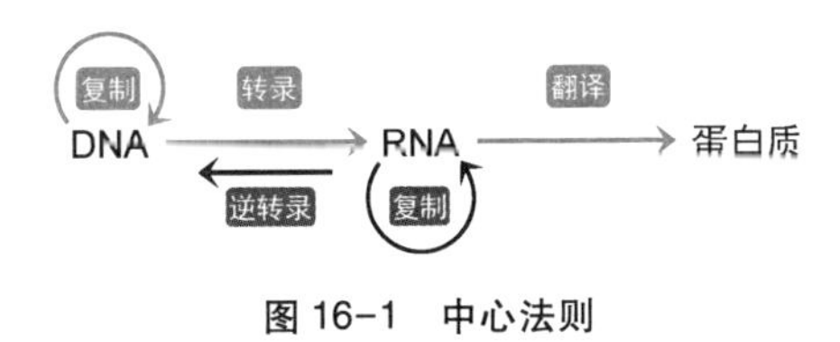

图 16-1　中心法则

本章介绍中心法则中关于 DNA 合成的内容，RNA 和蛋白质的合成在后面两章介绍。

生物体内至少有以下 DNA 合成过程：①细胞在分裂周期中进行的染色体 DNA 的复制合成，其中真核生物端粒的复制具有特殊性。②细胞随时进行的 DNA 修复。③逆转录病毒 RNA 指导的 DNA 逆转录合成。这些合成过程具有不同的生理意义。

第一节　DNA 复制基本特征

DNA 复制（DNA replication）是指亲代 DNA 双链解链，每股单链作为模板按照碱基配对原则分别指导合成新的互补链，从而形成两个子代 DNA 的过程，是细胞增殖和多数 DNA 病毒复制时发生的核心事件。因此，DNA 复制实际上是基因组复制。

J. Watson 和 F. Crick 于 1953 年提出 DNA 双螺旋结构模型时就推测出其复制的基本特征，并认为碱基配对原则使 DNA 复制和修复成为可能。现已阐明：在绝大多数生物体内，DNA 复制的基本特征是相同的。

1. 半保留复制　DNA 复制时，亲代 DNA 双链解成两股单链，二者分别作为模板，按照碱基配对原则指导合成新的互补链，最后形成与亲代 DNA 相同的两个子代 DNA 分子，它们都含有一股亲代 DNA 链和一股新生 DNA 链。这种复制方式称为半保留复制（semiconservative replication，图 16-2）。

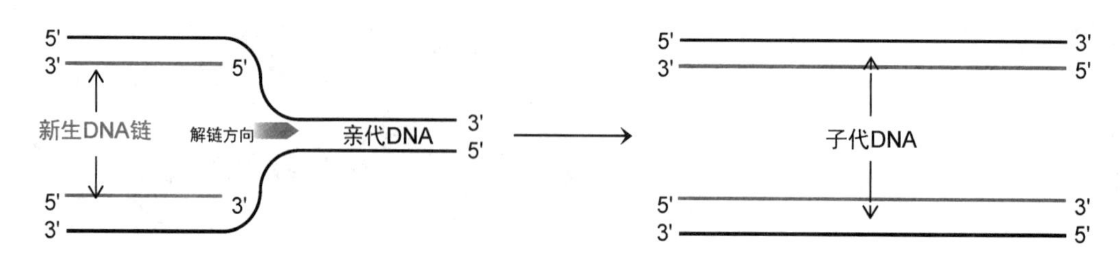

图 16-2 半保留复制

1958 年，M. Meselson 和 F. Stahl 通过实验研究证明，DNA 的复制方式是半保留复制。他们先用以 $^{15}NH_4Cl$ 为唯一氮源的培养基（称为重培养基）培养大肠杆菌，繁殖约 15 代（每代 20~30 分钟），使其 DNA 全部标记为 ^{15}N-DNA，再改用含 $^{14}NH_4Cl$ 的普通培养基（称为轻培养基）继续培养，在不同时刻收集大肠杆菌，提取 DNA。用氯化铯密度梯度离心法分析 DNA。^{15}N-DNA 的浮力密度最高（ρ=1.80），离心形成的条带称为高密度带，靠近离心管管底；^{14}N-DNA 的浮力密度最低（ρ=1.65），离心形成的条带称为低密度带，离离心管管口更近；^{14}N/^{15}N-DNA 离心形成的条带称为中密度带，位于两者之间。结果表明，细菌在重培养基中繁殖时合成的 DNA 显示为一条高密度带，转入轻培养基中繁殖的子一代 DNA 显示为一条中密度带，子二代 DNA 显示为一条中密度带和一条低密度带（图 16-3）。因此，DNA 的复制方式是半保留复制。

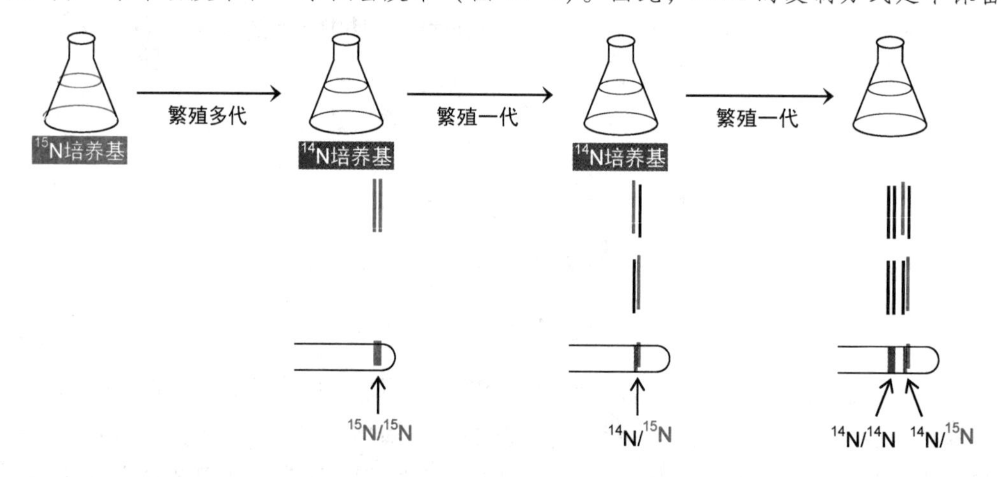

图 16-3 Meselson-Stahl 实验

半保留复制是 DNA 复制最重要的特征。DNA 分子独特的双螺旋结构，为复制提供了精确的模板，碱基配对原则保证了亲代和子代遗传信息的高度保真。通过半保留复制，新形成的两个子代 DNA 分子的碱基序列与亲代 DNA 完全一致，保留了亲代的全部遗传信息，保证了遗传信息传递的保守性与延续性。

2. **双向复制** DNA 的解链和复制是从有特定序列的位点开始的，该位点称为**复制起点**（ori）。从一个复制起点启动复制的全部 DNA 序列是一个复制单位，称为**复制子**（replicon）。原核生物的 DNA 分子通常只有一个复制起点，因而构成一个复制子；真核生物的染色体 DNA 有多个复制起点，因而构成**多复制子**，这些复制起点分别控制一段 DNA 的复制，并共同完成整个 DNA 分子的复制（图 16-4）。

J. Cairns 等用放射自显影技术（autoradiography）研究大肠杆菌 DNA 的复制过程，证明其先从复制起点解开双链，然后边解链边复制，所以在解链处形成分叉结构，这种结构称为**复制叉**（replication fork）。

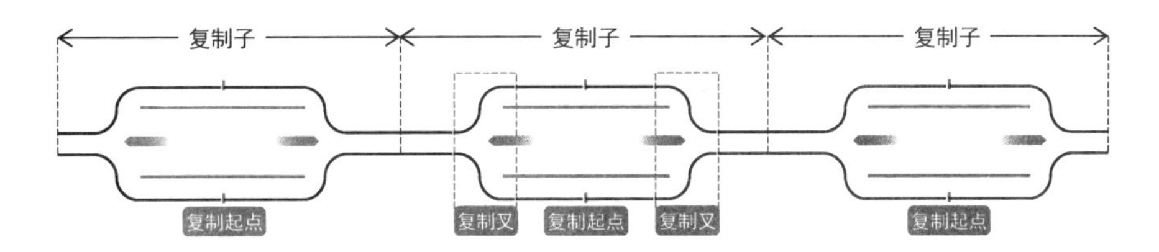

图 16-4　复制起点与复制方向

绝大多数生物的 DNA 从复制起点解链时都是双向解链，形成两个复制叉，这种方式称为**双向复制**（bidirectional replication，图 16-4）。

3. 半不连续复制　DNA 的两股链是反向互补的，但 DNA 新生链只能按 5′→3′方向合成。因此，在一个复制叉上，一股新生链的合成方向与其模板的解链方向相同，合成与解链同步进行，合成是连续的，这股新生链称为**前导链**（leading strand）；另一股新生链的合成方向与其模板的解链方向相反，只能先解开一段模板，再合成一段新生链，合成是不连续的，这股新生链称为**后随链**（lagging strand）。分段合成的后随链片段称为**冈崎片段**（Okazaki fragment，图 16-5）。在一个复制叉上进行的这种 DNA 复制称为**半不连续复制**（semidiscontinuous replication）。

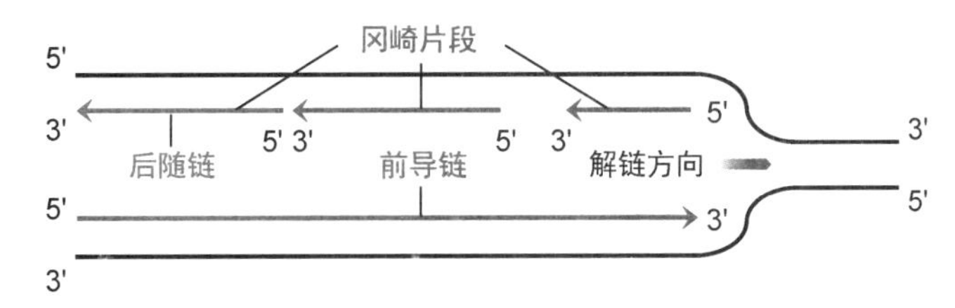

图 16-5　半不连续复制

第二节　大肠杆菌 DNA 复制

无论是原核生物还是真核生物，其 DNA 复制合成过程都需要 DNA 模板、DNA 聚合酶、dNTP 原料、引物和 Mg^{2+}。DNA 聚合酶催化脱氧核苷酸以 3′,5′-磷酸二酯键连接合成 DNA，合成方向为 5′→3′，合成反应可表示如下：

$$5'\ (\mathrm{dNMP})_n\text{-OH}\ 3' + \mathrm{dNTP} \xrightarrow[\text{DNA聚合酶}]{\text{DNA模板，}Mg^{2+}} 5'\ (\mathrm{dNMP})_n\text{-dNMP-OH}\ 3' + PP_i$$

原核生物基因组 DNA 呈共价闭合环状，复制过程比真核生物简单。我们以大肠杆菌为例介绍原核生物 DNA 的复制。

一、DNA 复制体系

大肠杆菌 DNA 的复制是由 30 多种酶和其他蛋白质共同完成的，主要有 DNA 聚合酶、DNA 解旋酶、DNA 拓扑异构酶、引物酶和 DNA 连接酶等。

（一）DNA 聚合酶

DNA 聚合酶（DNA polymerase，DNA 依赖的 DNA 聚合酶，DNA-dependent DNA polymerase，DNA 复制酶，DNA duplicase）催化以 dNTP 为原料合成 DNA。

1. DNA 聚合酶催化特点　需要模板和引物，按 5′→3′方向催化合成 DNA，有校对功能。

（1）需要模板　DNA 聚合酶催化的反应是合成单链 DNA 的互补链，该单链 DNA 称为模板。在中心法则中，模板（template）是指可以指导合成互补链的单链核酸。

（2）需要引物　DNA 聚合酶不能催化两个游离 dNTP 缩合，只能催化一个游离 dNTP 与一段（或一股）核酸缩合，并且这段核酸必须与模板 DNA 互补结合，这段核酸就是引物（primer）。引物可以是 DNA，也可以是 RNA。细胞内引导 DNA 合成的引物都是 RNA（合成从模板序列 CTG 启动，5′端为 pppAG，长度 10~12nt），体外实验应用的引物多为人工合成的 DNA 片段。

（3）按 5′→3′方向催化合成 DNA　这是由 DNA 聚合酶的催化机制决定的。DNA 合成的基本反应是由引物或新生链的 3′-羟基对 dNTP 的 5′-α-磷酸基发动亲核攻击，形成 3′,5′-磷酸二酯键，并释放出焦磷酸（图 16-6）。

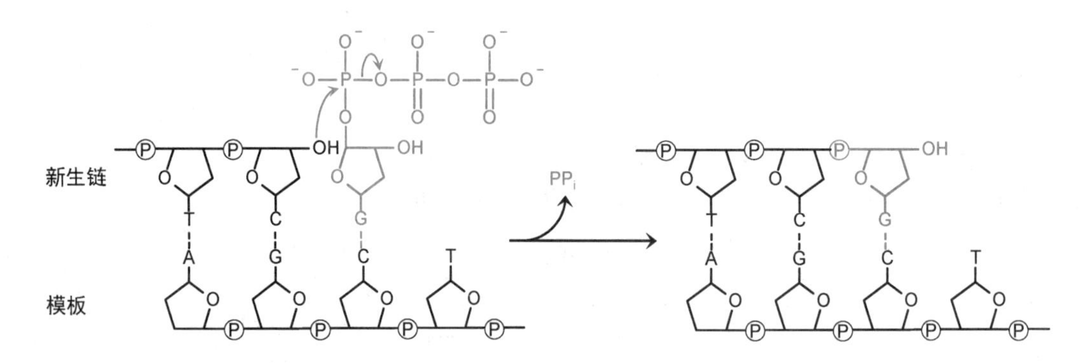

图 16-6　磷酸二酯键形成机制

（4）有校对功能　见 315 页。

2. 大肠杆菌 DNA 聚合酶种类　大肠杆菌 DNA 聚合酶有五种，分别用罗马数字Ⅰ~Ⅴ编号，其中 DNA 聚合酶Ⅰ、DNA 聚合酶Ⅱ和 DNA 聚合酶Ⅲ的结构和功能研究得比较明确。

（1）DNA 聚合酶Ⅰ　由 A. Kornberg（1959 年诺贝尔生理学或医学奖获得者）于 1955 年发现。它是一种多功能酶，有三个不同的活性中心：5′→3′外切酶活性中心、3′→5′外切酶活性中心和 5′→3′聚合酶活性中心。1970 年，H. Klenow 用枯草杆菌蛋白酶（subtilisin）水解 DNA 聚合酶Ⅰ得到两个片段。其中小片段含 5′→3′外切酶活性中心；大片段称为 Klenow 片段，含 3′→5′外切酶活性中心和 5′→3′聚合酶活性中心。Klenow 片段作为分子生物学研究的工具酶，常用于合成 cDNA 第二股链、标记双链 DNA 3′端。

DNA 聚合酶Ⅰ活性低，延伸能力弱，主要功能不是催化 DNA 复制合成，而是在复制过程中切除 RNA 引物，合成 DNA 填补缺口（gap）。此外，DNA 聚合酶Ⅰ还参与 DNA 修复。

（2）DNA 聚合酶Ⅱ　有 5′→3′聚合酶活性中心和 3′→5′外切酶活性中心，但没有 5′→3′外切酶活性中心。DNA 聚合酶Ⅱ活性低，功能是参与 DNA 修复。

（3）DNA 聚合酶Ⅲ　是一种多酶复合体，全酶由核心酶、β 夹子和 γ 复合物构成（图 16-7）。①核心酶（core enzyme）是 αεθ 三聚体，α 亚基含 5′→3′聚合酶活性中心，ε 亚基含 3′→5′外切酶活性中心，θ 亚基可能起组装作用。②β 夹子（β sliding clamp）是 β_2 二聚体，与核心酶结合而赋予其最强的延伸能力。③γ 复合物（γ complex，clamp loader complex）是七聚体，有 $\tau_3\delta\delta'\psi\chi$ 和 $\gamma\tau_2\delta\delta'\psi\chi$ 两种。ψ亚基和 χ 亚基作用于单链 DNA 结合蛋白（316 页），τ 亚基及 γ 亚基和 δδ′控制 β 夹子开合以夹住、释放 DNA 或在 DNA 上滑动，每个 τ 亚基还可以募集一个核心酶（因此 DNA 聚合酶Ⅲ复合体有两种，分别含有三个和两个核心酶）。DNA 聚合酶Ⅲ活性最高，是

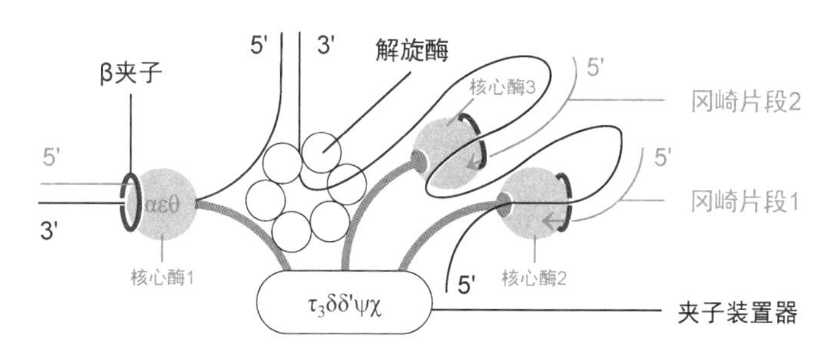

图 16-7 DNA 聚合酶Ⅲ

催化 DNA 复制合成的主要酶。

τ 亚基和 γ 亚基是同一个基因编码的两种同源体，①完整翻译合成 τ 亚基，含有 643 个氨基酸残基。②翻译时如果发生核糖体移码，就会由 Glu 置换 431 位的 Ser，后面是终止密码子，不再翻译，合成的是 γ 亚基，含有 431 个氨基酸残基。

（4）DNA 聚合酶Ⅳ和Ⅴ 发现于 1999 年，功能是参与 DNA 修复（跨损伤合成）。

大肠杆菌 5 种 DNA 聚合酶的结构、特点和功能总结见表 16-1。

表 16-1 大肠杆菌 DNA 聚合酶

DNA 聚合酶	Ⅰ	Ⅱ	Ⅲ	Ⅳ	Ⅴ
结构基因 *	*polA*	*polB*	*polC*	*dinB*	*umuC*
亚基种类	1	≥7	≥10	1	3
分子量‡	1.0×10^5	8.8×10^4	7.9×10^5	4.0×10^4	4.8×10^4
3′→5′外切酶活性	+	+	+	-	-
5′→3′外切酶活性	+	-	-	-	-
5′→3′聚合酶活性	+	+	+	+	+
5′→3′聚合速度（nt/s）	10~20	40	200~1000	2~3	1
功能	引物切除，缺口填补；DNA 修复	DNA 修复	DNA 复制	DNA 修复	DNA 修复

注：* 对于多酶复合体，这里仅列出聚合酶活性亚基的结构基因；‡ 仅聚合酶活性亚基

3. 大肠杆菌 DNA 聚合酶功能 大肠杆菌 DNA 聚合酶各活性中心有不同的功能。

（1）5′→3′聚合酶活性中心与聚合反应 5′→3′聚合酶活性中心催化用 dNTP 按 5′→3′方向合成 DNA，反应还需要模板、引物、Mg^{2+}。

（2）3′→5′外切酶活性中心与校对功能 DNA 聚合酶的 3′→5′外切酶（exonuclease）活性中心可以切除新生链 3′端不能与模板形成 Watson-Crick 碱基配对的错配核苷酸。因此，在 DNA 合成过程中，一旦连接了错配核苷酸，聚合反应就会中止，错配核苷酸进入 3′→5′外切酶活性中心并被切除，然后聚合反应继续进行，这就是 DNA 聚合酶的**校对**（proofreading）功能。

（3）5′→3′外切酶活性中心与切口平移 仅 DNA 聚合酶Ⅰ有 5′→3′外切酶活性中心，而且只作用于双链核酸。因此，如果双链 DNA 中存在**切口**（nick），DNA 聚合酶Ⅰ可在切口处催化两个反应：一个是水解反应，从 5′端切除核苷酸；另一个是聚合反应，在 3′端延伸合成 DNA。反应过程像是切口在移动，故称**切口平移**（nick translation，图 16-8）。在切口平移过程中被水解的可以是 RNA 引物，也可以是损伤 DNA。

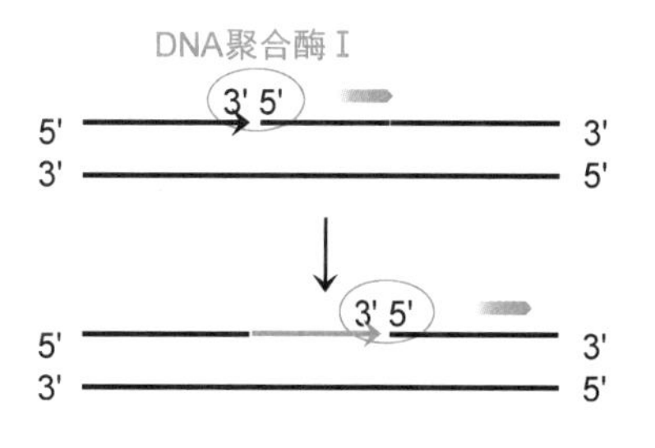

图 16-8 切口平移

DNA 聚合酶Ⅰ的切口平移作用有两个意义：①在 DNA 复制过程中切除后随链冈崎片段 5′端的 RNA 引物，并合成 DNA 填补，即切除较早合成的冈崎片段 1 的 RNA 引物，延伸合成较晚合成的冈崎片段 2（图 16-11）。②参与 DNA 修复。

（二）解链、解旋酶类

DNA 有超螺旋、双螺旋等结构。在复制时，作为模板的亲代 DNA 需要松弛超螺旋，解开双链，暴露碱基，才能作为模板，按照碱基配对原则指导合成子代 DNA。参与亲代 DNA 解链，并将其维持在解链状态的酶和其他蛋白质主要有 DNA 解旋酶、DNA 拓扑异构酶和单链 DNA 结合蛋白。

1. DNA 解旋酶 作用是解开 DNA 双链。解链过程需要通过水解 ATP 提供能量，每解开一个碱基对消耗一个 ATP。目前在大肠杆菌中已经鉴定到解旋酶 rep、解旋酶Ⅱ、解旋酶Ⅲ、解旋酶Ⅳ和解旋酶 DnaB 等至少 13 种 DNA 解旋酶，其中解旋酶 DnaB 参与 DNA 复制。

解旋酶 DnaB 是 *dnaB* 基因产物，形成同六聚体环结构，有依赖 DNA 的 ATP 酶（ATPase）活性。在 DNA 复制过程中，解旋酶 DnaB 同六聚体环套在复制叉的后随链模板上（图 16-11），沿 5′→3′方向移动解链，解链时会在前方形成正超螺旋结构，产生扭转张力，需由 DNA 拓扑异构酶松弛超螺旋，消除张力。

2. [DNA]拓扑[异构]酶 通过催化 3′,5′-磷酸二酯键的断裂和形成改变 DNA 超螺旋结构。大肠杆菌 DNA 拓扑异构酶有Ⅰ型和Ⅱ型两类，均参与 DNA 的复制、转录和重组及染色质重塑。

（1）Ⅰ型 DNA 拓扑异构酶 又称**转轴酶**（swivelase），有 DNA 拓扑异构酶 1 和 DNA 拓扑异构酶 3 两种，能松弛超螺旋，即在双链 DNA 的某一部位通过转酯反应将其中一股切断，切口一端 3′-OH 游离，另一端 5′-磷酸与活性中心酪氨酸残基以磷酸酯键共价结合，在松弛超螺旋之后再连接起来，使 DNA 呈松弛状态，反应过程不消耗 ATP。

（2）Ⅱ型 DNA 拓扑异构酶 有 DNA 拓扑异构酶 2（DNA 促旋酶，gyrase）和 DNA 拓扑异构酶 4 两种，能在双链 DNA 的某一部位将两股链同时切断，在松弛超螺旋或使连环体解离（或形成，319 页）之后再连接起来，反应过程消耗 ATP。此外，DNA 促旋酶还可以在 DNA 中引入负超螺旋。

3. 单链 DNA 结合蛋白 大肠杆菌 DNA 解链时，两股单链 DNA 会被单链 DNA 结合蛋白（single-stranded DNA-binding protein，SSB）结合。SSB 活性形式是同四聚体，其功能包括：①稳定解开的 DNA 单链（覆盖约 32nt），防止其重新形成双链结构。②抗核酸内切酶降解。

4. 其他 DNA 解链始于复制起点，即在复制起始阶段从复制起点解链形成复制叉，再组装**预引发[复合]体**（引发体前体，preprimosome）、**引发体**（primosome），这一过程还需要以下因子：①DnaA 蛋白：又称复制起始蛋白，识别复制起点并启动解链。②DnaC 蛋白同六聚体环：又称 DnaB 解旋酶装载器，既抑制其解旋活性，又协助其套在由 DnaA 蛋白解开的单链上。③HU 类组蛋白：又称细菌组蛋白，属于 DNA 结合蛋白，促进起始。④RNA 聚合酶：提高 DnaA 蛋白活性。

（三）引物酶

DNA 复制需要 RNA 引物提供 3′-羟基，RNA 引物由引物酶催化合成。**引物酶**（引发酶，primase）属于特殊的 RNA 聚合酶，但对利福平不敏感。大肠杆菌的引物酶是 DnaG。游离的引物酶 DnaG 没有活性。当解旋酶 DnaB 联合其他复制因子识别复制起点并启动解链形成复制叉时，引物酶 DnaG 被解旋酶 DnaB 募集，组装成引发体。DnaG 被激活，在后随链模板的一定部位合成 RNA

引物，合成方向与DNA一样，也是5′→3′。RNA引物合成后可提供3′-羟基引发DNA合成。

(四)DNA连接酶

DNA聚合酶催化合成冈崎片段或环状DNA时会形成切口，需要**DNA连接酶**（DNA ligase）催化切口处的5′-磷酸基和3′-羟基缩合，形成磷酸二酯键。

大肠杆菌DNA连接酶不能连接游离的单链DNA，只能连接双链DNA中的切口。连接反应由NAD^+供能（真核生物和古细菌由ATP供能）。

除DNA复制外，DNA连接酶还参与DNA重组、DNA修复等；它还是重组DNA技术重要的工具酶。

二、DNA复制过程

在大肠杆菌DNA的复制过程中，各种与复制有关的酶和其他蛋白因子结合在复制叉上，形成多酶复合体，称为**复制体**（replisome），催化DNA的复制合成。复制过程可分为起始、延伸和终止三个阶段。三个阶段的复制体有不同的组成和结构。

(一)复制起始

在复制起始阶段，一组酶和其他蛋白质从亲代DNA复制起点解链、解旋，形成复制叉，组装引发体。

1. 复制起点 大肠杆菌染色体DNA的复制起点称为*oriC*，位于天冬酰胺合成酶和ATP合成酶操纵子之间，长度是245bp，包含两种**保守序列**（conserved sequence，DNA、RNA或蛋白质一级结构中的一类序列，其特征是在进化过程中变化极小）：①五段重复排列的**9bp序列**，是DnaA蛋白识别和结合区，**共有序列**（consensus sequence，一组DNA、RNA或蛋白质的同源序列所含的共有碱基序列或氨基酸序列）为TTA/TTNCACC（N为任意碱基，全书同）（图16-9）。②三段串联重复排列的**13bp序列**，是起始解链区，富含AT，共有序列为GATCTNTT-NTTTT。

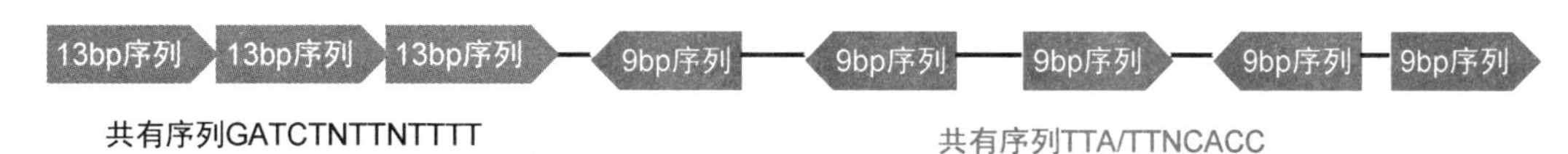

图16-9 大肠杆菌DNA复制起点

2. 起始过程 10多种酶和其他蛋白质，从复制起点解开DNA双链，组装引发体。

（1）6~20个起始蛋白DnaA·ATP结合于复制起点*oriC*的DnaA识别和结合区。

（2）HU蛋白与DNA结合，协助DnaA从13bp起始解链区解链，成为开放复合物。

（3）装载器DnaC-解旋酶DnaB复合物取代起始蛋白DnaA结合于解开的ssDNA，装载器DnaC使解旋酶DnaB开环，套住ssDNA，形成预引发复合体和两个复制叉（图16-10）。解旋酶DnaB募集引物酶DnaG，组装成引发体。

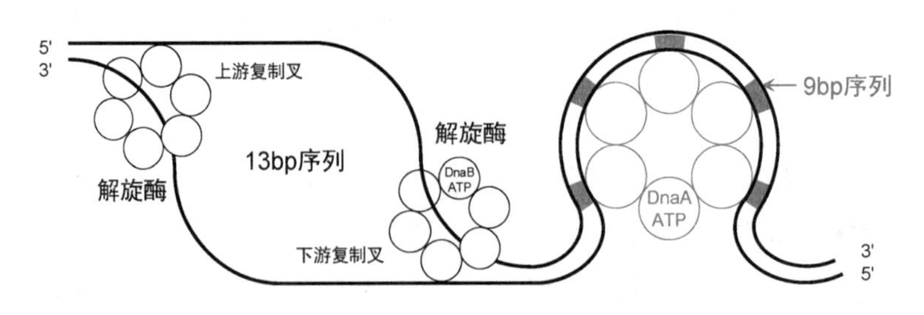

图 16-10 大肠杆菌 DNA 复制起始

（二）复制延伸

DNA 复制的延伸阶段合成前导链和后随链。两股链的合成反应都由 DNA 聚合酶Ⅲ催化，但合成过程有显著区别。下面以下游引物酶 DnaG 为核心介绍，它先合成的是上游前导链引物，之后合成的都是下游后随链引物。

1. 上游前导链合成 下游引物酶 DnaG 合成第一段引物（引物 1），它是上游前导链引物（图 16-11）。引物合成导致装载器 DnaC·ATP 水解其 ATP 并释放，DnaC 释放导致解旋酶 DnaB 复活，启动 DNA 解链，解链导致其余起始蛋白 DnaA 释放。

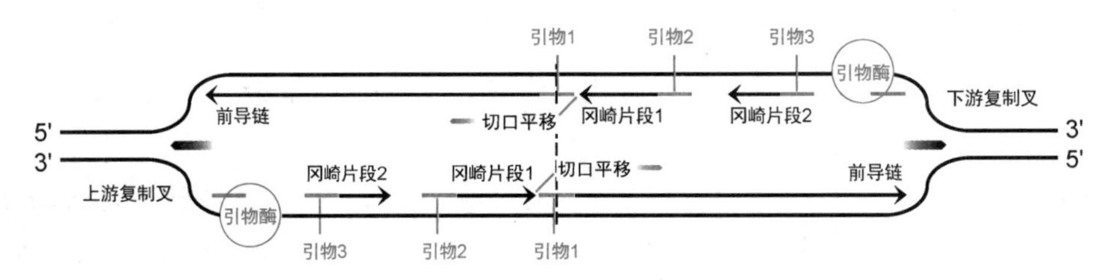

图 16-11 下游引物酶合成上游前导链和下游后随链引物

上游前导链引物-模板-DnaB 募集上游 DNA 聚合酶Ⅲ（τ 亚基与解旋酶 DnaB 结合），其核心酶 1 夹住引物-模板，启动上游前导链合成。前导链的合成与其模板的解链保持同步（图 16-7）。

2. 下游后随链合成 下游解旋酶 DnaB 解链 1000～2000nt，解开的单链 DNA 模板募集单链 DNA 结合蛋白，引物酶 DnaG 合成第二段引物（引物 2），是下游后随链第一段引物，被下游 DNA 聚合酶Ⅲ核心酶 2 夹住，合成下游后随链第一段冈崎片段（冈崎片段 1）。之后引物酶 DnaG 合成后随链第三段引物（引物 3），被下游 DNA 聚合酶Ⅲ核心酶 3 夹住，合成后随链第二段冈崎片段（冈崎片段 2）（图 16-7、图 16-11）。

当下游冈崎片段 1 合成遇到上游前导链引物 1 时，下游核心酶 2 释放，转而夹住引物 4，合成冈崎片段 3；DNA 聚合酶Ⅰ通过切口平移切除引物 1，合成 DNA 填补，再由 DNA 连接酶催化连接（图 16-11）。

当冈崎片段 2 合成遇到冈崎片段 1 时，下游核心酶 3 释放，转而夹住引物 5，合成冈崎片段 4；DNA 聚合酶Ⅰ通过切口平移切除引物 2，合成 DNA 填补，再由 DNA 连接酶催化连接（图 16-12）。

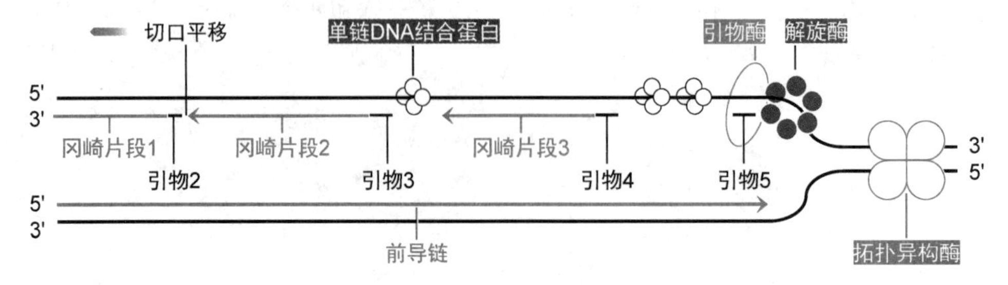

图 16-12 DNA 复制过程

解旋酶 DnaB 解链导致前方形成正超螺旋结构，由 DNA 促旋酶负责松弛，它还可以引入负超螺旋，以协助解链。

3. 后随链合成的长号模型　DNA 双链是反向互补的，而前导链和后随链是由一个 DNA 聚合酶Ⅲ复合体催化同时合成的，称为 DNA 的**并行合成**（协同合成）。为此，后随链的模板必须形成一个突环（looping out），使后随链的合成方向与前导链一致，这样它们就可以由同一个 DNA 聚合酶Ⅲ复合体催化合成。DNA 聚合酶Ⅲ核核心酶 2 和核心酶 3 与后随链模板-引物交替结合，合成 1000~2000nt 冈崎片段（图 16-13，图中示意 DNA 聚合酶Ⅲ双核心酶结构）。这一机制称为**长号模型**（trombone model）。

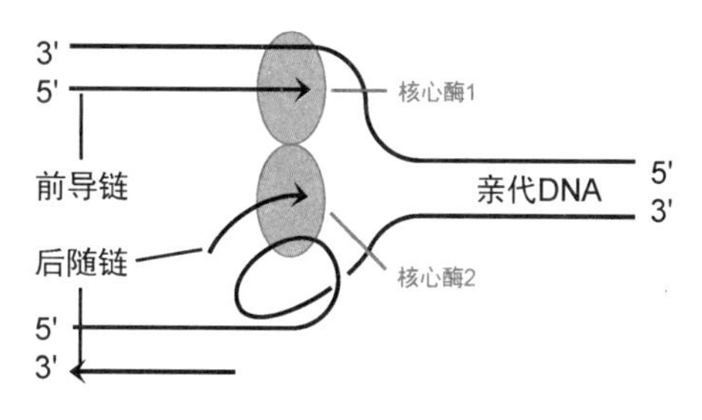

图 16-13　后随链合成的长号模型

4. DNA 复制延伸过程中的保真机制　①5′→3′聚合酶活性中心对核苷酸的选择使其错配率仅为 10^{-5}~10^{-4}。②3′→5′外切酶活性中心的校对将错配率降至 10^{-8}~10^{-6}。此外，错配修复系统进一步将错配率降至 10^{-10}~10^{-9}。

（三）复制终止

大肠杆菌环状 DNA 的两个复制叉向前推进，最后到达**终止区**（terminus region），形成**连环体**（catenane，**DNA 连环**），在细胞分裂前由 DNA 拓扑异构酶 4 催化解离（图 16-14）。

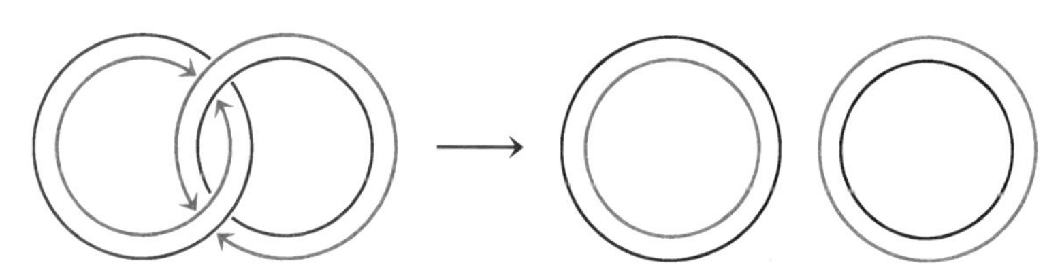

图 16-14　连环体解离

第三节　真核生物染色体 DNA 复制

真核生物染色体 DNA 在细胞周期 S 期复制，复制机制与大肠杆菌相似，但复制过程更为复杂。

一、染色体 DNA 复制特点

真核生物的基因组比原核生物大。例如人类为 3000Mb，而大肠杆菌只有 4.6Mb。不过，真核生物染色体 DNA 的复制周期并不长，并有以下特点：

1. 发生染色质解离与重塑　真核生物的染色体 DNA 与组蛋白形成核小体结构，复制叉经过时需短暂解离；而当复制叉经过之后，还要马上在两条子代 DNA 双链上重塑核小体结构。相比之下，原核生物的 DNA 是裸露的，复制叉在推进过程中少有阻碍，所以复制速度较快。

2. 复制速度慢　受染色质解离与重塑影响，真核生物染色体 DNA 复制叉的推进速度约为 50nt/s，仅为大肠杆菌 DNA 复制叉推进速度（800~1000nt/s）的 1/20。

3. 多起点复制　真核生物的染色体 DNA 是多复制子 DNA，每个复制子都比较短，为 30（酵母）~100kb（动物）。部分复制子同时启动复制。

4. 冈崎片段短 真核生物冈崎片段的长度是100～200nt，而大肠杆菌冈崎片段的长度是1000～2000nt。

5. DNA连接酶耗能差异 真核生物DNA连接酶连接冈崎片段时由ATP供能，而大肠杆菌由NAD^+供能。

6. 终止阶段涉及端粒合成 真核生物的染色体DNA为线性结构，其末端端粒通过特殊机制合成。

7. 受DNA复制检验点控制 真核生物的染色体DNA在一个细胞周期中只复制一次；而快速生长的大肠杆菌分裂一次仅需18分钟，其DNA在一轮复制完成之前即可启动下一轮复制。

二、DNA复制体系

真核生物DNA复制体系成员比大肠杆菌多而复杂（表16-2）。

表16-2 大肠杆菌与真核生物DNA复制体系对比

大肠杆菌	真核生物
DnaA	起始识别复合物（ORC）
DnaC	细胞分裂周期蛋白6（Cdc6）和DNA复制因子1（Cdt1）
Ⅰ型、Ⅱ型拓扑异构酶	Ⅰ型、Ⅱ型拓扑异构酶
解旋酶DnaB	MCM解旋酶
单链DNA结合蛋白（SSB）	复制蛋白A（RPA）、复制因子C（RFC）
引物酶DnaG	DNA聚合酶α
DNA聚合酶Ⅲ	DNA聚合酶δ（合成后随链）、ε（合成前导链）、增殖细胞核抗原（PCNA）
DNA聚合酶Ⅰ	RNase H2/FEN-1

真核生物有α、β、γ、δ、ε等十几种DNA聚合酶，它们的基本性质和大肠杆菌DNA聚合酶一致，都有5′→3′聚合酶活性。DNA聚合酶α催化引物合成，DNA聚合酶ε催化染色体DNA前导链合成，DNA聚合酶δ催化染色体DNA后随链合成，核酸酶RNase H2/FEN-1催化引物切除。此外，DNA聚合酶β、DNA聚合酶ε参与染色体DNA修复，DNA聚合酶γ催化线粒体DNA复制。

三、端粒合成

1971年，A. Olovnikov提出末端复制问题（end replication problem）：既然真核生物的染色体DNA为线性结构，那么在复制时，后随链5′端切除RNA引物之后会留下短缺，无法由DNA聚合酶催化补齐，反而会被DNA酶削平，因而如无其他补齐措施，DNA每复制一次都会缩短一部分（图16-15）。

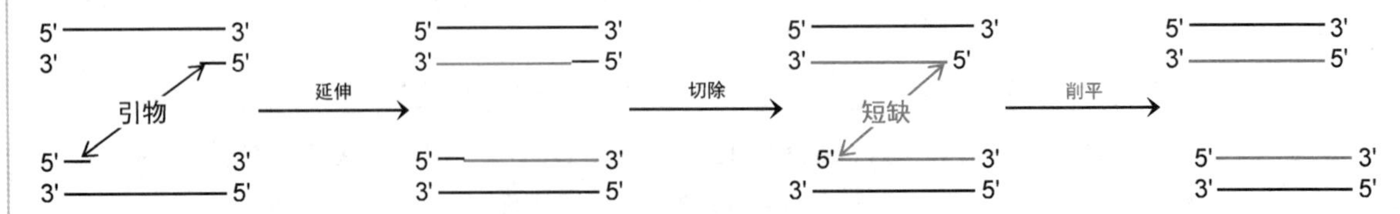

图16-15 染色体DNA复制时末端短缺

1978年，E. Blackburn发现真核生物线性DNA末端存在端粒结构；1984年，C. Greider（在读研究生）发现了端粒酶。E. Blackburn、C. Greider和J. Szostak因发现端粒和端粒酶并阐明其对

染色体 DNA 的保护作用而获得 2009 年诺贝尔生理学或医学奖。

1. 端粒结构　端粒（telomere）是一种短串联重复序列，人端粒新生链（后随链）重复单位（第十九章，361 页）是 CCCTAA，模板重复单位是 TTAGGG。复制后端粒的后随链模板长出，所以形成 3′端突出结构。

2. 端粒功能　维持染色体结构的独立性和稳定性，从而在染色体 DNA 复制和末端保护、染色体定位、细胞寿命维持等方面起作用。①末端保护：防止 DNA 被修复系统降解。②延伸合成：防止 DNA 因复制而缩短。③参与同源染色体配对和重组：促进减数分裂。

研究表明，体细胞染色体 DNA 的端粒会因细胞分裂而缩短。当端粒缩短到一定程度时，细胞会停止分裂。因此，端粒起细胞分裂计数器的作用，其长度能反映细胞分裂的次数。

3. 端粒酶　端粒是由端粒酶催化合成的。端粒酶（telomerase）的化学本质是含有一段 RNA 的核糖核蛋白。人端粒酶 RNA 长 451nt，含有一段 CUAACCCUAA 序列，可以作为模板指导合成其端粒的后随链模板 DNA。因此，端粒酶是一种自带 RNA 模板的特殊逆转录酶。

4. 端粒合成　①端粒酶结合于端粒后随链模板（富含 G 股）的 3′端，以端粒酶 RNA 为模板，催化合成端粒后随链模板一个重复单位。②端粒酶前移一个重复单位。③重复合成重复单位、前移（图 16-16）。端粒合成到一定长度时，端粒酶脱离。端粒后随链模板募集引物酶、DNA 聚合酶等，合成 DNA 片段填补后随链短缺。虽然端粒依然保持 3′端突出结构，但最终可形成 t 环（t-loop）以抗降解（图 16-17）。

端粒长度反映端粒酶活性。端粒酶分布广泛，在生殖细胞、胚胎细胞、干细胞和 85%～90%的肿瘤细胞（如 Hela 细胞）中活性较高，这些细胞染色体 DNA 的端粒也一直保持一定的长度；而其他体细胞中端粒酶活性很低，其染色体 DNA 的端粒随着细胞分裂进行性地缩短，成为导致某些器官功能减退的原因之一。

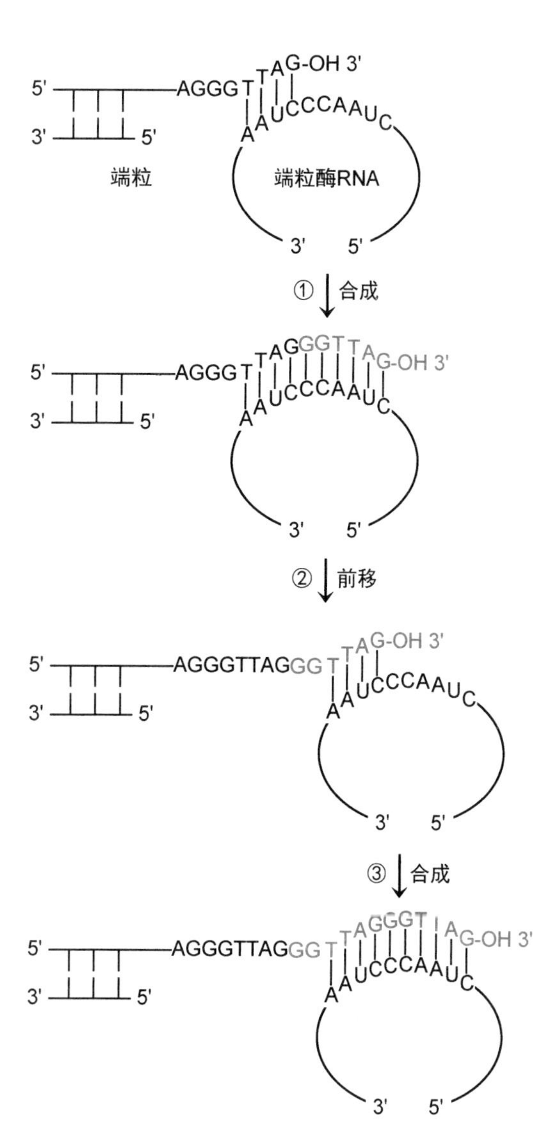

图 16-16　端粒合成

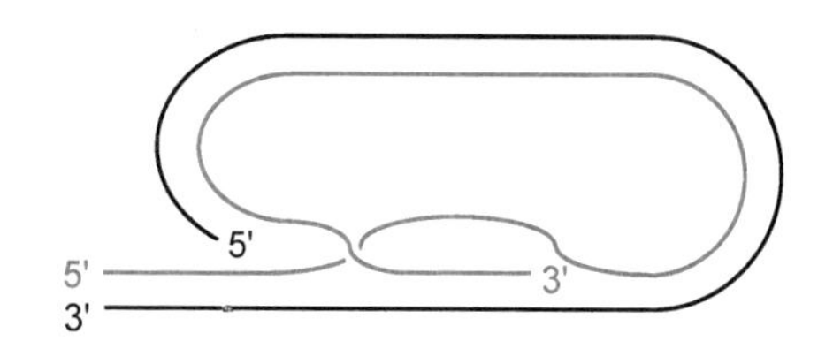

图 16-17　端粒 t 环结构

第四节 DNA 损伤与修复

DNA 聚合酶的校对功能可保证 DNA 复制的保真性，对遗传信息在细胞增殖时的准确传递至关重要。不过，DNA 复制的保真性并不是万无一失的，虽然极少出错。此外，即使在非复制期间，DNA 也会受到各种损伤，损伤的可能是碱基、脱氧核糖、磷酸二酯键或一段 DNA，导致 DNA 的序列或结构出现异常，甚至发生基因突变。这种突变会影响表型，一方面是物种进化的基础，另一方面又是个体患病甚至死亡的遗传因素。不过，在漫长的进化过程中，生物体已经建立了各种修复系统，可以修复 DNA 损伤，以保证生命的延续性和遗传的稳定性。

一、DNA 损伤

DNA 复制的保真性使生物体得以维持遗传信息的稳定性。不过，稳定是相对的，变异是绝对的。变异即**基因突变**（mutation），其化学本质是 **DNA 损伤**（DNA damage），是指 DNA 结构出现异常，导致细胞或病毒的基因型发生稳定的、可遗传的变化，这种变化有时会导致基因产物功能的改变或缺失，从而导致细胞转化或死亡。

1. 损伤意义 DNA 损伤会导致基因突变，一方面有利于生物进化，另一方面又可能产生不利后果。

（1）突变是生物进化的分子基础 遗传与变异是对立统一的生命现象。突变容易被片面理解成危害生命，但实际上突变的发生在各种生物体内普遍存在，并且有其积极意义。有突变才有生物进化，没有突变就不会有大千世界的生物多样性。

（2）致死突变消灭有害个体 **致死突变**（lethal mutation）发生在对生命过程至关重要的基因上，可导致细胞死亡或个体夭亡，消灭病原体。例如短指（brachydactyly）是一种隐性致死突变，其纯合子个体会因骨骼缺陷而夭亡。

（3）突变是许多疾病的分子基础 在导致疾病的基因突变中，点突变占 70%，插入缺失占 23%，重排等占 7%。

（4）突变是多态性的分子基础 例如单核苷酸多态性。

多态性（polymorphism）是指有两种或两种以上的存在形式。如：①生物体在其生命周期中的不同形式。②DNA 多态性，是指染色体 DNA 的某个基因座（称为多态性位点）存在两个或多个等位基因，且其中至少有两个等位基因的存在频率>1%（<1%称为罕见变异），造成同种 DNA 分子在同一群体的个体间或同一物种的群体间的多样性，表现为核苷酸序列的差异或重复单位拷贝数的差异，且该差异在种群中稳定存在，遗传方式符合孟德尔遗传规律。

2. 损伤类型 DNA 损伤类型多种多样，其中有些损伤可以遗传，因而导致基因突变。

（1）错配（mismatch） 导致 DNA 链上的一个碱基对被另一个碱基对置换，称为**碱基置换**（base substitution）（图 16-18）。碱基置换有两种类型：①**转换**（transition），是嘧啶碱基之间或嘌呤碱基之间的置换，这种方式最常见。②**颠换**（transversion），是嘌呤碱基和嘧啶碱基之间的置换。

（2）插入缺失（indel） 是指 DNA 序列中发生一个碱基对或一小段碱基序列的插入或缺失。插入缺失位点如果位于编码区内（第十八章，339 页），且插入缺失的不是 $3n$ 个碱基对，会导致该位点下游的遗传密码全部发生改变，这种改变称为**移码突变**（frameshift mutation，图 16-18）；插入缺失的如果是 $3n$ 个碱基对，则不会引起移码突变。

野生型：	GGG	AGT	GTA	CGT	CAG	ACC	CCG	CCC	TAT	AGC
	Gly	Ser	Val	Arg	Gln	Thr	Pro	Pro	Tyr	Ser
错　配：	GGG	AGT	GTA	CGT	CGG	ACC	CCG	CCC	TAT	AGC
	Gly	Ser	Val	Arg	Arg	Thr	Pro	Pro	Tyr	Ser
插　入：	GGG	AGT	GTA	CGT	CAG	ACC	CCG	GCC	CTA	TAG
	Gly	Ser	Val	Arg	Gln	Thr	Pro	Ala	Leu	终止
缺　失：	GGG	AGT	GTA	CGT	CAG	ACC	CGC	CCT	ATA	GC
	Gly	Ser	Val	Arg	Gln	Thr	Arg	Pro	Ile	

图 16-18　错配和插入缺失

由一个碱基的置换或插入缺失所导致的突变统称点突变（point mutation）。镰状细胞贫血是点突变致病的典型例子：患者血红蛋白 β 亚基基因的编码序列有一个点突变 A→T（腺嘌呤被胸腺嘧啶置换），使原来 6 号谷氨酸密码子 GAG 变成缬氨酸密码子 GTG。

（3）重排（rearrangement）　又称基因重排、DNA 重排、染色体易位（chromosomal translocation），是指基因组中较大 DNA 片段移动位置，但不包括基因组序列的丢失或获得。重排可发生在 DNA 分子内部（染色体内），也可发生在 DNA 分子之间（染色体间），例如血红蛋白 Lepore 病就是重排的结果（图 16-19）。

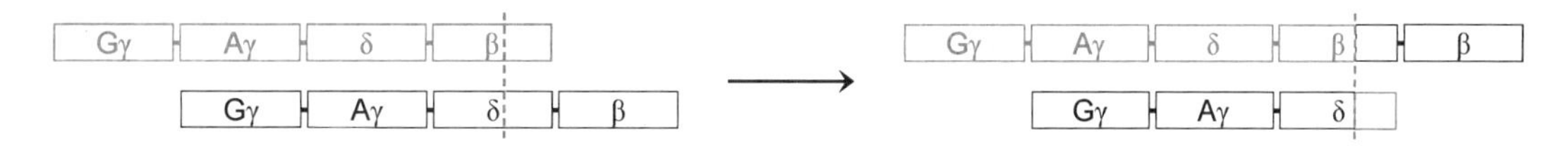

图 16-19　重排与血红蛋白 Lepore 病

（4）共价交联　是指碱基之间形成共价键连接。例如同一股 DNA 链上相邻的胸腺嘧啶发生共价交联，形成胸腺嘧啶二聚体，会抑制复制和转录。

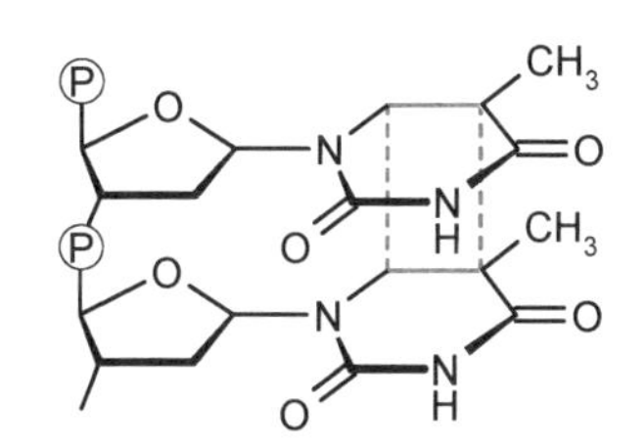

环丁烷型胸腺嘧啶二聚体

（6-4）光产物型胸腺嘧啶二聚体

3. **损伤因素**　内部因素与外部因素都会引起 DNA 损伤。内部因素如复制错误、自发性损伤会产生自发突变（spontaneous mutation），特点是突变率相对稳定，例如细菌的碱基对突变率 10^{-10}~10^{-9}/代，基因（1000bp）突变率约 10^{-6}/代，基因组突变率约 $3×10^{-3}$/代。人类基因突变率 10^{-7}~10^{-6}/（细胞·代）。外部因素如物理因素、化学因素、生物因素会产生诱发突变（induced mutation），这些因素被称为诱变剂（致突变原，mutagen）。

（1）复制错误　主要导致点突变。复制虽然高度保真，但错配在所难免。DNA 聚合酶选择核苷酸的错误率为 10^{-5}~10^{-4}，经过 3′→5′外切酶活性校对降至 10^{-8}~10^{-6}。

（2）自发性损伤　DNA 分子可以由于各种原因发生化学变化。碱基发生酮-烯醇互变异构是

导致自发突变的主要原因，此外还有碱基修饰、碱基脱氨基甚至碱基丢失等。这些变化会影响碱基对氢键的形成，因而影响碱基配对。如果这些变化发生在DNA复制过程中，就会发生错配。

（3）物理因素　电磁辐射如宇宙线、紫外线和X射线可导致碱基丢失、主链断裂或交联等。紫外线通常使DNA链上相邻的嘧啶碱基形成嘧啶二聚体，在局部扭曲DNA双螺旋结构，阻断复制和转录。电磁辐射可直接使DNA主链断裂，也可作用于水而产生活性氧，间接导致DNA断链或碱基氧化。

（4）化学因素　碱基类似物、碱基修饰剂（如亚硝酸盐）、烷化剂、嵌入剂（如染料）、芳香族化合物、黄曲霉毒素等可以引起DNA损伤。

（5）生物因素　病毒DNA整合等可以改变基因结构，或者改变基因表达活性。

二、DNA修复

虽然DNA损伤导致的基因突变是生物进化的分子基础，但对个体而言绝大多数突变都是有害的。一个细胞只有两套甚至一套基因组DNA，并且DNA分子本身是不可替换的，所以一旦受到损伤必须及时修复，以维持遗传信息的稳定性和完整性。目前研究得比较清楚的DNA修复机制有错配修复、直接修复、切除修复、重组修复和SOS修复等。其中错配修复、直接修复和切除修复发生在DNA复制过程外，是准确修复；重组修复和SOS修复发生在DNA复制过程中，不能完全修复DNA损伤。

瑞典、美国和土耳其三位科学家T. Lindahl、P. Modrich和A. Sancar阐明碱基切除修复、错配修复和核苷酸切除修复，获得2015年诺贝尔化学奖。

1. 错配修复　是指在DNA复制完成后，在模板序列的指导下对新生链上的错配、单股插入缺失环进行修复。大肠杆菌错配修复系统可修复离GATC序列1kb以内的错配，将复制精确度提高10^2~10^3倍。

2. 直接修复　是指不切除损伤碱基或核苷酸，直接将其修复。嘧啶二聚体的光修复和烷基化碱基的去烷基化修复都属于直接修复。**光修复**是指由DNA光解酶修复嘧啶二聚体。**DNA光解酶**（光裂合酶，photolyase）以FAD和次甲基四氢叶酸为辅助因子，被300~600nm光激活后可催化嘧啶二聚体解聚。DNA光解酶广泛分布于低等单细胞生物到鸟类及各种植物，但有胎盘哺乳动物（除有袋动物之外）没有DNA光解酶。

3. 切除修复　是指将一股DNA的损伤片段切除，然后以其互补链为模板，合成DNA填补缺口，将其修复。切除修复是细胞内最普遍的修复机制。原核生物和真核生物都有**核苷酸切除修复系统**（图16-20ⓐ）和**碱基切除修复系统**（图16-20ⓑ），以核苷酸切除修复系统为主。两套系统都包括两个步骤：①由特异性核酸酶寻找损伤部位，切除损伤片段。②合成DNA填补缺口。

4. 重组修复　DNA复制过程中有时会遇到尚未修复的DNA损伤，可以先复制再修复。此修复过程中有DNA重组发生，因此称为**重组修复**。重组修复有同源重组修复和非同源末端连接修复。

在有些损伤部位（如断裂、嘧啶二聚体），复制酶系统无法根据碱基配对原则合成新生链，可以通过图16-21所示的同源重组修复机制先行复制，再通过切除修复机制进行修复。

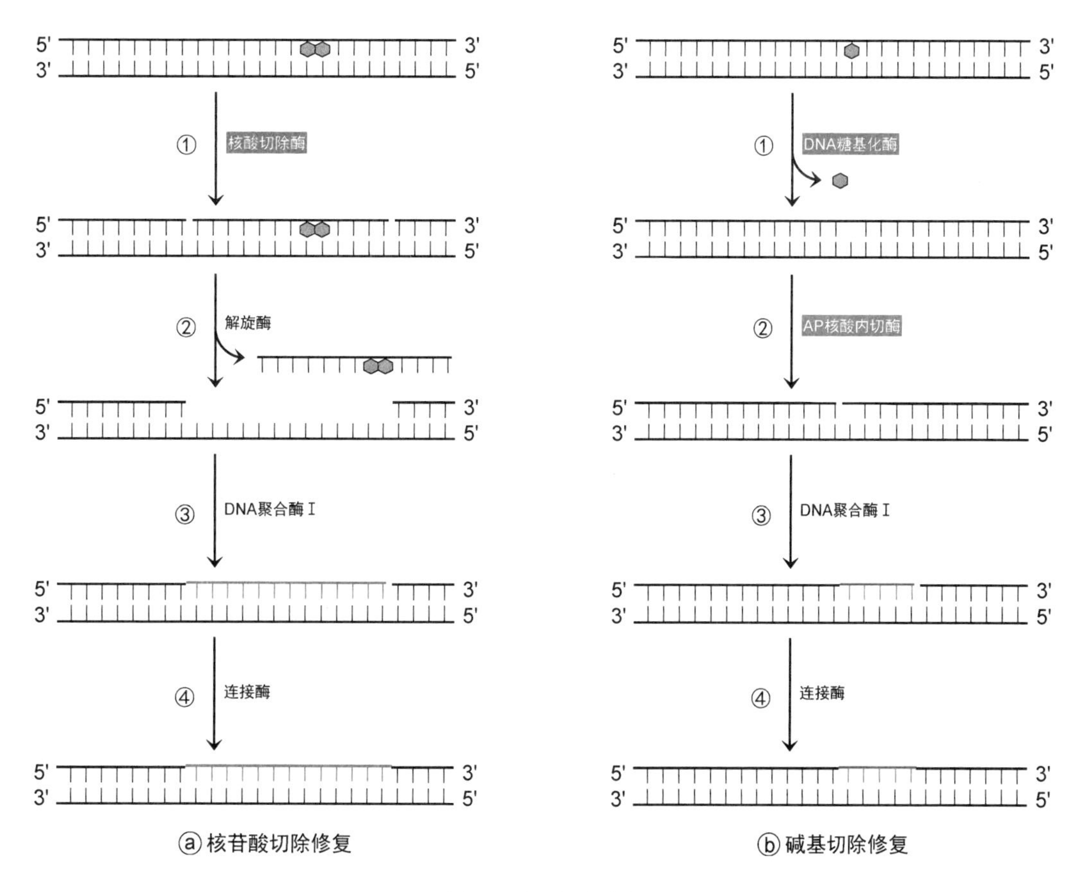

图 16-20　切除修复

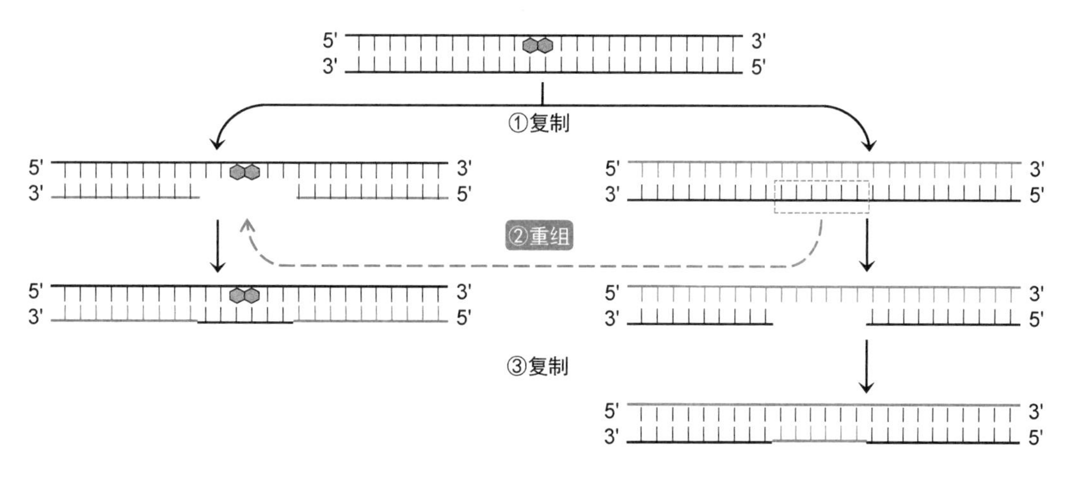

图 16-21　重组修复

5. SOS 修复　DNA 修复系统的修复能力与 DNA 的损伤程度相关。DNA 损伤严重时会激活与 DNA 修复有关的基因，这一现象称为 SOS 反应（SOS response）。SOS 反应产生两类效应：①诱导切除修复和重组修复等修复系统基因的表达，从而提高修复能力。②启动 SOS 修复，该系统的 DNA 聚合酶缺乏校对功能，即对碱基的识别能力差，在损伤部位仍然进行复制（跨损伤合成），从而避免死亡，但同时因保留较多的 DNA 损伤而造成突变积累。因此，不少诱发 SOS 修复的化学物质都是致癌物。SOS 修复系统的基因一般情况下都是沉默的，紧急情况下才被整体激活，因此属于应急修复系统。

DNA 损伤后果取决于 DNA 的损伤程度和细胞的 DNA 修复能力。如果细胞不能修复 DNA，就会因基因功能异常而致病。一些遗传病和肿瘤等就与 DNA 修复缺陷有关。例如**着色性干皮病**（xroderma pigmentosa，XP）是一种常染色体隐性遗传病，患者存在 DNA 修复缺陷，特别是核苷酸切除修复缺陷，不能修复由紫外线照射等引起的表皮细胞 DNA 损伤，特别是嘧啶二聚体，导致高突变率（是正常人的 1000 多倍）。着色性干皮病的特征是对日光特别是紫外线敏感，易被晒伤，皮肤暴露部分形成大量黑斑甚至溃烂，常在学龄前即发展为基底细胞上皮瘤及其他皮肤癌。

第五节　DNA 逆转录合成

逆转录（反转录，reverse transcription）是以 RNA 为模板，以 dNTP 为原料，在逆转录酶的催化下合成 DNA 的过程。这是一个从 RNA 向 DNA 的遗传信息传递过程，与转录时从 DNA 向 RNA 的遗传信息传递正好相反，所以称为逆转录。

1. 逆转录酶　1970 年，D. Baltimore 和 H. Temin（1975 年诺贝尔生理学或医学奖获得者）发现致癌 RNA 病毒能以 RNA 为模板指导 DNA 合成，所以这类病毒又称逆转录病毒。逆转录病毒的逆转录过程由逆转录酶催化进行。**逆转录酶**（reverse transcriptase）由逆转录病毒基因编码，有三种催化活性（图 16-22）。

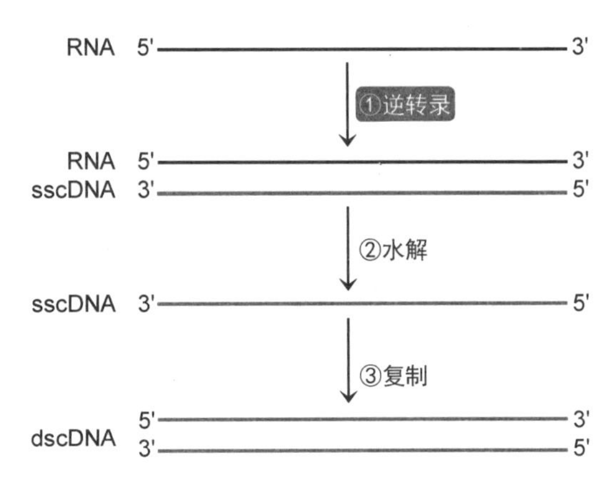

图 16-22　逆转录酶催化合成 cDNA

（1）逆转录活性　即 RNA 依赖的 DNA 聚合酶活性，能催化合成 RNA 的**单链互补 DNA**（single-stranded cDNA，sscDNA），形成 RNA-DNA 杂交体。该合成反应需要引物提供 3'-羟基，该引物是逆转录病毒颗粒自带的一种 tRNA。

（2）水解活性　即核糖核酸酶 H 活性，能内切降解 RNA-DNA 杂交体中的 RNA（所以命名为 RNase H、核糖核酸酶 H。H：hybridation），得到游离的单链互补 DNA。

（3）复制活性　即 DNA 依赖的 DNA 聚合酶活性，能催化复制单链互补 DNA，得到**双链互补 DNA**（double-strand cDNA，dscDNA）。单链互补 DNA 和双链互补 DNA 统称**互补 DNA**（complementary DNA，cDNA）。

逆转录酶没有 3'→5'外切酶活性和 5'→3'外切酶活性，所以在逆转录合成 DNA 过程中不能校对，错配率较高（2×10^{-4}，在体外高浓度 dNTP 和 Mg^{2+} 下，错配率高达 2×10^{-3}），这可能是逆转录病毒突变率高、容易形成新病毒株的原因。

2. 逆转录病毒　逆转录酶是逆转录病毒基因组的表达产物。**逆转录病毒**（retrovirus）的基因组是 RNA，其指导合成的双链互补 DNA 称为**前病毒**（provirus）。前病毒可以整合到宿主染色体 DNA 中，随之复制和表达，一定条件下可使宿主细胞转化为肿瘤细胞，因此逆转录病毒属于致癌 RNA 病毒。**人类免疫缺陷病毒**（HIV）就是逆转录病毒，是艾滋病的病原体。

3. 逆转录意义　①逆转录机制的阐明完善了中心法则。遗传物质不都是 DNA，也可以是 RNA。②研究逆转录病毒有助于阐明肿瘤的发病机制，探索其防治策略。③逆转录酶是重组 DNA 技术常用的工具酶，可用于构建 cDNA 文库等（第二十章，386 页）。

分子生物学与中医基础理论研究

中医基础理论研究是中医药现代化研究的基石。多年来，相关研究虽然有一定进展，但就本质而言，依旧没有重大突破。在新的形势下，研究人员将分子生物学技术与中医基础理论相结合，从微观角度阐明中医基础理论，如藏象和证候的实质，为进一步研究提供了理论基础。在证候理论的研究方面，研究人员提出设想：通过对足够数量的同一疾病证候患者的基因表达进行分析，建立辨证要素的基因表达谱数据库，再相互组合，建立证型基因表达谱数据库，以此作为辨证的客观规范化标准，开展证候与相关易感基因的研究，探索证候的相关易感基因型及其表达，寻找证候易感性差异的遗传学基础，从基因多态性方面为证候学研究提供现代的基因组依据。

小结

DNA 是遗传物质，其携带的遗传信息的传递和表达过程均遵循中心法则。

DNA 的复制合成都需要 DNA 模板、DNA 聚合酶、dNTP 原料、引物和 Mg^{2+}，合成方向是 5′→3′。

大肠杆菌 DNA 的复制由 30 多种酶和其他蛋白质共同完成，主要有 DNA 聚合酶、DNA 解旋酶、DNA 拓扑异构酶、引物酶和 DNA 连接酶等。

DNA 复制的基本特征是半保留复制、从复制起点双向复制、半不连续复制。

大肠杆菌有五种 DNA 聚合酶：①DNA 聚合酶Ⅰ在复制过程中切除 RNA 引物，合成 DNA 填补缺口，另参与 DNA 修复。②DNA 聚合酶Ⅲ是催化 DNA 复制合成的主要酶。③DNA 聚合酶Ⅱ、Ⅳ和Ⅴ参与 DNA 修复。

DNA 在复制时需要由解旋酶 DnaB、DNA 促旋酶和单链 DNA 结合蛋白等松弛其超螺旋，解开双链，暴露碱基，才能作为模板，按照碱基配对原则指导合成子代 DNA。

DNA 复制需要 RNA 引物，RNA 引物由引物酶 DnaG 与解旋酶 DnaB 构成的引发体在模板的一定部位合成。

DNA 聚合酶催化合成冈崎片段或环状 DNA 时会形成切口，由 DNA 连接酶催化连接。

大肠杆菌 DNA 的复制过程可分为三个阶段：①复制起始，亲代 DNA 从复制起点解链、解旋，形成复制叉，组装引发体。②复制延伸，前导链由 DNA 聚合酶Ⅲ催化连续合成，后随链先由引发体催化合成 RNA 引物，再由 DNA 聚合酶Ⅲ催化合成冈崎片段，由 DNA 聚合酶Ⅰ催化通过切口平移切除引物，合成 DNA 填补，由 DNA 连接酶催化连接冈崎片段切口。③复制终止，两个子代 DNA 形成连环体，由拓扑异构酶 4 催化解离。

真核生物染色体 DNA 的复制特点是发生染色质解离与重塑、复制速度慢、多起点复制、冈崎片段短、DNA 连接酶耗能差异、终止阶段涉及端粒合成、受 DNA 复制检验点控制。

真核生物有十几种 DNA 聚合酶：DNA 聚合酶 α 催化引物合成，DNA 聚合酶 ε 催化染色体 DNA 前导链合成，DNA 聚合酶 δ 催化染色体 DNA 后随链合成，核酸酶 RNase H2/FEN-1 催化引物切除。此外，DNA 聚合酶 β、DNA 聚合酶 ε 参与染色体 DNA 修复，DNA 聚合酶 γ 催化线粒体 DNA 复制。

真核生物端粒由端粒酶催化合成。端粒酶是一种自带 RNA 模板的特殊逆转录酶。

DNA 在复制时会出现错误，在非复制期间也会受到各种损伤，导致 DNA 的序列或结构出现异常，包括错配、插入缺失、重排、共价交联。它们都会导致突变。这种突变会影响表型，一方面是物种进化的基础，另一方面又是个体患病甚至死亡的遗传因素。

引起 DNA 损伤的因素包括复制错误、自发性损伤、物理因素、化学因素、生物因素。

DNA 一旦受到损伤必须及时修复，以维持遗传信息的稳定性和完整性。DNA 修复机制有错配修复、直接修复、切除修复、重组修复和 SOS 修复等。其中错配修复、直接修复和切除修复是准确修复，而重组修复和 SOS 修复不能完全修复 DNA 损伤。

致癌 RNA 病毒（逆转录病毒）编码逆转录酶。该酶有 RNA 依赖的 DNA 聚合酶活性、核糖核酸酶 H 活性和 DNA 依赖的 DNA 聚合酶活性，通过逆转录、水解、复制合成双链互补 DNA。

讨论

1. DNA 复制及其基本特征。
2. 参与 DNA 复制的酶、蛋白质及其功能。
3. 大肠杆菌 DNA 聚合酶 I 的活性与功能。
4. 大肠杆菌 DNA 半保留复制的基本过程。
5. 比较真核生物与原核生物 DNA 复制的异同。
6. 真核生物 DNA 聚合酶的种类及其生理功能。
7. 逆转录的生物学意义。
8. 2003 年 5 月 21 日世界卫生大会批准《世界卫生组织烟草控制框架公约》，同年 11 月 10 日中国正式签署。请在阐明吸烟、DNA 损伤、肿瘤三者关系的基础上向吸烟人士提供积极建议。

第十七章

RNA 的生物合成

扫一扫，查阅本章数字资源，含PPT、音视频、图片等

DNA 是遗传物质。基因（gene）是 DNA 表达遗传信息的功能单位，以一段或一组特定的碱基序列为载体，通过表达功能产物 RNA 和蛋白质，控制各种生命活动，从而控制着生物的遗传性状。一个基因除了含有决定功能产物一级结构的编码序列外，还含有调控该编码序列表达所需的调控元件等非编码序列。

细胞内存在各种功能 RNA，它们都是基因表达的产物，是由 RNA 聚合酶以 DNA 为模板指导合成各种 RNA 前体，再经过后加工得到的。

第一节　转录基本特征

转录（transcription）是遗传信息从 DNA 向 RNA 传递的过程，即一股 DNA 的碱基序列按照碱基配对原则指导 RNA 聚合酶催化合成与之序列互补 RNA 的过程。中心法则的核心内容就是由 DNA 指导 mRNA 合成，再由 mRNA 指导蛋白质合成。合成蛋白质的过程还需要 tRNA 和 rRNA 的参与，而 tRNA 和 rRNA 也是转录的产物。因此，转录是中心法则的关键，是基因表达的首要环节，并且是绝大多数生物 RNA 的唯一合成方式，转录产物 RNA 在 DNA 和蛋白质之间建立联系。

转录有四个基本特征：选择性转录、不对称转录、连续性转录和转录后加工。

1. 选择性转录　是指不同组织细胞或机体不同的生长阶段的同类细胞，根据生存条件和代谢需要转录表达不同的基因，因而转录的只是基因组的一部分。相比之下，复制是全部染色体 DNA 的复制（图 17-1）。

● 转录单位（transcription unit）：从转录起始位点到转录终止位点所对应的、作为 RNA 聚合酶转录模板的基因序列范围。可以是单一基因、也可以是多个基因。选择性转录就是对转录单位的选择。○

2. 不对称转录　是指各种 mRNA、tRNA 或 rRNA 都是由其基因转录区的一股链指导合成的，这股链被称为模板链（template strand），因其序列与转录产物互补，又称负链（negative strand，反义链，antisense strand）；模板链的互补链被称为编码链（coding strand），因其序列与转录产物一致，又称正链（positive strand，有义链，sense strand）。不同转录区的模板链可能位于双链 DNA 的不同股上。因此，就整个双链 DNA 而言，其每一股链都含有指导 mRNA、tRNA 或 rRNA 合成的模板链（图 17-1）。

迄今为止的研究已经确定：多数基因转录区的两股链都可以被转录，但指导合成的 RNA 不同，分别属于正义 RNA 和反义 RNA，因此就转录产物而言，DNA 指导的 RNA 合成依然具有不对称转录特征。

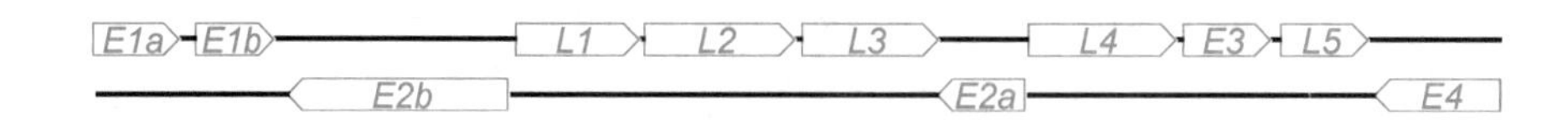

图 17-1 选择性转录和不对称转录

为了便于学习，这里简单介绍基因序列的书写和编号规则：

（1）因为 DNA 双链的序列是互补的，所以只要给出一股链的序列，另一股链的序列也可推出。因此，为了避免繁琐，书写 DNA 序列时只写出一股链。

（2）因为 DNA 编码链与转录产物 RNA 的碱基序列一致，只是 RNA 中以 U 取代了 DNA 中的 T，所以为了方便解读遗传信息，一般只写出编码链。

（3）通常将编码链上位于转录起始位点的核苷酸编为+1 号；转录进行的方向称为下游（downstream），核苷酸依次编为+2 号、+3 号等；相反方向称为上游（upstream），核苷酸依次编为-1 号、-2 号等，没有 0 号（图 17-2）。

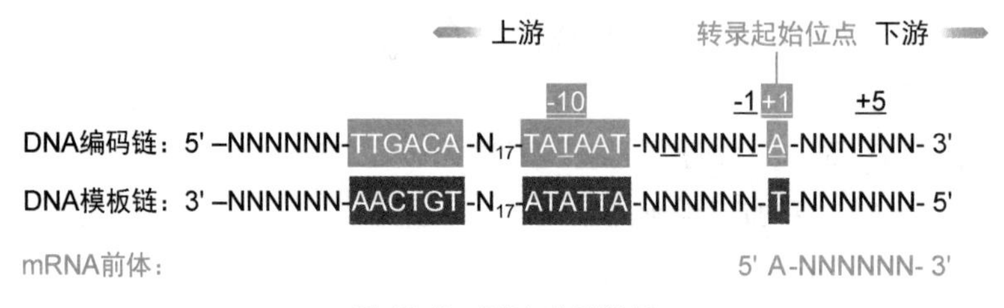

图 17-2 DNA 序列编号

3. 连续性转录 一个 RNA 分子从头到尾由一个 RNA 聚合酶分子催化连续合成。

4. 转录后加工 RNA 聚合酶催化转录合成的 RNA 称为 RNA 前体（pre-RNA，初级转录产物，primary transcript），包括 mRNA 前体（真核）、rRNA 前体、tRNA 前体等。除了原核生物 mRNA 之外，其余 RNA 前体都要经过加工才能成为成熟 RNA。RNA 前体加工成成熟 RNA 的过程称为转录后加工。

第二节 RNA 聚合酶

无论是原核生物还是真核生物，其 RNA 转录合成过程都由 RNA 聚合酶（RNA polymerase，DNA 依赖的 RNA 聚合酶，DNA-dependent RNA polymerase，转录酶，RNA transcriptase）催化，需要 DNA 模板、NTP 原料和 Mg^{2+}（或 Mn^{2+}）。RNA 聚合酶催化核苷酸以 3′,5′-磷酸二酯键连接合成 RNA，合成方向为 5′→3′，合成反应可表示如下：

$$5'\ (NMP)_n\text{-OH}\ 3' + NTP \xrightarrow[\text{RNA聚合酶}]{\text{DNA模板，}Mg^{2+}} 5'\ (NMP)_n\text{-NMP-OH}\ 3' + PP_i$$

原核生物和真核生物的 RNA 聚合酶有其共同特点，但在组成、结构和性质等方面不尽相同。

1. RNA 聚合酶的特点 原核生物和真核生物的 RNA 聚合酶有许多共同特点，其中以下特点与 DNA 聚合酶一致：①以 DNA 为模板合成其互补链。②催化核苷酸通过聚合反应合成核酸。③聚合反应是依赖 DNA 的聚合酶催化核苷酸形成 3′,5′-磷酸二酯键的反应。④按 3′→5′方向阅读模板，5′→3′方向合成核酸。⑤忠实复制/转录模板序列。此外，RNA 聚合酶有些特点不同于 DNA 聚合酶（表 17-1）。

表 17-1　转录和复制对比

项目	转录	复制
聚合酶	RNA 聚合酶	DNA 聚合酶
DNA 模板	基因组局部（转录区，选择性转录）	基因组全部
	转录单链（模板链，不对称转录）	复制双链（半保留复制）
原料	NTP	dNTP
起始	启动子	复制起点
解链	RNA 聚合酶解链	解旋酶解链
引物	不需要	需要
碱基配对原则	dA-rU，dT-rA，dG-rC，dC-rG	dA-dT，dT-dA，dG-dC，dC-dG
错配率	10^{-5}~10^{-4}（保真性低）	10^{-8}~10^{-6}（保真性高）
连续性	连续	不连续
终止	终止子	终止区
产物	单链 RNA	双链 DNA
后加工	有	无

2. 大肠杆菌 RNA 聚合酶　有全酶和核心酶两种存在形式。RNA 聚合酶全酶（holoenzyme）是由五种亚基构成的六聚体（$\alpha_2\beta\beta'\omega\sigma$），其中 $\alpha_2\beta\beta'\omega$ 称为核心酶。大肠杆菌只有一种核心酶（约 13000 分子/细胞），可催化合成 mRNA、tRNA 和 rRNA 前体。σ 亚基（σ 因子）是大肠杆菌的转录起始因子，其作用是与核心酶结合成全酶，协助核心酶识别并结合启动子元件。

1955 年，S. Ochoa（1959 年诺贝尔生理学或医学奖获得者）报道鉴定了 RNA 聚合酶，后被确定是多聚核苷酸磷酸化酶，RNA 聚合酶由 J. Hurwitz 和 S. Weiss 于 1959 年鉴定。

大肠杆菌 RNA 聚合酶各亚基的功能见表 17-2。不同原核生物的 RNA 聚合酶在分子大小、组成、结构、功能以及对某些药物的敏感性等方面都类似。

表 17-2　大肠杆菌 RNA 聚合酶

亚基	大小（氨基酸残基数）	功能	基因
α	329	启动 RNA 聚合酶组装，直接识别并结合上游启动子元件，与某些激活蛋白结合	*rpoA*
β	1342	与 β′组成活性中心	*rpoB*
β′	1407	与 β 组成活性中心，结合 DNA 模板	*rpoC*
ω	90	促进 RNA 聚合酶组装，参与转录调控	*rpoZ*
σ^{70} *	613	与核心酶构成全酶后直接识别并结合启动子元件	*rpoD*

* 数字表示其分子量大小，例如 σ^{70} 的分子量为 70000

3. 真核生物 RNA 聚合酶　到目前为止研究的所有真核生物细胞核内都有 RNA 聚合酶Ⅰ、RNA 聚合酶Ⅱ、RNA 聚合酶Ⅲ（表 17-3），组成和结构比大肠杆菌 RNA 聚合酶更复杂，但活性一致。植物还有 RNA 聚合酶Ⅳ、RNA 聚合酶Ⅴ。

表 17-3　真核生物细胞核 RNA 聚合酶

RNA 聚合酶	缩写	亚基数	定位	转录产物	α 鹅膏蕈碱的抑制作用
RNA 聚合酶Ⅰ	PolⅠ	14	核仁	18S、5.8S、28S rRNA 前体	无
RNA 聚合酶Ⅱ	PolⅡ	12	核质	mRNA、snRNA、调控 RNA 前体	强
RNA 聚合酶Ⅲ	PolⅢ	17	核质	tRNA、5S rRNA、snRNA 前体	弱

第三节　大肠杆菌 RNA 转录合成

大肠杆菌 RNA 的转录合成分为起始、延伸、终止和后加工四个阶段。RNA 聚合酶全酶主导转录起始，其所含的 σ 因子协助核心酶识别并结合启动子元件，核心酶主导转录延伸和转录终止。转录终止有时需要 ρ 因子参与。

一、转录起始

转录起始是基因表达的关键阶段，核心内容就是 RNA 聚合酶全酶识别并结合到启动子上，形成**转录起始复合物**，启动 RNA 合成。

1. 启动子　是 RNA 聚合酶识别、结合和赖以启动转录的一段 DNA 序列，具有方向性。大肠杆菌基因的启动子位于-70～+30 区，长度 40～70bp，其中含有三段保守序列，具有高度的保守性和一致性，分别称为 Sextama 盒、Pribnow 盒和转录起始位点（图 17-3）。

	上游启动子元件	-35区	间隔	-10区	间隔	+1（转录起始位点）
共有序列	NNAAAA/TA/TTA/TTTTTNNAAAANNN N	TTGACA	N_{17}	TATAAT	N_6	A
rrnB P1	AGAAAATTATTTTAAATTTCCT N	GTGTCA	N_{16}	TATAAT	N_8	A
trp		TTGACA	N_{17}	TTAACT	N_7	A
lac		TTTACA	N_{17}	TATGTT	N_6	A
recA		TTGATA	N_{16}	TATAAT	N_7	A
araBAD		CTGACG	N_{18}	TACTGT	N_6	A

图 17-3　原核基因启动子

（1）Sextama 盒　共有序列 TTGACA，中心位于-35 号核苷酸处，故又称**-35 区**，是 RNA 聚合酶依靠 σ 因子识别并初始结合的位点，因而又称 **RNA 聚合酶识别位点**。

（2）Pribnow 盒　共有序列 TATAAT，中心位于-10 号核苷酸处，故又称**-10 区**，是 RNA 聚合酶依靠 σ 因子识别并牢固结合的位点，因而又称 **RNA 聚合酶结合位点**。Pribnow 盒富含 A-T 碱基对，容易解链，有利于 RNA 聚合酶启动解链和转录。

（3）转录起始位点　位于共有序列 $CA^{+1}T$ 内。

实际上，仅有少数基因启动子-35 区和-10 区的碱基序列与共有序列完全相同，多数启动子存在碱基差异，并且差异碱基的多少影响到转录的启动效率：差异碱基少的启动子启动效率高，属于**强启动子**；差异碱基多的启动子启动效率低，属于**弱启动子**。

另外，-35 区与-10 区的距离也影响到转录的启动效率。研究表明，两区相隔 17nt 时启动效率最高。

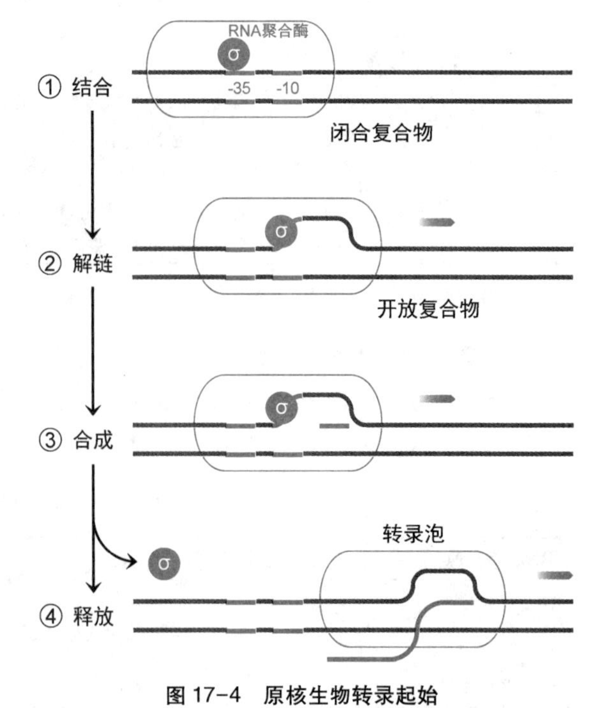

图 17-4　原核生物转录起始

2. 起始过程　大肠杆菌的转录起始过程分四步（图 17-4）：

（1）结合 RNA 聚合酶全酶通过其 σ 因子与启动子区结合，形成闭合复合物，覆盖约 55bp（-55~+1）。

大肠杆菌 RNA 聚合酶核心酶与 DNA 的结合是非特异性的，在与 σ 因子结合成全酶时获得特异性，表现为与其他位点的亲和力下降到原来的 $1/10^4$，与启动子的亲和力则增强 10^3 倍，从而与启动子形成特异性结合。

（2）解链 RNA 聚合酶全酶从 -10 区将 DNA 解开 12~17bp（包含转录起始位点），形成开放复合物，覆盖 70~75bp（-55~+20）。

（3）合成 RNA 聚合酶全酶根据模板链指令获取第一个、第二个 NTP，形成 3′,5′-磷酸二酯键，启动 RNA 合成。90% 以上基因转录产物的第一个核苷酸是嘌呤核苷酸，而且大多数是腺苷酸。

$$pppA\text{-}OH + pppN\text{-}OH \rightarrow pppApN\text{-}OH + PP_i$$

注意：第一个核苷酸在形成磷酸二酯键之后，仍然保留其 5′端的三磷酸基，直至转录后加工。

（4）释放 RNA 聚合酶全酶催化合成 10nt 的 RNA 片段之后，σ 因子释放，导致核心酶构象改变，与启动子的亲和力下降，于是沿 DNA 模板链向下游移动（称为启动子清除），转录进入延伸阶段。

二、转录延伸

在这一阶段，核心酶沿 DNA 模板链 3′→5′方向移动（覆盖 30~40bp），使转录区保持约 17bp 解链；同时，NTP 按照碱基配对原则与模板链结合，由核心酶催化，通过 α-磷酸基与 RNA 的 3′-羟基形成磷酸酯键，使 RNA 链按 5′→3′方向延伸（50~100nt/s）。这时的转录复合物称为转录泡（transcription bubble）。在转录泡上，RNA 的 3′端 8~9nt 与模板链结合，形成 RNA-DNA 杂交体，5′端则脱离模板链甩出，已经转录完毕的 DNA 模板链与编码链重新结合。

三、转录终止

RNA 聚合酶核心酶转录到转录终止信号时终止转录，RNA 释放，转录泡解体。转录终止信号（终止子，终止位点，terminator）是位于转录区下游的一段 DNA 序列，最后才被转录，所以编码 RNA 前体的 3′端。原核基因的终止子有两类：一类不需要转录终止因子 ρ 协助就能终止转录，另一类则需要 ρ 因子协助才能终止转录。

1. 不依赖 ρ 因子的转录终止 这类基因的终止子又称内在终止子（intrinsic terminator），转录产物有两个特征（图 17-5）：

（1）一段 U 序列，又称 oligo（U），长 4~8nt，与模板链以最弱的 dA-rU 对结合。

（2）U 序列之前存在富含 G/C 的反向重复序列（约 20nt），可以形成发夹结构。

发夹结构一方面削弱 dA-rU 结合力，使 RNA 容易释放；另一方面改变 RNA 与核心酶的结合，使转录终止。

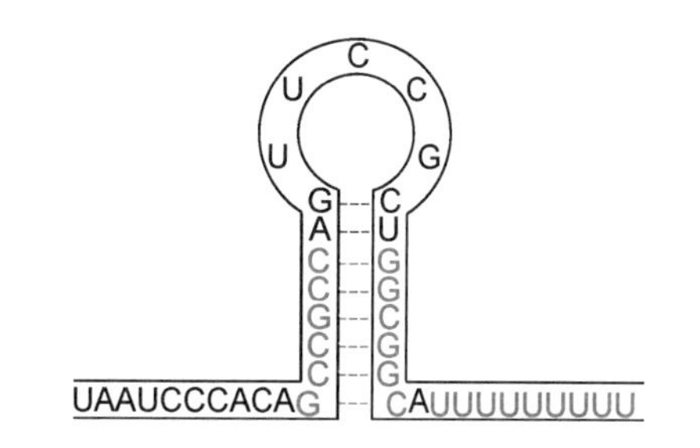

图 17-5 不依赖 ρ 因子终止子的转录产物

2. 依赖 ρ 因子的转录终止 这类基因终止子的转录产物可以形成发夹结构，但之后不含 U 序列，所以本身不能

终止转录，需要转录终止因子 ρ 的协助。ρ 因子是一种同六聚体蛋白，有依赖 RNA 的 ATP 酶和依赖 ATP 的解旋酶活性，可以与转录产物终止子序列上游的一个 rut 位点（*rut* site，ρ 因子利用位点，约 40nt，富含 C 而少含 G）结合，并作用于 RNA 聚合酶和 RNA-DNA 杂交体，使杂交体解链，RNA 释放。

四、转录后加工

大肠杆菌 mRNA 前体不需要加工，可直接指导蛋白质合成，而 rRNA 前体和 tRNA 前体则需要经过加工才能成为有功能的成熟 RNA 分子，加工方式与真核生物类似。

第四节　真核生物 RNA 转录后加工

真核生物有完整的细胞核，转录和翻译存在时空隔离；真核基因多数是断裂基因，在转录之后需要把外显子剪接成连续的编码序列。因此，真核生物 RNA 的转录后加工尤为复杂和重要。

一、mRNA 前体

真核生物蛋白基因多数是**断裂基因**（split gene），即其编码序列是不连续的，被一些称为内含子的非编码序列分割成称为外显子的片段。断裂基因中的**内含子**（intron）是指在 RNA 前体剪接时被切除的序列及其对应的 DNA 序列，属于非编码序列。**外显子**（exon）是指在 RNA 前体剪接时被保留的序列及其对应的 DNA 序列，属于编码序列，在转录区及 RNA 前体中与内含子交替连接。

真核生物蛋白基因的初级转录产物称为 **mRNA 前体**，经过加工得到**成熟 mRNA**，加工方式主要有加帽、加尾、剪接、编辑和修饰等。

1. 5′端加帽　真核生物大多数 mRNA 的 5′端存在一种特殊结构，由一个 5′-磷酸-7-甲基鸟苷（5′-m^7GMP）与一个 5′-二磷酸核苷（5′-NDP）通过 5′-5′三磷酸连接形成，该结构称为真核生物 mRNA 的 **5′帽子**，表示为 m^7GpppN^mpN（图 17-6）。真核生物 mRNA 的 5′帽子结构形成于转录的早期，由加帽酶等催化，当时 RNA 仅合成了 20~30nt。

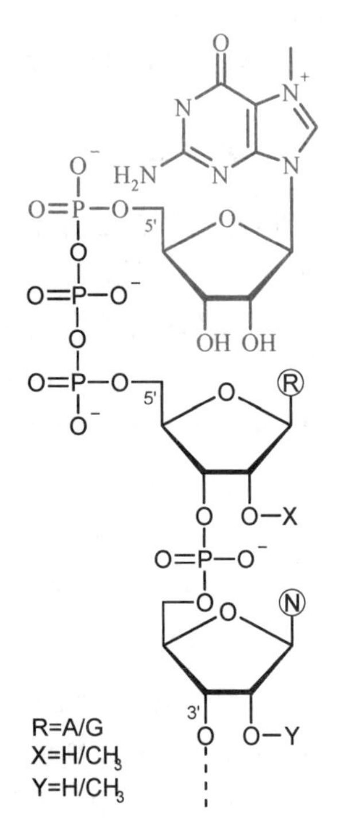

图 17-6　m^7GpppN^mpN 帽子

5′帽子结构的作用：①参与 5′外显子剪接。②参与 mRNA 向细胞核外转运。③参与蛋白质合成起始，是真核生物翻译起始因子 eIF-4F 的识别和结合位点。④抗磷酸酶或 5′核酸外切酶降解。

2. 3′端加尾　除组蛋白 mRNA 外，真核生物其他 mRNA 的 3′端都有聚腺苷酸序列，其长度因不同 mRNA 而异，一般为 200~250nt，该序列称为 **poly(A)尾**、**多聚(A)尾**。

poly(A)尾的作用：①可能参与 mRNA 向细胞核外转运。②参与蛋白质合成的起始和终止。③募集 poly(A)结合蛋白（poly(A)-binding protein，PABP），抗 3′核酸外切酶降解。

加尾过程：真核生物蛋白基因的最后一个外显子中有一段保守序列，称为**加尾信号**，其共有序列是 AATAAA。加尾信号下游

10~30bp 处是加尾位点（polyadenylation site），加尾位点下游 20~40bp 处还有一段富含 G/T 或 T 的序列：①RNA 聚合酶Ⅱ转录过加尾位点之后，核酸内切酶、poly(A)聚合酶、加尾信号识别蛋白等与加尾信号结合，形成剪切/加尾复合物。②核酸内切酶从加尾位点切断 RNA。③poly(A)聚合酶在 RNA 的 3′端合成 200~250nt 的 poly(A)尾（图 17-7）。

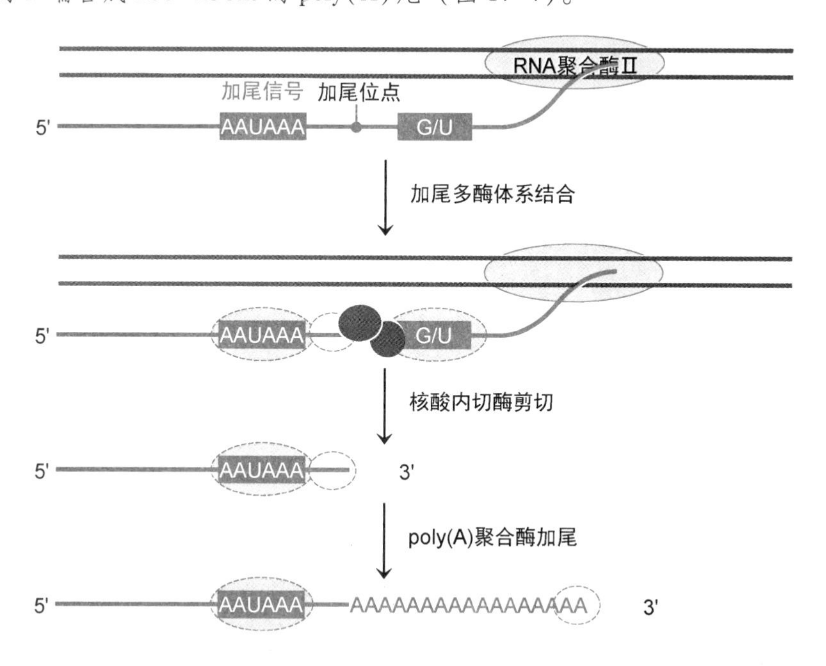

图 17-7 真核生物蛋白基因转录终止

大肠杆菌也有 poly(A)聚合酶催化 3′端加尾，但是在翻译后加尾，加尾的意义是促进 mRNA 降解。

3. 剪接 真核生物经过加工去除 RNA 前体中的内含子，连接外显子，得到成熟 RNA 分子，这一过程称为剪接（splicing）。mRNA 前体经过剪接得到成熟 mRNA。

二、rRNA 前体

真核生物 rRNA 基因的转录单位由 18S、5.8S、28S rRNA 基因及外转录间隔区、内转录间隔区组成，在核仁区由 RNA 聚合酶Ⅰ催化转录，合成 rRNA 前体（哺乳动物 rRNA 前体为 45S），经过修饰与剪切，得到成熟 rRNA（图 17-8）。5S rRNA 基因独立表达，由 RNA 聚合酶Ⅲ催化转录。真核生物 rRNA 加工与亚基聚合（即核糖体蛋白结合）同步进行，加工完成即形成核糖体大亚基（60S 亚基）和小亚基（40S 亚基），然后转运到细胞质中，在 mRNA 上形成核糖体，合成蛋白质。

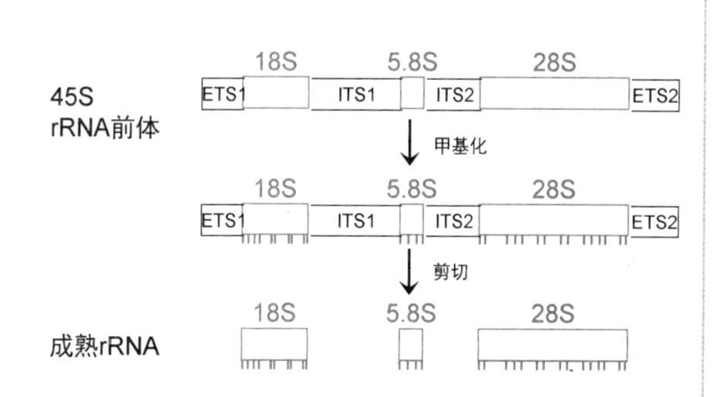

图 17-8 真核生物 rRNA 前体转录后加工

三、tRNA 前体

真核生物 tRNA 基因由 RNA 聚合酶Ⅲ催化转录，得到 tRNA 前体，其后加工包括剪切末端序列，添加 3′端 CCA，修饰核苷酸等（图 17-9）。

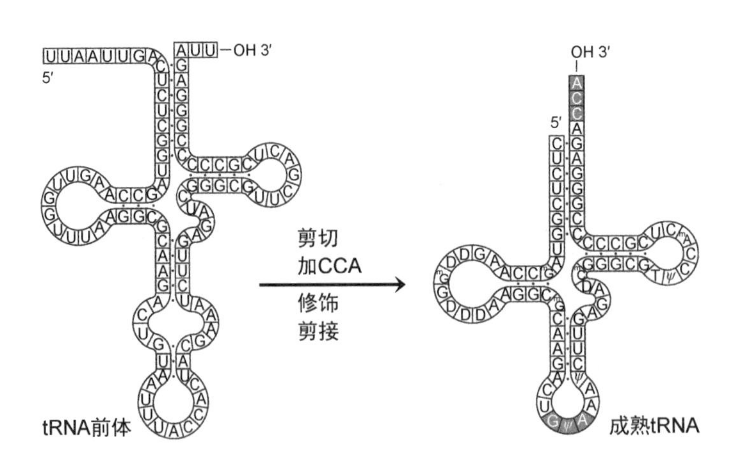

图 17-9 真核生物 tRNA 前体转录后加工

1. 剪切 tRNA 前体的 5′端由 RNase P 切除，形成成熟的 5′端；3′端由一种核酸内切酶和一组核酸外切酶切除。

2. 加 3′端 CCA 真核生物几乎所有 tRNA 前体都没有 3′端 CCA，要在加工时添加，由 CCA tRNA 核苷酸转移酶催化，不需要模板。

3. 修饰核苷酸 tRNA 的稀有碱基都是在 tRNA 前体水平上由主要碱基通过酶促修饰形成的，修饰方式包括嘌呤碱基甲基化成甲基嘌呤、腺嘌呤脱氨基成次黄嘌呤、尿嘧啶还原成二氢尿嘧啶、尿苷变位成假尿苷或甲基化成胸腺嘧啶核糖核苷等。

4. 剪接 真核生物某些 tRNA 前体由两个外显子与一个内含子构成，需要剪接。

第五节 RNA 合成抑制剂

一些临床药物及科研试剂是干扰 RNA 合成的抗代谢物或抑制剂，包括碱基类似物、核苷类似物、模板干扰剂、RNA 聚合酶抑制剂等。

1. 模板干扰剂 例如放线菌素 D（XL01DA）是从链霉菌中分离到的含肽抗生素，在与 DNA 非共价结合时，其酚噁嗪酮（phenoxazone）环平面可嵌入碱基对之间，其肽部分在 DNA 的小沟内起阻遏蛋白作用，抑制转录，且对原核生物和真核生物都有效，故用于治疗某些肿瘤。

2. RNA 聚合酶抑制剂 有些抗生素和化学药物能够抑制 RNA 聚合酶，从而抑制 RNA 合成。

（1）利福霉素（XJ04AB） 是 1957 年从链霉菌中分离到的一类抗生素，能强烈抑制革兰阳性菌和结核杆菌，对其他革兰阴性菌的抑制作用较弱。利福平（rifampicin）是 1962 年获得的半合成的利福霉素 B 衍生物，有广谱抗菌作用，对结核杆菌杀伤力更强。利福霉素及其同类化合物的作用机制是与细菌 RNA 聚合酶全酶 β 亚基活性中心旁的 RNA-DNA 结合区特异性结合，抑制其活性，将转录起始阻止在 RNA 只合成 2~3nt 的环节，不能进入延伸阶段。

（2）链霉溶菌素 与细菌 RNA 聚合酶的 β 亚基结合，抑制转录延伸反应。

（3）α 鹅膏蕈碱 是毒鹅膏（*A. phalloides*）合成的一种八肽，可抑制真核生物 RNA 聚合酶，对细菌 RNA 聚合酶的抑制作用极弱。

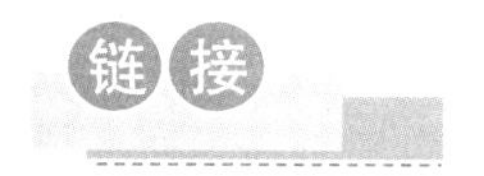

中药基因组学

中药基因组学的含义是把传统中药理论与现代科学理论、现代科技手段相结合，把中药的药性、功能及主治与其对特定疾病相关基因的表达和调控的影响相关联，用现代基因组学特别是功能基因组学和疾病基因组学的理论在分子水平上诠释传统中药理论及其作用机制。

中药基因组学的核心内容是研究中药对基因表达的影响，特别是对那些能代表中药适应证的疾病相关基因表达的影响，具体说是中药药性、功能及主治与其对基因表达影响的关系研究。针对上述核心内容首先要建立可行性技术方法，如生物芯片、基因组学和蛋白组学等技术。在上述研究的基础上开展中药基因组学数据库的建立及数据处理方法研究，并对中药基因组学进行理论总结、归纳、分析和综合。

小结

转录是中心法则的关键，是基因表达的首要环节，转录产物 RNA 在 DNA 和蛋白质之间建立联系。

无论是原核生物还是真核生物，RNA 的转录合成都需要 DNA 模板、RNA 聚合酶、NTP 原料和 Mg^{2+}（或 Mn^{2+}）。RNA 聚合酶催化核苷酸以 3′,5′-磷酸二酯键连接合成 RNA，合成方向为 5′→3′。

转录的基本特征是选择性转录、不对称转录、连续性转录和转录后加工。

大肠杆菌 RNA 聚合酶全酶由核心酶和 σ 因子构成：核心酶可催化合成 mRNA、tRNA 和 rRNA，σ 因子是转录起始因子，协助核心酶识别并结合启动子元件。所有真核生物细胞核内都有 RNA 聚合酶Ⅰ、RNA 聚合酶Ⅱ、RNA 聚合酶Ⅲ：RNA 聚合酶Ⅰ位于核仁内，催化合成 18S、5.8S、28S rRNA 前体；RNA 聚合酶Ⅱ位于核质内，催化合成 mRNA、snRNA、调控 RNA 前体；RNA 聚合酶Ⅲ位于核质内，催化合成 tRNA、5S rRNA、snRNA 前体。

大肠杆菌 RNA 的转录合成分为起始、延伸、终止和后加工四个阶段。转录起始是基因表达的关键阶段，核心内容是 RNA 聚合酶全酶识别并结合到启动子上，形成转录起始复合物，启动 RNA 合成。转录延伸阶段核心酶与转录区形成称为转录泡的转录复合物，即核心酶沿 DNA 模板链 3′→5′方向移动，按 5′→3′方向延伸合成 RNA。转录终止阶段核心酶读到转录终止信号，结束转录，RNA 释放，转录泡解体，有的转录终止需要 ρ 因子协助。rRNA 和 tRNA 还要进行转录后加工。

真核生物 RNA 的转录后加工尤为复杂和重要：①mRNA 前体由外显子与内含子交替连接而成，经过加帽、加尾、剪接、编辑和修饰等加工得到成熟 mRNA。②rRNA 前体由 18S、5.8S、28S rRNA 基因及外转录间隔区、内转录间隔区组成，经过修饰与剪切得到成熟 rRNA。③tRNA 前体经过剪切末端序列、添加 3′端 CCA、修饰核苷酸等加工得到成熟 tRNA。

讨论

1. 原核生物和真核生物 RNA 聚合酶的异同。
2. 试述大肠杆菌基因启动子的特点及作用。
3. 真核生物 mRNA 转录后加工的基本过程和意义。

4. 断裂基因的优势。

5. 新型冠状病毒是单股正链 RNA 病毒，RNA 链 5′端有甲基化“帽子”，3′端有 poly(A)尾。其基因组特点在感染宿主细胞中的优势？

6. 2020 年新冠疫情全球暴发，在寻找“特效药”过程中，有的科学家针对病毒转录过程中的靶点研发小分子靶向药物。而中医药则从五运六气、寒湿疫证候等角度进行诊治。此两种方式各自的利弊？

7. “夫病已成而后药之，乱已成而后治之，譬犹渴而穿井，斗而铸锥，不亦晚乎。”在讨论 6 的基础上，讨论这句话对全民健康的意义。

第十八章
蛋白质的生物合成

扫一扫，查阅本章数字资源，含PPT、音视频、图片等

蛋白质是生命活动的执行者。储存遗传信息的 DNA 并不直接指导蛋白质合成，DNA 的遗传信息通过转录传递给 mRNA，mRNA 直接指导蛋白质合成。mRNA 由 4 种核苷酸合成，而蛋白质由 20 种氨基酸合成。由核糖体承担的蛋白质合成过程是通过 tRNA 从 mRNA 读取遗传信息，用氨基酸合成蛋白质的过程，是 mRNA 碱基序列决定蛋白质氨基酸序列的过程，或者说是把核酸语言翻译成蛋白质语言的过程。因此，蛋白质的合成过程又称翻译（translation）。

第一节　蛋白质合成体系

蛋白质的合成过程非常复杂，除了消耗大量氨基酸和高能化合物 ATP、GTP 外，还需要 100 多种生物大分子的参与，包括 mRNA、tRNA、rRNA 和一组蛋白因子，合成反应可表示如下：

$$\text{氨基酸} \xrightarrow[\text{酶，蛋白因子，ATP，GTP}]{\text{mRNA，rRNA，tRNA}} \text{蛋白质}$$

这里先介绍 mRNA、tRNA 和含 rRNA 的核糖体，其他相关酶和蛋白因子将结合在蛋白质合成过程中介绍（表 18-1）。

表 18－1　参与蛋白质合成的主要物质

蛋白质合成阶段	参与蛋白质合成的物质
氨基酸活化	氨基酸，氨酰 tRNA 合成酶，tRNA，ATP，Mg^{2+}
翻译起始	核糖体大、小亚基，mRNA，蛋氨酰 tRNA，翻译起始因子，GTP，Mg^{2+}
翻译延伸	mRNA，核糖体，氨酰 tRNA，翻译延伸因子，GTP，Mg^{2+}
翻译终止	mRNA，核糖体，释放因子，GTP
翻译后修饰	酶、辅助因子和其他成分（用于切除前体蛋白 N 端、裂解肽链、修饰氨基酸等）

一、mRNA

mRNA 传递从 DNA 转录的遗传信息，其一级结构中编码区的密码子序列直接编码蛋白质多肽链的氨基酸序列。

1. mRNA 的一级结构　由编码区和非翻译区构成（图 18-1）。

（1）5′非翻译区（5′untranslated region，5′UTR）　又称前导序列（leader，>25nt），是从 mRNA 的 5′端到起始密码子之前的一段序列。

（2）编码区（coding region）　又称开放阅读框（open reading frame，ORF），是从起始密码

图 18-1 mRNA 一级结构

子到终止密码子的一段序列，是 mRNA 的主要序列。原核生物许多 mRNA 有不止一个编码区，相邻编码区被一个顺反子间区（intercistronic region，-1~40nt）隔开，这种 mRNA 称为多顺反子 mRNA（polycistronic mRNA）。真核生物几乎所有 mRNA 只有一个编码区，这种 mRNA 称为单顺反子 mRNA（monocistronic mRNA）。人类转录组 mRNA 编码区编码的肽链平均长度 350~440 个氨基酸残基。

（3）3′非翻译区（3′untranslated region，3′UTR） 又称尾随序列（trailer），是从 mRNA 的终止密码子之后到 3′端的一段序列。

真核生物 mRNA 平均长度 1000~2000nt，5′端有 5′帽子结构，3′端有 poly(A)尾（组蛋白 mRNA 例外）。

2. 密码子 mRNA 编码区从 5′端到 3′端每三个相邻核苷酸一组连续分组，每一组核苷酸构成一个遗传密码，称为密码子（codon，三联体密码，triplet code）（表 18-2）。密码子不仅决定着蛋白质合成时将连接何种氨基酸，还控制着蛋白质合成的起始和终止。

表 18-2 遗传密码表

第一碱基	第二碱基 U	C	A	G	第三碱基
U	UUU 苯丙（Phe）	UCU 丝（Ser）	UAU 酪（Tyr）	UGU 半胱（Cys）	U
	UUC 苯丙（Phe）	UCC 丝（Ser）	UAC 酪（Tyr）	UGC 半胱（Cys）	C
	UUA 亮（Leu）	UCA 丝（Ser）	UAA 终止密码子	UGA 终止密码子	A
	UUG 亮（Leu）	UCG 丝（Ser）	UAG 终止密码子	UGG 色（Trp）	G
C	CUU 亮（Leu）	CCU 脯（Pro）	CAU 组（His）	CGU 精（Arg）	U
	CUC 亮（Leu）	CCC 脯（Pro）	CAC 组（His）	CGC 精（Arg）	C
	CUA 亮（Leu）	CCA 脯（Pro）	CAA 谷胺（Gln）	CGA 精（Arg）	A
	CUG 亮（Leu）	CCG 脯（Pro）	CAG 谷胺（Gln）	CGG 精（Arg）	G
A	AUU 异亮（Ile）	ACU 苏（Thr）	AAU 天胺（Asn）	AGU 丝（Ser）	U
	AUC 异亮（Ile）	ACC 苏（Thr）	AAC 天胺（Asn）	AGC 丝（Ser）	C
	AUA 异亮（Ile）	ACA 苏（Thr）	AAA 赖（Lys）	AGA 精（Arg）	A
	AUG 蛋（Met）	ACG 苏（Thr）	AAG 赖（Lys）	AGG 精（Arg）	G
G	GUU 缬（Val）	GCU 丙（Ala）	GAU 天（Asp）	GGU 甘（Gly）	U
	GUC 缬（Val）	GCC 丙（Ala）	GAC 天（Asp）	GGC 甘（Gly）	C
	GUA 缬（Val）	GCA 丙（Ala）	GAA 谷（Glu）	GGA 甘（Gly）	A
	GUG 缬（Val）	GCG 丙（Ala）	GAG 谷（Glu）	GGG 甘（Gly）	G

（1）起始密码子 是位于编码区 5′端的第一个密码子，是编码蛋氨酸（甲硫氨酸）的，即蛋白质合成都是从蛋氨酸开始的。原核基因的起始密码子绝大多数是 AUG（在编码区内部也编码蛋氨酸），少数是 GUG（在编码区内部编码缬氨酸）、UUG（在编码区内部编码亮氨酸）。真核基因的起始密码子几乎都是 AUG，极少数是 CUG（在编码区内部编码亮氨酸）。

（2）终止密码子　是位于编码区3′端的最后一个密码子，不编码任何氨基酸，所以是终止信号，包括UAA、UAG或UGA。

3. 密码子特点　密码子有以下特点：

（1）方向性　核糖体阅读mRNA编码区的方向是5′→3′，因此：①所有密码子都按5′→3′方向阅读。②起始密码子位于编码区的5′端，终止密码子位于3′端。

（2）连续性　①mRNA编码区的密码子之间没有间隔，即每个核苷酸都参与组成密码子。②密码子没有重叠，即每个核苷酸只参与组成一个密码子。因此，如果发生插入缺失突变，并且插入缺失的不是3*n*个碱基，插入缺失点下游就会发生移码突变，导致蛋白质的氨基酸组成和序列改变。

（3）简并性　密码子共有64个，其中61个编码氨基酸，称为**有义密码子**（sense codon）。每一个有义密码子编码一种氨基酸，但用于合成蛋白质的氨基酸只有20种，所以一种氨基酸可能有不止一个密码子。只有蛋氨酸和色氨酸有单一密码子，其余18种氨基酸各有2~6个密码子（表18-2）。编码同一种氨基酸的不同密码子称为**同义密码子**（synonymous codon）。同义密码子具有**简并性**（degeneracy），即不同密码子可以编码同一种氨基酸。大多数同义密码子的第一、第二碱基一样，第三碱基不同，这一现象被称为**第三碱基简并性**（third-base degeneracy）。例如GAU和GAC是同义密码子，都编码天冬氨酸，其第一、第二碱基都是GA，第三碱基分别是U和C。

（4）通用性　绝大多数地球生物采用同一套遗传密码，说明它们由同一祖先进化而来。线粒体DNA遗传密码的例外较多（表18-3）。

表18-3　人类染色体遗传密码与线粒体遗传密码差异

密码子	AUA	AGA/AGG	UGA
染色体	异亮氨酸	精氨酸	终止密码子
线粒体	蛋氨酸（与AUG同义）	终止密码子（与UAA/UAG同义）	色氨酸（与UGG同义）

二、tRNA

在蛋白质合成过程中，mRNA编码区的密码子序列决定着蛋白质多肽链的氨基酸序列，但这种决定是由tRNA介导的。实际上密码子与氨基酸并不直接结合，因此不能相互识别。

1. tRNA是氨基酸运输工具　每一种氨基酸都有自己的tRNA，它通过3′端CCA序列的腺苷酸3′-羟基结合、运输氨基酸并在核糖体上将其连接到肽链的C端。

2. tRNA是译码器　每一种tRNA都有一个**反密码子**（anticodon），它是tRNA反密码子环上的一个三碱基序列，可识别mRNA编码区的一种密码子，并与之结合（图18-2）。因此，mRNA通过碱基配对选择氨酰tRNA，并允许其将携带的氨基酸连接到肽链上。

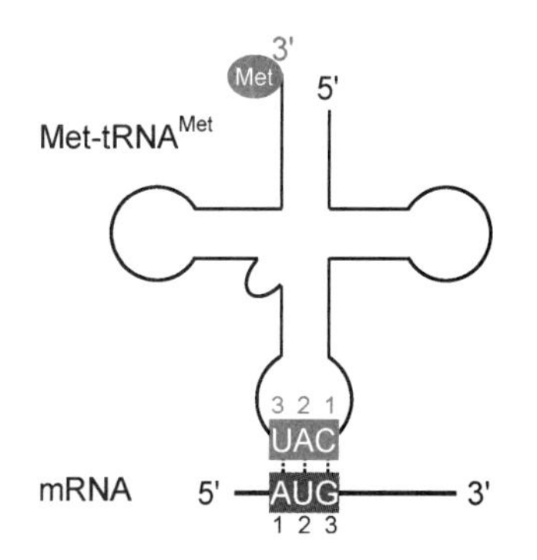

图18-2　tRNA译码

3. tRNA译码存在摆动性　反密码子与密码子是反向结合的，即tRNA反密码子的第一、第二、第三碱基分别与mRNA密码子的第三、第二、第一碱基结合。有些反密码子第一碱基与密码子第三碱基的结合并不严格按照碱基配对原则配对，即一种反密码子可能识别几个不同的密码子（当然它们一定是同义密码子），这一现象

被称为摆动性（表 18-4）。

表 18－4 摆动配对

反密码子第一碱基	A	C	G	U	I
密码子第三碱基	U	G	C、U	A、G	A、C、U

三、rRNA 与核糖体

20 世纪 50 年代，P. Zamecnik 等通过同位素实验证明蛋白质是在核糖体上合成的。在合成蛋白质时，核糖体亚基与氨酰 tRNA、mRNA 形成翻译起始复合物（覆盖约 35nt），核糖体移动阅读 mRNA 的编码区，通过肽基转移酶（肽酰转移酶）活性中心和三个 tRNA 结合位点将氨基酸连接到肽链上。

1. 肽基转移酶活性中心 位于核糖体大亚基上。

2. tRNA 结合位点 有三个：①氨酰位（aminoacyl site，A 位）：结合氨酰 tRNA，跨在小亚基和大亚基上。②肽酰位（peptidyl site，P 位）：结合肽酰 tRNA，跨在小亚基和大亚基上。③出口位（exit site，E 位）：结合脱酰 tRNA，主要位于大亚基上，但与小亚基也有接触（图 18-4）。

原核生物只有一类核糖体，真核生物则有位于细胞不同部位的以下几类核糖体：游离核糖体、内质网核糖体、线粒体核糖体和植物叶绿体核糖体。游离核糖体和内质网核糖体实际上是同一类核糖体，它们比原核生物核糖体大，所含的 rRNA 和蛋白质也多。线粒体核糖体和叶绿体核糖体比原核生物核糖体小。这些核糖体的基本结构和功能一致。

第二节 氨基酸活化

原核生物与真核生物的蛋白质合成过程在以下几方面基本一致：①合成蛋白质的直接原料是氨酰 tRNA，氨基酸与 tRNA 的结合由氨酰 tRNA 合成酶催化，这一过程称为负载。②译码从 mRNA 编码区 5′端的起始密码子开始，沿 5′→3′方向进行，到终止密码子结束。③肽链的合成从 N 端开始，在 C 端延伸，整个过程分为起始、延伸和终止三个阶段。

氨基酸负载过程消耗 ATP，使氨基酸与 tRNA 以高能酯键连接，所以氨酰 tRNA 是氨基酸的活化形式，氨基酸负载又称氨基酸活化。每活化一分子氨基酸消耗两个高能磷酸键（图 18-3）。

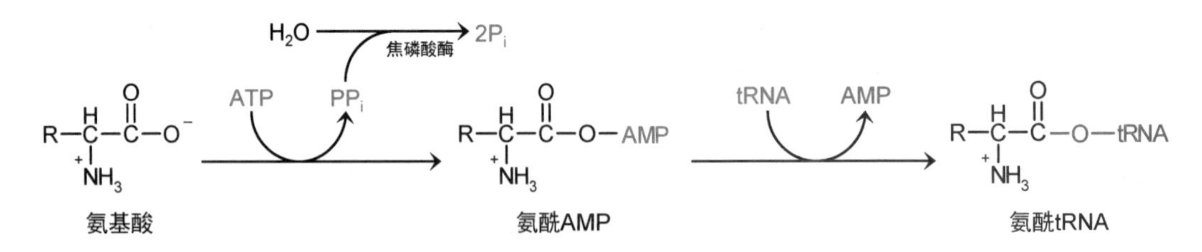

图 18-3 氨基酸活化

1. 氨酰 tRNA 合成酶 tRNA 与氨基酸并不能相互识别，它们的正确结合是由氨酰 tRNA 合成酶催化进行的。绝大多数生物基因组编码 20 种氨酰 tRNA 合成酶，每一种氨酰 tRNA 合成酶都催化一种编码氨基酸与其 tRNA 的 3′-羟基连接。氨酰 tRNA 合成酶具有高度专一性，既能识别氨基酸，又能识别相应的 tRNA。

2. 起始 tRNA 原核生物和真核生物都有两种负载蛋氨酸的 tRNA，两种 tRNA 都由同一种 Met-tRNA 合成酶催化负载，负载的蛋氨酸分别用于蛋白质合成的起始和延伸。原核生物的起始蛋氨酰 tRNA 被甲酰化，生成 *N*-甲酰蛋氨酰 tRNA，反应由甲酰基转移酶（转甲酰酶，transformylase）催化：

$$N^{10}\text{-甲酰四氢叶酸} + \text{蛋氨酰tRNA} \rightarrow N\text{-甲酰蛋氨酰tRNA} + \text{四氢叶酸}$$

3. tRNA 命名　tRNA 负载氨基酸前后用不同的命名和缩写表示，以甘氨酸为例，负载前称为甘氨酸 tRNA（$tRNA^{Gly}$），负载后称为甘氨酰 tRNA（Gly-$tRNA^{[Gly]}$）。原核生物和真核生物两种负载蛋氨酸的 tRNA 也有不同的表示方法（表 18-5）。

表 18－5　蛋氨酰 tRNA

生物	名称缩写	功能
原核生物	fMet-$tRNA_f^{[Met]}$、fMet-$tRNA_{[i]}^{fMet}$	翻译起始，与小亚基 P 位结合
	Met-$tRNA_m^{Met}$	翻译延伸，与核糖体 A 位结合
真核生物	Met-$tRNAi^{[Met]}$	翻译起始，与小亚基 P 位结合
	Met-$tRNA^{Met}$	翻译延伸，与核糖体 A 位结合

第三节　大肠杆菌蛋白质合成

蛋白质合成可分成两个环节：氨基酸合成肽链，肽链加工成蛋白质。虽然核糖体被称为蛋白质合成机器，但它只是合成肽链。

原核生物和真核生物的蛋白质合成过程在细节上有差异，参与合成的因子种类或其命名/缩写也不同。以下是大肠杆菌蛋白质合成过程。

一、翻译起始

翻译起始阶段是核糖体在翻译起始因子的协助下与 mRNA、fMet-$tRNA_f$形成翻译起始复合物的过程。在复合物中，fMet-$tRNA_f$的反密码子 CAU 与 mRNA 的起始密码子 AUG 正确配对。因此，翻译起始的核心内容就是核糖体从起始密码子启动蛋白质合成（图 18-4）。

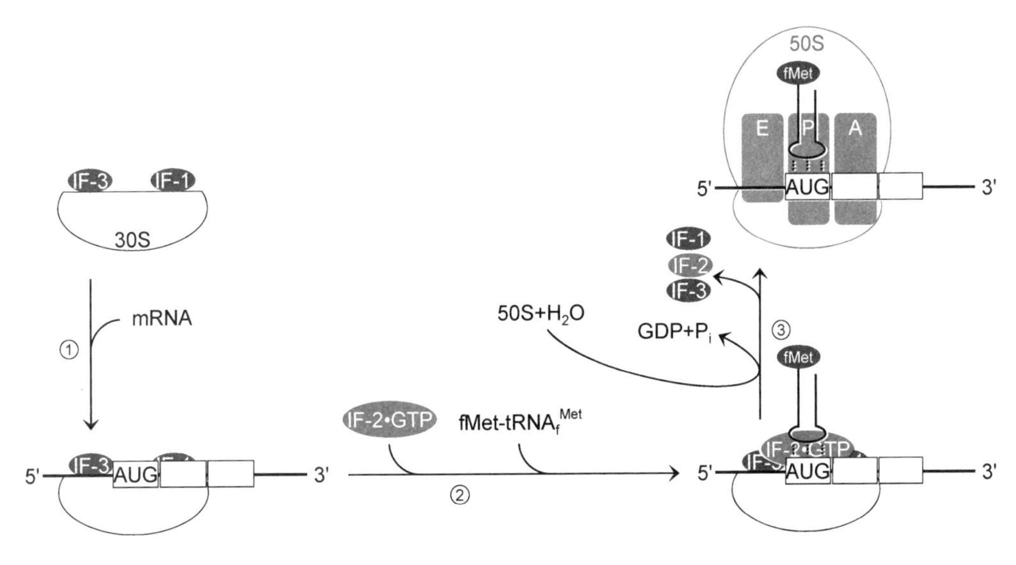

图 18-4　大肠杆菌翻译起始

1. mRNA 与小亚基结合　翻译起始复合物的形成是从游离的小亚基开始的。细胞质中存在

着核糖体的解聚平衡。大肠杆菌有三种翻译起始因子（IF），其中 IF-1 和 IF-3 参与核糖体解聚：IF-3 在翻译终止阶段与核糖体复合物小亚基 E 位结合，促进核糖体解聚，启动新一轮翻译起始。IF-1 与小亚基 A 位结合。mRNA 通过核糖体结合位点与小亚基结合（图 18-4①）。

编码区的 5′端和内部都存在 AUG，某些 mRNA 的 5′非翻译区也有 AUG。只有位于核糖体结合位点内的 AUG 才是起始密码子。

核糖体结合位点（ribosome binding site，RBS）是指核糖体赖以形成并启动肽链合成的一段 mRNA 序列。大肠杆菌 mRNA 的核糖体结合位点约 30nt，覆盖起始密码子及其上游 8～13nt 处的一段富含嘌呤核苷酸的保守序列，该序列长度 4～9nt，共有序列是 AGGAGGU，用发现者 Shine-Dalgarno 的名字命名为 SD 序列。大肠杆菌核糖体小亚基 16S rRNA 的 3′端有一段富含嘧啶的序列 ACCUCCU，可与 mRNA 的 SD 序列互补结合，从而促成小亚基与 mRNA 的结合（图 18-5）。

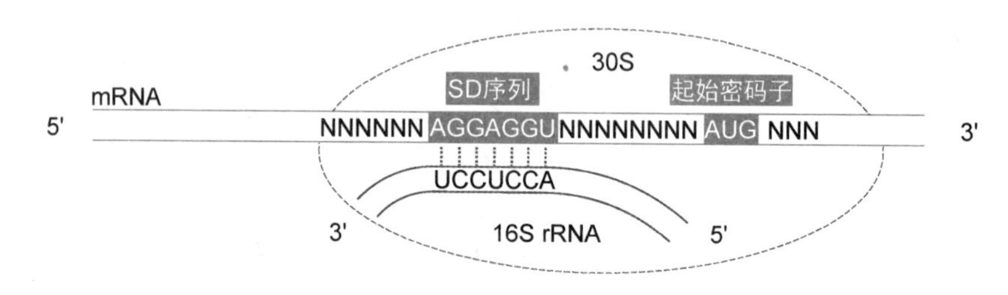

图 18-5　核糖体结合位点

2. 30S 复合物形成　fMet-$tRNA_f$与 mRNA-小亚基结合形成 30S 复合物，需要翻译起始因子 IF-2 协助。IF-2 是一种 G 蛋白（第十二章，256 页），有依赖核糖体的 GTPase（GTP 酶）活性。IF-2 先与 GTP 形成 IF-2·GTP，结合于小亚基 P 位，再募集 fMet-$tRNA_f$，并协助其与 P 位结合形成 30S 复合物（TΨC 臂起决定作用）。在 30S 复合物中，fMet-$tRNA_f$的反密码子 CAU 与 mRNA 的起始密码子 AUG 互补结合，其中密码子 UG 碱基与反密码子 CA 碱基的配对是必需的（图 18-4②）。

3. 翻译起始复合物形成　大亚基与 30S 复合物结合形成翻译起始复合物，并激活 IF-2·GTP，催化 GTP 水解，IF-2·GDP 释放，IF-1 和 IF-3 也释放（图 18-4③）。

二、翻译延伸

翻译延伸阶段是 mRNA 编码区指导核糖体用氨基酸合成肽链的过程。翻译延伸是一个循环过程，该循环包括进位、成肽、移位三个步骤（图 18-6）。每次循环连接一个氨基酸，每秒钟可连接 15～20 个氨基酸。肽链合成的方向是 N 端→C 端，所以起始 *N*-甲酰蛋氨酸位于 N 端。肽链延伸消耗 GTP，并且需要翻译延伸因子（EF）EF-Tu、EF-Ts 和 EF-G 参与，延伸错误率 10^{-5}～10^{-3}。

1. 进位　即氨酰 tRNA 进入 A 位（图 18-6①）。在翻译起始阶段完成时，翻译起始复合物上三个位点的状态不同：①E 位是空的。②P 位对应 mRNA 起始密码子 AUG，结合了 fMet-$tRNA_f$。③A 位对应 mRNA 的第二个密码子，是空的。何种氨酰 tRNA 进位由 A 位对应的密码子决定，并且需要翻译延伸因子 EF-Tu（功能是协助氨酰 tRNA 进位）和 EF-Ts（功能是促使 EF-Tu 释放 GDP，结合 GTP）协助，通过进位循环完成进位。

进位循环：①EF-Tu·GTP 与氨酰 tRNA 结合，形成氨酰 tRNA-EF-Tu·GTP 三元复合物。②三元复合物进入 A 位，tRNA 反密码子与 mRNA 密码子结合，其他部位与大亚基结合。③如果进位正确，核糖体变构，激活 EF-Tu·GTP。EF-Tu·GTP 水解其结合的 GTP，转化为 EF-Tu·GDP，从而变构脱离核糖体。④EF-Ts 作为 GTP 交换因子（GTP exchange factor）使 GTP 取代 GDP 与 EF-Tu 结合，形成

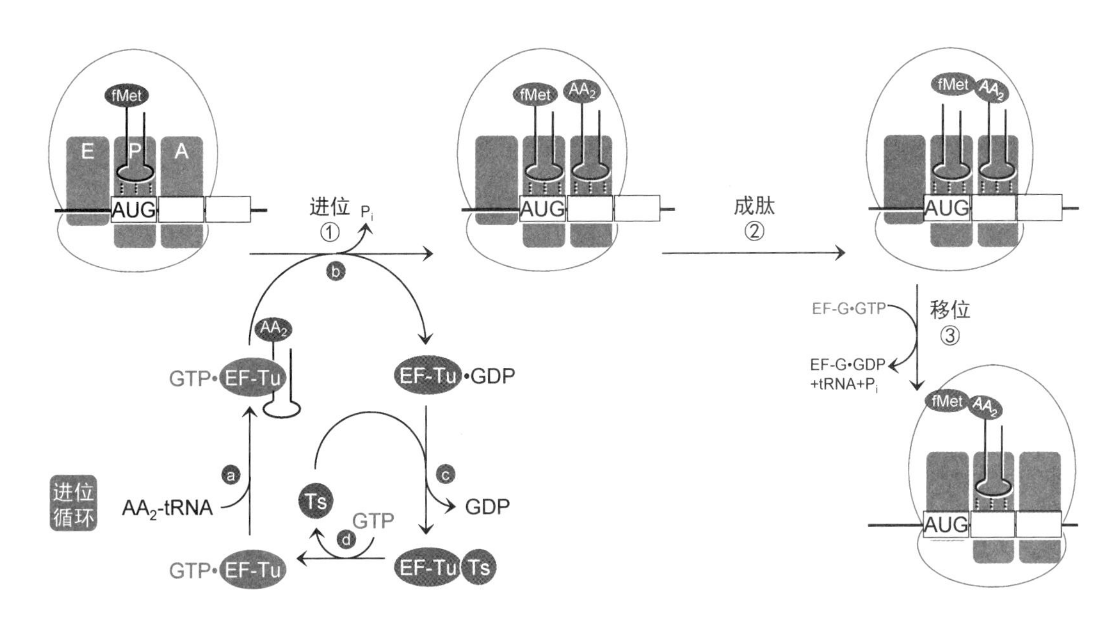

图 18-6　大肠杆菌翻译延伸与进位循环

新的 EF-Tu·GTP 复合物，参与下一次进位循环（图 18-6ⓐ~ⓓ）。

2. 成肽　即 P 位 fMet-$tRNA_f$甲酰蛋氨酸（及之后的肽链）的 α-羧基与 A 位氨酰 tRNA 氨基酸的 α-氨基形成肽键。成肽反应由核糖体大亚基的肽基转移酶活性中心催化，既不消耗高能磷酸化合物，也不需要翻译延伸因子（图 18-6②）。23S rRNA 的 A2451 和 P 位肽酰 tRNA 的 3′端 AMP 提供的两个 2′-羟基可能是活性中心的必需基团。

3. 移位　肽键形成之后，A 位结合的是肽酰 tRNA，P 位结合的是脱酰 tRNA。接下来是**核糖体移位**（转位），即核糖体向 mRNA 的 3′端移动一个密码子，而脱酰 tRNA 及肽酰 tRNA 与 mRNA 之间没有相对移动。移位后：①脱酰 tRNA 从 P 位移到 E 位再脱离核糖体。②肽酰 tRNA 从 A 位移到 P 位。③A 位成为空位，并对应 mRNA 的下一个密码子。④核糖体恢复 A 位为空位时的构象，等待下一个氨酰 tRNA-EF-Tu·GTP 三元复合物进位，开始下一次延伸循环（图 18-6③）。

移位需要翻译延伸因子 EF-G（**移位酶**，转位酶）与一分子 GTP 形成的 EF-G·GTP。EF-G·GTP 水解其 GTP，转化为 EF-G·GDP，同时推动核糖体移位。

综上所述，蛋白质合成的延伸阶段是一个包括三个步骤的循环过程，每次循环都会在肽链 C 端连接一个氨基酸。结果，肽链不断延伸，并穿过核糖体大亚基的一个肽链通道（exit channel）甩出核糖体。

蛋白质合成是一个高度耗能过程。每活化一分子氨基酸要消耗两个高能磷酸键（来自 ATP），每一次延伸循环在进位和移位时又各消耗一个高能磷酸键（来自 GTP）。因此，在肽链上每连接一个氨基酸至少消耗四个高能磷酸键。

三、翻译终止

当核糖体通过移位读到终止密码子时，蛋白质合成进入翻译终止阶段，由释放因子协助终止翻译。

1. 终止过程　需要一组释放因子决定 mRNA-核糖体-肽酰 tRNA 的命运（图 18-7）。

（1）释放因子 RF-1 或 RF-2 进入核糖体 A 位并与终止密码子结合，导致 P 位肽酰 tRNA 水解，释放肽链。

（2）释放因子 RF-1 或 RF-2 募集 RF-3·GDP，促使其释放 GDP，结合 GTP。RF-3·GTP 引发核糖体变构，RF-1 或 RF-2 释放。之后 RF-3·GTP 水解，RF-3·GDP 释放。

（3）IF-3 结合于核糖体复合物小亚基，使其释放脱酰 tRNA、mRNA（图 18-7），启动下一轮翻译起始。

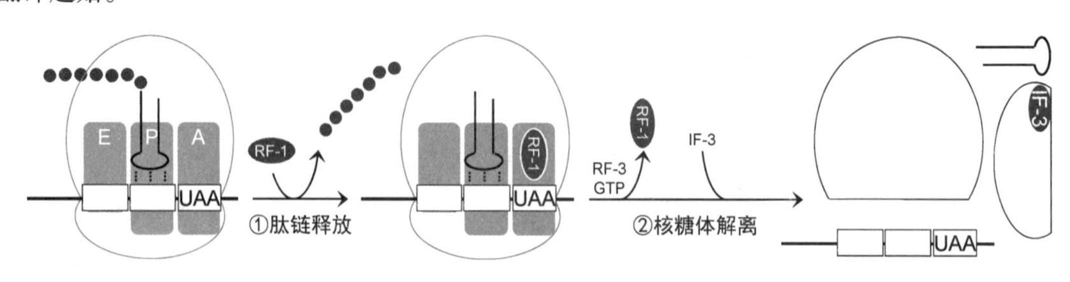

图 18-7 大肠杆菌翻译终止

2. 释放因子 大肠杆菌有 RF-1、RF-2 和 RF-3 三种释放因子（RF）：RF-1 识别终止密码子 UAG 和 UAA；RF-2 识别终止密码子 UGA 和 UAA；RF-3 有依赖核糖体的 GTPase 活性，促 RF-1 或 RF-2 释放。

四、多核糖体循环

细胞可以通过以下两种机制提高翻译效率：

1. 形成多核糖体 在绝大多数情况下，一个 mRNA 分子上会结合不止一个核糖体，相邻核糖体间隔 20nm（80nt），形成多[聚]核糖体（polysome）结构（图 19-1）。

2. 形成核糖体循环 一个核糖体在完成一轮翻译之后解离成亚基，可以在 mRNA 的 5′端重新形成翻译起始复合物，启动新一轮翻译，形成核糖体循环。

第四节 蛋白质翻译后修饰

正在合成和刚合成的多肽链称为新生肽（nascent peptide），其中刚合成且尚无活性的新生肽称为前体蛋白（preprotein）。翻译后修饰（翻译后加工）是指对新生肽链进行各种加工与修饰，从而改变其结构、性质、活性、分布、稳定性及与其他分子的相互作用。实际上，所有蛋白质在合成后一直经历着各种加工与修饰，直至最后被分解。

翻译后修饰内容丰富，既有一级结构的修饰，例如肽键水解和侧链修饰，又有空间结构的修饰，例如蛋白质折叠和亚基聚合；既有不可逆修饰，例如羟化、糖基化和酰化，又有可逆修饰，例如磷酸化和去磷酸化。各项修饰进行的时机和部位（区室）不尽相同，可以发生在多肽链的合成过程中、合成完成后，蛋白质定向运输或分泌过程中、到达功能部位（区室）后，参与细胞代谢时及最终被分解时。

一、肽链部分切除

酶原激活及许多新生肽在形成有天然构象的蛋白质时都要进行特异切割，即由蛋白酶水解特定肽键，切除末端信号肽、内部肽段、末端氨基酸，或者水解成一系列活性肽。这种水解是不可逆的。

1. 末端切除 新生肽的 N 端都是 *N*-甲酰蛋氨酸（原核生物）或蛋氨酸（真核生物），但许

多（大肠杆菌 50%）成熟蛋白质的 N 端都是其他氨基酸。新生肽 N 端的 *N*-甲酰蛋氨酸或蛋氨酸都被一种氨肽酶切除，这一事件发生在翻译延伸阶段，此时新生肽仅含有 10～15 个氨基酸残基。此外，有些新生肽切除含有 *N*-甲酰蛋氨酸或蛋氨酸的一个肽段。例如：①人组蛋白和肌红蛋白前体在合成后切除 N 端的蛋氨酸。②人溶菌酶 C 原在激活时切除 N 端一个十八肽。③膜蛋白和分泌蛋白前体的 N 端有一段信号肽，该信号肽在完成使命后也被切除。

很多蛋白质 C 端也有氨基酸或肽段切除。例如：①人 *UBC* 基因编码的多聚泛素的 C 端切除一个缬氨酸。②肠碱性磷酸酶原在激活时切除 C 端一个二十五肽。

2. 蛋白激活　参与食物消化的许多酶及血液循环中的凝血系统和纤溶系统的各种因子必须被激活才能起作用，其激活过程就是蛋白酶水解过程。蛋白酶水解还参与蛋白质及肽类信号分子的形成，例如胰岛素就是从大的前体肽加工形成的。

人胰岛素基因产物经历前胰岛素原（Met1～Asn110）→胰岛素原（Phe25～Asn110）→胰岛素的翻译后修饰过程。前胰岛素原含有 110 个氨基酸残基，在翻译后修饰过程中先切除信号肽（Met1～Ala24），形成二硫键，转化为胰岛素原储存于分泌泡。分泌前进一步修饰，切除连接肽 1（Arg55～Arg56）、C 肽（Glu57～Gln87）、连接肽 2（Lys88～Arg89），得到由 A 链（Gly90～Asn110）和 B 链（Phe25～Thr54）构成的活性胰岛素（图 18-8）。C 肽是活性肽，作用于各组织 GPCR，缓解胰岛素合成减少的后果如糖尿病神经痛。

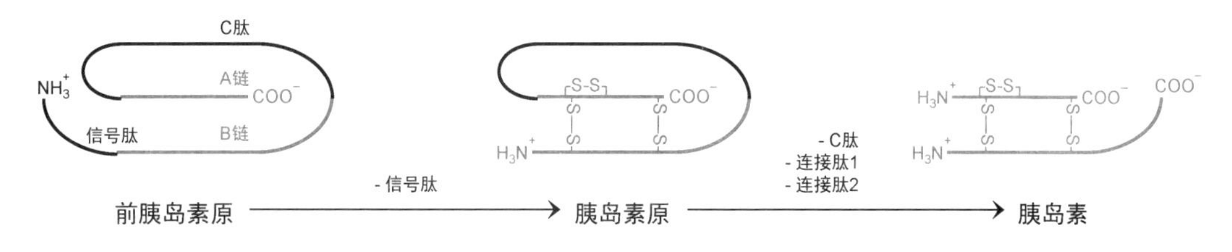

图 18-8　人胰岛素一级结构翻译后修饰

二、氨基酸修饰

蛋白质是用 20 种编码氨基酸合成的，然而目前在各种蛋白质中还发现有上百种非编码氨基酸，它们是编码氨基酸翻译后修饰的产物。氨基酸修饰包括羟化、甲基化、羧[基]化、磷酸化、甲酰化、乙酰化、酰化、异戊二烯化、核苷酸化等（表 18-6）。修饰的意义是改变蛋白质溶解度、稳定性、活性、区室定位、与其他蛋白质的作用等。

表 18-6　蛋白质中常见的氨基酸修饰

修饰类型	修饰的氨基酸	修饰类型	修饰的氨基酸
羟化	Pro，Lys	法尼基化	Cys
甲基化	Lys，Arg，His，Glu，Asp，Asn，C 端 Cys	糖化	含游离氨基的氨基酸
γ-羧化	Glu	*N*-糖基化	Asn
磷酸化	Ser，Thr，Tyr	*O*-糖基化	Ser，Thr
硫酸化	Tyr	泛素化	Lys
乙酰化	Lys，Ser，N 端氨基	腺苷酸化	Tyr
豆蔻酰化	Lys，N 端氨基	ADP 核糖基化	Arg，Gln，Cys，白喉酰胺

三、蛋白质折叠和亚基聚合

蛋白质折叠（protein folding）是指有不确定构象的前体蛋白通过有序折叠形成有天然构象的功能蛋白的过程。蛋白质的一级结构是其构象的基础。前体蛋白能够自发折叠，形成稳定的天然构象。不过，大多数前体蛋白在体内的折叠是在各种辅助蛋白的协助下进行的。已经阐明的辅助蛋白有折叠酶类和分子伴侣等。

1. 折叠酶类 共价键异构是某些蛋白质折叠的关键步骤，需要相应折叠酶类的催化，目前研究较多的是蛋白质二硫键异构酶和肽基脯氨酰顺反异构酶。

（1）蛋白质二硫键异构酶（protein disulfide isomerase，PDI） 二硫键是蛋白质（特别是分泌蛋白和细胞膜蛋白）三级结构的稳定因素，由PDI催化形成。PDI活性中心含二硫键，催化的是巯基与二硫键的可逆转化，因而有两个功能：①二硫键形成，即催化前体蛋白半胱氨酸巯基形成二硫键。②二硫键纠错，即断开错误的二硫键，形成正确的二硫键。

（2）肽基脯氨酰异构酶（peptidyl-prolyl isomerase，PPI） 蛋白质中脯氨酸的亚氨基形成的肽键存在顺反异构。顺反异构影响到蛋白质正确构象的形成。在前体蛋白中该肽键均为反式构型，在成熟蛋白质中约有6%为顺式构型，特别是在β折叠中。异构过程由PPI催化，可将异构速度提高10^4倍以上。

2. 分子伴侣 是广泛存在于原核生物和真核生物的一类保守蛋白质，定位于细胞的各个区室。它们在细胞内促进前体蛋白的**折叠**（folding）及多体的组装，并且在折叠和组装完毕之后与之分离，并不成为所组装蛋白质的组分。例如Hsp60、Hsp70和Hsp90等各类热休克蛋白（heat shock protein，Hsp，热激蛋白）家族。不同分子伴侣作用机制各不相同，可分为Ⅰ类分子伴侣和Ⅱ类分子伴侣。

（1）Ⅰ类分子伴侣 例如Hsp70家族，作用对象是能自发折叠的前体蛋白，功能是结合和稳定富含疏水性氨基酸的未折叠肽段，从而：①防止新生肽提前折叠，热变性蛋白错误折叠或聚集。②协助多体组装。③协助线粒体蛋白运输。

（2）Ⅱ类分子伴侣 又称**伴侣蛋白**（chaperonin），是一类结构复杂的蛋白复合体，例如TCP1和GroEL，作用对象是不能自发折叠的前体蛋白，功能是创造微环境，促进前体蛋白折叠和亚基聚合。

3. 亚基聚合 在粗面内质网上合成的许多分泌蛋白和膜蛋白都是多亚基蛋白，其亚基聚合在内质网中按一定顺序进行。结合蛋白质则涉及辅基结合，例如珠蛋白与血红素构成肌红蛋白。

4. 蛋白质构象病 蛋白质折叠错误会导致构象异常、功能异常或活性丧失，严重时致病，有的折叠错误后会相互聚集，形成抗蛋白酶水解的淀粉样变性，积累而致病，这类疾病称为**蛋白质构象病**（蛋白质折叠病）。蛋白质构象病多为慢性、老年性疾病，如朊病毒病、阿尔茨海默病、帕金森病、肌萎缩性脊髓侧索硬化症等都是蛋白质构象病。

朊病毒（prion，PrP）是能引起同种或异种蛋白质构象改变而使其功能改变或致病的一类蛋白质，具有致病性和感染性。**朊病毒病**（prion disease，传染性海绵状脑病）是由朊病毒引发的一类慢性退行性、致死性中枢神经系统疾病，已经报道的人类朊病毒病有库鲁病、克雅氏病、致死性家族性失眠症等，其他动物有羊瘙痒病、牛海绵状脑病（疯牛病）、猫海绵状脑病等。

朊病毒由S. Prusiner（1997年诺贝尔生理学或医学奖获得者）于1982年发现并阐明，因为是只有蛋白质而没有核酸的“病原体”，所以并不是传统意义上的病毒，微生物学称之为亚病毒。例如哺乳动物脑组织细胞膜上的一种疏水性糖蛋白就是朊病毒。人PrP前体蛋白含有253个氨基酸残基，成熟PrP含有208个氨基酸残基。成熟PrP有两种构象：一种是正常的PrP^C（cellular prion protein）构象，以 α 螺旋为主，以单体形式存在，可被蛋白酶完全水解；另一种是致病的 PrP^{Sc}（scrapie prion protein）构象，以 β 折叠为主（图 18-9），以淀粉样聚集体形式存在，不能被蛋白酶完全水解，最终引起神经淀粉样变性。PrP^{Sc} 分子能“复制”——通过构象链反应（conformational chain reaction）将其他 PrP 的 PrP^{C} 构象转化为 PrP^{Sc} 构象。遗传性朊病毒病患者的 PrP 存在各种突变。例如，致死性家族性失眠症（FFI）患者的朊病毒蛋白存在 Asp178Asn 突变，突变 PrP 比正常 PrP 容易形成 PrP^{Sc} 构象。

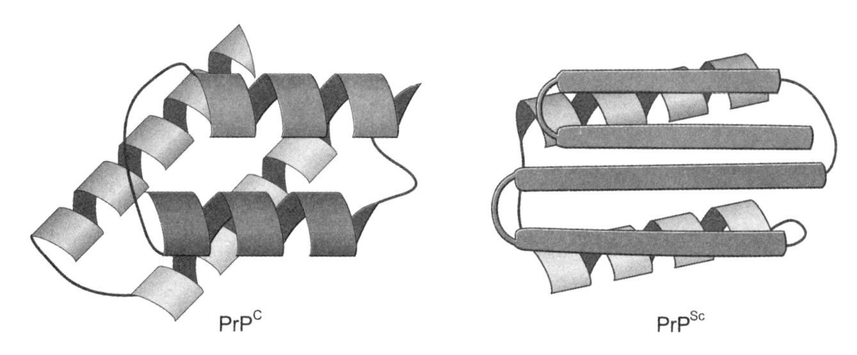

图 18-9　朊病毒构象

第五节　真核生物蛋白质定向运输

真核生物蛋白质的定向运输（靶向输送，targeting，分选，分拣，sorting），是指新合成的蛋白质从合成部位（区室）运到功能部位（区室）的过程。

真核基因编码的蛋白质可分为 3 类，分别由细胞质核糖体（游离核糖体）、内质网核糖体（附着核糖体）、线粒体和叶绿体核糖体合成，其中许多经历定向运输和分泌（表 18-7）。这里介绍分泌蛋白转入内质网腔的过程。

表 18－7　蛋白质合成场所与功能场所

核糖体场所	蛋白质	转运机制
细胞质	细胞质蛋白（不转运）、线粒体蛋白、细胞核蛋白、过氧化物酶体蛋白	翻译后转运
内质网	内质网膜蛋白、高尔基体膜蛋白、细胞膜蛋白、溶酶体蛋白、分泌蛋白	共翻译转运
线粒体和叶绿体	线粒体和叶绿体蛋白（由线粒体、叶绿体基因编码）	不转运

1. 信号肽　分泌蛋白（secretory protein）新生肽（前体蛋白）都有信号肽（signal peptide，信号序列，signal sequence，靶向信号，靶向序列，分选信号）。信号肽含有 13～36 个氨基酸残基，位于新生肽 N 端，有以下特征：①有的信号肽 N 端有 1～2 个碱性氨基酸残基。②中间有 10～15 个疏水性氨基酸残基。③C 端为信号肽酶剪切位点，含极性氨基酸残基，靠近剪切位点处为小分子量氨基酸残基。信号肽的功能是引导新生肽进入内质网，之后被切除，所以成熟的分泌蛋白没有信号肽（图 18-10）。

人血清白蛋白原　Met *Lys* Trp Val Thr Phe Ile Ser Leu Leu Phe Leu Phe Ser Ser Ala Tyr Ser•Arg

人胃蛋白酶原　Met *Lys* Trp Leu Leu Leu Leu Gly Leu Val Ala Leu Ser Glu Cys•Ile

人流感病毒 A 蛋白　Met *Lys* Ala *Lys* Leu Leu Val Leu Leu Tyr Ala Phe Val Ala Gly•Asp

图 18-10　人分泌蛋白信号肽

2. 信号识别颗粒和停靠蛋白 分泌蛋白新生肽的合成是在游离核糖体上开始的，后由信号肽引导核糖体锚定于内质网膜胞质面并继续合成，且新生肽直接进入内质网腔，即合成与运输同时进行，该过程称为**共翻译运输**（cotranslational translocation）。核糖体锚定于内质网膜的过程需要两种关键成分：**信号识别颗粒**（signal recognition particle，SRP）和**停靠蛋白**（信号识别颗粒受体）。信号识别颗粒是控制共翻译运输的信号肽受体蛋白，可与信号肽、核糖体结合。信号识别颗粒的结合抑制肽链合成。只有 mRNA-核糖体-新生肽-信号识别颗粒与内质网膜上的停靠蛋白结合后，信号识别颗粒与新生肽分离，肽链合成才继续进行。

3. 分泌蛋白共翻译运输机制 ①核糖体合成信号肽。②核糖体通过信号肽募集信号识别颗粒。③信号识别颗粒与 GTP 结合并中止肽链合成，此时肽链约含 70 个氨基酸残基（肽链过长不利于运输）；mRNA-核糖体-新生肽-信号识别颗粒·GTP 向内质网移动，被内质网膜停靠蛋白（结合有 GTP）募集。④核糖体与核糖体受体、贯穿内质网膜的**转运体**（translocator，易位子，易位蛋白质。是一类新生肽通道）结合，转运体开放，信号肽引导新生肽通过，同时信号识别颗粒和停靠蛋白水解各自的 GTP，信号识别颗粒释放。⑤新生肽继续合成，并通过转运体进入内质网腔（消耗 ATP），信号肽被内质网中与转运体结合的**信号肽酶**切除。⑥新生肽继续合成，直到终止。⑦核糖体解聚，转运体关闭，新生肽在内质网中修饰（图 18-11）。

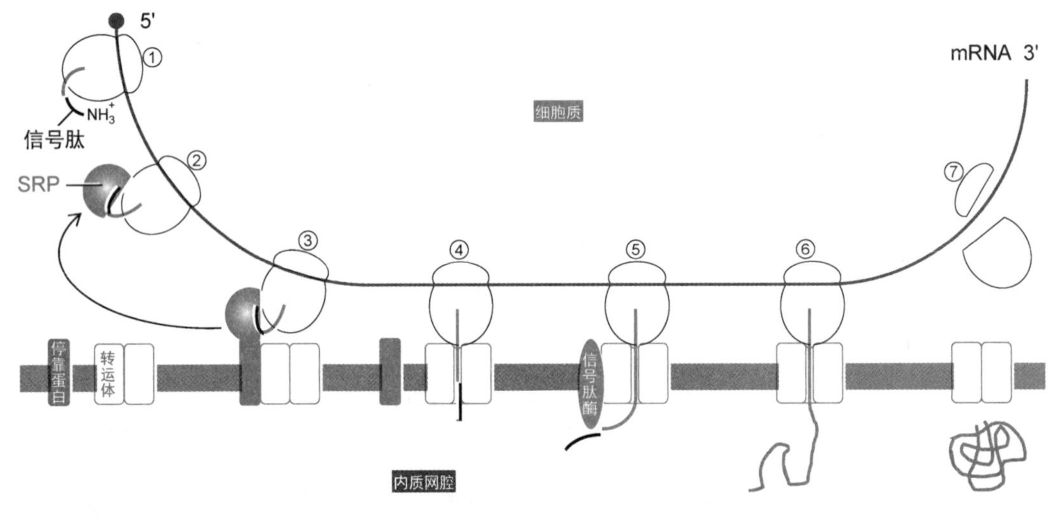

图 18-11 共翻译运输

分泌蛋白在内质网中修饰后，以**运输小泡**（transport vesicle，运输囊泡）形式向高尔基体**顺面**（顺面高尔基网）运输，在高尔基体内进一步修饰（包括 *O*-糖基化、*N*-寡糖加工），再以分泌小泡形式离开高尔基体**反面**（反面高尔基网），运到细胞膜，通过胞吐作用分泌到细胞外。

第六节 蛋白质合成抑制剂

蛋白质合成是许多天然抗生素和毒素的主要靶点。蛋白质合成的几乎每一个环节都能被一种或几种抗生素专一抑制，因此抗生素已成为研究蛋白质合成的重要工具。原核生物和真核生物蛋白质合成体系不尽相同，因此抗生素和毒素的抑制作用有选择性，即有的只抑制原核生物，有的只抑制真核生物，这正是它们临床应用的分子基础。以下为抑制蛋白质合成的部分抗生素和毒素。

1. 抗生素（antibiotic） 是一类生物（特别是细菌、酵母、霉菌）代谢物，对某些生物（特别是病原生物或有害生物）的毒性极大，既可从生物材料提取，又可通过化学工艺制备。有

临床价值的抗生素的特点是直接抑制病原体蛋白质合成且副作用较少。

（1）四环素（XJ01A）　在翻译延伸阶段与原核生物核糖体小亚基结合，抑制氨酰 tRNA 进位。

（2）氯霉素（XJ01B）　属于广谱抗生素，与原核生物核糖体大亚基 23S rRNA 结合，抑制其肽基转移酶活性，从而在翻译延伸阶段抑制细菌的蛋白质合成，对真核生物线粒体的蛋白质合成也有抑制作用。

（3）大环内酯类（XJ01FA）　抑制葡萄球菌、链球菌等革兰阳性菌的蛋白质合成，机制是作用于核糖体大亚基 23S rRNA，抑制其肽基转移酶活性，此外还抑制核糖体移位，是治疗葡萄球菌肺炎最有效的药物，例如红霉素、阿奇霉素和克拉霉素。

（4）林可胺类（XJ01FF）　作用于敏感菌核糖体 23S rRNA，抑制其肽基转移酶活性，使肽酰 tRNA 提前释放，从而在翻译延伸阶段抑制细菌的蛋白质合成，例如林可霉素和克林霉素。

（5）氨基糖苷类（XJ01G）　主要抑制革兰阴性菌的蛋白质合成：①链霉素：与原核生物核糖体小亚基结合，干扰 fMet-$tRNA_f$与小亚基的正确结合，导致译码错误。②庆大霉素：与原核生物核糖体小亚基结合，干扰 tRNA 与 16S rRNA 的相互作用。③阿米卡星：与原核生物核糖体小亚基结合导致核糖体移码。

2. 干扰素（interferon）　抑制真核生物蛋白质合成，机制之一是诱导合成蛋白激酶，催化翻译起始因子 eIF-2 磷酸化失活。

3. 白喉毒素（diphtheria toxin）　由白喉杆菌合成，可抑制真核生物蛋白质合成。它有 ADP 核糖转移酶活性，可催化 NAD^+的 ADP 核糖基与翻译延伸因子 eEF-2 的一个组氨酸衍生物——白喉酰胺结合形成 eEF-2-*N*-（ADP-核糖）白喉酰胺，从而抑制 eEF-2 活性。

植物核糖体失活蛋白

核糖体失活蛋白是一类主要存在于植物体内的毒蛋白，有 RNA *N*-糖苷酶（RNA *N*-glycosidase）活性。核糖体失活蛋白作用于核糖体大亚基 28S rRNA 导致核糖体失活，抑制蛋白质合成，从而对细胞产生毒害作用。目前发现的核糖体失活蛋白主要有两类。

1. Ⅰ型核糖体失活蛋白　分子量约 $3×10^4$，为单链结构，具有 RNA *N*-糖苷酶活性，如天花粉蛋白、商陆毒蛋白和木鳖毒蛋白 S 等。

2. Ⅱ型核糖体失活蛋白　分子量为 $6×10^4$~$6.5×10^4$，由 A 链和 B 链以二硫键结合形成。A 链有 RNA *N*-糖苷酶活性。B 链有凝集素活性，能与细胞膜特异糖基结合，介导 A 链进入细胞，催化人 28S rRNA 脱去 A4324，导致翻译延伸因子不能结合，翻译被阻断，如蓖麻毒蛋白（ricin）。

研究表明，核糖体失活蛋白具有广谱抗病毒活性，有些核糖体失活蛋白还表现出对真菌、昆虫等的抑杀作用，在应用方面可用作杀虫剂，或制备免疫毒蛋白，杀伤肿瘤细胞和抗病毒感染等。

小结

蛋白质合成由 mRNA 直接指导，除了消耗大量氨基酸和高能化合物 ATP、GTP 外，还需要 100 多种生物大分子的参与，包括 mRNA、tRNA、rRNA 和一组蛋白因子。

mRNA 传递从 DNA 转录的遗传信息，其一级结构包含 5′非翻译区、编码区、3′非翻译区等序

列，真核生物 mRNA 还有 5′帽子、3′ poly(A)尾。

编码区即开放阅读框，是 mRNA 的主要序列。原核生物 mRNA 多数是多顺反子 mRNA。真核生物 mRNA 几乎都是单顺反子 mRNA。

密码子是一组三碱基序列，共有 64 个，其中包括 1 个起始密码子 AUG 和 3 个终止密码子 UAA、UAG、UGA。密码子的特点有方向性、连续性、简并性、通用性。

tRNA 既是氨基酸运输工具又是译码器，tRNA 的反密码子与 mRNA 的密码子反向结合，其中反密码子第一碱基与密码子第三碱基的结合存在摆动性。

核糖体是蛋白质的合成机器，在合成蛋白质时核糖体亚基与氨酰 tRNA、mRNA 形成翻译起始复合物，核糖体移动阅读 mRNA 的编码区，通过肽基转移酶活性中心和三个 tRNA 结合位点（氨酰位、肽酰位、出口位）将氨基酸连接到肽链上。

合成蛋白质的直接原料是氨酰 tRNA，氨酰基与 tRNA 以高能酯键连接，由氨酰 tRNA 合成酶催化，氨酰 tRNA 合成酶有 20 种，具有高度专一性。

原核生物和真核生物都有两种负载蛋氨酸的 tRNA，负载的蛋氨酸分别用于蛋白质合成的起始和延伸。原核生物的起始 Met-tRNA 被甲酰化。

翻译起始阶段是核糖体在翻译起始因子的协助下与 mRNA、fMet-$tRNA_f$形成翻译起始复合物，从起始密码子启动蛋白质合成，包括 mRNA 与小亚基结合→30S 复合物形成→翻译起始复合物形成。

翻译延伸阶段 mRNA 编码区指导核糖体用氨基酸合成肽链，肽链合成的方向是 N 端→C 端。合成通过一个进位、成肽、移位循环过程进行，消耗 GTP，并且需要翻译延伸因子参与。

当核糖体通过移位读到终止密码子时，蛋白质合成进入翻译终止阶段，由释放因子协助终止翻译。

通过多核糖体循环可以提高翻译效率。

前体蛋白经过翻译后修饰形成具有天然构象的蛋白质，直至最后被分解。翻译后修饰既有一级结构的修饰，又有空间结构的修饰，既有不可逆修饰，又有可逆修饰。

真核生物新合成的蛋白质通过定向运输从合成部位运到功能部位。

分泌蛋白前体都有信号肽，其 N 端有带正电荷的碱性氨基酸，中间有疏水性氨基酸，C 端为蛋白酶剪切位点。信号肽完成使命后被切除。

分泌蛋白在游离核糖体上开始合成，之后核糖体被募集到内质网膜上，合成继续进行，新生肽直接通过转运体进入内质网腔，即合成与运输同时进行。

讨论

1. 蛋白质合成所需的物质及其作用。
2. mRNA 一级结构的特点。
3. 密码子的基本特点。
4. 一 mRNA 序列如下：5′UCGCAAUGCCAUCACACGAUAGAAUCGCA3′，请标出其中的起始密码子，其中的 UAG 可否终止该 mRNA 的翻译，为什么？
5. 反密码子与密码子配对的摆动性。
6. 大肠杆菌蛋白质合成过程。

7. 大肠杆菌翻译起始因子 IF-2、延伸因子 EF-Tu 和 EF-G、释放因子 RF-3，真核生物相应的翻译因子，在参与蛋白质合成时消耗 GTP 而不是 ATP，为什么？

第十九章

基因表达调控

扫一扫，查阅本章数字资源，含PPT、音视频、图片等

基因表达（gene expression）是DNA转录及转录产物翻译过程，即由基因指导RNA合成和mRNA指导蛋白质合成的过程，体现了DNA和蛋白质、基因型和表型、遗传和代谢的关系。

同一个体的不同组织细胞具有相同的基因组，而其基因表达谱却各不相同，这就是基因表达调控的结果。基因表达调控（gene regulation）是指细胞或生物体在基因表达水平上对营养状况和环境因素的变化作出反应，它决定细胞的结构和功能，决定细胞分化和形态发生，赋予生物多样性和适应性。

第一节　原核基因表达调控

原核生物（如细菌、支原体、衣原体、立克次体、螺旋体、放线菌）是单细胞生物，有完整的代谢系统，通过调节代谢适应营养状况和环境因素的变化，并使其生长繁殖达到最优化。原核生物的基因表达与环境因素关系密切，其相关基因形成的操纵子结构有利于对环境变化迅速作出反应。

一、基因组特征

基因组（genome）是指一个细胞或一种病毒所含的一套遗传物质。原核生物基因组有以下基本特征：

1. **基因组DNA大多数为单一闭环双链分子**　原核生物的DNA虽然结合有少量蛋白质，但并未形成典型的染色体结构，只是习惯上称为染色体。

2. **基因组DNA只有一个复制起点**　相比之下，生物基因组DNA有多个复制起点。

3. **基因组序列以编码序列为主**　占85%~90%，非编码序列主要是一些调控元件。

4. **基因组所含基因的数目比病毒多**　细菌有1700~7500个基因，即使基因组很小的支原体也有近500个。

二、基因表达方式

不论是原核生物还是真核生物，其基因组中处于表达状态的基因都只是少数，包括高表达基因（如翻译延伸因子基因）和低表达基因（如DNA修复酶类基因）。不同基因可能有不同的表达方式。

1. **组成性表达**　有些基因在一个生物体的各种细胞中持续表达，产物在整个生命过程中都是必需的，因而保持一定水平，其表达效率主要由启动子和RNA聚合酶决定，受环境因素影响

较小，这种表达方式称为**组成性表达**（constitutive expression），这类基因称为**管家基因**（house-keeping gene）。管家基因是细胞基本组分编码基因和细胞基本代谢相关基因，哺乳动物可能有10000多种。例如rRNA基因、3-磷酸甘油醛脱氢酶基因、β肌动蛋白基因、微管蛋白基因、核糖体蛋白基因。

2. 调节性表达 有些基因的表达效率还受其他调控元件和调节因子调控，并受营养状况或环境因素变化影响，例如某些基因在不同营养条件下的表达效率相差1000多倍，这种表达方式称为**调节性表达**（regulated expression），这类基因称为**奢侈基因**（luxury gene）。真核生物基因的调节性表达常发生在特定组织细胞中，故又称**组织特异性表达**（tissue-specific expression），相应基因称为**组织特异性基因**（tissue-specific gene）。根据对环境信号反应结果的不同，调节性表达进一步分为诱导性表达和抑制性表达。

（1）诱导性表达 有些基因的基础转录水平很低，受环境信号刺激时启动表达或表达增强，这种表达方式称为**诱导性表达**（inducible expression），这类基因称为**可诱导基因**（inducible gene），诱导其表达的环境信号称为**诱导物**（inducer）。例如别乳糖作为诱导物诱导大肠杆菌乳糖操纵子表达，DNA损伤诱导表达SOS修复系统。

（2）抑制性表达 有些基因的基础转录水平很高，受环境信号刺激时终止表达或表达减弱，这种表达方式称为**抑制性表达**（阻遏型表达，repressible expression），这类基因称为**可抑制基因**（可阻遏基因，repressible gene），抑制其表达的环境信号称为**辅阻遏物**（corepressor）。例如色氨酸作为辅阻遏物抑制大肠杆菌色氨酸操纵子的表达。

由管家基因、可诱导基因、可抑制基因编码的酶分别称为**组成酶**、**诱导酶**、**阻遏酶**。

3. 协同表达 为确保机体代谢有条不紊地进行，在一定机制控制下，功能相关的一组基因无论其为何种表达方式都需协调一致，共同表达，这种表达方式称为**协同表达**（coordinate expression，共表达，coexpression）。例如，人体血红蛋白各基基因的表达必须同步，否则可能导致地中海贫血。

原核生物操纵子的表达属于协同表达。例如，编码大肠杆菌核糖体蛋白的52个基因构成的20多个转录单位的表达必须协调一致，属于协同表达。

三、基因表达特点

每个原核细胞都是独立的生命体，其一切代谢活动都是为了适应环境，更好地生存、生长和繁殖。原核基因表达有以下特点：

1. 基因表达具有条件特异性 **条件特异性**是指许多基因（特别是可诱导基因和可抑制基因）的表达水平受代谢条件和环境因素影响。例如：①在乳糖充足而葡萄糖缺乏时大肠杆菌乳糖操纵子高表达。②在SOS反应后期大肠杆菌DNA聚合酶Ⅳ和Ⅴ的基因启动表达。

2. 基因转录多以操纵子为单位 一个转录单位含有一个启动子。大肠杆菌基因组中有2000多个启动子，因而有2000多个转录单位，它们控制着4000多个结构基因（一个结构基因含有一个开放阅读框）的转录。其中1000多个转录单位各只有1个结构基因，转录产物为单顺反子mRNA；其余1000多个转录单位各有2个或多个结构基因，转录产物为多顺反子mRNA。后一种转录单位称为操纵子。因此，**操纵子**（operon）由一个启动子、一个操纵基因及其所控制的一组功能相关的结构基因等组成，有些操纵子还有激活蛋白结合位点。操纵子是原核基因的一种转录单位，转录产物为多顺反子mRNA。

3. 基因转录的特异性由σ因子决定 大肠杆菌RNA聚合酶全酶由核心酶和σ因子组成。核

心酶只有一种（$\alpha_2\beta\beta'\omega$），催化所有 RNA 的转录合成。已鉴定的大肠杆菌 σ 因子有 σ^{70}、σ^{54}、σ^{38}、σ^{32}、σ^{28}、σ^{24}、σ^{19}（数字表示其分子量大小，例如 σ^{70}的分子量为 70×10^3）等 7 种。不同 σ 因子与核心酶结合，协助其识别不同的启动子，从而启动不同基因的转录。其中，σ^{70}协助识别管家基因的启动子。环境因素可诱导表达特定 σ 因子，启动特定基因的转录，例如环境温度升高时大肠杆菌合成 σ^{32}，协助核心酶启动转录一组热休克基因，合成热休克蛋白。

4. 转录与翻译偶联　原核生物没有细胞核，染色体 DNA 位于细胞质中；此外，原核生物蛋白基因的初级转录产物即为成熟 mRNA，其编码区是连续的。因此，原核生物 mRNA 合成与蛋白质合成可同时进行：新生 RNA（nascent RNA）还未合成到 3′端，其 5′端就已启动翻译（图 19-1）。

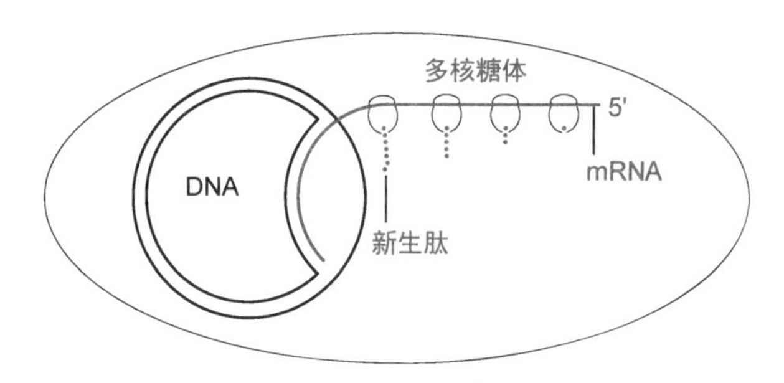

图 19-1　原核生物转录与翻译偶联

四、基因表达调控特点

与真核生物相比，原核生物的基因表达调控有以下特点：

1. 基因表达在多环节受调控　基因表达是一个多环节过程，每一个环节都可能受调控。到目前为止的研究集中在以下环节：基因激活、转录（起始、延伸、终止）和转录后加工、RNA 转运和降解、翻译和翻译后修饰、蛋白质定向运输、蛋白质分解。其中转录（特别是转录起始和延伸）是基因表达调控最重要的环节。

2. 转录因子都是 DNA 结合蛋白　原核基因转录调控是通过转录因子与调控元件的相互作用实现的。转录因子都是 DNA 结合蛋白，通过直接与调控元件结合调控转录。

3. 转录因子的效应包括负调控和正调控　除 σ 因子外，原核基因转录还需要两类转录因子：起负调控作用的阻遏蛋白和起正调控作用的激活蛋白。负调控和正调控在原核生物中普遍存在。

4. 存在协同调控机制　协同调控（协同调节，coordinated regulation）是指一组功能相关基因的表达受到同一因素调控。例如编码大肠杆菌核糖体蛋白的 52 个基因构成 20 多个转录单位，其表达协调一致。

5. 存在衰减调控机制　某些氨基酸或核苷酸操纵子中含有衰减子序列。

6. 存在应急反应调控机制　原核生物遇到诸如氨基酸缺乏等紧急情况时会作出应急反应，即停止几乎所有合成代谢。

五、转录水平调控

基于以下两个因素，转录起始是基因表达调控最重要的环节：①节约能量和原料，避免浪费。②调控对象较少，通常只有一个靶基因，比转录产物的翻译容易调控。

转录水平的调控是对 RNA 合成时机、合成水平的调控。操纵子是原核基因的主要转录单位，经过系统研究而被阐明的乳糖操纵子等已成为研究原核基因表达调控的经典模型。

(一)调控要素

转录调控（transcription regulation，转录调节）主要是控制转录起始，本质是控制 RNA 聚合酶与启动子的识别和结合。RNA 聚合酶、调控元件和调节因子是调控转录起始的基本要素。

1. 调控元件 又称调控区（调控序列），是影响基因表达的 DNA 序列，根据作用机制分为两类：①顺式作用元件（cis-acting element）：是基因序列的一部分，是 RNA 聚合酶或转录因子的结合位点，包括启动子、终止子、原核生物的操纵基因和激活蛋白结合位点、真核生物的增强子和沉默子等。真核生物顺式作用元件比原核生物多，且绝大多数与结构基因（转录区）在同一染色体 DNA 中，可位于结构基因两侧（故又称侧翼序列，flanking sequence）或内部。②反式作用元件（trans-acting element）：即调控基因（controlling gene，调节基因，regulatory gene），其产物称为调节因子（反式作用因子，trans-acting factor），包括蛋白质（即转录因子）和 RNA（即调控 RNA），以转录因子为主。调控基因产物功能是调控基因表达。真核生物反式作用元件与其靶基因可以在不同染色体 DNA 中。调控元件狭义仅指顺式作用元件。

调控原核基因转录的调控元件既包括启动子和终止子，又包括操纵基因和激活蛋白结合位点（图 19-2）。

图 19-2 原核基因调控元件

（1）启动子（promoter） 决定基因的基础转录水平。大肠杆菌基因的启动子包含-35 区和-10 区两段保守序列，分别是 RNA 聚合酶的识别位点和结合位点（图 17-3，332 页）。

（2）操纵基因（operator） 绝大多数与启动子相邻、重叠或被启动子包含，是阻遏蛋白结合位点。阻遏蛋白结合于操纵基因可使 RNA 聚合酶不能与启动子结合，或结合后不能启动转录。

（3）激活蛋白结合位点（activator site） 绝大多数位于启动子上游，是激活蛋白的结合位点。激活蛋白结合于该位点时可增强 RNA 聚合酶的转录启动活性。

2. 调节因子 包括转录因子和调控 RNA，其中转录因子（TCF，基因调节蛋白，gene regulatory protein）是最早阐明作用机制的一类反式作用因子，是调控基因编码产物之一，与顺式作用元件有很强的亲和力，是与其他 DNA 序列亲和力的 $10^4 \sim 10^6$ 倍。转录因子通过与顺式作用元件结合调控基因表达，是决定基因表达特异性的主要因素。转录因子调控基因表达产生两种效应：①正调控（positive control）：又称正[性]调节（positive regulation）、上调（up regulation），是指转录因子与调控元件结合后促进基因表达。②负调控（negative control）：又称负[性]调节（negative regulation）、下调（down regulation），是指转录因子与调控元件结合后抑制基因表达。原核生物转录因子都是 DNA 结合蛋白，通过与调控元件结合调控转录，可分为三类：

（1）转录起始因子（transcription initiation factor） 即 σ 因子，决定 RNA 聚合酶与启动子识别和结合的特异性，启动基础水平（basal level）的转录。

（2）阻遏蛋白（repressor） 又称阻遏物、负调节因子，与操纵基因结合，抑制转录，介导负调控。

（3）激活蛋白（activator） 又称激活物、正调节因子，与激活蛋白结合位点结合，激活转录，介导正调控。

(二)乳糖操纵子

葡萄糖是大肠杆菌的主要能源。当可以得到葡萄糖和其他糖时，大肠杆菌会先利用葡萄糖，这种现象称为**葡萄糖效应**（glucose effect）。当葡萄糖耗尽后，大肠杆菌会停止生长，经过短暂适应，转而利用其他糖。

针对这种现象，F. Jacob 和 J. Monod（1965 年诺贝尔生理学或医学奖获得者）经过研究，于 1960 年提出操纵子模型，该模型被视为阐述原核基因转录调控机制的经典模型。

1. 乳糖操纵子结构　大肠杆菌**乳糖操纵子**（*lac* operon）是一个诱导[型]操纵子（inducible operon），包含三个结构基因 *lacZ*、*lacY* 和 *lacA*，分别编码参与乳糖分解代谢的β-半乳糖苷酶、乳糖转运蛋白（乳糖通透酶）和半乳糖苷乙酰转移酶。结构基因上游还有操纵基因 *lacO*、启动子 *lacP* 和 **cAMP 受体蛋白结合位点**（CRP 结合位点，*CRP*）等调控元件（图 19-3①）。

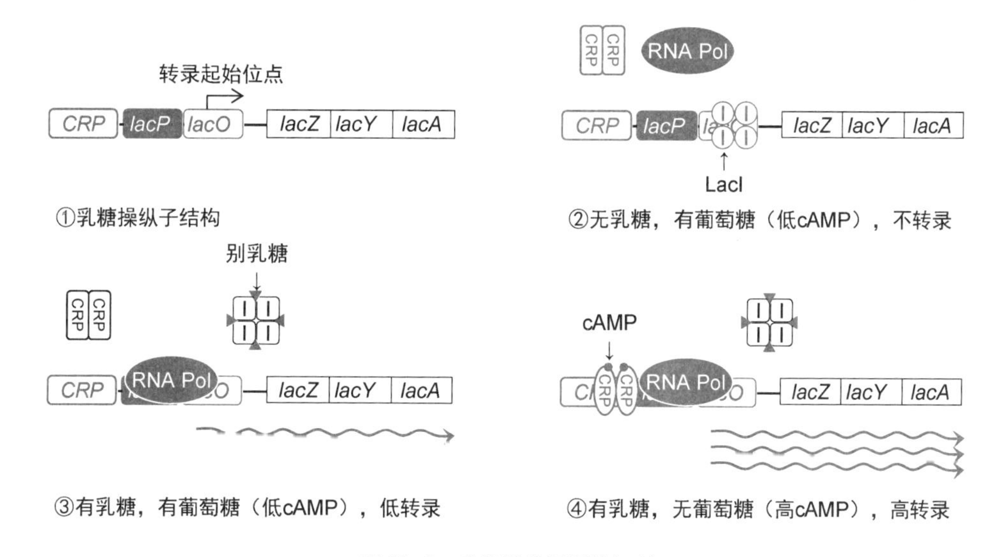

图 19-3　乳糖操纵子调控机制

2. 乳糖操纵子诱导调控　乳糖操纵子上游存在调控基因 *lacI*。*lacI* 组成性表达 LacI 阻遏蛋白。每个细胞内有 10~20 个 LacI 同四聚体。

（1）在没有乳糖时，LacI 同四聚体会与 *lacO* 结合，亲和力是与其他序列结合的 10^6~10^7倍，所以结合具有高度特异性。LacI 的结合抑制 RNA 聚合酶与启动子结合，从而抑制转录，导致转录效率极低，仅为基础转录水平的 $1/10^3$，只有 5~10 个 β-半乳糖苷酶分子（图 19-3②）。

（2）在有乳糖时，乳糖被 β-半乳糖苷酶催化水解，同时生成少量副产物别乳糖（半乳糖 β1→6 葡萄糖）。别乳糖作为诱导物与 LacI 结合使其变构，与 *lacO* 的亲和力下降到原来的 $1/10^3$，因而乳糖操纵子去抑制（derepression），转录效率可以提高到基础转录水平（图 19-3③）。

3. 乳糖操纵子激活调控　野生型 *lacP* 为弱启动子（第十七章，332 页），RNA 聚合酶与之识别、结合的效率很低，所以即使解除 LacI 的抑制调控，乳糖操纵子的转录也仅达到基础转录水平，还需要 **cAMP 受体蛋白**（CRP，分解代谢物基因激活蛋白）的激活调控。CRP 是同二聚体，每个亚基含有两个结构域：①N 端结构域：又称 cAMP 结合域，可与 cAMP 结合。②C 端结构域：又称 DNA 结合域，可与 CRP 结合位点（*CRP*）结合，使 CRP 结合位点弯曲。CRP 必须与 cAMP 结合形成 CRP·cAMP 复合物，才能结合到 CRP 结合位点，激活转录。因此，CRP 的激活效应受 cAMP 水平控制，而 cAMP 水平与葡萄糖水平呈负相关。

（1）当葡萄糖缺乏时，cAMP 增加，CRP·cAMP 复合物增加，与 CRP 结合位点结合的效率高，结合时募集 RNA 聚合酶，即通过作用于 RNA 聚合酶 α 亚基促进其与启动子的结合，可将转录效率在基础转录水平上提高 50 倍。

（2）当葡萄糖充足时，cAMP 减少，CRP·cAMP 复合物减少，与 CRP 结合位点结合的效率低，对乳糖操纵子转录的激活效应弱（图 19-3④）。

4. 乳糖操纵子双重调控 如上所述，乳糖操纵子的转录受 LacI 和 CRP 的双重调控，只有因存在乳糖而解除 LacI 的抑制调控，同时因缺乏葡萄糖而启动 CRP 的激活调控，才会使乳糖操纵子高效转录，最终使 β-半乳糖苷酶分子从只有几个增加到数千个。这种调控机制称为**信号整合**（signal integration），在原核生物和真核生物中广泛存在。

（三）色氨酸操纵子

大肠杆菌可用分支酸合成色氨酸，合成过程由 3 种酶的 5 种活性中心催化。相应的 5 种编码基因构成**色氨酸操纵子**（*trp* operon），其表达受抑制调控和衰减调控双重负调控，调控幅度高达 700 倍。

1. 色氨酸操纵子结构 色氨酸操纵子是一个阻遏［型］操纵子（repressible operon），包含五个结构基因 *trpE*、*trpD*、*trpC*、*trpB* 和 *trpA*。结构基因上游还有启动子 *trpP*、操纵基因 *trpO* 和前导序列 *trpL*（图 19-4①）。

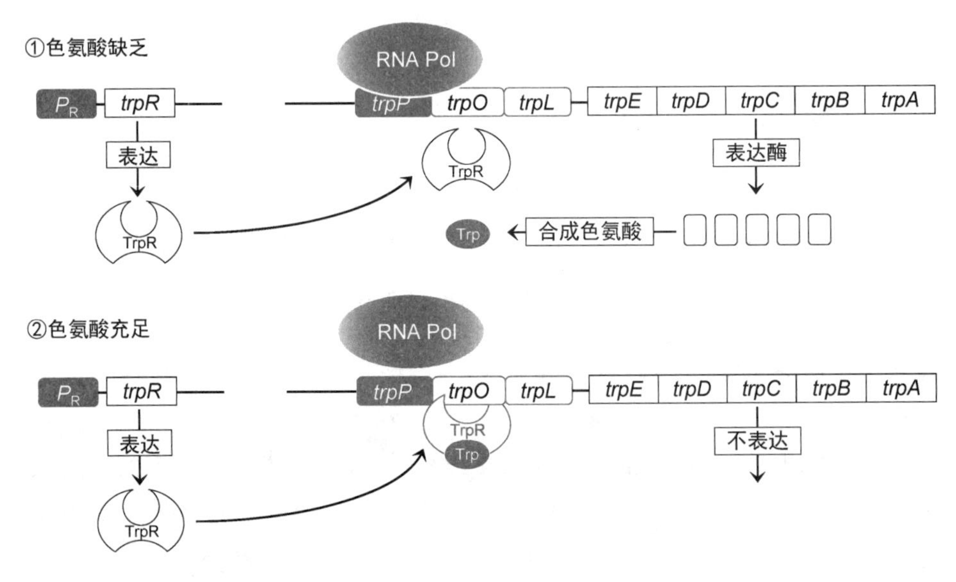

图 19-4 色氨酸操纵子抑制调控机制

2. 色氨酸操纵子抑制调控 色氨酸操纵子上游存在调控基因 *trpR*，编码 TrpR 阻遏蛋白同二聚体。

（1）当色氨酸缺乏时，游离的 TrpR 阻遏蛋白不能与操纵基因 *trpO* 结合，RNA 聚合酶可有效地转录结构基因，维持较高的色氨酸合成速度（图 19-4①）。

（2）当色氨酸充足时，色氨酸作为辅阻遏物与 TrpR 阻遏蛋白结合（每个亚基结合一分子），使其变构成为活性 TrpR·Trp，与操纵基因 *trpO* 结合。*trpO* 与启动子 *trpP* 部分重叠，所以 TrpR·Trp 与 *trpO* 的结合抑制 RNA 聚合酶与 *trpP* 结合。已经转录的 mRNA 也很快降解（其半衰期约 3 分钟），最终降低色氨酸的合成速度（约为色氨酸缺乏时的 1/70，图 19-4②）。

3. 色氨酸操纵子衰减调控　衰减调控（弱化调控）作用于转录延伸环节，是通过控制一个前导肽的合成来进行的。色氨酸操纵子的前导序列（leader）*trpL* 位于结构基因 *trpE* 与操纵基因 *trpO* 之间，长 162bp，含四段特殊序列，分别编号为序列 1、序列 2、序列 3 和序列 4。序列 1 编码一段含有 14 个氨基酸残基的前导肽（leader peptide），其中第十、第十一号氨基酸是两个色氨酸（调节氨基酸）。序列 2 和序列 3 存在互补序列，可以形成发夹结构。序列 3 和序列 4 也存在互补序列，可以形成富含 G-C 的发夹结构，该发夹结构之后有 7 个连续的 U，所以是一个不依赖 ρ 因子的终止子结构，称为衰减子（弱化子）（图 19-5①）。

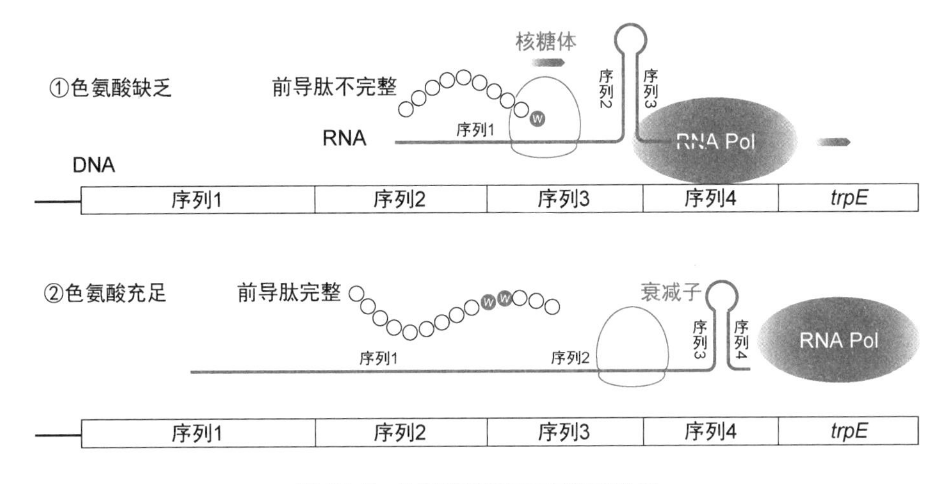

图 19-5　色氨酸操纵子衰减调控机制

转录与翻译的偶联是衰减调控的基础，色氨酰 tRNA 水平的变化是衰减调控的信号。

（1）当色氨酸缺乏时，色氨酰 tRNA 供给不足，合成前导肽的核糖体停滞于序列 1 的色氨酸密码子位点，序列 2 和序列 3 形成发夹结构，使序列 3 不能和序列 4 形成衰减子结构，下游的结构基因 *trpE* 等可以被 RNA 聚合酶有效转录，最终合成约 7000nt 的全长 mRNA（图 19-5①）。

（2）当色氨酸充足时，色氨酰 tRNA 供给充足，核糖体在 RNA 聚合酶完成序列 3 转录之前完成序列 1 的翻译，并对序列 2 形成约束，导致序列 3 不能与序列 2 形成发夹结构，转而与刚转录出的序列 4 形成转录终止子结构——衰减子，使下游正在转录结构基因的 RNA 聚合酶 90% 脱落（称为转录提前终止），合成的 mRNA 有 90% 为 130~140nt 片段，仅 10% 为全长 mRNA，因此转录效率仅为色氨酸缺乏时的 1/10（图 19-5②）。

4. 色氨酸操纵子双重负调控　其抑制调控和衰减调控相辅相成：①抑制调控作用于转录起始环节，衰减调控作用于转录延伸环节。②抑制调控的信号是色氨酸水平的变化，衰减调控的信号是色氨酰 tRNA 水平的变化。③抑制调控有效、经济，衰减调控细微、迅速。

衰减调控在大肠杆菌中广泛存在，仅在氨基酸操纵子中就已鉴定了 6 种。

六、转录后水平调控

原核生物基因表达在翻译水平的调控与 mRNA 稳定性、SD 序列、翻译抑制、反义 RNA 等有关。

1. mRNA 稳定性　细菌的繁殖周期是 20~30 分钟，所以细菌代谢活跃，需要快速合成或降解 mRNA 以适应环境变化。细菌不同 mRNA 的半衰期不同，多数为 2~3 分钟（如乳糖操纵子和色氨酸操纵子 mRNA 半衰期约为 3 分钟）。mRNA 主要由 3′核酸外切酶降解，因此如果能形成 3′端发夹结构，就可以抗降解，从而延长其半衰期。

2. SD序列 mRNA的翻译效率受控于SD序列与共有序列的差异、SD序列与起始密码子的距离。

3. 翻译抑制 大肠杆菌的52种核糖体蛋白与其他参与复制、转录、翻译的部分蛋白质由20多个操纵子编码。每个操纵子含2~11个结构基因，可转录合成一种多顺反子mRNA，翻译合成一组蛋白质。其中有一种核糖体蛋白可与多顺反子mRNA结合而反馈抑制其翻译。这种蛋白质称为**翻译抑制因子**。这种在翻译水平上的抑制调控称为**翻译抑制**（翻译阻遏）（图19-6）。

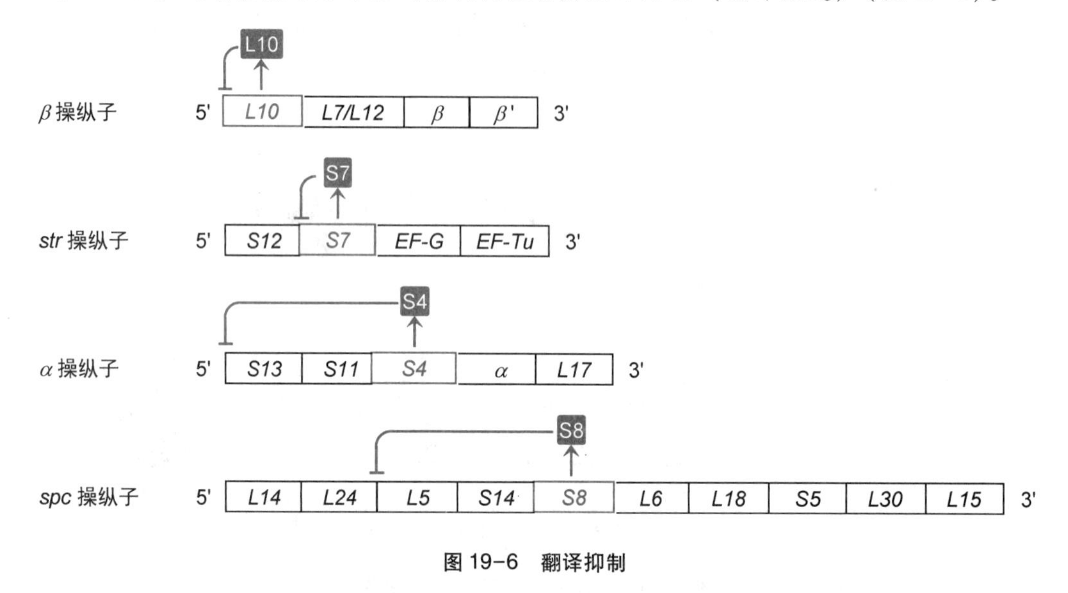

图19-6 翻译抑制

4. 反义RNA 是细菌应答环境压力（氧化压力、渗透压、温度等）而合成的一类小分子单链RNA，与细胞内相关功能RNA序列互补。研究表明，反义RNA参与基因表达调控，作用机制包括抑制复制、转录和翻译，促进mRNA降解。反义RNA在原核细胞中广泛存在（真核细胞中更是普遍存在），染色体、质粒、噬菌体、转座子等DNA都含反义RNA编码序列。

第二节 真核基因表达调控

原核基因表达调控的一些机制同样存在于真核基因。然而，真核生物是多细胞生物，其细胞在个体生长发育过程中分化，形成各种组织和器官，其形态、结构、功能和生长发育过程比原核生物复杂得多，有精确的发育程序和大量分化的特殊细胞群。因此，真核基因表达调控比原核基因复杂得多。

真核生物基因组庞大，基因的结构和功能更为复杂，其基因表达调控的显著特征是在特定时间或特定条件下激活特定组织细胞中的特定基因，即具有时间特异性、条件特异性和空间特异性，从而实现预定的有序分化发育过程。真核基因表达调控涉及染色质水平、转录水平、转录后加工水平、转录产物转运水平、翻译水平和翻译后修饰水平、mRNA降解水平等环节，其中转录水平和原核基因表达调控一样，是最主要的调控环节。

一、基因组特征

真核生物基因组远比原核生物基因组大，结构更复杂，并有以下基本特征：

1. 染色体DNA是线性分子 含三种功能元件。

（1）复制起点 功能是启动DNA复制。每个染色体DNA分子都有多个复制起点，例如酵母每个染色体DNA分子平均有25个复制起点。

（2）着丝粒DNA　功能是将染色体均分给子细胞。

（3）端粒　功能是维持染色体结构的独立性和稳定性，参与DNA复制完成。

2. 染色体DNA形成染色体结构　染色体数目一定，除了配子是单倍体外，体细胞一般是二倍体。

3. 基因组序列中仅有不到10%是蛋白质编码序列　人类甚至不到2%。编码序列在基因组序列中的比例是真核生物、原核生物和病毒基因组的重要区别，并且在一定程度上是衡量生物进化程度的标尺。

4. 基因在基因组中散在分布　相邻基因被称为**基因间区**（intergenic region，**基因间序列**，intergenic sequence。占人类基因组的2/3）的非编码序列隔开。很多基因间区的功能尚未阐明。

5. 基因组序列中包含大量重复序列　**重复序列**（repetitive sequence）又称**重复DNA**（repetitive DNA）。每一种重复序列都是一定**拷贝数**（copy number，一个细胞内所含某种基因或DNA分子、序列的数目）的某种碱基序列（称为**重复单位**）的集合。基因组序列可根据是否重复和重复程度分为高度重复序列、中度重复序列和单一序列。重复序列可根据重复单位的连续性分为**串联重复序列**（tandem repeat）和**散在重复序列**（interspersed repeat sequence）。

（1）高度重复序列　在基因组中呈串联重复或反向重复排列，且大部分位于异染色质区，特别是除酵母外的端粒和着丝粒区，重复单位长度2～100bp（多数2～10bp），拷贝数可达10^6个，占哺乳动物基因组序列的不到10%（人类3%）。高度重复序列不编码蛋白质或RNA，其已阐明的功能是参与DNA复制、DNA转座、基因表达调控和细胞分裂时的染色体配对。

（2）中度重复序列　多数散在分布于基因组中，重复单位长度10^2～10^3bp，拷贝数可达10^3个，占哺乳动物基因组序列的25%～50%（人类50%），包括一些基因间区、转座子、串联重复序列，也包括rRNA基因、tRNA基因和某些蛋白基因（如组蛋白、肌动蛋白、角蛋白）。

（3）单一序列　又称单拷贝序列（低度重复序列），在整个基因组中只有一个或几个拷贝。哺乳动物基因组序列的50%～60%是单一序列。蛋白基因大部分属于单一序列，但只占其一小部分。

6. 基因组中存在各种基因家族　人类基因组有1.5万个基因家族，家族成员中可以表达的基因只有2万多个，其余2万多个基因已经失活，称为假基因。基因家族成员或形成基因簇，或散在分布。

7. 基因组中含大量转座子　如人类基因组序列中45%为转座子序列，不过其中绝大多数因存在缺陷而没有转座能力。

二、基因表达特点

与原核生物相比，真核生物的基因表达有以下特点：

1. 基因表达特异性不同于原核生物　不但具有条件特异性，而且具有时间特异性、空间特异性。

（1）基因表达的条件特异性　例如在受到病原体感染时人体表达细胞因子、免疫球蛋白，在长期禁食时人体糖异生途径关键酶基因表达上调。

（2）基因表达的时间特异性　**时间特异性**是指同一基因在生命的不同生长发育阶段的表达水平不同；而不同基因在生命的同一生长发育阶段的表达水平也不同。例如甲胎蛋白基因在胎儿肝细胞表达，合成大量甲胎蛋白，自出生至成年后该基因基本沉默。多细胞生物基因表达的时间特异性与细胞分化、个体发育阶段一致，所以又称**阶段特异性**。

（3）基因表达的空间特异性　**空间特异性**是指在生命的同一生长发育阶段，多细胞生物的同一基因在不同组织器官的表达水平不同；而不同基因在同一组织器官的表达水平也不同。例如胰岛素基因只在胰岛 β 细胞内表达，胰高血糖素基因只在胰岛 α 细胞内表达。基因表达的空间特异性是在分化细胞形成的组织器官中体现的，所以又称**细胞特异性**　**组织特异性**。

2. 以基因为转录单位　转录产物为单顺反子 mRNA。

3. 转录后加工更复杂　绝大多数真核生物的绝大多数基因（特别是蛋白基因）都是断裂基因，其 mRNA 前体只是初级转录产物，其后加工是基因表达必不可少的环节。

4. 转录和翻译存在时空隔离　真核生物的细胞核和细胞质是被核膜分隔的两个不同区室，染色体 DNA 在细胞核内，因此其转录在细胞核内进行。转录合成的 mRNA 前体经过加工后成为成熟 mRNA，转到细胞质中，才能指导蛋白质合成（图 19-7）。因此，真核生物可以通过控制 mRNA 转运调控基因表达。实际上，只有少数 mRNA 最终到达细胞质，指导蛋白质合成。

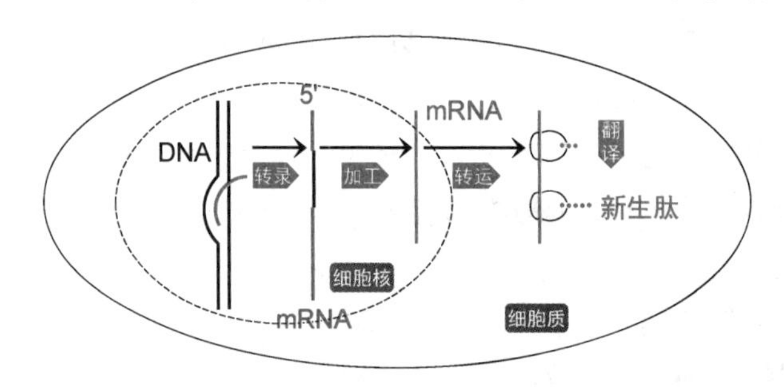

图 19-7　真核生物转录和翻译存在时空隔离

5. 翻译和翻译后修饰更复杂　影响真核生物翻译的除了有更多的调节蛋白外，还有各种非编码小 RNA（sncRNA）；翻译后修饰内容丰富，涉及各种修饰因子，修饰在细胞内各个区室甚至细胞外进行。

三、基因表达调控特点

与原核生物相比，真核生物的基因表达调控有以下特点：

1. 既有瞬时调控，又有发育调控　**瞬时调控**（可逆调控）属于适应性调控，是真核生物在内外环境因素的刺激下作出的反应，是通过改变代谢物浓度或激素水平，引起细胞内某些酶或其他特异蛋白质水平的改变来进行的，相当于原核细胞对环境变化作出的反应。**发育调控**（不可逆调控）属于程序性调控。在正常情况下，体细胞的生长和分化按照一定程序，使机体的生长和发育顺利进行。细胞的类型不同，所处的发育阶段不同，所表达基因的种类和表达水平也就不同。因此，发育调控决定了真核细胞生长和分化的全过程，是真核基因表达调控的精髓。

2. 调控环节更多　有些环节是原核生物没有的，例如染色质重塑、DNA 甲基化、mRNA 转录后加工、蛋白质定向运输。

3. 染色质结构变化影响转录效率　真核生物 DNA 与蛋白质形成染色质结构。基因表达过程中在转录区发生 DNA 与染色质蛋白的解离，以暴露特定 DNA 序列。真核生物 DNA 还能根据生长发育的需要进行重排、扩增。

4. 转录调控以正调控为主　真核生物的 RNA 聚合酶对启动子的亲和力极低，其转录依赖多种转录因子的协助。因此，真核生物转录因子虽然也有起负调控作用的，但以正调控为主。

5. 调控元件复杂并且可远离转录区　一个蛋白基因平均含有 5~6 个调控元件，这些调控元件与转录起始位点的距离可远至 10^6bp。

6. 转录因子种类多，调控机制更复杂　①真核生物转录因子种类比原核生物多，并且不都是 DNA 结合蛋白，也不都直接作用于 RNA 聚合酶。②可以有十几种甚至几十种转录因子与 RNA 聚合酶形成转录起始复合物，调控一种基因的表达。③**联合调控**（combinatorial control）：几乎所有转录因子都不能单独调控转录，必须与一组转录因子共同作用。

四、染色质水平调控

真核生物 DNA 与蛋白质形成染色质结构，这种结构控制着 RNA 聚合酶与 DNA 的接触、识别、结合，这些作用受组蛋白修饰、DNA 甲基化等控制。染色质水平调控的本质是改变染色质结构，这种调控稳定而持久。

1. 染色质重塑　转录以改变染色质结构为前提。转录区只有所在染色质结构处于“开放”状态时才能被转录。染色质重塑在启动基因表达时的作用就是暴露启动子、募集转录因子并形成转录起始复合物。

DNA 的结构（特别是压缩程度）决定其转录效率。真核细胞分裂间期染色质包括**常染色质**（约占全部染色质的 90%）和**异染色质**（约占全部染色质的 10%）。常染色质含**活性基因**，即正在转录或有潜在转录活性的基因，其所在的染色质区称为**活性染色质**（active chromatin）。活性染色质几乎不含组蛋白 H1，因而含裸露 DNA 序列，长 100～300bp，可被核酸酶切割，称为**超敏感位点**（hypersensitive site）。每个活性基因都有一个或几个超敏感位点，且大多数位于启动子区。超敏感位点通常是 RNA 聚合酶或转录因子的结合位点。

2. 组蛋白修饰　组蛋白是染色质的主要结构蛋白，是基因表达的抑制者。因此，启动基因表达先要疏松染色质、释放组蛋白、使 DNA 游离，有利于 DNA 与转录因子、RNA 聚合酶的结合。组蛋白修饰影响到染色质重塑和转录因子的募集，是真核基因表达调控的重要环节之一。

组蛋白正电荷和 DNA 负电荷的静电引力是形成染色质结构的主要作用力，因而通过修饰组蛋白减少其所带正电荷，改变构象，可以促进染色质疏松和组蛋白释放。组蛋白修饰位点和修饰方式称为**组蛋白密码**。修饰位点主要是启动子所在染色质区核心组蛋白的 8 个 N 端（称为组蛋白尾）和 H2A、H2B 的 4 个 C 端，它们都暴露在核小体表面，被修饰的主要是赖氨酸、精氨酸和丝氨酸，其中赖氨酸最多。修饰方式包括乙酰化、甲基化、磷酸化、ADP 核糖基化、单泛素化、SUMO 化等，以乙酰化、甲基化为主。其中乙酰化是活性染色质的标志，组蛋白乙酰化（特别是组蛋白 H3、H4）导致基因激活，去乙酰化导致基因沉默。

3. DNA 甲基化　主要是 CpG 岛中特定 CpG 序列的胞嘧啶发生 5-甲基化修饰，形成 5-mCpG。

考虑到人类基因组 GC 含量 42%，CpG 序列含量 1%，CpG 序列甲基化率 70%～80%，人类基因组中有 72%基因的启动子上游到外显子 1 下游之间存在以下序列：长度 300～3000bp，GC 含量 50%～60%，CpG 序列含量可达 4%～10%且甲基化程度很低。这种序列称为 **CpG 岛**（CpG island）。人类基因组约有 29000 个 CpG 岛。所有管家基因启动子附近都有 CpG 岛，且都未甲基化。约 50%调节基因启动子附近有 CpG 岛。

DNA 甲基化程度与转录效率呈负相关，即甲基化程度高的基因转录效率低。因此，DNA 甲基化导致**基因沉默**（gene silencing，是指在不发生突变的前提下，通过异染色质形成、DNA 甲基化、RNA 干扰等在转录或翻译水平抑制基因表达），例如雌性哺乳动物失活的 X 染色体高度甲基化。沉默机制是修饰调控元件，从而抑制转录激活因子结合，或促进转录抑制因子结合。DNA 去甲基化导致**基因激活**（gene activation），例如激素激活基因、致癌物激活原癌基因，其机制可

能就是使 DNA 去甲基化。此外，DNA 甲基化可能与衰老有关。

4. 基因重排 可以使一个基因更换调控元件，例如置于另一个增强子或强启动子的控制下，从而提高表达效率；也可以形成新的基因，使产物呈现多样性，例如免疫球蛋白基因、T 细胞受体基因的重排与表达。1987 年诺贝尔生理学或医学奖获得者 S. Toneqawa 的研究表明，在 B 细胞分化成浆细胞的过程中，通过 DNA 重排，理论上利用有限的免疫球蛋白基因可编码数十亿种免疫球蛋白。

5. 基因扩增 又称基因复制、DNA 扩增，是指细胞内选择性复制某个或某些特定基因，从而增加其拷贝数的现象，是生物体为了完成细胞分化和个体发育，或适应营养状况和环境因素的变化，在短时间内大量表达特定基因产物，调节表达活性的一种有效方式。

基因扩增在真核生物基因组中普遍存在：①某些细胞在其生长分化过程中需要大量相关蛋白，常通过基因扩增激活基因表达。例如，非洲爪蟾卵母细胞在成熟过程中大量扩增 rRNA 基因，拷贝数增加 4000 倍，由 500 个扩增到 200 万个，可用于形成 10^{12} 个核糖体，满足卵裂期和胚胎期大量合成蛋白质的需要。②基因扩增赋予肿瘤细胞抗药性。例如，甲氨蝶呤抑制肿瘤细胞二氢叶酸还原酶的活性，使核苷酸合成减少，从而杀死肿瘤细胞。然而，肿瘤细胞在甲氨蝶呤培养基中培养一段时间后，其二氢叶酸还原酶基因扩增，拷贝数可增加 200~250 倍，从而抵抗更大剂量甲氨蝶呤的杀伤作用。③基因扩增是原癌基因激活机制之一。

6. 染色质丢失 一些低等真核生物在细胞分化过程中丢失染色质或染色质片段，以达到调控基因表达的目的。某些基因在这些片段丢失前并不表达，丢失后才表达。因此，这些片段的存在可能抑制相关基因的表达。高等生物也有染色质丢失。例如：①马蛔虫在卵裂至 32 个细胞的分裂球的过程中，31 个将分化成体细胞的细胞内全部发生染色质丢失。②晚幼红细胞在成熟过程中丢失整个细胞核。染色质丢失属于不可逆调控。

五、转录水平调控

有相同遗传信息的不同细胞所表达的基因不尽相同，管家基因是维持细胞基本代谢所必需的，而组织特异性基因只在一些分化细胞中表达，这是细胞分化、生物发育的基础。组织特异性基因的表达调控通常发生在转录水平。转录水平的调控实际上是对 RNA 聚合酶活性进行调控，通过调控元件、调节因子和 RNA 聚合酶相互作用实现。真核生物细胞核内有三种 RNA 聚合酶，其中 RNA 聚合酶Ⅱ催化转录蛋白基因和大多数调控 RNA 基因，是转录调控的核心。真核基因转录水平的调控以正调控为主。

(一) 调控元件

真核生物的调控元件包括启动子、终止子、增强子和沉默子。启动子和终止子是启动和终止转录所必需的；增强子介导正调控作用，激活转录；沉默子介导负调控作用，抑制转录。

1. 启动子 真核基因的启动子有三类，蛋白基因的启动子属于Ⅱ类启动子，它们含 TATA 盒、起始子、下游启动子元件或 GC 盒、CAAT 盒等保守序列。其中 TATA 盒的作用类似于 Pribnow 盒，富含 A-T 碱基对，容易解链，是通用转录因子 TFⅡD 识别、结合的位点，TFⅡD 结合后介导 RNA 聚合酶Ⅱ结合并组装转录起始复合物，启动转录（图 19-8）。

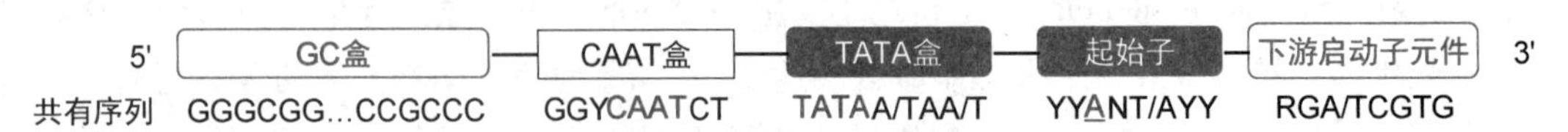

图 19-8 真核基因Ⅱ类启动子

双向启动子　基因组中基因的分布大都是随机的，然而通过分析哺乳动物基因组发现约 10% 的基因以这样一种基因对（gene pair）形式存在：它们的启动子头碰头位于一段短的基因间区（<1000bp）两侧，模板链不在同一股 DNA 上，因而转录方向相背。它们的转录受基因间区内同一调控序列调控。这种基因对被称为双向基因对（bidirectional gene pair），基因间区内的共用调控序列称为双向启动子（bi-directional promoter）。双向基因对的表达产物功能相关（例如同一异聚体蛋白的两种亚基、同一代谢途径的两种酶）且都很重要（例如 DNA 修复酶系成员），因而在进化过程中很保守。双向基因对具有表达调控优势。

2. 增强子　是高等真核生物激活转录的一类调控元件，与启动子可以相邻、重叠或包含，可以募集转录激活因子形成**增强体**（enhancesome），从而改变染色质构象、激活一种或一组基因的转录。增强子的功能是提高转录启动效率，但增强子不能代替启动子。转录激活因子与增强子的结合决定着基因表达的特异性。

3. 沉默子　又称沉默基因，是真核基因中抑制转录的调控元件。和增强子相比，已鉴定的沉默子序列很少。沉默子通过募集相应的转录因子使正调控失去作用。沉默子对基因簇的选择性转录起重要作用，沉默子和增强子协调作用可以决定基因表达的时空顺序。

4. 绝缘子　又称边界元件，位于增强子或沉默子与启动子之间，其作用是阻止结合于该增强子或沉默子的转录因子影响位于绝缘子另一侧基因的表达。因此，在位于增强子和启动子之间时，绝缘子阻断增强子的增强效应；在位于沉默子和启动子之间时，绝缘子阻断沉默子的抑制效应；在位于异染色质和活性基因之间时，绝缘子阻断异染色质对活性基因的阻遏作用。

（二）转录因子

转录因子通过识别并结合调控元件等影响 RNA 聚合酶Ⅱ识别并结合启动子，即影响转录起始复合物的形成，从而调控转录。

1. 转录因子分类　真核生物转录起始十分复杂，需要一组转录因子的协助。转录因子与 RNA 聚合酶Ⅱ、调控元件形成转录起始复合物，启动转录。真核生物转录因子种类繁多（人类基因组编码的转录因子就有 2000 多种），可分为三类。

（1）通用转录因子　包括 TFⅡA、THⅡB、TFⅡD、TFⅡE、TFⅡF 等，存在于各种细胞中，作用是与启动子元件结合并协助 RNA 聚合酶Ⅱ结合而启动转录，决定基础转录效率。

（2）特异转录因子　是通过与增强子或沉默子结合来调控转录的转录因子，决定基因表达特异性，其中与增强子结合激活转录的称为**转录激活因子**（transcription activator，增强子结合蛋白，enhancer binding protein），与沉默子（少数与增强子）结合抑制转录的称为**转录抑制因子**（transcription repressor）。

（3）中介分子　又称**共调节因子**、**辅助转录因子**，不是直接与 DNA 结合，而是通过蛋白质相互作用介导特异转录因子作用于 RNA 聚合酶Ⅱ-通用转录因子复合物，从而调控转录。其中激活转录的称为**共激活因子**（coactivator），抑制转录的称为**共抑制因子**（corepressor）。

某些激素的细胞内受体是转录因子，它们与调控元件（激素反应元件）的结合是信号转导的一个效应环节（第十二章，255 页）。

2. 转录因子结构　转录因子含特定的 DNA 结合域、转录激活结构域或二聚化结构域。

（1）DNA 结合[结构]域　是突出于转录因子表面的一种较小的结构域，含有 60~90 个氨基酸残基。DNA 结合域中包含直接与 DNA 调控元件结合的基序，例如螺旋-转角-螺旋、锌指。人类基因组编码的转录因子中有 1500 多种是含 DNA 结合域的 DNA 结合蛋白。

（2）转录激活[结构]域　是转录因子所含组件式结构之一，含有20~100个氨基酸残基，通过蛋白质相互作用与RNA聚合酶、通用转录因子或共激活因子结合，促进转录起始复合物的形成。转录激活结构域主要存在于真核生物转录激活因子和共激活因子中，例如酸性[激活]结构域、[富含]谷氨酰胺结构域、[富含]脯氨酸结构域。

（3）二聚化[结构]域　真核生物的许多转录因子常先形成同二聚体或异二聚体（相比之下，原核生物只形成同二聚体或同四聚体），再通过DNA结合域与调控元件结合。某些结构域是形成二聚体所必需的，称为**二聚化结构域**。目前发现这些二聚化结构域含亮氨酸拉链、螺旋-环-螺旋等基序结构。

3. 转录因子调节　转录因子通过水平调节、变构调节、化学修饰调节、蛋白质相互作用等方式调控基因表达。

六、转录后水平调控

转录后水平调控包括转录后加工、翻译、翻译后修饰与定向运输，其中转录后加工包括加帽、加尾、剪接、转运等，见第十七章（334页）。

（一）翻译水平调控

翻译水平的调控主要是调节mRNA稳定性、翻译起始复合物形成，此外还存在RNA干扰、核糖体移码等特殊机制。mRNA的5′非翻译区和3′非翻译区是主要调控位点。

1. mRNA稳定性　mRNA稳定性影响其寿命，从而影响翻译可持续时间，影响翻译效率。真核生物mRNA的寿命比原核生物长，脊椎动物mRNA的半衰期平均约为3小时，而细菌只有1.5分钟。不过，不同mRNA的寿命差异显著，短的只有数秒钟，长的可存在数个细胞周期。例如，控制细胞分裂的*FOS*基因mRNA的半衰期为10~30分钟，红系祖细胞血红蛋白、鸡输卵管细胞卵清蛋白mRNA的半衰期超过24小时。

mRNA稳定性与其降解效率呈负相关。mRNA降解效率与其结构、RNA结合蛋白的保护有关：①5′帽子结构的种类、5′非翻译区的长度和结构、3′非翻译区的结构、poly(A)尾的长度均影响mRNA稳定性。②mRNA与RNA结合蛋白形成信使核糖核蛋白（messenger ribonucleoprotein，mRNP），可提高其稳定性。

2. 翻译起始复合物形成　翻译起始复合物的形成是翻译起始阶段的核心事件，其形成效率决定翻译启动效率。调节点是mRNA识别和Met-$tRNA_i$与小亚基的结合。

（1）5′非翻译区　5′非翻译区长度影响翻译起始效率。当其长度不到12nt时，有50%的小亚基扫描失误而不能组装；当其长度是17~80nt时，体外翻译启动效率与其长度成正比。5′非翻译区二级结构也影响翻译起始，二级结构太复杂影响小亚基扫描，因而不利于核糖体形成。

（2）上游开放阅读框　有些mRNA的5′非翻译区内有一个或数个AUG，称为**5′AUG**，它们引导一种称为**上游开放阅读框**（upstream ORF，uORF）的特殊阅读框。这种阅读框与普通开放阅读框不同，很小，翻译产物为无活性短肽。因此，上游开放阅读框通常对翻译起始起负调控作用，使翻译维持在较低水平。上游开放阅读框多存在于原癌基因中，其缺失可导致原癌基因激活。

（3）翻译起始因子　翻译调控主要发生在起始阶段。翻译调控的典型机制是翻译起始因子或翻译起始因子调节蛋白磷酸化。例如eIF-2α磷酸化抑制翻译起始，eIF-4E磷酸化促进翻译起始。

（4）翻译抑制因子　许多mRNA都有较长的非翻译区，其中含反向重复序列，可形成茎环结构。一些翻译抑制因子是RNA结合蛋白，可与这种茎环结构结合，干扰翻译起始复合物的形成，抑制翻译起始。

3. RNA干扰　1993年，V. Ambros和R. Lee夫妇等用定位克隆的方法在线虫（*C. elegans*）基因组中克隆出*lin-4*基因，通过定点突变发现*lin-4*编码一种61nt RNA，它被切割后得到一种22nt的miRNA（microRNA，微小RNA），能以不完全互补的方式与其靶基因*lin-14* mRNA的3′非翻译区结合，抑制其翻译，最终导致lin-14蛋白质合成减少。这就是*lin-4*控制线虫幼虫由L1期向L2期转化的机制。这种由一类小分子RNA介导基因沉默的机制称为**RNA干扰**（RNA interference，RNAi）。

（二）翻译后修饰与定向运输水平调控

新生肽合成后通常要经过修饰才能成为天然蛋白质并运到功能部位。蛋白质构象决定其功能，而蛋白质的天然构象是在翻译后修饰过程中形成的。通过修饰控制其功能，通过定向运输控制其亚细胞定位，这些都是基因表达调控的重要内容。

RNA干扰与药用植物代谢工程

RNA干扰是一种发生在mRNA水平上的基因沉默现象，即抑制成熟mRNA的翻译，甚至促使其降解，这种现象又称**siRNA介导基因沉默**。RNA干扰现象在生物界普遍存在，是一种在进化上十分保守的防御机制。A. Fire和C. Mello因为研究RNA干扰（1998年）而获得2006年诺贝尔生理学或医学奖。

RNA干扰现在已经发展为一项分子生物学技术，其基本过程是：①将外源双链RNA（double-stranded RNA，dsRNA）转入特定细胞，dsRNA被细胞内的Dicer（特异性RNase家族的一个成员）切割成20~23bp的双链短核苷酸片段，称为小干扰RNA（small interfering RNA，siRNA）。②siRNA募集核酸内切酶Argonaute（Ago）等，形成RNA诱导沉默复合体（RNAi-induced silencing complex，RISC）。③RISC将siRNA双链解链，降解其过客链，保留其引导链，成为活性RISC。④活性RISC依靠siRNA识别并结合3′非翻译区有同源序列的mRNA。⑤活性RISC可直接降解mRNA、介导poly(A)核酸酶降解poly(A)尾或抑制翻译，从而抑制内源基因表达，产生siRNA介导基因沉默效应（图19-9）。

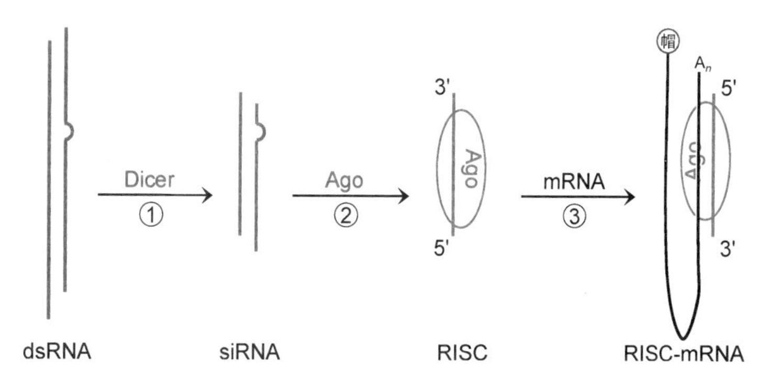

图19-9　siRNA介导基因沉默

药用植物代谢工程主要是利用分子生物学方法阐明植物次生代谢产物的合成机制，获得

代谢途径相关基因，并利用转基因技术和其他技术在植物细胞、组织或完整的植株中表达这些基因，从而达到调节代谢途径、增加目标产物合成的目的，开发出高产、抗病虫害、耐旱涝酸碱等恶劣条件的药用植物新品种。RNA 干扰技术可以方便、快捷、高效地抑制基因表达，从而调节代谢，最终增加目标产物合成或减少有害产物合成。目前 RNA 干扰技术已经成为药用植物代谢工程研究中的一颗新星，引起研究人员广泛关注。

小结

基因表达是由基因指导 RNA 合成和 mRNA 指导蛋白质合成的过程，体现了 DNA 和蛋白质、基因型和表型、遗传和代谢的关系。基因表达调控决定细胞的结构和功能，决定细胞分化和形态发生，赋予生物多样性和适应性。

不论是原核生物还是真核生物，其基因组中处于表达状态的基因都只是少数。不同基因可能有不同的表达方式：管家基因在各种细胞中持续表达，产物在整个生命过程中都是必需的，因而保持一定水平，其表达效率主要由启动子和 RNA 聚合酶决定，受环境因素影响较小。组织特异性基因只在特定类型细胞中表达，表达效率还受其他调控元件和调节因子调控，并受营养状况或环境因素变化影响。此外，功能相关的一组基因需协同表达。

原核生物基因组 DNA 大多数为单一闭环双链分子，只有一个复制起点，基因组序列以编码序列为主，基因组所含基因的数目比病毒多。

原核基因表达的特点是基因表达具有条件特异性，基因转录多以操纵子为单位，转录的特异性由 σ 因子决定，转录与翻译偶联。

原核基因表达调控的特点是基因表达在多环节受调控，其中转录（特别是转录起始和延伸）是基因表达调控最重要的环节，转录因子都是 DNA 结合蛋白，转录因子的效应包括负调控和正调控，存在协同调控机制、衰减调控机制、应急反应调控机制。

转录调控主要是控制转录起始，本质是控制 RNA 聚合酶与启动子的识别和结合。RNA 聚合酶、调控元件和调节因子是调控转录起始的基本要素。调控元件包括顺式作用元件和反式作用元件。调节因子包括转录因子和调控 RNA。转录因子通过与顺式作用元件结合调控基因表达，产生正调控或负调控效应。

转录水平的调控是对 RNA 合成时机、合成水平的调控。调控原核基因转录的调控元件既包括启动子和终止子，又包括操纵基因和激活蛋白结合位点。原核生物转录因子都是 DNA 结合蛋白，包括转录起始因子、阻遏蛋白、激活蛋白。

大肠杆菌乳糖操纵子表达受双重调控：一方面受诱导调控，即别乳糖作为诱导物抑制 LacI 阻遏蛋白，使乳糖操纵子去抑制；另一方面受激活调控，即 cAMP 激活 cAMP 受体蛋白，激活转录。

大肠杆菌色氨酸操纵子表达受双重负调控：一方面受抑制调控，即色氨酸作为辅阻遏物激活 TrpR 阻遏蛋白，使其抑制色氨酸操纵子转录起始；另一方面受衰减调控，即色氨酰 tRNA 通过转录翻译偶联机制促使转录产物前导序列形成衰减子结构，抑制色氨酸操纵子转录延伸。

真核生物基因组的特征：细胞核 DNA 是线性分子，形成染色体结构；基因组序列中包含大量转座子和重复序列，仅有不到 10%是蛋白质编码序列；基因在基因组中散在分布，形成各种基因家族。

真核生物的基因表达具有条件特异性、时间特异性、空间特异性，以基因为转录单位，转录后加工更复杂，转录和翻译存在时空隔离，翻译和翻译后修饰更复杂。

真核基因表达调控的特点：既有瞬时调控，又有发育调控；调控环节更多；染色质结构变化影响转录效率；转录调控以正调控为主；调控元件复杂并且可远离转录区；转录因子种类多，调控机制更复杂。

真核生物染色质水平调控的本质是通过染色质重塑、组蛋白修饰、DNA 甲基化、基因重排、基因扩增、染色质丢失等改变染色质结构，这种调控稳定而持久。

真核基因的转录调控元件包括启动子、终止子、增强子和沉默子，转录因子包括通用转录因子、特异转录因子和中介分子。转录因子含特定的 DNA 结合域、转录激活结构域或二聚化结构域，通过水平调节、变构调节、化学修饰调节、蛋白质相互作用等方式调控基因表达。

讨论

1. 原核生物、真核生物基因组特征。
2. 原核生物、真核生物基因表达特点。
3. 原核生物、真核生物基因表达调控特点。
4. 原核生物基因转录水平调控要素。
5. 大肠杆菌乳糖操纵子调控机制、色氨酸操纵子衰减调控机制。

第二十章
生物化学与分子生物学常用技术

扫一扫，查阅本章数字资源，含PPT、音视频、图片等

自20世纪40年代以来生物化学联合遗传学等对核酸和蛋白质等生物大分子的研究取得了一系列重大突破，并形成了一个新兴学科——分子生物学。

分子生物学（molecular biology）是在分子水平和整体水平上研究生命现象、生命本质、生命活动及其规律的一门学科，其研究对象是核酸和蛋白质等生物大分子，研究内容包括生物大分子的结构、功能及其在遗传信息和代谢信息传递中的作用和作用规律。分子生物学是生物化学与其他学科相互交叉和相互融合而形成的一门新兴学科。生物化学和分子生物学相互促进、密不可分，且离不开一系列大分子技术的建立和发展。

第一节　蛋白质的分离与鉴定

生命科学是实验科学，其理论体系是通过研究生命物质及生命活动建立起来的。科学技术的建立和发展是生命科学发展的保障。本节简单介绍部分蛋白质技术。需要说明的是许多技术不仅可用于研究蛋白质，还可用于研究核酸等其他生物分子。

一、蛋白质沉淀

蛋白质沉淀（precipitation）是指蛋白质从溶液中析出的现象。凡能破坏蛋白质溶液稳定因素的方法都可以使蛋白质分子聚集成颗粒而析出。如图20-1所示，将蛋白质溶液的pH值调至等电点，使蛋白质分子净电荷为零。此时虽然分子之间的同性电荷排斥作用消除，但是因为还有水化膜起保护作用，蛋白质可能还不会析出，但溶解度已经降低。如果再加入脱水剂（如乙醇）破坏水化膜，则蛋白质分子会聚集成颗粒而析出；或者先加入脱水剂破坏水化膜，然后再将溶液的pH值调至等电点，同样也会使蛋白质聚集成颗粒而析出。

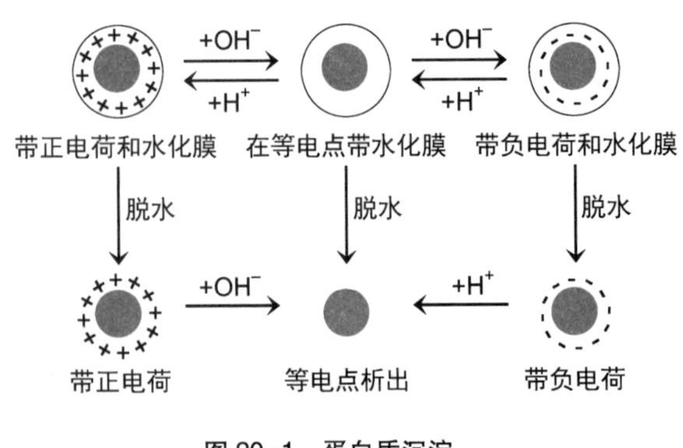

图20-1　蛋白质沉淀

1. 盐析　蛋白质的溶解度受pH、温度、离子强度等因素影响。在蛋白质溶液中加入大量中性盐以增加离子强度，会中和蛋白质表面电荷并破坏水化膜，导致蛋白质溶解度降低，从不饱和

到过饱和而析出，称为盐析。中性盐（正盐）是指除酸式盐、碱式盐外的盐。盐析常用的中性盐有（NH_4）$_2SO_4$、Na_2SO_4和 NaCl 等。通过控制离子强度，可以使不同蛋白质分级析出。例如，在血清中加（NH_4）$_2SO_4$使其达到 50%饱和度，则血清中的球蛋白会析出；如果加（NH_4）$_2SO_4$使其达到 100%饱和度，则血清中的白蛋白（清蛋白）会析出。因此，盐析法可用来分离蛋白质组分。调节溶液 pH 值至蛋白质的等电点之后再进行盐析，效果会更好。盐析得到的蛋白质沉淀经过透析脱盐后仍具有生物活性。

内酯豆腐　用葡萄糖酸-δ-内酯作为凝固剂制作豆腐，改变了石膏或卤水点豆腐的传统工艺，可减少蛋白质流失，且豆腐质地细嫩有光泽。

2. 有机溶剂沉淀蛋白质　乙醇和丙酮等有机溶剂与水的亲和力很强，可用作脱水剂破坏蛋白质分子的水化膜，在等电点时沉淀蛋白质。在常温下，有机溶剂沉淀蛋白质往往引起蛋白质变性（这正是酒精消毒灭菌的化学基础），因此用有机溶剂沉淀法制备有活性的蛋白质时应在 0~4℃下操作，并尽快对样品进行后处理。

3. 重金属沉淀蛋白质　调节蛋白质溶液的 pH 值使其大于等电点，此时蛋白质净带负电荷，易与重金属离子 Hg^{2+}、Pb^{2+}、Cu^{2+}、Ag^{+}等结合而沉淀。重金属沉淀常引起蛋白质变性。

临床上救治重金属中毒患者时，可以给患者口服大量蛋白质，并用催吐剂催吐解毒。

4. 酸沉淀蛋白质　在 pH 值略小于等电点时，蛋白净带正电荷，可与钨酸、过氯酸、鞣酸、苦味酸或三氯乙酸等带负电荷的酸根离子结合并沉淀。该沉淀法常引起蛋白质变性，可用于去除非蛋白样品中的杂蛋白。

5. 免疫沉淀蛋白质　抗体与抗原蛋白发生反应生成抗原-抗体复合物沉淀，反应高度专一，因而可以选择性沉淀抗原蛋白。

二、离心技术

离心技术（centrifugation）是将含有微小粒子的悬浮液置于离心机中，利用离心转头高速旋转所产生的强大离心力，将悬浮粒子按密度差异或质量差异分离，是生命科学研究的常规技术，常用于分析蛋白质及其他生物大分子、细胞器、细胞。常用离心方法如下。

1. 差速离心　利用不同粒子在同一离心条件下沉降速度的差别，通过分级提高离心速度，使悬浮液内直径、密度不同的粒子分级沉降，常用于分离细胞器。

2. 区带离心　①离心前先在离心管内灌注密度梯度介质，顶端密度最低，底部密度最高，且梯度介质最高密度低于样品粒子最低密度。②悬浮液铺于梯度介质顶端。③离心一定时间后，悬浮液内直径、密度不同的粒子在梯度介质中分离成梯状条带。

3. 等密度离心　①原理同区带离心，但梯度介质底部最高密度高于样品粒子最高密度，梯度介质顶端最低密度低于样品粒子最低密度。②悬浮液铺于梯度介质顶端。③经过长时间离心，样品粒子形成梯状等浮力密度条带，即按粒子密度不同进行分离。等密度离心与区带离心统称密度梯度离心法。

三、层析技术

层析技术（色谱技术，chromatography）是以物质在两相（固定相和流动相）之间的分配差异为基础建立的一类技术。所有层析系统都由固定相（stationary phase，通常以一种多孔材料为载体，可以交联带电基团、疏水基团或配体）和流动相（mobile phase，通常是缓冲液）组成。用固定相填装层析柱（或铺板），上端加入蛋白质分析物（analyte），用流动相淋洗。流动相流过

固定相时，溶于流动相中的分析物与固定相发生静电吸引、排阻、分配、吸附或亲和等作用，不同分析物与固定相作用强弱不同，在固定相中滞留时间不同，从而先后随流动相流出。分部收集流出液，可得到分离的分析物。层析技术有很多种类。

1. 离子交换层析 分为阴离子交换层析和阳离子交换层析。以阴离子交换层析为例，其固定相交联有大量带正电荷基团，可以与流动相中带负电荷的蛋白质（阴离子）结合，导致其移动速度慢于带正电荷的阳离子及中性分子，因而最后流出（图 20-2①）。

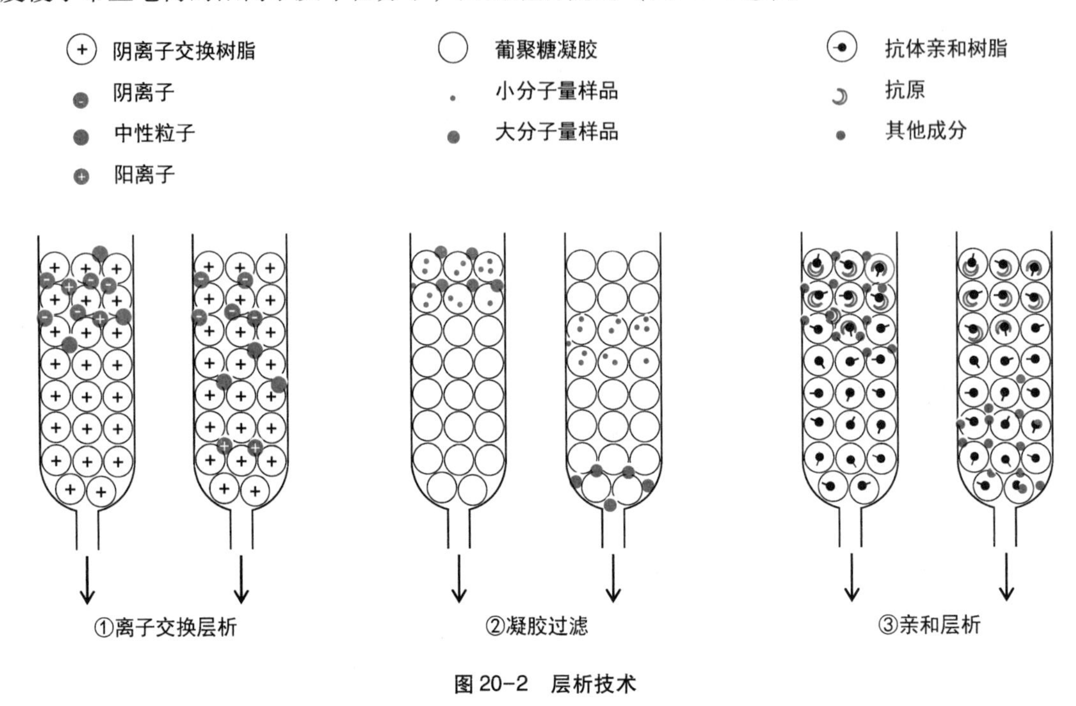

图 20-2 层析技术

2. 凝胶过滤 常用葡聚糖凝胶，其特点是含大量大小不等的孔隙。大的分子只能进入大孔隙，滞留时间短，先流出；小的分子既可以进入大孔隙，又可以进入更多的小孔隙，滞留时间长，后流出。因此，凝胶过滤是利用分子大小和形状不同进行分析分离，常用于样品蛋白的分子量测定或脱盐（图 20-2②）。

3. 亲和层析 是以分析物与其配体结合的特异性为基础建立的层析技术。固定相交联有特定配体（如抗体），分析物（如抗原）与之有高亲和力，随流动相流过时与固定相结合，其他成分流出。随后更换流动相，可将结合的分析物洗脱下来（图 20-2③）。

层析技术最先由俄国科学家 M. Tsvett 用于分析植物色素。德国化学家 R. Kuhn 应用该技术研究胡萝卜素和维生素，获得 1938 年诺贝尔化学奖。

四、电泳技术

电泳（electrophoresis）原为胶体特性之一，是指带电胶体粒子在电场介质中定向移动，带正电荷的向负极移动，带负电荷的向正极移动，质量小带电荷多的移动快，质量大带电荷少的移动慢；现指以此为基础建立的一类技术，常用于蛋白质、核酸等大分子研究，例如分析分离混合样品中蛋白质成分、鉴定样品蛋白中杂蛋白含量、测定蛋白质分子量和等电点等。常用电泳方法如下。

1. 凝胶电泳 是指以聚丙烯酰胺凝胶或琼脂糖凝胶为支持物的电泳技术。

（1）聚丙烯酰胺凝胶电泳　具有很高的分辨率，是生物化学与分子生物学的核心技术，常用于鉴定蛋白质及较小的核酸片段（5~500bp）。

聚丙烯酰胺凝胶电泳操作繁琐且影响因素较多，例如蛋白质的电泳速度取决于蛋白质分子的大小和形状、电泳介质的离子强度和 pH 值、凝胶浓度。

（2）琼脂糖凝胶电泳　条件简易，操作简便，临床检验中可用于分离与检测血清同工酶，分子生物学研究中多用于鉴定较大的核酸片段（100~60000bp），特别是分子量测定。

2. 薄膜电泳　是指以醋酸纤维薄膜等膜材料为支持物的电泳技术，其特点是操作简单、条带清晰无拖尾、样品易回收，但分辨率太低。薄膜电泳可用于血浆蛋白临床分析。

3. 毛细管电泳　是指以毛细管为分离通道、高压电场为驱动力的电泳技术，可用于 DNA 测序。

五、透析技术

透析（dialysis）是指利用半透膜（semipermeable membrane）将蛋白质与小分子分离。半透膜不允许胶体颗粒透过，因此将含有小分子的蛋白质溶液封入半透膜材料制成的透析袋内，浸入水或低离子强度缓冲液中，小分子就会从透析袋内逸出，与蛋白质分离。透析常用于样品蛋白的脱盐，在临床上则发展为新的治疗手段——透析疗法。

透析疗法是指使某些体液成分通过半透膜排出的治疗方法，例如血液透析、腹膜透析和超滤。

1. 血液透析　临床上是指把血液和透析液同时引入透析器，通过半透膜进行物质交换，血中的某些成分（如尿素、肌酸）逸出而进入透析液，血中缺乏的成分（如无机盐）从透析液进入而得到补充，从而使血液成分保持稳定，功能得到保障。血液透析是一种较安全、易行、应用广泛的血液净化方法。

2. 腹膜透析　基本原理与血液透析一致，只是利用腹膜的半透膜性质，在腹腔内进行物质交换，即利用透析导管将透析液导入患者腹膜腔，血浆中的某些成分就会通过腹膜上的毛细血管逸出而进入透析液，达到清除体内非营养物质、纠正水盐代谢紊乱的目的。非脂溶性毒物（如苯巴比妥、水杨酸类、甲醇、乙二醇、茶碱、锂等）可以采用腹膜透析排出。

3. 超滤　对可以阻挡不同大小分子的滤膜（或滤板）施加跨膜压力差，对液体进行过滤，从而选择性分离、回收液体成分的一种膜分离方法。生命科学研究中常用于大分子和胶体（酶、蛋白质、病毒）的分离与回收。

超滤在临床上可用于血液透析，即由外周静脉（一般为股静脉）插入两根透析导管，其中一根推送到中心静脉用于血液返回，另一根置于外周静脉用于血液导出。血液通过透析装置，透析液侧的空间加以负压，以获得滤过效果。由此产生的滤液主要为血浆水分和中小分子物质，不含蛋白质成分。与常规血液透析相比，超滤具有脱水快、副作用小等优点。这对迅速减少体内液体潴留，稳定血液动力学参数，以及稳定电解质平衡均有重要意义。早期主要用于治疗急、慢性肾功能衰竭。随着临床经验的积累，作为一种辅助治疗措施，超滤也逐渐用于重症心力衰竭，以及有体液潴留而需要体外循环进行心脏直视手术者。

第二节 核酸的提取和定量

核酸是生物化学与分子生物学的主要研究对象。在研究核酸结构和功能时，通常需要提取核酸并进行定量。核酸样品的纯度和核酸结构的完整性将关系到后续研究的准确性和科学性。

一、核酸提取

核酸提取的总原则是保证核酸一级结构的完整性，避免污染。

核酸提取的主要步骤包括：①裂解细胞。②去除与核酸结合的蛋白质、多糖等生物大分子。③分离核酸。④去除杂质（无机盐和不需要的其他核酸分子等）。由于不同核酸的结构状态和亚细胞定位不同，所用的提取方法也不尽相同。

1. 质粒 是游离于细菌（及个别真核细胞）染色体DNA之外、能自主复制的遗传物质，多数是一种共价闭合环状DNA，大小是1~300kb。质粒能够转化细菌，并利用细菌的酶系统进行扩增和表达，是在重组DNA技术中广泛应用的基因载体。

提取质粒包括三个基本步骤：①培养细菌和扩增质粒。②收获和裂解细菌。③用氯化铯密度梯度离心法、碱裂解法或煮沸裂解法等分离纯化质粒。

2. 真核生物染色体DNA ①用液氮冷冻组织材料，然后将其研成细粉。②用乙二胺四乙酸（EDTA）、去污剂和蛋白酶K共同裂解细胞。③用苯酚、氯仿、异戊醇等抽提去除蛋白质。经过数次抽提之后，可制得100~200kb的DNA片段。染色体DNA适用于基因组文库构建、DNA印迹分析。

3. 真核生物RNA RNA容易被RNase（核糖核酸酶）降解，而RNase分布极广，并且耐高温，可以抵抗长时间煮沸。因此，RNA的提取条件要比DNA苛刻，必须采取措施建立无RNase环境。

（1）总RNA提取 提取真核细胞总RNA可用异硫氰酸胍-酚氯仿法、异硫氰酸胍-氯化铯密度梯度离心法、氯化锂-尿素法、热酚法等。

（2）mRNA提取 提取真核细胞mRNA可用一种亲和层析技术——oligo(dT)-纤维素柱层析。真核生物mRNA绝大多数都有poly(A)尾，在高离子强度下与oligo(dT)结合，其他RNA等成分则被淋洗去除。然后，逐渐降低洗脱液的离子强度，可将mRNA洗脱，浓缩得到高纯度mRNA。mRNA可用于研究基因表达、构建cDNA文库。

二、核酸定量

核酸由磷酸、戊糖、碱基以等摩尔量构成，因此通过分析这三种成分的含量可以对核酸进行定量。

1. 定磷法 核酸磷含量比较均一。DNA含磷约9.2%，RNA含磷约9.0%。因此，分析核酸样品磷含量可计算出核酸含量，这就是定磷法的分子基础。

2. 定糖法 ①二苯胺法是2-脱氧核糖的显色反应，因此可以分析核酸水解液中2-脱氧核糖的含量，从而计算出DNA含量。②地衣酚法是戊糖的显色反应，因此可以联合二苯胺法分析核酸水解液中核糖的含量，从而计算出RNA含量。

3. 紫外吸收法 核酸因碱基含共轭体系而对260nm紫外线有强吸收，并且吸光度在一定条件下与核酸浓度成正比。因此，可以通过测定A_{260}对核酸样品进行定量。在标准条件下，1个吸光度单位相当于50μg/mL的双链DNA、40μg/mL的单链DNA或RNA。不过，该方法受核酸纯度、溶液pH值和离子强度影响，在中性pH值和低离子强度下测定纯度较高的核酸结果比较准确。

第三节　印迹杂交技术

印迹杂交技术是将电泳分离的样品从凝胶转移至印迹膜上，然后与标记探针进行杂交，并对杂交体作进一步分析。印迹杂交技术是分子生物学的基本技术，广泛应用于克隆筛选、核酸分析、蛋白质分析和基因诊断等。

一、印迹杂交基本原理

印迹杂交技术包括电泳分离、样品转移和杂交分析三项基本操作。

1. 电泳分离　用凝胶电泳分离样品。

2. 样品转移　将核酸或蛋白质等样品用类似于吸墨迹的方法从凝胶等电泳介质中转移到合适的印迹膜上，称为印迹。样品在印迹膜上的相对位置与在凝胶中时一样。目前常用的印迹膜有硝酸纤维素膜、尼龙膜、聚偏氟乙烯膜和活化滤纸等，常用的印迹方法有电转移法、毛细管转移法和真空转移法。

（1）电转移法　是通过电泳使凝胶中的带电荷样品沿与凝胶平面垂直的方向泳动，按原位从凝胶中转移到印迹膜上（图20-3），是一种简便、高效的转移方法。

（2）毛细管转移法　是通过虹吸作用使缓冲液定向渗透，带动样品按原位从凝胶中转移到印迹膜上。

（3）真空转移法　是通过真空作用使缓冲液从上层储液器中透过凝胶和印迹膜转移到下层真空室内，同时带动样品按原位从凝胶中转移到印迹膜上。

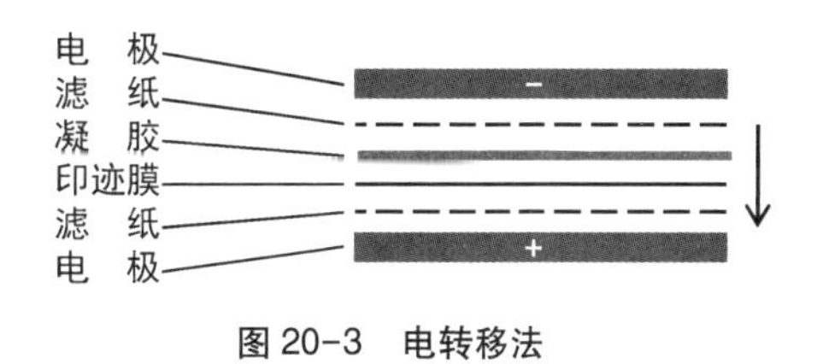

图20-3　电转移法

3. 杂交　用核酸探针与印迹膜上的待测核酸样品进行杂交，以分析该样品中是否存在特定基因序列、突变序列，或研究目的基因的表达情况。核酸探针是否合适是决定核酸杂交分析能否成功的关键。

核酸探针（probe）是带有标记物且序列已知的核酸片段，能与待测核酸中的靶序列特异杂交，形成的杂交体可以检测。根据来源和性质的不同，可把核酸探针分为基因组探针、cDNA探针、RNA探针和寡核苷酸探针等。

（1）基因组探针　包含目的基因的全部序列或部分序列，是最常用的DNA探针。制备基因组探针应尽量选用编码序列，避免选用非编码序列，因为非编码序列特异性差，会得到假阳性结果。

（2）cDNA探针　不含内含子等非编码序列，所以特异性高，是一类较为理想的核酸探针，可用于研究基因表达。

（3）RNA探针　是单链探针，杂交效率和特异性更高，杂交体稳定性更好。

（4）寡核苷酸探针　是根据已知核酸序列人工合成的DNA探针，或根据基因产物氨基酸序列推导并合成的探针，可用于分析点突变。

核酸杂交体的检测依赖于灵敏而稳定的核酸探针标记物，包括放射性标记物（^{32}P、^{3}H和^{35}S等）和非放射性标记物（生物素、地高辛、二硝基苯、雌二醇等半抗原类，荧光素类和酶类）。

二、常用印迹杂交技术

根据分析样品的不同有DNA印迹法、RNA印迹法、蛋白质印迹法等。

1. DNA印迹法 分析的样品是DNA，1975年由英国爱丁堡大学的E. Southern发明，又称Southern blot。

基本过程（图20-4）：①样品制备：提取基因组DNA，用限制性内切酶（383页）消化，获得长度不等的待测DNA片段混合物。②电泳分离：用琼脂糖凝胶电泳将待测DNA片段按长度分离。③变性：用碱液处理电泳凝胶，使待测DNA片段原位变性解链。④印迹和固定：将变性的待测DNA片段从凝胶转移到印迹膜上，80℃烘烤两小时，将DNA固定于印迹膜上。⑤预杂交、杂交和漂洗：用封闭物（非特异的DNA分子等）封闭印迹膜上未结合DNA的位点，以避免DNA探针的非特异性吸附，然后漂洗去除未结合的封闭物。用DNA探针杂交液浸泡结合了待测DNA的印迹膜，孵育，DNA探针即与待测DNA片段进行杂交，形成探针-靶序列杂交体。漂洗去除未杂交的和形成非特异性杂交体的探针。⑥分析：用放射自显影或显色反应等方法分析印迹膜上的杂交体，进而分析样品DNA的有关信息。

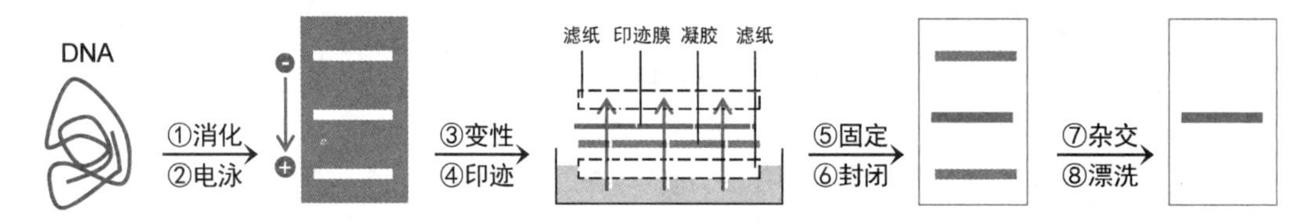

图20-4 DNA印迹法

DNA印迹法是最经典的基因研究方法，可用于分析DNA长度、DNA指纹、DNA克隆、DNA多态性、限制性酶切图谱、基因拷贝数、基因突变和基因扩增等，从而用于基础研究和基因诊断。

2. RNA印迹法 分析的样品是RNA，1977年由美国斯坦福大学的J. Alwine等发明，又称Northern blot。

RNA印迹法与DNA印迹法基本一致，不同的是：①为了使RNA以单链状态进行电泳，使RNA按长度分离，RNA样品需先变性后电泳。②RNA只能用甲醛等变性，不能用碱变性，因为碱会导致RNA降解。

RNA印迹法可用于定性或定量分析组织细胞总RNA或某一特定RNA，特别是分析mRNA的长度和含量，从而研究基因结构和基因表达。

3. 蛋白质印迹法 又称免疫印迹法（immunoblotting），分析的样品是蛋白质，包括以下两种方法：①Western blot：是将蛋白质从SDS-聚丙烯酰胺凝胶电泳（sodium dodecyl sulphate-polyacrylamide gel electrophoresis，SDS-PAGE）凝胶转移到印迹膜上进行免疫学分析，1979年由瑞士米歇尔研究所的H. Towbin等发明。②Eastern blot：是将蛋白质从等电聚焦电泳（isoelectric focusing，IEF）凝胶转移到印迹膜上进行免疫学分析，可用于研究蛋白质的翻译后修饰，1982年由美国宾夕法尼亚大学的M. Reinhart等发明。

蛋白质印迹法与DNA印迹法、RNA印迹法类似，也包括电泳、印迹和杂交等基本操作，但有以下不同：①只能用聚丙烯酰胺凝胶电泳分离样品。②只能用电转移法印迹。③“探针”是能与目的蛋白特异性结合的标记抗体。

蛋白质印迹法综合了聚丙烯酰胺凝胶电泳分辨率高和固相免疫分析特异性高、灵敏度高等优

点，可用于定性和半定量分析混合物中的蛋白质。

三、生物芯片

生物芯片（生物微阵列）是以生物分子相互作用特异性为基础，将一组已知核酸片段、多肽、蛋白质、组织或细胞等生物样品有序固定在惰性载体（硅片、玻片、滤膜等，统称基片、固相载体）表面，组成高密度二维阵列的微型生化反应分析系统。

生物芯片的特点是高通量、集成化、标准化、微量化、微型化、平行化、自动化。由于芯片上可以固定数十到上百万个探针点（dot），因此可以批量分析生物样品，快速准确地获取样品信息。生物芯片用途广泛，可用来对基因、抗原或活细胞、组织等进行检测分析，已成为生物学和医学等各研究领域最有应用前景的一项生物技术。

1. 基因芯片　又称DNA芯片、DNA微阵列、寡核苷酸微阵列等，是高密度、有序固定了寡核苷酸或cDNA探针阵列的生物芯片。基因芯片技术的基本原理和DNA印迹法、RNA印迹法一样，不同的是：①探针固相化、集成化并且不被标记。②DNA样品游离于液相并且被标记。

基本操作：①样品制备：从组织细胞中提取RNA或基因组DNA样品，对样品进行扩增、标记和纯化。②分子杂交：标记样品与芯片探针点进行杂交。③检测分析：用专门仪器检测芯片上的杂交信号，用专业软件分析处理，获得DNA样品的各种信息（图20-5）。

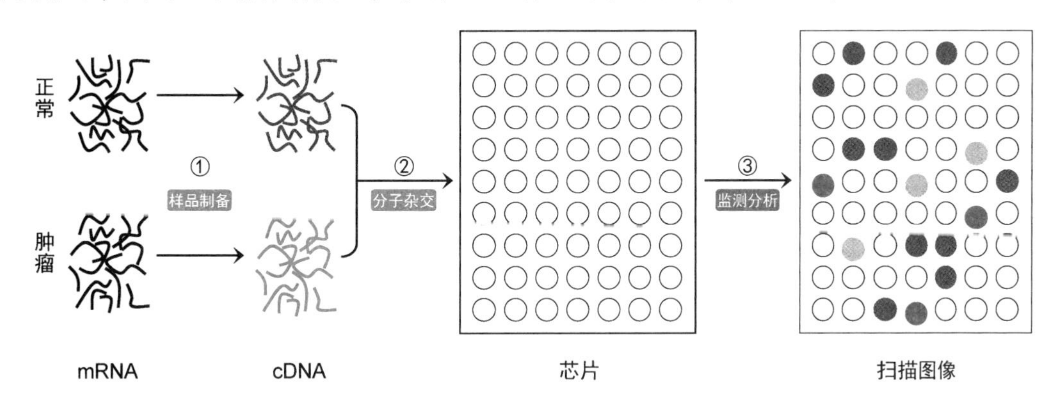

图20-5　基因芯片技术

基因芯片技术自发明以来，在生物学和医学领域的应用日益广泛，主要用于基因表达分析和DNA测序。在此基础上，基因芯片技术已经应用于基因组研究（包括基因表达谱分析、基因鉴定、多态性分析、点突变检测、基因组作图等）、疾病机制研究、基因诊断、个体化治疗、药物开发、卫生监督、法医学鉴定和环境监测等。

2. 蛋白芯片　又称蛋白质微阵列，是在基因芯片基础上研发的用于分析蛋白质（或其他生物分子）的新型生物芯片，即在几平方厘米的基片表面有序固定多达数万个蛋白质或多肽探针点，可以进行以抗原抗体反应、蛋白质相互作用等为基础的规模化分析。

蛋白芯片广泛用于蛋白质功能研究、基因表达谱分析、疾病机制研究、临床诊断、靶点确证及药物开发、中药鉴定等领域。

四、印迹杂交技术与基因诊断

基因诊断（gene diagnosis）是指直接检测基因组中致病基因或疾病相关基因的结构异常或表达水平的改变，或病原体基因的存在，从而对健康作出评估，或对疾病作出诊断。基因诊断以已

知基因作为检测对象，检测物是 DNA 和 RNA，DNA 用于分析内源基因结构是否正常，或者是否存在外源基因；mRNA 则用于分析基因的结构和表达是否正常。例如用**等位基因特异性寡核苷酸杂交法**（allele specific oligonucleotide hybridization，ASOH）诊断苯丙酮尿症。

Ⅰ型苯丙酮尿症是一种常染色体隐性遗传病，主要遗传基础是苯丙氨酸羟化酶基因发生点突变，不表达苯丙氨酸羟化酶、表达的苯丙氨酸羟化酶无活性或很快降解。根据某个突变位点（如 Arg243Gln）设计两种探针：

野生型探针：TTCCGCCTCCGACCTGT
突变探针：　TTCCGCCTCCAACCTGT

用两种探针分别与待测 DNA 杂交，野生型纯合子只与野生型探针杂交，杂合子与野生型探针和突变探针都杂交，突变纯合子只与突变探针杂交，因此根据杂交结果可以判断待检个体的基因型，如图 20-6 所示的杂交结果：①a/b/d/g 与野生型探针、突变探针都形成杂交点，为突变携带者，基因型是杂合子。②e/h 只与野生型探针形成杂交点，为正常人，基因型是野生型纯合子。③c/f 只与突变探针形成杂交点，为苯丙酮尿症患者，基因型是突变纯合子。

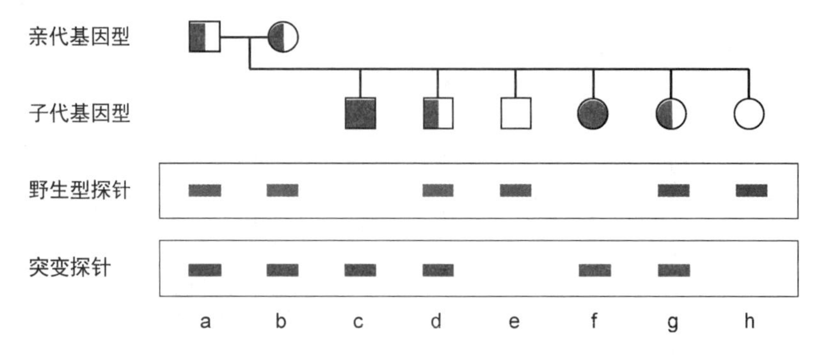

图 20-6　ASOH 检测苯丙酮尿症

基因诊断是继形态学检查、生化检查和免疫学检查之后的第四代诊断技术，具有特异性高、灵敏度高、早期诊断、采样方便、安全高效、应用广泛等特点。目前，基因诊断主要应用于遗传性疾病、肿瘤、感染性疾病的诊断及筛查，法医学鉴定，器官移植的组织配型（HLA 分型。HLA，human leucocyte antigen，人类白细胞抗原）等。

第四节　聚合酶链反应技术

聚合酶链反应技术（PCR）是一种在体外扩增特定 DNA 片段的方法，可用很短时间使微量 DNA 样品扩增数百万倍。该技术由 K. Mullis（1993 年诺贝尔化学奖获得者）于 1983 年发明，有特异性高、灵敏度高、简便快捷等优点，在基础研究和临床实践中得到广泛应用，成为分子生物学研究的重要技术之一。

一、PCR 基本原理

PCR 体系由 DNA 聚合酶、DNA 引物、dNTP、目的 DNA（待扩增 DNA 及其扩增产物）和含有 Mg^{2+} 的缓冲液等组成。PCR 与细胞内 DNA 半保留复制的化学本质一致，但过程更简便，是用一对单链寡脱氧核苷酸作为引物（引物对），通过变性、退火、延伸三个基本步骤的数十次循环，使目的 DNA 得到扩增（图 20-7）。

1. **变性** 根据DNA高温变性的原理，将反应体系温度升至变性温度（高于模板解链温度，约95℃），使目的DNA双链解链成PCR模板。

2. **退火** 将反应体系温度骤降至退火温度（低于引物解链温度，约50℃），使PCR引物与PCR模板3′端杂交。

3. **延伸** 将反应体系温度升至延伸温度（约72℃），DNA聚合酶按照碱基配对原则在引物3′端按5′→3′方向催化合成PCR模板新的互补链，使目的DNA拷贝数增加1倍。

图20-7 聚合酶链反应

DNA聚合酶在延伸过程中起关键作用。在PCR技术应用的各种DNA聚合酶中，耐热的Taq酶最经典，它有以下特点：①有5′→3′聚合酶活性。②有5′→3′外切酶活性，但无3′→5′外切酶活性，因此没有校对功能。③有类似末端转移酶的活性，可不依赖模板地在双链DNA的3′末端加接一个脱氧核苷酸，并且优先加接dAMP。④最适温度是75~80℃。

以上变性、退火、延伸三个基本步骤构成PCR循环，每次循环的产物都是下一循环的模板，这样每次循环都使目的DNA的拷贝数增加1倍。PCR一般需要循环30次，理论上能将目的DNA扩增2^{30}（$\approx 10^{9}$）倍，但实际扩增效率略低，为75%~85%，能扩增数百万倍。

二、常用PCR技术

PCR技术自发明以来在各领域得到广泛应用，其本身也在不断发展和完善，目前已衍生出各种特殊的PCR技术，例如逆转录PCR和定量PCR，广泛应用于基础研究和临床检验。

1. **逆转录PCR** 是逆转录与PCR的联合，即先以RNA为模板，用逆转录酶催化合成其cDNA，再以cDNA为模板，用Taq酶进行PCR扩增。

逆转录PCR可检测低含量mRNA（不到10个拷贝），常用于基因表达分析、cDNA克隆、cDNA探针制备、转录体系制备、遗传病诊断、RNA病毒检测。

2. **定量PCR** 是一种通过实时监测PCR进程对DNA进行定量分析的方法，即在PCR体系中加入一种荧光探针，扩增过程中进行荧光检测，荧光强度与扩增产物水平成正比，所以通过对荧光强度的实时监测可跟踪PCR进程，最后根据连续监测下获得的PCR动力学曲线可定量分析模板的初始水平（图20-8）。

图20-8 定量PCR

（1）Taqman探针 定量PCR的关键是在PCR体系中加入一种**荧光探针**。以TaqMan荧光探针法为例：TaqMan探针（18~22nt，T_m值比引物高10℃）的5′端标记有荧光报告基团（reporter，R），3′端标记有荧光淬灭基团（quencher，Q）。探针完整时，报告基团R与淬灭基团Q之间发生荧光淬灭，报告基团R不能产生特定荧光。在PCR退火时，探针与模板杂交。在PCR延伸遇到探针5′端时，DNA聚合酶的5′→3′外切酶活性将探针降解，报告基团R和淬灭基团Q分离。

游离报告基团 R 被激光激发时产生特定荧光。每增加一条 DNA 链就产生一个游离报告基团 R，实现了扩增产物数量与荧光强度的同步化。

（2）定量 PCR 应用　与逆转录联合可以定量分析 mRNA 以研究基因表达，是最快速、最简便、最常用的 RNA 定量方法，广泛应用于基础研究（等位基因、细胞分化、药物作用、环境影响）和临床诊断（肿瘤、遗传病、病原体）。

第五节　DNA 测序技术

DNA 是遗传物质，其碱基序列包含遗传信息。因此，要解读遗传信息就得进行 DNA 测序（DNA suquencing）。1975 年 F. Sanger 建立的链终止法和 1977 年 A. Maxam 和 W. Gilbert 建立的化学降解法使 DNA 测序有了划时代的突破。1977 年，第一个基因组——ΦX174 噬菌体长 5386nt 的环状单链 DNA 由 F. Sanger 等完成测序。1980 年，W. Gilbert 和 F. Sanger 获得诺贝尔化学奖。

在两种测序方法中，Sanger 链终止法更常用，并且已经自动化，这里简单介绍。

1. 制备标记片段组　需要建立四个链终止反应体系，每个体系都含 DNA 聚合酶、引物（20~30nt）和 dNTP，可用待测序 DNA 作为模板，合成其互补链（图 20-9）。

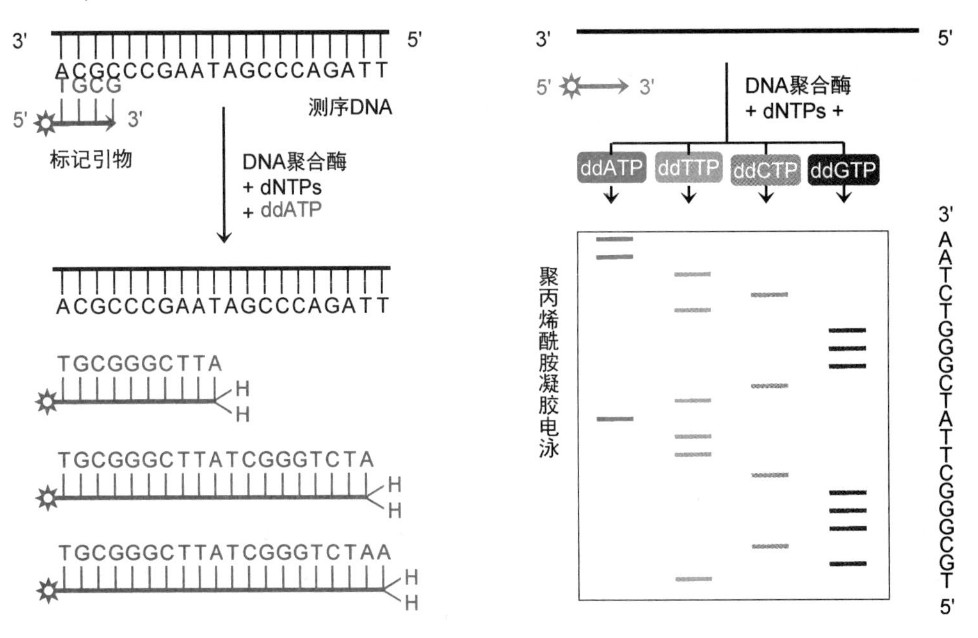

图 20-9　Sanger 链终止法

链终止法的关键是在每个反应体系中加入一种 2′,3′-双脱氧核苷[三磷]酸（dideoxynucleoside triphosphate，ddNTP）。以双脱氧腺苷酸（dideoxyadenosine triphosphate，ddATP）为例：它和 dATP 一样可以与模板 dTMP 配对，把 ddAMP 连接到新生链的 3′端；但是 ddAMP 没有 3′-羟基，所以下一个 dNMP 不能连接，DNA 链的合成终止于 ddAMP，即最后合成的 DNA 片段的 5′端是引物序列，3′端是 ddAMP。

由于 ddATP 的掺入是随机的，通过优化反应体系中 dATP 和 ddATP 的比例，在 DNA 聚合酶读模板序列的任何一个 dTMP 时都可能催化 ddATP 的掺入。因此，在模板序列中有多少个 dTMP，该反应体系最终就会合成多少种 DNA 片段，它们的 5′端都是引物序列，3′端都是 ddAMP。这样，只要分析该组片段的长度就可以确定 dTMP 在待测序 DNA 中的位置。

为了便于接下来的分析，链终止法合成的 DNA 片段必须进行标记，例如将引物用荧光素或放射性同位素进行标记。

2. 电泳　将四个反应体系合成的 DNA 片段在聚丙烯酰胺凝胶的四个分离通道上进行变性凝胶电泳，DNA 片段按照长度分离，可以形成梯状条带。

3. 显影　显影方法因标记物而异，用荧光标记的 DNA 片段可用 CCD 扫描法，用放射性同位素标记的 DNA 片段可用放射自显影法。

4. 读序　从显影图谱上读出碱基序列。因为 DNA 的合成方向为 5′→3′，所以 DNA 链终止得越早，终止位点离 5′端越近。因此，按照从小到大顺序读出的是合成片段 5′→3′方向的碱基序列，是待测序 DNA 的互补序列。

第六节　重组 DNA 技术

重组 DNA 技术（recombinant DNA technology，基因工程，genetic engineering），是 DNA 克隆所采用的技术和相关工作的统称。**DNA 克隆**（DNA cloning，分子克隆，molecular cloning），是重组 DNA 技术的核心，即将某种 DNA 片段（目的 DNA）与 DNA 载体连接成重组 DNA，转入细胞进行复制，并随细胞分裂而扩增，最终获得该 DNA 片段的大量拷贝。

重组 DNA 技术通常包括以下基本步骤：①目的 DNA 制备：可从组织细胞提取、逆转录合成、PCR 扩增或化学合成。②载体选择：根据研究目的和目的 DNA 的特点选择。③体外重组：用限制性内切酶联合 DNA 连接酶将目的 DNA 与载体连接，形成重组体。④基因转移：用重组体转化合适的宿主细胞。⑤细胞筛选和 DNA 鉴定：检出携带目的 DNA 的宿主细胞。⑥应用：扩增、表达及其他研究（图 20-10）。

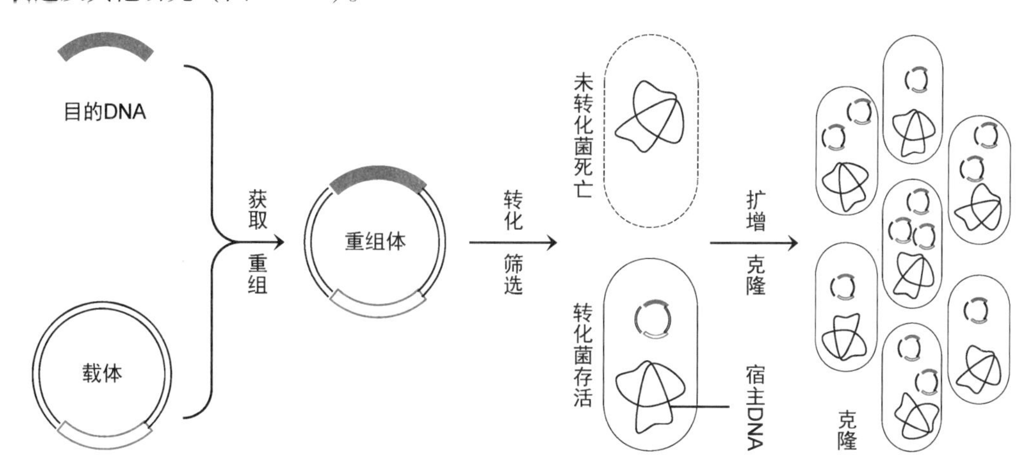

图 20-10　重组 DNA 技术基本过程

一、目的 DNA 制备

制备目的 DNA 要确保目的 DNA 的量、结构和纯度符合要求。常用的制备方法有从组织细胞提取、逆转录合成、PCR 扩增和化学合成。

二、载体选择

大多数目的 DNA 很难自己转入宿主细胞，更不能自我复制，因此需要选择一种合适的载体，

携带其转入宿主细胞，并在宿主细胞内复制甚至表达。

1. 载体结构 重组 DNA 技术的**载体**（vector）是一种 DNA 分子，由质粒、噬菌体或病毒 DNA 改造而成，可以与目的 DNA 重组，转入宿主细胞，使目的 DNA 在细胞内独立和稳定地复制甚至表达，并据此分为克隆载体和表达载体（图 20-11）。

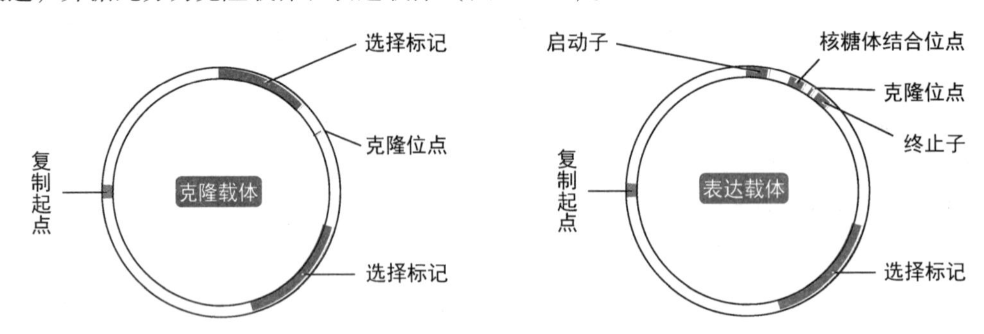

图 20-11 载体基本结构

（1）克隆载体 是用来克隆和扩增目的 DNA 的载体，含以下基本元件：①复制起点：能利用宿主的 DNA 复制系统启动载体复制，目的 DNA 也随之复制。②克隆位点：目的 DNA 的插入位点，为某种限制性内切酶的单一酶切位点，或多种限制性内切酶的单一酶切位点。③选择标记和筛选标记：选择标记决定宿主能否存活。筛选标记不影响宿主代谢，但赋予宿主某种表型，便于筛选重组 DNA 克隆。克隆载体适用于目的 DNA 的重组、克隆和保存。

（2）表达载体 是用来表达目的基因的载体，除了含克隆载体的基本元件外，还含启动子、终止子、核糖体结合位点等表达元件，这些元件能被宿主表达系统识别，从而调控转录和翻译。因此，表达载体可以利用宿主表达系统表达其携带的目的基因。

2. pBR322 载体 是第一种人工构建的克隆载体，含以下基本元件：①一个复制起点（ori）。②两个抗性基因：氨苄青霉素（氨苄西林）抗性基因（amp^R，ampicillin resistance gene）和四环素抗性基因（tet^R，tetracycline resistance gene）。③多种限制性内切酶的单一酶切位点：其中有的位于 tet^R或 amp^R基因内，插入目的 DNA 会导致抗性基因失活（图 20-12）。

3. pUC 载体 用质粒 pBR322 与 M13 噬菌体构建而成，含以下基本元件：①复制起点（ori）：来自质粒 pBR322。②amp^R：来自质粒 pBR322。③*lacZ'*：来自噬菌体 M13mp18/19，包含大肠杆菌乳糖操纵子的 CRP 结合位点、启动子 *lacP*、操纵基因 *lacO* 和结构基因 *lacZ* 的 5′端部分序列（编码 β-半乳糖苷酶 N 端的 146 个氨基酸残基）。④多克隆位点（multiple cloning site，MCS）：位于 *lacZ'*编码区内。⑤调控基因 *lacI*：来自大肠杆菌乳糖操纵子（图 20-12）。

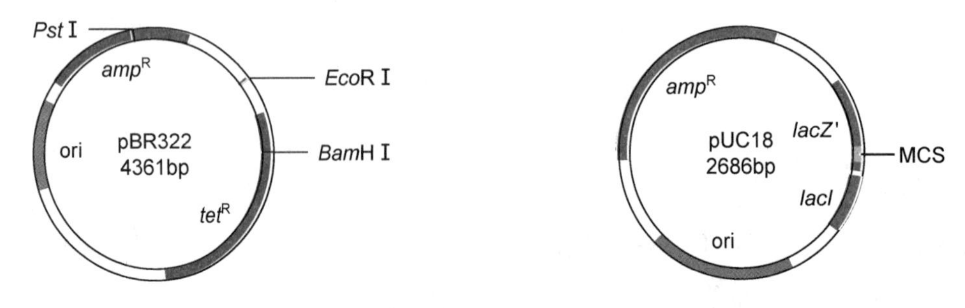

图 20-12 质粒载体 pBR322 和 pUC18

不同载体有不同特点和用途，可根据需要选择使用。

三、体外重组

在重组 DNA 技术中，目的 DNA 与载体在体外连接的过程称为体外重组（*in vitro* recombination）。体外重组的产物称为重组 DNA（recombinant DNA，rDNA，重组体，recombinant）。体外重组包括两个基本环节：切——用限制性内切酶切割目的 DNA 和载体，形成合适的末端；接——用 DNA 连接酶连接目的 DNA 和载体，构建重组 DNA。限制性内切酶和 DNA 连接酶是重组 DNA 技术最重要的工具酶。

1. 限制性内切酶　又称限制[性]酶，是一类序列特异性核酸内切酶，主要由原核生物（特别是细菌）基因编码，能识别双链 DNA 的特定序列，水解该序列内部或一侧特定位点的磷酸二酯键，得到一组 DNA 片段，称为限制性片段（restriction fragment）。限制性内切酶识别的特定序列称为限制[性酶切]位点。

已报道的限制性内切酶有一万多种，分为Ⅰ型、Ⅱ型、Ⅲ型三类。重组 DNA 技术常用的是Ⅱ型限制性内切酶，它有两个特点：①其限制性酶切位点通常含 4~8bp，且多为回文序列或反向重复序列。②限制性内切酶水解限制性酶切位点特定的 3′,5′-磷酸二酯键，形成平端（blunt end）或黏[性末]端（cohesive end，包括 5′黏性末端和 3′黏性末端）。例如，

限制性内切酶 *Eco*RⅠ切割 *Eco*RⅠ位点对称中心 5′侧，形成 5′黏性末端。

5′ —— G·A-A-T-T-C —— 3′　　*Eco*RⅠ→　　5′ —— G 3′　　　　　+　　5′ A-A-T-T-C —— 3′
3′ —— C-T-T-A-A·G —— 5′　　　　　　　　3′ —— C-T-T-A-A 5′　　　　　　　　3′ G —— 5′

限制性内切酶 *Pst*Ⅰ切割 *Pst*Ⅰ位点对称中心 3′侧，形成 3′黏性末端。

5′ —— C-T-G-C-A·G —— 3′　　*Pst*Ⅰ→　　5′ —— C-T-G-C-A 3′　　+　　5′ G —— 3′
3′ —— G·A-C-G-T-C —— 5′　　　　　　　3′ —— G 5′　　　　　　　　　　3′ A-C-G-T-C —— 5′

限制性内切酶 *Sma*Ⅰ切割 *Sma*Ⅰ位点对称中心处，形成平端。

5′ —— C-C-C·G-G-G —— 3′　　*Sma*Ⅰ→　　5′ —— C-C-C 3′　　+　　5′ G-G-G —— 3′
3′ —— G-G-G·C-C-C —— 5′　　　　　　　3′ —— G-G-G 5′　　　　　3′ C-C-C —— 5′

2. DNA 连接酶　常用大肠杆菌 DNA 连接酶和 T4 DNA 连接酶：①它们的催化活性相同：都是催化 DNA 切口处的 5′-磷酸基与 3′-羟基缩合，形成磷酸二酯键。②它们催化反应消耗的高能化合物不同，用途也有差异：大肠杆菌 DNA 连接酶消耗 NAD^+，用于连接 DNA 切口或互补黏性末端；T4 DNA 连接酶消耗 ATP，用于连接 DNA 平端或互补黏性末端。

3. 连接方法　常用的连接方法有平端连接、互补黏性末端连接、同聚物加尾连接、加人工接头连接。不同的 DNA 可用不同的方法连接。

（1）平端连接　凡是有 3′-羟基和 5′-磷酸基的平端 DNA 都可由 T4 DNA 连接酶催化，直接形成磷酸二酯键，这就是平端连接。

（2）互补黏性末端连接　目的 DNA 和载体由合适的限制性内切酶消化，产生相同的黏性末端，因而彼此互补，称为互补黏性末端（complementary sticky end）。在适当条件下，互补黏性末端退火，由 DNA 连接酶催化以磷酸二酯键连接成重组 DNA，这就是互补黏性末端连接。

（3）同聚物加尾连接　利用末端转移酶在线性载体 DNA 的两端加接同聚物，例如 oligo(dA)，在目的 DNA 的两端加接互补同聚物，例如 oligo(dT)。两者混合，即可通过同聚物退火。用 DNA 聚合酶催化填补缺口，再用 DNA 连接酶催化连接成重组 DNA。

（4）加人工接头连接　人工接头（linker）是一种化学合成的双链寡核苷酸，含有一种或多

种限制性酶切位点，可用T4 DNA连接酶催化连接到目的DNA的平端，然后用相应的限制性内切酶消化，形成的黏性末端与载体互补，即可进行互补黏性末端连接。

四、基因转移

基因转移（gene transfer）是指将外源DNA转入细胞（包括体外培养细胞或体内细胞、真核细胞或原核细胞）的过程。在重组DNA技术中，重组体对宿主细胞而言属于外源DNA。外源DNA转入宿主细胞，使其获得新的遗传表型，称为DNA转化（transformation），被转化的细胞称为转化子（transformant）。其中，通过噬菌体或病毒完成的转化称为转导（transduction，感染，infection），被转导的细胞称为转导子（transductant）；外源DNA转化培养的真核细胞称为转染（transfection），被转染的细胞称为转染子（transfectant）。

1. 宿主细胞选择 重组DNA的宿主细胞既有原核细胞又有真核细胞。常用的原核细胞包括大肠杆菌、枯草杆菌和链球菌等，可用于构建基因组文库、扩增目的DNA、表达目的基因；常用的真核细胞包括酵母、昆虫和哺乳动物细胞等，一般只用于表达目的基因。

2. 常用转移方法 有许多方法可将重组DNA转入宿主细胞内，例如氯化钙法、噬菌体感染法、完整细胞转化法、原生质体转化法、电穿孔法、显微注射法。各种方法都有其适用对象、适用条件。可根据目的DNA、载体、宿主细胞等的特性采用合适的转化方法。

五、细胞筛选和DNA鉴定

宿主细胞被重组体转化之后，经过培养，可以形成许多细胞克隆，需要进行细胞筛选和DNA鉴定。在重组DNA技术中筛选特指选出特定克隆，例如细胞克隆、分子克隆。鉴定是指分析目的DNA结构是否存在变异、重组过程是否受到损伤，目的基因是否得到表达、表达产物结构及活性是否正常。筛选鉴定方法的选择与设计主要根据载体、重组体、目的DNA、宿主细胞的遗传学特性和生物学特性。

1. 插入失活 许多载体的选择标记内有限制性酶切位点，插入目的DNA将导致该选择标记失活，称为插入失活（insert inaction）。例如pBR322有amp^R和tet^R两个抗性基因，目的DNA若插入amp^R序列，会使amp^R失活，其转化菌不能在含有氨苄青霉素的培养基上生长（图20-13）。

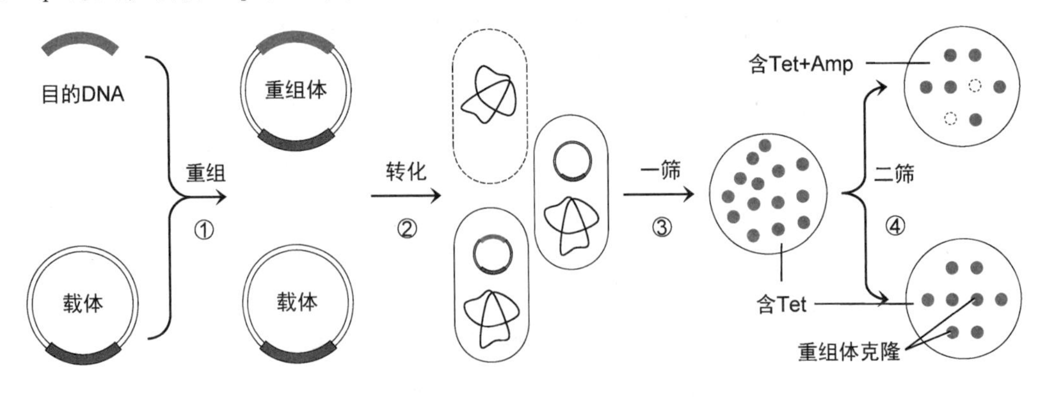

图20-13 插入失活

2. 蓝白筛选 pUC18的选择标记*lacZ'*编码产物为β-半乳糖苷酶N端的146个氨基酸残基（称为α肽），其宿主菌的*lacZ*有缺陷，编码的β-半乳糖苷酶缺少11~41号氨基酸肽段（称为ω肽）。两种编码产物都没有酶活性，但相互结合则形成有活性的β-半乳糖苷酶，这一现象称为α互补（α-complementation）。如果在培养基中加入人工底物5-溴-4-氯-3-吲哚-β-半乳糖苷

（5-bromo-4-chloro-3-indolyl-beta-galactopyranoside，BCIG），BCIG 可被 pUC18 转化菌摄取，由通过 α 互补形成的 β-半乳糖苷酶催化水解，生成的 5-溴-4-氯-3-羟基吲哚自发二聚化氧化，产物呈蓝色，因而使克隆呈蓝色；pUC18 重组体的 *lacZ′* 因插入失活，其转化菌不能形成 β-半乳糖苷酶，克隆呈白色。因此，可根据显色鉴定 pUC18 重组体克隆，这一方法称为**蓝白筛选**（图 20-14）。

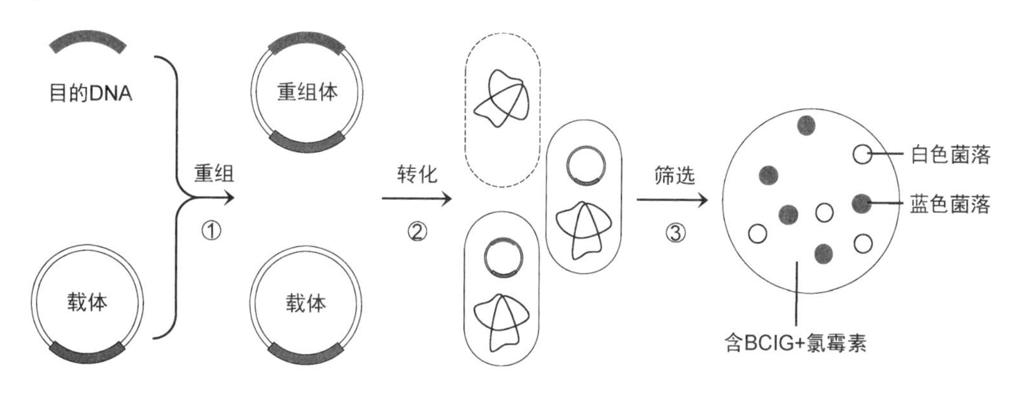

图 20-14　蓝白筛选

3. 遗传互补　又称标志补救，是指载体选择标记（或目的基因）的表达产物恰好可弥补宿主细胞的遗传缺陷，从而使宿主细胞可以在选择性培养基中生长。例如中国仓鼠卵巢细胞（CHO）二氢叶酸还原酶缺陷型（dihydrofolate reductase，$Dhfr^-$）不能在未加胸腺嘧啶的选择性培养基中生长，被 $Dhfr^+$ 载体或重组体转化后则可以生长。

4. 核酸杂交分析　要想鉴定携带目的 DNA 的转化子，可通过核酸杂交，即从转化子提取核酸，与目的 DNA 探针进行杂交。该方法常用于从基因组文库或 cDNA 文库中鉴定目的 DNA。

5. PCR 分析　根据目的 DNA 或克隆位点序列设计引物对，从转化菌落（或噬菌斑）取样，进行 PCR 扩增，用琼脂糖凝胶电泳分析扩增产物，并进一步测序或分析限制性酶切图谱，从而鉴定含目的 DNA 的转化子。

6. 表达产物分析　如果目的基因在转化子中有表达，并且表达产物已经阐明，有酶、激素等活性或免疫原性，则可根据酶-底物作用、激素-受体结合或抗原抗体反应，用显色反应、化学发光、免疫化学等方法鉴定表达产物，从而间接鉴定携带目的基因的转化子。

六、目的基因表达

通过表达目的基因可以研究基因功能和基因产物结构，制备和应用基因产物。重组 DNA 技术的主要内容之一就是要制备目的基因产物。目前已经用原核细胞、真菌、植物细胞、昆虫细胞、哺乳动物细胞等构建了各种表达系统。它们具有遗传背景清楚、对人和环境安全等优点，在理论研究和生产实践中有较高的应用价值。

大肠杆菌表达系统是建立最早、研究最详尽、应用最广泛、发展最成熟的原核表达系统，既可用于表达原核基因，又可用于表达真核基因，且有以下特点：①遗传背景和生理特点已研究得非常清楚，有很多有不同抗药性、不同营养缺陷型、不同校正突变型的菌株可供选用。②增殖迅速，在对数生长期每 20~30 分钟即可分裂一次。③表达水平通常高于真核表达系统，并且表达易于调控。④培养条件简单，培养成本低廉，适合大规模生产。⑤实验室应用株是感染寄生缺陷型，只能在实验室条件下生存，比较安全。⑥其寄生型或共生型质粒、噬菌体可以携带异源基因。

大肠杆菌表达系统已可大规模生产真核基因产物，目前是生产人体蛋白的主要表达系统。

七、应用

重组 DNA 技术是分子生物学的核心技术，与其他技术联合应用于分子生物学和医药、农业、林业、国防等相关领域。

1. 基因文库构建　基因文库（gene library，DNA 文库，DNA library），是一个基因克隆群，可用于基因组测序、基因发现、基因功能和蛋白质功能研究。基因文库包括基因组文库和 cDNA 文库等。

（1）基因组文库　是用重组 DNA 技术构建的一个克隆群，它携带了一种生物的基因组全序列，即以序列片段形式储存着该生物的全部基因组信息。基因组文库可用于基因组 DNA 制备、基因结构分析、基因组作图。

（2）cDNA 文库　是用重组 DNA 技术构建的一个克隆群，它包含了一种生物的某种细胞在特定状态下表达的全部基因（约占基因组全部基因的 15%）的 cDNA 序列。cDNA 文库可用于目的基因鉴定、基因序列分析、基因芯片检测等。迄今已阐明的蛋白基因大多数是从 cDNA 文库中鉴定的。

2. 基因治疗　是指在基因水平上治疗疾病，包括基因添加（基因增补，基因增强治疗）、基因置换、基因修复、基因干预、自杀基因治疗、免疫基因治疗和基因编辑治疗等。其中**基因添加**是指针对病变细胞的缺陷基因（例如凝血因子Ⅷ基因）或不表达基因（例如细胞因子基因）转入相应的正常基因，其表达产物可以纠正或改善细胞代谢，使表型恢复正常。正常基因转入之后可能随机整合到基因组中，缺陷基因并未去除。基因添加已经成功地应用于治疗腺苷脱氨酶缺乏症和血友病 B 等。

3. 基因工程技术制药　基因工程技术是现代生物技术的核心，目前临床应用的重组蛋白质等生物技术药物都是用基因工程技术生产的。

（1）基因工程药物种类　**基因工程药物**是指利用基因工程技术生产的细胞因子、生长因子、激素、酶、疫苗、单克隆抗体等，基本上都是分泌蛋白。国内已经上市的基因工程药物有胰岛素（XA10A），组织型纤溶酶原激酶衍生物、尿激酶原、阿替普酶、组织型纤溶酶原激活剂、链激酶（XB01AD），凝血因子Ⅶ、凝血因子Ⅷ、凝血因子Ⅸ、血小板生成素（XB02B），促红素（促红细胞生成素，XB03B），利钠肽（XC01E），成纤维细胞生长因子、表皮生长因子（XD02），生长激素（XH01A），细胞因子基因衍生蛋白（XJ05AX），血管内皮抑素（XL01XX），粒细胞刺激因子（XL03AA），干扰素（XL03AB），白介素（XL03AC），Ⅱ型肿瘤坏死因子受体-抗体融合蛋白（XL04AB）等。

（2）基因工程技术制药的优点　①解决来源问题：适合于生产低表达产物（如许多细胞因子）、珍稀濒危生物表达产物。②解决安全问题：适合于生产危险生物（如毒蛇）和病原体（如细菌、病毒）代谢物，避免动物来源的药物蛋白存在病原体感染风险。

第七节　转基因动物技术和基因打靶技术

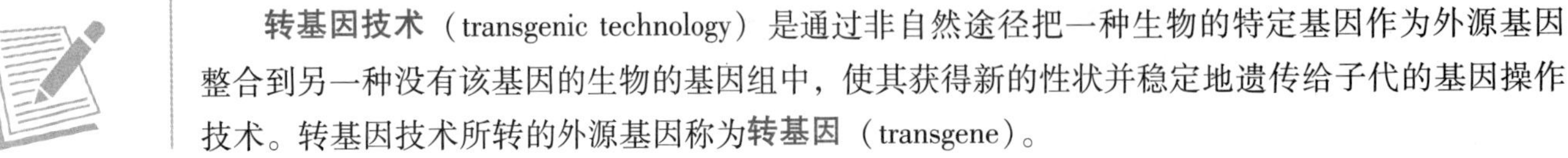

转基因技术（transgenic technology）是通过非自然途径把一种生物的特定基因作为外源基因整合到另一种没有该基因的生物的基因组中，使其获得新的性状并稳定地遗传给子代的基因操作技术。转基因技术所转的外源基因称为**转基因**（transgene）。

基因打靶技术（gene targeting technology）是在转基因技术基础上建立的基因操作技术，基本内容是通过同源重组定点改造生物体某一内源基因，可导致基因删除、基因插入、基因置换、基因突变等，从而在活体内研究基因、应用基因。

CRISPR-Cas 基因编辑技术是基因技术中最犀利的工具之一，它先于2015年被*Science*评为年度最佳突破，更于2020年摘得诺贝尔化学奖桂冠。基于这项技术，研究人员能以极高精度改变动物、植物和微生物的基因结构，并有望改变生物的某些性状甚至生命周期。这一技术对生命科学研究产生了突破性影响，有助于研发新的癌症疗法，并使遗传性疾病治愈成为现实。

一、转基因动物技术

转基因动物技术是培育携带转基因的动物所采用的技术，所培育的动物称为**转基因动物**（transgenic animal）。

培育转基因动物包括以下几个环节：①选择转基因（目的基因）和载体，构建重组转基因。②将重组转基因转入受精卵细胞或胚胎干细胞等宿主细胞，使转基因整合到宿主基因组中。③将受精卵细胞植入受体动物假孕输卵管或子宫；或先将胚胎干细胞注入受体动物胚泡腔，再将胚泡（卵生动物称为囊胚）植入假孕子宫。④鉴定转基因胚胎的发育和生长，筛选转基因动物品系。⑤检验转基因的整合率和表达效率。

培育转基因动物的关键是基因转移。早期培育转基因动物都是用显微注射法进行转基因，目前仍然是最广泛、最可靠的动物转基因方法。

显微注射法（microinjection）是在显微操作仪下将转基因用微量移液器（直径0.1mm）注入原核期受精卵的原核中，使其整合到宿主细胞基因组中（图20-15）。

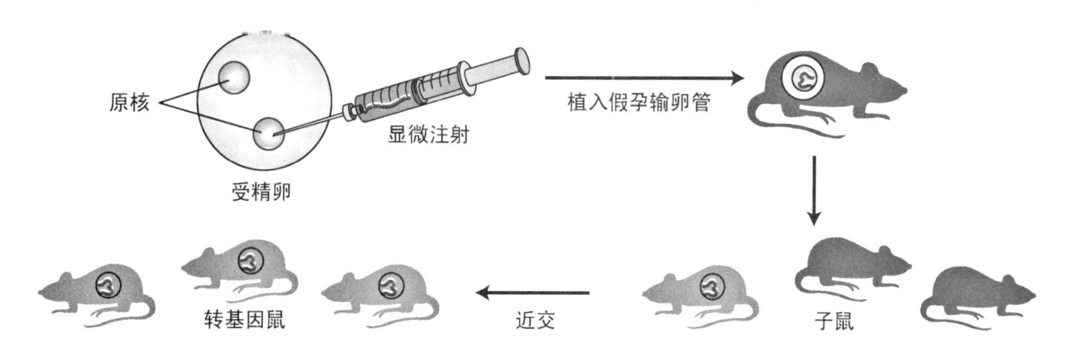

图20-15 显微注射法培育转基因鼠

1. 构建重组转基因 ①转基因载体通常包含结构基因和调控元件，要根据研究目的选择调控元件。②多数转基因载体携带**报告基因**，称为**报告基因载体**。报告基因编码产物易于检测，可用来跟踪转基因的去向及其在转基因动物体内的表达情况。③线性DNA比环状DNA更容易整合到基因组中，因此一些环状重组转基因要用限制性内切酶消化成线性结构。

2. 同步制备供体雌鼠和假孕雌鼠 前者是雌鼠取卵前3天先腹腔注射孕马血清促性腺激素（pregnant mare serum gonadotropin，PMSG），取卵前1天再注射人绒毛膜促性腺激素（human chorionic gonadotropin，HCG）以促排卵（可排约35枚），再与正常雄鼠交配而成；后者是让发情期雌鼠与结扎雄鼠交配而成。

3. 基因转移 从供体雌鼠取受精卵培养。刚受精的鼠卵有两个原核（pronuclei），分别来自精子和卵子，用微量移液器将重组转基因注入雄原核，约2%的受精卵中会有转基因随机整合到染色体DNA中。

4. 受精卵移植 将显微注射后经鉴定存活的受精卵（或培养过的存活胚胎）通过手术植入假孕输卵管（或子宫），每只植入10~15个，有10%~30%将生长发育成子鼠，其中10%~20%为转基因鼠，其每个细胞（包括生殖细胞）都携带转基因，其转基因可遗传。

5. 筛选和鉴定 可从三方面鉴定转基因鼠：①整合检测：应用斑点杂交、DNA印迹或PCR等技术从子鼠基因组DNA中鉴定转基因。②转录检测：应用RNA印迹和逆转录PCR等技术研究转基因转录水平。③表达检测：应用蛋白质印迹和免疫组织化学等技术研究转基因产物。

6. 建立转基因动物品系 使转基因鼠近交繁殖（inbred），可培育出纯合子转基因鼠。

二、基因打靶技术

基因打靶（基因靶向，gene targeting）是通过同源重组定点改造生物体特定基因座。基因打靶可能产生两种效应：①利用靶基因使基因组打靶位点内源基因失活，称为**基因敲除**（gene knock-out）。②将靶基因植入基因组打靶位点，或置换该位点的内源基因，称为**基因敲入**（gene knock-in）。其中基因敲入本质上属于转基因技术，所以植入的靶基因属于转基因。

基因敲除和基因敲入等基因打靶技术是在转基因技术的基础上先后建立起来的，其原理与转基因技术基本一致，只是所用载体的结构及其在宿主细胞内的转化机制不同，转基因载体是通过非同源重组转化，而打靶载体是通过同源重组转化。以基因敲除为例：

1. 构建打靶载体 打靶载体由打靶位点内源基因改造而成，因而携带打靶位点两侧同源序列。

2. 基因打靶 用电穿孔法将打靶载体转入培养的小鼠胚胎干细胞，极少数（10^{-5}~10^{-2}）会与染色体DNA发生同源重组。

3. 筛选同源重组细胞 用选择性培养基培养打靶胚胎干细胞，存活并增殖的都是同源重组细胞。

4. 培育嵌合体 将同源重组细胞注入胚泡腔，再植入假孕子宫，孕育成打靶嵌合体。

5. 培育打靶纯合子 令嵌合体近交繁殖，可得到纯合子品系（图20-16）。

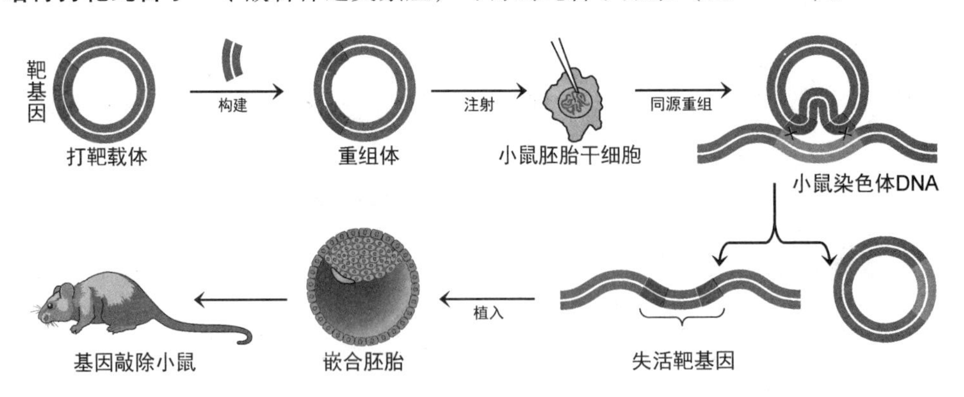

图20-16 基因敲除技术

转基因生物新品种培育

加强作物抗虫、抗病、抗旱、抗寒基因技术研究，加大转基因棉花、玉米、大豆研发力度，推进新型抗虫棉、抗虫玉米、抗除草剂大豆等重大产品产业化，强化基因克隆、转基因操作、生物安全新技术研发，在水稻、小麦等主粮作物中重点支持基于非胚乳特异性表达、基因编辑等新技术的性状改良研究，使我国农业转基因生物研究整体水平跃居世界前列，为保障国家粮食安全提供品种和技术储备。建成规范的生物安全性评价技术体系，确保转基因产品安全。

——摘自《“十三五”国家科技创新规划》

小结

常用蛋白质研究技术有沉淀技术、离心技术、电泳技术、层析技术、透析技术等。

核酸杂交技术是分子生物学的核心技术。质粒、真核生物染色体 DNA 和 RNA 有不同的提取方法，基本原则都是保证核酸一级结构的完整性，避免杂质污染。

印迹杂交技术是将电泳分离的样品从凝胶转移至印迹膜上，然后与标记探针进行杂交，并对杂交体作进一步分析。印迹杂交技术广泛应用于克隆筛选、核酸分析、蛋白质分析和基因诊断等。

聚合酶链反应技术是一种在体外扩增特定 DNA 片段的方法，通过变性、退火、延伸三个基本步骤的数十次循环，可用很短时间使微量 DNA 样品扩增数百万倍，有特异性高、灵敏度高、简便快捷等优点，在基础研究和临床实践中得到广泛应用。

Sanger 链终止法在链终止反应体系中加入 2′,3′-双脱氧核苷酸，使扩增产物具有共同特征，通过扩增、电泳、显影、读序即可从显影图谱上读出碱基序列，成为 DNA 测序的经典方法。

重组 DNA 技术是分子生物学的核心技术，与其他技术联合应用于分子生物学（如基因文库构建）和医药（如基因治疗和基因工程技术制药）、农业、林业、国防等相关领域。

转基因技术是以非自然途径把一种生物的特定基因作为外源基因整合到另一种没有该基因的动物、植物或微生物的基因组中，使其获得新的性状并稳定地遗传给子代。转基因技术所转的外源基因称为转基因，所培育的动物称为转基因动物。

基因打靶技术是通过同源重组定点改造生物体某一内源基因，可导致基因删除、基因插入、基因置换、基因突变等，从而在活体内研究基因、应用基因。

讨论

1. DNA 印迹法基本过程。
2. PCR 基本原理。
3. 重组 DNA 技术基本步骤。
4. 在重组 DNA 技术中细胞筛选和 DNA 鉴定的方法有哪些?
5. 捍卫并传播正确的科研伦理观：2018 年，某团队应用 CRISPR-Cas9 技术对其 CCR5 基因进行编辑的“基因编辑婴儿”出生，被定性为“非法实施以生殖为目的的人类遗传基因编辑和生殖医疗活动”。请思考基因编辑技术在人类生活和健康中的应用。

附录一

专业术语索引

A

D

E

F

G

H

L

M

R

S

W

X

Y

Z

附录二

缩写符号

6-MP	mercaptopurine	巯嘌呤
A	adenine，adenosine	腺嘌呤，腺苷
A	albumin	白蛋白
ACAT	acyl-CoA-cholesterol acyl transferase	脂酰辅酶 A-胆固醇酰基转移酶
ACP	acyl carrier protein	酰基载体蛋白
ALB	albumin	白蛋白
ALP	alkaline phosphatase	碱性磷酸酶
AMP	adenosine monophosphate	一磷酸腺苷
AMPK	AMP-activated protein kinase	AMP 激活的蛋白激酶
apo	apolipoprotein	载脂蛋白
AST	aspartate aminotransferase	天冬氨酸转氨酶
ATP	adenosine triphosphate	三磷酸腺苷
bp	base pair	碱基对，双链核酸长度单位
BUN	blood urea nitrogen	血尿素氮
C	catalytic subunit	催化亚基
C	cytosine，cytidine	胞嘧啶，胞苷
cAMP	cyclic adenosine monophosphate	环磷酸腺苷
Cdc6	cell division cycle 6	细胞分裂周期蛋白 6
cDNA	complementary DNA	互补 DNA
Cdt1	cdc10-dependent transcript 1	Cdc10 依赖性转录因子 1
CE	cholesteryl ester	胆固醇酯
cGMP	cyclic guanosine monophosphate	环磷酸鸟苷
CK	creatine kinase	肌酸激酶
CM	chylomicron	乳糜微粒
CMP	cytidine monophosphate	一磷酸胞苷
CoA，CoASH	coenzyme A	辅酶 A，酰基辅酶
CoQ	coenzyme Q	辅酶 Q，泛醌
CRP	cAMP receptor protein	cAMP 受体蛋白
CYP	cytochrome P450	细胞色素 P450 酶系
Cyt	cytochrome	细胞色素

DAG	diacylglycerol, diglyceride	二酰甘油，甘油二酯
DBIL	direct bilirubin	直接胆红素
DHU	dihydrouracil	5,6-二氢尿嘧啶
DNA	deoxyribonucleic acid	脱氧核糖核酸
dNDP	deoxynucleoside diphosphate	二磷酸脱氧核苷
dNMP	deoxynucleoside monophosphate	一磷酸脱氧核苷
dNTP	deoxynucleoside triphosphate	三磷酸脱氧核苷
E	enzyme	酶
EF	elongation factor	翻译延伸因子
EPO	erythropoietin	促红[细胞生成]素，红细胞生成素
ETS	external transcribed space	外转录间隔区
F-1,6-BP	fructose 1,6-bisphosphate	1,6-二磷酸果糖
F-2,6-BP	fructose 2,6-bisphosphate	2,6-二磷酸果糖
F-6P	fructose-6-phosphate	6-磷酸果糖
FAD	flavin adenine dinucleotide	黄素腺嘌呤二核苷酸
FAO	Food and Agriculture Organization	联合国粮农组织
FBPase-1	fructose-1,6-bisphosphatase 1	果糖-1,6-二磷酸酶
FC	free cholesterol	游离胆固醇
Fe-S	iron-sulfur cluster	铁硫中心
FFA	free fatty acid	游离脂肪酸
FH_4	tetrahydrofolic acid	四氢叶酸
FMN	flavin mononucleotide	黄素单核苷酸
Fru	fructose	果糖
G	globulin	球蛋白
G	guanine, guanosine	鸟嘌呤，鸟苷
G6Pase	glucose-6-phosphatase	葡萄糖-6-磷酸酶
Gal	galactose	半乳糖
GalNAc	N-Acetyl-D-galactosamine	*N*-乙酰氨基半乳糖
GGT	gamma glutamyl transferase	γ-谷氨酰转肽酶
GHB	glycated hemoglobin	糖化血红蛋白
Gla	gamma-carboxyglutamic acid	γ-羧基谷氨酸
Glc	glucose	葡萄糖
GlcA	glucuronic acid	葡萄糖醛酸
GLO	globulin	球蛋白
GLUT	glucose transporter	葡萄糖转运蛋白
GM1	monosialotetrahexosylganglioside	一种神经节苷脂
GMP	guanosine monophosphate	一磷酸鸟苷
GOT	glutamate-oxaloacetate transaminase	谷草转氨酶
GPT	glutamate-pyruvate transaminase	谷丙转氨酶
GSH	glutathione	谷胱甘肽

H	histone	组蛋白
Hb	hemoglobin	血红蛋白
HbA	adult hemoglobin	正常成人血红蛋白
HbS	sickle hemoglobin	镰状血红蛋白
HCG	human chorionic gonadotropin	人绒毛膜促性腺激素
HDL	high density lipoprotein	高密度脂蛋白
HIV	human immunodeficiency virus	人类免疫缺陷病毒
HK	hexokinase	己糖激酶
HL	hepatic lipase	肝脂肪酶
HMG-CoA	β-hydroxy-β-methylglutaryl-CoA	羟甲基戊二酰辅酶 A
HSCoA	coenzyme A	辅酶 A，酰基辅酶
HSL	hormone-sensitive lipase	激素敏感性脂肪酶
I	inhibitor	酶的抑制剂
I	hypoxanthine，inosine	次黄嘌呤（核苷）
IDL	intermediate density lipoprotein	中密度脂蛋白
IF	initiation factor	翻译起始因子
IL-6	interleukin-6	白[细胞]介素 6
IMP	inosine monophosphate	一磷酸肌苷
IP_3	inositol trisphosphate	三磷酸肌醇
ITS	internal transcribed space	内转录间隔区
IUBMB	International Union of Biochemistry and Molecular Biology	国际生物化学与分子生物学联合会
IUPAC	International Union of Pure and Applied Chemistry	国际纯粹与应用化学联合会
kat	katal	催量
K_{sp}	solubility product	溶度积
LCAT	lecithin-cholesterol acyl transferase	卵磷脂-胆固醇酰基转移酶
LDH	L-lactate dehydrogenase	乳酸脱氢酶
LDL	low density lipoprotein	低密度脂蛋白
LDLR	low-density lipoprotein receptor，LDL receptor	低密度脂蛋白受体
LPL	lipoprotein lipase	脂蛋白脂肪酶
LRP	LDL receptor-related protein	LDL 受体相关蛋白
MAG	monoacylglycerol，monoglyceride	单酰甘油，甘油一酯
MAO	monoamine oxidase	单胺氧化酶
mRNA	messenger RNA	信使 RNA
NAD	nicotinamide adenine dinucleotide	烟酰胺腺嘌呤二核苷酸
NADP	nicotinamide adenine dinucleotidephosophate	烟酰胺腺嘌呤二核苷酸磷酸
NDP	nucleoside diphosphate	二磷酸核苷
NMP	nucleoside monophosphate	核苷酸，一磷酸核苷
NPN	non-protein nitrogen	非蛋白氮
nt	nucleotide	核苷酸，单链核酸长度单位
NTP	nucleoside triphosphate	三磷酸核苷

ORC	origin recognition complex	起始识别复合物
ori	origin of replication	复制起点
P	product	产物
PAPS	3′-phosphoadenosine-5′-phosphosulfate	3′-磷酸腺苷-5′-磷酰硫酸
PCNA	proliferating cell nuclear antigen	增殖细胞核抗原
PCR	polymerase chain reaction	聚合酶链反应
PFK-1	ATP-dependent 6-phosphofructokinase	磷酸果糖激酶 1
PFK-2	6-phosphofructo-2-kinase	磷酸果糖激酶 2
pI	isoelectric point	等电点
PIP_2	phosphatidylinositol 4,5-bisphosphate	磷脂酰肌醇-4,5-二磷酸
PLP	pyridoxal5′-phosphate	磷酸吡哆醛
PMP	pyridoxamine 5′-phosphate	磷酸吡哆胺
PP2A	serine/threonine-protein phosphatase 2A	蛋白磷酸酶 2A
prion	proteinaceous infectious only	朊病毒
PRPP	phosphoribosyl pyrophosphate	5-磷酸核糖焦磷酸
Q	ubiquinone	泛醌
QH_2	ubiquinol	泛醇
R	regulatory subunit	调节亚基
R	unspecified purine nucleoside	嘌呤（核苷）
R-5-P	ribose-5-phosphate	5-磷酸核糖
RE	retinol ester	视黄醇酯
RFC	replication factor C	复制因子 C
RNA	ribonucleic acid	核糖核酸
ROS	reactive oxygen species	活性氧
RPA	replication protein A	复制蛋白 A
rRNA	ribosomal RNA	核糖体 RNA
S	substrate	底物
SAM	*S*-adenosylmethionine	[*S*-]腺苷蛋氨酸
scRNA	small cytoplasmic RNA	胞质小 RNA
SGLT	sodium/glucose cotransporter	Na^+依赖型葡萄糖转运蛋白
siRNA	small interfering RNA	小干扰 RNA
snoRNA	small nucleolar RNA	核仁小 RNA
snRNA	small nuclear RNA	核[内]小 RNA
snRNP	small nuclear ribonucleoprotein	核小核糖核蛋白
Src	v-*src* sarcoma viral oncogene	*src* 癌基因编码的蛋白激酶
SREBP	sterol regulatory element-binding protein	固醇调节元件结合蛋白
SRP	signal recognition particle	信号识别颗粒
T	thymine，ribosylthymine	胸腺嘧啶，胸苷
T_3	3,5,3′-triiodothyronine	三碘甲状腺原氨酸
T_4	tetraiodothyronine	四碘甲状腺原氨酸

TAD	trans-activating domain	转录激活结构域
TAG	triacylglycerol	三酰甘油
TBIL	total bilirubin	总胆红素
THF	tetrahydrofolic acid	四氢叶酸
T_m	melting temperature	熔点
TP	total protein	总蛋白
TPP	thiamine pyrophosphate	焦磷酸硫胺素
tRNA	transfer RNA	转移 RNA
TSH	thyroid stimulating hormone	促甲状腺激素
U	unit	酶活力单位
U	uracil, uridine	尿嘧啶，尿苷
UDP-Gal	uridine 5′-diphosphogalactose	尿苷二磷酸半乳糖
UDP-GalNAc	uridine 5′-diphospho-*N*-acetylgalactosamine	尿苷二磷酸-*N*-乙酰氨基半乳糖
UDP-Glc	uridine 5′-diphosphoglucose	尿苷二磷酸葡萄糖
UMP	uridine monophosphate	一磷酸尿苷
UTR	untranslated region	非翻译区
V_0	initial rate	初始速度
VLDL	verylow density lipoprotein	极低密度脂蛋白
V_{max}	maximum velocity	最大反应速度
WHO	World Health Organization	世界卫生组织
Ψ	pseudouridine	假尿嘧啶核苷

附录三

主要参考书目

1. Boron WF，Boulpaep EL. Medical Physiology. 2nd ed. Saunders，2009

2. John E. Hall. Textbook of Medical Physiology. 12nd ed. 北京：北京大学医学出版社，2012

3. Lodish H，et al. Molecular Cell Biology. 8th ed. W. H. Freeman and Company，2016

4. Nelson DL，Cox MM. Lehninger Principles of Biochemistry. 7th ed. Worth Publishers，2017

5. Rodwell VW，Bender DA. Harper's Illustrated Biochemistry. 31th ed. McGraw-Hill Companies，Inc.，2018

6. Stryer L. Biochemistry. 9th ed. New York：W. H. Freeman and Company，2019

7. Thomas M. Devlin. Textbook of Biochemistry with Clinical Correlations. 7th ed. New York：John Wiley&Sons，Inc.，2011

8. Weaver R. Molecular Biology. 5 版. 北京：科学出版社，2013

9. 朱圣庚，徐长法. 生物化学 . 4 版. 北京：高等教育出版社，2016

10. 陈誉华. 医学细胞生物学 . 5 版. 北京：人民卫生出版社，2013

11. 李凡，徐志凯. 医学微生物学 . 8 版. 北京：人民卫生出版社，2013

12. 李玉林. 病理学 . 8 版. 北京：人民卫生出版社，2013

13. 刘树伟，李瑞锡. 局部解剖学 . 8 版. 北京：人民卫生出版社，2013

14. 王建枝，殷莲华. 病理生理学 . 8 版. 北京：人民卫生出版社，2013

15. 杨宝峰. 药理学 . 8 版. 北京：人民卫生出版社，2013

16. 周春燕，药立波. 生物化学与分子生物学 . 9 版. 北京：人民卫生出版社，2018

17. 朱大年，王庭槐. 生理学 . 8 版. 北京：人民卫生出版社，2013

全国中医药行业高等教育“十四五”规划教材
全国高等中医药院校规划教材（第十一版）

教材目录（第一批）

注：凡标☆号者为“核心示范教材”。

（一）中医学类专业

序号	书　名	主　编		主编所在单位	
1	中国医学史	郭宏伟	徐江雁	黑龙江中医药大学	河南中医药大学
2	医古文	王育林	李亚军	北京中医药大学	陕西中医药大学
3	大学语文	黄作阵		北京中医药大学	
4	中医基础理论☆	郑洪新	杨　柱	辽宁中医药大学	贵州中医药大学
5	中医诊断学☆	李灿东	方朝义	福建中医药大学	河北中医学院
6	中药学☆	钟赣生	杨柏灿	北京中医药大学	上海中医药大学
7	方剂学☆	李　冀	左铮云	黑龙江中医药大学	江西中医药大学
8	内经选读☆	翟双庆	黎敬波	北京中医药大学	广州中医药大学
9	伤寒论选读☆	王庆国	周春祥	北京中医药大学	南京中医药大学
10	金匮要略☆	范永升	姜德友	浙江中医药大学	黑龙江中医药大学
11	温病学☆	谷晓红	马　健	北京中医药大学	南京中医药大学
12	中医内科学☆	吴勉华	石　岩	南京中医药大学	辽宁中医药大学
13	中医外科学☆	陈红风		上海中医药大学	
14	中医妇科学☆	冯晓玲	张婷婷	黑龙江中医药大学	上海中医药大学
15	中医儿科学☆	赵　霞	李新民	南京中医药大学	天津中医药大学
16	中医骨伤科学☆	黄桂成	王拥军	南京中医药大学	上海中医药大学
17	中医眼科学	彭清华		湖南中医药大学	
18	中医耳鼻咽喉科学	刘　蓬		广州中医药大学	
19	中医急诊学☆	刘清泉	方邦江	首都医科大学	上海中医药大学
20	中医各家学说☆	尚　力	戴　铭	上海中医药大学	广西中医药大学
21	针灸学☆	梁繁荣	王　华	成都中医药大学	湖北中医药大学
22	推拿学☆	房　敏	王金贵	上海中医药大学	天津中医药大学
23	中医养生学	马烈光	章德林	成都中医药大学	江西中医药大学
24	中医药膳学	谢梦洲	朱天民	湖南中医药大学	成都中医药大学
25	中医食疗学	施洪飞	方　泓	南京中医药大学	上海中医药大学
26	中医气功学	章文春	魏玉龙	江西中医药大学	北京中医药大学
27	细胞生物学	赵宗江	高碧珍	北京中医药大学	福建中医药大学

序号	书　名	主　编	主编所在单位	
28	人体解剖学	邵水金	上海中医药大学	
29	组织学与胚胎学	周忠光　汪　涛	黑龙江中医药大学	天津中医药大学
30	生物化学	唐炳华	北京中医药大学	
31	生理学	赵铁建　朱大诚	广西中医药大学	江西中医药大学
32	病理学	刘春英　高维娟	辽宁中医药大学	河北中医学院
33	免疫学基础与病原生物学	袁嘉丽　刘永琦	云南中医药大学	甘肃中医药大学
34	预防医学	史周华	山东中医药大学	
35	药理学	张硕峰　方晓艳	北京中医药大学	河南中医药大学
36	诊断学	詹华奎	成都中医药大学	
37	医学影像学	侯　键　许茂盛	成都中医药大学	浙江中医药大学
38	内科学	潘　涛　戴爱国	南京中医药大学	湖南中医药大学
39	外科学	谢建兴	广州中医药大学	
40	中西医文献检索	林丹红　孙　玲	福建中医药大学	湖北中医药大学
41	中医疫病学	张伯礼　吕文亮	天津中医药大学	湖北中医药大学
42	中医文化学	张其成　臧守虎	北京中医药大学	山东中医药大学

（二）针灸推拿学专业

序号	书　名	主　编	主编所在单位	
43	局部解剖学	姜国华　李义凯	黑龙江中医药大学	南方医科大学
44	经络腧穴学☆	沈雪勇　刘存志	上海中医药大学	北京中医药大学
45	刺法灸法学☆	王富春　岳增辉	长春中医药大学	湖南中医药大学
46	针灸治疗学☆	高树中　冀来喜	山东中医药大学	山西中医药大学
47	各家针灸学说	高希言　王　威	河南中医药大学	辽宁中医药大学
48	针灸医籍选读	常小荣　张建斌	湖南中医药大学	南京中医药大学
49	实验针灸学	郭　义	天津中医药大学	
50	推拿手法学☆	周运峰	河南中医药大学	
51	推拿功法学☆	吕立江	浙江中医药大学	
52	推拿治疗学☆	井夫杰　杨永刚	山东中医药大学	长春中医药大学
53	小儿推拿学	刘明军　邰先桃	长春中医药大学	云南中医药大学

（三）中西医临床医学专业

序号	书　名	主　编	主编所在单位	
54	中外医学史	王振国　徐建云	山东中医药大学	南京中医药大学
55	中西医结合内科学	陈志强　杨文明	河北中医学院	安徽中医药大学
56	中西医结合外科学	何清湖	湖南中医药大学	
57	中西医结合妇产科学	杜惠兰	河北中医学院	
58	中西医结合儿科学	王雪峰　郑　健	辽宁中医药大学	福建中医药大学
59	中西医结合骨伤科学	詹红生　刘　军	上海中医药大学	广州中医药大学
60	中西医结合眼科学	段俊国　毕宏生	成都中医药大学	山东中医药大学
61	中西医结合耳鼻咽喉科学	张勤修　陈文勇	成都中医药大学	广州中医药大学
62	中西医结合口腔科学	谭　劲	湖南中医药大学	

（四）中药学类专业

序号	书　名	主　编	主编所在单位
63	中医学基础	陈　晶　程海波	黑龙江中医药大学　南京中医药大学
64	高等数学	李秀昌　邵建华	长春中医药大学　上海中医药大学
65	中医药统计学	何　雁	江西中医药大学
66	物理学	章新友　侯俊玲	江西中医药大学　北京中医药大学
67	无机化学	杨怀霞　吴培云	河南中医药大学　安徽中医药大学
68	有机化学	林　辉	广州中医药大学
69	分析化学（上）（化学分析）	张　凌	江西中医药大学
70	分析化学（下）（仪器分析）	王淑美	广东药科大学
71	物理化学	刘　雄　王颖莉	甘肃中医药大学　山西中医药大学
72	临床中药学☆	周祯祥　唐德才	湖北中医药大学　南京中医药大学
73	方剂学	贾　波　许二平	成都中医药大学　河南中医药大学
74	中药药剂学☆	杨　明	江西中医药大学
75	中药鉴定学☆	康廷国　闫永红	辽宁中医药大学　北京中医药大学
76	中药药理学☆	彭　成	成都中医药大学
77	中药拉丁语	李　峰　马　琳	山东中医药大学　天津中医药大学
78	药用植物学☆	刘春生　谷　巍	北京中医药大学　南京中医药大学
79	中药炮制学☆	钟凌云	江西中医药大学
80	中药分析学☆	梁生旺　张　彤	广东药科大学　上海中医药大学
81	中药化学☆	匡海学　冯卫生	黑龙江中医药大学　河南中医药大学
82	中药制药工程原理与设备	周长征	山东中医药大学
83	药事管理学☆	刘红宁	江西中医药大学
84	本草典籍选读	彭代银　陈仁寿	安徽中医药大学　南京中医药大学
85	中药制药分离工程	朱卫丰	江西中医药大学
86	中药制药设备与车间设计	李　正	天津中医药大学
87	药用植物栽培学	张永清	山东中医药大学
88	中药资源学	马云桐	成都中医药大学
89	中药产品与开发	孟宪生	辽宁中医药大学
90	中药加工与炮制学	王秋红	广东药科大学
91	人体形态学	武煜明　游言文	云南中医药大学　河南中医药大学
92	生理学基础	于远望	陕西中医药大学
93	病理学基础	王　谦	北京中医药大学

（五）护理学专业

序号	书　名	主　编	主编所在单位
94	中医护理学基础	徐桂华　胡　慧	南京中医药大学　湖北中医药大学
95	护理学导论	穆　欣　马小琴	黑龙江中医药大学　浙江中医药大学
96	护理学基础	杨巧菊	河南中医药大学
97	护理专业英语	刘红霞　刘　娅	北京中医药大学　湖北中医药大学
98	护理美学	余雨枫	成都中医药大学
99	健康评估	阚丽君　张玉芳	黑龙江中医药大学　山东中医药大学

序号	书 名	主 编		主编所在单位	
100	护理心理学	郝玉芳		北京中医药大学	
101	护理伦理学	崔瑞兰		山东中医药大学	
102	内科护理学	陈 燕	孙志岭	湖南中医药大学	南京中医药大学
103	外科护理学	陆静波	蔡恩丽	上海中医药大学	云南中医药大学
104	妇产科护理学	冯 进	王丽芹	湖南中医药大学	黑龙江中医药大学
105	儿科护理学	肖洪玲	陈偶英	安徽中医药大学	湖南中医药大学
106	五官科护理学	喻京生		湖南中医药大学	
107	老年护理学	王 燕	高 静	天津中医药大学	成都中医药大学
108	急救护理学	吕 静	卢根娣	长春中医药大学	上海中医药大学
109	康复护理学	陈锦秀	汤继芹	福建中医药大学	山东中医药大学
110	社区护理学	沈翠珍	王诗源	浙江中医药大学	山东中医药大学
111	中医临床护理学	裘秀月	刘建军	浙江中医药大学	江西中医药大学
112	护理管理学	全小明	柏亚妹	广州中医药大学	南京中医药大学
113	医学营养学	聂 宏	李艳玲	黑龙江中医药大学	天津中医药大学

（六）公共课

序号	书 名	主 编		主编所在单位	
114	中医学概论	储全根	胡志希	安徽中医药大学	湖南中医药大学
115	传统体育	吴志坤	邵玉萍	上海中医药大学	湖北中医药大学
116	科研思路与方法	刘 涛	商洪才	南京中医药大学	北京中医药大学

（七）中医骨伤科学专业

序号	书 名	主 编		主编所在单位	
117	中医骨伤科学基础	李 楠	李 刚	福建中医药大学	山东中医药大学
118	骨伤解剖学	侯德才	姜国华	辽宁中医药大学	黑龙江中医药大学
119	骨伤影像学	栾金红	郭会利	黑龙江中医药大学	河南中医药大学洛阳平乐正骨学院
120	中医正骨学	冷向阳	马 勇	长春中医药大学	南京中医药大学
121	中医筋伤学	周红海	于 栋	广西中医药大学	北京中医药大学
122	中医骨病学	徐展望	郑福增	山东中医药大学	河南中医药大学
123	创伤急救学	毕荣修	李无阴	山东中医药大学	河南中医药大学洛阳平乐正骨学院
124	骨伤手术学	童培建	曾意荣	浙江中医药大学	广州中医药大学

（八）中医养生学专业

序号	书 名	主 编		主编所在单位	
125	中医养生文献学	蒋力生	王 平	江西中医药大学	湖北中医药大学
126	中医治未病学概论	陈涤平		南京中医药大学	